普通高等工科院校创新型应用人才培养系列教材

金属切削机床

第2版

主　编　赵晶文　钟　铃

参　编　刘墨涵　王春焱　杜雨轩　王鹏伟

余　平　李小汝　唐　俊　罗忠良

张　鹏　李　庆（企业）

主　审　武友德　何运强（企业）

机 械 工 业 出 版 社

本书分为课程认识、金属切削机床概述、车床及其应用、铣床及其应用、齿轮加工机床及其应用、磨床及其应用、其他机床简介、数控机床、特种加工设备简介九个教学单元。

除课程认识、金属切削机床概述与简介部分外，每个单元内容均按照机械制造类专业高素质技术技能应用型人才的岗位能力、知识、技能和要求，分析本单元承担的任务，选择合适的载体，深化产教融合、校企合作，将企业新知识、新技能、新材料、新方法、新工艺、新规范等有机地融入到本书中，做到课堂教学与生产实际的有机结合，注重知识传授与价值引领并重。

基于互联网技术，融合现代信息技术，将微课、动画、视频等资源有机地融入本书中，开发了校内在线 BB 平台课程，设计学生学习调查反馈表、收集课堂教学效果等环节，通过“互联网+”等信息数手段，强化学生自主学习能力、创新能力培养，并且第一时间让老师了解学生的知识掌握情况。

本书可以作为应用型本科和高职高专院校机械制造类专业学生用书，也可作为机械制造类工程技术人员的参考资料。

本书配有电子课件，凡使用本书作教材的教师均可登录机械工业出版社教育服务网（http://www.cmpedu.com）注册后免费下载，咨询电话：010-88379375。

图书在版编目（CIP）数据

金属切削机床/赵晶文，钟铃主编. —2 版. —北京：机械工业出版社，2019.9（2024.2 重印）
普通高等工科院校创新型应用人才培养系列教材
ISBN 978-7-111-63877-3

Ⅰ.①金… Ⅱ.①赵… ②钟… Ⅲ.①金属切削-机床-高等学校-教材 Ⅳ.①TG502

中国版本图书馆 CIP 数据核字（2019）第 214531 号

机械工业出版社（北京市百万庄大街 22 号 邮政编码 100037）
策划编辑：王英杰 责任编辑：王英杰
责任校对：王英杰 封面设计：鞠 杨
责任印制：单爱军
北京虎彩文化传播有限公司印刷
2024 年 2 月第 2 版第 6 次印刷
184mm×260mm · 20.5 印张 · 504 千字
标准书号：ISBN 978-7-111-63877-3
定价：54.00 元

电话服务
客服电话：010-88361066
010-88379833
010-68326294
网络服务
机 工 官 网：www.cmpbook.com
机 工 官 博：weibo.com/cmp1952
金 书 网：www.golden-book.com
机工教育服务网：www.cmpedu.com

前　言

本书紧紧围绕高素质技术技能应用型人才培养目标，结合生产实际中需要解决的一些金属切削机床技术应用与创新的基础性问题，科学组织内容，注重课程之间的相互融通及理论与实践的有机衔接，是基于互联网，融合现代信息技术的“互联网+”立体化教材。

“金属切削机床”是高职高专机械制造类专业的一门主干平台课程。为建设好该课程，校企合作联合组建了教材编写团队。编写团队坚持以学生为中心，以立德树人为根本任务，紧紧围绕机械制造类专业高素质技术技能应用型人才培养目标，按照教育部颁布的专业教学标准，对接行业培训评价组织制定的职业能力评价标准，融入国家职业资格标准和“1+X”证书制度等职业技能标准，结合课程知识目标、能力目标、思政目标，将新技术、新工艺、新规范、标准化工艺流程、环保、6S管理等产业先进元素纳入了教学标准和教学内容，重新梳理了课程的知识点，进一步明确基本知识点、技能点、能力点、岗位要求等，做到产教深度融合、校企合作，全面提升学生的政治思想素质和职业素养。

随着理实一体化、项目式教学等教法的应用，团队也不断深化教材教学教法改革。在机床基本运动分析和传动原理分析的基础上，按典型机床类型划分教学单元，分类详细介绍机床的工艺范围、运动分析、传动链分析、传动系统分析、调整计算、主要结构部件及其工作原理、常用附件等内容，结合课程实验和专业实训，逐步让学生认识、理解、掌握典型机床的工作原理、用途、使用、分析等方法，同步建立与其他课程知识点和实践岗位之间的联系。为让学生更加容易理解和学习课程实践性、应用性较强内容，以数字化平台为支撑，引入AR技术，构建该课程内容和学习资源，用数字化技术（二维码技术），在课程章节结束后面设置了二维码学生调查反馈表，在课程比较难以理解的内容后面设置了二维码动画和视频。

本书由四川工程职业技术学院赵晶文、钟铃主编；武友德、何运强主审。参加本书编写的人员及分工：赵晶文和李庆（第一章、第二章、第三章）、钟铃和唐俊（第八章、附录F～G）、刘墨涵和李小汝（第四章、附录H、部分动画和视频素材）、杜雨轩和余平（第五章、第九章）、王鹏伟和王春焱（第六章、

第七章)，罗忠良和张鹏（附录A～E、学生调查反馈表、部分动画和视频素材)。

本书的编写得到了有关院校和企业专家的大力支持和热情帮助，武友德教授对本书体系及内容选择提出了很多宝贵意见，在此表示衷心的感谢！本书在编写过程中还借鉴了同类书刊以及部分网络资源内容，谨在此表示真诚的感谢！

由于编者水平有限，书中难免有疏漏和不妥之处，殷切希望读者批评指正。

编　者

二维码索引

（续）

页码	名称	图形	页码	名称	图形
166	17-磨床及应用学生调查反馈表		186	22-刨削	
167	18-钻孔		195	23-拉孔	
167	19-铰孔		275	24-数控机床学生调查反馈表	
167	20-扩孔		277	25-电火花线切割	
174	21-镗孔				

目 录

第一章 课程认识

第一节　课程性质与任务

“金属切削机床”是机械类专业的一门主干专业课，课程以机床为研究对象，通过对机床结构、传动系统、操纵机构、工艺范围的研究，解决机床选用、安装、操作与调整计算、附属配件使用的有关问题。

学生学完本课程后，应达到以下要求：

1）具有合理选用机床的基本知识和技能。能够根据工艺要求并结合工厂具体情况，合理地确定机床的类型和规格。

2）具有正确使用、调整常用机床的基本技能；掌握机床运动和机床传动的分析方法；了解机床典型机构及其工作原理；学会机床传动链的计算方法。

3）初步具有分析机床常见故障、确定机床影响加工质量的主要因素的能力。

第二节　课程的主要内容及其与专业基础课程的衔接

1. 课程的主要内容

1）掌握机床的分类及型号编制方法，记住常用机床的类代号、通用特性代号、主参数等，掌握通用机床、专门化机床和专用机床的主要区别。

2）掌握零件表面的形成方法及所需要的运动，掌握各种常用典型加工方法形成零件表面时的成形方法和所需要的运动（即母线和导线的形状，用什么方法形成，各需要哪些运动等）。分清简单成形运动和复合成形运动、表面成形运动（主运动和进给运动）和辅助运动等概念。弄清各类常用机床的主运动和进给运动。掌握机床传动链、内联系传动链和外联系传动链的概念。熟练掌握传动原理图的规定符号和绘制方法，能读懂机床传动系统图，熟练掌握普通车床和数控车床车削圆柱面、端面、螺纹，滚齿机滚切直齿圆柱齿轮、螺旋圆柱齿轮的传动原理图分析和传动链分析。对于简单的传动系统或一般机床主运动传动系统，应能根据传动系统图熟练列出传动路线表达式，并计算主轴的转速和转速级数，或对传动链做换置计算。

3）掌握车床的用途和运动，了解车床的分类。掌握 CA6140 型卧式车床的工艺范围和总布局。

读懂 CA6140 型卧式车床传动系统图，对照传动系统图能写出主运动传动路线表达式，计算主轴转速级数、最高转速和最低转速。掌握进给运动传动链的组成以及传动系统，分配机构、换向机构、换置机构、离合器和制动器的作用。理解丝杠传动和光杠传动的功用，以及二者不能相互替代的原因。

掌握CA6140型卧式车床车削螺纹的种类，标准螺纹的螺距排列规律以及车削螺纹的传动路线变换特点；掌握扩大螺距导程机构的使用条件。熟练掌握CA6140型卧式车床车削米制螺纹时传动系统中各变速机构（基本组、增倍机构等）的功能及调整方法，了解车削英制螺纹和非标准螺纹的传动路线及调整。掌握CA6140型卧式车床车削圆柱面和端面的传动路线、纵向和横向机动进给量，掌握纵向和横向机动进给量之间的关系以及刀架的快速移动传动链，掌握超越离合器的功用和工作原理。

掌握CA6140型卧式车床主轴箱的功用，掌握双向多片式摩擦离合器和制动器的功用、调整方法和工作原理，了解其主轴结构特点以及主轴前端短圆锥法兰式结构特点，掌握主轴轴承调整的目的和调整方法，了解主轴箱变速操纵机构的工作原理。

掌握CA6140型卧式车床溜板箱的功用，掌握开合螺母机构、互锁机构的功用，掌握安全离合器的功用和调整方法，了解实现纵向、横向机动进给及快速移动的操纵机构。

能从结构方面分析CA6140型卧式车床常见的故障（如非正常停机（俗称闷车）、制动不灵、安全离合器打滑、刀架不进给等）产生的原因和解决办法。

了解回轮车床、转塔车床和立式车床的用途和特点。掌握各种车床性能比较。

4）掌握铣床的工艺范围、加工特点和应用场合。了解铣床的分类和各类铣床的用途。

掌握X6132型万能升降台铣床的布局和用途，掌握其典型加工方法和所需要的运动。掌握X6132型万能升降台铣床的机械传动系统分析方法，掌握其主运动、进给运动的传动及变速。掌握X6132型万能升降台铣床主要部件的结构。掌握分度头工作原理及常用分度方法。

5）掌握齿轮的加工方法和齿轮加工的机床类型。

熟练掌握滚齿机的滚齿原理，滚切直齿圆柱齿轮及螺旋齿圆柱齿轮时所需要的运动、传动联系和传动原理图。熟练掌握确定滚齿机滚刀转动方向、工件展成运动方向、工件附加转动方向和滚刀安装角的方向。

掌握Y3150E型滚齿机的传动系统及其调整计算，读懂其传动系统图，掌握传动系统分析和传动链的调整计算。掌握滚切直齿圆柱齿轮的传动链及其调整计算和滚切螺旋齿圆柱齿轮的传动链及其调整计算，掌握加工大质数直齿圆柱齿轮的原理和方法，掌握滚刀安装角及调整。

了解插齿机的工作原理、所需运动、传动联系和传动原理图。

了解磨齿机的磨齿原理及所需运动，包括成形法的磨齿原理及所需的运动和展成法的磨齿原理及所需的运动。

了解锥齿轮加工机床的切齿原理及所需运动，了解弧齿锥齿轮铣齿机的传动原理图和工作过程，了解齿轮制造技术的发展动向。

6）掌握磨床的工艺范围、加工特点和应用场合。了解磨床的分类和各类磨床的用途。

掌握M1432A型万能外圆磨床的布局和用途，掌握其典型加工方法和所需要的运动。掌握M1432A型万能外圆磨床的机械传动系统，包括外圆磨削时的头架传动、砂轮传动，内圆磨削时的传动链、工作台的传动及砂轮架的横向进给运动；了解M1432A型万能外圆磨床主要部件的结构。掌握普通外圆磨床与万能外圆磨床在结构上的主要区别；掌握无心外圆磨床

的工作原理、磨削方式、特点与应用；掌握内圆磨床的功用、主要类型、磨削方式和运动；掌握平面磨床功用、主要类型、磨削方式和运动。

7）掌握钻床功用、主要类型以及各类钻床的主要特点和应用，掌握 Z3040 型摇臂钻床的布局、能实现哪几个方向运动。

掌握镗床的功用、主要类型以及各类镗床的主要特点和应用，特别是卧式铣镗床、坐标镗床。掌握卧式铣镗床能实现哪些运动；掌握坐标镗床的主要类型和它们的运动，了解坐标测量装置。

掌握刨床的功用、主要类型以及各类刨床的主要特点、运动和应用。了解插床的主要特点和应用。了解拉床的主要特点和应用。

掌握组合机床的组成及其特点，了解组合机床的工艺范围、配置形式、通用部件及其配套。

8）掌握数控机床的特点、工作原理以及开环控制、闭环控制和半闭环控制系统；掌握数控机床的组成及各组成部分的特点和作用。

了解数控车床的组成及用途、传动系统（主运动传动链、进给运动传动链、换刀传动链）和转塔刀架；了解车削中心的概念及特点。

了解加工中心机床的布局及组成、机床的运动及其传动系统（主运动传动链、伺服进给传动链、刀库圆盘旋转传动链）、主轴部件、刀库和换刀机械手。

9）了解特种加工设备的工作原理、加工范围。

2. 本课程与专业基础课程的衔接

“金属切削机床”课程主要介绍各类典型机床的传动系统和主要部件的结构，开设之前应开设“工程力学”“机械制图”“金属材料及热处理”“机械设计基础”“互换性与测量技术基础”“设备控制基础”“液压与气压传动”“金属切削刀具”等课程，后续应开设“机械制造工艺学”“机床夹具及应用”等课程，并开设相关的实训环节。

第三节　课程的学习方法

“金属切削机床”是一门专业课，其特点是涉及面广、实践性强、灵活性大，但各类机床的分析方法和步骤基本相同。它不仅要用到以前学过的“机械制图”“金属材料与热处理”“互换性与测量技术基础”“机械设计基础”“机械制造基础”等课程的有关知识，而且需要将基础知识综合运用。

由于金属切削机床同实际生产过程紧密相连，其理论是长期生产实践的总结。因此，学习中必须和生产实际相结合，牢固掌握基础知识，提高解决实际问题的能力。

学生学习本课程时，应**以运动为核心，以传动原理图、传动系统图、结构装配图为重点，以操作使用为目标**，综合训练机床操作、使用、调整、计算能力，培养发现问题、分析问题和解决问题的能力；通过实践和自学获取机床知识；密切注意机床领域的新技术发展动态，以求把基本理论和新技术联系起来。

第二章 2

金属切削机床概述

在国民经济各部门和人民的日常生产生活中，使用着各种各样的机器设备和仪器工具，这些机器设备和仪器工具由一定形状和尺寸的机械零件所组成。生产这些零件并把它们装配成为机器设备或仪器工具的工业称为机械制造工业，在机械制造工业中所使用的主要加工设备是机床。

机床是对金属、其他材料的坯料或工件进行加工，获得所要求的几何形状、尺寸精度和表面质量的机器。机床是制造机器的机器，这是机床区别于其他机器的主要特点，故生产机床的机床又称为“工作母机”或“工具机”。

机床主要分为：①金属切削机床，主要用于对金属进行切削及特种加工；②锻压机械，用于对坯料进行压力加工，如锻造、挤压和冲裁等。③木工机床，用于对木材进行切削加工。狭义的机床仅指使用最广、数量最多的金属切削机床，本教材主要讨论这类机床的结构特点、调整原理、使用及维护方法。

第一节　金属切削机床在国民经济发展中的地位和发展概况

金属切削机床（Metal Cutting Machine Tool）是采用切削、特种加工等方法，主要用于加工金属工件，使之获得所要求的几何形状、尺寸精度和表面质量的机器（便携式除外）。

金属切削机床常简称为机床（Machine tool）。

一、金属切削机床在国民经济中的地位

一般来说，要求精度高、表面粗糙度值较小的零件，都要在机床上用切削加工的方法经过几道或者几十道工序才能加工而成，由此可见机床在机械制造行业中占有极其重要的地位。机床设备占有相当大的比重，一般都在50%以上，所担负的工作量占机器总制造工作的40%～50%。机床是机械工业的基本生产设备，它的品种、质量和加工效率直接影响着其他机械产品的生产技术水平和经济效益。因此，机床工业的现代化水平和规模，以及所拥有的机床数量和质量是一个国家工业发达程度的重要标志之一。

机械制造工业担负着为国民经济建设提供现代技术装备的重要任务，必须超前为其他部门提供适合需要的先进技术装备。现代化的机械制造业必须有现代化的机床制造业作后盾。即使在科技飞速发展、信息产业异军突起的今天，世界各发达国家如美国仍对先进制造技术十分重视，将现代制造技术列为第一优先重点支持的领域。制造技术对科学发展起着基础保证作用，没有先进的仪器、装备等，许多科学研究和发现都是不可能的。这就要求机床工业部门不断提高技术水平，超前为各个机械制造厂提供先进的现代化机床，以保证制造技术的进步。所以，机床制造业在国民经济的现代化发展中起着至关重要的作用。

二、金属切削机床的发展概况

机床是在人类改造自然的长期斗争中产生，又随着社会生产的发展和科学技术的进步而不断发展、不断完善的。机床经历了漫长而又非常缓慢的发展进程。

人类很早就发明了钻床和木工机床。19～20 世纪，电动机的问世及齿轮传动的出现，使机床基本上具备了现代机床的形式。

后来，随着电子技术、计算机技术、信息技术、激光技术等的发展及其在机床领域中的广泛应用，机床具备了多样化、精密化、高效化、自动化的时代特征。

近年来，数控机床以其加工精度高、生产率高、柔性高、自动化程度高、适应中小批量生产的特点而日益受到重视。20 世纪 80 年代是数控机床开始大发展的时期，数控机床（包括加工中心）已成为当今机床发展的趋势。

由于中国历史上长期的封建统治及后来的帝国主义侵略和掠夺，在新中国成立之前，我国没有自己的机床制造业。新中国成立以后才开始改建及兴建了一批机床制造厂，开展各种机床的研究和制造工作。多年来，中国机床工业已形成了一个布局合理、产品门类齐全的完整体系，能够生产出从小型的仪表机床到重型机床的各类机床，从各种通用机床到各种精密、高效率、高自动化的专用机床和自动线，并已具有成套装备现代化工厂的能力，有些机床的性能已经接近世界先进水平。

1997 年，中国机床工业产值居世界第七位，占比达 4.6 %。在数控系统的开发与生产方面，通过“七五”引进、消化、吸收，“八五”攻关和“九五”产业化，国产系统已经初步占领国内市场，并在 20 世纪 80 年代批量进入市场，国外对中国限制的高档系统也已经被我们一一突破，国产数控机床的可控轴数可达 30、24 或 16，联动轴数可达 9 轴。

在现代机械制造技术中，数控机床是柔性制造系统（Flexible Manufacturing System，FMS）、计算机集成制造系统（Computer Intergrated Manufacturing System，CIMS）以及 CAD/CAM 的基础。因此可以说，数控机床是现代机床的典型代表。中国机床工业近年来取得的成绩是巨大的，但由于起步晚、底子薄，与世界先进水平比，还有较大差距。

1998 年，中国机床产量的数控化率为 7%，机床产值的数控化率 37%。普通型数控机床产量占数控机床总产量的 70%，普通型数控机床产值占全部数控机床产值的 86%。

从 2008 年机床行业统计数据来看，金属切削机床制造业资产占机床行业的比重达 54.14%，收入和利润也几乎占据整个机床行业一半的份额；其次是金属成形机床制造业、铸造机械制造业、其他金属加工机械制造的收入比重均在 10% 以上。

近几年，我国机床工具行业的发展速度以 15% 以上的年增长率运行，年销售额从 400 多亿元增加到 2000 多亿元，经过连续八年多的增长，我国机床工具行业在规模上已进入世界前三名。虽然还有这样或那样的不足，但我国机床工具行业已趋于成熟，今后的发展将是以创新、提升、优化为主要模式。可以说，我国机床工具行业已从一个以战略地位为主的基础性行业逐步发展为战略地位与经济地位并举的重要的基础性和支柱性产业。

我国是当今世界第一大机床消费国和进口国。在市场需求方面，国内汽车、钢铁、机械、电子、化工等一批以重工业为基础的高增长行业发展势头强劲，带动了对高效、高精度自动化制造设备的需求，机床工具行业进入高速增长的阶段。

随着机床市场的需求量不断增加，较高档次产品的需求量不断上升，成套成线产品的需求量不断提高，制造企业也增加迅猛，目前全国机床工具行业至少有 5 万家企业。

在进口方面，以2012年上半年为例，中国从日本、德国进口机床的数额合计已超过机床总量的60%，而从进口的机种来看，精密生产、高效高速的中高档数控机床需求明显增加，表现出我国机床需求结构已经发生了较大的改变。专家表示，预计未来五年内中国机床工具行业的复合增长率为25%～30%，其中中高端机床将成为增长的主力。

机床工具行业为航空航天、能源、汽车、轨道交通、军工等国家重点发展领域和战略性新兴产业提供高档数控机床（高速、精密、智能、复合数控金属切削机床，高效、精密电加工和激光加工等特种加工机床，金属成形机床等）；为机床制造企业提供高精度、高可靠性工作母机；为高性能功能部件、工具系统批量制造提供高档数控机床和专用设备；为国家重点发展领域提供急需的其他高性能机床、铸造机械、木工机床等先进加工机械、成套成线产品及应用软件；研制中高档数控机床急需的高速、高效、高精度、高可靠性功能部件和机床附件（双摆角数控万能铣头、滚珠丝杠副、滚动直线导轨副、主轴单元、刀库及自动换刀装置、数控刀架、数控回转工作台、数控平旋盘、动力卡盘、电永磁吸盘、高速防护装置、液压配套件等）；开发并制造全数字、开放式、高性能数控系统装置及伺服驱动装置，以及配套的伺服电动机、主轴电动机、电主轴组件、直线电动机、力矩电动机；发展高分辨率绝对式光栅尺和编码器，高可靠性、智能型机床电器及数显装置等，以及高精度、高效率、高可靠性和专用化的现代高效刀具（硬质合金刀具，超硬刀具，高性能高速钢刀具等）及工具系统。此外，在直接驱动技术研究、高速加工技术研究、精密加工技术研究、多轴联动与复合加工技术研究、智能化技术开发、网络制造技术应用等方面也应重点发展。

国家把发展机床工具行业提高到前所未有的战略高度，在政策上给予大力支持，从国家产业规划到财政、税收优惠政策都做出了明确的要求。

第二节　金属切削机床的分类与型号编制

中国已经形成门类齐全、品种规格众多的机床工业体系。为了便于金属切削机床设计、开发、制造和管理使用，需要有一套科学合理的分类与型号编制的方法。

目前，金属切削机床的分类与型号编制已较为规范。而对数控机床，为进一步了解其特性，还可以从不同的角度进行分类说明。

一、金属切削机床的分类

按加工对象可将机床分为通用机床、专门化机床和专用机床。通用机床是指可加工多种工件、完成多种工序、使用范围较广的机床；专门化机床是指用于加工形状相似而尺寸不同的工件上特定工序的机床；专用机床是指用于加工特定工件的特定工序的机床。按机床的精度等级标准，可将机床分为普通机床、精密机床和高精度机床三种。根据GB/T 15375—2008《金属切削机床　型号编制方法》，按机床的工作原理不同，把机床分为11大类：车床、铣床、钻床、镗床、齿轮加工机床、螺纹加工机床、磨床、刨插床、拉床、锯床和其他机床，见表2-1。该机床型号编制方法不包括组合机床和特种加工机床。

磨床的种类因为很多，所以该类又分为M、2M、3M，读音是磨、二磨、三磨。

除上述基本分类方法外，还可按照机床使用的万能性程度、加工精度、自动化程度、主轴数目、机床重量等进行分类，而且随着机床的不断发展，其分类方法也将不断发展。

表 2-1 机床分类及代号

类别	车床	钻床	镗床	磨床	齿轮加工机床	螺纹加工机床	铣床	刨插床	拉床	锯床	其他机床
代号	C	Z	T	M	Y	S	X	B	L	G	Q
读音	车	钻	镗	磨	牙	丝	铣	刨	拉	割	其

二、金属切削机床型号的编制方法

机床的型号是一个代号，用以表示机床的类型、主要技术参数、使用及结构特性等。国家标准的《金属切削机床 型号编制方法》规定通用机床型号的表示方法如下：

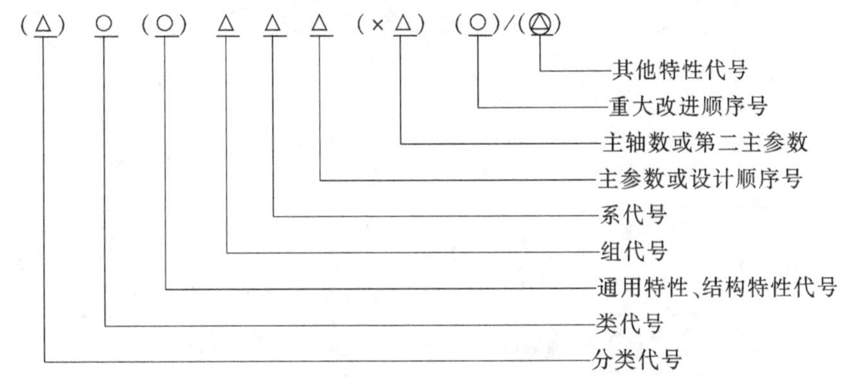

“( )”内的代号或数字，若无内容则不表示，若有内容时则不带括号；“○”符号为大写的汉语拼音字母；“△”符号为阿拉伯数字；“◎”符号为大写的汉语拼音字母，或阿拉伯数字，或两者兼有之。

1. 机床的类代号

机床的分类及代号见表 2-1。

2. 通用特性代号

机床的通用特性代号见表 2-2。机床具有表中所表示的某种通用特性时，在类代号之后加上相应的通用特性代号，如 CM6132 型精密卧式车床型号中的“M”表示通用特性为“精密”。

表 2-2 机床通用特性及代号

通用代号	高精度	精密	自动	半自动	数控	仿形	加工中心（自动换刀）	轻型	加重型	柔性加工单元	数显	高速
代号	G	M	Z	B	K	F	H	Q	C	R	X	S
读音	高	密	自	半	控	仿	换	轻	重	柔	显	速

为了区别主参数相同而结构、性能不同的机床，在型号中用汉语拼音字母的大写区分。通用特性用过的字母以及 I、O 两字母不能用作结构特性代号。

3. 机床的类、组、系代号

机床的类、组代号见表 2-3。

每类机床分为 10 组，每组又分为 10 系。机床的组、系代号用两位阿拉伯数字分别表示，第一位数字表示组别，第二位表示系别，位于类代号或通用特性代号（或结构特性）

表 2-3　金属切削机床类、组代号

类别＼组别	0	1	2	3	4	5	6	7	8	9
车床 C	仪表小型车床	单轴自动车床	多轴自动、半自动车床	回转、转塔车床	曲轴及凸轮轴车床	立式车床	落地及卧式车床	仿形及多刀车床	轮、轴、辊、锭及铲齿车床	其他车床
钻床 Z		坐标镗钻床	深孔钻床	摇臂钻床	台式钻床	立式钻床	卧式钻床	铣钻床	中心孔钻床	其他钻床
镗床 T			深孔镗床		坐标镗床	立式镗床	卧式铣镗床	精镗床	汽车、拖拉机修理用镗床	其他镗床
磨床 M	仪表磨床	外圆磨床	内圆磨床	砂轮机	坐标磨床	导轨磨床	刀具刃磨床	平面及端面磨床	曲轴、凸轮轴、花键轴及轧辊磨床	工具磨床
磨床 2M		超精机	内圆珩磨机	外圆及其他珩磨机	抛光机	砂带抛光及磨削机床	刀具刃磨及研磨机床	可转位刀片磨削机床	研磨机	其他磨床
磨床 3M		球轴承套圈沟磨床	滚子轴承套圈滚道磨床	轴承套圈超精机		叶片磨削机床	滚子加工机床	钢球加工机床	气门、活塞及活塞环磨削机床	汽车、拖拉机修磨机床
齿轮加工机床 Y	仪表齿轮加工机		锥齿轮加工机	滚齿及铣齿机	剃齿及珩齿机	插齿机	花键轴铣	齿轮磨齿机	其他齿轮加工机	齿轮倒角及检查机
螺纹加工机床 S				套丝机	攻丝机		螺纹铣床	螺纹磨床	螺纹车床	
铣床 X	仪表铣床	悬臂及滑枕铣床	龙门铣床	平面铣床	仿形铣床	立式升降台铣床	卧式升降台铣床	床身铣床	工具铣床	其他铣床
刨插床 B		悬臂刨床	龙门刨床			插床	牛头刨床		边缘及模具刨床	其他刨床
拉床 L			侧拉床	卧式外拉床	连续拉床	立式内拉床	卧式内拉床	立式外拉床	键槽、轴瓦及螺纹拉床	其他拉床
锯床 G			砂轮片锯床		卧式带锯床	立式带锯床	圆锯床	弓锯床	锉锯床	
其他机床 Q	其他仪表机床	管子加工机床	木螺钉加工机		刻线机	切断机	多功能机床			

之后。在同一类机床中，主要布局或使用范围基本相同的机床为同一组。在同一组机床中，其主参数相同、主要结构及布局形式相同，即为同一系。例如，CA6140 型卧式车床型号中的“61”，说明它属于车床类 6 组、1 系。

4. 主参数或设计顺序号

主参数用折算值（主参数乘折算系数）表示，位于系代号之后。某些通用机床，当无法用一个主参数表示时，在型号中用设计顺序号表示。设计顺序号由 01 开始。

各种型号的机床，其主参数的折算系数可以不同，具体折算系数参见表 2-4。

表 2-4　常见机床主参数折算系数

机床名称	主参数名称	主参数折算系数
卧式车床 常用自动车床、转塔车床 立式车床	床身上最大工件回转直径 最大棒料直径或最大车削直径 最大车削直径	1/10 1 1/100
立式钻床、摇臂钻床 卧式镗铣床	最大钻孔直径 主轴直径	1 1/10
牛头刨床、插床 龙门刨床	最大刨削或插削长度 工作台宽度	1/10 1/100
卧式及立式升降台铣床 龙门铣床	工作台工作面宽度 工作台工作面宽度	1/10 1/100
外圆磨床、内圆磨床 平面磨床 砂轮机	最大磨削外径或孔径或回转直径 工作台面的宽度或直径 最大砂轮直径	1 或 1/10 1/10 1/10
常用齿轮加工机床	(大多数是)最大工件直径	1/10 或 1/100

5. 主轴数和第二主参数

① 对于多轴车床、多轴钻床等机床，其主轴数应以实际数值标于型号中主参数之后，并“×”分开，读作“乘”。

② 第二个主参数一般不予表示，如有特殊情况需在型号中表示时，应按一定手续办理审批。凡第二个主参数属于长度、深度等值的折算系数为 1/100；凡属直径、宽度等值的折算系数为 1/10；最大模数、厚度等以实际值列入型号。

6. 重大改进顺序号

当机床的性能及结构有更高要求，并按新产品重新设计、试制和鉴定后，在原机床型号之后按 A、B、C 等字母顺序加入改进序号，以区别于原型号机床，如 C6140A 是 C6140 型卧式车床经过第一次重大改进的车床。

7. 其他特性代号

其他特性代号主要用以反映各类机床的特性，如：对一般机床，可反映同一型号机床的变型；对于数控机床，可用来反映不同的控制系统等；对于加工中心，可用来反映控制系统、自动交换主轴头、自动交换工作台等。其他特性代号在改进序号之后，用汉语拼音或阿拉伯数字表示，并用“/”分开，读作“之”。

8. 示例

例 1：最大磨削直径为 200mm 的外圆超精加工磨床，其型号为 2M1320。

例 2：加工最大棒料直径为 50mm 的六轴棒料自动车床，其型号为 C2150×6。

例 3：详细示例。

Z3040×12 型摇臂钻床。

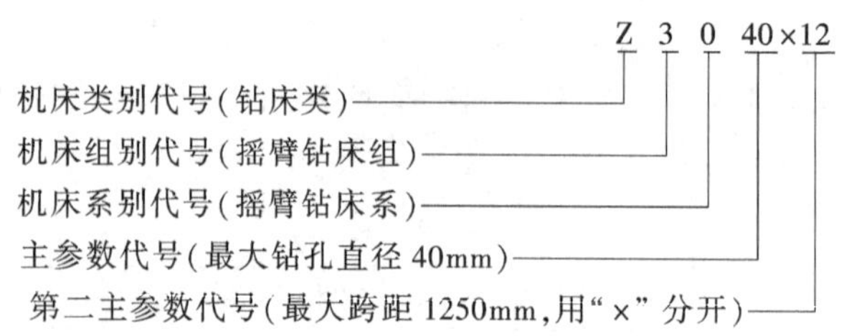

CM6132 型精密卧式车床。

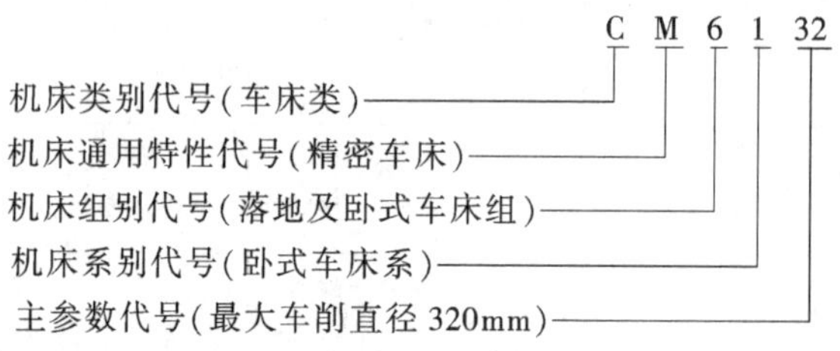

三、专用机床型号

(1) 专用机床型号表示方法　专用机床的型号一般由设计单位代号和设计顺序号组成，型号构成如下：

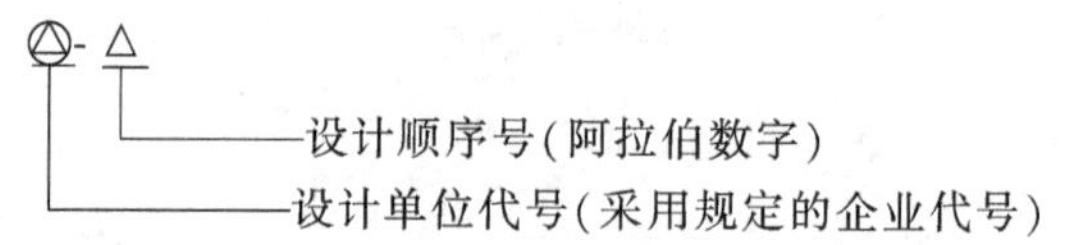

(2) 专用机床的设计单位代号　设计单位代号包括机床生产厂和机床研究单位代号(位于型号之首)。设计单位代号由北京机床研究所归口统一规定，一律按其对应的汉字首字读音确定。

(3) 专用机床的设计顺序号　专用机床的设计顺序号按该单位的设计顺序号排列，由 001 起始，位于设计单位代号之后，并用“-”隔开。

(4) 专用机床的型号示例

例 1：沈阳第一机床厂设计制造的第一种专用机床为专用车床，其型号为 SI-001。

例 2：上海机床厂设计制造的第 15 种专用机床为专用磨床，其型号为 H-015。

例 3：北京第一机床厂设计制造的第 100 种专用机床为专用铣床，其型号为 BI-100。

四、机床自动线代号

由通用机床或专用机床组成机床自动线，其代号为 ZX，(读作“自线”)，位于设计单位代号之后，并用“-”分开。机床自动线设计顺序号的排列与专用机床的设计顺序号相同，位于机床自动线代号之后。

机床自动线的型号表示方法如下：

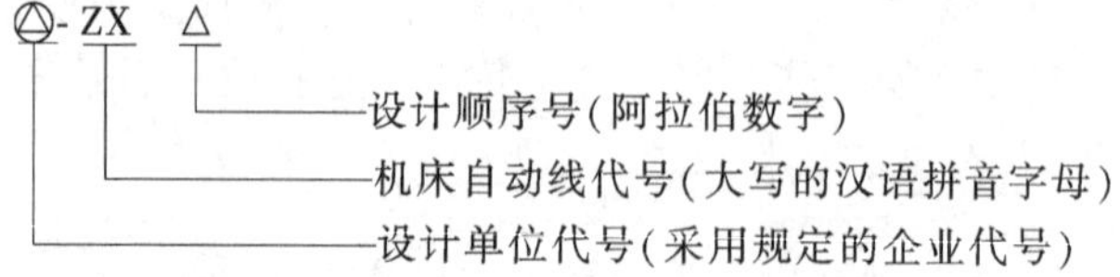

例如，北京机床研究所设计的第一条机床自动线，其型号为 JCS-ZX001。

五、金属切削机床的技术规格

每一类机床都应该能够加工不同尺寸的工件，所以它不可能只有一种规格。国家根据机

床的生产和使用情况，规定了每一种通用机床的主参数和第二主参数系列。现以卧式车床为例加以说明。

卧式车床的主参数是：在床身上的最大工件回转直径，有250mm、320mm、400mm、500mm、630mm、800mm、1000mm、1250mm八种规格；主参数相同的卧式车床往往又有几种不同的第二主参数——最大工件长度。例如，CA6140型卧式车床的床身上最大工件回转直径为400mm，而最大工件长度有750mm、1000mm、1500mm、2000mm四种。

卧式车床技术规格的内容除主参数和第二主参数外，还有刀架上最大回转直径、中心高（主轴中心至床身矩形导轨的距离）、通过主轴孔的最大棒料直径、刀架上最大行程、主轴内孔的锥度、主轴转速范围、进给量范围、加工螺纹的范围、电动机功率等。

机床的技术规格可以从机床的说明书中查出。了解机床的技术规格，对正确使用机床和合理选用机床都具有十分重要的意义。例如，当使用两顶尖进行加工或主轴上安装心轴和其他夹具时，需了解内孔锥度；当需要在主轴端安装卡盘、夹具时，需了解主轴端的外锥体或螺纹尺寸；当采用长棒料加工时，需了解最大加工棒料直径；当加工螺纹或确定切削用量时，要选择机床所具有的主轴转速和进给量，要考虑机床的电动机功率是否够用等。所以，只有结合机床的技术规格进行全面的考虑，才能正确使用和合理选用机床。

第三节　机床的基本运动

用机床进行加工的实质，就是使刀具与工件之间产生相对运动。虽然各种类型机床的具体用途和加工方法各不相同，但其基本工作原理是一样的，即通过刀具和工件之间的相对运动，切除工件毛坯上多余金属，形成一定形状、尺寸和质量的表面，从而获得所需的机械零件。因而加工需要什么运动，机床如何实现这些运动，是首先应讨论的问题。

机床的运动分析，就是研究在金属切削机床上的各种运动及其相互联系。机床运动分析的一般过程是：根据在机床上加工的各种表面和使用的刀具类型，分析得到这些表面的方法和所需的运动，再分析为实现这些运动机床必须具备的传动联系，实现这些传动联系的机构，以及机床运动的调整方法。这个次序可以总结为“表面—运动—传动—机构—调整”。

尽管机床品种繁多，结构各异，但其运动仍是几种基本运动类型的组合与转化。机床运动分析的目的在于，可以利用非常简便的方法迅速认识一台新型的机床，掌握机床的运动规律，分析或比较各种机床的传动系统，合理地使用机床和正确设计机床的传动系统。

一、概述

机械零件的表面形状多种多样，而构成其内外形轮廓的，主要是几种典型表面：平面、圆柱面、圆锥面以及各种成形面，其形成如图2-1所示。这些典型表面都属于线性表面，可经济地在传统通用机床上加工，且能较容易地达到所需要的精度要求。随着科学技术的不断发展，对工件表面加工精度的要求不断提高，尤其是一些工件表面形状越来越复杂，有些复杂曲线或曲面还需用数学模型描述。

图2-1中，标号为1的线为母线（发生线），标号为2的线为导线（发生线）。切削加工时母线或导线的形成方法多种多样，按所用刀具的结构和切削刃形状及加工原理不同，可归纳为以下基本方法：成形法、展成法、相切法和轨迹法。

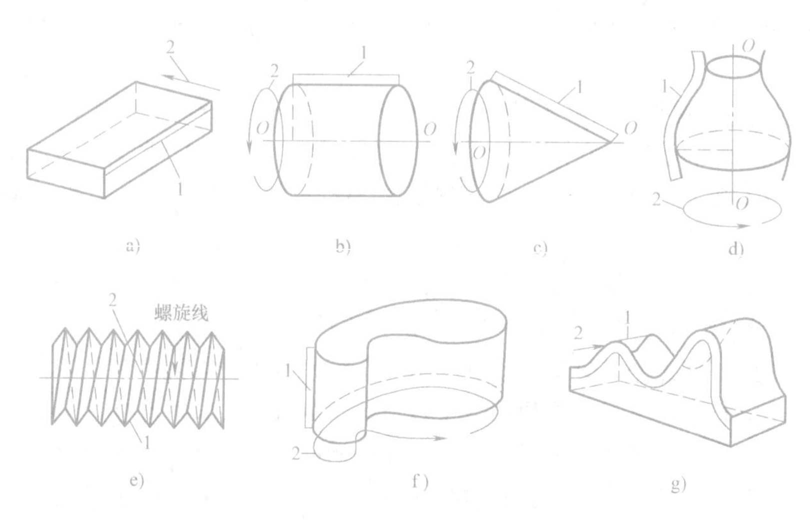

图 2-1　各类典型表面的形成

a）平面　b）圆柱面　c）圆锥面　d）、e）、f）、g）成形面

1—母线　2—导线

1. 工件的表面形状

在切削加工过程中，安装在机床上的刀具和工件按一定的规律做相对运动，通过刀具的切削刃对工件毛坯的切削作用，把毛坯上多余的金属切除掉，从而得到所要求的表面。尽管机器零件各种各样，但其常用的组成表面仍是平面、圆柱面、圆锥面、球面、圆环面、螺旋面成形表面等基本表面元素，如图 2-2 所示。

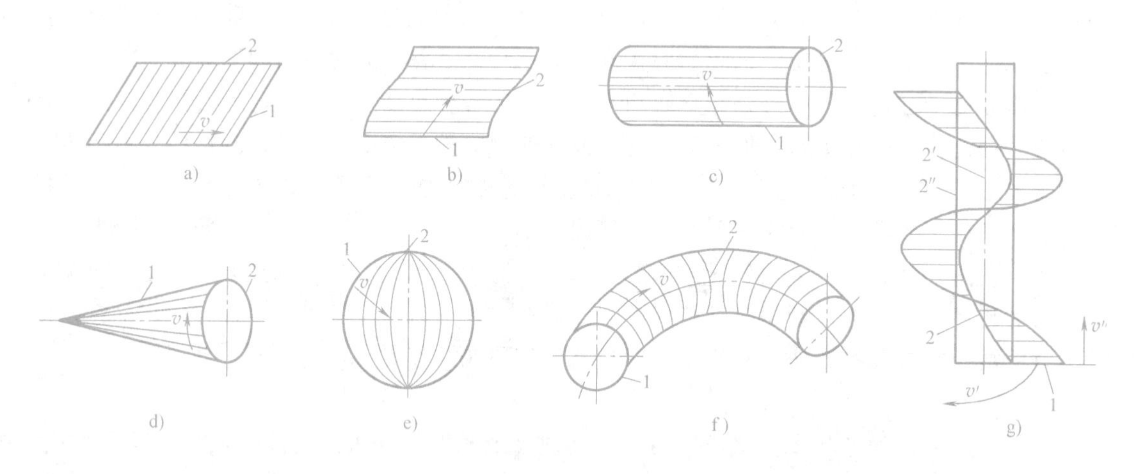

图 2-2　组成工件轮廓的常用几何表面

a）平面　b）直线成形表面　c）圆柱面　d）圆锥面　e）球面　f）圆环面　g）螺旋面

1—母线　2、2′、2″—导线

2. 工件表面的形成方法

任何规则表面都可以看作是一条线 1（称为母线）沿着另一条线 2（称为导线）运动的轨迹。母线和导线统称为形成表面的发生线，如图 2-2 所示。如果形成表面的两条发生线——母线和导线互换，形成表面的性质不改变，则这种表面称为可逆表面，如图 2-2a ~ c

所示。如果形成表面的母线和导线不可以互换，则这种表面称为不可逆表面，如图 2-2d ~ g 所示。还要注意，虽然有些表面的两条发生线完全相同，但因母线的原始位置不同，也可形成不同的表面，如图 2-3 所示。

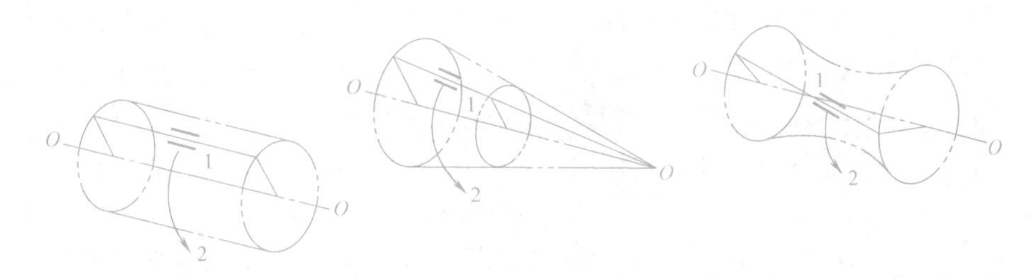

图 2-3　母线原始位置变化时形成不同的表面

1—母线　2—导线

3. 形成发生线的方法及所需运动

发生线是由刀具的切削刃和工件的相对运动得到的。由于使用的刀具切削刃形状和采取的加工方法不同，形成发生线的方法可归纳为四种，以形成图 2-4 中一段圆弧（发生线 2）为例说明如下：

（1）成形法　如图 2-4a 所示，成形法是利用成形刀具对工件进行加工的方法。切削刃为切削线 1，它的形状与需要形成的发生线 2 完全吻合，刀具无须任何运动就可以得到所需的发生线形状，因此形成发生线 2 不需运动。

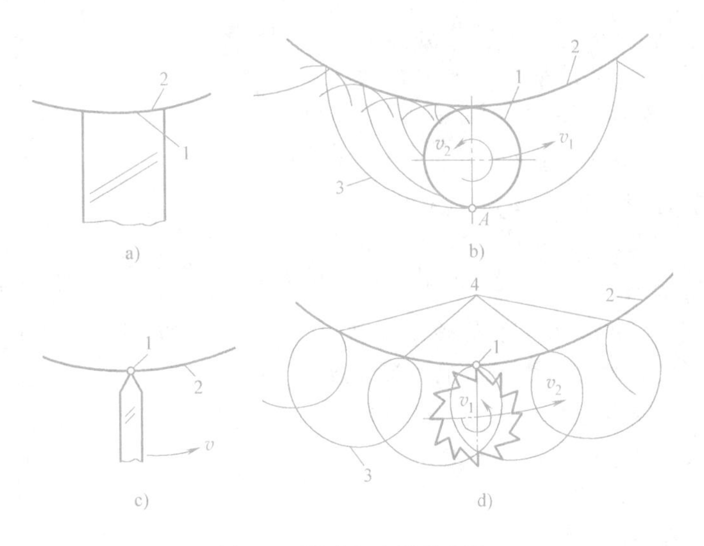

图 2-4　形成发生线的方法

a）成形法　b）展成法　c）轨迹法　d）相切法

1—切削刃　2—发生线　3—切削刃上某点的运动轨迹　4—切点

（2）展成法　如图 2-4b 所示，展成法是利用工件和刀具做展成切削运动而进行加工的方法，切削刃为切削线 1，它的形状与需要形成的发形成线 2 相切，切削线 1 与发生线 2 彼此做无滑动的纯滚动，切削线 1 在切削过程中连续位置形成的包络线就是发生线 2。曲线 3 是切削刃上某点 A 的运动轨迹。在形成发生线 2 的过程，或者仅由切削刃 1 沿着由它生成的发生线 2 做纯滚动，或者切削刃 1 和发生线 2（工件）共同完成复合的纯滚动，这种运动称为展成运动。用展成法形成发生线需要一个成形运动（展成运动）。齿轮加工机床大多采用展成法形成渐开线。

（3）轨迹法　如图 2-4c 所示，轨迹法是利用刀具做一定规律的轨迹运动对工件进行加工的方法，切削刃与发生线 2 为点接触（切削点 1），切削刃按一定轨迹运动形成所需的发生线 2。用轨迹法形成发生线需要一个成形运动。

（4）相切法　如图 2-4d 所示，相切法是利用旋转中心按一定轨迹运动的旋转刀具对工件进行加工的方法，在垂直于刀具旋转轴线的端面内，切削刃可看作切削点 1，刀具做旋转运动的同时，其中心按一定规律运动，切削点 1 的运动轨迹（如图 2-4d 中的曲线 3）的公切线就是发生线 2。图中点 4 就是刀具上的切削点 1 的运动轨迹与工件的各个切点。因为这种加工方法用的刀具一般是多齿刀具，有多个切削点，所以发生线 2 就是刀具上所有的切削点在切削过程中共同形成的。用相切法得到发生线，需要两个独立的成形运动，即刀具的旋转运动和刀具中心按所需规律进行的运动。

二、工作运动

在各类表面的加工中，机床为实现加工所必需的刀具与工件间的相对运动称为工作运动。工作运动包括主运动和进给运动。

形成某种形状表面时机床所需提供的成形运动的形式和数目取决于采用的加工方法和刀具结构。

成形运动按其组成情况不同，可分为简单的和复合的两种。如果一个独立的成形运动是由单独的旋转运动或直线运动构成的，则称此成形运动为简单成形运动。例如，用外圆车刀车削圆柱面时（图 2-5a），工件的旋转运动 B 和刀具的直线移动 A 就是两个简单成形运动；外圆磨床磨削圆柱面时（图 2-5b），工件的旋转运动 B_2 和直线移动 A'、砂轮的旋转运动 B_1 也是简单成形运动。如果一个独立的成形运动是由两个或两个以上的旋转或直线运动按照某种确定的运动关系组合而成的，则称此成形运动为复合成形运动，简称复合运动。例如，车削螺纹时或车削成形表面的成形运动，如图 2-6 所示。

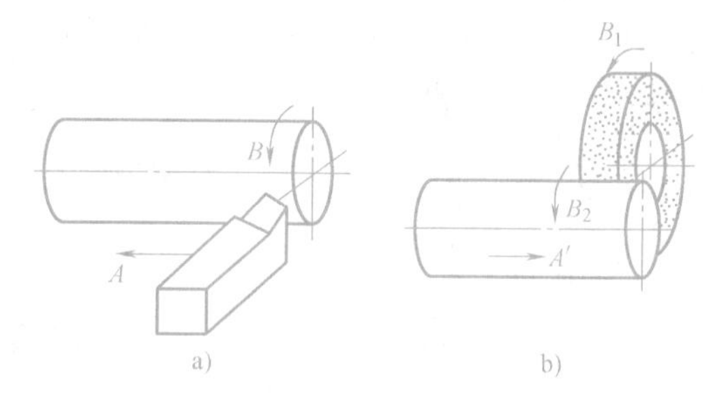

图 2-5　简单成形运动

a）车刀车削圆柱面　b）外圆磨床磨削圆柱面

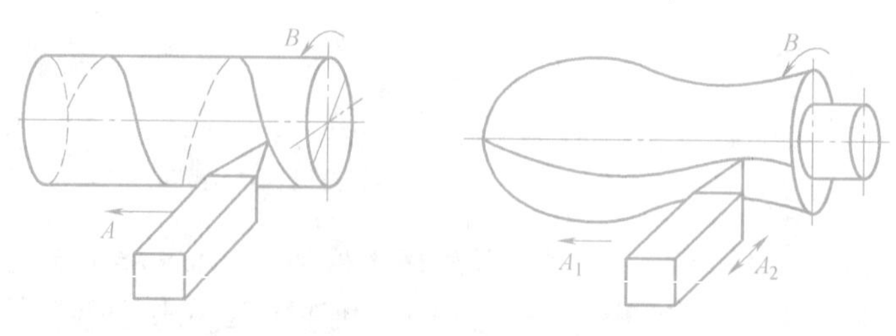

图 2-6　复合成形运动

例如加工螺纹时，为简化机床结构和较易保证精度，通常将形成螺旋线所需的刀具和工

件之间的相对运动分解为工件的等速旋转运动 n 和刀具的等速直线移动 f。n 和 f 彼此不能独立，它们之间必须保持严格的运动关系，即工件每转一转时，刀具直线移动的距离应等于螺纹的导程，从而 n 和 f 这两个运动组成一个复合运动。

成形运动按其在切削加工中所起的作用，又可分为主运动和进给运动，它们可能是简单的表面成形运动，也可能是复合的表面成形运动。

1. 主运动

主运动是形成机床切削速度或消耗主要动力的工作运动。主运动的速度高，消耗的功率大。例如，车床上工件的旋转、铣床上铣刀的旋转、磨床上砂轮的旋转、钻床和镗床上刀具的旋转、牛头刨床的刨刀及龙门刨床的工件直线往复移动等都是主运动。

对于旋转主运动，其主轴转速的单位用 r/min 表示；对直线往复主运动，其直线往复运动速度的单位以双行程/min 表示。

2. 进给运动

进给运动是使工件的多余材料不断被去除的工作运动。进给运动的速度较低，消耗的功率也较小。例如，车床刀具相对于工件做纵向直线运动、横向直线运动，卧式铣床工作台带动工件相对于铣刀做纵向直线运动、横向直线运动等都是进给运动。进给运动速度的单位用下列方法表示：

① mm/r，如车床、钻床、镗床等。

② mm/min，如铣床等。

③ 双行程/min，如刨床等。

任何一种机床，必定有且通常只有一个主运动，但进给运动可能有一个或几个，也可能没有。例如拉削加工，它是用拉刀加工内、外成形表面的一种加工方法，如图 2-7 所示，拉刀是多齿刀具，拉削时利用拉刀上相邻刀齿的尺寸变化来切除加工余量，使被加工表面一次成形，因此拉床只有主运动，无进给运动，进给量是由拉刀的齿升量来实现的。

例 用齿轮滚刀加工直齿圆柱齿轮齿面（图 2-8）。

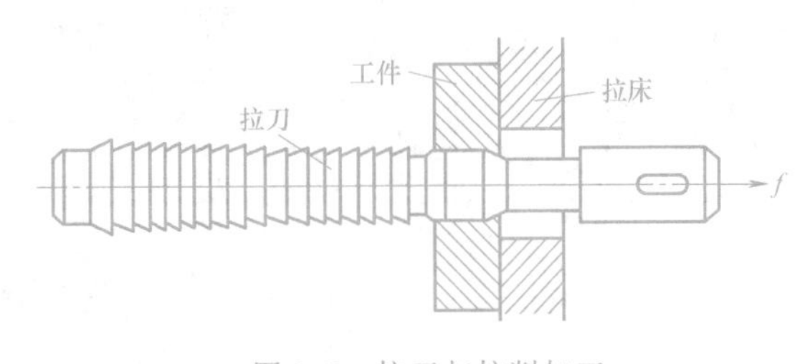

图 2-7 拉刀与拉削加工

母线——渐开线，由展成法形成，需要一个复合的表面成形运动，可分解为滚刀旋转运动 B_{11} 和工件旋转运动 B_{12} 两个部分，B_{11} 和 B_{12} 之间必须保持严格的相对运动关系。

导线——直线，由相切法形成，需要两个独立的成形运动，即滚刀旋转运动和滚刀沿工件轴向移动 A_1。其中滚刀的旋转运动与展成运动的一部分 B_{11} 重合，所以形成表面所需的成形运动的总数只有 2 个，一个是复合运动（B_{11} 和 B_{12}），另一个是简单运动（A_1）。

三、辅助运动

机床在加工过程中，刀具与工件除工作运动以外的其他运动称为辅助运动。

通常，仅靠工作运动只能使被加工表面获得一个轮廓形状，不一定能一次达到尺寸精度及表面质量的要求。因此，机床常常需要一再重复表面成形运动，这就需要机床有一系列的辅助运动，如刀具的接近工件、刀具沿切削深度方向的进给、刀具退离工件、快速退回起始位置等运动。另外，为了使刀具与工件具有正确的相对位置的对刀运动，多工位工作台和多工位刀架的周期性转位，加工局部表面时的周期性分度运动等，也属于辅助运动。总之，机床上除工作运动外的所有运动，都是辅助运动。

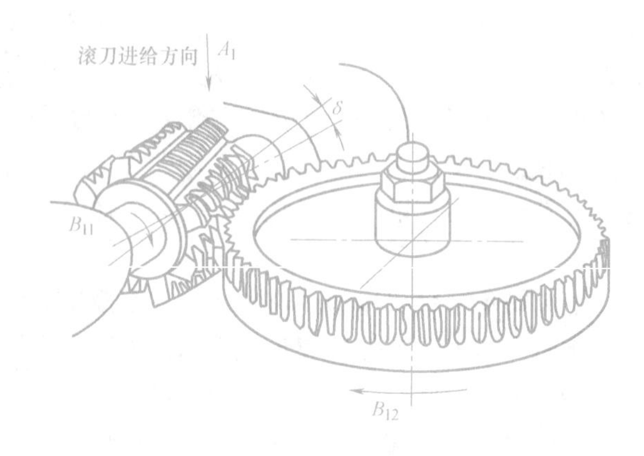

图 2-8　用齿轮滚刀滚切直齿圆柱齿轮

辅助动作的种类很多，主要包括各种空行程运动、切入运动、分度运动和操纵及控制运动等。机床越复杂、功能越多，辅助运动也越多。

辅助运动虽然并不参与表面成形过程，但对工件整个加工过程而言是不可缺少的，同时对机床的生产率和加工精度也有重大影响。

在描述一台机床的运动时，为了更方便地表达运动的方向，对普通机床常用纵向、横向和垂向表示运动的方向，如卧式车床沿主轴轴线方向的运动称为纵向运动，沿垂直于主轴轴线的径向方向运动称为横向运动；而在数控机床上，为方便加工程序的编制和使用，机床运动部件的运动是用坐标方向来表达的，如数控车床上称沿主轴轴线方向的运动为 Z 轴运动，而沿垂直于主轴轴线的径向方向运动称为 X 轴运动，如图 2-9 所示。

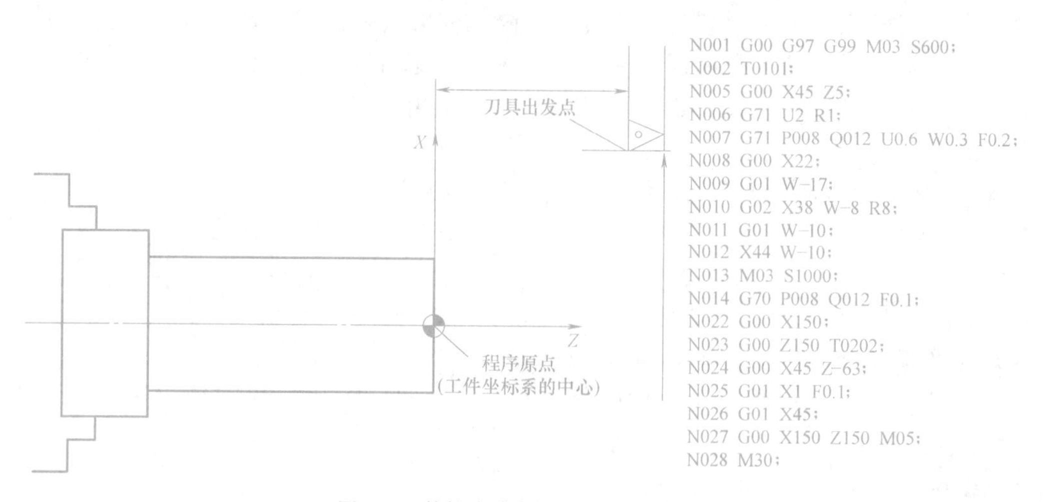

图 2-9　数控车床加工坐标及程序单

第四节　机床的传动系统

一、传动链

1. 传动链的组成

传动链是指由运动源、传动装置和执行件按一定的规律所组成的传动联系。机床加工过

程中所需的各种运动都是通过相应的传动链来实现的。

（1）运动源　运动源是给执行件提供动力和运动的装置。在通用机床上，一般采用三相异步电动机作为运动源。在数控机床上，多采用交流调速电动机和伺服电动机，这类电动机具有转速高、调速范围大、可无级变速等优点。

（2）传动装置　传动装置是传递运动和动力的装置，通过它把运动源的运动和动力传给执行件。通常，传动装置还需完成变速、变向、改变运动形式等任务，使执行件获得所需要的运动速度、运动方向和运动形式。通用机床上的传统交流异步电动机的变速能力有限，变速的主要任务都是由传动装置完成的，故所涉及的传动件多，传动系统较复杂。数控机床的变速、变向的任务主要是由新型的交流电动机完成的，因而传动装置一般较简单，但性能要求较高。传动装置一般有机械、液压、电气三种传动方式。

（3）执行件　执行件是执行机床运动的部件，如主轴、刀架、工作台等，其任务是带动工件或刀具完成一定形式的运动（旋转或直线运动），并保持其运动的准确性。

2. 传动链中的传动机构

传动链中通常包括两类传动机构，定比传动机构和换置机构。

（1）定比传动机构　传动比和传动方向固定不变的传动机构称为定比传动机构，如定比齿轮副、蜗杆副、丝杠螺母副等。

（2）换置机构　根据加工要求可变换传动比和传动方向的传动机构称为换置机构，如交换齿轮变速机构、滑移齿轮变速机构、离合器换向机构等。

二、传动原理及传动原理图

各种类型机床所需的成形运动是不同的，实现成形运动所采用的传动路线表达式和具体的传动机构更是多种多样，但成形运动主要是由简单运动和复合运动组成的，而不同机床上实现这两种运动的传动原理完全相同。所以，只要掌握了实现这两种运动的传动原理，其他类型机床的传动联系可依照此方法进行分析。

为了便于研究机床的传动联系，常用一些简单的符号把传动原理和传动路线表达式用图示的方法表示出来，这类图就称为传动原理图。图 2-10 所示为传动原理图中常用的一些符号。对于各类执行件，目前还没有统一的符号表示，一般采用较直观的简单图形来表示。

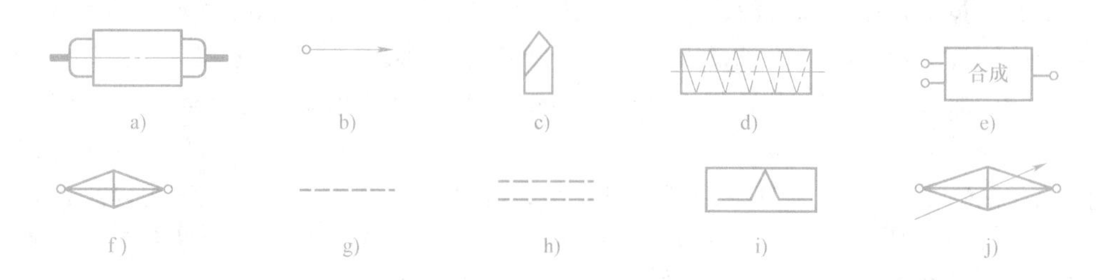

图 2-10　传动原理图中常用符号

a）电动机　b）主轴　c）车刀　d）滚刀　e）合成机构　f）传动比可变换的换置机构
g）传动比不变的机械联系　h）电的联系　i）脉冲发生器　j）快调换置机构—数控系统

构成一个传动联系的一系列传动件称为传动链。传动链按功用可以分为主运动传动链和进给运动传动链等，按性质可以分为外联系传动链和内联系传动链。

• 外联系传动链：联系运动源和机床执行件，使执行件运动，并能改变运动的速度和方向，但不要求运动源和执行件之间有严格的传动比关系。例如车削螺纹时，从电动机到车床主轴的传动链就是外联系传动链，它只决定车削螺纹的速度，不影响螺纹表面的成形。

• 内联系传动链：联系复合运动之内的各个分解部分。内联系传动链所联系的执行件相互之间的相对速度有严格的传动比要求，用来保证准确的运动关系。例如，在卧式车床上用螺纹车刀车螺纹时，联系主轴—刀架之间的螺纹传动链，就是一条传动比有严格要求的内联系传动链。再如用齿轮滚刀加工直齿圆柱齿轮时，为了得到正确的渐开线齿形，滚刀均匀地转 $1/K$ 转时（K 是滚刀头数），工件就必须均匀地转 $1/z$ 转（z 为齿轮齿数），联系滚刀旋转 B_{11} 和工件旋转 B_{12}（图 2-8）的传动链，必须保证两者的严格运动关系，否则就不能形成正确的渐开线齿形，所以这条传动链也是内联系传动链。由此可见内联系传动链中，各传动副的传动比必须准确不变，不应有摩擦传动或是瞬时传动比变化的传动件，如链传动。

1. 简单运动

对于由单独的旋转运动或直线运动实现的简单运动，只需有一条传动链，将运动源与相应执行件联系起来，便可获得所需运动，运动轨迹的准确性则靠主轴轴承与刀架、工作台等的导轨保证。例如，用圆柱铣刀铣削平面，需要铣刀旋转和工件直线移动两个独立的简单运动，图 2-11a 所示为其传动原理，用简单的符号表示具体的传动链，通过传动路线表达式“1—2—u_v—3—4”将运动源（电动机）和主轴联系起来，可使铣刀获得一定的转速和转向；通过传动链“5—6—u_f—7—8”将运动源和工作台联系起来，可使工件获得符合要求进给速度和方向的直线运动。利用换置机构 u_v 和 u_f 可以改变铣刀的转速、转向和工件的进给速度、方向，以适应不同加工条件的需要。上述这种联系运动源和执行件，使执行件获得一定速度和方向运动的传动链，称为外联系传动链。由此可见，机床上每一个简单运动都需要对应一条外联系传动链，每条传动链可以有各自独立的运动源，也可以几条传动链共用一个运动源。

2. 复合运动

复合运动通常是由保持严格运动关系的几个简单运动（旋转的和直线的）所组成的，所以必须要由传动链将实现这些简单运动的执行件联系起来，使其保持确定的运动关系。此外，为使执行件获得运动，还需有一条外联系传动链。例如，卧式车床在车圆柱螺纹时，需要一个复合的成形运动——刀具与工件间相对的螺旋线成形运动。这个运动可分解为两部分：工件的旋转 B 和车刀的纵向移动 A，如图 2-11b 所示，联系这两个单元运动的传动链“主轴—4—5—u_x—6—7—丝杠—刀架—刀具”是复合运动内部的传动链，所以是内联系传动链。这条传动链必须保持的严格运动关系是：工件每转一转，车刀准确地移动工件螺纹一个导程的距离。此外，这个复合运动还应有一个外联系传动链与动力源相联系，即传动链“电动机—1—2—u_v—3—4—主轴（工件）”。在内联系传动链中，利用换置机构可以改变工件和车刀之间的相对运动速度，以适应车削不同导程螺纹的需要。在外传动链中，换置机构用于改变整个复合运动的速度，或者说同时改变两个执行件的速度，但它们的相对运动关系不变。由于内联系传动链联系的是复合运动内部必须保持严格运动关系的两个运动部件，它决定着复合运动的轨迹，其传动比是否准确以及运动方向是否正确，会直接影响被加工表面

的形状精度。因此，内联系传动链中不能有传动比不确定或瞬时传动比变化的传动机构，如带传动、链传动和摩擦传动等。同时，调整内联系传动链的换置机构时，其传动比也必须有足够的精度。

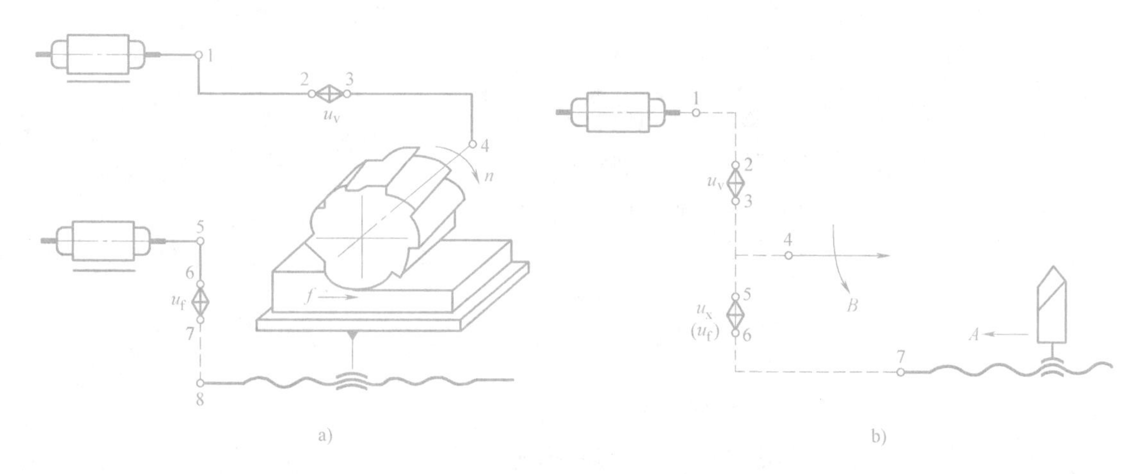

图 2-11　铣削平面与车削螺纹传动原理图

a）圆柱铣刀铣削平面的传动原理图　b）车削圆柱螺纹传动原理图

A—车刀的纵向移动　*B*—工件的旋转运动

车削螺纹运动链分析：

① 两端件：工件（主轴）、刀架（刀具）。

② 传动关系：1（r）、$P_{h工件}$（mm）。

③ 传动链：主轴—4—5—u_x—6—7—丝杠—刀架—刀具。

④ 运动平衡方程式

$$l_{主轴} \times u_x \times P_{h丝杠} = P_{h工件}$$

调整公式　$u_x \propto P_{h工件}$

⑤内联系传动链：两端件间应保持十分严格的传动关系，其作用是形成螺旋线的运动轨迹。

在卧式车床上车削圆柱面时，主轴的旋转 n 和刀具的移动 f 是两个互相独立的简单运动，不需保持严格的比例关系，两运动间比例的变化不影响表面的性质，只是影响生产率及表面粗糙度。两个简单运动可以分别通过自己的外联系传动链与动力源相联系，但在车床上完全可共用车螺纹传动链。

3. 数控车床的传动原理

数控车床的传动原理与卧式车床原则上相同，但传动链中变速方式有所不同。图 2-12 所示为数控车床的传动原理图，各传动链都由数控系统按程序指令统一协调、控制。车削圆柱面时，B_1 和 A_1 是两个独立的简单运动，系统通过主运动伺服模块和 Z 轴进给伺服模块可分别调整主轴转速和进给量，通过与 Z 轴进给电动机相连的脉冲编码器检测进给量，以实现反馈控制。车削螺纹时，主电动机脉冲发生器通过机械传动与主轴相联系，主轴每一转发出 N 个脉冲，主轴经数控系统与 Z 轴进给伺服模块联系起来，数控系统根据程序指令输出相应的脉冲信号，使 Z 轴电动机运转，再传动丝杠，使刀具做 Z 向螺纹进给运动，即主轴每转一转，刀架 Z 向移动一个导程。

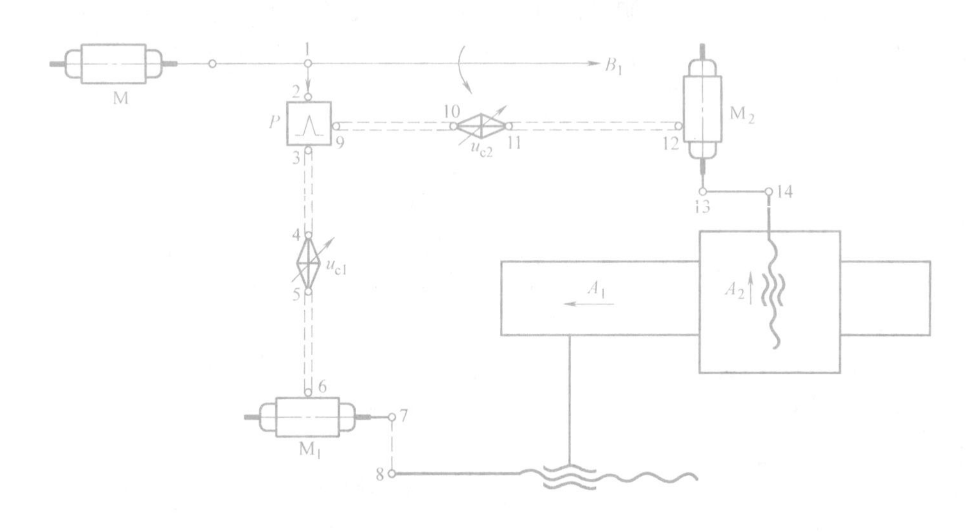

图 2-12　数控车床的传动原理图

M、M_1、M_2—电动机　P—脉冲发生器　u_{c1}—纵向快速调整换置机构　u_{c2}—横向快速调整换置机构

A_1—刀架纵向直线移动　A_2—刀具横向移动　B_1—主轴的转动

另外，在车削螺纹时，脉冲发生器还发出每转一个的基准脉冲信号，称为同步脉冲，作为保证螺纹车削中不产生乱牙的控制信号。因为在螺纹加工中，螺纹表面须经多次重复车削，为了保证螺纹不乱牙，数控系统必须控制螺纹刀具的切削相位，使刀具在螺纹上的同一切削点切入。

车削曲面时，成形运动的传动路线表达式是：f_1—系统—f_2，这是一条内联系传动链。数控系统按插补指令的要求及时调整传动链的传动关系，以保证刀尖沿要求的工件表面曲线运动，以获得所需表面形状，并使 f_1 与 f_2 合成线速度的大小基本不变。

三、传动系统及传动系统的表达

1. 传动系统

实现一台机床加工过程中全部成形运动和辅助运动的所有传动链，就组成了一台机床的传动系统。机床上有多少个运动，就有多少条传动链，根据每一执行件完成运动作用的不同，各传动链相应被称为主运动传动链、进给运动传动链等。

2. 传动系统的表达及传动比

通常可用 GB/T 4460—2013《机械制图　机构运动简图用图形符号》规定的常用机械元件符号（表 2-5）表示一台机床的传动系统，其图形称为机床的传动系统图，图 2-13 所示为卧式铣床的主运动传动系统图。

已知齿轮传动传动比公式为

按照图 2-13 所示齿轮的啮合位置，计算主轴的转速得

$$n = 1440\text{r/min} \times \frac{26}{54} \times \frac{16}{39} \times \frac{18}{47} \times \frac{19}{71} = 29.15\text{r/min}$$

$$\text{传动比 } u = \frac{\text{主动轮齿数乘积}}{\text{从动轮齿数乘积}} = \frac{n_{\text{从}}}{n_{\text{主}}}$$

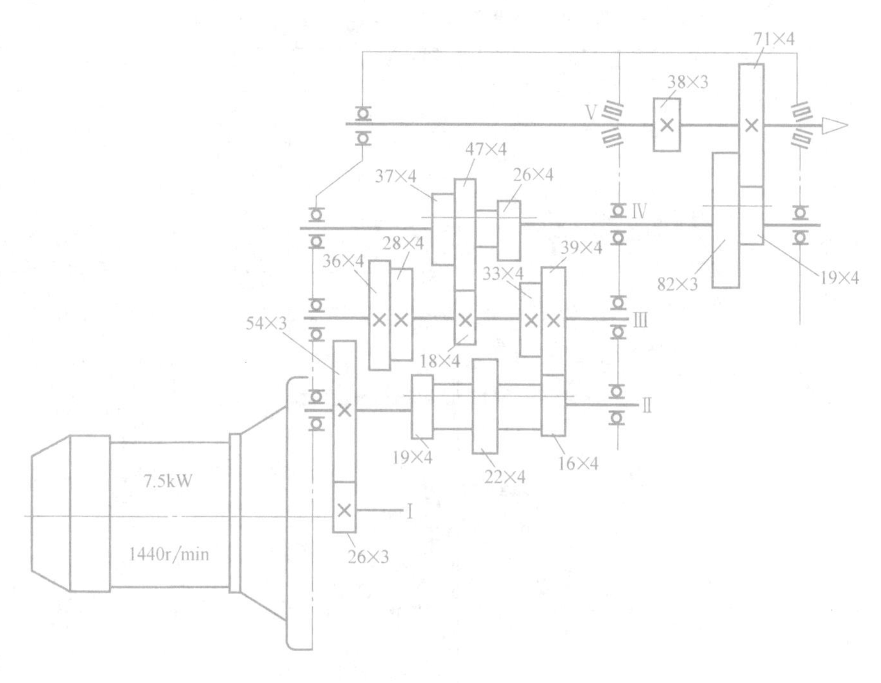

图 2-13 卧式铣床的主运动传动系统图

表 2-5 常用机械元件符号

名称	基本符号	名称	基本符号
轴、杆		滑动轴承	
滚动轴承		推力滚动轴承	
单向啮合式离合器		双向啮合式离合器	
双向摩擦离合器		双向滑动齿轮	
整体螺母螺杆转动		开合螺母螺杆传动	

（续）

名称	基本符号	名称	基本符号
平带传动	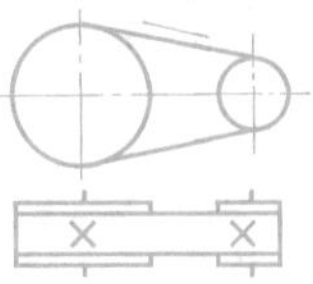	V带传动	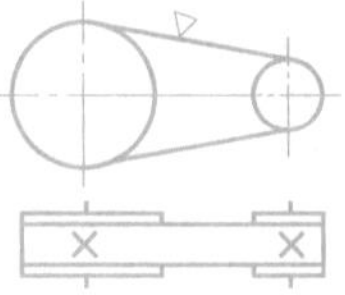
齿轮传动		蜗杆传动	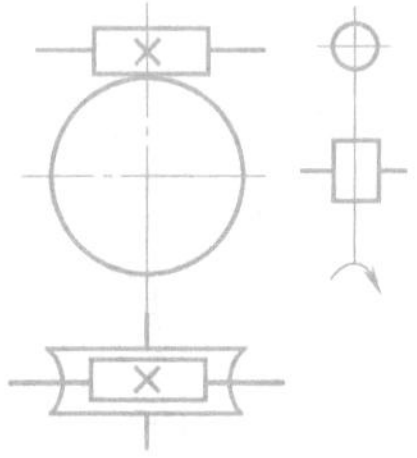
齿条传动	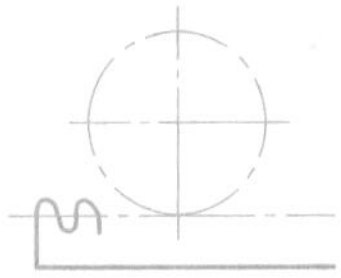	锥齿轮传动	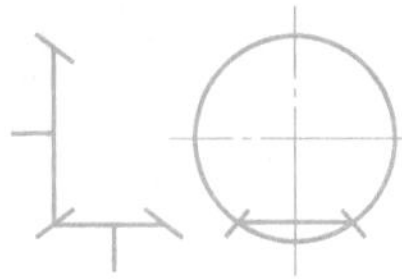

四、转速图与结构网

转速图与传动系统图一样，也是表达机床传动系统、分析传动链的重要工具，其图形如图2-14所示。转速图更直观地表明主轴的每一级转速是如何传动的，并表明各变速组之间的内在联系。转速图可以清楚地表示：传动轴的数目；主轴及各传动轴的转速级数、转速值及其传动路线表达式；各变速组的传动副数目及传动比数值等。转速图由“三线一点”组成。

（1）传动轴格线　间距相等的一组竖直线表示各传动轴，轴号用罗马数字表示。

（2）转速格线　间距相等的一组水平线表示转速的对数坐标。由于分级变速机构的转速一般是等比数列，故转速采用对数坐标，相邻两水平线之间的间隔为 $\lg\varphi$（其中 φ 为相邻两级转速中高转速与低转速之比，称为公比）。为了简单起见，转速图中省略了对数符号。

（3）转速点　传动轴格线上的圆圈（或圆点）表示该轴所具有的转速。

（4）传动线　传动轴格线间的转速点连线表示相应传动副的传动比，称为传动比连线，简称传动线。传动线的倾斜方向和倾斜程度表示传动比的大小。若传动线是水平的，表示等速传动，传动比 $u=1$；若传动线向右下方倾斜，表示降速传动，传动比 $u<1$；若传动线向右上方倾斜，表示升速传动，传动比 $u>1$。对于一定的公比，传动线的倾斜方向和所跨格数表示相应的传动比数值。

图2-14所示为某中型车床的主传动的转速图和传动系统图，可以看出，主轴转速范围为31.5r/min～1400r/min，公比 $\varphi=1.41$，转速级数 $Z=12$，电动机转速 $n=1440$r/min，除电动机外共有四根轴，分别用罗马数字Ⅰ～Ⅳ表示，每相邻的两根轴之间为一个变速组，用小写英文字母表示。

各变速传动组的传动比排列的规律：变速组中两大小相邻的传动比的比值称为级比，用符号 ψ 表示。级比一般写成 ψ 的 x 次方的形式，其中 x 为级比指数。

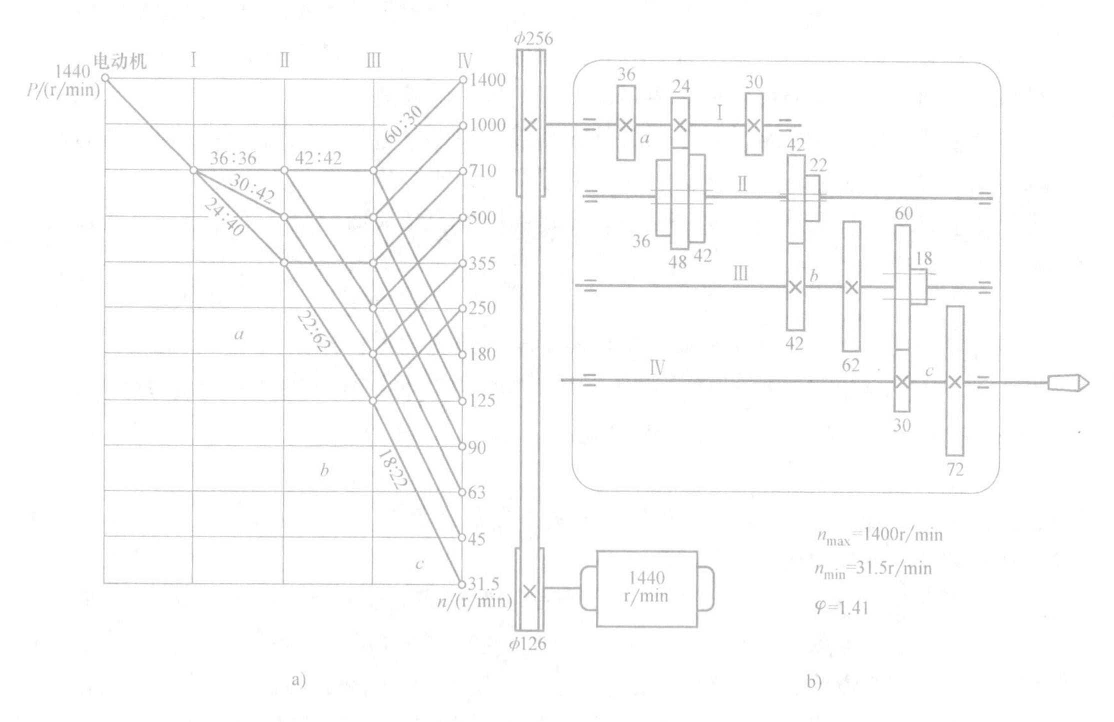

图 2-14　车床主传动的转速图与传动系统图

a）转速图　b）传动系统图

变速组 a 的级比

$$\psi_a=\frac{u_{a1}}{u_{a2}}=\frac{u_{a2}}{u_{a3}}=\varphi$$

变速组的变速范围是指变速组中最大传动比与最小传动比的比值，用 R 表示。

变速组 a 的变速范围

$$R_a=\frac{u_{a1}}{u_{a3}}=\varphi^2$$

传动系统最后一根轴的变速范围（或主轴的变速范围）应等于各传动组的变速范围的乘积，即

$$R_n=R_aR_bR_c\cdots$$

表示传动比的相对关系而不表示转速数值的线图称为结构网。结构网表示各传动组的传动副数和各传动组的级比指数，还可以看出其传动顺序和变速顺序。结构式表达的内容与结构网相同，一个结构式对应一个结构网。图 2-15 所示的结构网也可写成结构式 $12=3_1\times2_3\times2_6$。

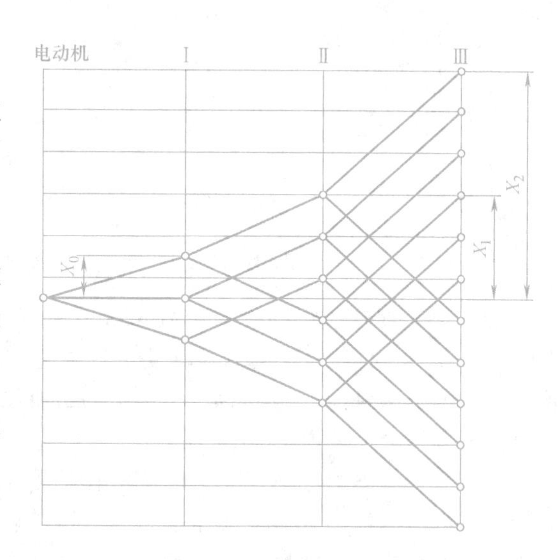

图 2-15　结构网

五、机床主传动系统机构设置及布局

金属切削机床是一种用切削方法加工金

属零件的工作机械。为保证切削的实现，机床需通过一定的传动方式和传动结构来实现切削所需要的一系列运动，恰当的传动方式和良好的传动结构是决定机床性能的重要方面。

机床主传动系统的布局可分成集中传动和分离传动两种类型。

主传动系统的全部变速结构和主轴组件集中装在同一个箱体内，称为集中传动布局；传动件和主轴组件分别装在两个箱体内，中间采用带传动或链传动，称为分离传动布局。

集中传动布局的机床结构紧凑，便于实现集中操控，且只用一个箱体，但传动结构运转中存在振动和热变形。

1. 变速机构

变速方式分为有级变速和无级变速。有级变速机构有下列几种：

① 滑移齿轮变速机构。这种变速机构广泛应用于通用机床和一部分专用机床中。

② 离合器变速机构。在离合器变速机构中应用较多的有牙嵌离合器、齿形离合器和摩擦片离合器。

③ 交换齿轮变速机构。这种变速机构的变速简单，结构紧凑，主要用于大批量生产的自动或半自动机床、专用机床及组合机床等。

(1) 滑移齿轮变速机构　图 2-16a 所示为三联滑移齿轮变速机构。轴上装有三个固定齿轮 z_1、z_2 和 z_3，三联滑移齿轮 z_1'、z_2' 和 z_3' 制成一体，并以花键与轴Ⅱ联接，当滑移齿轮块分别处于对应固定齿轮 z_1、z_2 和 z_3 啮合的左、中、右三个不同位置时，可将轴Ⅰ的一种转速变为轴Ⅱ的三种转速，达到变速的目的。机床常用的还有双联滑移齿轮变速机构和多联滑移齿轮变速机构。这种变速机构的特点是结构紧凑、传动效率高、变速方便、能传递很大的动力，但不能在运转过程中变速。

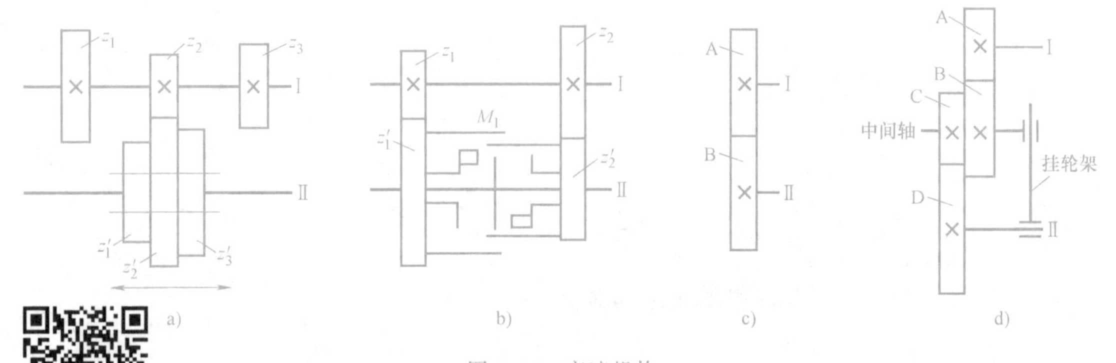

图 2-16　变速机构

a) 滑移齿轮变速机构　b) 离合器变速机构　c)、d) 交换齿轮变速机构

(2) 离合器变速机构　图 2-16b 所示为端面齿离合器变速机构。轴Ⅰ上装有两个固定齿轮 z_1、z_2，它们分别与空套在轴Ⅱ上的齿轮 z_1'、z_2' 相啮合。端面齿离合器 M_1 用花键与轴Ⅱ相连，由于两对齿轮啮合的传动比不同，所以当轴Ⅰ只有一种转速时，则当离合器 M_1 分别向左及右移动，依次与 z_1'、z_2'的端面齿啮合时，轴Ⅱ可得两种不同的转速。

离合器变速操纵方便，变速时不需移动齿轮，常用于螺旋齿圆柱齿轮变速，提高传动平稳性。若将端面齿离合器换成摩擦片离合器，就能在运转中变速。离合器变速组的各对齿轮经常处于啮合状态，磨损较大，传动效率低。它主要用于重型机床以及采用螺旋齿圆柱齿轮传动的变速机构（端面齿离合器），以及自动、半自动机床（摩擦片离合器）中。

(3) 交换齿轮变速机构　交换齿轮变速机构有采用一对交换齿轮和两对交换齿轮的两种结构。这种变速机构结构简单、紧凑，但变速费时。在图 2-16c 所示的一对交换齿轮变速机构中，只要在固定中心距的轴Ⅰ和轴Ⅱ上装上齿数和相同但传动比不同的齿轮副 A 和 B，就可由轴Ⅰ的一种转速得到轴Ⅱ的不同转速。变速机构刚性较好，常用于主传动中。在图 2-16d 所示的两对交换齿轮变速机构中，有一可绕轴Ⅱ摆动的交换齿轮架，交换齿轮架上套有可径向调整的中间轴，轴上空套 B 和 C 两个交换齿轮。轴Ⅰ上用键装有齿轮 A，轴Ⅱ上用键装有齿轮 D。当调整中间轴的径向位置先使 C、D 交换齿轮正确啮合后，再摆动交换齿轮架使 A、B 也正确啮合，即可将轴Ⅰ的运动传动到轴Ⅱ。当改变不同齿数的交换齿轮时，则能达到变速的目的。由于交换齿轮架上中间轴刚性较差，两对交换齿轮变速机构只用于进给运动以及要求保持准确运动关系的齿轮加工机床、自动和半自动车床中。

2. 变向机构

变向机构用来改变机床执行件的运动方向，常用的机械式变向机构有两种。图 2-17a 所示为滑移齿轮变向机构。轴Ⅰ上装有一个固定双联齿轮组 z_1、z_1'，且 $z_1 = z_1'$，轴Ⅱ上用键联接滑移齿轮 z_2，中间轴上装有一空套齿轮 z_0。图示中轴Ⅱ上滑移齿轮 z_2 有两个不同啮合位置，可使轴Ⅱ分别得到与轴Ⅰ相同或相反的运动方向。这种变向机构刚性好，多用于主传动中。

锥齿轮和端面齿离合器组成的变向机构如图 2-17b 所示。轴Ⅰ上装有固定锥齿轮 z_1，它直接传动空套在轴Ⅱ上的两个锥齿轮 z_2 和 z_3 以相反的方向旋转，如将花键联接的离合器 M 依次与 z_2 和 z_3 啮合，则轴Ⅱ可分别得到两个不同方向的运动。这种变向机构刚性比滑移齿轮变向机构差，主要用于进给传动或其他辅助传动中。

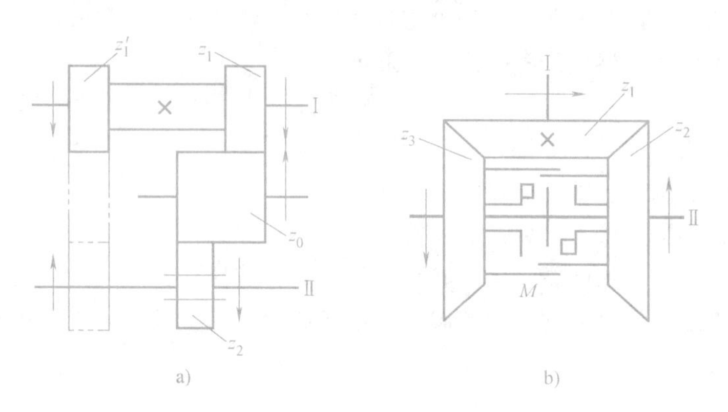

图 2-17　变向机构

a) 滑移齿轮变向机构　b) 锥齿轮和端面齿离合器组成的变向机构

3. 滑移齿轮的轴向布置

变速组的滑移齿轮一般布置在主轴上，为了避免同一滑移齿轮变速组内两对齿轮同时啮合，两个固定齿轮的间距应大于滑移齿轮的总宽度，即留有一定的间隙 Δ (1 ~ 2mm)，如图 2-18 所示。

(1) 变速机构内齿轮轴向位置的排列　如无特殊情况，应尽量缩小齿轮轴向排列尺寸。滑移齿轮的轴向位置排列通常有窄式和宽式两种，如图 2-19 所示，一般窄式排列轴向长度较小。

（2）缩小径向尺寸　为了减小变速箱的尺寸，既需缩短轴向尺寸，又要缩短径向尺寸，它们之间往往是相互联系的，应该根据具体情况考虑全局，恰当地解决齿轮布置问题。

（3）缩小轴间距离　在强度允许的条件下，尽量选取较小的齿数，并使齿轮的降速传动比大于1/4。这样，既缩小了本变速机构的轴间距离，又不妨碍其他变速机构的轴间距离。

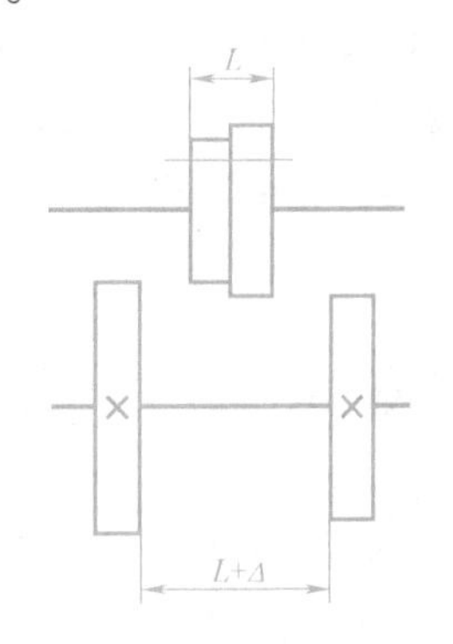

图2-18　滑移齿轮的轴向布置

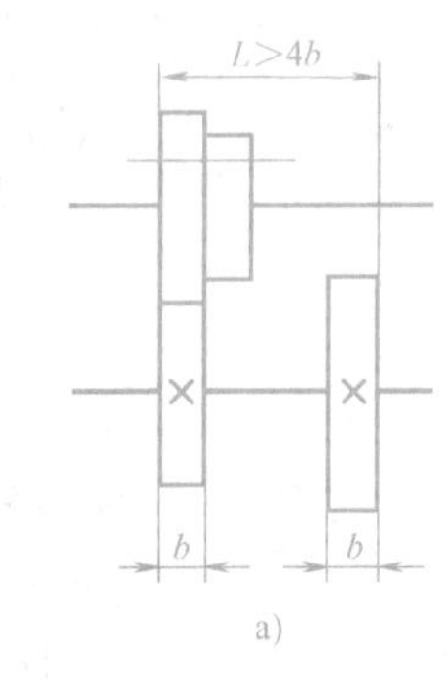

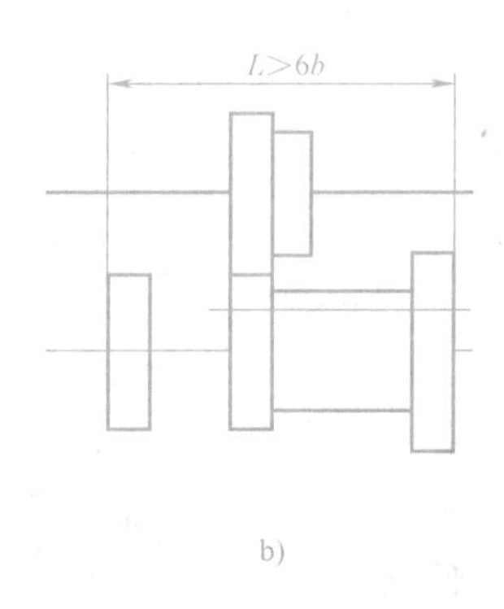

图2-19　双联滑移齿轮的轴向排列

a）窄式排列　b）宽式排列

4. 主传动的开停、制动装置

（1）主传动的开停装置　开停装置是用来控制主轴的起动与停止的机构，开停方式有直接开停电动机和离合器开停两种。当电动机功率较小时，可直接开停电动机；当电动机功率较大时，可以采用离合器开停实现主轴的起动和停止。

（2）主传动的制动装置　在装卸工件、测量被加工面尺寸、更换刀具及调整机床时，常希望机床主运动执行件尽快停止运动。所以主传动系统必须安装制动装置，一般可采用电动机反接制动、闸带制动、闸瓦制动。

5. 主传动的变速操纵装置

变速操纵装置是用来控制主轴的正转、反转的转动速度的，通过滑移齿轮的位置变化组合、交换齿轮的更换、离合器的结合与脱开、惰轮的接入与分离等方式，可达到改变机床主轴运转方向和转动速度的要求。

习题与思考题

1. 说出下列机床的名称和主要参数（第二参数），并说明它们各具有何种通用或结构特性：CM6132，Z3040×16，XK5040，MGB1432。

2. 举例说明什么是外联系传动链，什么是内联系传动链，其本质区别是什么，对这两种传动链有什么不同要求。

3. 转速图的各个线条所代表的含义是什么？

4. 按图2-20所示传动系统，试计算：

① 轴A的转速（r/min）。

② 轴A转一转时，轴B转过的转数。

③ 轴B转一转时，螺母C移动的距离。

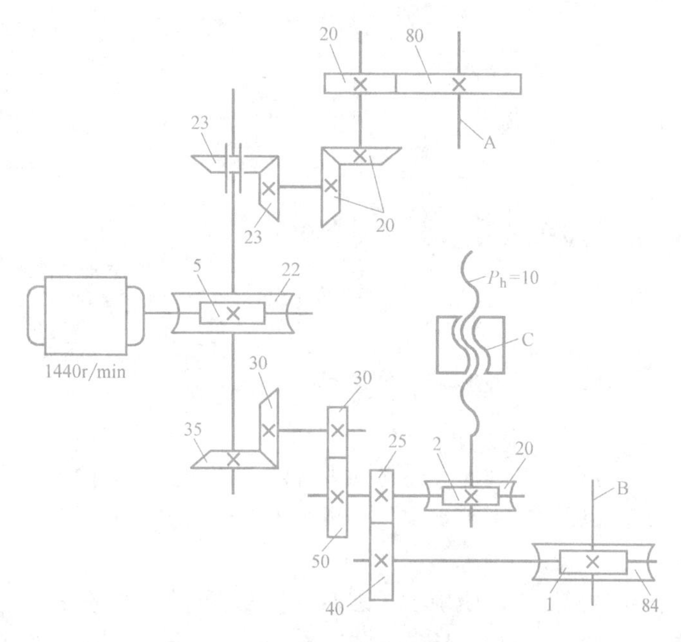

图 2-20　传动系统

3

第三章

车床及其应用

第一节　任务引入

车床主要用于加工各种回转表面，还能加工螺纹。从加工零部件的比例看，车床主要用来加工内外圆柱表面和螺纹，其中轴类零件和螺纹类零件又占很大比例。

任务一　轴类零件加工

轴类零件加工过程中，需要：明确加工表面的技术要求、工序分布、工序尺寸、切削用量、所用刀具；确定机床规格型号、计算机床运动参数、其他的调整计算工作。

任务二　螺纹类零件加工

螺纹类零件加工过程中，需要：明确加工表面的技术要求、工序分布、工序尺寸、切削用量、所用刀具；确定机床规格型号、计算机床运动参数、变速组的调整计算。

第二节　相关知识

一、车床的用途和组成

车床主要用于加工各种回转表面，如内外圆柱表面、内外圆锥表面、成形回转面和回转体端面等，有些车床还能加工螺纹。由于大多数机器零件都具有回转表面，车床的通用性又较广，因此车床的应用极为广泛，在金属切削机床中所占的比重最大，约占机床总数的20%～35%。

在车床上使用的刀具主要是各种车刀，有些车床上还可以使用各种孔加工刀具（如钻头、扩孔钻、铰刀等）和螺纹车刀。图3-1所示为卧式车床所能加工的典型表面。

车床的表面成形运动有主轴带动工件的旋转运动和刀具的进给运动。前者是车床的主运动，其转速常用n（r/min）表示。后者有几种情况：刀具既可做平行于工件旋转轴线的纵向进给运动（车圆柱面），又可做垂直于工件旋转轴线的横向进给运动（车端面），还可做与工件旋转轴线方向倾斜的运动（车削圆锥面），或做曲线运动（车成形回转面）。进给运动常用f（mm/r）表示。

车削螺纹时，只有一个复合的表面成形运动——螺旋运动，它分解为主轴的旋转运动和刀具的纵向移动两部分。

图3-2所示为CA6140型卧式车床组成，其主要组成部件有主轴箱1、刀架部件3、尾座5、床身6、溜板箱9、进给箱11等。

除卧式车床外，其他常用的车床类型有：马鞍车床、立式车床、转塔车床、单轴自动车

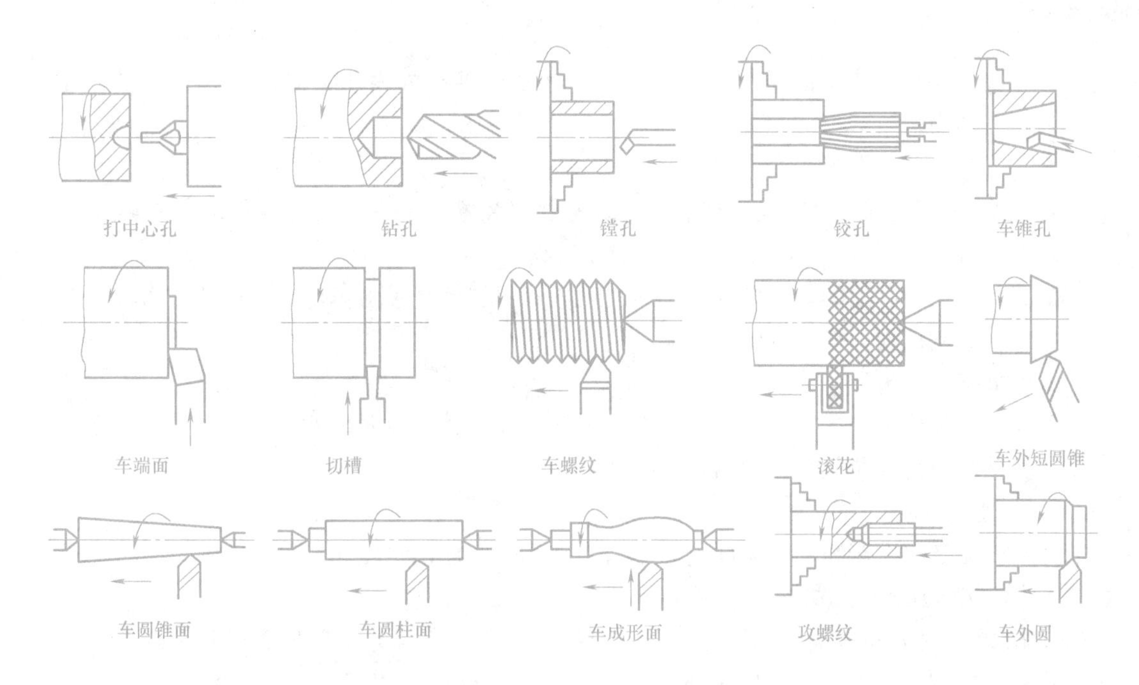

图 3-1　卧式车床所能加工的典型表面

床和半自动车床、仿形及多刀车床、数控车床和车削中心、各种专门化车床和大批量生产中使用的各种专用车床等。在所有车床类机床中，卧式车床应用最广。

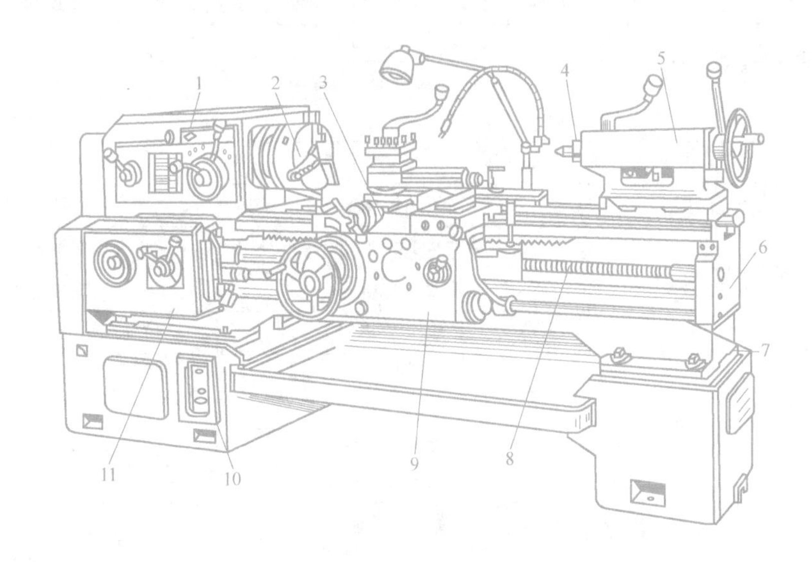

图 3-2　CA6140 型卧式车床组成

1—主轴箱　2—卡盘　3—刀架部件　4—后顶尖　5—尾座　6—床身　7—光杠　8—丝杠　9—溜板箱　10—底座　11—进给箱

1. 主轴箱

主轴箱 1 固定在床身左上部，其功能是支承主轴部件，并使主轴部件及工件以所需速度旋转。

2. 刀架部件

刀架部件 3 装在床身的导轨上，它可通过机动或手动方式使夹持在刀架上的刀具做纵向、横向或斜向进给运动。

3. 进给箱

进给箱 11 固定在床身左端前壁，其中装有变速装置，用以改变机动进给量或螺纹螺距。

4. 溜板箱

溜板箱 9 安装在刀架部件底部，它通过光杠或丝杠接受进给箱传来的运动，并将运动传给刀架部件，从而使刀架实现纵、横向进给或车螺纹运动。

5. 尾座

尾座 5 安装于床身尾座导轨上，可根据工件长度调整其纵向位置。尾座上可安装后顶尖以支承工件，也可安装孔加工刀具进行孔加工。

6. 床身

床身 6 固定在左床腿和右床腿上，用以支承其他部件，并使它们保持准确的相对位置。

二、CA6140 型卧式车床的传动系统

CA6140 型卧式车床的万能性好，适用于各种轴类、套筒类和盘类零件上回转表面的加工，加工范围较广，但它的结构复杂且自动化程度较低，常用于单件、小批生产。CA6140 型卧式车床的主要技术参数见表 3-1。

表 3-1　CA6140 型卧式车床的主要技术参数

技术参数名称		参数范围
工件最大回转直径/mm	床身上	400
	刀架上	210
最大工件长度(四种规格)/mm		750、1000、1500、2000
最大车削长度/mm		650、900、1400、1900
加工螺纹范围	米制螺纹/mm	1～192(44 种)
	英制螺纹/(牙/in)	2～24(20 种)
	模数螺纹/mm	0.25～48(39 种)
	径节螺纹/(牙/in)	1～96(37 种)
主轴	最大通过直径/mm	48
	孔锥度	莫氏 6 号
	正转转速级数	24
	正转转速范围/(r/min)	10～1400
	反转转速级数	12
	反转转速范围/(r/min)	14～1580
进给量	纵向级数	64
	纵向范围/(mm/r)	0.028～6.33
	横向级数	64
	横向范围/(mm/r)	0.014～3.16
滑板行程	横向行程/mm	320
	纵向行程/mm	650、900、1400、1900

（续）

技术参数名称		参数范围
刀架	最大行程/mm	140
	最大回转角/(°)	180°
	刀杆支承面至中心高距离/mm	26
	刀杆截面$\frac{B}{mm}\times\frac{H}{mm}$	25×25
尾座	顶尖套最大移动量/mm	150
	横向最大移动量/mm	±10mm
	顶尖套锥度	莫氏5号
电动机功率	主电动机/kW	7.5
	总功率/kW	7.84
外形尺寸	长/mm	2418、2668、3168、3668
	宽/mm	1000
	高/mm	1267
加工精度	圆度	0.01mm
	圆柱度	0.01mm/100mm
	平面度	0.02mm/400mm
	表面粗糙度值 Ra/μm	1.6~3.2

CA6140型卧式车床的传动系统图如图3-3所示，其中各种传动元件用简单的规定符号表示，各齿轮上所标数字表示该齿轮齿数。机床的传动系统图画在一个能反映机床基本外形和各主要部件相互位置的平面上，各传动元件应尽可能按传动顺序展开画出。传动系统图只表示传动关系，不代表各传动元件的实际尺寸和空间位置。

由图3-3可以看出，CA6140型卧式车床的整个传动系统主要由主运动传动链、车螺纹传动链、纵向进给传动链、横向进给传动链及快速移动传动链组成，交换齿轮组（63/100）×(100/75）为加工米制与英制螺纹状态，交换齿轮（64/100）×(100/97）为其他加工状态。此外，CA6140型卧式车床的主参数是床身上最大工件回转直径400mm，第二主参数即最大工件长度有750mm、1000mm、1500mm、2000mm四种。

为便于分析和理解CA6140型卧式车床的传动系统，此处给出CA6140型卧式车床的传动系统原理框图，如图3-4所示。

1. 主运动传动链

主运动传动链的两端件是主电动机和主轴。运动由电动机（7.5kW，1450r/min）经V带轮传至主轴箱中的Ⅰ轴，在Ⅰ轴上装有双向多片式摩擦离合器M_1，其作用是使主轴正转、反转或停止。当压紧离合器M_1左部的摩擦片时，Ⅰ轴的运动经齿轮副56/38或51/43传给Ⅱ轴。当压紧离合器M_1的右部摩擦片时，Ⅰ轴的运动经齿轮$z=50$传至Ⅶ轴上的空套齿轮$z=34$，然后再传给Ⅱ轴上的固定齿轮$z=30$，由于Ⅰ轴至Ⅱ轴的传动中多经过一个齿轮$z=34$，Ⅱ轴的传动方向与经M_1左部传动时相反。当离合器M_1处于中间位置时，其左部和右部的摩擦片都不被压紧，空套在Ⅰ轴上的齿轮$z=56$、$z=51$和$z=50$都不转动，Ⅰ轴的运动

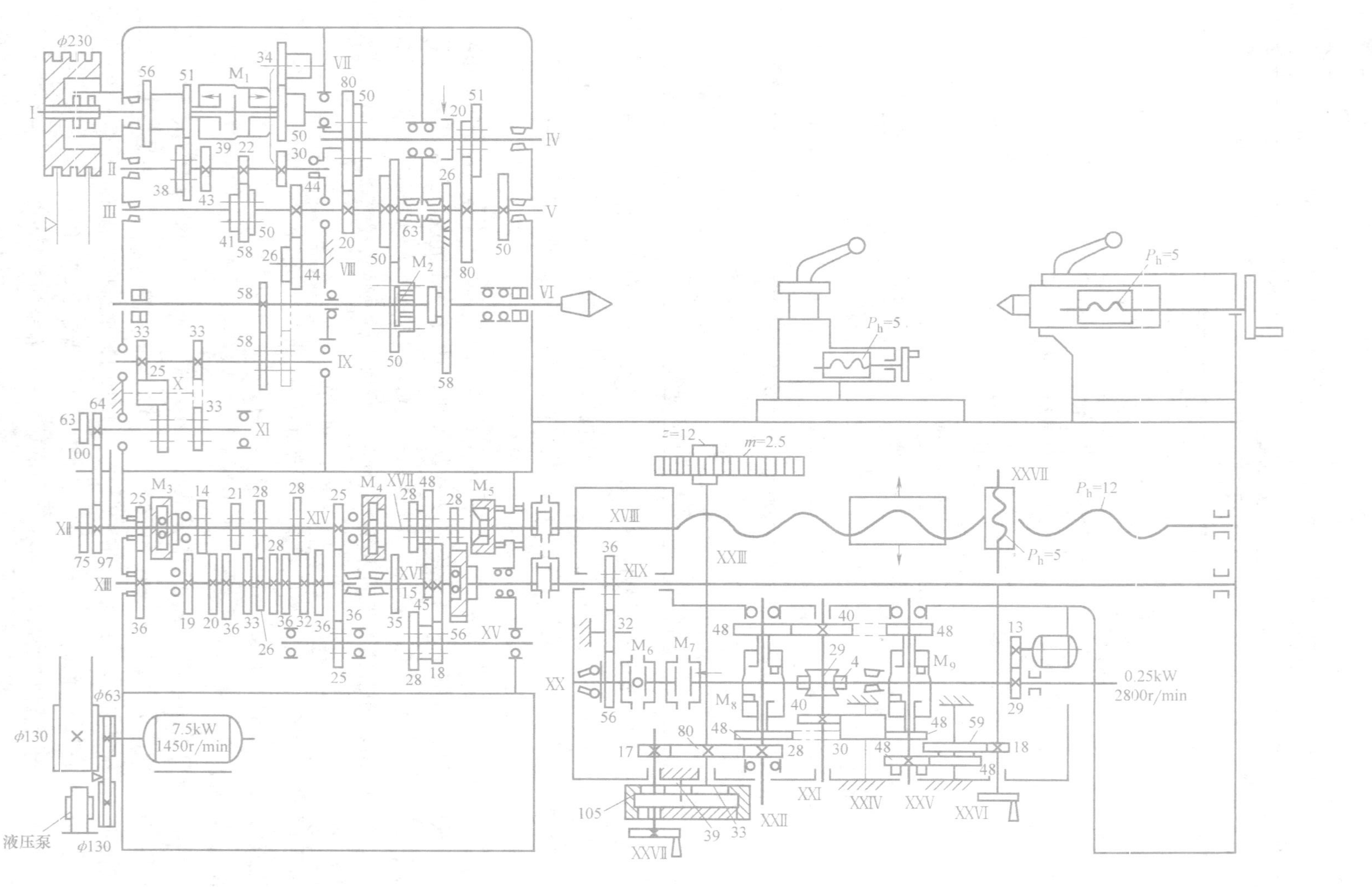

图 3-3 CA6140 型卧式车床的传动系统图

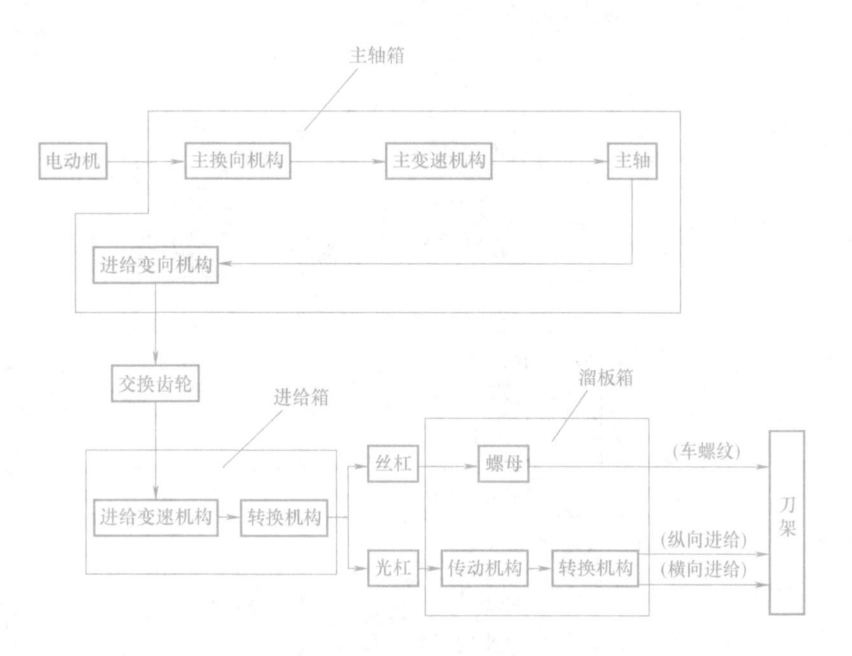

图 3-4 CA6140 型卧式车床传动系统原理框图

不能传至Ⅱ轴，主轴也就停止转动。

Ⅱ轴的运动经三对齿轮副传至Ⅲ轴，Ⅲ轴正转，共有 2×3=6 种转速，反转共有 1×3=3 种转速。运动由Ⅲ轴传到主轴有两条路线：

（1）高速传动路线 主轴上的滑移齿轮 $z=50$ 移至左端，与Ⅲ轴上右端的齿轮 $z=63$ 啮合（图示位置），运动由Ⅲ轴直接传给主轴，使主轴得到 450~1400r/min 的 6 种高转速。

（2）低速传动路线 主轴上的滑移齿轮 $z=50$ 移至右端，使主轴上的齿形离合器 M_2 啮合，Ⅲ轴的运动经Ⅳ轴、Ⅴ轴、齿轮副 26/58 和齿形离合器 M_2 传给主轴，使主轴获得 10~500r/min 的低转速。

图 3-5a 所示为 CA6140 型卧式车床主运动传动系统图，结合上面分析，主运动传动路线表达式为

$$\begin{matrix}\text{电动机}\\(7.5\text{kW},\ 1450\text{r/min})\end{matrix}-\frac{\phi130}{\phi230}-\text{I}-\left[\begin{matrix}\dfrac{M_1\ \text{左接合}}{(\text{正转})}-\left[\begin{matrix}\dfrac{51}{43}\\[2ex]\dfrac{56}{38}\end{matrix}\right]-\\[4ex]\dfrac{M_1\ \text{右接合}}{(\text{反转})}-\dfrac{50}{34}-\text{VII}-\dfrac{34}{30}\end{matrix}\right]-\text{II}-\left[\begin{matrix}\dfrac{22}{58}\\[2ex]\dfrac{30}{50}\\[2ex]\dfrac{39}{41}\end{matrix}\right]-\text{III}$$

$$-\left[\begin{matrix}\left[\begin{matrix}\dfrac{20}{80}\\[2ex]\dfrac{50}{50}\end{matrix}\right]-\text{IV}-\left[\begin{matrix}\dfrac{20}{80}\\[2ex]\dfrac{51}{50}\end{matrix}\right]-\text{V}-\dfrac{26}{58}-M_2\\[4ex]\dfrac{63}{50}\end{matrix}\right]-\text{VI}\ (\text{主轴})$$

或表示为

$$
\text{电动机}-\frac{\phi130}{\phi230}-\mathrm{I}-\left\{\begin{array}{l}\overleftarrow{M_1}\,(\text{正转})-\begin{bmatrix}\dfrac{51}{43}\\ \dfrac{56}{38}\end{bmatrix}\\ \overrightarrow{M_1}\,(\text{反转})-\dfrac{50}{34}-\mathrm{VII}-\dfrac{34}{30}\end{array}\right\}-\mathrm{II}-\begin{bmatrix}\dfrac{39}{41}\\ \dfrac{22}{58}\\ \dfrac{30}{50}\end{bmatrix}-\mathrm{III}-\left\{\begin{array}{l}\overrightarrow{M_2}\begin{bmatrix}\dfrac{20}{80}\\ \dfrac{50}{50}\end{bmatrix}-\mathrm{IV}-\begin{bmatrix}\dfrac{20}{80}\\ \dfrac{51}{50}\end{bmatrix}-\mathrm{V}-\dfrac{26}{58}\\ \overleftarrow{M_2}\quad\dfrac{63}{50}\end{array}\right\}-\mathrm{VI}\,(\text{主轴})
$$

也可以表示为

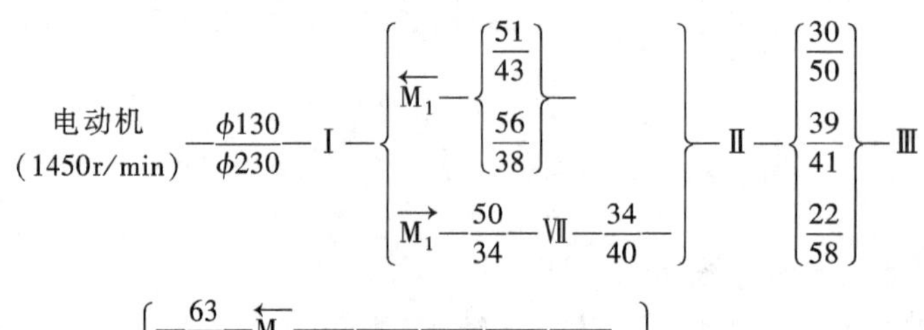

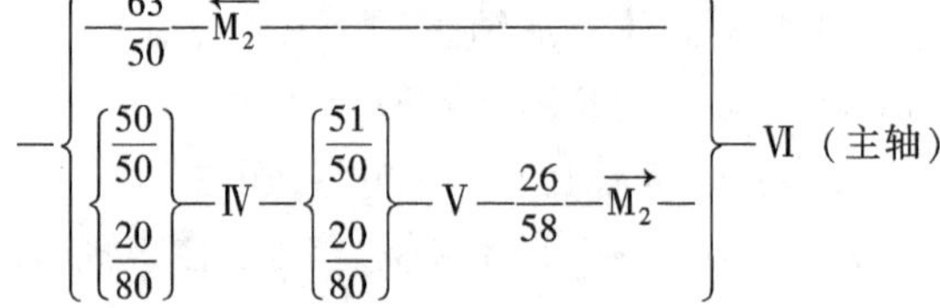

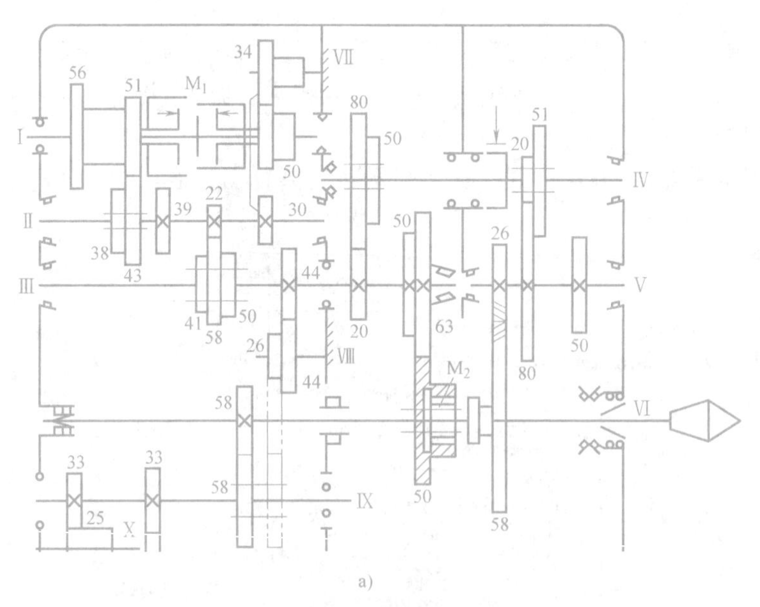

a)

图 3-5　CA6140 型卧式车床主运动

a）传动系统图

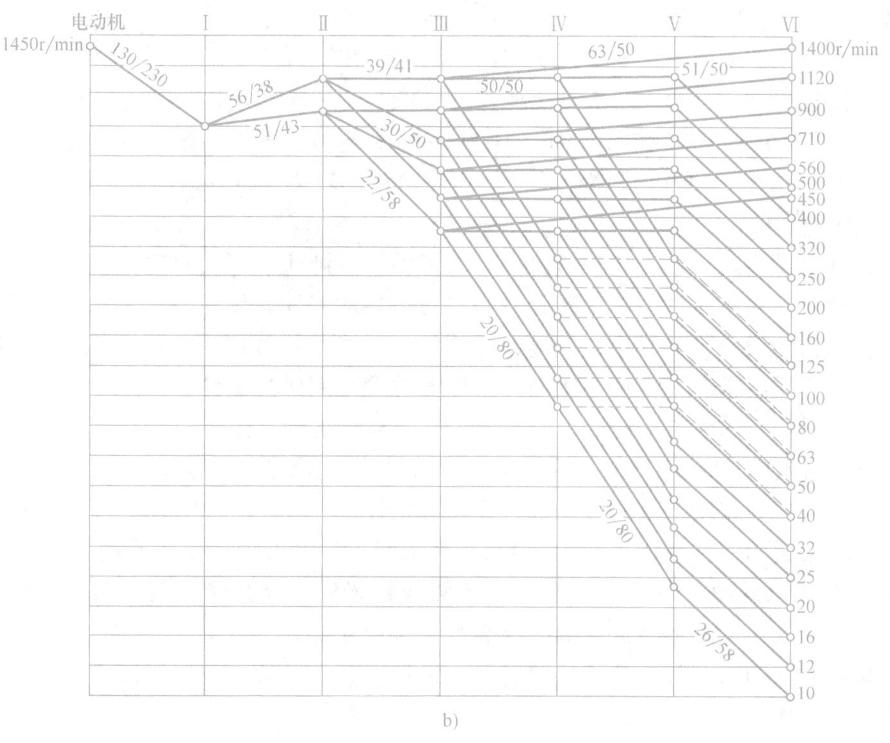

图 3-5　CA6140 型卧式车床主运动（续）

b）转速图

由传动系统图和传动路线表达式，主轴正转理论上可得到 $2\times3\times(2\times2+1)=30$ 级转速，但由于轴Ⅲ—Ⅴ间的四种传动比为

$$u_1=\frac{20}{80}\times\frac{20}{80}=\frac{1}{16}\quad u_2=\frac{20}{80}\times\frac{51}{50}\approx\frac{1}{4}$$

$$u_3=\frac{50}{50}\times\frac{20}{80}=\frac{1}{4}\quad u_4=\frac{50}{50}\times\frac{51}{50}\approx1$$

其中 u_2 和 u_3 基本相同，可见轴Ⅲ—Ⅴ间只有三种不同传动比，故主轴实际获得 $2\times3\times(3+1)=24$ 级不同的转速。同理，主轴的反转转速级数为 $3\times(3+1)=12$ 级。

主轴正转的最低转速为

$$n_{主}=1450\times\frac{130}{230}\times\frac{51}{43}\times\frac{22}{58}\times\frac{20}{80}\times\frac{20}{80}\times\frac{26}{58}\text{r/min}=10\text{r/min}$$

同理，可计算出主轴正、反转时的其他转速。主轴反转主要用于车削螺纹时沿螺旋线退刀而不断开主轴和刀架间的传动链，以免下次切削时乱牙。为节约辅助时间，主轴反转转速比正转转速略高。

图 3-5b 所示为 CA6140 型卧式车床主运动转速图。凡是实现主轴转速级数按等比数列排列，或进给量按等比数列排列的主运动传动链、进给运动传动链，其传动路线表达式都可以用转速图来表示。

转速图画在格线图中，图中纵平行线从左至右依次代表传动链中各传动轴，横平行线由低至高代表各级转速。由于主轴转速数列是按等比数列排列的，所以任意两相邻转速的比值（高一级转速与低一级转速之比）均相等。图中表示转速数值的纵坐标采用对数坐标。因而，对数坐标上的间隔相等。每一纵平行线上画有的小圆圈表示该轴所具有的转速，相邻两轴有传动联系的小圆圈间，用粗实线连接起来，表示出两轴间的传动副。由左向右往下倾斜的连线代表降速传动比，由左向右往上倾斜的连线代表升速传动比，而连线平行时表示传动比为1:1。从图3-5b中可以看出：450～1400r/min的6级转速是通过高速传动路线表达式得到的，而10～500r/min的18级转速是由低速传动路线表达式得到的。

2. 进给运动传动链

进给传动链是实现刀具纵向或横向移动的传动链。卧式车床在切削螺纹时，进给传动链是内联系传动链，主轴每均匀转一转，刀架均匀地移动工件螺纹的一个导程。在切削圆柱面和端面时，进给传动链是外联系传动链，进给量也是以工件每转一转时刀架的移动量来计算的。所以在分析进给链时都是把主轴和刀架作为传动链的两末端件。

如图3-3所示，进给传动链的传动路线为：运动从主轴Ⅵ经Ⅸ轴（或再经Ⅹ轴上的中间齿轮$z25$使运动反向）传至Ⅺ轴，再经过交换齿轮传至Ⅻ轴，传至进给箱。从进给箱传出的运动，一条路线是车削螺纹的传动链，经丝杠ⅩⅧ带动溜板箱，使刀架纵向运动；另一条路线是一般机动进给的传动链，经光杠ⅩⅨ和溜板箱，带动刀架做纵向或横向的机动进给。

（1）车削螺纹运动　CA6140型卧式车床可车削米制、模数制、英制和径节制四种标准螺纹，另外还可加工大导程螺纹、非标准螺纹及精密螺纹。

车削螺纹时，刀架通过车螺纹传动链得到运动，其两端件主轴—刀架之间必须保持严格的运动关系，即主轴每转一转，刀具移动一个被加工件螺纹的导程。由此，结合传动系统图可得车螺纹传动的运动平衡式

$$1_{主轴} \times u_{定} \times u_x \times P_{h丝} = P_h \tag{3-1}$$

式中　$u_{定}$——主轴至丝杠间全部定比传动机构的总传动比，是一常数；

u_x——主轴至丝杠间换置机构的可变传动比；

$P_{h丝}$——机床丝杠的导程（mm）。CA6140型卧式车床使用单线、螺距为12mm的丝杠，故$P_{h丝}=12$mm；

P_h——工件螺纹的导程（mm）。

式（3-1）中，$u_{定}$与$P_{h丝}$均为定值。可见，要加工不同导程的螺纹，关键是调整车削螺纹传动链中换置机构的传动比。

1）车削米制螺纹。米制螺纹是应用最广泛的一种螺纹，国家标准规定了标准螺距值。表3-2列出了CA6140型卧式车床能车制的常用米制螺纹标准螺距值。从表3-2中可看出，米制螺纹标准螺距值的排列为分段等差数列，其特点是每行中的螺距值按等差数列排列，每列中的螺距值又是公比为2的等比数列。

表3-2　标准米制螺纹表　（单位：mm）

$u_{倍}$ \ $u_{基}$	$\frac{26}{28}$	$\frac{28}{28}$	$\frac{32}{28}$	$\frac{36}{28}$	$\frac{19}{14}$	$\frac{20}{14}$	$\frac{33}{21}$	$\frac{36}{21}$
$\frac{18}{45}\times\frac{15}{48}=\frac{1}{8}$	—	—	1	—	—	1.25	—	1.5
$\frac{28}{35}\times\frac{15}{48}=\frac{1}{4}$	—	1.75	2	2.25	—	2.5	—	3
$\frac{18}{45}\times\frac{35}{28}=\frac{1}{2}$	—	3.5	4	4.5	—	5	5.5	6
$\frac{28}{35}\times\frac{35}{28}=1$	—	7	8	9	—	10	11	12

车削米制螺纹时，进给箱中的离合器 M_3 和 M_4 脱开，M_5 接合，交换齿轮用写成（63/100）×(100/75)。传动路线表达式为

$$\text{主轴 VI}-\frac{58}{58}-\text{IX}-\begin{bmatrix}\frac{33}{33} \\ (\text{右旋螺纹}) \\ \frac{33}{25}-\text{X}-\frac{25}{33}\ (\text{左旋螺纹})\end{bmatrix}-\text{XI}-\frac{63}{100}\times\frac{100}{75}-\text{XII}-\frac{25}{36}-\text{XIII}-$$

$$\begin{bmatrix}\frac{19}{14}、\frac{20}{14}、\frac{36}{21}、\frac{33}{21}、\frac{26}{28}、\frac{28}{28}、\frac{36}{28}、\frac{32}{28}\end{bmatrix}-\text{XIV}-\frac{25}{36}\times\frac{36}{25}-\text{XV}-$$

$$\begin{bmatrix}\frac{28}{35}\times\frac{35}{28}、\frac{18}{45}\times\frac{35}{28}、\frac{28}{35}\times\frac{15}{48}、\frac{18}{45}\times\frac{15}{48}\end{bmatrix}-\text{XVII}-M_5-\text{丝杠 XVIII}-\text{刀架}$$

其中，XIII—XIV 轴之间的变速机构可变换 8 种不同的传动比

$$u_{基1}=\frac{26}{28}=\frac{6.5}{7}\quad u_{基2}=\frac{28}{28}=\frac{7}{7}\quad u_{基3}=\frac{32}{28}=\frac{8}{7}\quad u_{基4}=\frac{36}{28}=\frac{9}{7}$$

$$u_{基5}=\frac{19}{14}=\frac{9.5}{7}\quad u_{基6}=\frac{20}{14}=\frac{10}{7}\quad u_{基7}=\frac{23}{21}=\frac{11}{7}\quad u_{基8}=\frac{36}{21}=\frac{12}{7}$$

这些传动比的分母都是 7，分子除 6.5 和 9.5 用于车削其他种类的螺纹外，其余按等差数列规律排列。这套变速机构称为基本组。

XV—XVII 轴间的变速机构可变换四种传动比

$$u_{倍1}=\frac{18}{45}\times\frac{15}{48}=\frac{1}{8}\quad u_{倍2}=\frac{28}{35}\times\frac{15}{48}=\frac{1}{4}$$

$$u_{倍3}=\frac{18}{45}\times\frac{35}{28}=\frac{1}{2}\quad u_{倍4}=\frac{28}{35}\times\frac{35}{28}=1$$

它们可实现螺纹导程标准中的倍数关系，称为增倍机构或增倍组。

基本组、增倍组和换置机构组成进给变速机构，和交换齿轮一起组成进给换置机构，完成传动原理图 2-11b 中的 u_x 功能。

车削米制螺纹时，进给传动链中离合器 M_3、M_4 脱开，此时运动由主轴 VI 经齿轮副 58/58，轴 IX—XI 间换向机构，交换齿轮组（63/100）×（100/75），然后再经过齿轮副 25/26，轴 XIII—XVII 轴间的两组滑移齿轮变速机构及离合器 M_5 带动丝杠，丝杠通过开合螺母将运动传至溜板箱，带动刀架纵向进给。

运动平衡式为

$$P_h=kP=1_{主轴}\times\frac{58}{58}\times\frac{33}{33}\times\frac{63}{100}\times\frac{100}{75}\times\frac{25}{36}\times u_{基}\times\frac{25}{36}\times\frac{36}{25}\times u_{倍}\times 12\text{mm} \tag{3-2}$$

式中　P_h——螺纹导程（mm）；

P——螺纹螺距（mm）；

k——螺纹线数；

$u_{基}$——XIII—XIV 轴间的可换传动比；

$u_{倍}$——XV—XVII 轴间的可换传动比。

整理后可得 $P_h=7u_{基}\,u_{倍}$

式（3-2）中的 $u_{基}$ 对应的滑移齿轮变速机构由固定在轴 XIII 上的 8 个齿轮及安装在轴 XIV 上的四个单联滑移齿轮构成，共有 8 个传动比，这 8 个传动比近似按等差数列排列。如果取式（3-2）中 $u_{倍}=1$，机床可通过该滑移齿轮机构的不同传动比，加工出导程分别为6.5mm、7mm、8mm、9mm、9.5mm、10mm、11mm、12mm 的螺纹，其中6个整数值正好是表3-2 中最后一行的螺距值。可见，该变速机构是获得各种螺纹导程的基本变速机构，通常也称为基本螺距机构。

式（3-2）中 $u_{倍}$ 对应的变速机构的传动比值按倍数排列。该变速机构用来配合基本组，扩大车削螺纹的导程值大小，故称增倍组。如前所述，增倍组有4种传动比，分别为1、1/2、1/4、1/8。

通过 $u_{基}$ 和 $u_{倍}$ 的不同组合，就可得表3-2 中所列全部米制螺纹的螺距值。

2）车削英制螺纹。英制螺纹在采用英制的国家（如英国、美国、加拿大等）中应用较广泛。我国的部分管螺纹目前也采用英制螺纹。

英制螺纹以每英寸长度上的螺纹牙数 a（牙/in）表示，英制螺纹的导程 $P_{ha}=k/a$，单位是 in。由于 CA6140 型卧式车床的丝杠是米制螺纹，被加工的英制螺纹也应换算成以 mm 为单位的相应导程值

$$P_{ha}=\frac{k}{a}(\text{in})=\frac{25.4k}{a}(\text{mm}) \tag{3-3}$$

式（3-3）中，k 为螺纹的线数，a 的标准值也是按分段等差数列的规律排列的，所以英制螺纹的导程是分段的调和数列。当加工单线螺纹即 $k=1$ 时，a 值与 u 基和 u 倍的关系见表3-3。此外，还有特殊因子25.4。

表3-3　CA6140 型卧式车床车削英制螺纹 a 值表　（单位：牙/in）

$u_{倍}$ \ $u_{基}$	$\frac{26}{28}$	$\frac{28}{28}$	$\frac{32}{28}$	$\frac{36}{28}$	$\frac{19}{14}$	$\frac{20}{14}$	$\frac{33}{21}$	$\frac{36}{21}$
$\frac{18}{45}\times\frac{15}{48}=\frac{1}{8}$	—	14	16	18	19	20	—	24
$\frac{28}{35}\times\frac{15}{48}=\frac{1}{4}$	—	7	8	9	—	10	11	12
$\frac{18}{45}\times\frac{35}{28}=\frac{1}{2}$	$3\frac{1}{4}$	$3\frac{1}{2}$	4	$4\frac{1}{2}$	—	5	—	6
$\frac{28}{35}\times\frac{35}{28}=1$	—	—	2	—	—	—	—	3

要车削各种英制螺纹，只需对米制螺纹的传动路线表达式做如下两点变动：

① 将基本组的主动轴与被动轴对调，可得按调和数列规律排列的传动比数值。

② 在传动链中实现特殊因子25.4。

为此，将进给箱中的离合器 M_3 和 M_5 接合，M_4 脱开，同时XV轴左端的滑移齿轮 $z25$ 移至左侧位置，与固定在XIII轴上的齿轮 $z36$ 啮合。运动由XII轴经 M_3 先传到XIV轴，然后传至XIII轴，再经齿轮副36/25 传至XV轴。其余部分的传动路线表达式与车削米制螺纹时相同。其运动平衡式为

$$P_{ha}=1_{主轴}\times\frac{58}{58}\times\frac{33}{33}\times\frac{63}{100}\times\frac{100}{75}\times\frac{1}{u_{基}}\times\frac{36}{25}\times u_{倍}\times12\text{mm} \tag{3-4}$$

式（3-4）中，$\frac{63}{100}\times\frac{100}{75}\times\frac{36}{25}\approx\frac{25.4}{21}$，再将 $P_{ha}=\frac{25.4k}{a}$（mm）代入式（3-4），化简可得

$$a = \frac{7ku_{基}}{4u_{倍}}牙/\text{in}$$

改变 $u_{基}$ 和 $u_{倍}$，就可以车削出按分段等差数列排列的各种 a 值的英制螺纹。

加工英制螺纹时，其传动链只需改变 M_3 的啮合状态（XII 轴上 $z25$ 向右），并将轴 XV 上 $z25$ 向左与轴 XIII 上 $z36$ 啮合即可。

3）车削大导程螺纹。当需要车削导程大于表 3-2 所列之值的大导程螺纹时（如加工多线螺纹、油槽等），可通过扩大主轴 VI 至轴 IX 之间的传动比来进行加工。具体为：将轴 IX 上的滑移齿轮 $z58$ 右移，使之与轴 V 上的齿轮 $z26$ 啮合。此时，主轴 VI 至轴 IX 的传动路线表达式为

$$主轴\text{VI}—\left[\begin{array}{c}（扩大螺纹导程 4:1）\\ \frac{58}{26}—\text{V}—\frac{80}{20}—\text{IV}—\left[\begin{array}{c}\frac{50}{50}\\ \frac{80}{20}\end{array}\right]—\text{III}—\frac{44}{44}—\text{VIII}—\frac{26}{58}\\ （扩大螺纹导程 16:1）\end{array}\right]—\text{IX}—$$

自 IX 轴以后的传动路线表达式仍与加工正常导程螺纹时相同。从 VI 轴到 IX 轴的传动比

$$u_{扩1} = \frac{58}{26} \times \frac{80}{20} \times \frac{50}{50} \times \frac{44}{44} \times \frac{26}{58} = 4$$

$$u_{扩2} = \frac{58}{26} \times \frac{80}{20} \times \frac{80}{20} \times \frac{44}{44} \times \frac{26}{58} = 16$$

所以，用于车削大导程螺纹的导程扩大机构 $u_{扩}$ 实质上也是一个增倍组。但必须注意，由于导程扩大机构的传动齿轮就是主运动的传动齿轮，所以，只有主轴上的 M_2 合上，即主轴处于低速状态时，用螺纹导程扩大机构才能车削大导程螺纹。当主轴转速确定后，这时导程可能扩大的倍数也就确定了，不能再变动。

与车削常用螺纹时主轴至 IX 间的传动比为 $u=1$ 相比，传动比分别扩大了 4 倍和 16 倍，即可使被加工螺纹导程扩大 4 倍和 16 倍。

应当指出的是，加工大导程螺纹时，主轴 VI—III 间的传动联系为主传动链及车削螺纹传动链公有，此时主轴只能以较低速度旋转。具体说，当 $u_{扩}=16$ 时，主轴转速为 10 ~ 32r/min（最低 6 级转速）；当 $u_{扩}=4$ 时，主轴转速为 40 ~ 125r/min（较低 6 级转速）。主轴转速高于 125r/min 时，则不能加工大导程螺纹，但这对实际加工并无影响，因为从操作可能性看，只有在主轴低速旋转时，才能加工大导程螺纹。

4）车削模数螺纹。模数螺纹主要是米制蜗杆，某些特殊丝杠的导程也是模数制的。米制蜗杆的齿距为 πm，所以模数螺纹的导程为 $P_{hm}=k\pi m$，这里 k 为螺纹的线数。

模数 m 的标准值也是按分段等差数列规律排列的，但在模数螺纹导程 $P_{hm}=k\pi m$ 中含有特殊因子 π。表 3-4 列出了 CA6140 型卧式车床能车削的模数螺纹的模数 m 值。

表 3-4 CA6140 型卧式车床车削模数螺纹模数 m 表 （单位：mm）

$u_{倍}$ \ $u_{基}$	$\frac{26}{28}$	$\frac{28}{28}$	$\frac{32}{28}$	$\frac{36}{28}$	$\frac{19}{14}$	$\frac{20}{14}$	$\frac{33}{21}$	$\frac{36}{21}$
$\frac{18}{45}\times\frac{15}{48}=\frac{1}{8}$	—	—	0.25	—	—	—	—	—

（续）

$u_{基}$ / $u_{倍}$	$\frac{26}{28}$	$\frac{28}{28}$	$\frac{32}{28}$	$\frac{36}{28}$	$\frac{19}{14}$	$\frac{20}{14}$	$\frac{33}{21}$	$\frac{36}{21}$
$\frac{28}{35}\times\frac{15}{48}=\frac{1}{4}$	—	—	0.5	—	—	—	—	—
$\frac{18}{45}\times\frac{35}{28}=\frac{1}{2}$	—	—	1	—	—	1.25	—	1.5
$\frac{28}{35}\times\frac{35}{28}=1$	—	1.75	2	2.25	—	2.5	2.75	3

车削模数螺纹时，在车削米制螺纹传动路线表达式的基础上，将交换齿轮更换为（64/100）×（100/97），即可引入 π 因子，运动平衡式为

$$P_{hm}=1_{主轴}\times\frac{58}{58}\times\frac{33}{33}\times\frac{64}{100}\times\frac{100}{97}\times\frac{25}{36}\times u_{基}\times\frac{25}{36}\times\frac{36}{25}\times u_{倍}\times 12\text{mm}$$

式中　$\frac{64}{100}\times\frac{100}{97}\times\frac{25}{36}\approx\frac{7\pi}{48}$

代入化简后得

$$P_{hm}=\frac{7\pi}{4}u_{基}\,u_{倍}(\text{mm})$$

因为 $S_m=k\pi m$，从而得

$$m=\frac{7}{4k}u_{基}\,u_{倍}(\text{mm})$$

改变 $u_{基}$ 和 $u_{倍}$，或应用螺纹导程扩大机构，就可车削出按分段等差数列规律排列的各种模数的螺纹。

5）车削非标准螺纹及精密螺纹。车削非标准螺纹或精密螺纹时，可将离合器 M_3、M_4、M_5 全部结合，使轴Ⅻ、轴ⅩⅣ、轴ⅩⅧ和丝杠连成一体，所要求的螺纹导程值可通过选配交换齿轮架齿轮齿数来得到。由于主轴至丝杠的传动路线表达式大为缩短，从而减少了传动累积误差，加工出具有较高精度的螺纹。

运动平衡式为

$$P_h=1_{(主轴)}\times\frac{58}{58}\times\frac{33}{33}\times u_{交}\times 12(\text{mm})$$

式中　$u_{交}$——交换齿轮组传动比。

化简后得换置公式

$$u_{交}=\frac{a}{b}\times\frac{c}{d}=\frac{P_h}{12}$$

6）车削径节螺纹。径节螺纹主要是英制蜗杆，它是用径节 DP 来表示的。径节 $DP=\frac{z}{D}$（z 为齿数；D 为分度圆直径，单位为 in），即蜗轮或齿轮折算到每一英寸分度圆直径上的齿数。所以英制蜗杆的轴向齿距即径节螺纹的导程为（k 为螺纹线数）

$$P_{hDP}=\frac{\pi k}{DP}(\text{in})=\frac{25.4\pi k}{DP}(\text{mm})$$

径节 DP 也是按分段等差数列的规律排列的，所以径节螺纹与英制螺纹导程系列的排列规律相同，只是多了特殊因子 25.4π。车削径节螺纹时，在车削英制螺纹传动路线表达式的基础上，将交换齿轮更换为（64/100）×（100/97），以引入特殊因子 π。当 $k=1$ 时，DP 值与 $u_{基}$ 和 $u_{倍}$ 的关系见表 3-5。

表 3-5　CA6140 型卧式车床车削径节螺纹 *DP* 值表　　（单位：牙/in）

$u_{倍}$ \ $u_{基}$	$\frac{26}{28}$	$\frac{28}{28}$	$\frac{32}{28}$	$\frac{36}{28}$	$\frac{19}{14}$	$\frac{20}{14}$	$\frac{33}{21}$	$\frac{36}{21}$
$\frac{18}{45}\times\frac{15}{48}=\frac{1}{8}$	—	56	64	72	—	80	88	96
$\frac{28}{35}\times\frac{15}{48}=\frac{1}{4}$	—	28	32	36	—	40	44	48
$\frac{18}{45}\times\frac{35}{28}=\frac{1}{2}$	—	14	16	18	—	20	22	24
$\frac{28}{35}\times\frac{35}{28}=1$	—	7	8	9	—	10	11	12

为了综合分析和比较车削上述各种螺纹时的传动路线表达式，把 CA6140 型卧式车床进给运动链中加工螺纹时的传动路线表达式归纳总结为

$$\text{主轴Ⅵ}—\left[\begin{array}{c}\frac{58}{58}\\ \text{（正常螺纹导程）}\\ \frac{58}{26}—\text{Ⅴ}—\frac{80}{20}—\text{Ⅳ}—\left[\begin{array}{c}\frac{50}{50}\\ \frac{80}{20}\end{array}\right]—\text{Ⅲ}—\frac{44}{44}—\text{Ⅷ}—\frac{26}{58}\\ \text{（扩大螺纹导程）}\end{array}\right]—\text{Ⅸ}—\left[\begin{array}{c}\frac{33}{33}\\ \text{（右螺纹）}\\ \frac{33}{25}—\text{Ⅹ}—\frac{25}{33}\\ \text{（左螺纹）}\end{array}\right]—\text{Ⅺ}—$$

$$\left[\begin{array}{c}\left[\begin{array}{c}\frac{63}{100}—\frac{100}{75}\\ \text{（米制和英制螺纹）}\\ \frac{64}{100}—\frac{100}{97}\\ \text{（模数和径节螺纹）}\end{array}\right]—\text{Ⅻ}—\left[\begin{array}{c}\frac{25}{36}—\text{ⅩⅢ}—u_{基}—\text{ⅩⅣ}—\frac{25}{36}—\frac{36}{25}\\ \text{（米制和模数螺纹）}\\ M_3\text{合}—\text{ⅩⅣ}—\frac{1}{u_{基}}—\text{ⅩⅢ}—\frac{36}{25}\\ \text{（英制和径节螺纹）}\end{array}\right]—\text{ⅩⅤ}—u_{倍}\\ \frac{a}{b}\ \frac{c}{d}—\text{Ⅻ}—M_3\text{合}—\text{ⅩⅣ}—M_4\text{合}\\ \text{（非标准螺纹）}\end{array}\right]$$

$$—\text{ⅩⅦ}—M_5\text{合}—\text{ⅩⅧ（丝杠）}—\text{刀架}$$

（2）纵向与横向进给运动　CA6140 型卧式车床做机动进给时，从主轴Ⅵ至进给箱轴ⅩⅦ的传动路线表达式与车削螺纹时的传动路线表达式相同，轴ⅩⅦ上滑移齿轮 $z28$ 处于左位，使 M_5 脱开，从而切断进给箱与丝杠的联系。运动由齿轮副 $\frac{28}{56}$ 及联轴器传至光杠ⅩⅨ，再

由光杠通过溜板箱中的传动机构，分别传至齿轮齿条机构或横向进给丝杠XXVII，使刀架做纵向或横向机动进给。纵、横向机动进给的传动路线表达式为

$$\text{主轴 VI}-\begin{pmatrix}\text{米制螺纹传动路线}\\ \text{英制螺纹传动路线}\end{pmatrix}-\text{XVII}-\frac{28}{56}-\text{XIX（光杠）}-$$

$$-\frac{36}{32}\times\frac{32}{56}-M_6\text{（超越离合器）}-M_7\text{（安全离合器）}-\text{XX}-\frac{4}{29}-\text{XXI}-$$

$$\left\{\begin{array}{l}\left[\begin{array}{l}\frac{40}{48}-M_9\uparrow\\ \text{（刀架外移）}\\ \frac{40}{30}-\text{XXIV}-\frac{30}{48}-M_9\downarrow\\ \text{（刀架向里移）}\end{array}\right]-\text{XXV}-\frac{48}{48}-\text{XXVI}-\frac{59}{18}-\text{XXVII（丝杠）—刀架（横向进给）}\\ \left[\begin{array}{l}\frac{40}{48}-M_8\uparrow\\ \text{（刀架左移）}\\ \frac{40}{30}-\text{XXIV}-\frac{30}{48}-M_8\downarrow\\ \text{（刀架右移）}\end{array}\right]-\text{XXII}-\frac{28}{80}-\text{XXIII}-z12\text{—齿条—刀架（纵向进给）}\end{array}\right.$$

溜板箱内的双向齿形离合器 M_8 及 M_9 分别用于纵、横向机动进给运动的接通、断开及控制进给方向。

CA6140 型卧式车床可以通过四种不同的传动路线表达式实现机动进给运动，从而获得纵向和横向进给量各 64 种，其中纵向进给量见表 3-6。

表 3-6　CA6140 型卧式车床纵向进给量　（单位：mm/r）

传动路线表达式类型	细进给量	正常进给量				较大进给量	加大进给量			
							4	16	4	16
$u_{基}$	$u_{倍}$									
	1/8	1/8	1/4	1/2	1	1	1/2	1/8	1	1/4
26/28	0.028	0.08	0.16	0.33	0.66	1.59	3.16		6.33	
28/28	0.032	0.09	0.18	0.36	0.71	1.47	2.93		5.87	
32/28	0.036	0.10	0.20	0.41	0.81	1.29	2.57		5.14	
36/28	0.039	0.11	0.23	0.46	0.91	1.15	2.28		4.56	
19/14	0.043	0.12	0.24	0.48	0.96	1.09	2.16		4.32	
20/14	0.046	0.13	0.26	0.51	1.02	1.03	2.05		4.11	
33/21	0.050	0.14	0.28	0.56	1.12	0.94	1.87		3.74	
36/21	0.054	0.15	0.30	0.61	1.22	0.86	1.71		3.42	

下面以纵向进给为例，介绍不同的传动路线表达式。

1）车削米制螺纹时，纵向进给的运动平衡式为

$$f_{纵}=1_{主轴}\times\frac{58}{58}\times\frac{33}{33}\times\frac{63}{100}\times\frac{100}{75}\times\frac{25}{36}\times u_{基}\times\frac{25}{36}\times\frac{36}{25}\times u_{倍}\times\frac{28}{56}\times\frac{36}{32}$$

$$\times\frac{32}{56}\times\frac{4}{29}\times\frac{40}{48}\times\frac{28}{80}\times\pi\times2.5\times12\text{mm/r}$$

式中　$f_{纵}$——纵向进给量（mm/r）。

化简后得

$$f_{纵}=0.71u_{基}\ u_{倍}$$

通过该传动路线表达式，可得到0.08～1.22mm/r共32种正常进给量。

2）车削英制螺纹时，纵向进给的运动平衡式为

$$f_{纵}=1\times\frac{58}{58}\times\frac{33}{33}\times\frac{63}{100}\times\frac{100}{75}\times\frac{1}{u_{基}}\times\frac{36}{25}\times u_{倍}\times\frac{28}{56}\times\frac{36}{32}\times\frac{32}{56}\times\frac{4}{29}\times\frac{40}{48}\times\frac{28}{80}\times\pi\times2.5\times12\text{mm}$$

化简后得

$$f_{纵}=1.474\frac{u_{倍}}{u_{基}}\text{mm/r}$$

通过该传动表达式，可得到0.86～1.59mm/r共8种较大进给量。

3）细进给量与加大进给量的计算

① 细进给量的计算。当主轴转速为450～1400r/min（其中500 r/min除外）时，如接通扩大螺距机构（此时并无扩大主轴Ⅵ至轴Ⅸ间传动比的作用），选用车削米制螺纹传动路线表达式，并使$u_{倍}=1/8$，此时运动平衡式为

$$f_{纵}=1_{主轴}\times\frac{50}{63}\times\frac{44}{44}\times\frac{26}{58}\times\frac{33}{33}\times\frac{63}{100}\times\frac{100}{75}\times\frac{25}{36}\times u_{基}\times\frac{25}{36}\times\frac{36}{25}\times\frac{1}{8}\times\frac{28}{56}\times\frac{36}{32}$$
$$\times\frac{32}{56}\times\frac{4}{29}\times\frac{40}{30}\times\frac{30}{48}\times\frac{28}{80}\times\pi\times2.5\times12\text{mm/r}$$

化简后得

$$f_{纵}=0.0315u_{基}$$

变换$u_{基}$可获得0.028～0.054mm/r共8级用于高速精车的细进给量。

② 加大进给量的计算。当主轴转速为10～125r/min时，接通扩大螺距机构，采用车削英制螺纹传动路线表达式，并适当调整增倍机构，可获得16级供强力切削或宽刃精车之用的加大进给量，其范围为1.71～6.33mm/r。

4）刀架纵向和横向快速运动　刀架的纵、横向快速移动由装在溜板箱右侧的快速电动机（0.25kW，2800r/min）传动。电动机的运动由齿轮副13/29传至轴XX，然后沿机动工作传动路线表达式，传至纵向进给齿轮齿条副或横向进给丝杠，获得刀架在纵向或横向的快速移动。轴XX左端的超越离合器M_6能保证快速移动与工作进给不发生运动干涉。

三、CA6140型卧式车床典型结构

1. 主轴箱

主轴箱主要由主轴部件、传动机构、开停与制动装置、操纵机构及润滑装置等组成。为了便于了解主轴箱内各传动件的传动关系，传动件的结构、形状、装配方式及其支承结构，常采用展开图的形式表示。图3-6所示为CA6140型卧式车床主轴箱展开图。展开图基本上是按主轴箱内各传动轴的传动顺序，沿其轴线取剖切面（图3-7），再展开绘制而成的。展开图中一些有传动关系的轴在展开后被分开了，如轴Ⅲ和轴Ⅳ、轴Ⅳ和轴Ⅴ等，从而使相互啮合的齿轮副也被分开了，因而在读图时应予以注意。以下对主轴箱内主要部件的结构、工作原理及调整方法进行介绍。

（1）卸荷式带轮装置　主电动机通过带传动使轴旋转，为提高轴Ⅰ旋转的平稳性，其上的带轮采用了卸荷式结构。如图3-8所示，带轮2通过螺钉与花键套1连成一体，支承在法兰3内的两个深沟球轴承上。法兰3则用螺钉固定在主轴箱体4上。当带轮2通过花键套1的内花键带动轴Ⅰ旋转时，传动带的拉力经轴承、法兰3传至箱体，这样轴Ⅰ就免受传动

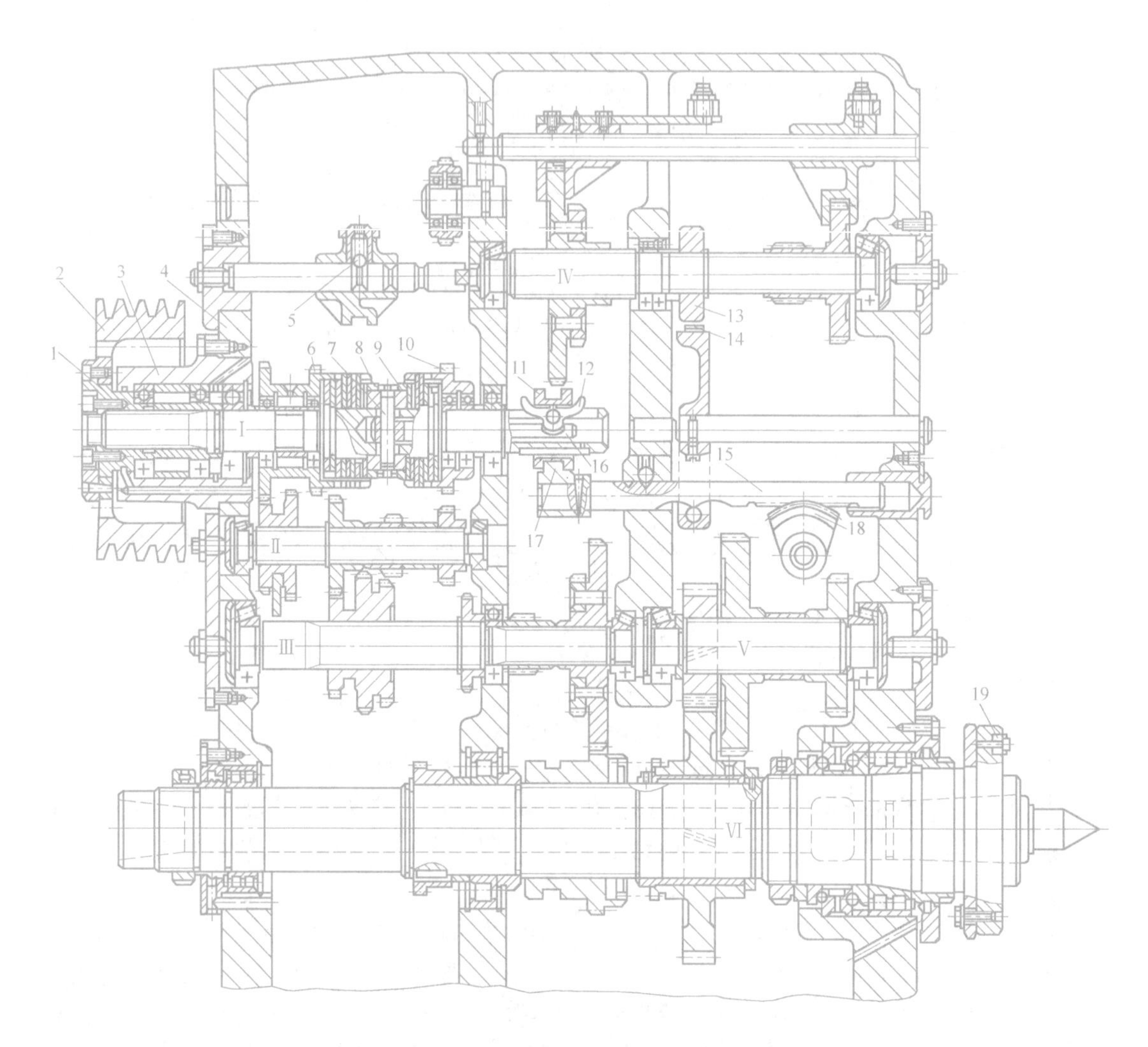

图 3-6　CA6140 型卧式车床主轴箱展开

1—花键套　2—带轮　3—法兰　4—主轴箱体　5—钢球　6、10—齿轮　7—销　8、9—螺母　11—滑套　12—元宝形摆块　13—制动盘　14—制动带　15—齿条　16—拉杆　17—拨叉　18—扇形齿轮　19—端面键

带拉力，轴的弯曲变形减小，传动平稳性提高。

（2）双向多片式摩擦离合器和制动器的结构及其调整　轴Ⅰ上装有双向多片式摩擦离合器（图 3-9），用以控制主轴的起动、停止及换向。轴Ⅰ右半部为空心轴，在其右端安装有可绕圆柱销轴 11 摆动的元宝形摆块 12。元宝形摆块下端弧形尾部卡在拉杆 9 的缺口槽内。

当拨叉 13 由操纵机构控制，拨动滑套 10 右移时，元宝形摆块 12 绕圆柱销轴 11 顺时针摆动，其尾部拨动拉杆 9 向左移动。拉杆通过固定在其左端的长销 6，带动螺套 5 和螺母 4 压紧左离合器的内、外摩擦片 2、3，从而将轴Ⅰ的运动传至双联空套齿轮 1，使主轴正转。

当滑套 10 向左移动时，元宝形摆块 12 绕圆柱销轴 11 逆时针摆动，从而使拉杆 9 通过螺套 5 和螺母 7，使右离合器内、外摩擦片压紧，并使轴Ⅰ的运动传至空套齿轮 8，再经由安装在轴Ⅶ上的中间轮，将运动传至轴Ⅱ（图 3-6），从而使主轴反转。当滑套处于中间位

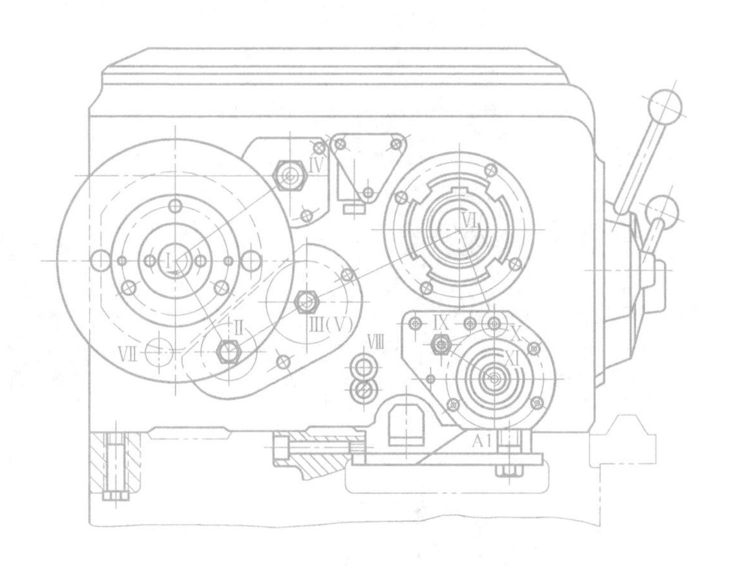

图 3-7 CA6140 型卧式车床各轴空间位置及主轴箱展开剖切位置

置时，左、右离合器的内、外摩擦片均松开，主轴停转。

为了在摩擦离合器松开后，克服惯性作用，使主轴迅速制动，在主轴箱轴Ⅵ上装有制动装置，其结构原理如图 3-10 所示。制动装置由通过花键与轴Ⅳ连接的制动轮 7、制动带 6、杠杆 4 以及调整装置等组成。制动带内侧固定一层钢丝石棉，以增大制动摩擦力矩。制动带一端通过调节螺钉 5 与箱体联接，另一端固定在杠杆上端。当杠杆绕杠杆支承轴 3 逆时针摆动时，拉动制动带，使其包紧在制动轮上，并通过制动带与制动轮之间的摩擦力使主轴迅速制动。制动摩擦力矩的大小可用调节螺钉 5 进行调整。

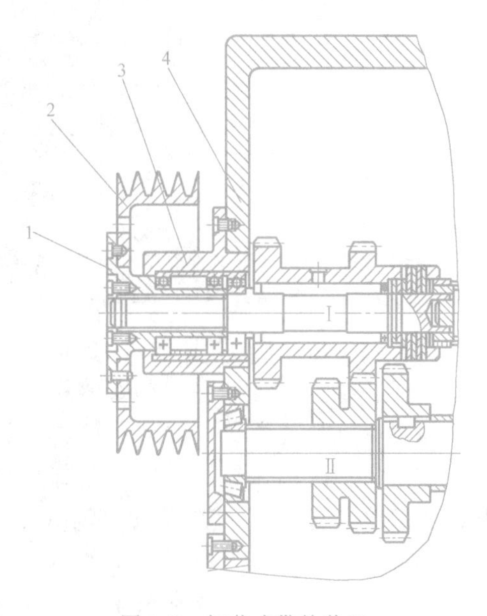

图 3-8 卸荷式带轮装置

1—花键套 2—带轮 3—法兰 4—主轴箱体

摩擦离合器和制动装置使用一定时间后应进行调整。如果摩擦离合器中摩擦片间隙过大，压紧力足，不能传递足够的摩擦力矩，摩擦片间会发生相对打滑，这样会使摩擦片摩擦加剧，导致主轴箱内温度升高，严重时会使主轴不能正常传动；如果间隙过小，不能完全脱开，也会使摩擦片间相对打滑和发热，而且还会使主轴制动不灵，因而片式摩擦离合器应通过螺母 4、7 和弹簧销 14 正确调整（图 3-9）。制动装置中制动带松紧程度也应通过调节螺钉 5 适当调整（图 3-10），以达到在要求停机时，主轴能迅速制动；而在开机时，制动带则完全松开。

双向多片式摩擦离合器与制动装置采用一套操纵机构控制（图 3-11），以协调两机构的工作。当抬起或压下手柄 21 时，通过拉杆 20、曲柄 19 及扇形齿轮 18，使齿条轴 17 向右或向左移动，再通过元宝形摆块 23、拉杆 9 使左边或右边离合器结合，从而使主轴正转或反转。此时杠杆 14 下端位于齿条轴圆弧形凹槽内，制动带处于松开状态。当操纵手柄 21 处于

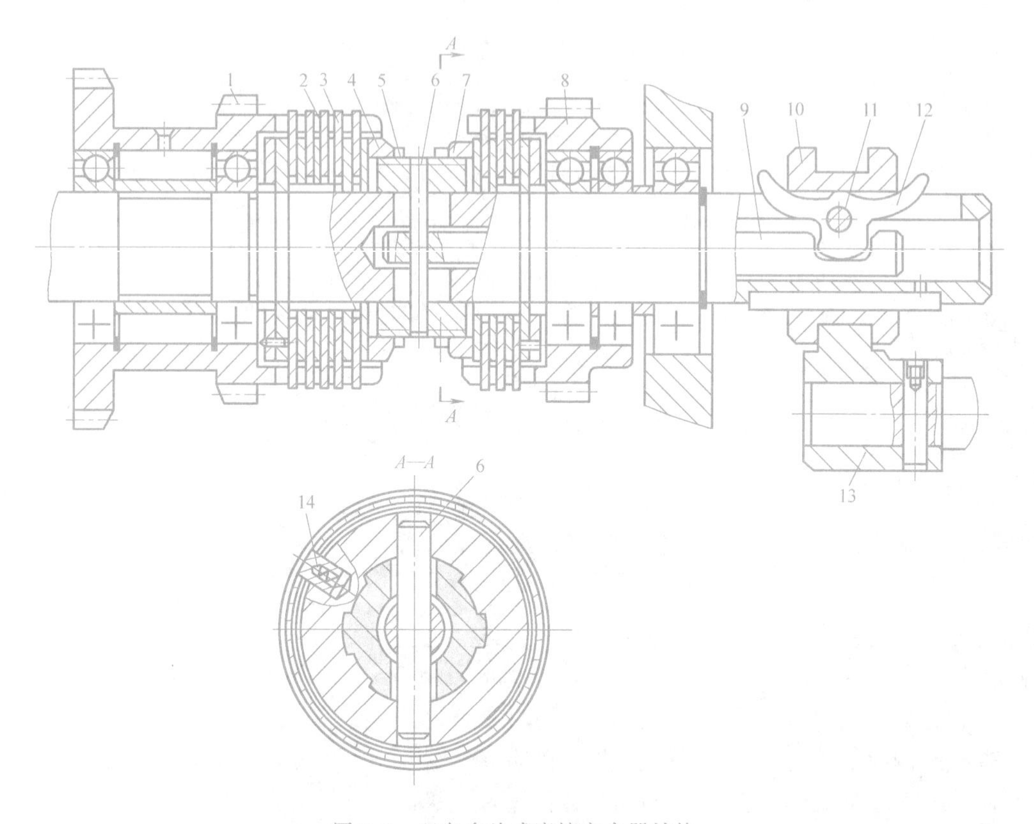

图 3-9 双向多片式摩擦离合器结构

1—双联空套齿轮 2—内摩擦片 3—外摩擦片 4、7—螺母 5—螺套 6—长销 8—空套齿轮 9—拉杆 10—滑套 11—圆柱销轴 12—元宝形摆块（羊角块） 13—拨叉 14—弹簧销

中间位置时，齿条轴 17 和滑套 10 也处于中间位置，摩擦离合器左、右摩擦片组都松开，主轴与运动源断开。这时，杠杆 14 下端被齿条轴两圆弧形凹槽间凸起部分顶起，从而拉紧制动带，使主轴迅速制动。

（3）传动轴及其上轴承的调整 主轴箱内传动轴转速较高，通常采用角接触球轴承或圆锥滚子轴承，一般采用二支承结构；对较长的传动轴，为提高其刚度，也采用三支承，如轴Ⅲ的两端各有一个圆锥滚子轴承，中间还有一深沟球轴承作附加支承（图 3-6）。

在传动轴靠箱体外壁一端有轴承间隙调整装置，可通过螺钉、压盖推动轴承外圈，同时调整传动轴两端轴承的间隙。传动轴与齿轮一般通过花键相连。齿轮的轴向固定通常采用弹性挡圈、隔套、轴肩和

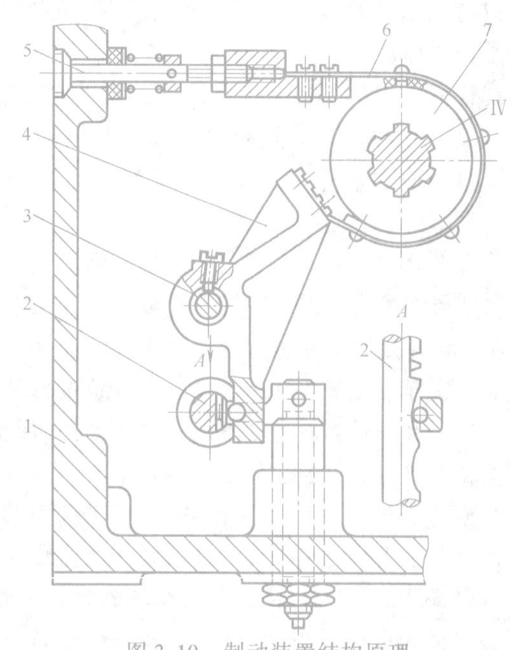

图 3-10 制动装置结构原理

1—箱体 2—齿条轴 3—杠杆支承轴 4—杠杆 5—调节螺钉 6—制动带 7—制动轮

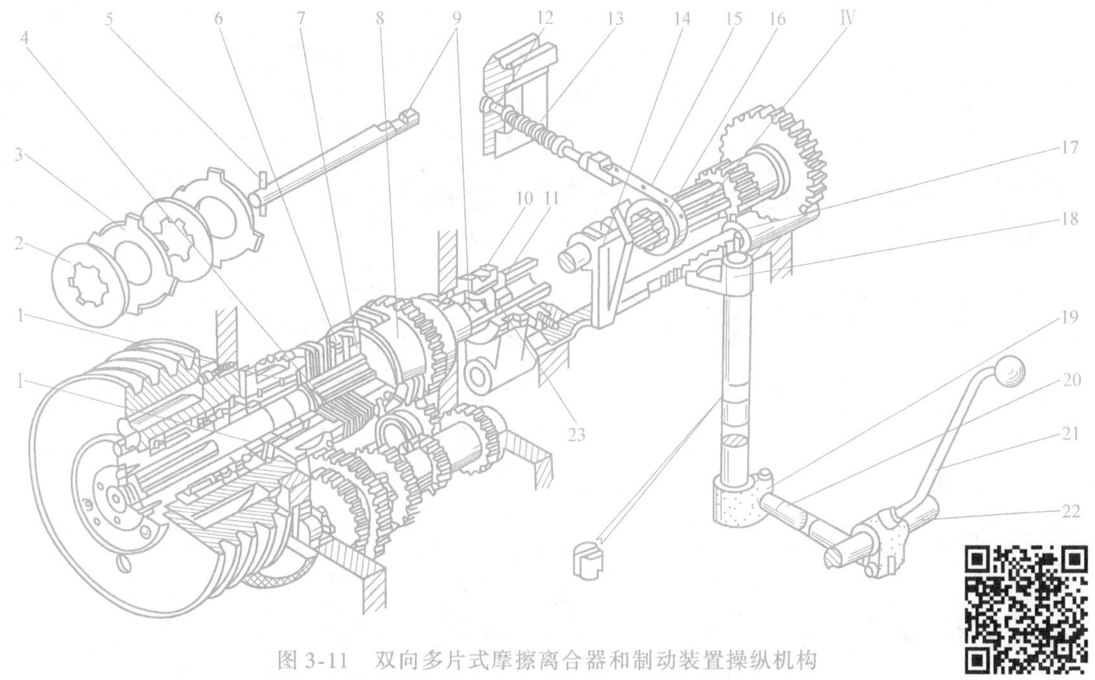

图 3-11　双向多片式摩擦离合器和制动装置操纵机构

1、8—齿轮　2—内摩擦片　3—外摩擦片　4—止推片　5、23—销　6—调节螺母　7—压块　9—拉杆　10—滑套　11—元宝形摆块　12—调节螺钉　13—弹簧　14—杠杆　15—制动带　16—制动盘　17—齿条轴　18—扇形齿轮　19—曲柄　20—拉杆　21—手柄　22—轴

半圆环等方式实现，如轴Ⅴ上的三个固定齿轮通过左右两端顶在轴承内圈上的挡圈以及中间的隔套而得以轴向固定。空套齿轮与传动轴之间装有滚动轴承或铜套，如轴Ⅰ上的齿轮就是通过轴承空套在轴上的。

(4) 主轴部件结构及其上轴承的调整　主轴部件主要由主轴、主轴支承及安装在主轴上的齿轮等组成（图 3-12）。主轴是外部有花键、内部空心的阶梯轴。主轴的内孔可通过长的棒料或气动、液压或电动夹紧装置机构。在拆卸主轴顶尖时，还可由孔穿过拆卸钢棒。主轴前端加工有莫氏 6 号锥度的锥孔，用于安装前顶尖。

主轴部件采用三支承结构，前后支承处分别装有双列圆柱滚子轴承，中间支承为圆柱滚子轴承。双列圆柱滚子轴承具有回转精度高、刚性好、调整方便等优点，但只能承受径向载荷。前支承处还装有一个 60°角接触的双向推力角接触球轴承，用以承受左右两个方向的轴向力。轴承的间隙对主轴回转精度有较大影响，使用中由于磨损导致间隙增大时，应及时进行调整。调整前轴承时，先松开轴承右端螺母 8，再拧开左端螺母 4 上的紧定螺钉 5，然后拧动螺母 4，通过轴承左、右内圈及垫圈，使双列圆柱滚子轴承 7 的内圈相对主轴锥形轴颈右移。在锥面作用下，轴承内圈径向外胀，从而消除轴承间隙。后轴承的调整方法与前轴承类似，但一般情况下，只需调整前轴承即可。双列推力角接触球轴承 6 的间隙由垫圈 9 予以控制，如间隙增大，可通过磨削垫圈来进行调整。

由于采用三支承结构的箱体加工工艺性较差，前、中、后三个支承孔很难保证有较高的同轴度，因而主轴安装时易产生变形，影响传动件精确啮合，工作时噪声及发热较大，所以目前有的 CA6140 型卧式车床的主轴部件采用二支承结构。在二支承的主轴部件结构中，前

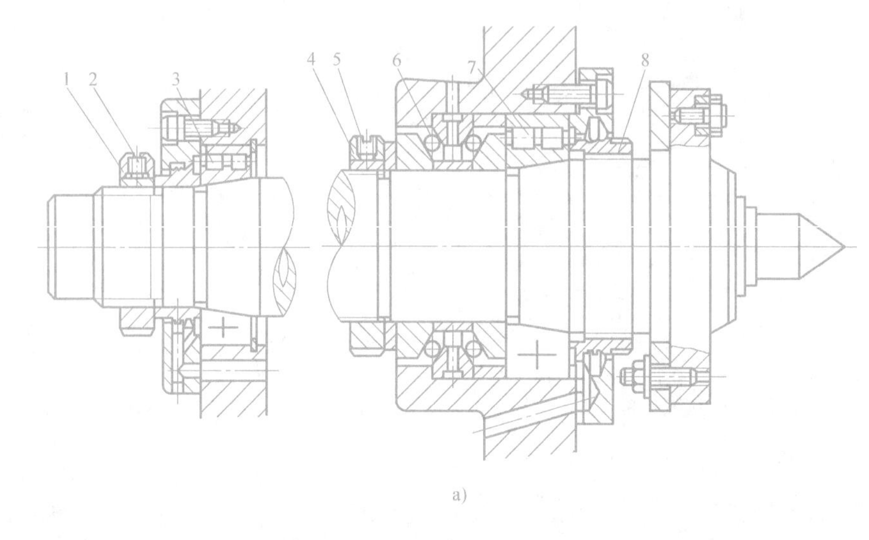

a)

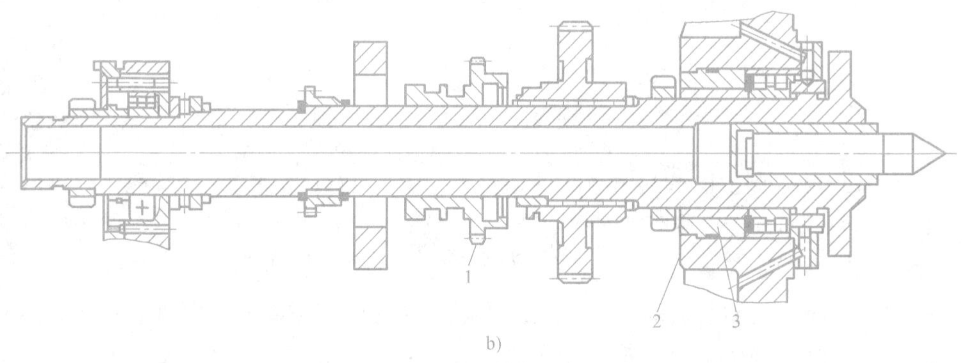

b)

图 3-12　CA6140 型卧式车床主轴部件

a）三支承主轴结构

1、4、8—螺母　2、5—紧定螺钉　3、7—双列圆柱滚子轴承　6—双列推力角接触球轴承

b）二支承主轴结构

1—M_2 离合器左半体（z50 滑移齿轮）　2—减振外套　3—隔套

支承仍采用双列圆柱滚子轴承，后支承采用推力角接触球轴承，承受径向力及向右的轴向力；向左方向的轴向力则由后支承中的推力球轴承承受。滑移齿轮 1（z50）的套筒上加工有两个槽，左边槽为拨叉槽，右边燕尾槽中均匀安装着四块平衡块，用以调整轴的平稳性。前支承双列圆柱滚子轴承的左侧安装有减振套，该减振套与隔套之间有 0.02～0.03mm 的间隙，在间隙中存有油膜，起到阻尼减振作用。

主轴前端与卡盘或拨盘等夹具结合部分采用短锥法兰式结构，如图 3-13 所示。主轴 3 以前端短锥和轴肩端面作为定位面，通过四个螺栓 5 及其螺母 6 将卡盘或拨盘固定在主轴前端，而由安装在轴肩的端面键（图 3-6 中的件 19）传递转矩。安装时先将螺母 6 及螺栓 5 安装在卡盘座 4 上，然后将带螺母的螺栓从主轴轴肩和锁紧盘 2 的孔中穿过去，再将锁紧盘拧过一个角度，使四个螺栓进入锁紧盘孔圆弧槽较窄的部位，把螺栓卡住。拧紧螺母 6 和螺钉 1 就可把卡盘或拨盘紧固在轴端。短锥法兰式轴端结构具有定心精度高、轴端悬伸长度小、刚性好、安装方便等优点，应用较多。主轴尾部的圆柱面是安装各种辅具（气动、液

压或电气装置等）的安装基准面。

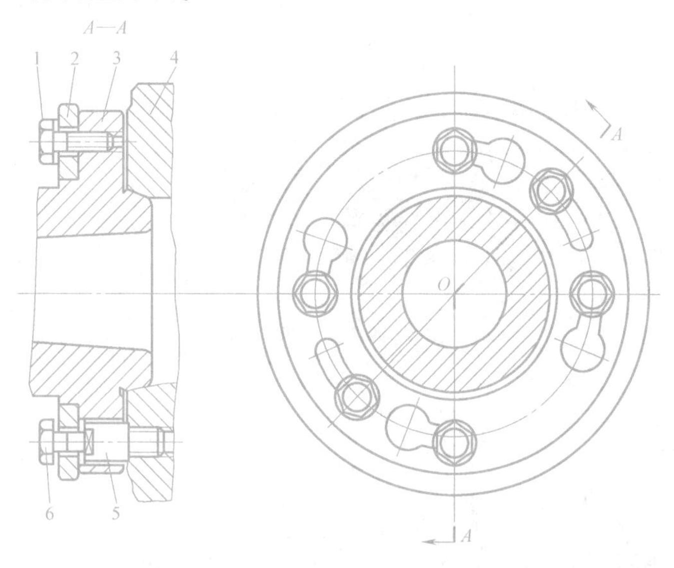

图 3-13　主轴前端与卡盘或拨盘结合采用短锥法兰式结构

1—螺钉　2—锁紧盘　3—主轴　4—卡盘座　5—螺栓　6—螺母

（5）Ⅱ—Ⅲ轴上的六级变速操纵结构　主轴箱内轴Ⅲ可通过轴Ⅰ—Ⅱ间双联滑移齿轮机构及轴Ⅱ—Ⅲ间三联滑移齿轮机构得到六级转速。控制这两个滑移齿轮机构的是一个单手柄六级变速操纵机构（图 3-14a）。转动手柄 9 可通过链轮、链条 8 带动装在轴 7 上的盘形凸轮 6 和曲柄 5 上的拨销 4 同时转动。手柄轴和轴 7 的传动比为 1:1，因而手柄旋转一周，盘形凸轮 6 和拨销 4 也均转过一周。盘形凸轮上的封闭曲线槽由半径不同的两段圆弧和过渡直线组成。杠杆 11 上端有一销 10 插入盘形凸轮曲线槽内，下端也有一个销，其后装有滑块，并嵌于拨叉 12 的槽内。当盘形凸轮上大半径圆弧的曲线槽转至杠杆 11 上端销 10 处时，销往下移动（图 3-14b ~ d），带动杠杆顺时针摆动，从而使双联滑移齿轮 1 处于左位；当盘形凸轮上小半径圆弧曲线槽转至销 10 处时，销往上移动（图 3-14e ~ g），从而使双联滑移齿轮 1 处于右位。拨销 4 上装有滑块，并嵌入拨叉 3 的槽内。轴 7 带动曲柄转动时，拨销 4 绕轴 7 转动，并通过拨叉 3 将三联滑移齿轮 2 拨至左、中、右不同位置（图 3-14b ~ g）。每次顺序转动手柄 60°就可通过双联滑移齿轮 1 左右不同位置与三联滑移齿轮 2 左、中、右三个不同位置的组合，使轴Ⅲ得到六级转速。单手柄操纵六级变速的组合情况见表 3-7。

表 3-7　单手柄操纵六级变速组合情况

曲柄 5 上销的位置	a	b	c	d	e	f
三联滑移齿轮 2 位置	左	中	右	右	中	左
杠杆 11 上端销的位置	a'	b'	c'	d'	e'	f'
双联滑移齿轮 1 位置	左	左	左	右	右	右
齿轮工作情况（图 3-14）	$\frac{56}{38}\times\frac{39}{41}$	$\frac{56}{38}\times\frac{22}{58}$	$\frac{56}{38}\times\frac{30}{50}$	$\frac{51}{43}\times\frac{30}{50}$	$\frac{51}{43}\times\frac{22}{58}$	$\frac{51}{43}\times\frac{39}{41}$

2. 进给箱

进给箱主要由基本螺距机构、增倍机构、变换螺纹种类的换置机构及操纵机构等组成，

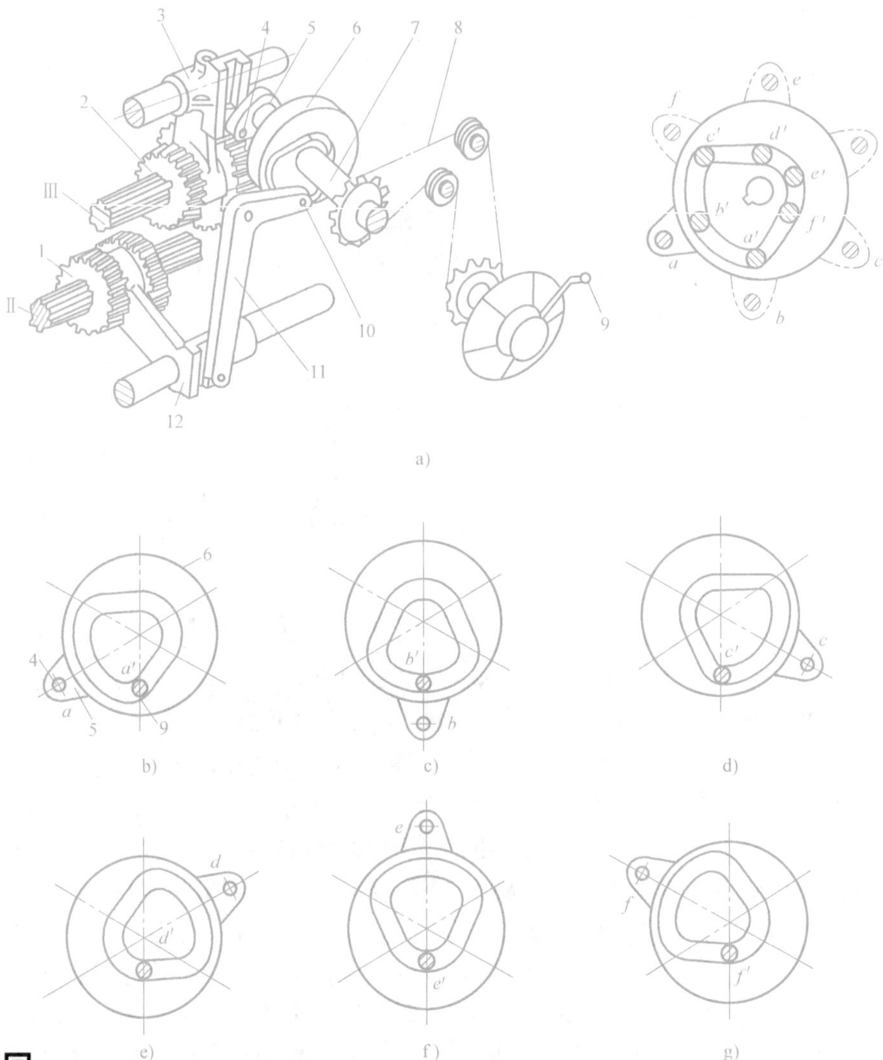

图 3-14　六级变速操纵结构

1—双联滑移齿轮　2—三联滑移齿轮　3、12—拨叉　4—拨销　5—曲柄

6—盘形凸轮　7—轴　8—链条　9—手柄　10—销　11—杠杆

箱内主要传动轴以两组同心轴的形式布置，如图 3-15 所示。

轴Ⅻ、ⅩⅣ、ⅩⅦ及丝杠布置在同一轴线上，轴ⅩⅣ两端以半圆键联接两个内齿离合器，并以套在离合器上的两个深沟球轴承支承在箱体上。

内齿离合器的内孔中安装有圆锥滚子轴承，分别作为轴Ⅻ右端及轴ⅩⅦ左端的支承。轴ⅩⅦ右端由丝杠输出轴左端内齿离合器孔内的圆锥滚子轴承支承。丝杠输出轴由固定在箱体上的支架及推力轴承支承，并通过联轴器与丝杠相连。两侧的推力球轴承分别承受丝杠工作时所产生的两个方向的轴向力。松开锁紧螺母，然后拧动其左侧的调整螺母，可调整丝杠输出轴两侧推力轴承间隙，以防止丝杠在工作时做轴向窜动。拧动轴Ⅻ左端的螺母，可以通过轴承、内齿离合器端面以及轴肩而使同心轴上的所有圆锥滚子轴承的间隙得到调整。

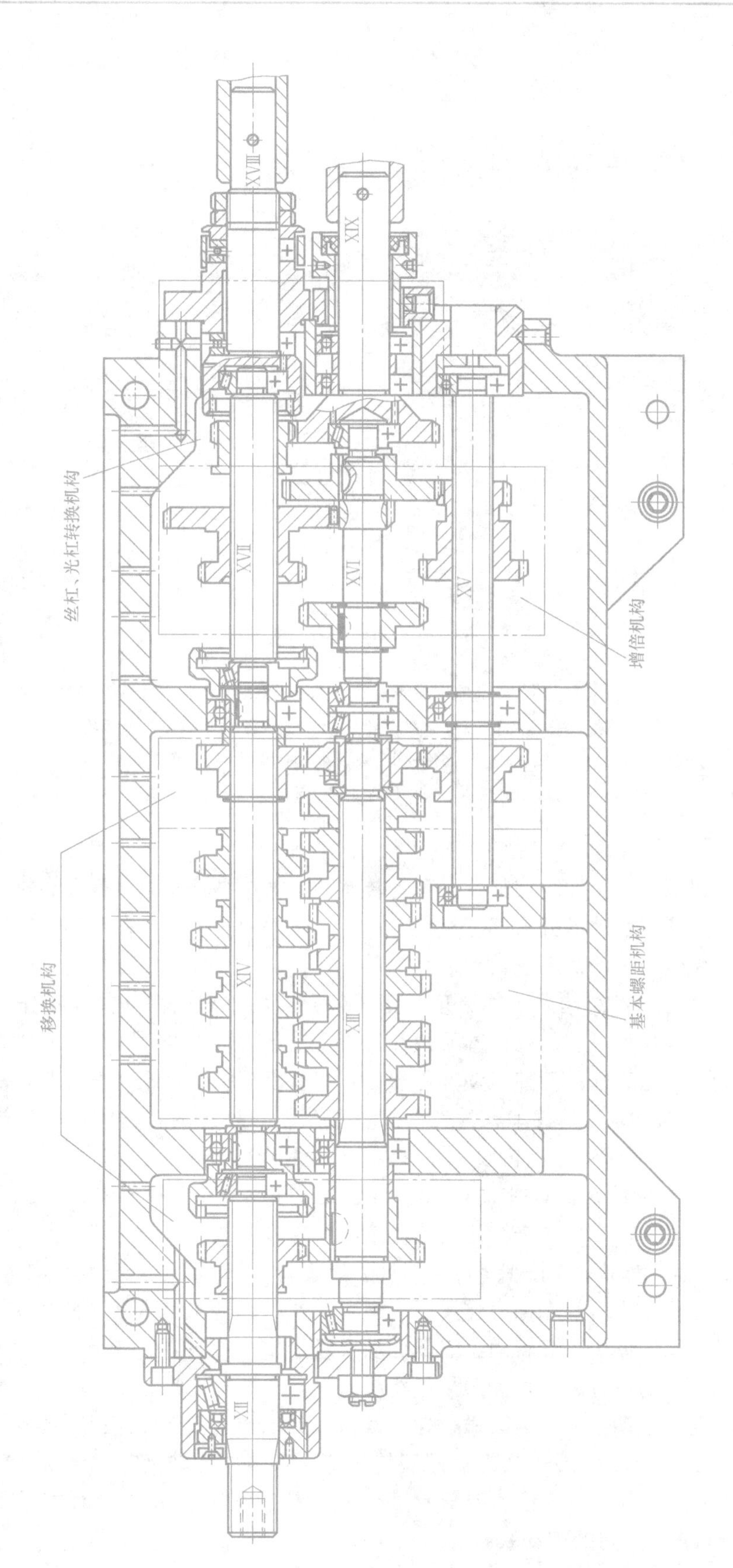

图 3-15　进给箱结构

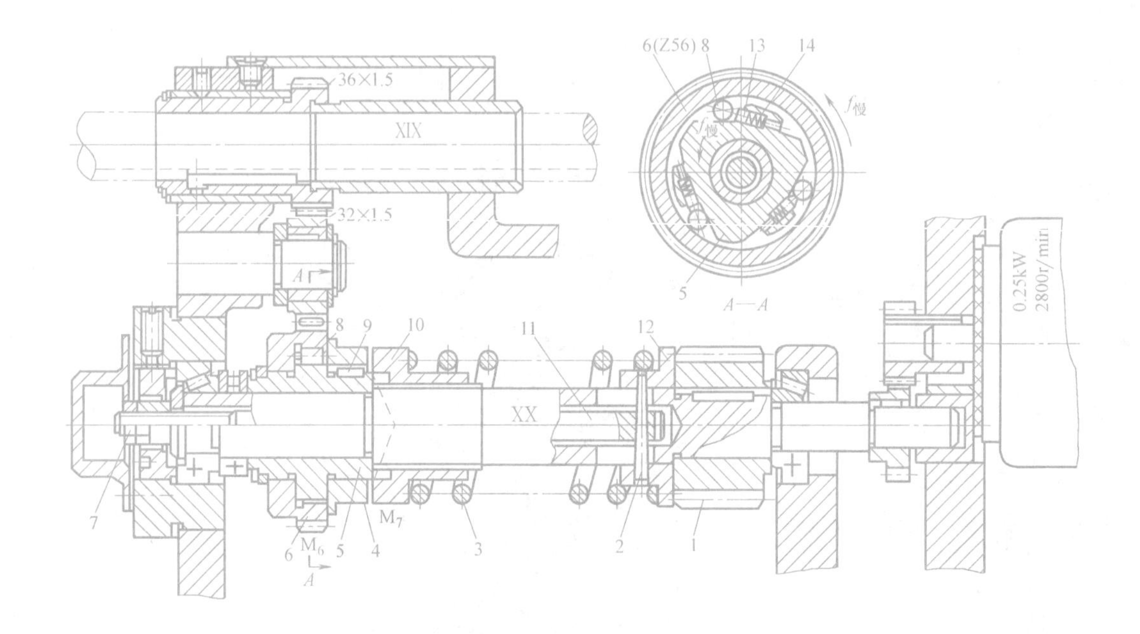

图 3-16　单向超越离合器及安全离合器的结构

1—齿轮　2—锥销　3—弹簧　4—安全离合器左半部　5—星形体　6—外环齿轮

7—XX 轴　8—滚柱　9—键　10—安全离合器右半部　11—调节拉杆

12—弹簧座　13—推块　14—弹簧

3. 溜板箱

溜板箱内包含以下机构：实现刀架快慢移动转换的超越离合器，起过载保护作用的安全离合器，接通、断开丝杠传动的开合螺母机构，接通、断开和转换纵、横向机动进给运动的操纵机构，以及避免运动干涉的互锁机构。

（1）单向超越离合器的结构及工作原理　为了节省辅助时间及简化操作动作，在刀架快速移动过程中，光杠仍可继续转动而不必脱开进给运动传动链。这时，为了避免光杠和快速电动机同时传动同一运动部件而使运动部件损坏，在溜板箱中使用超越离合器。

图 3-16 所示为 CA6140 型卧式车床的安全离合器及单向超越离合器的结构。单向超越离合器 M_6 装在齿轮 $z56$（即外环齿轮 6）与轴 XX 上，由齿轮 $z56$、三个滚柱 8、三个弹簧 14 和星形体 5 组成。星形体 5 空套在轴 XX 上，而齿轮 $z56$ 又空套在星形体 5 上。

当刀架机动进给时，由光杠传来的运动通过单向超越离合器传给安全离合器，然后再传至轴 XX。具体过程是：齿轮 $z56$ 按图示的逆时针方向旋转，三个滚柱 8 分别在弹簧 14 的弹力及滚柱 8 与外环齿轮 6 之间的摩擦力作用下，楔紧在外环齿轮 6 和星形体 5 之间，外环齿轮 6 通过滚柱 8 带动星形体 5 一起转动，于是运动便经过安全离合器传至轴 XX。这时如将进给操纵手柄扳到相应的位置，便可使刀架做相应的纵向或横向进给。

当按下快速电动机起动按钮使刀架做快速移动时，运动由齿轮副 13/29 传至轴 XX，轴 XX 及星形体 5 得到一个与齿轮 $z56$ 转向相同而转速却快得多的旋转运动。结果，滚柱 8 与外环齿轮 6 之间的摩擦力使滚柱 8 压缩弹簧 14 而向楔形槽的宽端滚动，从而脱开外环齿轮 6 与星形体 5（以及轴 XX）间的传动联系。

这时，虽然光杠XIX及齿轮 z56 仍在旋转，但不再传动轴XX。当快速电动机停止转动时，在弹簧 14 和摩擦力作用下，滚柱 8 又楔紧于齿轮 z56 和星形体 5 之间，光杠传来的运动又正常接通。

由以上分析可知，单向超越离合器主要用于有快、慢两个运动交替传动的轴上，以实现运动的快、慢速自动转换。由于 CA6140 型卧式车床使用的是单向超越离合器，所以要求光杠及快速电动机都只能做单方向转动。若光杠反向旋转，则不能实现纵向或横向机动进给；若快速电动机反向旋转，则超越离合器不起超越作用。

（2）安全离合器的结构及其调整　机动进给时，如果进给力过大或刀架移动受阻，则有可能损坏机件。为此，在进给传动链中设有安全离合器 M_7 来自动地停止进给。

在图 3-16 中，单向超越离合器的星形体 5 空套在XX轴上。安全离合器左半部 4 用键固定在星形体上，安全离合器右半部 10 经花键与XX轴相连。正常情况下，安全离合器的左、右两半部由弹簧 3 压紧在一起，运动经安全离合器左、右两部分之间的齿，以及外环齿轮 6 传给XX轴。由于安全离合器左、右半部之间是螺旋形端面齿，故倾斜的接触面在传递转矩时产生轴向力，这个力靠弹簧 3 平衡，如进给力过大或刀架移动受阻，轴向力克服弹簧的弹力而使离合器的左、右半部脱开啮合，停止进给。安全离合器的工作原理如图 3-17 所示。

安全离合器是一种过载保护机构，其形状如图 3-17 中的件 5、6；它可使机床的传动零件在过载时自动断开传动，以免机构发生损坏。

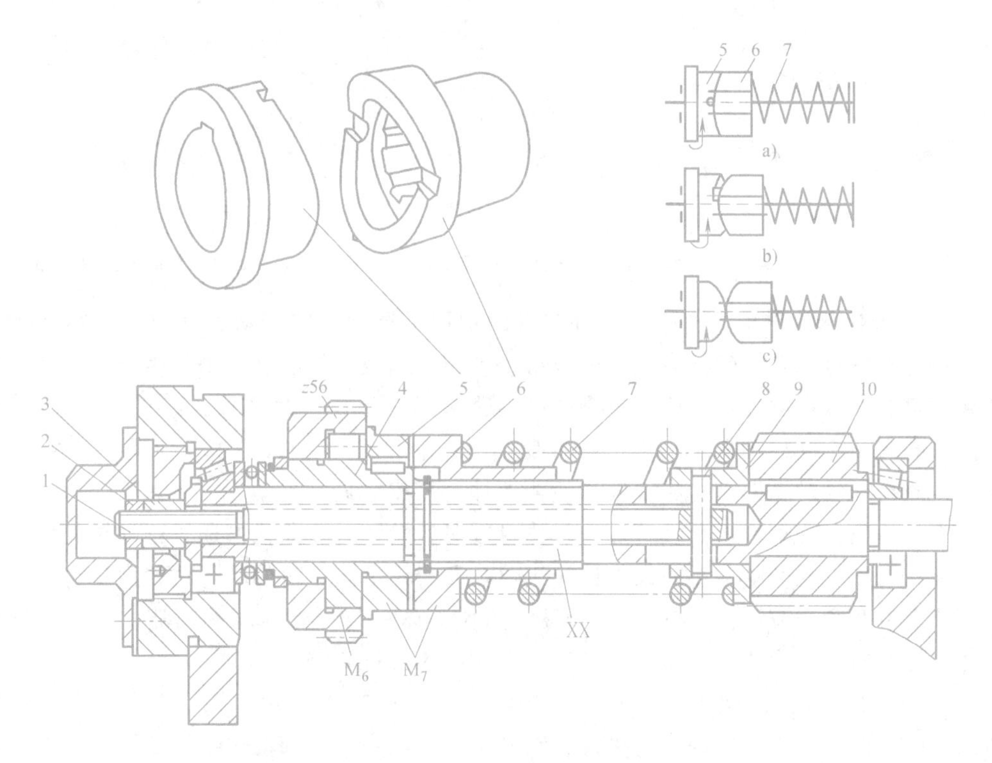

图 3-17　安全离合器位置、形状及工作原理

1—拉杆　2—锁紧螺母　3—调整螺母　4—超越离合器的星形体　5—安全离合器左半部
6—安全离合器右半部　7—弹簧　8—圆柱销
9—弹簧座　10—蜗杆

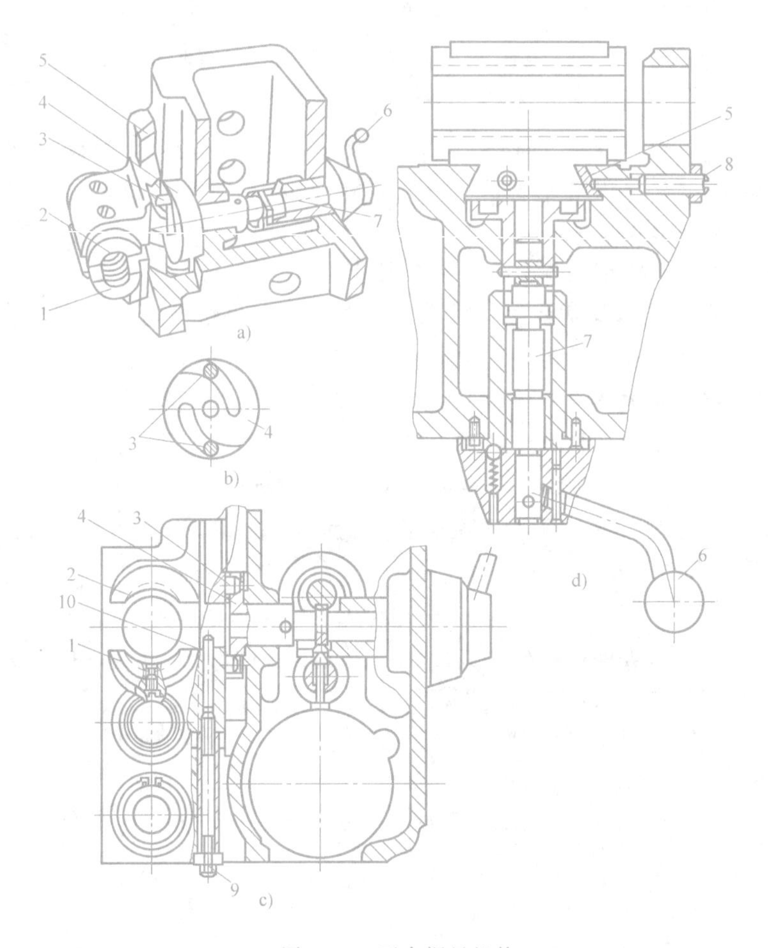

图 3-18　开合螺母机构

1—下半螺母　2—上半螺母　3—圆柱销　4—槽盘　5—镶条　6—手柄　7—轴　8、9—调节螺钉　10—销钉

（3）开合螺母的结构及调整　开合螺母的功用是接通或断开从丝杠传来的运动。车螺纹时，将开合螺母闭合，丝杠通过开合螺母带动溜板箱及刀架。开合螺母由上、下两个半螺母 2 和 1 组成，装在溜板箱体后壁的燕尾形导轨中，可上下移动（图 3-18）。上、下半螺母的背面各装有一个圆柱销 3，其伸出端分别嵌在槽盘 4 的两条曲线槽中。扳动手柄 6，经轴 7 使槽盘逆时针转动时，槽盘的曲线槽迫使两圆柱销互相靠近，带动上、下螺母合拢，与丝杠啮合，刀架便由丝杠螺母经溜板箱传动。槽盘顺时针转动时，曲线槽通过圆柱销使两半螺母相互分离，与丝杠脱开啮合，刀架便停止进给。开合螺母闭合时的啮合位置由销钉 10 限定。利用调节螺钉 9 和调节销钉 10 的伸出长度，可调整丝杠与螺母之间的间隙。开合螺母与箱体上燕尾形导轨间的间隙，可用调节螺钉 8 经镶条 5 进行调整。

（4）纵、横向机动进给操纵机构的结构和原理　图 3-19 所示为纵、横向机动进给操纵机构的结构。纵、横向机动进给的接通、断开和换向由一个手柄集中操纵。手柄 1 通过销轴 2 与轴向固定的轴 23 相连。向左或向右扳动手柄时，手柄下端缺口通过球头销 4 拨动轴 5 轴向移动，然后经杠杆 11、连杆 12、偏心销使圆柱形凸轮 13 转动。凸轮上的曲线槽通过圆销 14、轴 15 和拨叉 16，拨动离合器 M_8 与空套在轴 XXII 上的两个空套齿轮之一啮合，从而

接通纵向机动进给，并使刀架向左或右移动。

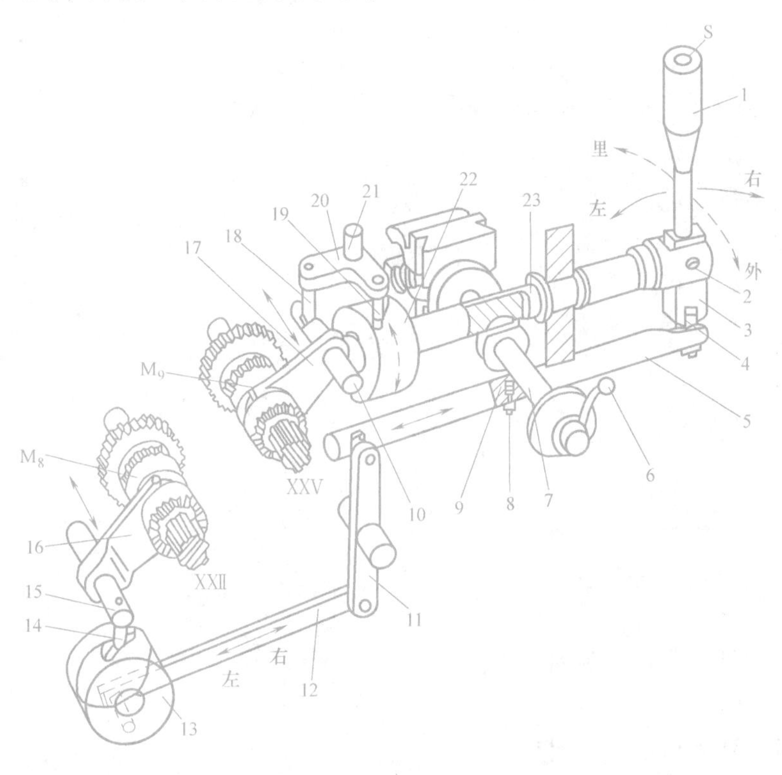

图 3-19　纵、横向机动进给操纵机构的结构

1—手柄　2—销轴　3—手柄下段　4、9—球头销　5、7、10、15、21、23—轴　6—开合螺母手柄　8—弹簧销　11、20—杠杆　12—连杆　13、22—凸轮　14、18、19—圆销　16、17—拨叉

当需要横向进给运动时，扳动手柄向里或向外，带动轴 23 以及固定在其左端的凸轮 22 转动，其上的曲线槽通过圆销 19、杠杆 20 和圆销 18，使拨叉 17 拨动离合器 M_9，从而接通横向机动进给，使刀架向前或向后移动。

纵、横向机动进给机构操纵手柄的扳动方向与刀架进给方向一致，给实际使用带来方便。手柄在中间位置时，两离合器均处于中间位置，机动进给断开。按下操纵手柄顶端的按钮 S，就接通快速电动机，可使刀架按手柄位置确定的进给方向快速移动。由于超越离合器的作用，即使机动进给时，也可使刀架快速移动，而不会发生运动干涉。

（5）互锁机构的结构和原理　机床工作时，如因操作错误同时将丝杠和纵、横向机动进给（或快速运动）接通，则将损坏机床。为防止发生上述事故，溜板箱中设有互锁机构，以保证开合螺母合上时，机动进给不能接通；反之，机动进给接通时，开合螺母不能合上。

图 3-20 所示为互锁机构工作原理图。互锁机构由开合螺母操纵手柄轴 5 的凸肩 a、固定套 4、球头销 3 和弹簧销 2 等组成。其中，图 3-20a 所示为合上开合螺母的情况，这时由于轴 5 转过一个角度，它的凸肩嵌入轴 6 的槽中，将轴 6 卡住，使之不能转动；同时凸肩又将装在固定套 4 径向孔中的球头销 3 往下压，使它的下端插入轴 1 的孔中，另一半在固定套中，所以就将轴 1 锁住，使之不能移动。因此，这时纵、横向机动进给都不能接通。图 3-20b所示为轴 1 移动后的情况，这时纵向机动进给或纵向快速移动被接通。此时，由于

轴 1 移动了位置，轴上的径向孔不再与球头销 3 对准，使球头销不能往下移动，因而轴 5 就被锁住而无法转动，也就是开合螺母不能合上。图 3-20c 所示为轴 6 转动后的情况，这时横向机动进给或横向快速移动被接通。此时，由于轴 6 转动了位置，其上的沟槽不再对准轴 5 上的凸肩，使轴 5 无法转动，开合螺母也不能合上。

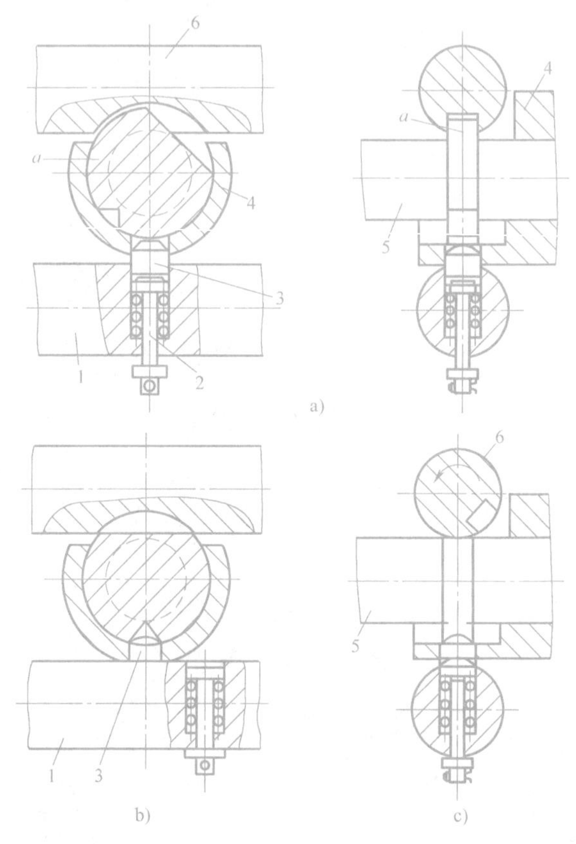

图 3-20　互锁机构工作原理图

1、5、6—轴　2—弹簧销　3—球头销　4—固定套

4. 横向进给丝杠、刀架与尾座

（1）横向进给丝杠　在图 3-21 中，横向进给丝杠 1 的作用是将传至其上的运动，经螺母传动，使刀架获得横向进给运动。横向进给丝杠 1 的右端支承在滑动轴承 7 和 11 上，实现径向和轴向定位。利用螺母 9 可调整轴承的间隙。

横向进给丝杠采用可调的双螺母结构。螺母固定在横向滑板 2 的底面上，它由分开的两部分螺母 18 和 21 组成，中间用楔块 26 隔开。当磨损致使丝杠螺母之间的间隙过大时，可将螺母 21 的紧固螺钉松开然后拧动楔块 26 上的螺钉 19 ，将楔块 26 向上拉紧，依靠斜楔的作用将螺母 21 向左挤，使螺母 21 与丝杠之间产生相对位移，减小螺母与丝杠的间隙。间隙调妥后，拧紧螺钉 20 将螺母固定。

（2）刀架　刀架的功用是安装车刀并带动其做纵向、横向和斜向进给运动，如图 3-22 所示。在刀架转盘的底面上有圆柱形定心凸台（图中未示出），与横向滑板上的孔配合，可绕垂直轴线偏转一定的角度，使刀架滑板沿一定倾斜方向进给，以便车削圆锥面。

方刀架装在刀架滑板 1 上，以刀架滑板上的圆柱凸台定心，用拧在轴 9 上端螺纹上的手柄 12 夹紧（图 3-22a）。方刀架可以转动间隔为 90°的四个位置，使装在刀架四个侧面的四把车刀轮流地进行切削，每次转位后由定位销 2 插入刀架滑板上的定位孔中进行定位，以便获得准确的位置。方刀架换位过程中的松开、拔出定位销、转位以及夹紧等动作，都由手柄 12 操纵。逆时针转动手柄 12 拧松螺纹，刀架体被松开。同时，手柄通过内花键套 7（用销钉与手柄 12 联接）带动外花键套 6 转动，花键套的下端有锯齿形齿爪，与凸轮 3 上的端面齿啮合，因而凸轮也被带着沿逆时针方向转动。凸轮转动时，先由其上的斜面 a 将定位销 2 从定位孔中拔出，接着其缺口的一个垂直侧面 b 与装在刀架体中的固定销 13 相碰，带动刀架体 11 一起转动，钢球 14 从定位孔中滑出。当刀架转至所需位置时，钢球 14 在弹簧 15 的作用下进入另一定位孔，使刀架体先进行初步定位（粗定位）；然后反向（顺时针）转动手

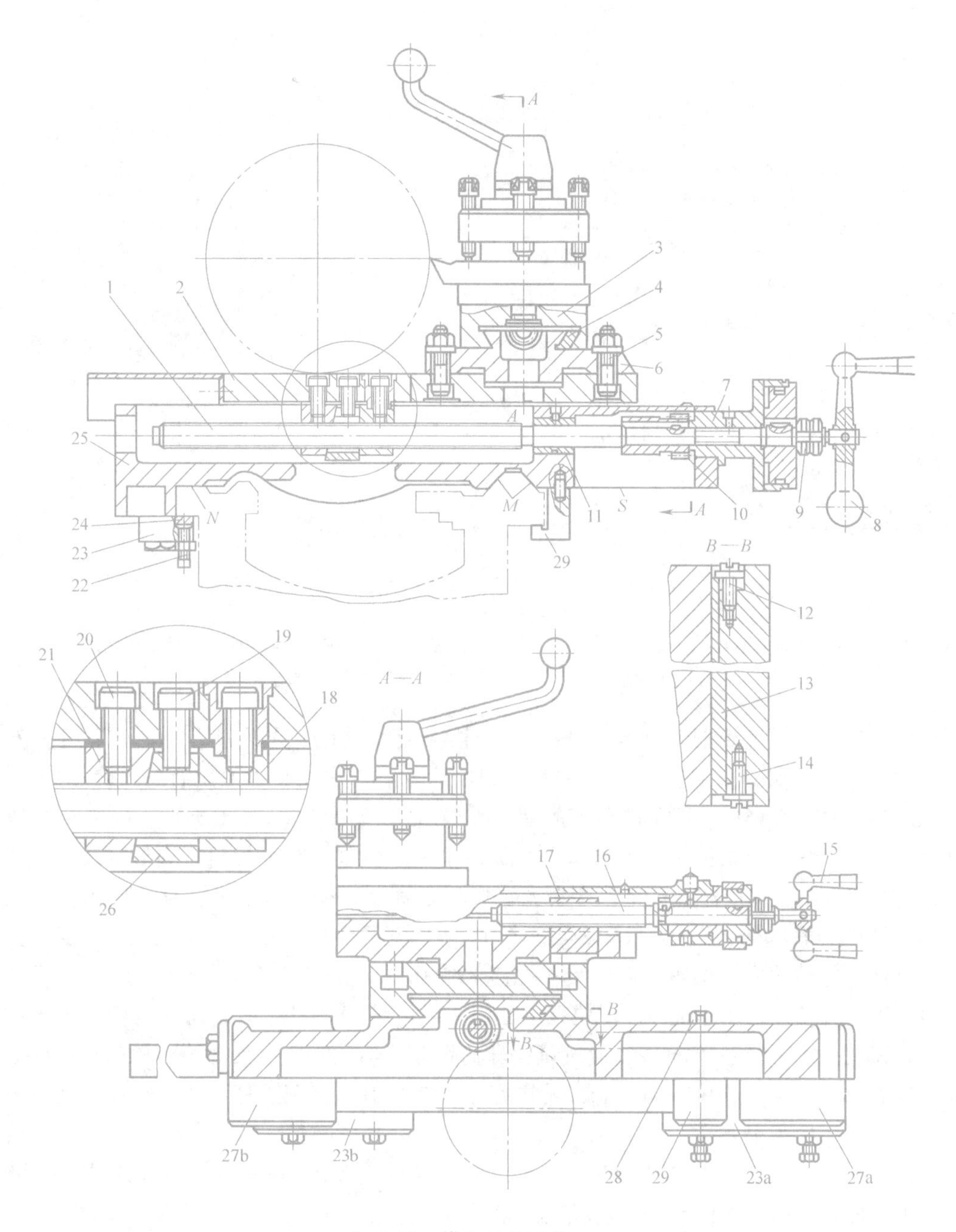

图 3-21　横向进给机构

1—丝杠　2—横向滑板　3—刀架滑板　4、13、24—镶条　5、12、14、19、20、22、28—螺钉　6—转盘　7、11—滑动轴承　8、15—手轮　9、17、18、21—螺母　10—齿轮螺钉　16—螺杆　23、27—压板　25—床鞍　26—楔块　29—活动压板

柄，同时凸轮也被一起反转。当凸轮 3 上斜面 a 脱离定位销 2 的钩形尾部时，在弹簧 15 的作用下，定位销插入新的定位孔，使刀架体实现精确定位；接着凸轮上缺口的另一垂直侧面 c 与固定销 13 相碰，凸轮便被挡住不再转动。但此时，手柄 12 仍可带着外花键套 6 一起，

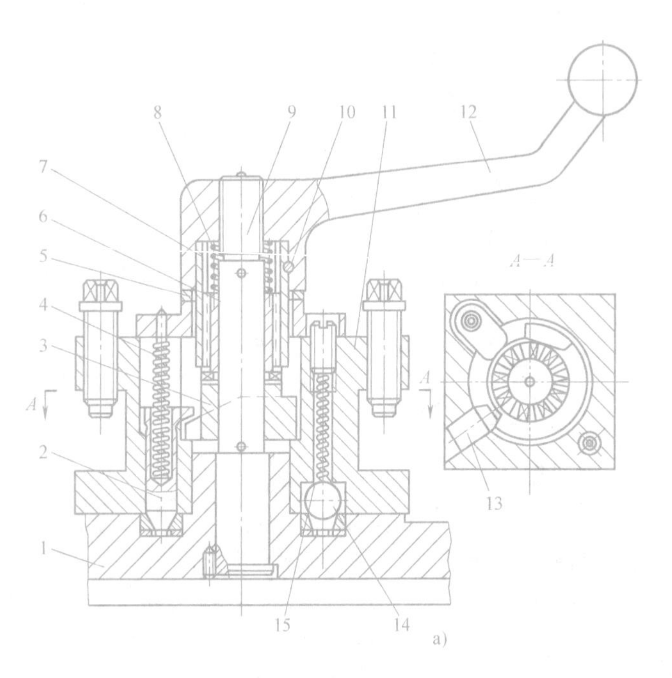

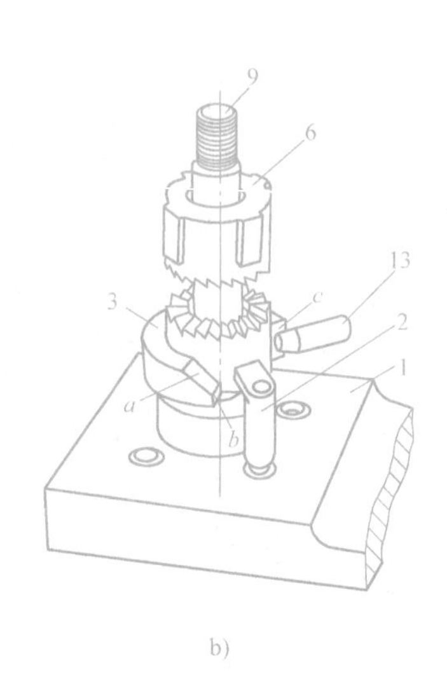

图 3-22 方刀架

1—刀架滑板 2—定位销 3—凸轮 4、8、15—弹簧 5—垫圈 6—外花键套 7—内花键套 9—轴 10—销钉 11—刀架体 12—手柄 13—固定销 14—钢球

继续顺时针转动，直到把刀架体 11 压紧在刀架滑板上为止。在此过程中，外花键套 6 在凸轮 3 的齿爪上滑动。修磨垫圈 5 的厚度，可调整手柄 12 在夹紧方刀架后的正确位置。

（3）尾座 CA6140 型卧式车床的尾座结构及其调整如图 3-23 所示。尾座装在床身的尾座导轨上，它可以根据工件的长短调整纵向位置。位置调整妥当后，向后推动快速紧固手柄 8，通过偏心轴及拉杆就可将尾座夹紧在床身导轨上。有时，为了将尾座紧固得更牢固可靠些，可拧紧螺母 10，通过螺钉 13 用压板 14 将尾座紧固地夹紧在床身上。后顶尖 1 安装在尾座套筒 3 的锥孔中。尾座套筒 3 装在尾座体的孔中，并由平键 16 导向，所以它只能轴向移动，不能转动。摇动手轮 9，可使尾座套筒 3 纵向移动。当尾座套筒移至所需位置后，可用套筒锁紧手柄 4 转动螺杆 17，通过尾座套筒锁紧块 18 和 19 拉紧套筒，从而将尾座套筒夹紧。如需卸下后顶尖，可转动手轮，使尾座套筒 3 后退，直到螺杆 5 的左端顶住后顶尖，将后顶尖从锥孔中顶出。

在车削加工中，也可将钻头等孔加工刀具装在尾座套筒的锥孔中。这时，转动手轮 9，借助于螺杆 5 和螺母 6 的传动，可使尾座套筒 3 带动钻头等孔加工刀具纵向移动，进行孔的加工。

调整螺钉 20 和 22 用于调整尾座体 2 的横向位置，也就是调整后顶尖中心线在水平面内的位置，使它与主轴中心线重合，或用以车削锥度较小的锥面（工件由前、后顶尖支承）。

四、CA6140 型卧式车床附件

CA6140 型卧式车床主要用于加工回转表面。安装工件时，应该使待加工表面回转中心线和车床主轴的中心线重合，以保证工件位置准确；同时还要把工件夹紧，以承受切削力，保证工作时安全。在车床上常用的装夹附件有自定心卡盘、单动卡盘、顶尖、中心架、跟刀

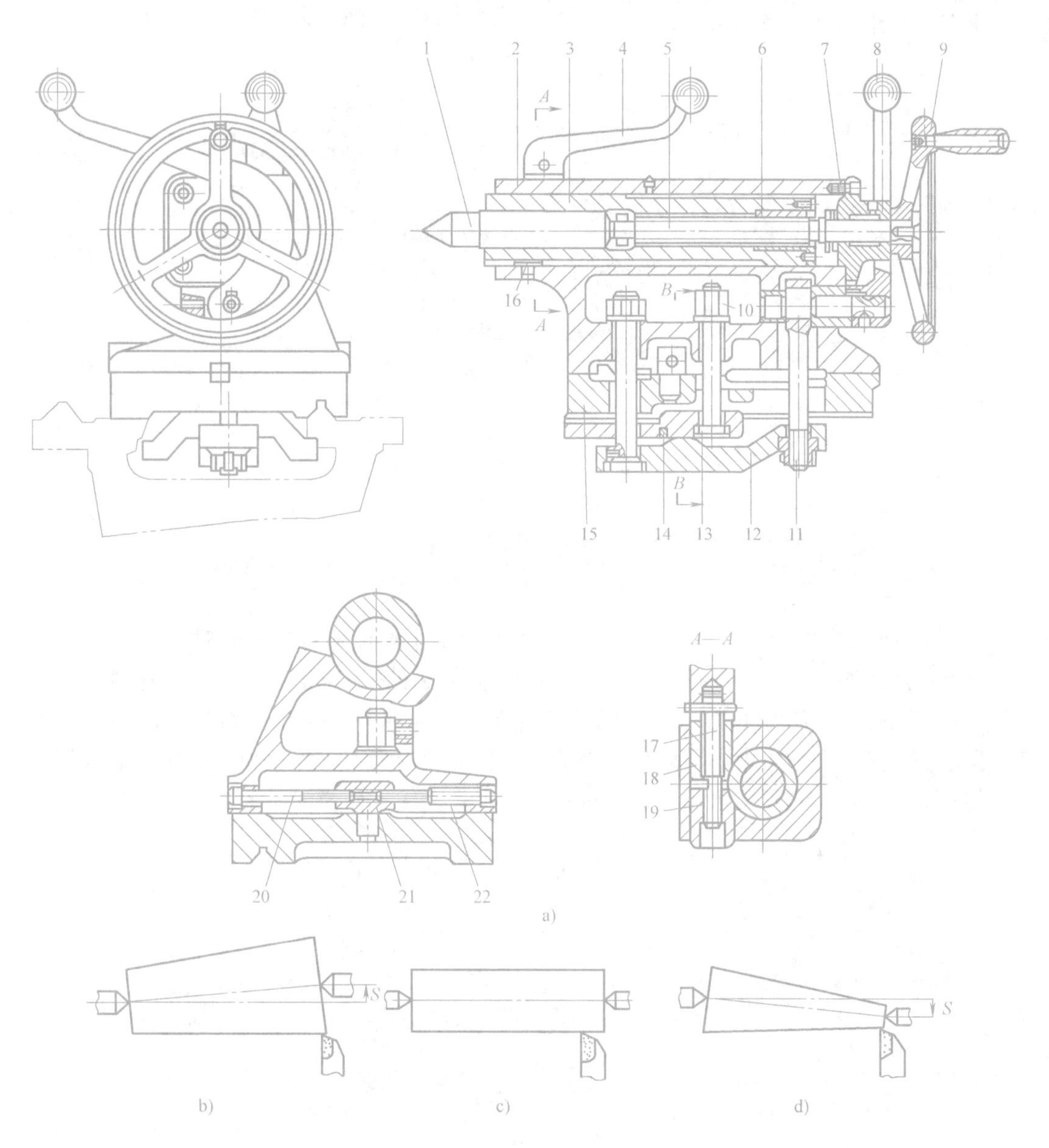

图 3-23　CA6140 型卧式车床的尾座结构及其调整

a）尾座结构　b）后顶尖向后偏移　c）前、后顶尖同轴　d）后顶尖向前偏移

1—后顶尖　2—尾座体　3—尾座套筒　4—套筒锁紧手柄　5—螺杆　6、10、21—螺母　7、13—螺钉　8—尾座锁紧手柄　9—手轮　11—拉杆　12—夹紧块　14—压板　15—尾座底板　16—平键　17—螺杆　18、19—尾座套筒锁紧块　20、22—调整螺钉

架、心轴、花盘和弯板等。

1. 自定心卡盘

自定心卡盘是车床上最常用的附件，其构造如图 3-24 所示。当转动小锥齿轮时，与它相啮合的大锥齿轮随之转动，大锥齿轮背面的平面螺纹使三个卡爪同时缩向中心或向外张开，以夹紧不同直径的工件。由于三个卡爪同时移动并能自行对中（对中精度为 0.05 ~ 0.15mm），故自定心卡盘适于快速装夹截面为圆形、正三边形、正六边形的工件。自定心卡

盘还附带三个反爪，将其换到卡盘体上即可用来装夹直径较大的工件。

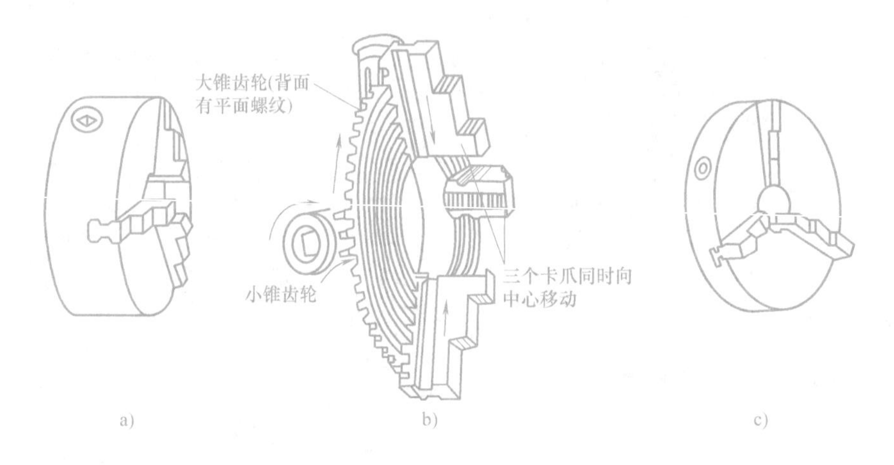

图 3-24　自定心卡盘

a）自定心卡盘外形　b）自定心卡盘结构　c）反自定心卡盘

2. 单动卡盘

单动卡盘外形如图 3-25 所示。它的四个卡爪通过四个调整螺杆独立移动，因此用途广泛。它不但可用来装夹截面是圆形的工件，还可用来装夹截面是方形、长方形、椭圆或其他不规则形状的工件，如图 3-26 所示。在圆盘上车偏心孔也常用单动卡盘装夹。此外，单动卡盘较自定心卡盘的夹紧力大，所以也用来装夹较重的圆形截面工件。如果把四个卡爪各自调头安装到卡盘体上，起到反爪作用，即可用来装夹较大的工件，如图 3-27 所示。

图 3-25　单动卡盘外形

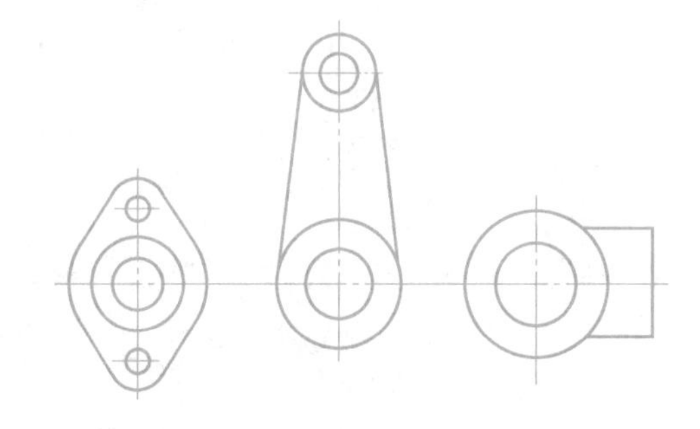

图 3-26　单动卡盘适用工件

由于单动卡盘的四个卡爪是独立移动的，在装夹工件时须进行仔细的找正工作。一般用划针盘按工件外圆表面或内孔表面找正，或者按预先在工件上所划的线找正，如图 3-27a 所示。若零件的装夹精度要求很高，自定心卡盘不能满足装夹精度要求，也往往在单动卡盘上装夹，此时须用百分表找正，如图 3-27b 所示，装夹精度可达 0.01mm。

3. 顶尖

在车床上加工轴类工件时，往往用顶尖来装夹工件，如图 3-28 所示。把轴架在前后两个顶尖上，前顶尖装在主轴锥孔内，并和主轴一起旋转，后顶尖装在尾座套筒内，前后顶尖就确定了轴的位置。将卡箍卡紧在轴端上，卡箍的尾部伸入拨盘的槽中，拨盘安装在主轴上（安装方式与自定心卡盘相同）并随主轴一起转动，通过拨盘带动卡箍即可使轴转动。

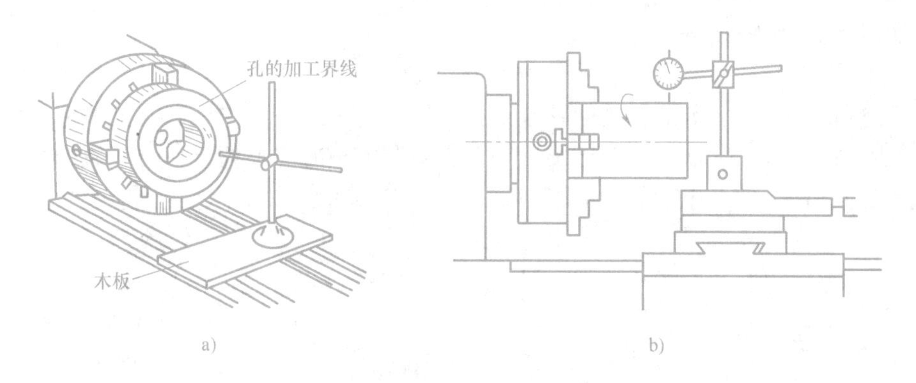

图 3-27　单动卡盘装夹工件的找正方法
a）用划针盘找正　b）用百分表找正

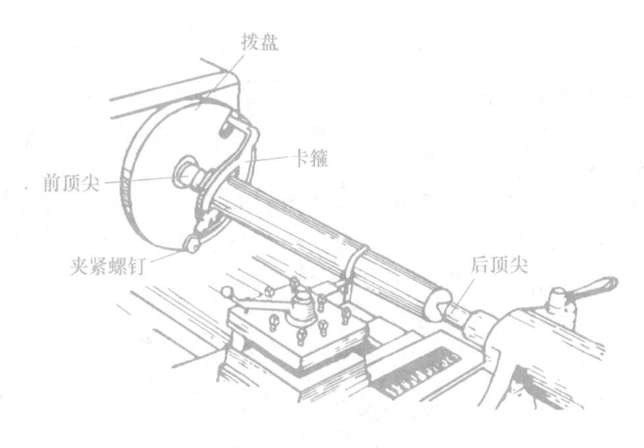

图 3-28　用顶尖装夹工件

常用的顶尖有固定顶尖和回转顶尖两种，其形状如图 3-29 所示。前顶尖采用固定顶尖。在高速切削时，为了防止后顶尖与中心孔由于摩擦发热过大而磨损或烧坏，常采用回转顶尖。由于回转顶尖的准确度不如固定顶尖高，故其一般用于轴的粗加工或半精加工。轴的精度要求比较高时，后顶尖也应使用固定顶尖，但要合理选择切削速度。用顶尖装夹轴类工件的步骤如下：

1）在轴的两端钻中心孔。

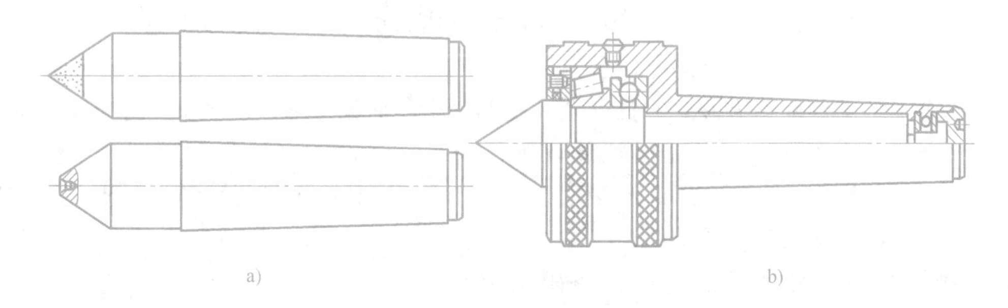

图 3-29　顶尖
a）固定顶尖　b）回转顶尖

2）安装并找正顶尖。

3）装夹工件。

首先在轴的一端安装卡箍，稍微拧紧卡箍的螺钉。另一端的中心孔涂上黄油，但如果使用回转顶尖，就不必涂黄油。对于已加工表面，安装卡箍时应该垫上一个开缝的小套或包上薄铁皮，以免夹伤工件。用顶尖装夹轴类工件的步骤如图 3-30 所示。

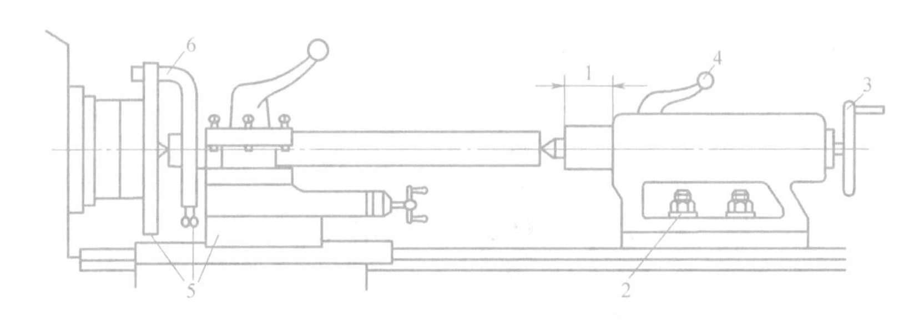

图 3-30　用顶尖装夹轴类工件的步骤

1—调整尾座套筒伸出长度　2—将尾座固定　3—调节工件与顶尖松紧　4—锁紧套筒
5—刀架移至车削行程左端，用手转动拨盘，检查是否会碰撞　6—拧紧卡箍

在顶尖上装夹轴类工件，由于两端都是锥面定位，其定位的准确度比较高，即使多次装卸与调头，零件的轴线始终是两端锥孔中心的连线，即保持了轴的中心线位置不变，因而能保证在多次装夹中所加工的各个外圆面有较高的同轴度精度。

4. 中心架与跟刀架

加工细长轴时，为了防止轴受切削力的作用而产生弯曲变形，往往需要加用中心架或跟刀架。

中心架固定于机床工作台面上。支承工件前，先在工件上车出一小段光滑表面，然后调整中心架的三个支承爪与其接触，再分段进行车削。图 3-31a 所示为利用中心架车削外圆面，工件的右端加工完毕后调头再加工另一端。加工长轴的端面和轴端的孔时，可用卡盘夹持轴的一端，用中心架支承轴的另一端，如图 3-31b 所示。中心架多用于加工阶梯轴。

跟刀架与中心架不同，它固定于刀架上，并随刀架一起做纵向移动。使用跟刀架需先在工件上靠后顶尖的一端车出一小段外圆，根据它来调节跟刀架的支承爪，然后再车出工件的全长。跟刀架多用于加工细长的光轴和长丝杠等，如图 3-32 所示。

应用跟刀架或中心架时，工件被支承部分应是加工过的外圆表面，并要加机油润滑。工件的转速不能很高，以免工件与支承爪之间摩擦过热而烧坏或磨损支承爪。

5. 心轴

在卡盘上加工盘套类零件时，其外圆、孔和两个端面无法在一次装夹中全部加工完。如果把零件调头装夹再加工，往往无法保证零件的径向圆跳动（外圆与孔）和轴向圆跳动（端面与孔）的要求。因此，需要利用已经精加工过的孔把零件装在心轴上，再把心轴安装在前后顶尖之间来加工外圆或端面。

心轴种类很多，常用的有锥度心轴和圆柱心轴。

图 3-33 所示为锥度心轴，锥度一般为 1:2000 ~ 1:5000。工件压入后靠摩擦力与心轴固紧。这种心轴装卸方便，对中准确，但不能承受较大的切削力，多用于精加工盘套类零件。

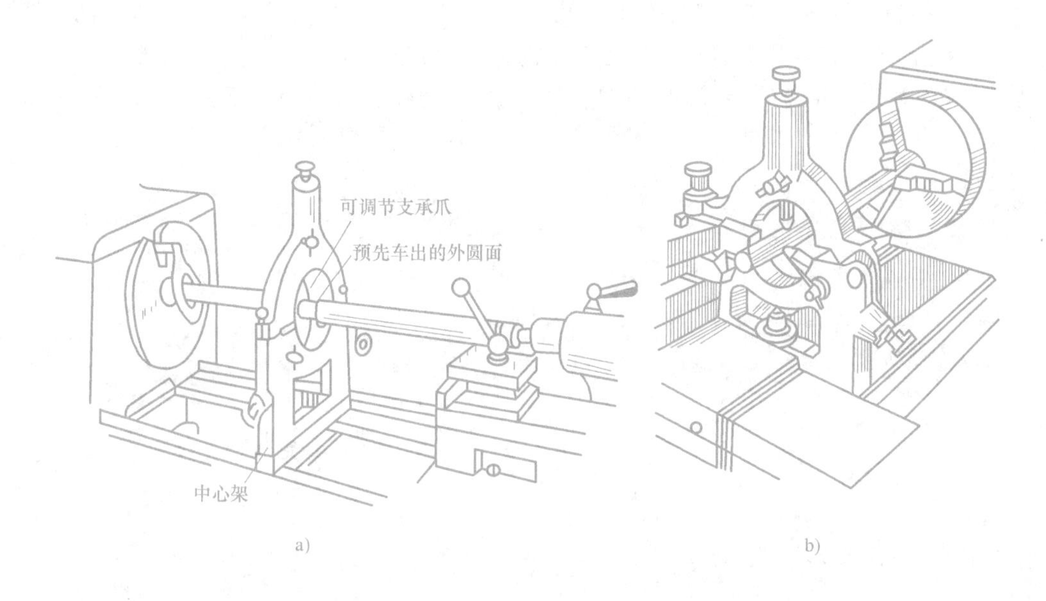

图 3-31　用中心架车削外圆面、端面

a）用中心架车削外圆面　b）用中心架车削端面

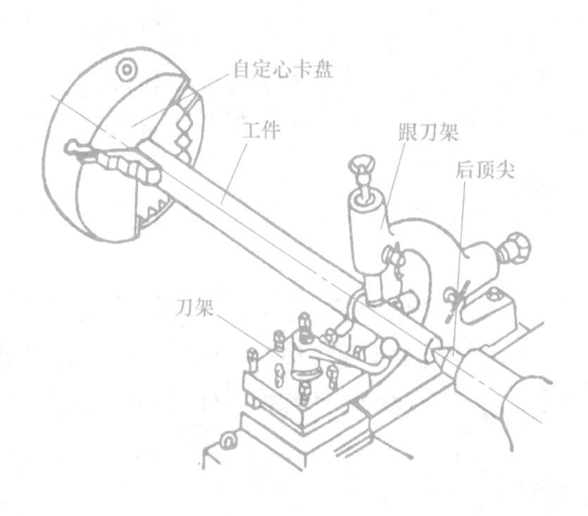

图 3-32　跟刀架应用

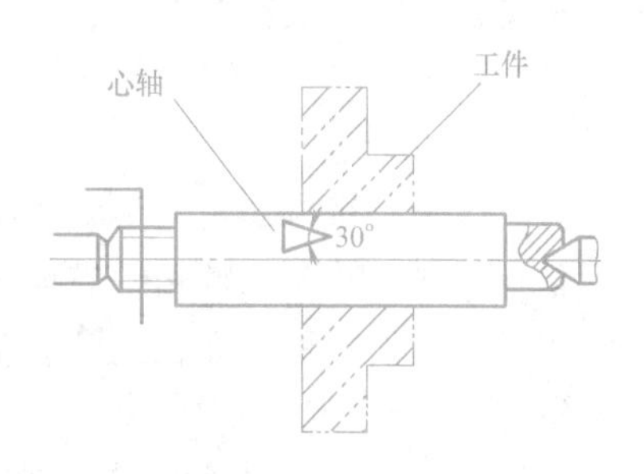

图 3-33　锥度心轴

图 3-34 所示为圆柱心轴，其对中准确度较锥度心轴差，工件装入后加上垫圈，用螺母锁紧，夹紧力较大，多用于加工盘类零件。用圆柱心轴装夹时，工件的两个端面都需要和孔中心线垂直，以免当螺母拧紧时，心轴弯曲变形。

盘套类零件用于安装心轴的孔应有较高的精度，尺寸公差等级一般为 IT7 ~ IT9，否则零件在心轴上无法准确定位。

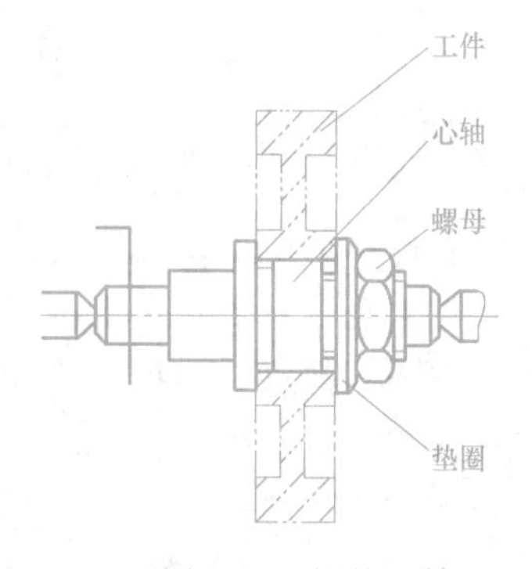

图 3-34　圆柱心轴

6. 花盘、弯板及压板、螺栓

在车床上加工形状不规则的大型工件时，为保证加工

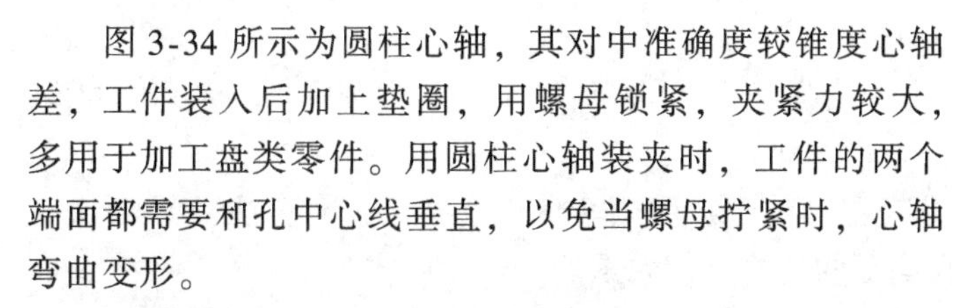

平面与安装平面平行；或加工外圆柱面和内孔时，保证其轴线与安装平面垂直，可以把工件直接压在花盘上加工。花盘是安装在车床主轴上的一个大圆盘，盘面上的许多长槽用以穿放螺栓，如图3-35所示。花盘的端面必须平整，且跳动量很小。用花盘装夹工件时，需仔细找正。

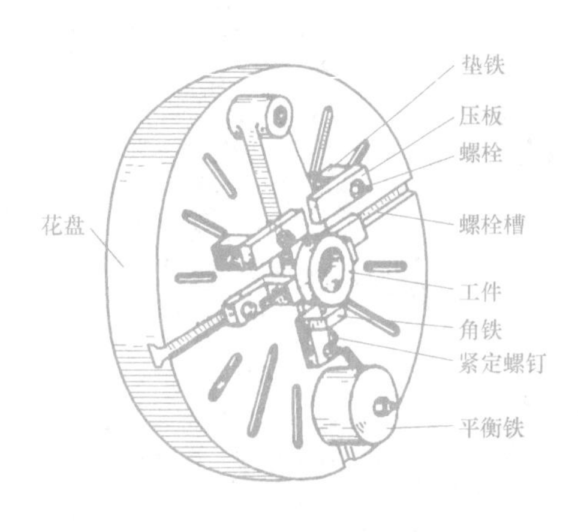

图3-35　花盘、压板、配重组合

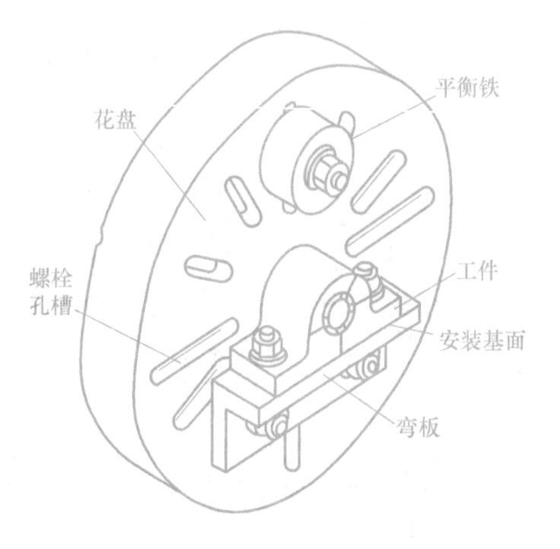

图3-36　花盘、弯板组合

有些复杂的零件要求孔的轴线与安装面平行，或要求孔的轴线垂直相交时，可用花盘、弯板安装工件，如图3-36所示。弯板要有一定的刚度和强度，用于贴靠花盘和安放工件的两个面应有较高的垂直度。弯板安装在花盘上后要仔细地进行找正，工件紧固于弯板上也必须找正。

用花盘或花盘、弯板组合装夹工件时，由于重心常偏向一边，需要在另一边上加平衡铁予以平衡，以减小旋转时的振动，如图3-35、图3-36所示。

五、其他车床简介

1. 立式车床

立式车床是用来加工大型盘类零件的。图3-37所示为两种立式车床。立式车床的主轴处于垂直位置，装夹工件用的花盘（或卡盘）处于水平位置。即使装夹了大型零件，立式车床的运转仍很平稳。立柱上装有横梁，可上下移动；立柱及横梁上都装有刀架，分别做上下、左右移动。

（1）主参数　立式车床的主参数是最大车削直径。

（2）主要特征　主轴垂直布置；工件装夹在水平的回转工作台上，安装调整比较方便；工作台由导轨支承，刚性好，切削平稳；刀架可在横梁或立柱上移动，有几个刀架，并能快速换刀；立式车床的加工尺寸公差等级可达到IT8～IT9，表面粗糙度值可达$Ra1.6 \sim 3.2\mu m$。

（3）主要用途　适合加工较大、较重、难于在卧式车床上加工的工件，主要用于加工直径大、长度小的工件。在回转直径满足的情况下，太重的工件在卧式车床上不易装夹，这是因为工件本身的自重对加工精度有影响，但采用立式车床可以解决上述问题。

立式车床一般可分为单柱式和双柱式结构。小型立式车床一般做成单柱式结构，大型立式车床做成双柱式结构。

2. 转塔车床

对于外形复杂而且有内孔的成批零件，用转塔车床加工较为合适。转塔车床与卧式车床

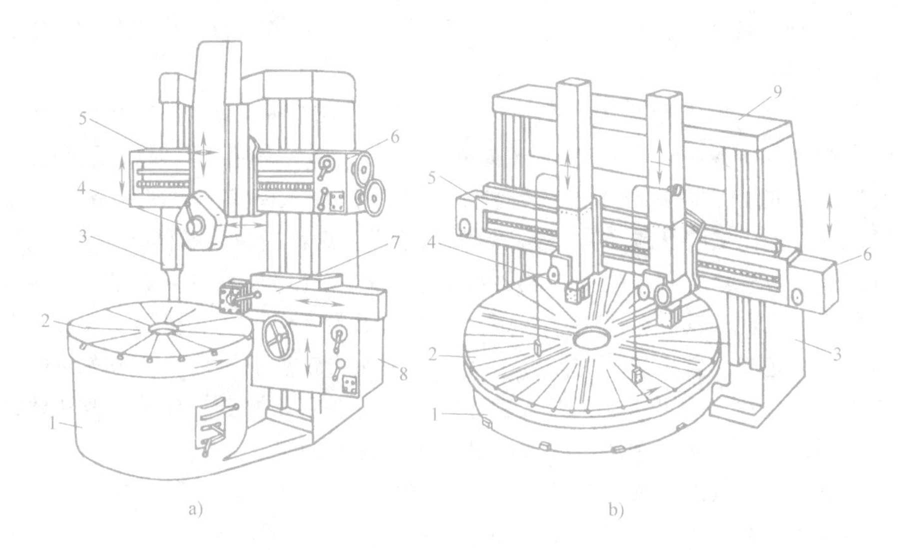

图 3-37　立式车床

a）单柱式立式车床　b）双柱式立式车床

1—底座　2—工作台　3—立柱　4—垂直刀架　5—横梁　6—垂直刀架进给箱　7—侧刀架　8—侧刀架进给箱　9—顶梁

不同的地方是前者有一个可转动的六角刀架（图 3-38），代替了卧式车床上的尾座。在六角刀架上可同时安装钻头、铰刀、板牙以及装在特殊刀夹中的各种车刀，以便进行多刀加工。这些刀具是按零件加工顺序安装的。六角刀架每转 60°，便更换一组刀具而且可与方刀架上的刀具同时加工工件。此外，转塔机床上有定程装置，可控制尺寸，节省了很多度量工件的时间。六角刀架绕水平轴旋转的转塔车床称为回轮车床，如图 3-39 所示。

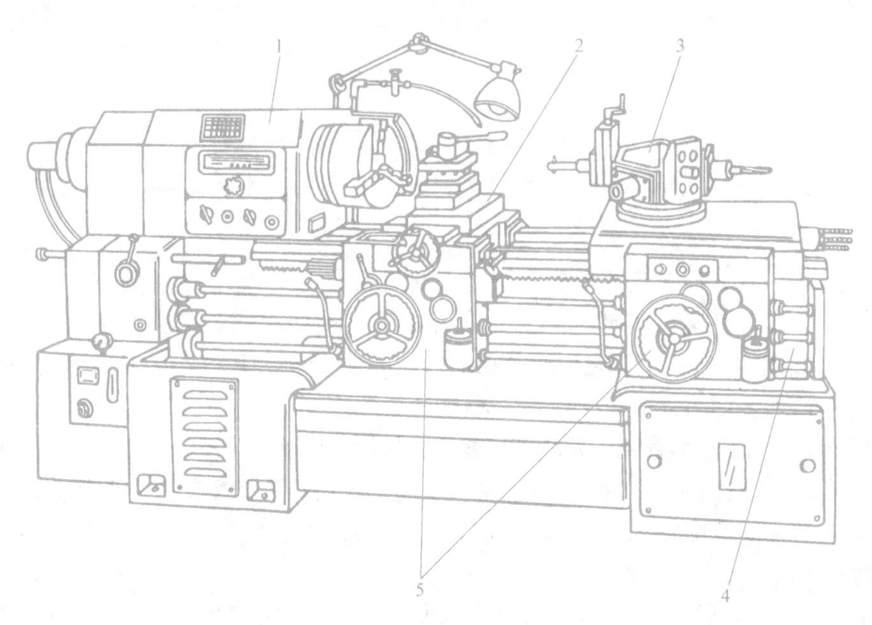

图 3-38　转塔车床

1—主轴箱　2—横刀架（四方刀架）　3—转塔刀架（六角刀架）　4—床身　5—横刀架、转塔刀架溜板箱

（1）主参数　转塔车床以卡盘直径为主参数。回轮车床以最大棒料直径为主参数。

(2) 主要特征　转塔车床可装多把刀具，可在工件的一次装夹中由工人依次使用不同的刀具完成多种工序。

(3) 结构特点　转塔车床与卧式车床相比，其主要结构特点是没有尾座和丝杠，而尾座位置上装有一个多任务位主切削刀架（如转塔刀架、回轮刀架），另外还具有辅助刀架（如前、后刀架），能完成卧式车床上的各种加工工序，是一种多刀、多任务位、加工高效的机床，加工效率比卧式车床高2~3倍。转塔车床调整需花费较多时间，适合于成批生产。

机床设有6工位转塔刀架。转塔刀架轴线垂直于机床主轴，可沿导轨做纵向移动。前、后刀架也可做纵、横向移动。转塔刀架各刀具均按加工顺序预调好，切削一次后，刀架退回并转位，再用另一把刀切削，故可在工件一次装夹中完成较复杂加工。转塔车床用可调挡块控制刀具行程终点位置，也可用插销板式程序控制半自动循环加工。转塔刀架和横刀架适当调整后可以联合切削，适用于中小批量盘类和套类零件的加工。

此外，转塔车床刀架纵、横向进给设有撞停定程装置，可自动控制工件尺寸，保证成批工件尺寸的一致性，能自动实现机床变速预选、进给量改变等操作。

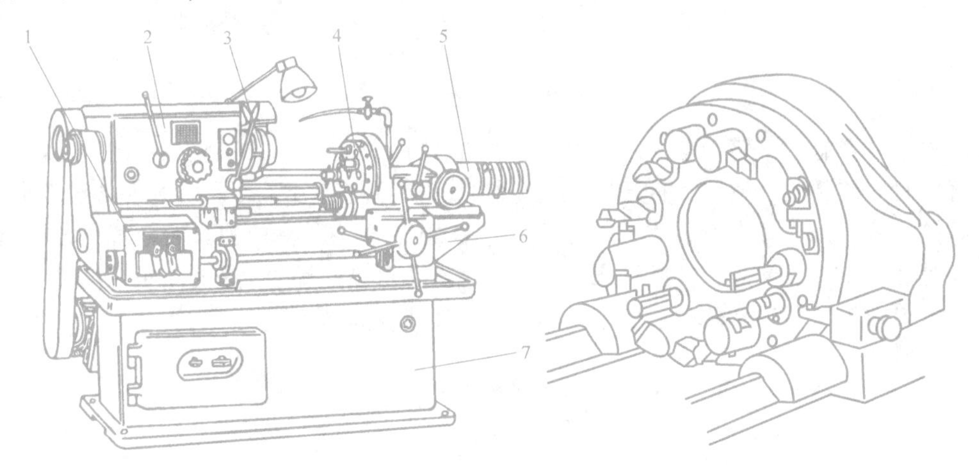

图3-39　回轮车床及回轮刀架

1—进给箱　2—主轴箱　3—主轴及夹头　4—回轮刀架　5—定程装置　6—床身　7—底座

3. 落地车床

(1) 主参数　落地车床的主参数是最大回转直径。

(2) 工艺范围及用途　落地车床又称花盘车床、端面车床、大头车床或地坑车床，如图3-40所示。它适用于车削直径为800~4000mm的直径大、长度小、重量较轻的盘形、环形工件或薄壁筒形工件等，适用于单件、小批量生产。

落地车床主要用于车削直径较大的机械零件，如轮胎模具、大直径法兰管板、汽轮机配件、封头等，广泛应用于石油化工、重型机械、汽车制造、矿山铁路设备及航空部件的加工制造。

(3) 结构特点　落地车床无床身、尾座、丝杠。落地车床底座导轨采用矩形结构，跨距大，刚性好，适宜低速重载切削。操纵站安装在前床腿位置，操作方便，外观协调。落地车床采用主轴垂直于滑板运动的床身导轨，主轴箱和横向床身连接在同一底座上，底座上为山形导轨，可手动调节滑板的横向移动。机床铸件通过振动时效消除内应力，床身也经过超声频淬火，导轨经磨削加工而成。落地车床承载能力大，刚性强，操作方便，能够车削各种零件的内外圆柱面、端面、圆弧等成形表面，是加工各种轮胎模具及大平面盘类、环类零件的理想设备。

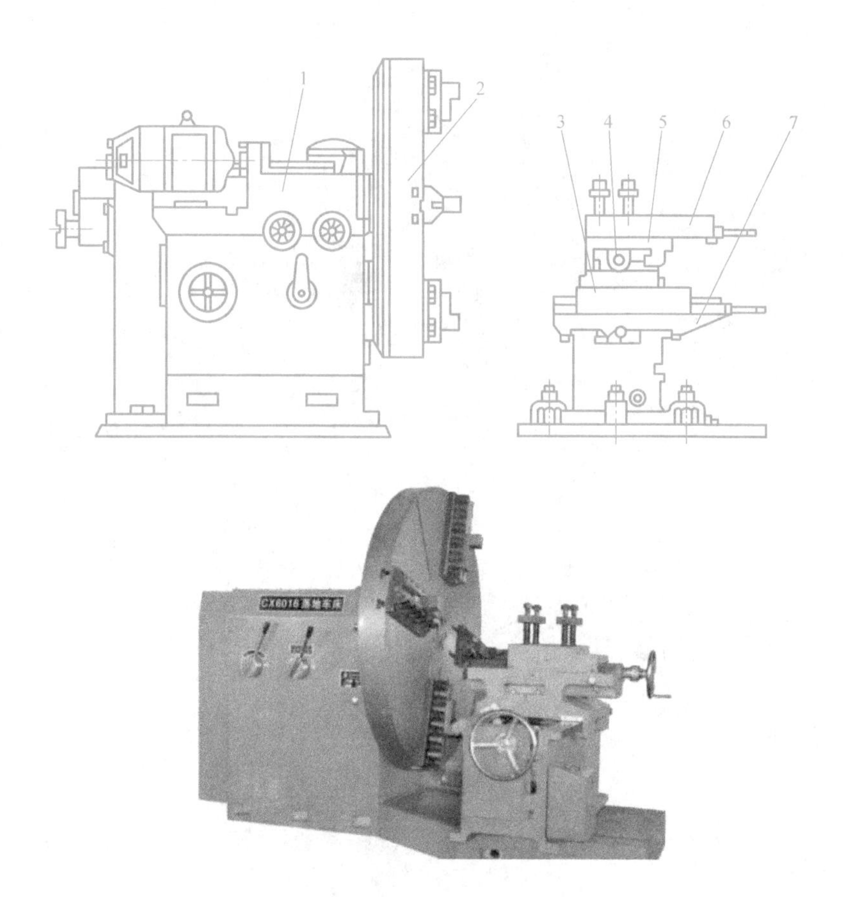

图 3-40　落地车床

常见的落地车床系列及其型号有如下几种。

YL 系列：YL1600、YL2000 等，此系列基本已退出市场，但还有一定数量该系列的设备在使用。

CY 系列：CY1512-A、CY2216-A、CY2218-A、CY2220-A、CY2420-A 等，其中 CY1512-A 表示卡盘直径为 1200mm，最大回转直径为 1500mm，A 表示连体结构。

SFC 系列：SFC6020、SFC6025、SFC6031 等，此系列连体落地车床最大回转直径分别为 2000mm、2500mm、3100mm。

4. 液压仿形半自动车床

液压仿形半自动车床（图 3-41）通过液压随动伺服阀控制刀架进给。在靠模轮廓控制下，液压随动伺服阀进出油口开度和方向不断变化，控制刀架驱动液压缸进油量的大小与方向，使得刀具将工件加工得与靠模轮廓相一致。

（1）主参数　液压仿形半自动车床以最大棒料直径为主参数。

（2）主要特征　具有实现半自动控制的液压随动仿形机构，可根据靠模轮廓在一次装夹中自动完成中小型工件的多工序加工，适用于大批、大量生产。

（3）主要用途　适用于大批大量生产形状不太复杂的非圆表面和轴类零件的加工，可车削圆柱面、圆锥面和成形表面。

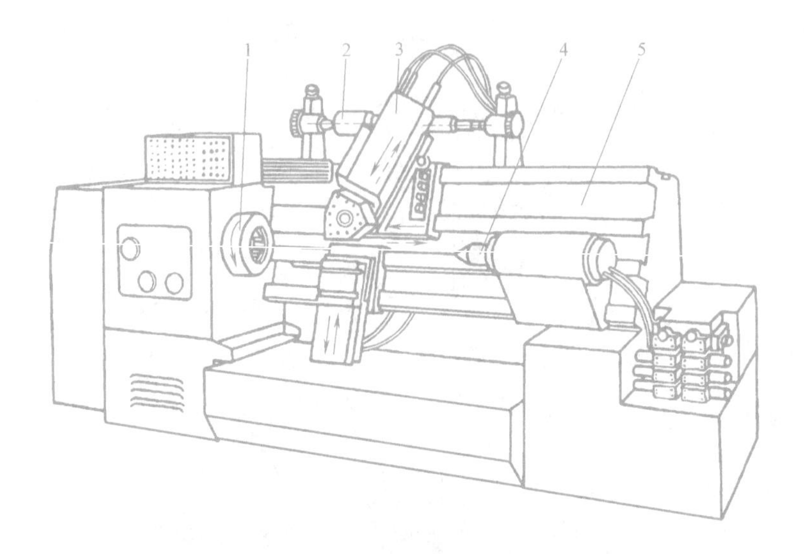

图 3-41 液压仿形半自动车床

1—主轴 2—靠模 3—液压仿形刀架 4—顶尖 5—床身

5. 自动车床

图 3-42 所示为 C1312 型单轴转塔自动车床。

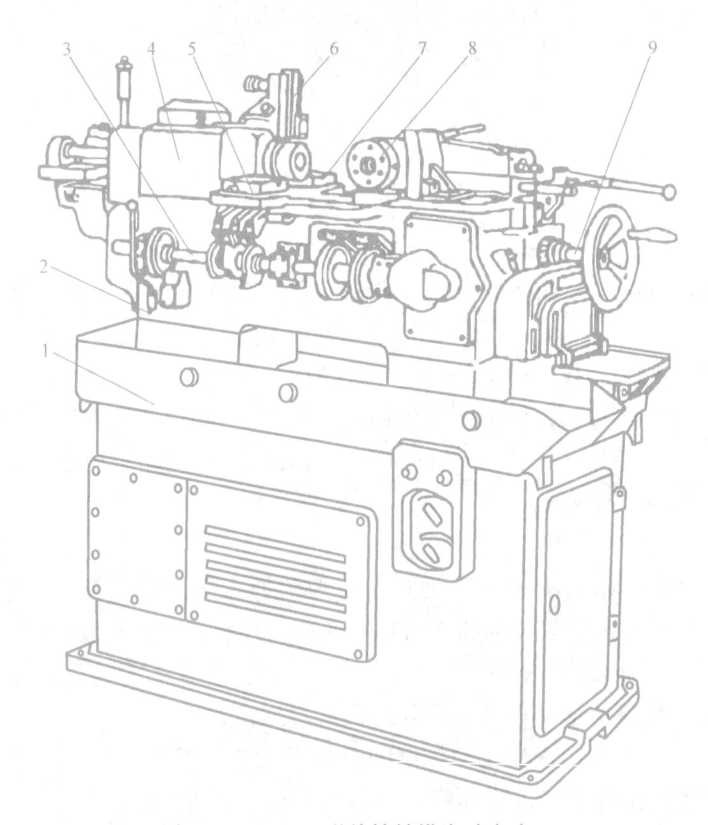

图 3-42 C1312 型单轴转塔自动车床

1—底座 2—床身 3—分配轴 4—主轴箱 5—前刀架 6—上刀架 7—后刀架 8—转塔刀架 9—辅助轴

（1）主参数　自动车床以最大棒料直径为主参数。

（2）主要用途　适于加工大批大量生产形状不太复杂的小型盘类、环类和轴类零件，尤其适于加工细长的零件；可车削圆柱面、圆锥面和成形表面；配以各种机床附件时，可完成螺纹加工、孔加工、钻横孔、铣槽、滚花和端面沉割等工作。

第三节　任务实施

一、车床技术参数的确定

任务一　轴类零件加工

加工图 3-43 所示传动轴。

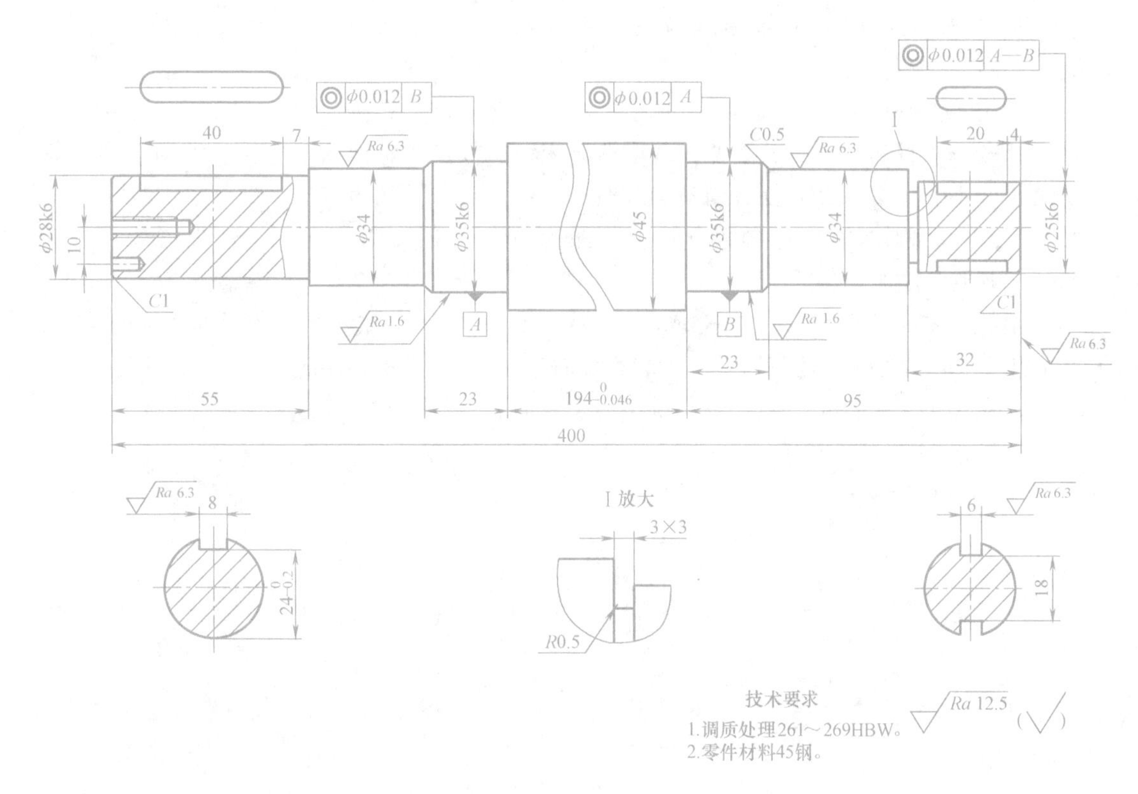

图 3-43　传动轴

1. 零件图分析

1）零件上两处 ϕ34mm 轴颈，两处 ϕ35k6 轴颈，一处 ϕ45mm 轴颈，一处 ϕ25k6 轴颈，一处 ϕ28k6 轴颈及各端面、倒角均需车削加工。

2）各轴颈表面粗糙度值的范围是 Ra1.6～12.5μm，均位于车床经济加工精度范围内。

3）两处 ϕ35k6 轴颈，一处 ϕ25k6 轴颈有同轴度要求，所以这三处轴颈应一次装夹加工出来。

4）零件材料为 45 钢。

2. 刀具选用

1）为减小背向力，避免零件弯曲，各轴颈车刀主偏角取 90°，前角取 10°～30°。

2）刀片材料为 YT15，刀杆材料为 45 钢。

3）区分粗、精加工刀具，并配用 45°倒角刀具。

3. 切削参数选用

1）粗车时切削速度取 50～60m/min，进给量取 0.3～0.4mm/r，背吃刀量（切削深度）取 1.5～2mm（查上海科学技术出版社出版的《金属切削手册》或机械工业出版社出版的《机械工人切削手册》）。

2）精车时切削速度取 100～120m/min，进给量取 0.08～0.12mm/r，背吃刀量（切削深度）取 0.5～1mm。用乳化液作为切削液（查上海科学技术出版社出版的《金属切削手册》或机械工业出版社出版的《机械工人切削手册》）。

4. 装夹方式选择

采用自定心卡盘（K250）装夹，夹持长度取 10mm，尾座顶尖辅助定位，工件不保留中心孔。

5. 车床参数的确定

1）任务一零件属于中小型零件，适用的车床种类很多，如 C6132、CA6140 等型号，其中 CA6140 型卧式车床应用广泛，具有典型性，所以本任务选用该车床。

2）CA6140 型卧式车床主参数（床身上最大回转直径）为 400mm，最大工件长度为 1000mm，满足工件加工要求。

3）根据公式 $v_c = \pi dn/1000$（m/min）计算用 CA6140 型卧式车床加工时的主轴转速。

① 粗加工时的主轴转速范围：n = 357～438r/min，可选 400r/min。

② 精加工时的主轴转速范围：n = 666～851r/min，可选 710r/min。

任务二　螺纹类零件加工

加工图 3-44 所示轴上的螺纹。

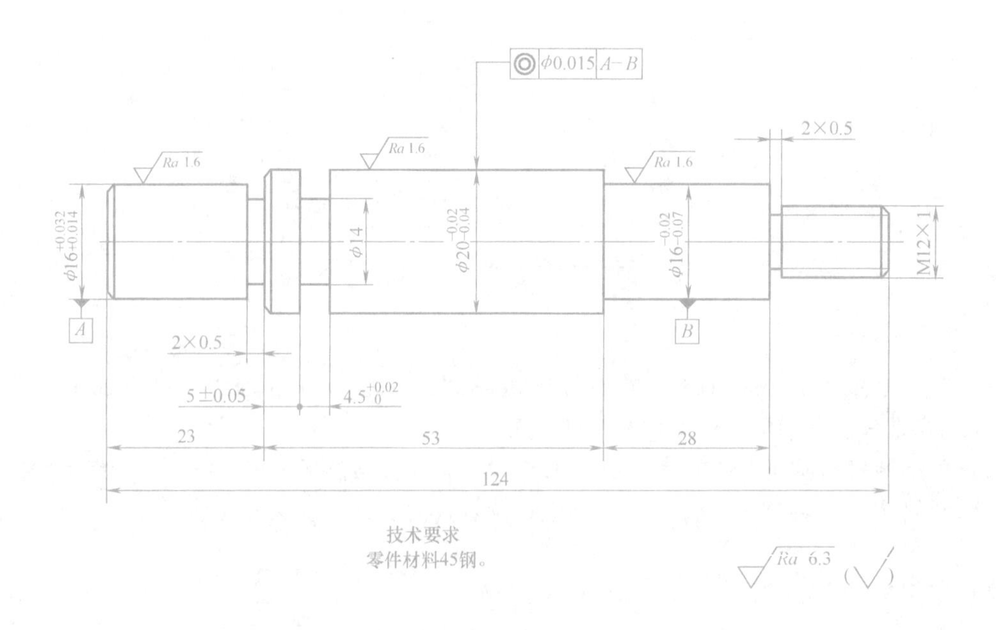

图 3-44　带螺纹轴

1. 零件图分析

1）零件上 M12×1 螺纹处需车削加工。

2）零件材料为 45 钢。

2. 刀具选用

1）选用螺纹车刀。

2）刀片材料为 YT15，刀杆材料为 45 钢。

3. 切削参数选用

1）车螺纹时切削速度取 2～4m/min，进给量取 1mm/r，背吃刀量（切削深度）取 0.15～0.3mm（查上海科学技术出版社出版的《金属切削手册》或机械工业出版社出版的《机械工人切削手册》）。

2）精车时切削速度取 4～5m/min，进给量取 1mm/r，背吃刀量（切削深度）取 0.05mm（查上海科学技术出版社出版的《金属切削手册》或机械工业出版社出版的《机械工人切削手册》）。

4. 装夹方式选择

采用自定心卡盘（K250）装夹，夹持长度取 10mm，尾座顶尖辅助定位，工件不保留中心孔。

5. 车床参数的确定

1）任务二零件属于中小型零件，适用的车床种类很多，如 C6132、CA6140 等型号，其中 CA6140 型卧式车床应用广泛，具有典型性，所以本任务选用该车床。

2）CA6140 型卧式车床主参数（床身上最大回转直径）为 400mm，最大工件长度为 1000mm，满足工件加工要求。

3）根据公式 $v_c = \frac{\pi dn}{1000}$（m/min）计算用 CA6140 型卧式车床加工时的主轴转速。

① 粗加工时的主轴转速范围：$n=40 \sim 125$r/min。可选 40r/min。

② 精加工时的主轴转速范围：$n=80 \sim 125$r/min，可选 100r/min。

二、车床的调整计算

任务一　轴类零件加工

1. 粗加工传动路线

粗加工时主轴转速为 400r/min，传动路线表达式

$$\text{电动机}(1450\text{r/min})—\frac{\phi130}{\phi230}—\frac{51}{43}—\frac{39}{41}—\frac{50}{50}—\frac{51}{50}—\frac{26}{58}—\text{主轴Ⅵ}$$

2. 主轴箱调整

六变速操纵手柄调整Ⅰ—Ⅱ轴间齿轮副 51/43 啮合，Ⅱ—Ⅲ轴间齿轮副 39/41 啮合，选择主轴转速 400 r/min；调整扩大螺距机构中齿轮副 50/50、51/50 啮合，离合器 M_2 右移，26/58 齿轮副啮合。粗加工各轴颈、端面，留精加工余量。

3. 精加工传动路线

精加工主轴转速为 710r/min，传动路线表达式为

$$\text{电动机}(1450\text{r/min})—\frac{\phi130}{\phi230}—\frac{51}{43}—\frac{30}{50}—\frac{63}{50}—\text{主轴Ⅵ}$$

加工至尺寸。

4. 主轴箱调整

六变速操纵手柄调整Ⅰ—Ⅱ轴间齿轮副51/43啮合，Ⅱ—Ⅲ轴间齿轮副30/50啮合，选择主轴转速710r/min，离合器M_2左移，齿轮副63/50啮合。精加工各轴颈、端面，倒角。

5. 切削用量调整

粗加工进给量选0.36 mm/r，背吃刀量（切削深度）取1.5～2mm，按下面运动平衡式调整纵向进给量

$$f_{纵}=1_{主轴}\times\frac{58}{58}\times\frac{33}{33}\times\frac{63}{100}\times\frac{100}{75}\times\frac{25}{36}\times u_{基}\times\frac{25}{36}\times\frac{36}{25}\times u_{倍}\times\frac{28}{56}\times\frac{36}{32}$$
$$\times\frac{32}{56}\times\frac{4}{29}\times\frac{40}{48}\times\frac{28}{80}\times\pi\times2.5\times12$$

取$u_{基}=\frac{28}{28}$，$u_{倍}=\frac{18}{45}\times\frac{35}{28}=\frac{1}{2}$，得到$f_{纵}=0.35528$mm/r。根据背吃刀量确定手动横向进给量1.5～2mm。

精加工进给量选0.08mm/r，取$u_{基}=\frac{26}{28}$，$u_{倍}=\frac{18}{45}\times\frac{15}{48}=\frac{1}{8}$，得到$f_{纵}=0.082$mm/r。

背吃刀量（切削深度）取1mm。根据背吃刀量确定手动横向进给量为1mm，加工至尺寸。

任务二　螺纹类零件加工

1. 粗加工路线

粗加工时机床主轴转速为40r/min，传动路线表达式为

$$电动机(1450\text{r/min})—\frac{\phi130}{\phi230}—\frac{51}{43}—\frac{22}{58}—\frac{50}{50}—\frac{20}{80}—\frac{26}{58}—主轴Ⅵ$$

2. 精加工路线

精加工时主轴转速为100r/min，传动路线表达式为

$$电动机(1450\text{r/min})—\frac{\phi130}{\phi230}—\frac{51}{43}—\frac{39}{41}—\frac{50}{50}—\frac{20}{80}—\frac{26}{58}—主轴Ⅵ$$

3. 主轴箱调整

六变速操纵手柄调整Ⅰ—Ⅱ轴间齿轮副51/43啮合，Ⅱ—Ⅲ轴间齿轮副22/58（粗加工）、齿轮副39/41（精加工）啮合，选择主轴转速40r/min（粗加工）、100r/min（精加工），调整扩大螺距机构中齿轮副50/50、20/80啮合，离合器M_2右移，齿轮副26/58啮合。粗加工螺纹，留精加工余量，精加工。

4. 确定$u_{基}$、$u_{倍}$

依据下列运动平衡式确定$u_{基}$、$u_{倍}$

$$P_h=kP=1_{主轴}\times\frac{58}{58}\times\frac{33}{33}\times\frac{63}{100}\times\frac{100}{75}\times\frac{25}{36}\times u_{基}\times\frac{25}{36}\times\frac{36}{25}\times u_{倍}\times12$$

若$u_{基}=\frac{32}{28}=\frac{8}{7}$，$u_{倍}=\frac{18}{45}\times\frac{15}{48}=\frac{1}{8}$

则$P_h=kP=7u_{基}\,u_{倍}=7\times\frac{8}{7}\times\frac{1}{8}=1$（mm）

5. 切削用量调整

粗加工时背吃刀量（切削深度）取0.15mm，手动横向进给量取0.153mm。精加工时背吃刀量（切削深度）取0.05mm，手动横向进给量取0.05mm。

6. 车螺纹的步骤与方法

低速车削普通螺纹时，$v_c < 5m/min$。

1）车螺纹前对工件的要求。

螺纹大径：理论上大径等于公称直径，但其与螺母配合使用，有下极限偏差，上极限偏差为0，因此在加工中，按照螺纹三级精度要求，螺纹大径比公称直径小0.1P，即螺纹大径$D = D_{公称直径} - 0.1P$。

退刀槽：车螺纹前在螺纹的终端应有退刀槽，以便车刀及时退出。

倒角：车螺纹前在螺纹的起始部位和终端应有倒角，且倒角的小端直径小于螺纹小径。

牙型高度（切削深度）：$h_1 = 0.6P$。

2）调整车床。调整主轴箱各变速手柄，控制主轴转速。根据工件的螺距或导程调整进给箱各手柄到位。

3）开机，对刀并记下刻度盘读数，向工件右侧退出车刀。

4）转动开合螺母手柄，合上开合螺母，接通丝杠，在工件表面上车出一条螺旋线，横向退出车刀，并使主轴反转把车刀退到右端，停机检查螺距是否正确（钢直尺）。

5）开始切削，利用刻度盘调整横向进给量（切削深度），每次切削逐渐减小切削深度。注意操作中，车削终了时应做好退刀、停机准备，先快速退出车刀，然后使反转退回刀架。

企业点评

车床学习重点如下：

1. 车床工艺范围、分类、常用刀具及刃磨。
2. 车床的结构、传动系统分析。
3. 车床典型部件及其功能、调整方法。
4. 车床常用附件及用途。
5. 车床的正确操作、调整。
6. 常用车刀识别及选用。
7. 简单故障分析、处理。

习题与思考题

1. 传动系统如图3-45所示，如要求工作台移动L工（单位为mm）时，主轴转一转，试导出换置机构$a/b \times c/d$的换置公式。

2. 分析CA6140型卧式车床的传动系统

（1）计算主轴低速转动时能扩大的螺纹倍数，并进行分析。

（2）分析车削径节螺纹的传动路线表达式，列出运动平衡式，说明为什么此时能车削出标准的径节螺纹。

（3）当主轴转速分别为40r/min、160r/min及400r/ min时，能否实现螺距扩大4倍和16倍？为什么？

(4) 为什么用丝杠和光杠分别担任车螺纹和车削进给的传动？如果只用其中一个，既车螺纹又传动进给，将会有什么问题？

(5) 为什么在主轴箱中有两个换向机构？能否取消其中的一个？溜板箱内的换向机构又有什么用处？

(6) 离合器 M_3、M_4 和 M_5 的功用是什么？是否可以取消其中的一个？

3. 在 CA6140 型卧式车床的主运动、车螺纹运动、纵向进给运动、横向进给运动、快速运动等传动链中，哪几条传动链的两端件之间具有严格的传动比？哪几条传动链是内联系传动链？

4. 在 CA6140 型卧式车床上车削的螺纹导程最大值是多少？最小值是多少？分别列出传动链的运动平衡式。

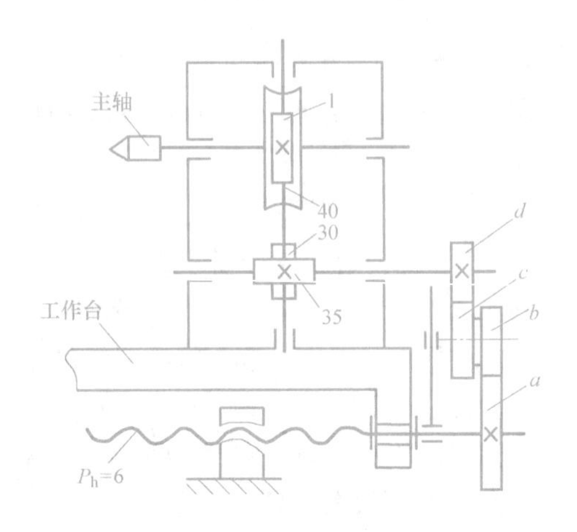

图 3-45　习题 1 图

5. 写出在 CA6140 型卧式车床上进行下列加工时的运动平衡式，并说明主轴的转速范围。机床传动系统如图 3-46 所示。

(1) 米制螺纹 $P=16\text{mm}$，$k=1$。

(2) 英制螺纹 $a=8$ 牙/in。

(3) 模数螺纹 $m=2\text{mm}$，$k=3$。

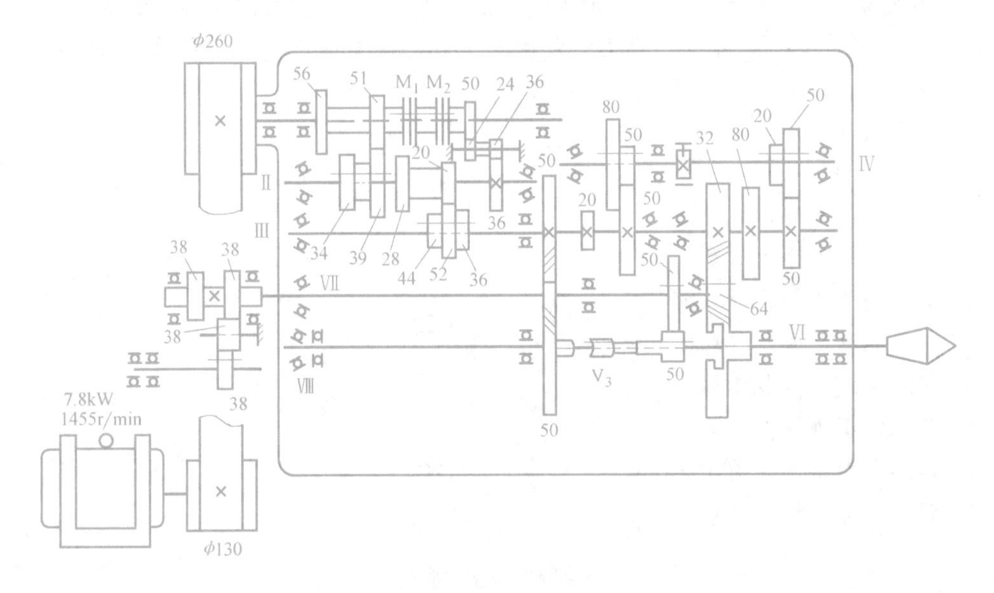

图 3-46　习题 5 图

6. 为什么车螺纹运动传动链（非标和精密螺纹除外）中必须有基本变速组和倍增变速组？

7. 参考图 3-3，请简要说明 CA6140 卧式车床传动系统中离合器 M_1 ~ M_9 的功用。

8. 参考图 3-19，分析 CA6140 型卧式车床纵、横向机动进给操纵机构的用途和工作原理。

9. 参考图 3-11，分析该操纵机构的用途和操作原理。

10. 参考图 3-18，分析该机构用途、操作方法和开合量调节方法。

11. 如果 CA6140 型卧式车床的横向进给丝杠螺母间隙过大，会给车削工作带来什么不良影响？如何

解决？

12. 分析 CA6140 型卧式车床主轴前端锥孔和尾座套筒前端锥孔的用途。

13. 参考图 3-21，分析该机构的主要结构和滚珠丝杠副间隙消除的方法和意义。

14. 参考图 3-20，分析互锁机构的用途和工作原理。

15. 卧式车床的离合器操纵手柄有时会自动掉落，试分析原因并说明解决办法。

16. 简述卧式车床的主要组成部件和各部件的功用？

17. 简要说明 CA6140 卧式车床传动系统图中细进给量的传动路线表达式。

18. 车削加工时，如把多片式摩擦离合器的操纵手柄扳到中间位置，车床主轴要旋转一段时间后才能停止，试分析原因并说明解决的方法。

19. 参考图 3-9，分析双向多片式摩擦离合器的功能、操作方法和工作原理。

20. 参考图 3-17，分析超越离合器和安全离合器的功能和实现该功能的机械结构。

21. CA6140 型卧式车床的安全离合器在正常车削时出现打滑现象，试分析原因并说明解决办法。

22. CA6140 型卧式车床纵向进给丝杠有轴向窜动现象，试分析它会给车削工作带来什么不良影响，分析产生窜动的原因并指出解决的办法。

23. 根据图 3-1 写出各分图中刀具的名称。

24. CA6140 型卧式车床纵向进给量分为哪几种？它们各自的用途是什么？

25. 车削过程中有时出现非正常停机（闷车）现象，原因何在？试指出解决的办法。

26. 在 CA6140 型卧式车床上加工螺纹，判断下列结论是否正确，并说明理由。

（1）车削米制螺纹转换为车削英制螺纹，用同一组交换齿轮，也不要转换传动链表达式。

（2）车削米制螺纹转换为车削模数螺纹，用米制螺纹传动路线表达式，但要改变交换齿轮。

27. 当 CA6140 型卧式车床主轴正转后，光杠获得旋转运动，但是接通溜板箱中的 M_8 或 M_9 离合器，却没有进给运动产生，试分析其原因并说明解决办法。

28. CA6140 型卧式车床的传动系统中，主轴箱及溜板箱中都有换向机构，它们的作用是否相同？能否用主轴箱中的换向机构来变换纵、横机动进给方向？为什么？

29. 参考图 3-3，在 CA6140 型卧式车床上加工导程为 18mm 的米制螺纹时，请指出一条米制螺纹加工的传动路线表达式。给出主轴转速和基本变速组、增倍变速组的传动比值。

30. 参考图 3-3，在 CA6140 型卧式车床上加工导程为 32mm 的米制螺纹时，请指出一条米制螺纹加工的传动路线表达式，给出主轴转速和基本变速组、增倍变速组的传动比值。

4

第四章

铣床及其应用

铣削是金属切削中常用方法之一。一般情况下，铣削的主运动是刀具的旋转运动，进给运动是工件的直线运动。铣刀是一种做旋转运动的多齿刀具。在铣削时，铣刀每个刀齿间歇地进行切削，因而切削刃的散热条件好，切削速度可选得高些。铣刀在加工过程中通常是几个刀齿同时参与切削，因此铣削生产率较高。由于铣刀刀齿不断地切入、切出，铣削力也不断地变化，故而铣削容易产生振动。

第一节　任务引入

铣床的用途十分广泛，在铣床上可以加工平面、沟槽、分齿零件（齿轮、链轮、棘轮、花键轴等）、螺旋形表面（螺纹、螺旋槽）及各种成形和非成形曲面。此外，还可以在铣床上加工内外回转表面，以及进行切断工作等，如图 4-1 所示。

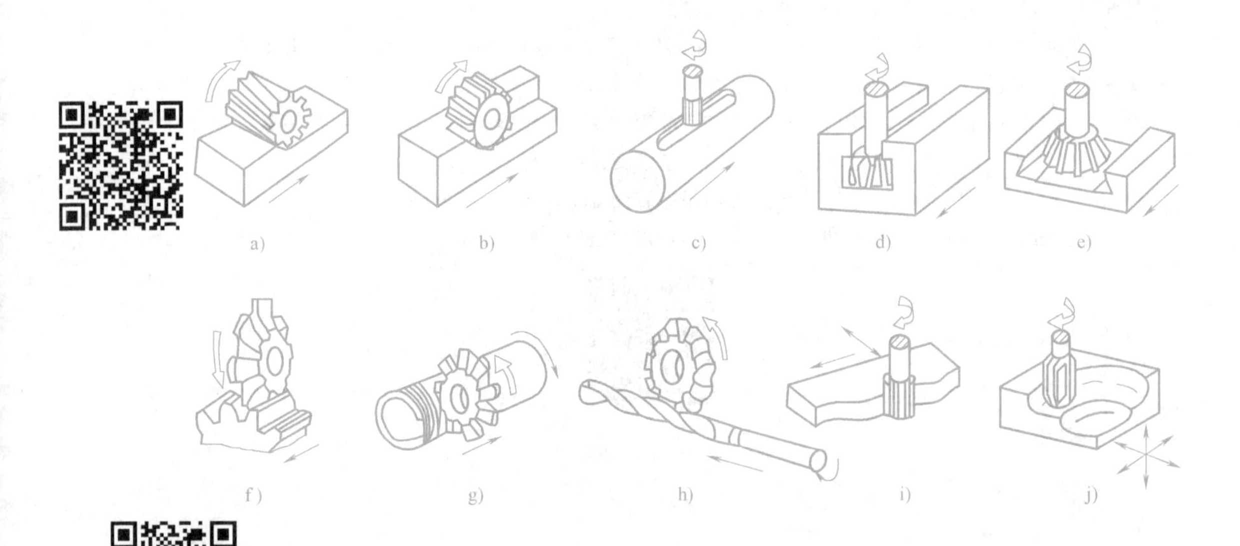

图 4-1　铣床的工艺范围

a）铣平面　b）铣台阶　c）铣键槽　d）铣 T 形槽　e）铣燕尾槽　f）铣齿槽　g）铣螺纹　h）铣螺旋槽　i）铣二维曲面　j）铣三维曲面

任务一　尾座套筒导向键槽铣削

掌握铣削键槽采用哪种装夹方式，选择什么刀具，工序如何编排，切削参数如何选用，机床如何调整。

任务二　铣削直齿圆柱齿轮

明确使用分度头分度，采用哪种分度方法，分度头、机床如何调整。

任务三　典型平面零件的铣削加工（学生独立完成）

通过典型平面零件铣削加工，掌握熟悉平面和槽的铣削和检测技能，正确区分顺铣、逆铣，掌握设备和工艺装备的选择与使用，了解机加工工艺系统对零件的加工精度影响。

第二节　相关知识

一、铣床的分类

铣床的分类方法很多，根据铣床的控制方式可以将其分为通用铣床和数控铣床两大类；根据布局和用途又可将其分为卧式铣床和立式铣床等，如图 4-2、图 4-3 所示。铣床常见主要类型有卧式升降台铣床、立式升降台铣床、龙门铣床、工具铣床，此外还有仿形铣床、仪表铣床和各种专门化铣床（如键槽铣床、曲轴铣床）。

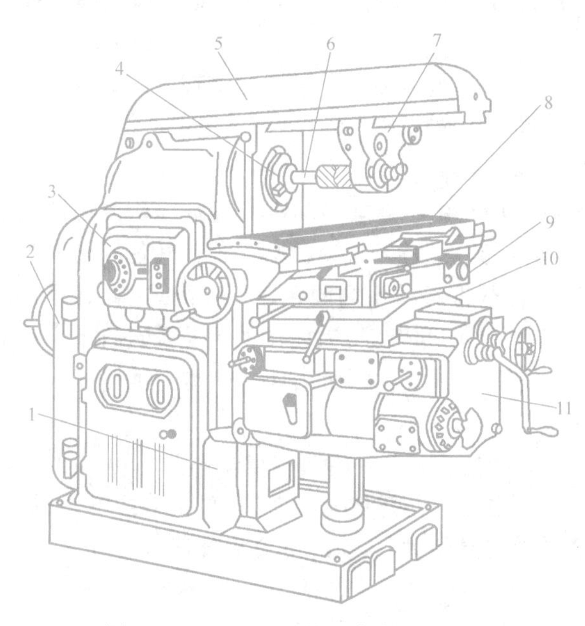

图 4-2　X6132 型万能升降台卧式铣床

1—床身　2—电动机　3—主轴变速机构　4—主轴
5—横梁　6—刀杆　7—吊架　8—纵向工作台
9—回转工作台　10—横向工作台　11—升降台

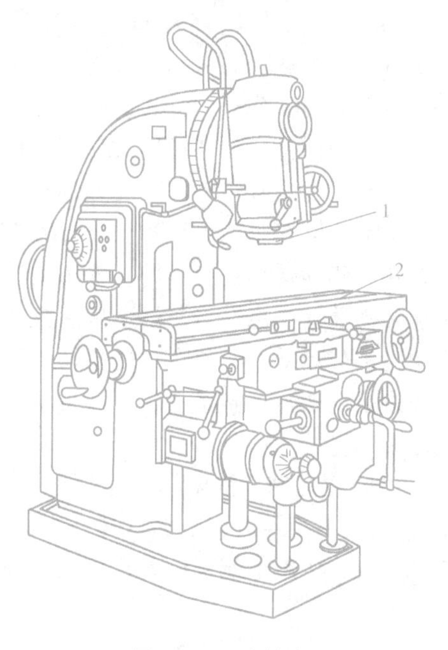

图 4-3　立式铣床

1—主轴　2—工作台

二、X6132 型万能卧式升降台铣床的组成及传动系统

1. X6132 型万能卧式升降台铣床的主要组成部件

X6132 型万能卧式升降台铣床型号中各字母、数字含义如下：

X——铣床；

6——卧式升降台铣床；

1——万能升降台铣床；

32——工作台宽度为 320mm。

X6132 型万能卧式升降台铣床的主要组成部分如图 4-2 所示。

(1) 床身　床身 1 用来固定和支承铣床上所有的部件，电动机 2、主轴变速机构 3、主轴 4 等安装在它的内部。

(2) 横梁　横梁 5 的上面可安装吊架 7，用来支承刀杆 6 外伸的一端，以加强刀杆的刚性。横梁可沿床身的水平导轨移动，以调整其伸出的长度。

(3) 主轴　主轴 4 是空心轴，前端有 7:24 的精密锥孔，用来安装铣刀刀杆并带动铣刀旋转。

(4) 纵向工作台　纵向工作台 8 可以在回转工作台 9 的导轨上做纵向移动，以带动台面上的工件做纵向进给。

(5) 横向工作台　横向工作台 10 位于升降台 11 上面的水平导轨上，可带动纵向工作台 8 一起做横向进给。

(6) 回转工作台　回转工作台 9 的唯一作用是能将纵向工作台在水平面内扳转一个角度（正、反最大均可转过 45°），以便铣削螺旋表面或槽等。

(7) 升降台　升降台 11 可以使整个工作台沿床身的垂直导轨上下移动，以调整工作台面到铣刀的距离，并做垂直进给。

带有回转工作台的卧式铣床，由于其工作台除了能做纵向、横向和垂直方向进给外，还能在水平面内正、反各扳转 45°，因此称为万能卧式铣床。

2. X6132 型万能卧式升降台铣床的传动系统

X6132 型万能卧式升降台铣床的传动系统一般是由主运动传动链、进给运动传动链及工作台快速移动传动链组成的。铣床主运动传动链的两端件是电动机与主轴，其任务是通过主变速传动装置把电动机的运动传给主轴，使主轴获得各种不同的转速，以满足加工的需要。进给运动传动链及工作台快速移动传动链的传动，使机床获得纵向、横向及垂直三个方向的工作进给或快速调整移动，以满足不同的加工需要。图 4-4 所示为 X6132 型万能卧式升降台铣床传动系统。

(1) 主运动　铣床的主运动是主轴的旋转运动。主运动传动链首端件为主电动机（轴Ⅰ），经Ⅱ—Ⅲ—Ⅳ轴，最后传至末端件轴Ⅴ（主轴）。主轴旋转方向的改变由主电动机正、反转实现，主轴的制动由多片式电磁制动器 M 来控制。主运动的传动路线表达式为

$$\begin{matrix}\text{电动机}\\ 7.5\text{kW}\\ 1450\text{r/min}\end{matrix} — \frac{\phi150}{\phi290} — \text{Ⅱ} — \begin{bmatrix}\frac{19}{36}\\ \frac{22}{33}\\ \frac{16}{38}\end{bmatrix} — \text{Ⅲ} — \begin{bmatrix}\frac{27}{37}\\ \frac{17}{46}\\ \frac{38}{26}\end{bmatrix} — \text{Ⅳ} — \begin{bmatrix}\frac{80}{40}\\ \\ \frac{18}{71}\end{bmatrix} — \text{Ⅴ}$$

(2) 进给运动　X6132 型万能卧式升降台铣床工作台可在相互垂直的三个方向做进给运动和快速移动。进给运动方向的改变由进给电动机的旋转方向来实现。

进给运动传动链首端件为进给电动机，当运动由轴Ⅵ经进给运动传动链传至轴Ⅹ，轴Ⅹ的运动经摩擦离合器 M_1、M_2 控制进给运动和快速移动，经电磁离合器 M_3、M_4 以及端面齿离合器 M_5 的不同接合，可使工作台获得垂直、横向和纵向三个方向的进给运动。

在进给传动路线表达式中，有一曲回机构，如图 4-5 所示。该机构中，轴Ⅹ上的单联滑移齿轮 $z49$ 有三个不同的啮合位置（图 4-5 中的 a、b 、c 三个位置）：

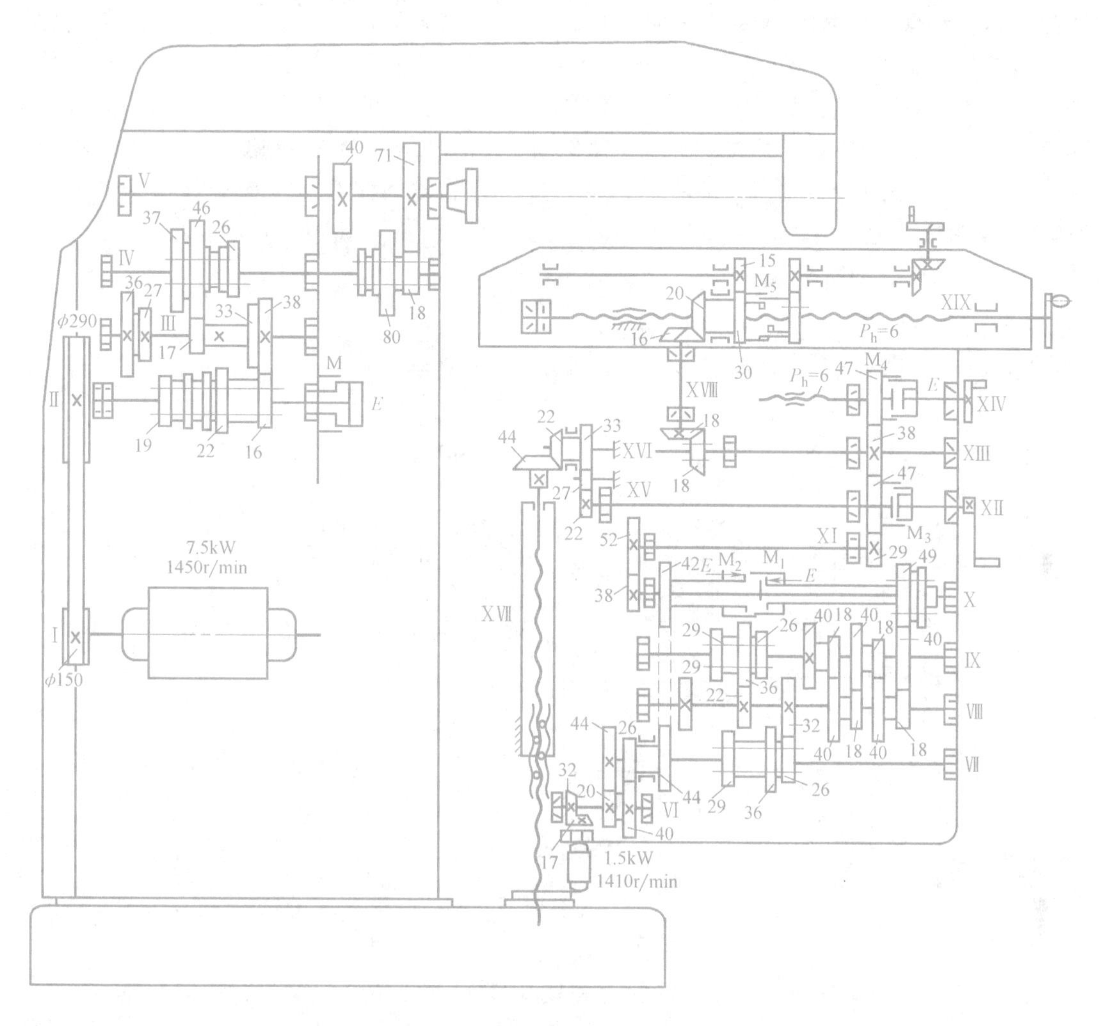

图 4-4　X6132 型万能卧式升降台铣床传动系统

当单联滑移齿轮 $z49$ 处于位置 a 时，轴Ⅸ的运动经齿轮副$\dfrac{40}{49}$传至轴Ⅹ。

当单联滑移齿轮处于位置 b 时，轴Ⅸ的运动经齿轮副$\dfrac{18}{40}$—$\dfrac{18}{40}$—$\dfrac{40}{49}$传至轴Ⅹ。

当单联滑移齿轮处于位置 c 时，轴Ⅸ的运动经齿轮副$\dfrac{18}{40}$—$\dfrac{18}{40}$—$\dfrac{18}{40}$—$\dfrac{18}{40}$—$\dfrac{40}{49}$传至轴Ⅹ。

由此可知，当曲回机构中的单联滑移齿轮 $z49$ 处于 3 种不同啮合位置时，可以获得 3 种较大的降速比。

由上述分析可知，轴Ⅶ的一种转速，经两组三联滑移齿轮变速组，可使轴Ⅸ获得 9 级不

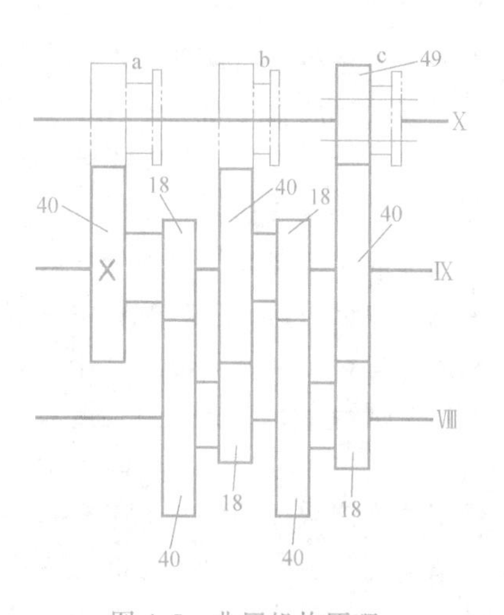

图 4-5　曲回机构原理

a、b、c—$z49$ 的齿轮在变速过程中的三个工作位置

同的转速；轴Ⅸ的9级转速，经曲回机构传动，通过单联滑移齿轮 $z49$ 在不同位置的啮合，可使轴Ⅹ上的齿轮 $z49$ 获得27级理论转速。但由于轴Ⅶ—Ⅷ间两组三联滑移齿轮变速组所得 $3\times3=9$ 种传动比中，有3种是重复的，因此，轴Ⅹ上的齿轮 $z49$ 只有21级实际转速。当接通电磁离合器 M_1 时，轴Ⅹ便可获得21级不同的转速，再经电磁离合器 M_3、M_4 以及端面齿离合器 M_5 的不同接合，使工作台获得垂直、横向和纵向三个方向的21种不同的进给量。

进给运动的传动路线表达式为

$$\begin{bmatrix}\text{电动机}\\ 1.5\text{kW}\\ 1410\text{r/min}\end{bmatrix}-\frac{17}{32}-\text{Ⅵ}-$$

$$\begin{bmatrix}\frac{20}{44}-\text{Ⅶ}-\begin{bmatrix}\frac{29}{29}\\ \frac{36}{22}\\ \frac{26}{32}\end{bmatrix}-\text{Ⅷ}-\begin{bmatrix}\frac{29}{29}\\ \frac{22}{36}\\ \frac{32}{26}\end{bmatrix}-\text{Ⅸ}-\begin{bmatrix}\frac{40}{49}\\ \frac{18}{40}\times\frac{18}{40}\times\frac{18}{40}\times\frac{18}{40}\times\frac{40}{49}\\ \frac{18}{40}\times\frac{18}{40}\times\frac{40}{49}\end{bmatrix}-M_1\text{合}(\text{工作进给})\\ \frac{40}{26}\times\frac{44}{42}-M_2\text{合}(\text{快速移动})\end{bmatrix}$$

$$-\text{Ⅹ}-\frac{38}{52}-\text{Ⅺ}-\frac{29}{47}-\begin{bmatrix}\frac{47}{38}-\text{XⅢ}-\begin{bmatrix}\frac{18}{18}-\text{XⅧ}-\frac{16}{20}-M_5\text{合}-\text{纵向丝杠XIX}(\text{纵向进给})\\ \frac{38}{47}-M_4\text{合}-\text{横向线杠XⅣ}(\text{横向进给})\end{bmatrix}\\ M_3\text{合}-\text{Ⅻ}-\frac{22}{27}-\text{XV}-\frac{27}{33}-\text{XⅥ}-\frac{22}{44}-\text{垂直丝杠XⅦ}(\text{垂直进给})\end{bmatrix}$$

（3）工作台快速移动　工作台的快速移动用于调整工作台在纵向、横向或垂直方向的位置。X6132型万能卧式升降台铣床的工作台快速移动的动力源仍由进给电动机提供，但轴Ⅵ和Ⅹ轴之间的运动是由齿轮副(40/26)×(44/42)，经电磁离合器 M_2 直接传至轴Ⅹ，使轴Ⅹ快速旋转，并利用离合器 M_3、M_4、M_5 接通纵向、横向或垂直方向的快速移动。纵向及横向快速移动速度为2300mm/min，垂直方向快速移动速度为770 mm/min。

三、X6132型万能卧式升降台铣床典型机构

1. 主轴部件

主轴部件用于安装铣刀并带动其旋转，是保证机床加工精度和表面质量的关键部件。由于铣床采用多齿刀具，铣削过程中铣削力呈周期性变化，从而使切削过程产生振动，这就要求主轴部件具有较高的刚性和抗振性，因此主轴采用三支承结构。

图4-6所示为X6132型万能卧式升降台铣床主轴部件，前支承采用圆锥滚子轴承6，承受径向力和向左的轴向力；中间支承采用圆锥滚子轴承4，承受径向力和向右的轴向力；后支承采用单列深沟球轴承2，只承受径向力。主轴的回转精度即工作精度主要由前支承和中间支承来保证，后支承只起辅助支承作用。当主轴的回转精度由于轴承磨损而降低时，须对主轴轴承进行调整。调整时，先移开横梁并拆下床身盖板，拧松螺母11上的锁紧螺钉3，用专用钩头扳手勾住螺母11的轴向槽，再用一根短铁棒通过主轴前端的端面键8扳动主轴

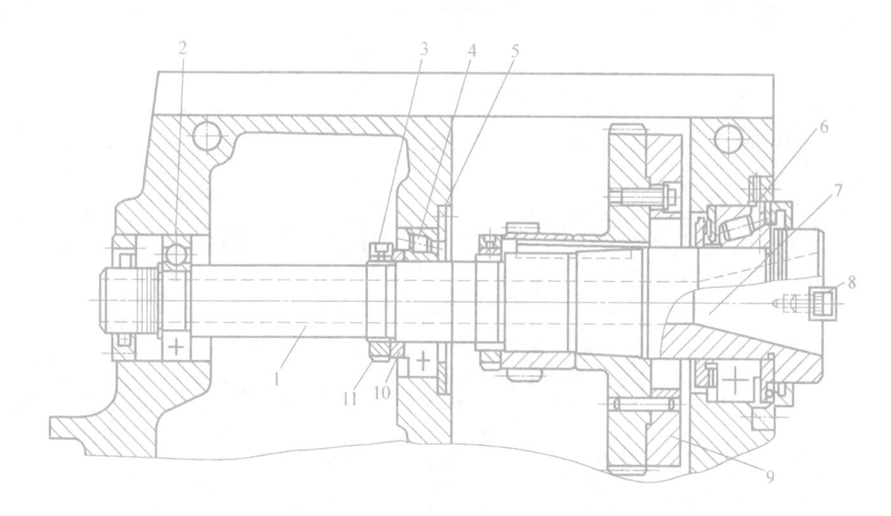

图 4-6 X6132 型万能升降台铣床主轴部件

1—主轴 2—单列深沟球轴承 3—锁紧螺母 4、6—圆锥滚子轴承 5—轴承盖
7—7:24 主轴锥孔 8—端面键 9—飞轮 10—隔套 11—螺母

顺时针旋转，通过螺母 11 使中间支承的内圈向右移动，消除中间支承的间隙。继续转动主轴，使主轴向左移动，通过主轴前端的台阶推动前轴承内圈向左移动，从而消除前支承 6 的间隙。调整好后，必须拧紧锁紧螺钉 3，盖上盖板并恢复横梁位置。飞轮 9 用螺钉和定位销与主轴上的大齿轮紧固在一起，利用它在高速运转中的惯性缓和铣削过程中由于铣刀齿的断续切入而产生的冲击振动。

主轴是一空心轴，前端有 7:24 的精密锥孔 7。锥孔用于刀具、刀具心轴的定心，由于 7:24 的锥度不能自锁，需用拉杆从主轴尾部通过空心内孔把刀具、刀具心轴拉紧在锥孔内。端面切有径向槽，端面键 8 用螺钉固定在径向槽中；端面键 8 与铣刀盘的径向槽相配合，用于传递转矩。安装时先转动拉杆左端的六角头，使拉杆右端螺纹旋入刀具锥柄的螺纹孔中，然后用锁紧螺母锁紧。刀杆悬伸部分可支承在横梁吊架（图 4-2 件 7）的滑动轴承内。铣刀安装在刀杆的轴向位置上，可用不同厚度的调整套进行调整。

2. 孔盘变速操纵机构

X6132 型万能卧式升降台铣床的主运动及进给运动的变速都采用孔盘变速操纵机构进行控制，下面以主变速操纵机构为例介绍其工作原理。

图 4-7 所示为利用孔盘变速操纵机构控制三联滑移齿轮的结构及原理。孔盘变速操纵机构主要由孔盘 4、齿条轴 2 和 2′、齿轮 3 及拨叉 1 组成，如图 4-7a 所示。

孔盘上划分了几组直径不同的圆周，每个圆周又被 18 等分。根据变速时滑移齿轮不同位置的要求，这 18 个位置分为钻有大孔、钻有小孔或未钻孔三个状态。齿条轴 2 和 2′上加工有直径分别为 D 和 d 的两段台阶，直径为 d 的台阶能穿过孔盘上的小孔，而直径为 D 的台阶能穿过孔盘上的大孔。变速时，先将孔盘右移，使其退离齿条轴，然后根据变速要求，将孔盘转过一定角度，再使孔盘左移复位，孔盘在复位时，可通过孔盘上大孔、小孔或无孔的不同情况而使滑移齿轮获得三个不同位置，从而达到变速目的。

三种工作状态如下：

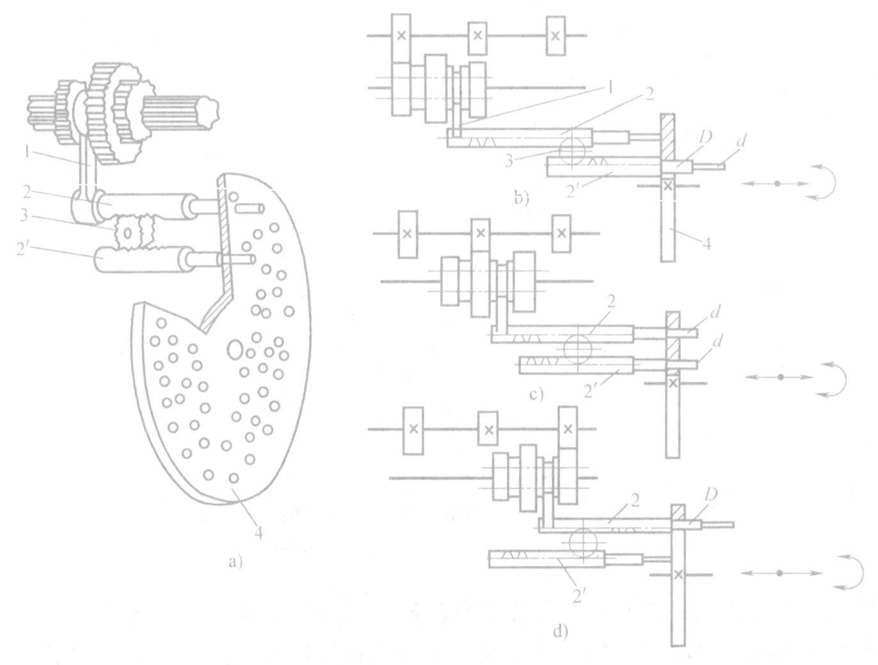

图 4-7　孔盘变速操纵机构结构及原理

a）结构　b）、c）、d）三种工作状态（左、中、右）

1—拨叉　2、2′—齿条轴　3—齿轮　4—孔盘　D、d—圆柱直径

① 孔盘上对应齿条轴 2 的位置无孔，而对应齿条轴 2′的位置为大孔，孔盘在复位时，向左顶齿条轴 2，并通过拨叉将三联滑移齿轮推至左位，齿条轴 2′则在齿条轴 2 及齿轮的共同作用下右移，台阶 D 穿过孔盘上的大孔，如图 4-7b 所示。

② 孔盘对应两齿条轴均为小孔，齿条轴上的台阶 d 穿过孔盘上小孔，两齿条轴均处于中间位置，从而通过拨叉使三联滑移齿轮处于中间位置，如图 4-7c 所示。

③ 孔盘上对应齿条轴 2 的位置为大孔，对应齿条轴 2′的位置无孔，这时孔盘向左顶齿条轴 2′，从而通过齿轮使齿条轴 2 的台阶穿过大孔右移，并使三联滑移齿轮处于右位，如图 4-7d 所示。

X6132 型万能卧式升降台铣床主变速操纵机构如图 4-8 所示。它是安装在床身立柱左侧面的一个独立部件，由手柄 1 和速度盘 4 进行变速操纵。变速时，将手柄 1 向外拉出，则手柄以销轴 3 为回转中心，脱开定位销 2 在手柄槽中的定位；然后按逆时针方向转动手柄约 250°，经操纵盘 5 与平键联接，使齿轮套筒 6 转动，再经齿轮 9 使齿条轴 10 向右移动，其上的拨叉 11 便拨动孔盘 12 向右移动，使孔盘 12 脱开各组齿条轴，为孔盘 12 的转位做好准备；转动速度盘 4 至所需转速位置，经一对锥齿轮使孔盘 12 转过相应的角度；最后，将手柄 1 推回到原来位置并重新定位，则孔盘 12 向左移动而推动各组齿条轴做相应的位移，实现转速的变换。变速时，为了使滑移齿轮在改变啮合位置时易于啮合，机床上设有主电动机瞬时冲动装置，它利用齿轮 9 上的凸块 8 压动微动开关 7，以瞬时接通主电动机电源，使主电动机实现一次瞬时冲动，带动主轴箱内的传动齿轮以缓慢的速度转动，滑移齿轮即可顺利地移动到另一啮合位置工作。

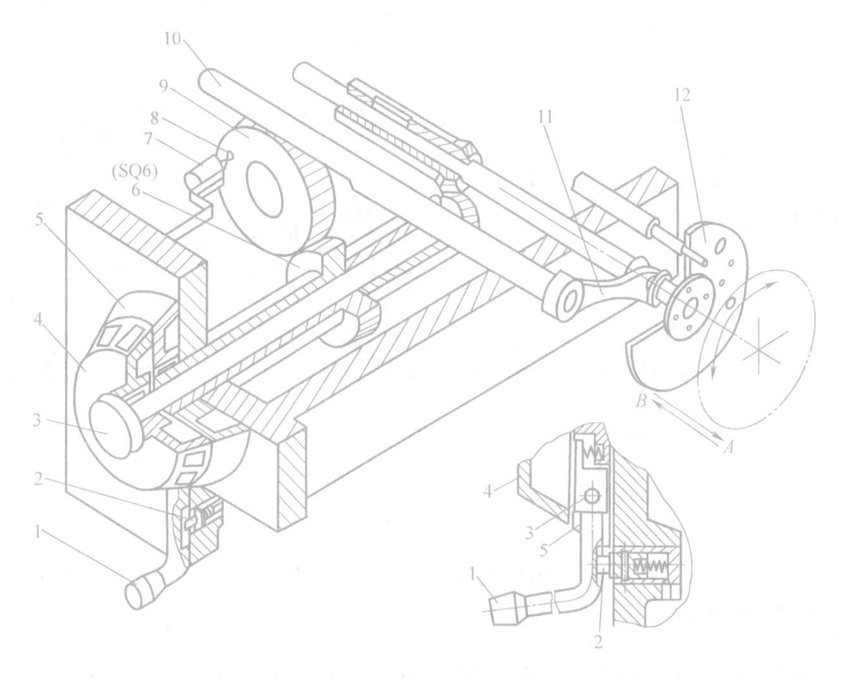

图 4-8 X6132 型万能升降台铣床主变速操纵机构

1—手柄 2—定位销 3—销轴 4—速度盘 5—操纵盘 6—齿轮套筒
7—微动开关 8—凸块 9—齿轮 10—齿条轴 11—拨叉 12—孔盘

3. 工作台及顺铣机构

（1）工作台 升降台式铣床工作台的纵向进给及快速移动一般采用丝杠螺母副传动。图 4-9 所示为 X6132 型万能卧式升降台铣床工作台结构。它由工作台 6 、床鞍 1 、回转盘 2 三层组成。床鞍的矩形导轨与升降台（图中未示出）的导轨相配合，使工做台在升降台导轨上做横向移动。工作台不做横向移动时，可通过手柄 13 经偏心轴 12 将床鞍夹紧在升降台上。工作台 6 可沿回转盘 2 上的燕尾形导轨做纵向移动。工作台连同回转盘一起绕锥齿轮的轴XⅧ回转 $-45° \sim +45°$，并利用螺栓 14 和两块弧形压板 11 紧固在床鞍上。纵向进给丝杠 3 由工作台左端前支架 5 处的滑动轴承及工作台右端后支架 9 处的推力球轴承和圆锥滚子轴承支承，这三个轴承承受径向力和两个方向的轴向力，轴承的间隙可通过螺母 10 调整。手轮 4 空套在纵向进给丝杠 3 上，当将手轮 4 向里推（图中向右推），压缩弹簧使端面齿离合器 M 接通后，便可手摇工作台使其纵向移动。在回转盘 2 上，离合器 M_5 用花键与花键套筒 8 联接，而花键套筒 8 又以滑键 7 与铣有键槽的纵向进给丝杠 3 连接，因此，如将端面齿离合器 M_5 向左接通，则来自轴XⅧ的运动，经锥齿轮副、M_5 及滑键 7 而带动纵向进给丝杠 3 转动。由于双螺母固定安装在回转盘的左端，它既不能转动又不能做轴向移动，所以，当纵向进给丝杠 3 获得旋转运动后，会同时又做轴向移动，从而使工作台 7 做纵向进给运动或快速移动。

（2）顺铣机构 在铣床上加工工件时，常常采用逆铣和顺铣两种加工方式。

逆铣：当工件的进给方向与圆柱铣刀的切削速度方向相反时，称为逆铣。顺铣：当工件的进给方向与圆柱铣刀的切削速度方向相同时，称为顺铣。

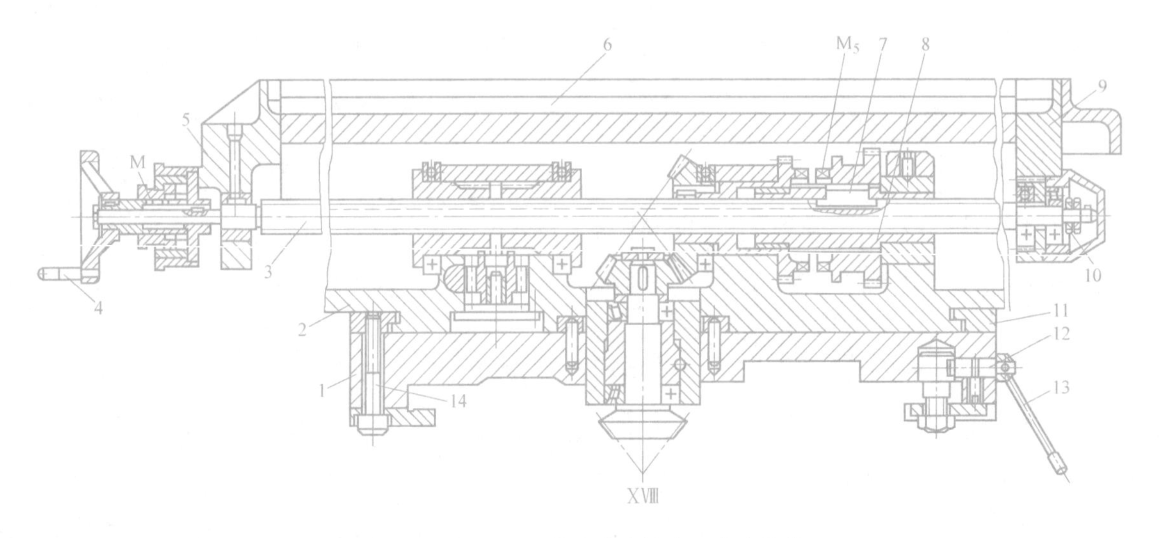

图 4-9　X6132 型万能升降台铣床工作台结构

1—床鞍　2—回转盘　3—纵向进给丝杠　4—手轮　5—前支架　6—工作台　7—滑键　8—花键套筒　9—后支架　10—螺母　11—弧形压板　12—偏心轴　13—手柄　14—螺栓

顺铣时，消耗在进给运动方向上的功率较小。精加工时，铣削力小，不易引起工作台的窜动，多采用顺铣。

顺铣时，每个刀齿的切削厚度是从最大减小到零，易于切入工件，而且切出时对已加工面的挤压摩擦也小，切削刃磨损较慢，加工表面质量较高，有利于提高刀具寿命。但是当工件是有硬皮和杂质的毛坯件时，切削刃易磨损和损坏，所以顺铣的加工范围应限于无硬皮的工件。

顺铣时，切削刃从工件外表面切入，铣刀始终有一个向下的分力压紧工件，有利于工件装夹的稳定性，使铣削平稳。但是铣刀对工件的水平切削分力 F_x 与进给方向相同（图 4-10a），若工作台向右进给，则丝杠螺纹右侧与螺母螺纹左侧存在间隙，作用力 F_x 通过工作台带动丝杠向右窜动；又由于铣刀是多刃刀具，铣切时切削力是不断变化的，因此这个水平切削分力 F_x 也是变化的，丝杠就会在间隙的范围内来回窜动，使工作台产生振动，影响切削加工的稳定性，造成铣刀刀齿折断，刀轴弯曲，工件和夹具移动，甚至损坏机床造成事故。因此，顺铣时机床应具有消除丝杠与螺母之间间隙的装置。

逆铣时消耗在进给方向上的功率较大。使用无丝杠螺母调整机构的铣床加工时，也应采用逆铣。逆铣多用于粗加工。

逆铣时，由于切削刃不是从工件的外表面切入，工件表面的硬皮，对切削刃损坏的影响较小，故加工有硬皮的铸件、锻件毛坯时采用逆铣；但此时每个刀齿的切削厚度是从零增大到最大值，而刀齿的刃口总有一定的圆弧，所以，刀齿接触工件后要滑动一段距离才能切入工件，切削刃易磨损，并且已加工面易受挤压和摩擦，影响加工表面的质量。

逆铣时会产生向上的垂直分力，使工件有上抬的趋势，因此必须使工件装夹牢固，而且垂直分力在切削过程中是变化的，易产生振动，影响工件表面粗糙度。切削力 F 的水平分力 F_x 的方向与进给运动方向相反（图 4-10b），若工作台向右进给，则丝杠螺纹左侧与螺母螺纹右侧接触，而在螺纹的另一侧则存在间隙，不会拉动工作台，丝杠与螺母、轴承之间总

是保持紧密接触而不会松动，因而在铣削过程中，工作是稳定的。

合理的顺铣机构（图 4-10c）能消除丝杠、螺母之间的间隙，不会产生轴向窜动现象，保证顺铣顺利进行；在逆铣或快速移动时，能够自动地使丝杠与螺母松开，降低螺母加在丝杠上的压紧力，以减少丝杠与螺母之间不必要的磨损。

图 4-10c 所示为 X6132 型铣床所用的顺铣机构结构。此顺铣机构由右旋丝杠 3、左螺母 1、右螺母 2、冠状齿轮 4、齿条 5 及弹簧 6 等组成。现以工作台向右进给运动（丝杠按图中箭头方向旋转）为例，说明顺铣机构在逆铣和顺铣时的工作原理。

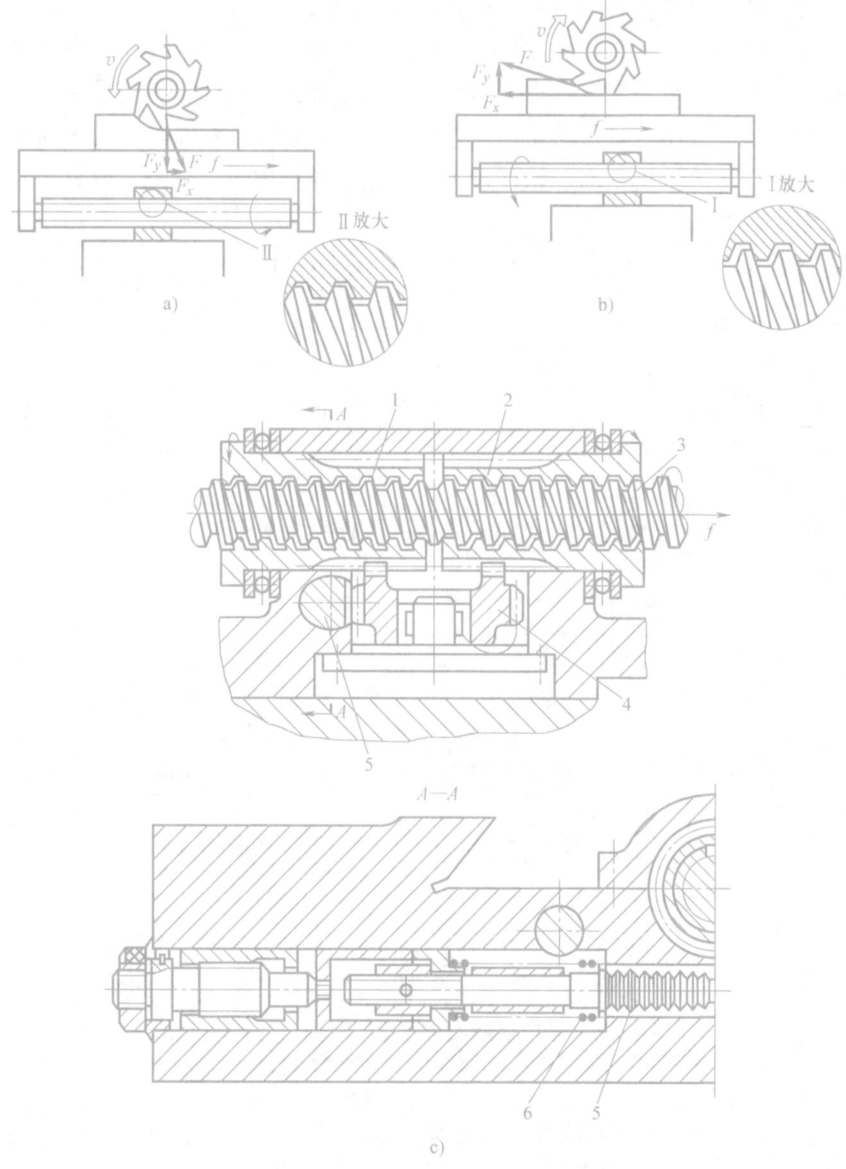

图 4-10　逆铣和顺铣及顺铣机构

a）顺铣　b）逆铣　c）顺铣机构

1—左螺母　2—右螺母　3—右旋丝杠　4—冠状齿轮　5—齿条　6—弹簧

顺铣时，铣刀作用在工件上的水平切削分力 F_x 与进给运动方向相同（向右），左螺母 1 的螺纹左侧紧靠丝杠螺纹右侧，由左螺母承受丝杠轴向力。因左螺母的螺纹与丝杠螺纹之间的摩擦力较大，左螺母有随丝杠一起转动的趋势；通过冠状齿轮 4 传动右螺母 2，使右螺母 2 有与丝杠转向相反的转动趋势；同时，由于齿条 5 在弹簧 6 作用下向右移（*A—A* 截面），推动冠状齿轮 4 及沿图中箭头方向回转，带动左、右螺母沿与丝杠相反方向回转，从而使左螺母 1 的螺纹左侧紧靠丝杠螺纹右侧，右螺母 2 的螺纹右侧紧靠丝杠螺纹左侧，自动消除丝杠与螺母之间的间隙。机床工作时，工作台所受向右的作用力通过丝杠由左螺母 1 承受，向左的作用力由右螺母 2 承受。随着水平切削分力 F_x 及传动件阻力的增减，该顺铣机构能够自动调节螺母与丝杠的间隙，并与两者的压紧力为一定值。

逆铣时，铣刀作用在工件上的水平切削分力 F_x 与进给运动方向相反（F_x 方向向左），由右螺母 2 承受丝杠轴向力。因右螺母 2 的螺纹与丝杠螺纹之间的摩擦力较大，右螺母有随丝杠一起转动的趋势，通过冠状齿轮 4 传动左螺母 1，使左螺母 1 有与丝杠方向相反的转动趋势，从而使左螺母 1 的螺纹左侧与丝杠螺纹右侧之间产生间隙，以减少丝杠磨损。

4. 进给变速箱结构

X6132 型万能升降台卧式铣床的进给速箱结构如图 4-11 所示。进给箱内的轴 X 上装有

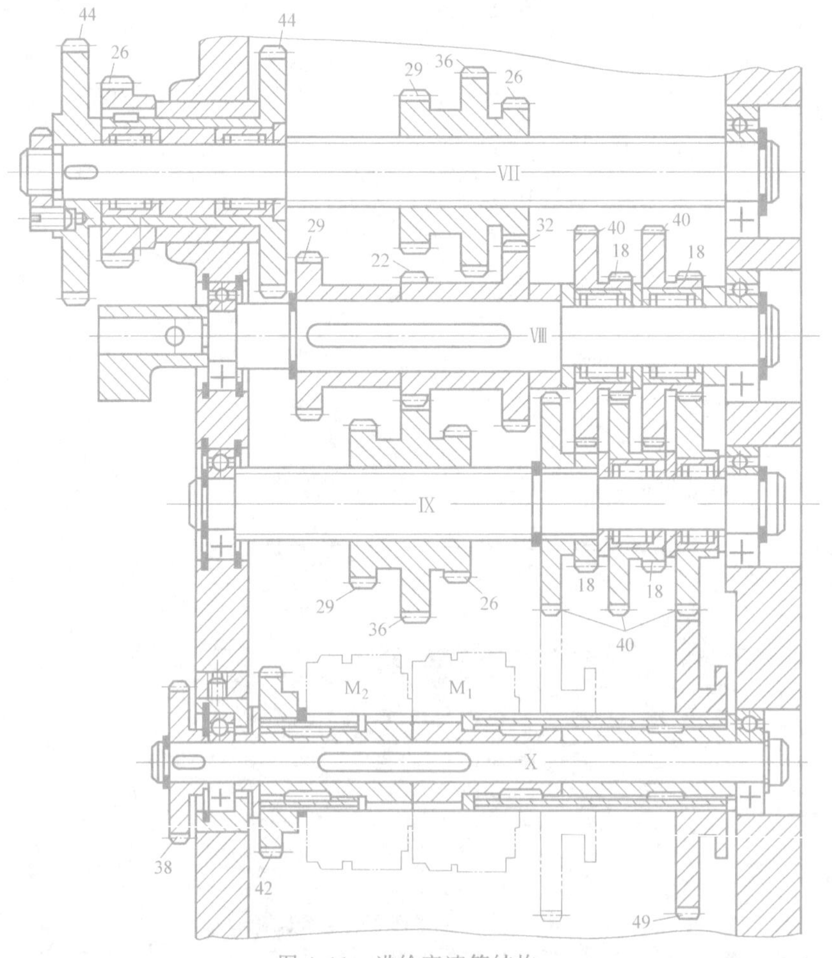

图 4-11　进给变速箱结构

两个摩擦片式电磁离合器 M_1 和 M_2，分别用于接通工作台的工作进给和快速移动，且由电气实现互锁。当机床工作超载或发生故障时，电磁离合器可起安全保护作用。

5. 工作台纵向进给操纵机构

X6132 型铣床工作台纵向进给操纵机构如图 4-12 所示。工作台的纵向进给运动由手柄 23 来操纵，在接通或断开端面齿离合器 M_5 的同时，压动微动开关 SQ_1（件 16）或 SQ_2（件 22），使进给电动机正转或反转，从而实现工作台向右或向左的纵向进给运动。工作台的纵向进给运动也可由机床侧面的另一手柄来操纵，扳动手柄时，经杠杆、摆块上的销 10、凸块下端叉子 9 使凸块 1 上下摆动。

当将手柄 23 向左扳动时，压块 19 向左摆动，压动微动开关 22（SQ_2），起动进给电动机反向旋转的同时，拨叉 14 做顺时针摆动，通过套筒上的销 12、套筒 13 使摆块 11 做顺时针摆动，凸块 1 通过螺钉与摆块 11 相联接，于是凸块 1 也做顺时针摆动，凸块 1 的最高点便离开轴 6 的左端面，在弹簧 7 的作用下，轴 6 向左移动而带动拨叉 5 左移，使离合器 M_5 接通，实现工作台向左的纵向进给运动。

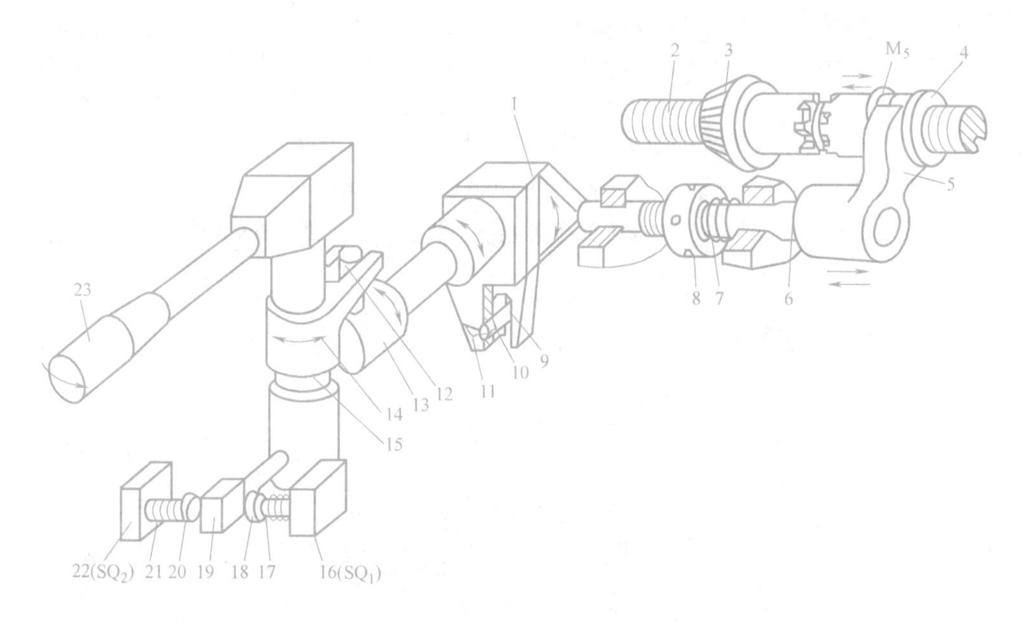

图 4-12　X6132 型铣床工作台纵向进给操纵机构

1—凸块　2—纵向进给丝杠　3—z20 空套锥齿轮　4—滑移齿轮　5、14—拨叉　6—轴　7、17、21—弹簧　8—调整螺母　9—凸块下端叉子　10—摆块上的销　11—摆块　12—套筒上的销　13—套筒　15—垂直轴　16—微动开关（$S_1=SQ_1$）　18、20—可调螺钉　19—压块　22—微动开关（$S_2=SQ_2$）　23—手柄

当将手柄 23 从左边扳向中间位置时，压块 19 放松微动开关 22（SQ_2），进给电动机停止转动；同时，凸块 1 做逆时针摆动，其最高点推动轴 6 向右移动，通过拨叉 5 使离合器 M_5 脱开，于是纵向向左的进给运动停止。

同理，当将手柄 23 由中间位置扳向右边位置时，压块 19 压动微开关 16（SQ_1），进给电动机正转；同时，由于凸块 1 做逆时针摆动，其最高点向上离开轴 6 的左端面，在弹簧 7 作用下，离合器 M_5 又被接通，从而实现工作台向右纵向进给运动。

***6. 工作台的横向和垂向进给操纵机构**

X6132 型铣床工作台的横向和垂直方向进给操纵机构如图 4-13 所示。手柄 1 有上、下、前、后和中间五个工作位置，当前、后扳动手柄 1 时，通过手柄前端的球头拨动鼓轮 9 做左、右轴向移动；当上、下扳动手柄 1 时，通过毂体 3 上的扁槽、平键 2、轴 4，使鼓轮 9 在一定角度范围内来回转动。在鼓轮 9 的圆周上铣有带斜面的槽，分别控制微动开关 SQ_3、SQ_4、SQ_7 和 SQ_8。其中，SQ_8 用于控制电磁离合器 M_3 的接通或断开，SQ_7 用于控制电磁离合器 M_4 的接通或断开，即分别接通或断开垂直方向进给运动和横向进给运动；SQ_3、SQ_4 用于控制进给电动机的正转和反转，从而实现工作台向前、向下和向后、向上的进给运动。

当向前扳动手柄 1 时，鼓轮 9 向左做轴向移动，鼓轮 9 上的斜面压下顶销 7，作用于微动开关 SQ_3，使进给电动机正转；与此同时，顶销 5 处于鼓轮 9 圆周上，作用于微动开关 SQ_7，使横向进给电磁离合器 M_4 通电压紧工作，从而实现工作台向前的横向进给运动。

当向后扳动手柄 1 时，鼓轮 9 向右做轴向移动，鼓轮上的斜面压下顶销 8，作用于微动开关 SQ_4，使进给电动机反转；顶销 5 仍处于鼓轮圆周上，使电磁离合器 M_4 通电压紧工作，实现工作台向后的横向进给运动。

当向上扳动手柄 1 时，鼓轮 9 做逆时针方向转动，其上的斜面压下顶销 8，作用于微动开关 SQ_4，使进给电动机反转；顶销 6 处于鼓轮 9 圆周上，压下顶销 6 并作用于微动开关 SQ_8，使电磁离合器材 M_3 通电压紧工作，实现工作台向上的垂向进给运动。

当向下扳动手柄 1 时，鼓轮 9 做顺时针方向转动，其上的斜面压下顶销 7，作用于微动开关 SQ_3，使进给电动机正转；顶销 6 处于鼓轮 9 圆周上被压下，使微动开关 SQ_8 起作用，

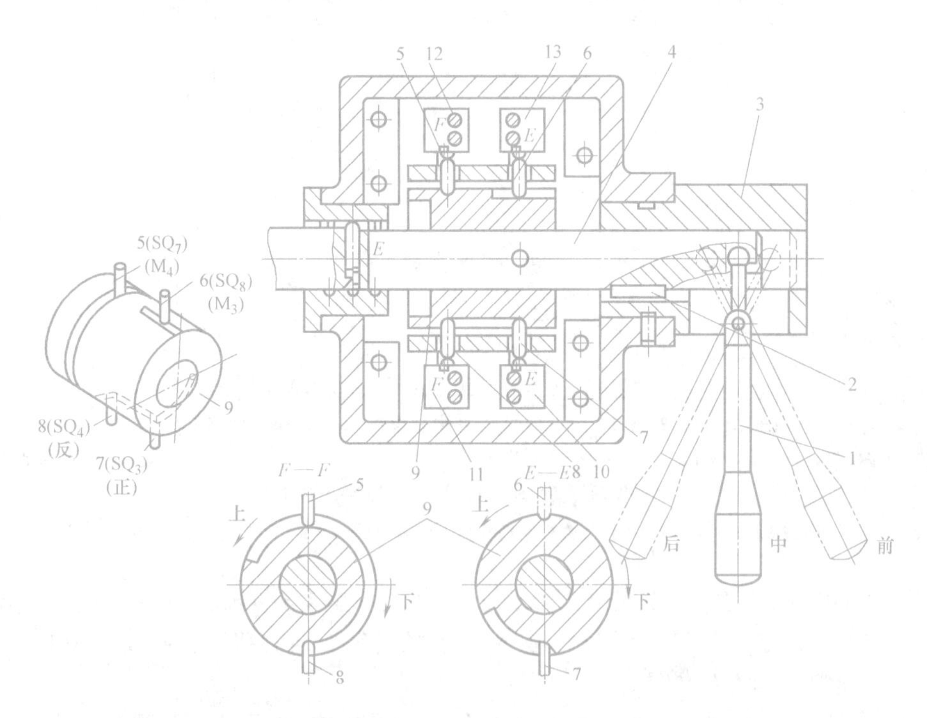

图 4-13　工作台的横向和垂直方向进给操纵机构

1—手柄　2—平键　3—毂体　4—轴　5、6、7、8—顶销　9—鼓轮
10—微动开关 SQ_3　11—微动开关 SQ_4　12—微动开关 SQ_7　13—微动开关 SQ_8

电磁离合器 M_3 通电压紧工作，实现工作台向下的垂向进给运动。

当将手柄 1 扳到中间位置时，顶销 8 和 7 同时处于鼓轮 9 的槽中，松开微动开关 SQ_4 和 SQ_3，进给电动机便停止转动；顶销 5 和 6 也同时处于鼓轮 9 的槽中，松开微动开关 SQ_7、SQ_8，使电磁离合器 M_4 和 M_3 断电，于是工作台的前后进给运动和上下进给运动全部停止。

四、铣床附件

1. 万能分度头

在铣削加工中，常会遇到铣六方、齿轮、花键和刻线等工作。这时，工件每铣过一面或一个槽之后，需要转过一个角度，再铣削第二个面或第二个槽等，这种工作称为分度，如图 4-14～图 4-16 所示。分度头就是根据加工需要，对工件在水平、垂直和倾斜位置进行分度的机构。其中，最为常见的是万能分度头。

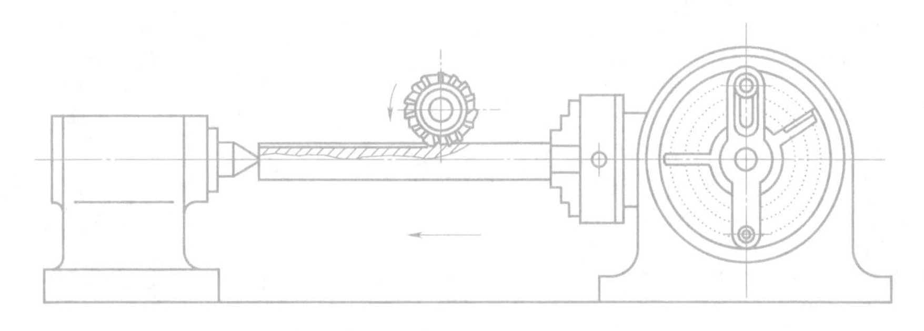

图 4-14　水平位置分度（铣键槽）

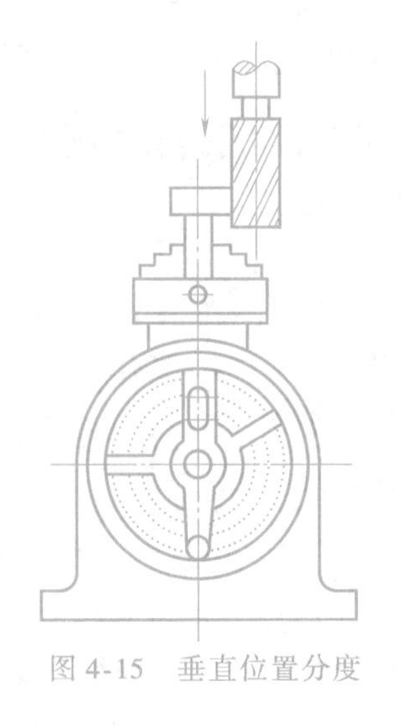

图 4-15　垂直位置分度

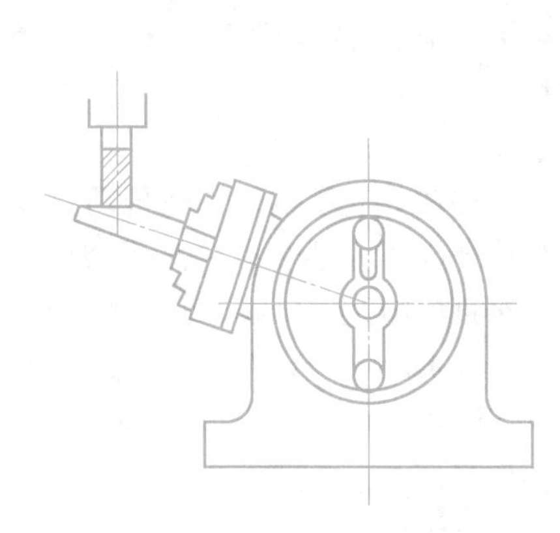

图 4-16　倾斜位置分度

（1）万能分度头的用途　被加工的工件装在万能分度头主轴的顶尖或卡盘上，可进行以下工作：

①使工件绕轴线回转一定角度，以完成等分或不等分的圆周分度工作，如加工方头、六角头、齿轮、链轮以及不等分刀齿的铰刀等。

② 通过交换齿轮，由分度头带动工件连续转动，并与工作台的纵向进给运动相配合，可加工螺旋槽、螺旋齿轮和阿基米德螺旋线凸轮。

③ 用卡盘夹持工件，使工件轴线相对于铣床工作台面倾斜一所需的角度，用于加工与

工件轴线相交一定角度的沟槽或平面等。

(2) 万能分度头的构造　下面以 F1125 型万能分度头为例，说明分度头的构造及调整方法。图 4-17 所示为其外形及传动系统图。

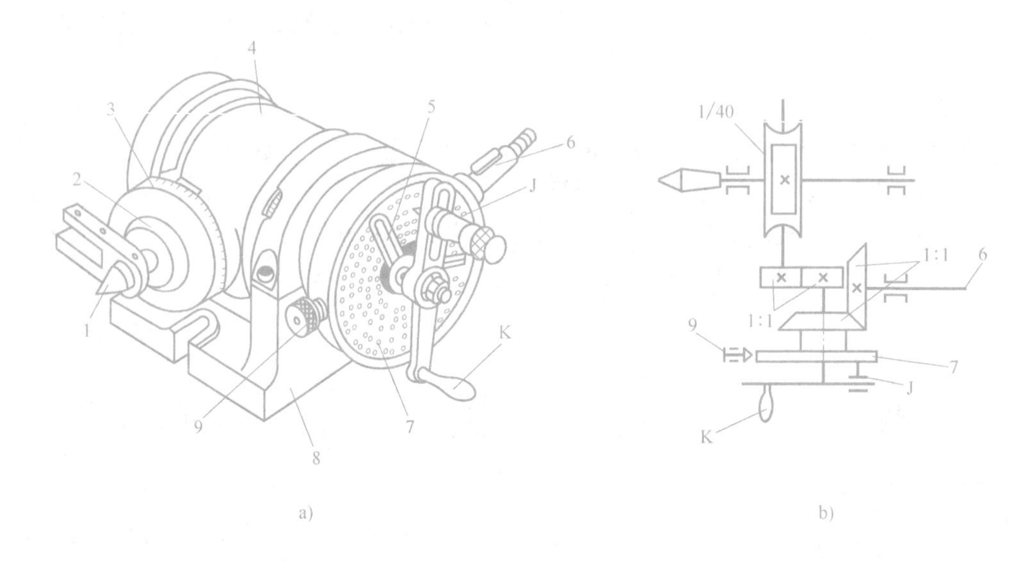

图 4-17　万能分度头

a) 外形　b) 传动系统图

1—顶尖　2—主轴　3—刻度盘　4—鼓形壳体　5—分度叉　6—差动轴　7—分度盘

8—分度头支座　9—锁紧螺钉　J—插销　K—分度手柄

分度头主轴 2 安装在鼓形壳体 4 内，鼓形壳体 4 以两侧轴颈支承在分度头支座 8 上，可绕其轴线回转，使主轴在水平线以上 95°范围内调整所需角度。分度头主轴 2 的前端有锥孔，用于安装顶尖 1，其外部有一定位锥体，用于安装自定心卡盘。转动分度手柄 K，经传动比 $u=1/40$ 的蜗杆副，可带动分度头主轴 2 回转至所需的分度位置。分度手柄 K 在分度时转过的转数，由插销 J 所对分度盘 7 上孔圈的小孔数目来确定。这些小孔在分度盘（图 4-18）端面上，以不同孔数均匀地分布在各同心圆上。F1125 型万能分度头备有三块分度盘，供分度时选用，每块分度盘有 8 圈孔，每圈孔数分别为：

第一块 16、24、30、36、41、47、57、59；

第二块 23、25、28、33、39、43、51、61；

第三块 22、27、29、31、37、49、53、63。

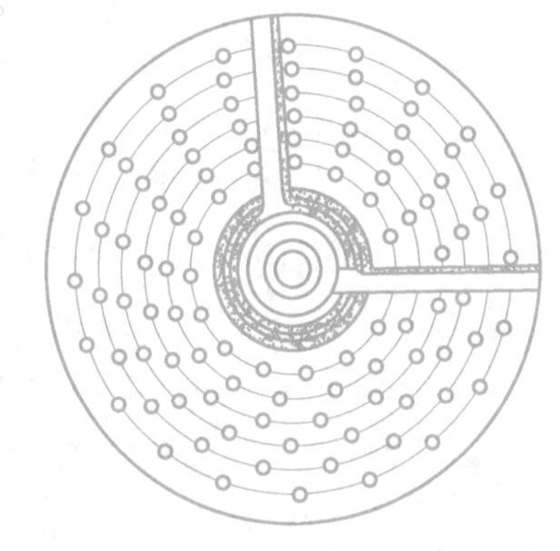

图 4-18　分度盘

(3) 简单分度法　分度数目较多时，可采用简单分度法。分度前应使蜗杆与蜗轮啮合，用锁紧螺钉 9 将分度盘 7 固定使之不能转动，并调整插销 J 使其对准所选分度盘 7 的孔圈。分度时先拔出插销 J，转动手柄 K，带动分度头主轴 2 回转至所需分度位置，然后将插销 J 重新插入分度盘 7 的孔中。

设工件所需等 z 分，即每次分度时分度头主轴 2 应转过 $1/z$ 转。由传动系统图（图

4-19a）可知，手柄 K 每次分度时应转的转数为

$$n_K = \frac{1}{z} \times \frac{40}{1} \times \frac{1}{1} = \frac{40}{z} \tag{4-1}$$

式（4-1）也可写成如下形式

$$n_K = \frac{40}{z} = a + \frac{p}{q} \tag{4-2}$$

式中　a——每次分度时，手柄应转的整数转数（当 $z>40$ 时 $a=0$）

q——所选用孔圈的孔数；

p——插销 J 在 q 个孔的孔圈上应转过的孔距数。

例　在 F1125 型万能分度头上进行分度，分度数 $z=32$。

解：

$$n_K = \frac{40}{z} = \frac{40}{32} = 1 + \frac{1}{4} = 1 + \frac{4}{16} = 1 + \frac{6}{24} = 1 + \frac{9}{36}$$

上式中的分数部分先化简为最简整数比$\frac{1}{4}$，然后将其分子、分母各乘以同一整数，使分母为分度盘上所具有的孔圈孔数 16 或 24、36 等。在本例中，每次分度手柄应转一整转，再在 16 孔的孔圈上转过 4 个孔间距，或再在 24 孔的孔圈上转过 6 个孔间距。

为保证分度无误，应调整分度叉 5 的夹角，使其内缘在 q 个孔的孔圈上包含（$p+1$）个孔，以便识别插销 J 在每次分度时应转过的孔间距，防止操作差错。

（4）差动分度法　由于分度盘 7 上所具有的孔圈有限，某些分度数因选不到合适的孔圈而不可能用简单分度法进行分度，如 73、83、113 等，这时可采用差动分度法来分度。

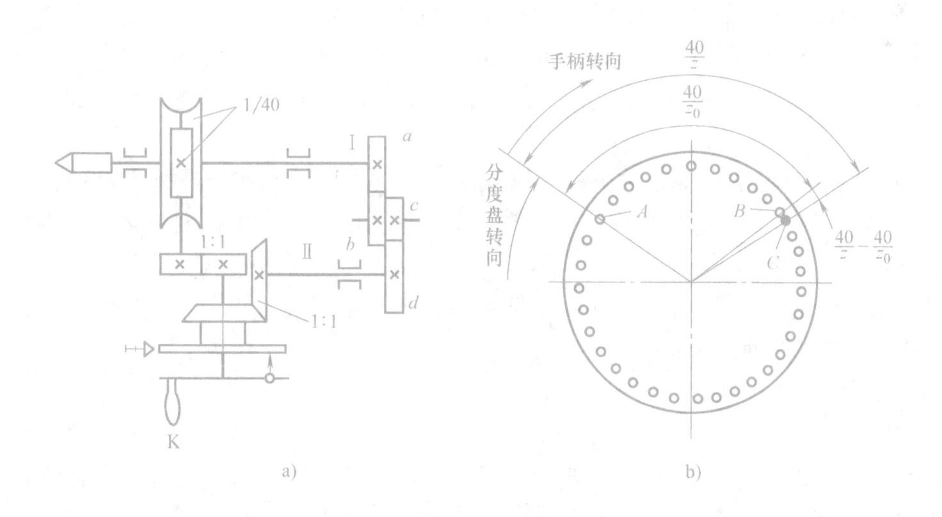

图 4-19　差动分度法

a）传动系统图　b）分度方法

差动分度时，应松开锁紧螺钉 9，使分度盘 7 能被锥齿轮带动回转，并在分度头主轴 2 后端锥孔内装上传动轴Ⅰ，经交换齿轮 a、b、c、d 与轴Ⅱ连接，如图 4-19a 所示。

差动分度法的工作原理如下：设工件要求分度数为 z，且 $z>40$，则分度主轴 2 每次应转 $1/z$ 转。这时，手柄 K 仍应转过转 $40/z$ 转，即插销 J 应由 A 点转至 C 点（图 4-19b），用

C 点定位，但因分度盘7在 C 点处没有相应的孔可供辨识位置，因而不能用简单分度法实现分度。为了借用分度盘7上的孔圈，选取 z_0 来计算手柄的转数（z_0 应与 z 相接近，且能从分度盘7上选取到借用分度盘7上的孔圈），则手柄K转数为 $40/z_0$ 转，即插销J从 A 点转至 B 点，用 B 点定位。这时如果分度盘7是固定不动的，手柄K转数是 $40/z_0$ 转而不是所要求的 $40/z$ 转，其差值为 $40/z-40/z_0$ 转。为补偿这一差值，使 B 点的小孔转至 C 点以供插销J定位。为此可用交换齿轮将分度头主轴2与分度盘7连接起来，在分度过程中，当插销J自 A 点转 $40/z$ 转至 C 点时，使分度盘7转过 $40/z-40/z_0$ 转，使孔恰好与插销J对准。这时手柄K与分度盘7之间的运动关系是：手柄K转 $40/z$ 转，分度盘7转 $40/z-40/z_0=40(z_0-z)/zz_0$ 转。

运动平衡式为

$$\frac{40}{z}\times\frac{1}{1}\times\frac{1}{40}\times\frac{a}{b}\times\frac{c}{d}=\frac{40(z_0-z)}{zz_0} \tag{4-3}$$

化简后得换置公式

$$\frac{a}{b}\times\frac{c}{d}=\frac{40(z_0-z)}{z_0} \tag{4-4}$$

式中　z——所要求的分度数；

z_0——假定的分度数。

为了便于选用交换齿轮，z_0 应选取接近于 z（可大于或小于 z）且与40有公因数的数值。

选取 $z_0>z$ 时，手柄与分度盘旋转方向应相同，交换齿轮传动比为正值，加惰轮。

选取 $z_0<z$ 时，手柄与分度盘旋转方向应相反，交换齿轮传动比为负值，不加惰轮。

F1125型万能分度头备有模数为1.75mm的以下齿数的交换齿轮：24（两个）、28、32、40、44、48、56、64、72、80、84、96、100，共14个。

（5）铣螺旋槽的调整　在万能升降台铣床上用万能分度头铣螺旋槽时，应进行以下调整工作。

1）工件夹持在分度头主轴顶尖上，并用尾座顶尖支承，将工作台绕垂直轴线偏转一角度，使铣刀旋转平面与工件螺旋槽的方向一致，如图4-20a所示。工作台偏转方向根据螺旋槽的螺旋方向决定。

2）在工作台纵向进给丝杠与分度头主轴之间，用交换齿轮 z_1、z_2、z_3 和 z_4 联系起来，当工作台和工件沿工件轴线方向移动时，经过丝杠、交换齿轮 $z_1/z_2\times z_3/z_4$ 及分度头传动，带动工件做相应的回转运动，如图4-20b所示。

设工件螺旋槽的导程为 P_h，铣床纵向进给丝杠的导程为 P_{hS}。当工作台和工件移动一个螺旋槽导程 P_h 距离时，即纵向丝杠转 P_h/P_{hS} 时，工件应转一转，这时工件即可被铣刀切出导程为 P_h 的螺旋槽。根据图4-20b所示传动系统图，可列出运动平衡式为

$$\frac{P_h}{P_{hS}}\times\frac{38}{24}\times\frac{24}{38}\times\frac{z_1}{z_2}\times\frac{z_3}{z_4}\times1\times1\times\frac{1}{40}=1$$

化简得置换公式

$$\frac{z_1}{z_2}\times\frac{z_3}{z_4}=\frac{40P_{hS}}{P_h}$$

式中　P_{hS}——工作台纵向进给丝杠导程（mm）；

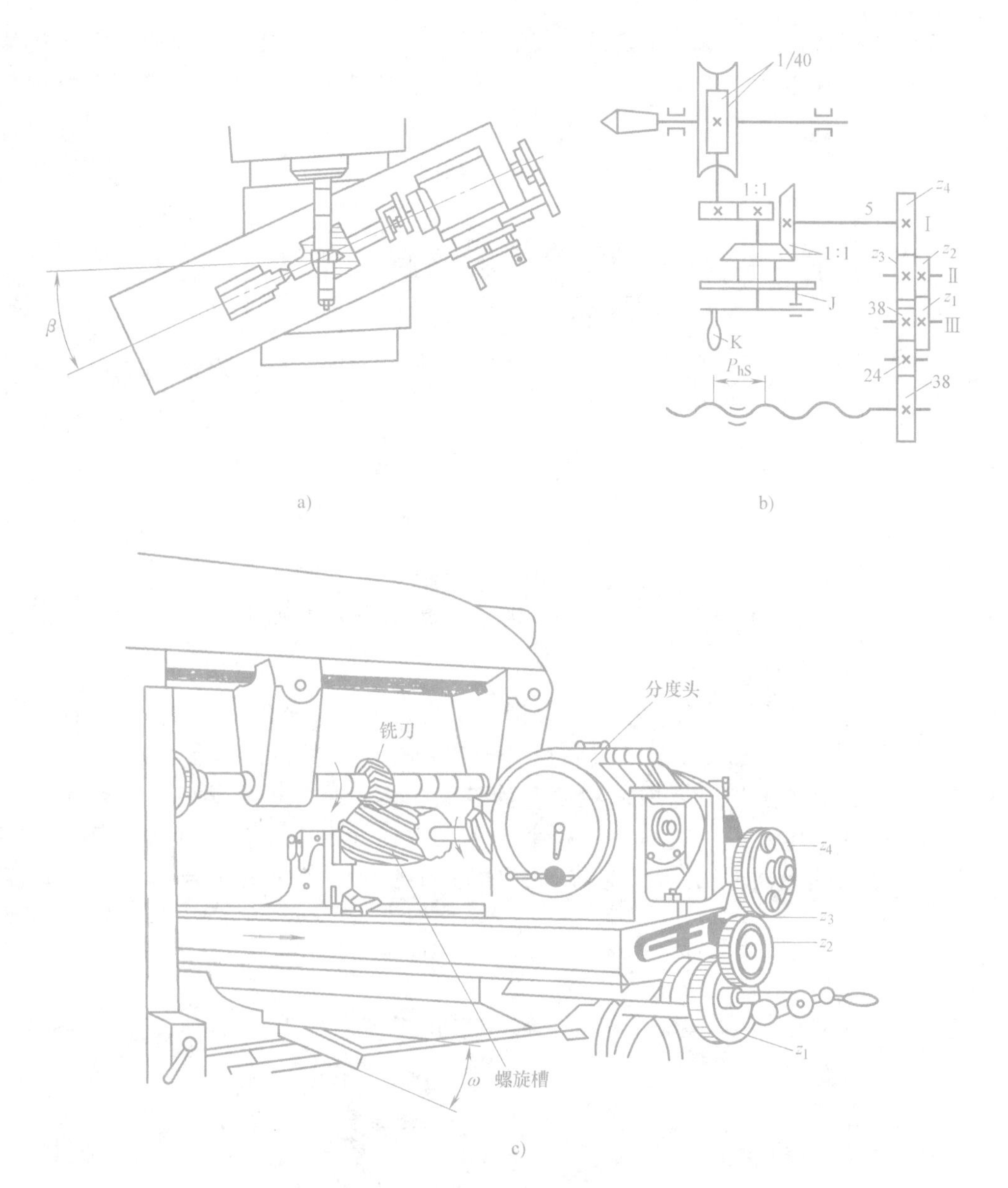

图 4-20　加工螺旋槽的调整

a）工作台调整　b）分度头及交换齿轮调整　c）螺旋槽加工

P_h——工件螺旋槽导程（mm）。

对于分齿工件（如斜齿轮、螺旋铣刀、麻花钻头等），每加工完毕一个齿槽后，应将工件从加工位置退出，拔出插销 J，使分度头主轴 2 和纵向进给丝杠断开运动联系，然后用简单分度法对工件进行分度。

2. 万能铣头

在卧式铣床上装上万能铣头，不仅能完成各种立铣削，而且还可以根据铣削的需要，把铣头主轴扳到任意角度。

图 4-21a 所示为万能铣头（将铣刀 2 扳成垂直位置）的外形图。其底座 1 用螺栓 5 固定在铣床的垂直导轨上。铣床主轴的运动通过铣头内的两对锥齿轮传到铣头主轴上。

铣头的壳体 3 可绕铣床主轴轴线偏转任意角度（图 4-21b）。铣头主轴的壳体 4 还能在壳体 3 上偏转任意角度（图 4-21c）。因此，铣头主轴就能在空间偏转成所需要的任意角度。

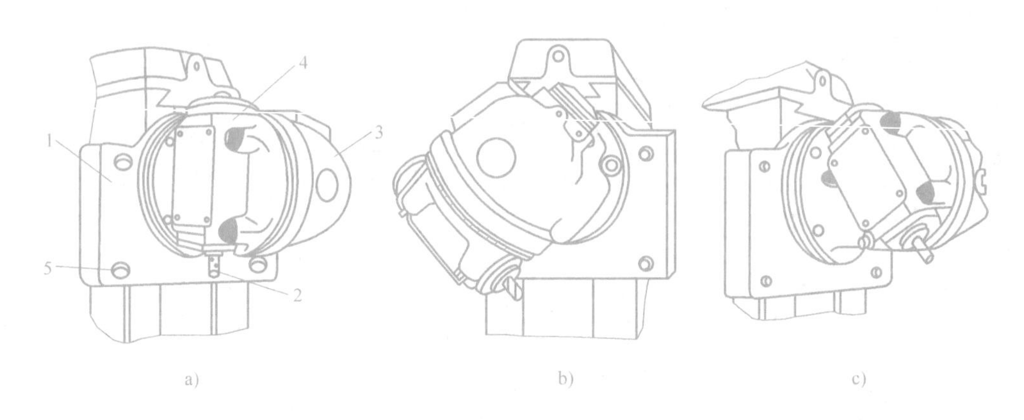

图 4-21　万能铣头

1—底座　2—铣刀　3—壳体　4—铣头主轴壳体　5—螺栓

3. 回转工作台

回转工作台，又称为转盘、平分盘、圆形工作台等，其外形如图 4-22a 所示。它的内部有一套蜗轮蜗杆。摇动手轮，通过蜗杆轴直接带动与回转工作台相连的蜗轮转动。回转工作台周围有刻度，可以用来观察和确定其位置。拧紧固定螺钉，回转工作台就固定不动。回转工作台中央有一孔，利用它可以方便地确定工件的回转中心。当底座上的槽和铣床工作台上的 T 形槽对齐后，即可用螺栓把回转工作台固定在铣床工作台上。

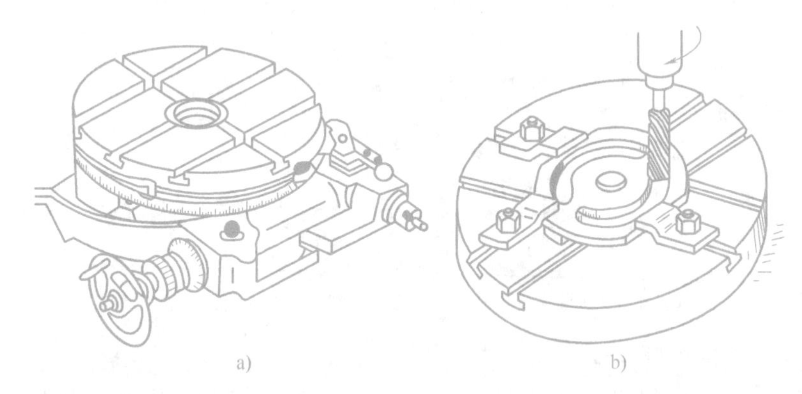

图 4-22　回转工作台及其应用

a）外形　b）应用

铣圆弧槽时（图 4-22b），工件安装在回转工作台上，铣刀旋转，用手均匀缓慢地摇动回转工作台，铣出圆弧槽。

4. 平口钳

平口钳是一种通用夹具，经常用其安装小型工件，如图 4-23a 所示。使用时先把平口钳钳口找正并固定在工作台上，然后再安装工件，如图 4-23b 所示。

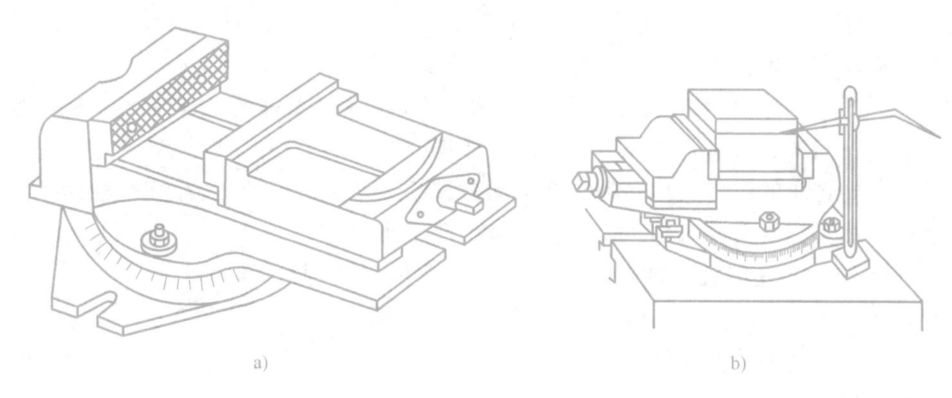

a) b)

图 4-23 平口钳及其装夹找正

五、其他铣床简介

1. 龙门铣床

(1) 主参数 龙门铣床的主参数为工作台面宽度。

(2) 主要特征 龙门铣床包括床身和架设在床身上的工作台及控制系统，具有多个铣头，生产率高，适合在成批和大量生产中加工大型工件。

龙门铣床（图 4-24）由立柱和顶梁构成门式框架。横梁可沿两立柱导轨做升降运动。横梁上有 1 ~ 2 个带垂直主轴的铣头，可沿横梁导轨做横向运动。两立柱上还可分别安装一个带有水平主轴的铣头，它可沿立柱导轨做升降运动。这些铣头可同时加工几个表面。每个铣头都具有单独的电动机（功率最大可达 150kW）、变速机构、操纵机构和主轴部件等。加工时，工件安装在工做台上并随之做纵向进给运动。

大型龙门铣床（工作台 6m × 22m）的总重量达 850t。

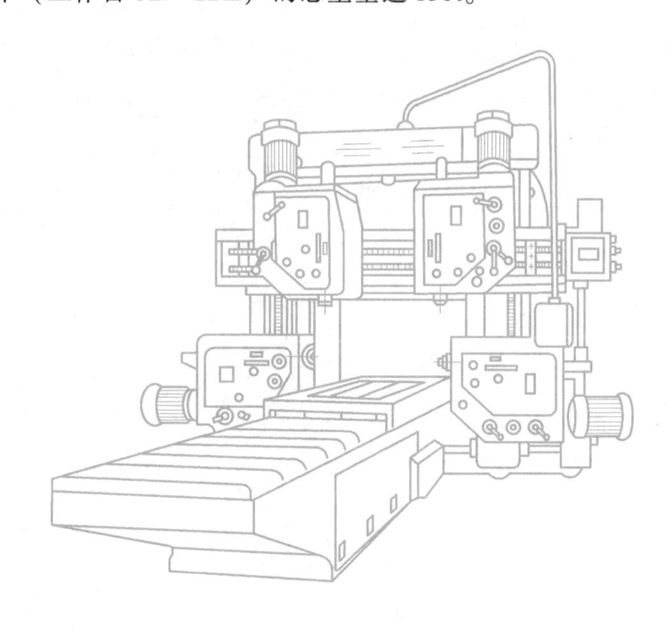

图 4-24 龙门铣床

龙门铣床还有一些变型以适应不同的加工对象。

① 龙门铣镗床：横梁上装有可铣可镗的铣镗头，其主轴（套筒或滑枕）能做轴向机动进给并有运动微调装置，微调速度可低至5mm/min。

② 桥式龙门铣床：加工时工作台和工件不动，而由龙门架移动。其特点是占地面积小，承载能力大，龙门架行程可达20m，便于加工特长或特重的工件。

此外，龙门铣床的纵向工作台的往复运动是进给运动，铣刀的旋转运动是主运动。在龙门铣床上可以用多把铣刀同时加工表面，所以生产率比较高。

（3）主要用途　龙门铣床主要用于加工大型工件上的平面、沟槽等。

2. 立式升降台铣床

立式升降台铣床如图4-3所示。

（1）分类及特点

1）铣头与床身连成整体的称为整体立式铣床，其主要特点是刚性好。

2）铣头与床身分为两部分，中间靠转盘相连的称为回转式立式铣床。其主要特点是根据加工需要，可将铣头主轴相对于工作台台面扳转一定的角度，使用灵活方便，应用较为广泛。

（2）主参数　立式升降台铣床的主参数为工作台面宽度。

第三节　任务实施

一、机床参数的确定

任务一　尾座套筒导向键槽铣削

尾座套筒如图4-25所示，铣削其上键槽。

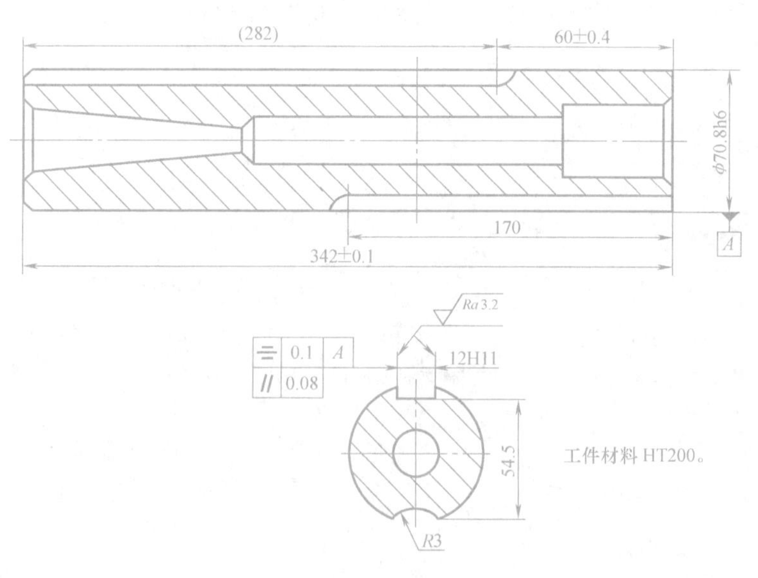

图4-25　尾座套筒

1. 零件图分析

本任务需要铣削的工件材料为HT200，导向键槽宽度为12H11，长度为282mm（理论

正确尺寸），表面粗糙度要求为 $Ra3.2\mu m$，属于开口键槽，但因为键槽收尾部分为垂直面内的圆弧面，所以选用卧式铣床加工。

2. 刀具选用

卧式铣床铣键槽一般采用三面刃盘铣刀，由于铣刀的摆差会扩大键槽宽度尺寸，所以铣刀宽度应比所需键槽宽度稍小一些，根据三面刃盘铣刀直径不同，通常减小 0.2～0.4mm。

选择铣刀直径时的计算依据为

$$D > 2t + d \tag{4-5}$$

式中　D——铣刀直径（mm）；

t——工件厚度或棒料的直径（mm），切断工件时用；

d——刀杆垫圈直径（mm）。

本任务选用 ϕ120mm、宽度 11.6mm 的高速钢三面刃盘铣刀。

铣刀选好装夹后，即可调整铣刀与工件的相对位置，使铣刀中心对准轴的中心，即对刀。对刀方法如下：

（1）对称测量法对刀　在铣床的主轴上用夹立铣刀的弹性夹头夹上百分表，将主轴挂空档，用手板动主轴带动百分表主轴测量工件两侧的对称度，先将表在工件一侧对零，然后将工作台降低，将百分表转到工件另一侧，将工作台升起来，看百分表的数值和对边差值，将铣床的工作台横向移动至两边百分表示值差数的一半。多次反复打表，就能将铣刀中心和圆棒料的中心对中。

（2）按工件侧面对刀　先使铣刀侧面切削刃接触工件侧面（要使铣刀转动，为了避免划伤工件，要在工件侧面用油贴上一层薄纸，以铣刀把纸划直为准），然后使工作台下降，再横向移动一个距离 A。A 值的计算式为

$$A = \frac{D}{2} + \frac{B}{2} + b \tag{4-6}$$

式中　D——工件直径（mm）；

B——铣削宽度（mm）；

b——贴纸厚度（mm），一般薄纸厚度为 0.05mm。

（3）切痕法对刀　这种对刀方法是铣削中最常用对刀方法之一。先把工件调整到大致在铣刀中心的下面，然后开动机床使铣刀旋转，再慢慢上升工作台，使铣刀在工件表面上切出个椭圆形的切痕，依据切痕来判断铣刀与工件位置。移动横向工作台，逐步调整吃刀深度，使铣刀两侧切削刃与切痕两边相切，对刀工作完成。

铣刀对中心后，即可调整铣削深度，即首先使旋转的铣刀轻微擦划工件表面，然后移动纵向工作台，将工件退离铣刀，再上升工作台至槽深尺寸，便可开始铣削。

3. 切削参数选择

由于工件是铸铁件，使用高速钢铣刀，导向键槽需要在一次装夹中完成加工，表面粗糙度要求为 $Ra3.2\mu m$，所以按精铣选择切削用量，查相关手册知，进给量为 0.2～1.0mm/r，取 1.0mm/r，纵向进给速度取 23.5mm/min。

4. 装夹方案

工件单件小批生产时采用平口钳夹紧，加工前应找正平口钳钳口与工作台纵向进给方向平行。装夹工件时，不要使工件伸出钳口太长，以防止切断过程中产生颤动。

5. 铣床参数的确定

1）任务一零件属于中小型零件，适用的铣床种类很多，如XA6132、X6132等型号，其中X6132型万能卧式升降台铣床应用广泛，具有典型性，所以本任务选用X6132型万能卧式升降台铣床。

2）X6132型万能卧式升降台铣床主参数（工作台宽度）为320mm，最大铣削工件长度700mm，满足工件加工要求。

3）根据公式 $v_c=\pi dn/1000$ 计算X6132型万能卧式升降台铣床主轴转速。铣削速度 $v_c=10\text{m/min}$，主轴转速26.539r/min，可选 $n=30\text{r/min}$。

6. X6132型万能卧式升降台铣床调整

（1）主运动传动系统调整　转动主轴箱侧面变速手柄，至刻度盘示值30r/min处。传动路线表达式为

$$\text{电动机}(7.5\text{kW}\quad 1450\text{r/min})-\frac{\phi150}{\phi290}-\frac{16}{38}-\frac{17}{46}-\frac{18}{71}-\text{主轴。}$$

（2）进给运动传动系统调整　转动进给箱侧面变速手柄，至刻度盘示值23.5mm/min处（相当于丝杠3.91r/min）。传动路线表达式为

$$\text{电动机}(1.5\text{kW}\quad 1410\text{r/min})-\frac{17}{32}-\frac{20}{44}-\frac{26}{32}-\frac{22}{36}-\frac{18}{40}-\frac{18}{40}-\frac{18}{40}-\frac{18}{40}-\frac{40}{49}-M_1$$

$$-\frac{38}{52}-\frac{29}{47}-\frac{47}{38}-\frac{18}{18}-\frac{16}{20}-M_5-\text{丝杠}(P_h=6\text{mm})$$

7. 键槽加工的主要问题

1）键槽的中心线与轴的中心线不重合。原因是对刀时未对正，或工作台横向位置有松动现象等。对于键槽对称性要求很严的工件，要用废料试铣，合格后再正式加工。另外，在水平进给时，铣刀受铣削力会向一边偏让，以致使铣出的键槽偏向一边或者键槽两端尺寸增大。因此，在铣削中，水平进给速度一定要控制在选定的范围内。

2）槽宽尺寸过大或过小。原因是铣刀有振摆，加工前没有找正，或者是铣刀经磨损后尺寸变小。

3）键槽的已加工面表面粗糙度值高。原因是纵向进给速度太快，切削速度选择不当或缺乏切削液及铣刀侧刃不锋利。

二、铣削直齿圆柱齿轮时的分度头调整计算

任务二　铣削直齿圆柱齿轮

铣削完成图4-26所示齿轮轴上的齿轮。

1. 零件图分析

本任务需要铣削的工件材料为45钢，调质处理，齿宽为60mm，轮齿表面粗糙度要求为Ra1.6μm，模数为2.5mm，齿数为22，精度为8级，属于单件生产，选用卧式铣床加工，需考虑铣后降低表面粗糙度值的方法，如无相应设备，可以考虑采用齿轮对辊法（需要留一定的余量）。

2. 刀具选用

因为齿轮的齿形曲线由该齿轮的基圆大小决定，基圆大小又与齿轮的模数、齿数、压力角的大小有关。因此，模数和压力角相同而齿数不同的齿轮，应有不同的铣刀，这样就需要

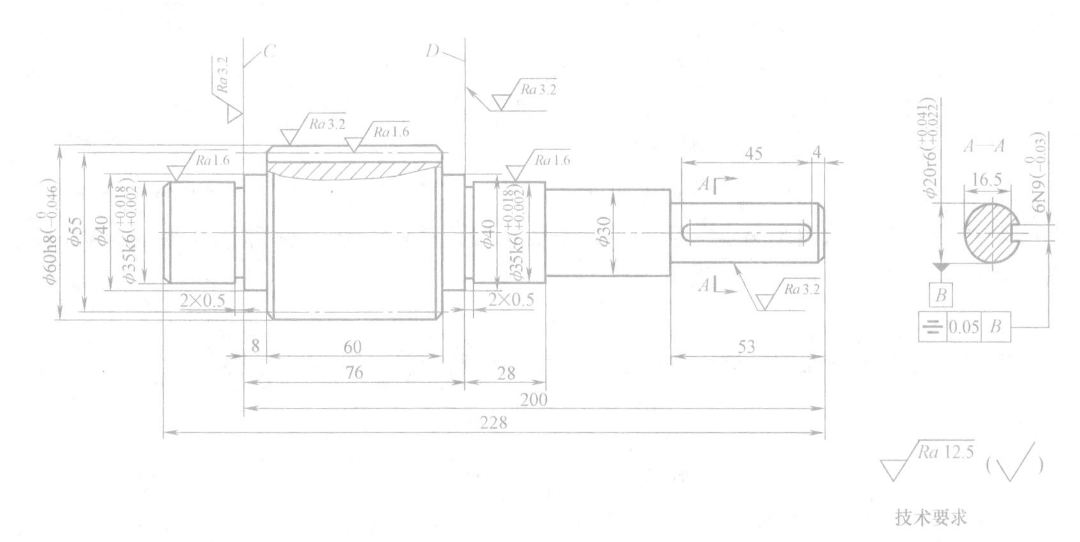

图 4-26　齿轮轴

制造许多不同齿形的铣刀，很不经济。为此，对同种模数、压力角的盘形齿轮铣刀，按被加工齿轮的齿数分段并编号，同一号盘形齿轮铣刀加工分段内齿数的齿轮，其所产生的齿形误差，对精度要求不高的齿轮来说是允许的。这样较经济易行，所以盘形齿轮铣刀要分号。

齿轮铣刀可按表 4-1 选择。

表 4-1　盘形齿轮铣刀加工范围

铣刀号数	1	2	3	4	5	6	7	8
齿数范围	12 ~ 13	14 ~ 16	17 ~ 20	21 ~ 25	26 ~ 34	35 ~ 54	55 ~ 134	135 以上

本任务选用 4 号刀具，外径 $D = 65$mm（中径 $D_0 = 59$mm），适用齿数 21 ~ 25 的铣刀。

铣刀选好装夹后，即可调整铣刀与工件的相对位置，使铣刀中心对准齿坯中心。

3. 切削参数选择

由于工件是 45 钢，使用高速钢铣刀，需要在一次装夹中完成粗、精加工，轮齿表面粗糙度要求为 Ra1.6μm，所以本任务按精铣（最后一刀）选择切削用量（粗加工后留 0.1mm 余量），查相关手册得进给量为 0.2 ~ 1.2mm/r，取 0.5mm/r，纵向进给速度取 40mm/min。

4. 装夹方案

工件采用 F1125 万能分度头（配卡盘）加顶尖定位夹紧，加工前应找正工件中心线与工作台纵向进给方向平行。

5. 铣床参数的确定

1）任务二零件属于中小型零件，适用的铣床种类很多，如 XA6132、X6132 等型号，其中 X6132 型万能卧式升降台铣床应用广泛，具有典型性，所以本任务选用 X6132 型万能卧式升降台铣床。

2）X6132 型万能卧式升降台铣床主参数（工作台宽度）为 320mm，最大铣削工件长度为 700mm，满足工件加工要求。

3）根据公式 $v_c = \pi dn/1000$ 计算 X6132 型万能卧式升降台铣床主轴转速。铣削速度 $v_c = 15$m/min，刀具外径 $D = 65$mm，可以计算出主轴转速 73.493r/min，选 $n = 80$r/min。

6. X6132 型万能卧式升降台铣床调整

（1）主运动传动系统调整　转动主轴箱侧面变速手柄，至刻度盘示值 80r/min 处。

（2）进给运动传动系统调整　转动进给箱侧面变速手柄，至刻度盘示值 40mm/min 处，相当于丝杠转速 6.6r/min。

7. 万能分度头调整

在 F1125 型万能分度头上进行分度。分度数 $z = 22$，根据式（4-2）得

$$n_K = \frac{40}{z} = \frac{40}{22} = 1 + \frac{9}{11} = 1 + \frac{27}{33}$$

在本任务中，每次分度手柄应转一整转，再在 33 孔的孔圈上转过 27 个孔间距。

为保证分度无误，应调整分度叉 5（图 4-17a）的夹角，使其内缘在 33 个孔的孔圈上包含 28（27+1）个孔，以便识别插销 J 在每次分度时应转过的孔间距，防止操作差错。

8. 铣削直齿圆柱齿轮的一般操作过程

1）按图样要求，检查齿坯的齿顶圆尺寸。

2）安装分度头，装夹、找正工件。进行分度计算后，调整分度手柄和分度叉。

3）选择和安装铣刀。

4）用切痕法或划线法对刀。划线法对刀：在工件左端面划出十字中心线，将工件右端装夹在万能分度头的自定心卡盘上，用直角尺找正工件左端面垂直中心线，同时使铣刀外侧面（操作者一侧）与直角尺接触，此时盘铣刀中心与工件中心距离为铣刀厚度的一半，转动铣床横向进给手轮，使工件向铣刀中心移动铣刀厚度的一半即可对中。

5）调整机床切削参数，并检查切削液和冷却系统的工作情况。

6）在齿坯上每隔 3~5 齿铣出很浅的刀痕，检查分度计算和调整是否正确。

7）调整铣削深度。一般应分粗铣和精铣两次切出全部齿深。铣完两齿槽后测量齿厚。

8）铣好全部齿槽后，应对齿厚再测量一次，合格后拆下工件交验。

任务拓展

在卧式铣床上，用万能分度头分度，加工齿数 $z = 67$ 链轮，进行分度头调整计算。

（1）计算手柄转数　取 $z_0 = 70$（$z_0 > z$），z_0 为质数齿分度时选用的假想齿数。计算分度盘孔圈孔数及插销应转过的孔数

$$n_K = \frac{40}{z_0} = \frac{40}{70} = \frac{4}{7} = \frac{16}{28}$$

即选择第二块分度盘的 28 孔孔圈为依据分度，每次分度手柄应转过 16 个孔间距。

（2）计算交换齿轮齿数

$$\frac{a}{b} \times \frac{c}{d} = \frac{40(z_0 - z)}{z_0} = \frac{40 \times (70 - 67)}{70} = \frac{12}{7} = \frac{2}{1} \times \frac{6}{7} = \frac{80}{40} \times \frac{48}{56}$$

因 $z_0 > z$，按 F1125 型万能分度头说明书规定，交换齿轮应加一个惰轮。

任务三　典型平面零件铣削加工（本任务由学生独立完成）

平面零件如图 4-27 所示，学生独立完成该零件加工。

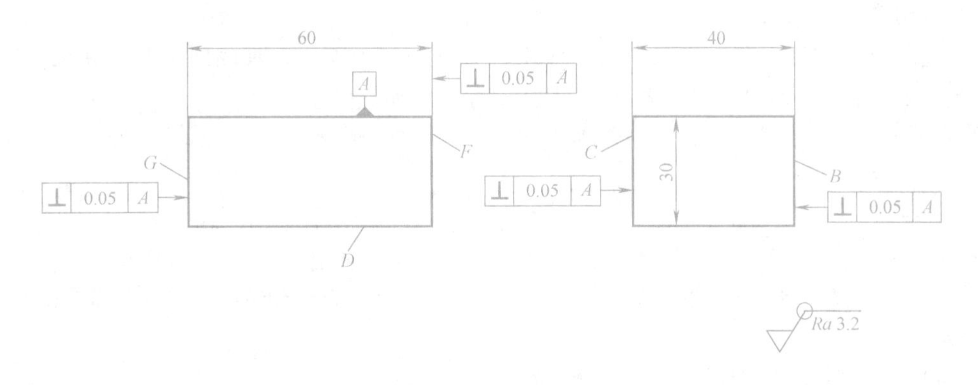

图 4-27　平面零件

任务提示：

1）根据零件图编制工艺文件。设定为单件生产，毛坯选取 45 钢、64mm × 44mm × 34mm 的方料，制订工艺路线，设计工序尺寸等步骤进行。

2）按工艺文件选择刀具、夹具、量具等工艺装备；选择（计算）切削用量及机床运动参数。

3）开动机床，熟悉各操作手柄的功用，调整切削用量，用试切法进行加工。注意测量尺寸时必须关闭机床。

4）首先装夹毛坯，找正后再夹紧。

5）加工过程。

① 铣削 *A* 面。以 *B* 面为粗基准，在活动钳口与工件间垫圆棒后夹紧（若精度较高可不垫）。开动机床，纵向进给铣削 *A* 面。

② 铣削 *B* 面。以 *A* 面为精基准并紧贴于固定钳口上，保证两面的垂直度。

③ 以 *A* 面为基准，*B* 面贴于平行垫铁上，铣削 *C* 面，保证 40mm 尺寸和垂直度。

④ 以 *B* 面为基准，*A* 面贴于平行垫铁上，铣削 *D* 面，保证 30mm 尺寸和平行度。

⑤ 以 *A* 面为基准，找正 *B* 面，铣削 *G* 面，

⑥ 以 *A* 面为基准，*G* 面贴于平行垫铁上，铣削 *F* 面，保证 60mm 尺寸。

⑦ 去毛刺。

⑧ 检验。

6）选用量具测量尺寸，以确定零件的加工质量是否合格。

企业点评

铣床学习不是孤立的，应包括以下几方面的内容：

1. 铣床工艺范围及刀具。
2. 铣床的结构、传动系统分析。
3. 铣床典型部件及其功能、调整方法。

4. 铣床常用附件及用途。

5. 铣床的正确操作、调整。

6. 常用铣刀识别及选用。

7. 应与机械加工工艺、机床夹具及应用、金属切削加工与刀具的课程紧密联系。

学习过程中应培养独立分析能力，并要能将所学知识融会贯通。

习题与思考题

1. 简述在 X6132 型万能卧式升降台铣床上用 F1125 型万能分度头加工工件螺旋槽的方法。

2. 参考图 4-10，分析顺铣机构的主要零件名称和顺铣机构的工作原理。

3. 为什么通用车床的主运动和进给运动只用一台电动机，而 X6132 型万能卧式升降台铣床采用两台电动机驱动？

4. X6132 型万能卧式升降台铣床有哪些附件？各有何用途？

5. 简述 X6132 型万能卧式升降台铣床的主要组成部件和各个部件的用途。

6. 分析 F1125 型万能分度头的主要结构和用途。

7. 铣削加工的主要特点是什么？试分析主轴部件为适应这些特点在结构上采取了哪些措施。

8. 参考图 4-7，分析孔盘变速操纵机构的工作原理。

9. 在 X6132 型万能卧式升降台铣床上用 F1125 型万能分度头铣削 $z=67$，$m=2.5\text{mm}$ 的直齿圆柱齿轮，确定分度方法，配出交换齿轮。

10. 在 X6132 型万能卧式升降台铣床上用 F1125 型万能分度头铣 $z=73$，$m=2.5\text{mm}$ 的直齿圆柱齿轮，确定分度方法，配出交换齿轮。

第五章

齿轮加工机床及其应用

第一节　任务引入

齿轮加工机床是用齿轮切削刀具来加工齿轮齿面或齿条齿面的机床是，现代机械制造装备中的重要加工装备。齿轮作为最常用的传动件，广泛应用于各种机械及仪表中，随着现代工业的发展，对齿轮制造质量要求越来越高，齿轮加工设备向着高精度、高效率和高自动化程度的方向发展。

任务　直齿圆柱齿轮的滚齿加工

明确直齿圆柱齿轮加工刀具的选用、切削参数的确定、机床选型、机床调整计算、对刀等。

第二节　相关知识

一、齿轮加工概述

1. 齿轮加工机床工作原理

齿轮加工机床的种类很多，其构造及加工方法也各不相同。但按齿形形成的原理分类，齿轮的加工方法可分为成形法和展成法两类。

(1) 成形法　成形法是用切削刃形状与被切齿轮的齿槽形状完全相同的成形刀具切制齿轮的方法。即由刀具的切削刃形成渐开线母线，再加上一个沿齿坯齿向的直线运动，形成所要加工齿轮的齿面。这种方法一般是在铣床上用盘形齿轮铣刀或指形齿轮铣刀铣削齿轮，如图 5-1 所示。此外，也可以在刨床或插床上用成形刀具刨削和插削齿轮。

根据成形刀具每次所能加工的齿廓数多少，可以将成形法分为单齿廓成形法和多齿廓成形法。图 5-1 所示为采用单齿廓成形法分齿加工齿轮，即加工完一个齿，退回，工件分度，再加工下一个齿。这种方法生产率较低，而且对于同一模数的齿轮，只要齿数不同，齿廓形状就不同，就需采用不同的成形刀具，从而使刀具数量增加，制造成本增

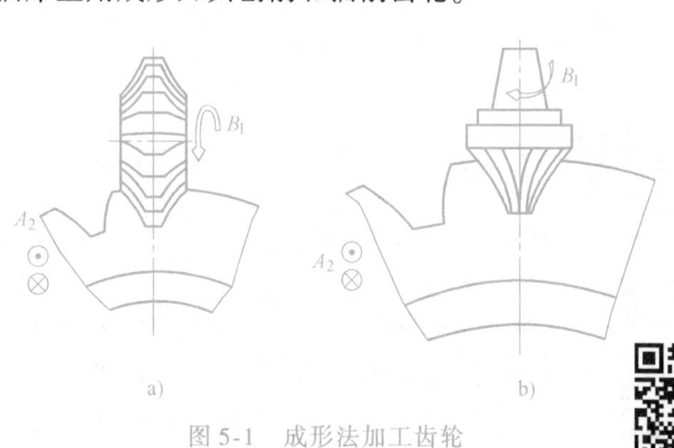

图 5-1　成形法加工齿轮
a) 用盘形齿轮铣刀加工　b) 用指形齿轮铣刀

加。在实际生产中，为了减少成形刀具的数量，每一种模数的齿轮铣刀通常只有 8 ~ 15 把，各自适应一定的齿数范围，因此加工出的齿形是近似的，加工精度较低。但是用这种方法加工，机床简单，不需要专用设备，故成形法适用于单件小批生产及加工精度不高的修理行业。

（2）展成法　展成法是利用齿轮啮合的原理（即上一对啮合轮齿脱离啮合之前，下一对轮齿应及时进入啮合状态，保证运动传递的连续性）进行齿轮加工的。其切齿过程模拟齿轮副（齿轮-齿条、齿轮-齿轮）的啮合过程，把其中的一个转化为刀具，另一个转化为工件，并强制刀具和工件做严格的啮合运动，工件的齿形表面在刀具和工件包络过程中由刀具切削刃的位置连续变化而形成。用展成法加工齿轮时，同一把刀具可以加工相同模数、任意齿数的齿轮，其加工精度和生产率都比较高，在齿轮加工中应用最为广泛，如图 5-2 所示。

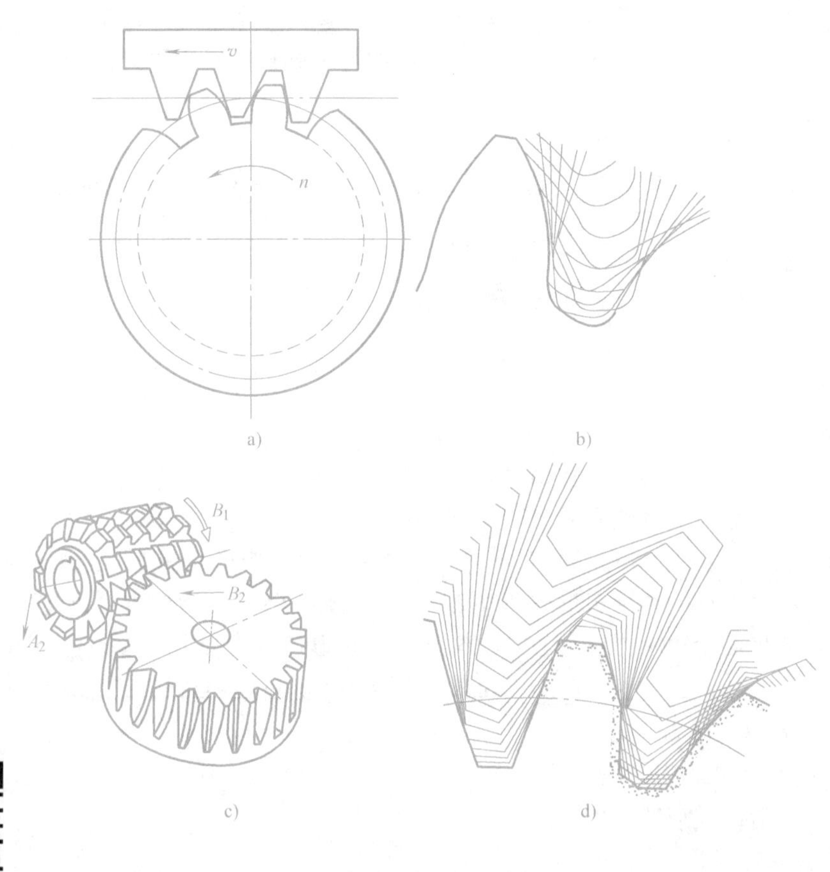

图 5-2　展成法加工齿轮

2. 齿轮加工机床的类型

按照被加工齿轮种类不同，齿轮加工机床可分为圆柱齿轮加工机床和锥齿轮加工机床两大类。圆柱齿轮加工机床主要有滚齿机、插齿机等，锥齿轮加工机床有加工直齿锥齿轮的刨齿机、铣齿机、拉齿机和加工弧齿锥齿轮的铣齿机。用来精加工齿轮齿面的机床有珩齿机、剃齿机和磨齿机等。

3. 齿轮刀具

（1）齿轮刀具的种类 齿轮刀具是用于加工各种齿轮齿形的刀具。齿轮的种类很多，相应地齿轮刀具种类也极其繁多。一般按照齿轮的齿形可分为渐开线齿轮刀具和非渐开线齿轮刀具。按照其加工方法则分为成形法齿轮刀具和展成法齿轮刀具两大类。

1）成形法齿轮刀具。刀具切削刃的轮廓形状与被切齿的齿形相同或近似相同。常用的成形法齿轮刀具有盘形齿轮铣刀和指形齿轮铣刀，如图 5-3 所示。

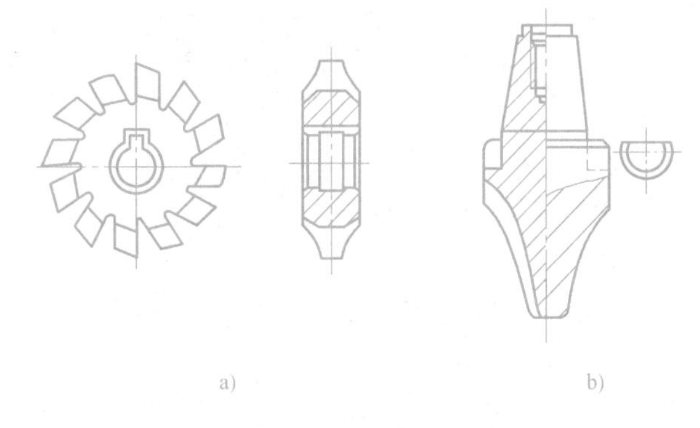

图 5-3 成形法齿轮刀具

a）盘形齿轮铣刀 b）指形齿轮铣刀

盘形齿轮铣刀是铲齿成形铣刀，铣刀材料一般为高速钢，主要用于小模数（$m<8$mm）直齿轮和螺旋齿轮的加工。指形齿轮铣刀属于成形立铣刀，主要用于大模数（$m=8\sim40$mm）的直齿、斜齿或人字齿轮加工。渐开线齿轮的廓形是由模数、齿数和压力角决定的，因此，要用成形法铣出高精度的齿轮就必须针对被加工齿轮的模数、齿数等参数，设计与其齿形相同的专门铣刀。这样做在生产上不方便，也不经济，甚至不可能。实际生产中，通常是把同一模数下不同齿数的齿轮按齿形的接近程度划分为 8 组或 15 组，每组只用一把铣刀加工，每一刀号的铣刀是按同组齿数中最少齿数的齿形设计的。选用铣刀时，应根据被切齿轮的齿数选出相应的铣刀刀号。加工斜齿轮时，则应按照其法向截面内的当量齿数来选择刀号。

成形法齿轮铣刀加工齿轮生产率低，精度低，刀具不能通用；但是刀具结构简单，成本低，不需要专门机床。因此，成形法齿轮铣刀通常适合于单件小批生产或修配 9 级以下精度的齿轮。

2）展成法齿轮刀具。这类刀具的切削刃廓形不同于被切齿轮任何剖面的槽形。被切齿轮齿形是由刀具在展成运动中若干位置包络形成的。展成法齿轮刀具的主要优点是一把刀具可加工同一模数、不同齿数的各种齿轮。与成形法齿轮刀具相比，展成法齿轮刀具具有通用性广、加工精度和生产率高的特点。但用展成法加工齿轮时，需配备专门机床，加工成本要高于成形法加工。常见的展成法齿轮刀具有齿轮滚刀、插齿刀、蜗轮滚刀及剃齿刀等。

（2）齿轮滚刀

1）齿轮滚刀的结构 。齿轮滚刀形似蜗杆，为了形成切削刃，在垂直于蜗杆螺旋线方向或平行于轴线方向铣出容屑槽，形成前刀面，并对滚刀的顶面和侧面进行铲背，铲磨出后角。根据滚齿的工作原理，滚刀应当是一个端面形状为渐开线的斜齿轮，但由于这种渐开线滚刀的制造比较困难，目前应用较少。通常是将滚刀轴向截面做成直线齿形，这种刀具称为阿基米德滚刀。这样滚刀的轴向截面形状近似于齿条，当滚刀做旋转运动时，就如同齿条在轴向平面内做轴向移动，滚刀转一转，刀齿轴向移动一个齿距（$p=\pi m$），齿坯分度圆也相应转过一个齿距的弧长，从而由切削刃包络出正确的渐开线齿形。图 5-4 所示为齿轮滚刀的结构。

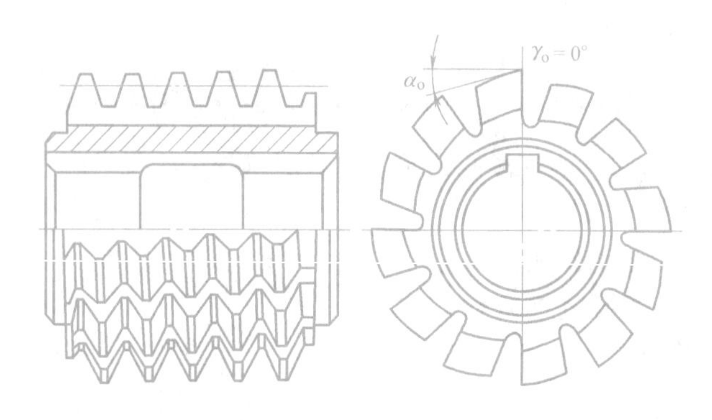

图 5-4　齿轮滚刀的结构

2）齿轮滚刀的主要参数。齿轮滚刀的主要参数包括外径、头数、齿形、螺旋升角及旋向等。外径越大，则加工精度越高。标准齿轮滚刀规定，同一模数有两种直径系列，Ⅰ型系列直径较大，适用于 AA 级精密滚刀，这种滚刀用于加工 7 级精度的齿轮；Ⅱ型系列直径较小，适用于 A、B、C 级精度的滚刀，用于加工 8、9、10 级精度的齿轮。单头滚刀的精度较高，多用于精切齿；多头滚刀精度较差，但生产率高。常用齿轮滚刀（$m<10$mm）的轴向齿形均为直线。螺旋升角和旋向决定刀具在机床上的安装方位。

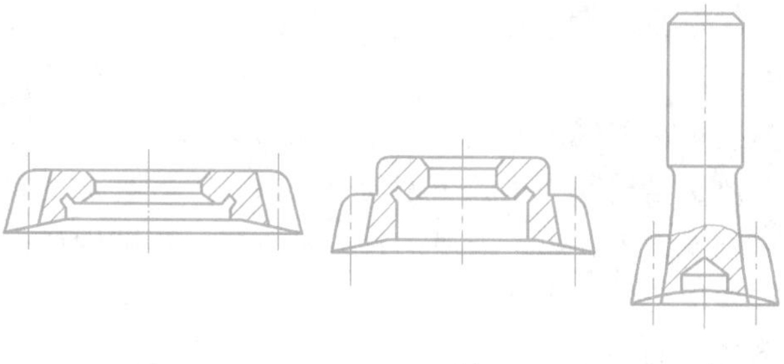

（3）插齿刀　插齿刀也是按展成原理加工齿轮的刀具。它主要用来加工内、外直齿齿轮和齿条，尤其是对于双联或多联齿轮、扇形齿轮等的加工有其独特的优越性。

a)　b)　c)

图 5-5　插齿刀类型
a）盘形直齿插齿刀　b）碗形直齿插齿刀　c）锥形直齿插齿刀

插齿刀的外形像一个直齿圆柱齿轮。作为一种刀具，它必须有一定的前角和后角。将插齿刀的前刀面磨成一个锥面，锥顶在插齿刀的中心线上，从而形成正前角。为了使齿顶和齿侧都有后角，且重磨后仍可使用，将插齿刀制成一个“变位齿轮”，而且在垂直于插齿刀轴线截面内的变位系数各不相同，从而保证了插齿刀刃磨后齿形不变。

标准插齿刀有三种形式和三种精度等级，如图 5-5 所示。其中，以盘形直齿插刀应用最为普遍。三种精度等级为 AA 级、A 级、B 级，分别用于加工 6 ~ 8 级精度直齿圆柱齿轮。

（4）剃齿刀　剃齿刀是用于对未淬硬的圆柱齿轮进行精加工的齿轮刀具。剃齿后的齿轮精度可达 6 ~ 7 级，表面粗糙度可达 $Ra0.4\sim0.8\mu m$。剃齿过程中，剃齿刀与被剃齿轮之间的位置和运动关系与一对螺旋圆柱齿轮的啮合关系相似，但被剃齿轮是由剃齿刀带动旋转的。剃齿为一种非强制啮合的展成加工，工作原理如图 5-6 所示。

剃齿刀本身是一个螺旋圆柱齿轮，其齿侧面上开有许多小沟槽，以形成切削刃。剃齿刀和齿轮啮合，带动齿轮旋转，在啮合点两者的速度方向不一致，使齿轮的齿侧面沿剃齿刀的齿侧面滑动，剃齿刀便从被切齿轮齿面上刮下一层薄薄的金属。为了剃出全齿宽和剃去全部余量，工作台要带动被剃齿轮做轴向往复进给运动，剃齿刀要做径向进给运动；同时剃齿刀

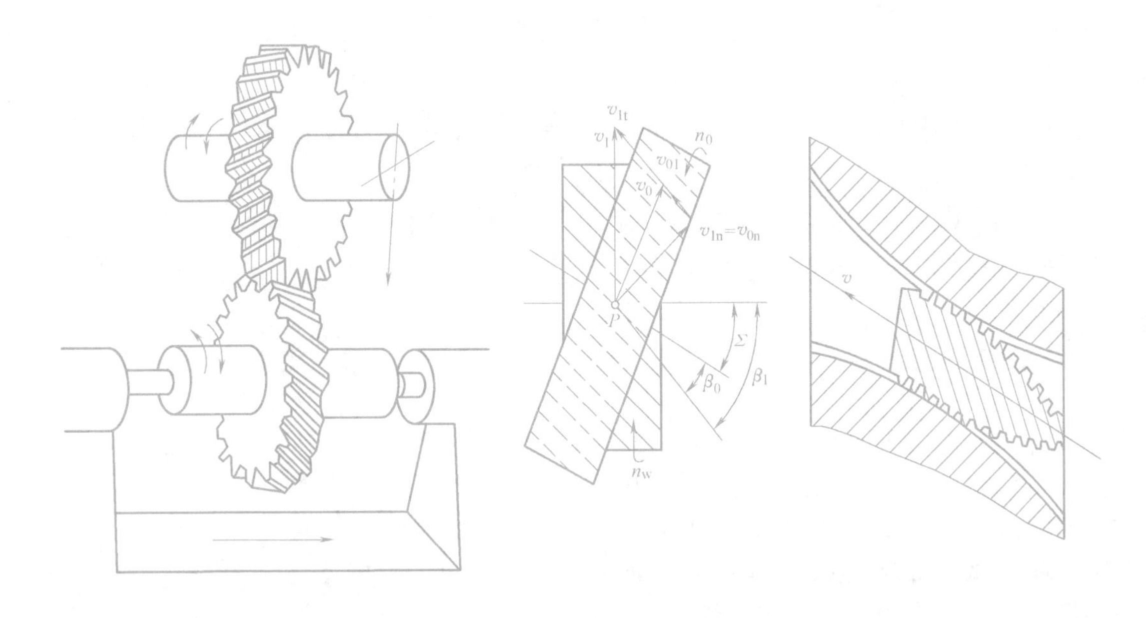

图 5-6　剃齿工作原理

交替正反转，以分切切削齿轮轮齿的两个侧面。

4. 滚齿机

滚齿机主要用于滚切直齿圆柱齿轮和斜齿圆柱齿轮及蜗轮，还可以加工花键轴的花键。

（1）滚齿原理　滚齿加工是根据展成法原理加工齿轮，滚齿的过程相当于一对交错轴斜齿轮副啮合滚动的过程，如图 5-7a 所示。将这对啮合传动副中的一个齿轮的齿数减少到一个或几个，螺旋角增大到很大，它就成为蜗杆，如图 5-7b 所示。再将蜗杆开槽并铲背，形成刀具角度（如前角、后角、容屑槽等），就成为齿轮滚刀，如图 5-7c 所示。因此，滚刀相当于一个斜齿轮，当机床使滚刀和工件严格地按一对斜齿圆柱齿轮的速比关系做旋转运动时，滚刀就可以在工件上连续不断地切出轮齿来。

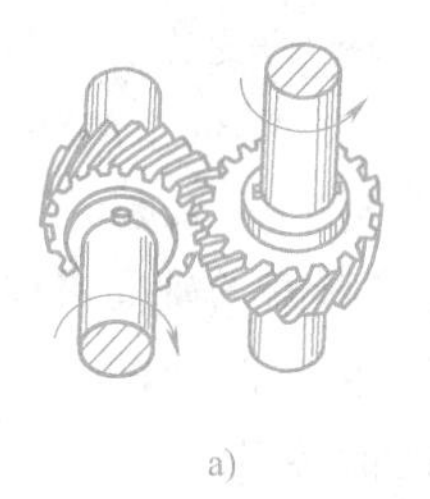

a)

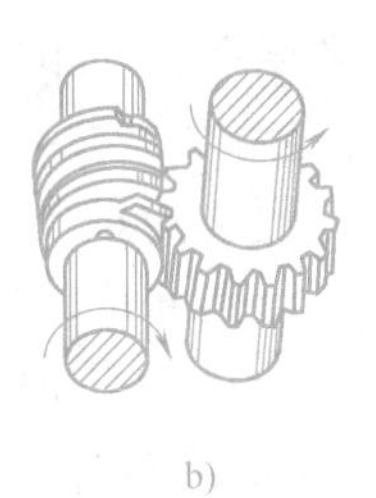

b)

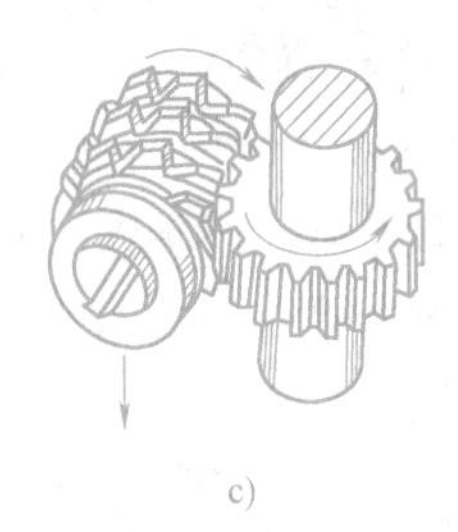

c)

图 5-7　滚齿原理

（2）滚切直齿圆柱齿轮

1）机床的运动和传动原理。根据表面成形原理，加工直齿圆柱齿轮的成形运动必须包括形成渐开线齿廓（母线）的运动 B_{11}、B_{12} 和形成直线形齿线（导线）的运动 A_2，如图5-8所示。

① 展成运动及传动链。展成运动是滚刀与工件之间的啮合运动，是一个复合的表面成

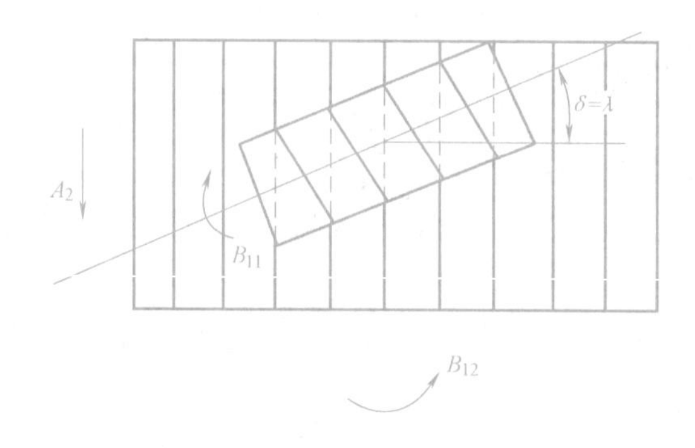

图 5-8　滚切直齿圆柱齿轮所需运动图

形运动，可以分解为两个部分：滚刀的旋转运动 B_{11} 和工件的旋转运动 B_{12}。B_{11} 和 B_{12} 运动的结果是形成了轮齿表面的母线——渐开线。复合运动的两个组成部分 B_{11} 和 B_{12} 之间需要有一个内联系传动链，这个传动链应能保持 B_{11} 和 B_{12} 之间严格的传动比关系。设滚刀头数为 K，工件齿数为 z，则滚刀每转一转，工件应转过 K/z 转。在图 5-9 中，联系 B_{11} 和 B_{12} 之间的传动链是：滚刀—4—5—u_x—6—7—工件，称为展成运动传动链。传动链中的换置机构 u_x 用于适应工件齿数和滚刀头数的变化。

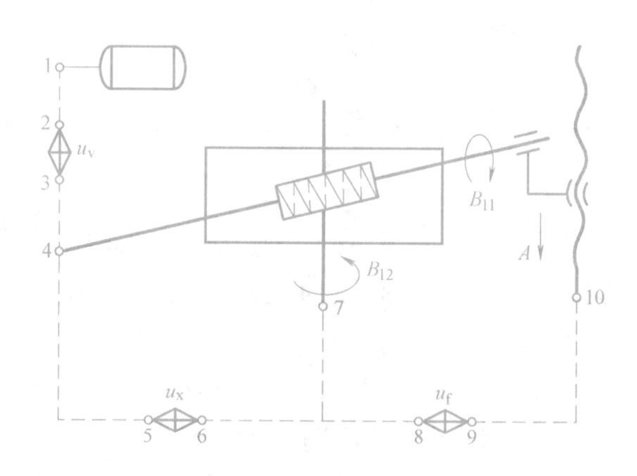

图 5-9　滚切直齿圆柱齿轮的传动原理

② 主运动及传动链。每个表面成形运动都应有一个外联系传动链与动力源相联系，以产生切削运动。在图 5-9 中，外联系传动链是：电动机 1—2—u_v—3—4—滚刀，提供滚刀的旋转运动（称为主运动传动链）。传动链中的换置机构用于调整渐开线齿廓的成形速度，以适应滚刀直径、滚刀材料、工件材料、硬度以及加工质量要求等的变化。

③ 垂向进给运动及传动链。为了切出整个齿宽，即形成轮齿表面的导线，滚刀在自身旋转的同时，必须沿齿坯轴线方向做连续的进给运动 A_2（图 5-8）。A_2 是一个简单运动，可以使用独立的动力源驱动。滚齿机的进给以工件每转一转时滚刀架的轴向移动量计，单位为 mm/r。计算时可以把工作台作为间接动力源。在图 5-9 中，这条传动链是：工件—7—8—u_f—9—10—刀架升降丝杠。这是一条外联系传动链，称为进给传动链。传动链中的换置机构 u_f，用于调整轴向进给量的大小和进给方向，以适应不同加工表面粗糙度要求。

2）滚刀的安装。滚刀刀齿是沿螺旋线分布的，螺旋升角为 λ。加工直齿圆柱齿轮时，为了使滚刀刀齿方向与被切齿轮的齿槽方向一致，滚刀轴线与被切齿轮端面之间应倾斜一个角度 δ，称为滚刀的安装角，它在数值上等于滚刀的螺旋升角 λ。用右旋滚刀加工直齿的安装角如图 5-10a 所示，用左旋滚刀时倾斜相反，如图 5-10b 所示。图中虚线表示滚刀与齿坯接触一侧的滚刀螺旋线方向。

（3）滚切斜齿圆柱齿轮

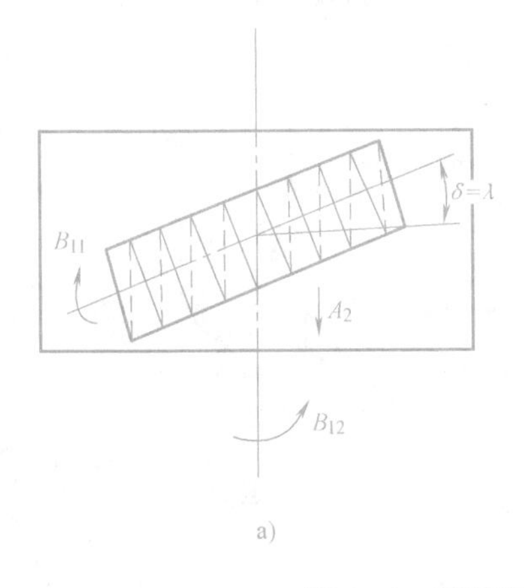

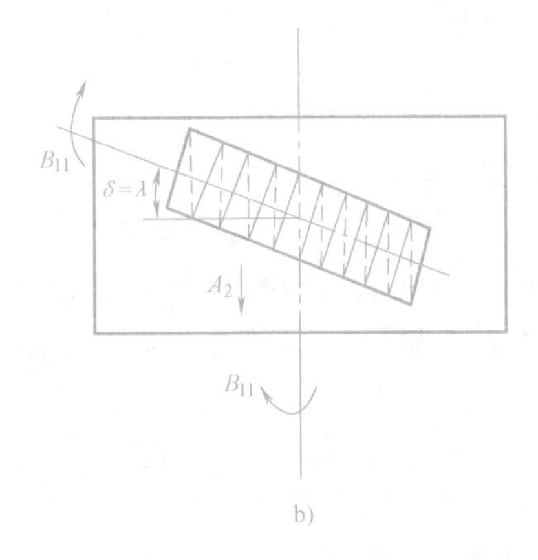

图 5-10　滚切直齿圆柱齿轮时安装角

1）机床的运动和传动原理。斜齿圆柱齿轮与直齿圆柱齿轮相比，端面齿廓都是渐开线，但齿长方向不是直线，而是螺旋线。因此，加工斜齿圆柱齿轮也需要两个运动：一个是产生渐开线（母线）的展成运动；另一个是产生螺旋线（导线）的运动。前者与加工直齿圆柱齿轮时相同，后者则有所不同。加工直齿圆柱齿轮时，进给运动是直线运动，是一个简单运动。加工斜齿圆柱齿轮时，进给运动是螺旋运动，是一个复合运动。如图 5-11 所示，这个运动可分解为两部分：滚刀架的直线运动 A_{21} 和工作台的旋转运动 B_{22}。工作台要同时完成 B_{12} 和 B_{22} 两种旋转运动，其中 B_{22} 运动称为附加转动。这两个运动之间必须保持确定的关系，即滚刀移动一个工件的螺旋线导程 P_h 时，工件应准确地附加转过一转。

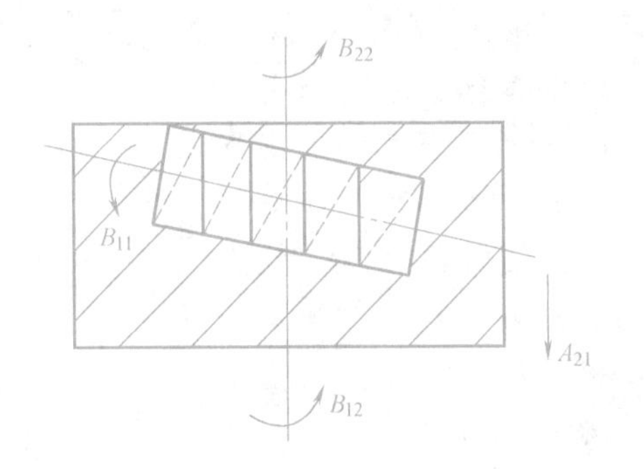

图 5-11　滚切斜齿圆柱齿轮所需的运动

滚切斜齿圆柱齿轮时的两个成形运动都各需一条内联系传动链和一条外联系传动链，如图 5-12 所示。展成运动的传动链与滚切直齿圆柱齿轮时完全相同。产生螺旋运动的外联系传动链——进给链，也与切削直齿圆柱齿轮时相同。但是，这时的进给运动是复合运动，还需一条产生螺旋线的内联系传动链，它连接刀架移动 A_{21} 和工件的附加转动 B_{22}，以保证当刀架直线移动距离为螺旋线的一个导程时，工件的附加转动为一转。这条内联系传动链习惯上称为差动链。图 5-12 中，差动链为丝杠—10—11—u_y—12—7—工件。传动链中换置机构 u_y 用于适应工件螺旋线导程和螺旋角的变化。

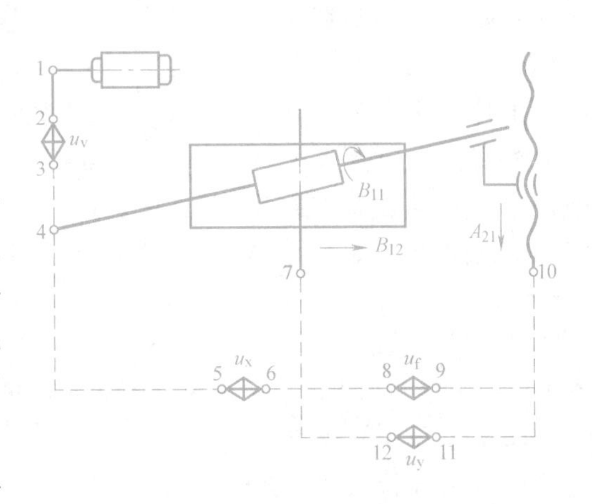

图 5-12　滚切斜齿圆柱齿轮的假想传动原理

由图 5-12 可以看出，展成运动链要求工件转动 B_{12}，差动传动链只要求工件附加转动

B_{22}。这两个运动同时传给工件，在点7必然发生干涉。因此，图5-12所示传动实际上是不能实现的，必须采用合成机构，把B_{12}和B_{22}合并起来，然后传给工作台。如图5-13所示，合成机构把来自滚刀的运动（点5）和来自刀架的运动（点15）合并起来，在点6输出，传给工件。

滚齿机是根据滚切斜齿圆柱齿轮的原理设计的，当滚切直齿圆柱齿轮时，就将差动传动链断开，并把合成机构固定成为一个如同联轴器的整体。

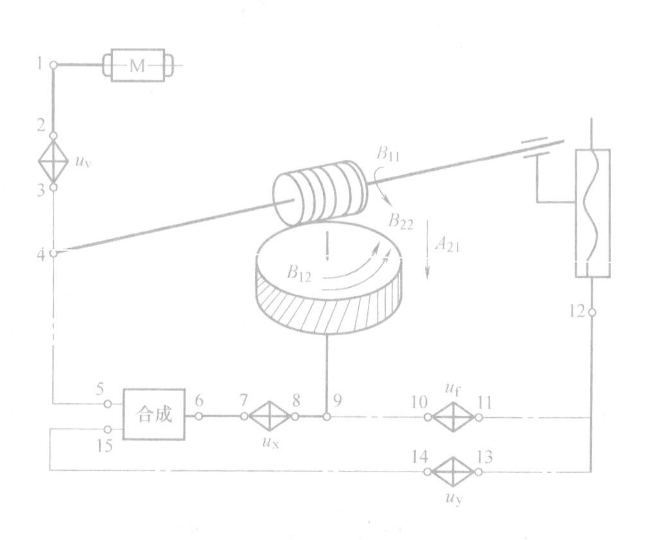

图5-13　滚切斜齿圆柱齿轮传动原理

2）工件的附加转动。滚切斜齿圆柱齿轮时，为了获得螺旋线齿线，要求工件附加转动B_{22}与滚刀轴向进给运动A_{21}之间必须保持确定的关系，即滚刀移动一个工件螺旋线导程时，工件应准确地附加转过一转。如图5-14所示，设工件螺旋线为右旋，当刀架带着滚刀沿工件轴向进给Δf，滚刀由a点到b点时，为了能切出螺旋线齿线，应使工件的b'点转到b点，即在工件原来的旋转运动B_{12}的基础上，再附加转动bb'。当滚刀进给至c点时，工件应附加转动cc'。因此，当滚刀进给一个工件螺旋线导程时，工件应附加转一转。附加转动B_{22}的方向与工件在展成运动中的旋转运动B_{12}方向相同或者相反，这取决于工件螺旋线方向、滚刀螺旋线方向及滚刀进给方向。当滚刀向下进给时，如果工件与滚刀螺旋线方向相同（即二者都是右旋或都是左旋），B_{22}和B_{12}同向（图5-14a），计算时附加转动取+1转。反之，若工件与滚刀螺旋线方向相反，B_{22}和B_{12}方向相反（图5-14b），则取-1转。

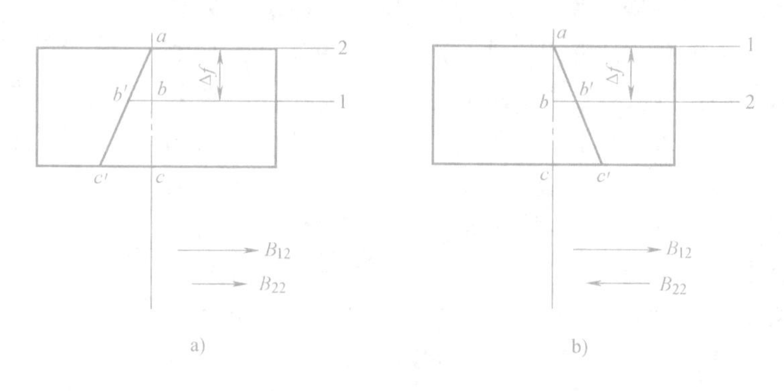

图5-14　滚切斜齿圆柱齿轮的附加转动方向

a）方向相同　b）方向相反

1—起始切入点a的位置高度　2—过程点b的位置高度

3）滚刀的安装。像滚切直齿圆柱齿轮那样，为了使滚刀的螺旋线方向和被加工齿轮的轮齿方向一致，加工前，要调整滚刀的安装角。

二、Y3150E型滚齿机

Y3150E型滚齿机主要用于加工直齿和斜齿圆柱齿轮。此外，使用蜗轮滚刀时，还可用手动径向进给滚切蜗轮或通过切向进给滚切蜗轮，也可用相应的滚刀加工花键轴、链轮及同

步带轮。

Y3150E型滚齿机的主要技术参数为：加工齿轮最大直径为500mm，最大宽度为250mm，最大模数8mm，最小齿数为5K（K为滚刀头数）。

1. 主要组成部分

如图5-15所示，机床由床身1、立柱2、刀架滑板3、滚刀架5、后立柱8和工作台9等主要部件组成。立柱2固定在床身1上。刀架滑板3带动滚刀架可沿立柱导轨做垂向进给运动或快速移动。滚刀安装在刀杆4上，由滚刀架5的主轴带动做旋转主运动。滚刀架可绕自己的水平轴线转动，以调整滚刀的安装角度。工件安装在工作台9的心轴7上或直接安装在工作台上，随同工作台一起做旋转运动。工作台和后立柱装在同一滑板上，可沿床身的水平导轨移动，以调整工件的径向位置或做手动径向进给运动。后立柱上的支架6可通过轴套或顶尖支承在工件心轴的上端，以提高滚切工作的平稳性。

图5-15　Y3150E型滚齿机

1—床身　2—立柱　3—刀架滑板　4—刀杆　5—滚刀架

6—支架　7—心轴　8—后立柱　9—工作台

2. 机床运动的调整计算

(1) 加工直齿圆柱齿轮

1) 工作运动。根据展成法滚齿原理可知，用滚刀加工齿轮时，除有切削工作运动外，还必须严格保持滚刀与工件之间的运动关系，这是切制出正确齿廓形状的必要条件。因此，滚齿机在加工直齿圆柱齿轮时的工作运动有以下几种：

① 主运动。即滚刀的旋转运动。根据合理的切削速度和滚刀直径即可确定滚刀的转速。

② 展成运动。即滚刀与工件之间的啮合运动，两者应准确地保持一对啮合齿轮的传动比关系。设滚刀头数为K，工件齿数为z，则每当滚刀转一转时，工件应转K/z转。

③ 垂向进给运动。即滚刀沿工件轴线方向做连续的进给运动，以切出整个齿宽上

的齿形。根据合理的工艺条件（滚刀和工件材料），即可确定滚刀的垂直方向进给速度。

为了实现上述三个运动，机床必须具有三条相应的传动链，而每一传动链中又必须有可调环节（即变速机构），以保证传动链两端件间的运动关系。在图 5-19 所示的加工直齿圆柱齿轮时的滚齿机传动原理图中，主运动链的两端件为电动机和滚刀，滚刀的转速可通过改变 u_v 进行调整；展成运动链的两端件为滚刀及工件，通过调整的 u_x，来保证滚刀转一转，工件转 K/z 转；垂直进给运动链的两端件为工件和滚刀，通过调整 u_f 使工件转一转时，滚刀在垂直方向进给丝杠带动下，沿工件轴向移动所要求的进给量。

2）传动链的调整计算。根据上面讨论的滚齿机在加工直齿圆柱齿轮时的运动和传动原理，即可从图 5-16 所示的传动系统图中找出各个运动的传动链，并进行调整计算。图中的数字标号表示齿轮的齿数。

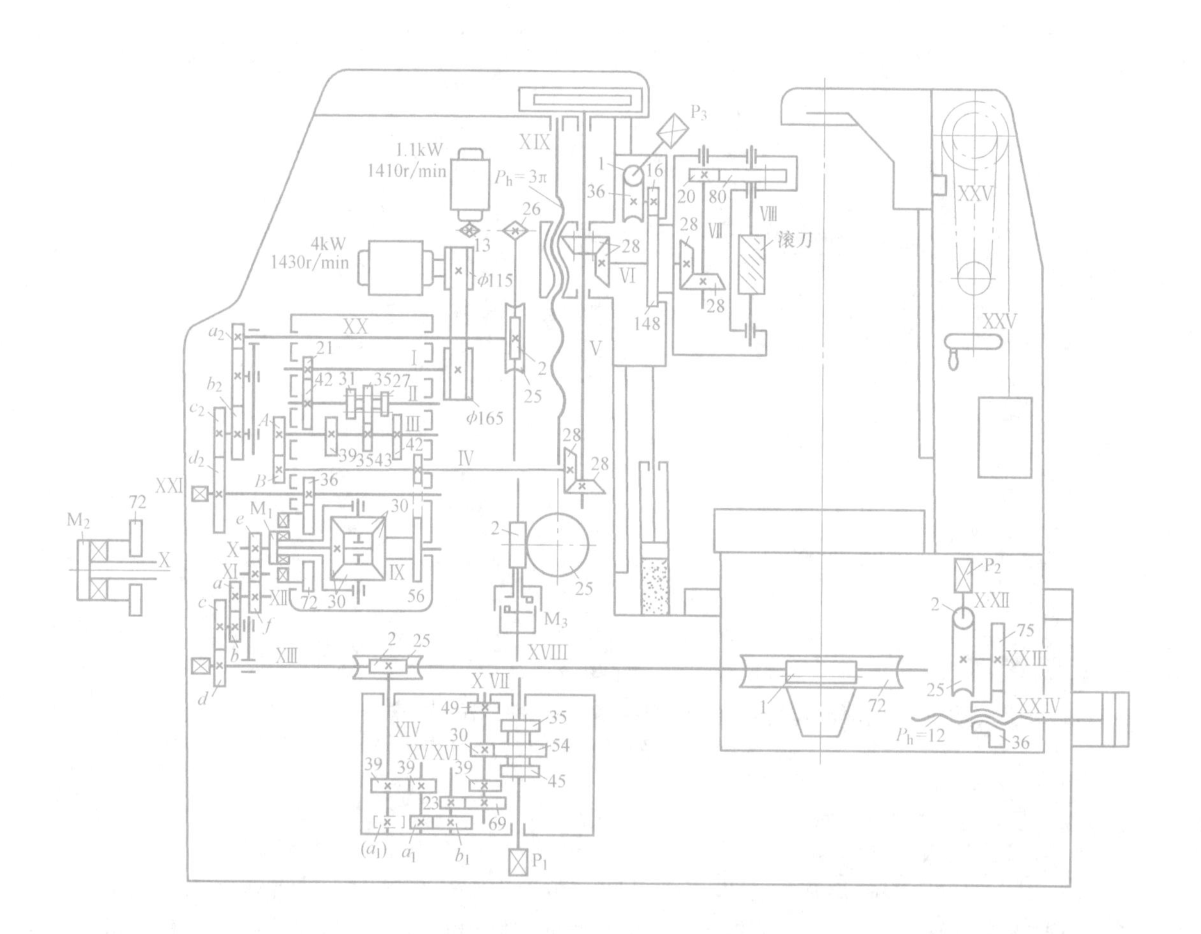

图 5-16　Y3150E 型滚齿机传动系统图

P_1—滚刀架垂直进给手摇方头　P_2—径向进给手摇方头　P_3—刀架扳转角度手摇方头

① 主运动传动链。两端件是主电动机（1430r/min）—滚刀主轴，其传动路线表达式为

$$\text{主电动机}(1430\text{r/min})-\frac{\phi115}{\phi165}-\text{I}-\frac{21}{42}-\text{II}-\begin{pmatrix}\frac{31}{39}\\\frac{35}{35}\\\frac{27}{43}\end{pmatrix}-\text{III}-\frac{A}{B}-\text{IV}-\frac{28}{28}-$$

$$\text{V}-\frac{28}{28}-\text{VI}-\frac{28}{28}-\text{VII}-\frac{20}{80}-\text{VIII}(\text{滚刀主轴})$$

传动链的运动平衡式为

$$n_{刀}=1430\times\frac{115}{165}\times\frac{21}{42}\times u_{\text{II-III}}\times\frac{A}{B}\times\frac{28}{28}\times\frac{28}{28}\times\frac{28}{28}\times\frac{20}{80} \tag{5-1}$$

由式（5-1）可得主运动变速交换齿轮的计算公式为

$$\frac{A}{B}=\frac{n_{刀}}{124.583u_{\text{II-III}}} \tag{5-2}$$

式中　$n_{刀}$——滚刀主轴转速（r/min），按合理切削速度及滚刀外径计算；

$u_{\text{II-III}}$——Ⅱ、Ⅲ轴之间的三种传动比。

机床上备有 A、B 交换齿轮为 $A/B=22/44$，33/33，44/22。因此，滚刀共有表 5-1 所列的 9 级转速。

表 5-1　滚刀主轴转速

$\frac{A}{B}$	$\frac{22}{44}$	$\frac{33}{33}$	$\frac{44}{22}$
$u_{\text{II-III}}$	$\frac{27}{43}$　$\frac{31}{39}$　$\frac{35}{35}$	$\frac{27}{43}$　$\frac{31}{39}$　$\frac{35}{35}$	$\frac{27}{43}$　$\frac{31}{39}$　$\frac{35}{35}$
$n/(\text{r/min})$	40　50　63	80 100 125	160 200 250

② 展成运动传动链。两端件的运动关系是：当滚刀转一转时，工件相对于滚刀转 K/z 转。其传动路线表达式为

$$\text{滚刀主轴VIII}-\frac{80}{20}-\text{VII}-\frac{28}{28}-\text{VI}-\frac{28}{28}-\text{V}-\frac{28}{28}-\text{IV}-\frac{42}{56}-\text{合成机构}-\frac{e}{f}-\text{XII}-\frac{a}{b}\times\frac{c}{d}-\text{XIII}-\frac{1}{72}-\text{工作台（工件）}$$

传动链的运动平衡式为

$$1_{刀}\times\frac{80}{20}\times\frac{28}{28}\times\frac{28}{28}\times\frac{28}{28}\times\frac{42}{56}\times u_{合}\times\frac{e}{f}\times\frac{a}{b}\times\frac{c}{d}\times\frac{1}{72}=\frac{K}{z} \tag{5-3}$$

滚切直齿圆柱齿轮时，运动合成机构用离合器 M_1 联接，此时合成机构的传动比 $u_{合}=1$（后说明）。化简式（5-3）可得展成运动交换齿轮的计算公式

$$\frac{ac}{bd}=\frac{f}{e}\times\frac{24K}{z} \tag{5-4}$$

式（5-4）中的 f/e 交换齿轮，也称为结构性交换齿轮，是用来调整交换齿轮 ac/bd 中分子、分母的相差倍数不至于过大，其值应根据 z/K 值确定，它有如下三种选择：

当 $5\leqslant z/K\leqslant20$ 时，取 $e/f=\frac{48}{24}$；

当 $21 \leqslant z/K \leqslant 142$ 时，取 $e/f=\dfrac{36}{36}$；

当 $143 \leqslant z/K$ 时，取 $e/f=\dfrac{24}{48}$。

按上述方法选择可便于 ac/bd 交换齿轮的选取和安装。

③ 垂向进给运动链。两端件及其运动关系是：当工件转一转时，由滚刀架带动滚刀沿工件轴线进给 f，其传动路线表达式为

$$\text{工作台(工件)}-\frac{72}{1}-\text{XIII}-\frac{2}{25}-\text{XIV}-\frac{39}{39}-\text{XV}-\frac{a_1}{b_1}-\text{XVI}-\frac{23}{69}-\text{XVII}$$

$$-\begin{bmatrix}\dfrac{49}{35}\\ \dfrac{30}{54}\\ \dfrac{39}{45}\end{bmatrix}-\text{XVIII}-M_3-\frac{2}{25}-\text{XIX}\text{(刀架垂向进给丝杠)}$$

传动链的运动平衡式为

$$f=1_{\text{工件}}\times\frac{72}{1}\times\frac{2}{25}\times\frac{39}{39}\times\frac{a_1}{b_1}\times\frac{23}{69}\times u_{\text{XVII}-\text{XVIII}}\times\frac{2}{25}\times 3\pi \tag{5-5}$$

式（5-5）化简后得计算公式

$$\frac{a_1}{b_1}=\frac{f}{0.46\pi u_{\text{XVII}-\text{XVIII}}} \tag{5-6}$$

式中　f——垂向进给量（mm/r），根据工件材料、加工精度及表面粗糙度要求等条件选定；

$u_{\text{XVII}-\text{XVIII}}$——进给箱中XVII、XVIII轴之间的三种传动比。

当垂直方向进给量确定后，可从表 5-2 中查出进给交换齿轮齿数。

表 5-2　垂直方向进给量及交换齿轮齿数

$\dfrac{a_1}{b_1}$	$\dfrac{26}{52}$			$\dfrac{32}{46}$			$\dfrac{46}{32}$			$\dfrac{52}{26}$		
$u_{\text{XVII}-\text{XVIII}}$	$\dfrac{30}{54}$	$\dfrac{39}{45}$	$\dfrac{49}{35}$	$\dfrac{30}{54}$	$\dfrac{39}{45}$	$\dfrac{49}{35}$	$\dfrac{30}{54}$	$\dfrac{39}{45}$	$\dfrac{49}{35}$	$\dfrac{30}{54}$	$\dfrac{39}{45}$	$\dfrac{49}{35}$
$f/(\text{mm/r})$	0.4	0.63	1	0.56	0.87	1.41	1.16	1.8	2.9	1.6	2.5	4

（2）加工斜齿圆柱齿轮

1）工作运动。与加工直齿圆柱齿轮一样，加工斜齿圆柱齿轮时同样需要主运动、展成运动、垂向进给运动。此外，为了形成螺旋形的轮齿，还必须给工件一个附加转动，这同在铣床上铣螺旋槽相似，即刀具沿工件轴线方向进给一个螺旋线导程时，工件应均匀地转一转。所以，在加工斜齿圆柱齿轮时，机床必须具有四条相应的传动链来实现上述四个工作运动，如图 5-13 所示。

从前文知道，在加工斜齿圆柱齿轮时，展成运动和附加转动这两条传动链需要将两种不同要求的旋转运动同时传递给工件。在一般情况下，两个运动同时传到一根轴上时，运动会发生干涉而将轴损坏，所以在滚齿机上设有把不同方向和大小的运动进行合成的机构。

2）运动合成机构。滚齿机所用的运动合成机构通常是圆柱齿轮行星机构或锥齿轮行星机构。图5-17所示为Y3150型滚齿机所用的运动合成机构，它主要由4个模数$m=3\text{mm}$、齿数$z=30$、螺旋角$\beta=0°$的弧齿锥齿轮组成。图5-17c所示为M_1装配分解图，图5-17d所示为M_1装配图，图5-17e所示为M_2装配分解图，图5-17f所示为M_2装配图。

加工斜齿圆柱齿轮时（图5-17b、e、f），在轴Ⅸ上先装上套筒G（用键与轴联接），再将离合器M_2空套在套筒G上。离合器M_2的端面齿与空套齿轮z_y的端面齿以及转臂H后部套筒上的端面齿同时啮合，将它们联接在一起，因而来自刀架的附加转动可通过z_y传递给转臂H。

设$n_{\text{Ⅸ}}$、$n_{\text{Ⅸ}}$、n_{H}分别为轴Ⅸ、Ⅺ及转臂H的转速，根据行星齿轮机构传动原理，可以列出合成机构的传动比计算式为

$$\frac{n_{\text{Ⅸ}}-n_{\text{H}}}{n_{\text{Ⅺ}}-n_{\text{H}}}=(-1)\frac{z_1 z_{2a}}{z_{2a} z_3} \tag{5-7}$$

式中的“-1”由锥齿轮传动的旋转方向确定。又因$z_1=z_{2a}=z_3=30$，代入式（5-7），则得

$$\frac{n_{\text{Ⅸ}}-n_{\text{H}}}{n_{\text{Ⅺ}}-n_{\text{H}}}=-1$$

移项后化简，可得运动合成机构输出轴（Ⅹ）与两个运动输入轴（轴Ⅸ与转臂H）之间的关系式

$$n_{\text{Ⅸ}}=2n_{\text{H}}-n_{\text{Ⅺ}}$$

在展成运动链中，来自滚刀的运动由齿轮z_{X}经合成机构传至轴Ⅺ，此时可设$n_{\text{H}}=0$，则得

$$u_{合1}=\frac{n_{\text{Ⅸ}}}{n_{\text{Ⅺ}}}=-1$$

在附加转动链中，来自刀架的运动由齿轮z_y传给转臂，再经合成机构传至轴Ⅸ，此时可设$n_{\text{Ⅸ}}=0$，则得

$$u_{合2}=\frac{n_{\text{Ⅺ}}}{n_{\text{H}}}=2$$

综上所述，加工斜齿圆柱齿轮时，展成运动和附加转动同时通过合成机构传动，并分别按传动比$u_{合1}=-1$及$u_{合2}=2$经轴Ⅸ和齿轮e传至工作台。

加工直齿圆柱齿轮时，工件不需要附加转动。这时卸下离合器M_2及套筒G，而将离合器M_1装在轴Ⅹ上，M_1通过键与轴Ⅹ联接，其端面齿爪只和转臂H的端面齿爪联接，所以此时轴Ⅰ、转臂H及轴Ⅸ形成一个整体，及$u_{合}=1$。

3）传动链的调整计算。

① 主运动传动链的调整计算。加工斜齿圆柱齿轮时，机床主运动传动链的调整计算与加工直齿圆柱齿轮时相同。

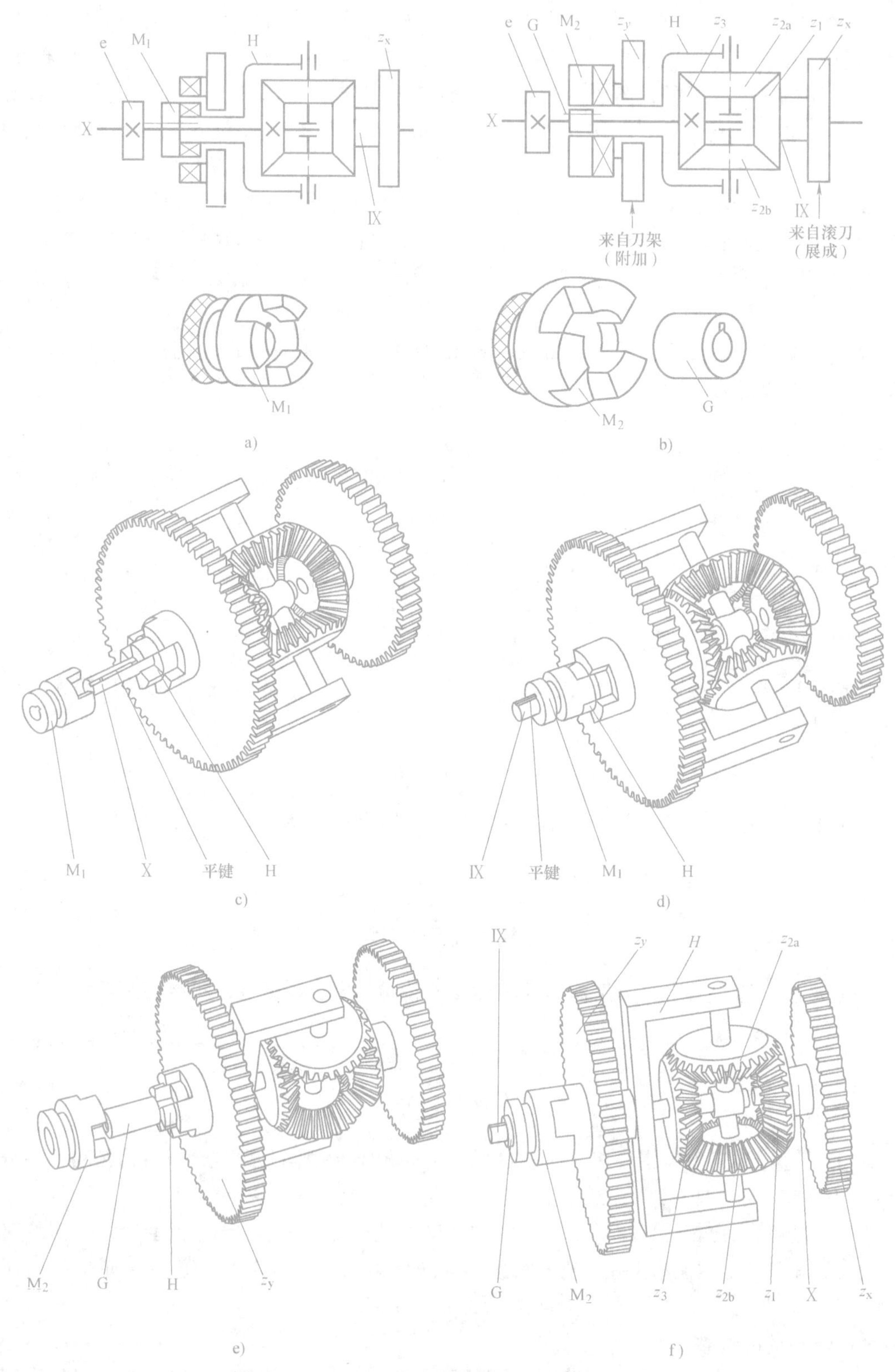

图 5-17　Y3150E 型滚齿机所用的运动合成机构

e—交换齿轮　M_1、M_2—离合器　H—转臂（系杆）　G—套筒

② 展成运动传动链的调整计算。加工斜齿圆柱齿轮时，虽然展成运动的传动路线表达式以及运动平衡式都和加工直齿圆柱齿轮时相同，但因运动合成机构用 M_2 离合器联接，其传动比 $u_{合1}=-1$，因而代入运动平衡式后所得交换齿轮计算公式为

$$\frac{a}{b}\times\frac{c}{d}=-\frac{f}{e}\times\frac{24K}{z}$$

③ 垂向进给运动传动链的调整计算。加工斜齿圆柱齿轮时，垂向进给运动传动链及其调整计算和加工直齿圆柱齿轮相同。

④ 附加转动传动链的调整计算。加工斜齿圆柱齿轮时，附加转动传动链的两端件及其运动关系是：当滚刀架带动滚刀沿垂向移动工件的一个螺旋线导程 P_h 时，工件应附加转动 ±1 转。其传动路线表达式为

$$\text{XIX（刀架垂向进给丝杠）}-\frac{25}{2}-M_3-\text{XVIII}-\frac{2}{25}-\text{XX}-\frac{a_2c_2}{b_2d_2}-\text{XXI}-\frac{36}{72}-M_2$$

$$-\text{合成机构}-\text{X}-\frac{e}{f}-\text{XII}-\frac{ac}{bd}-\text{XIII}-\frac{1}{72}-\text{工作台（工件）}$$

传动链的运动平衡式为

$$\frac{P_h}{3\pi}\times\frac{25}{2}\times\frac{2}{25}\times\frac{a_2}{b_2}\times\frac{c_2}{d_2}\times\frac{36}{72}\times u_{合2}\times\frac{e}{f}\times\frac{a}{b}\times\frac{c}{d}\times\frac{1}{72}=\pm1 \tag{5-8}$$

式中　P_h——被加工齿轮螺旋线的导程（mm），$P_h=\frac{\pi m_n z}{\sin\beta}$；

$\frac{a}{b}\times\frac{c}{d}$——展成运动交换齿轮传动比，$\frac{a}{b}\times\frac{c}{d}=-\frac{f}{e}\times\frac{24K}{z}$；

$u_{合2}$——合成机构在附加转动链中的传动比，$u_{合2}=2$。

代入式（5-8），化简后可得附加转动交换齿轮计算公式为

$$\frac{a_2c_2}{b_2d_2}=\pm\frac{9\sin\beta}{m_nK} \tag{5-9}$$

式中　β——被加工齿轮的螺旋角（°）；

m_n——被加工齿轮的法向模数（mm）；

K——滚刀头数。

式（5-9）中的“±”号表明工件附加转动的旋转方向，它取决于工件的螺旋方向和刀架进给运动方向。在计算交换齿轮齿数时，“±”号可不予考虑，但在安装附加转动交换齿轮时，应按机床说明书规定配加惰轮。

附加转动传动链是形成螺旋线齿形的内联系传动链，其传动比数值的精确度影响着工件齿轮的齿向精度，所以交换齿轮传动比应配算准确。但是，附加转动交换齿轮计算公式中包含有无理数 $\sin\beta$，所以往往无法配算得非常准确。实际选配的附加转动交换齿轮传动比与理论计算的传动比之间的误差，对于 8 级精度的斜齿圆柱齿轮，要准确到小数点后第四位数字，对于 7 级精度的斜齿圆柱齿轮，要准确到小数点后第五位数字，才能保证不超过精度标准中规定的齿向公差。

在 Y3150E 型滚齿机上，展成运动、垂向进给运动和附加转动三条传动链的调整，共用一套模数为 2mm、孔径为 ϕ30H7 的交换齿轮，其齿数为 20（2 个）、23、24、25、26、30、

32、33、34、35、37、40、41、43、45、46、47、48、50、52、53、55、57、58、59、60（2个）、61、62、65、67、70、71、73、75、79、80、83、85、89、90、92、95、97、98、100共47个。

（3）同步带轮、链轮和蜗轮的加工　Y3150E型滚齿机加工同步带轮和链轮时的传动路线表达式与加工直齿圆柱齿轮的传动路线表达式类似，所不同的是滚刀的齿型。加工蜗轮时，其主传动和展成运动的传动路线表达式与加工直齿圆柱齿轮的类似，进给运动要根据机床的结构和加工要求而定。若机床上有切向进给机构，则可采用切向进给的方法滚切蜗轮；若机床上没有切向进给机构，则要断开直齿圆柱齿轮垂向进给传动链中的离合器 M_3，采用手动径向进给的方法滚切蜗轮。另外，蜗轮加工也要采用专门的蜗轮滚刀。

3. 机床的工作调整

（1）运动方向的确定　滚刀的旋转方向一般情况下应按图5-18及图5-19所示的方向转动。当滚刀按图示方向转动时，滚刀的垂直方向进给运动一般是从上向下的，此时工件的展成运动方向只取决于滚刀的螺旋方向（如图5-18及图5-19中实线箭头所示）；工件的附加转动方向只取决于工件的螺旋方向（如图5-19的虚线部分所示）。

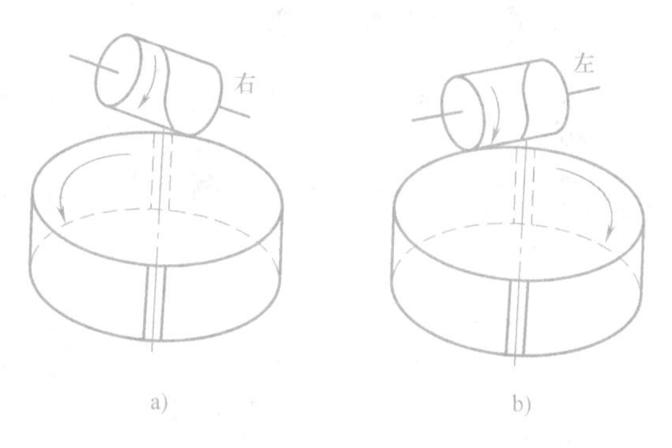

图5-18　滚齿机加工直齿圆柱齿轮的运动方向

滚切齿轮前，应按图5-18及图5-19检查机床各运动的方向是否正确，如发现运动方向相反，只需在相应的传动链交换齿轮中装上（或去掉）一个惰轮即可。

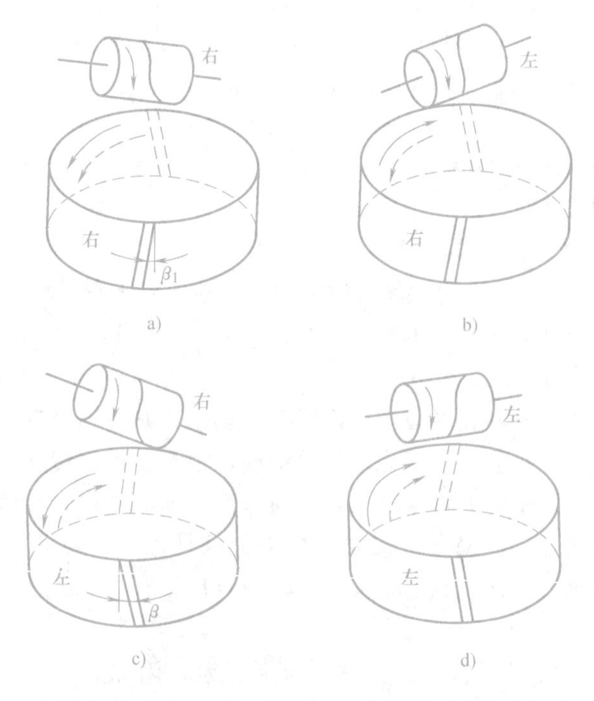

图5-19　滚齿机加工斜齿圆柱齿轮的运动方向

(2) 滚刀安装角度的确定　滚齿时，为了切出准确的齿形，应使滚刀和工件处于正确的“啮合”位置，即滚刀在切削点处的螺旋方向应与被加工齿轮齿槽的方向一致。为此，需将滚刀轴线与工件顶面安装成一定的角度，此角度称为安装角。

加工直齿圆柱齿轮时，安装角δ等于滚刀的螺旋升角λ，即$\delta=\lambda$。倾斜方向与滚刀螺旋方向有关，如图5-18、图5-20a、b所示。加工斜齿圆柱齿轮时，安装角δ与滚刀的螺旋升角λ和工件的螺旋角β大小有关，而且还与二者的螺旋线方向有关，即$\delta=\beta\pm\lambda$（二者螺旋线方向相反时取“+”号，相同时取“-”号），如图5-19、图5-20c～f所示。滚切斜齿圆柱齿轮时，应尽量采用与工件螺旋方向相同的滚旋线方向，使滚刀的安装角较小，以有利于提高机床运动的平稳性和加工精度。

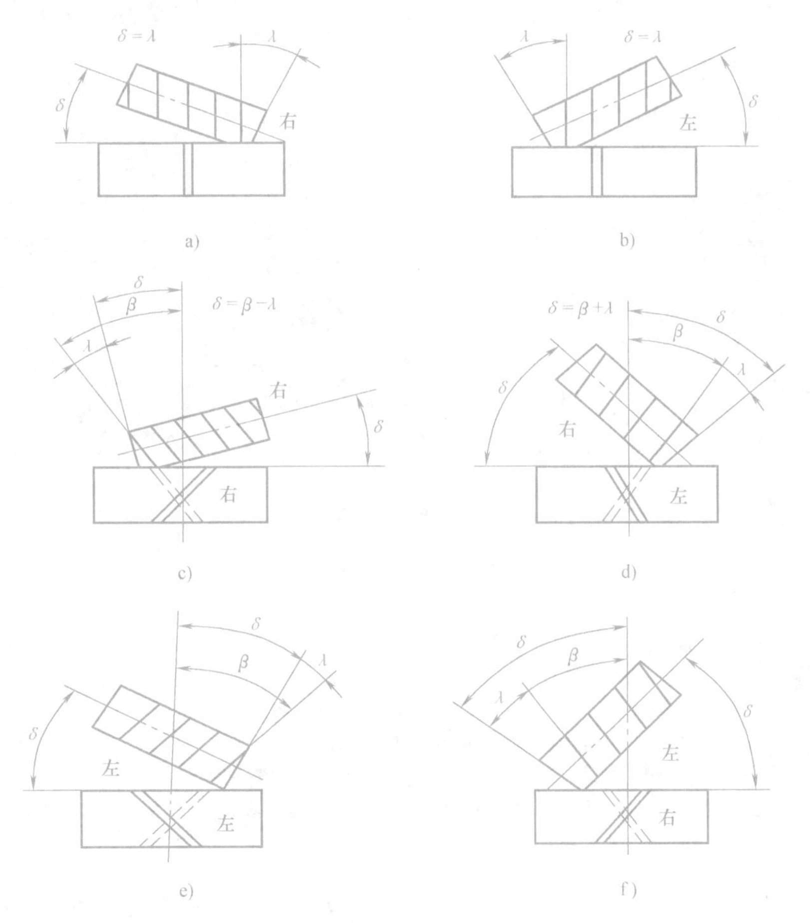

图5-20　加工斜齿圆柱齿轮时滚刀的安装角度

三、Y3150E型滚齿机典型结构

1. 滚刀刀架

滚齿机刀架部件的几何精度、对被加工齿轮的齿距误差、齿形误差有直接的影响，GB/T 8064—1998规定的滚齿机检验的19项中，涉及刀架部件的检验项目就有11项之多。因此，刀架部件是滚齿机的关键部件之一。

(1) Y3150E型滚齿机滚刀刀架结构　滚刀刀架结构如图5-21a所示。滚刀刀架用于支承滚刀主轴，并带动安装在主轴上的滚刀做垂直进给运动。滚刀刀架由刀架体和刀架溜板两

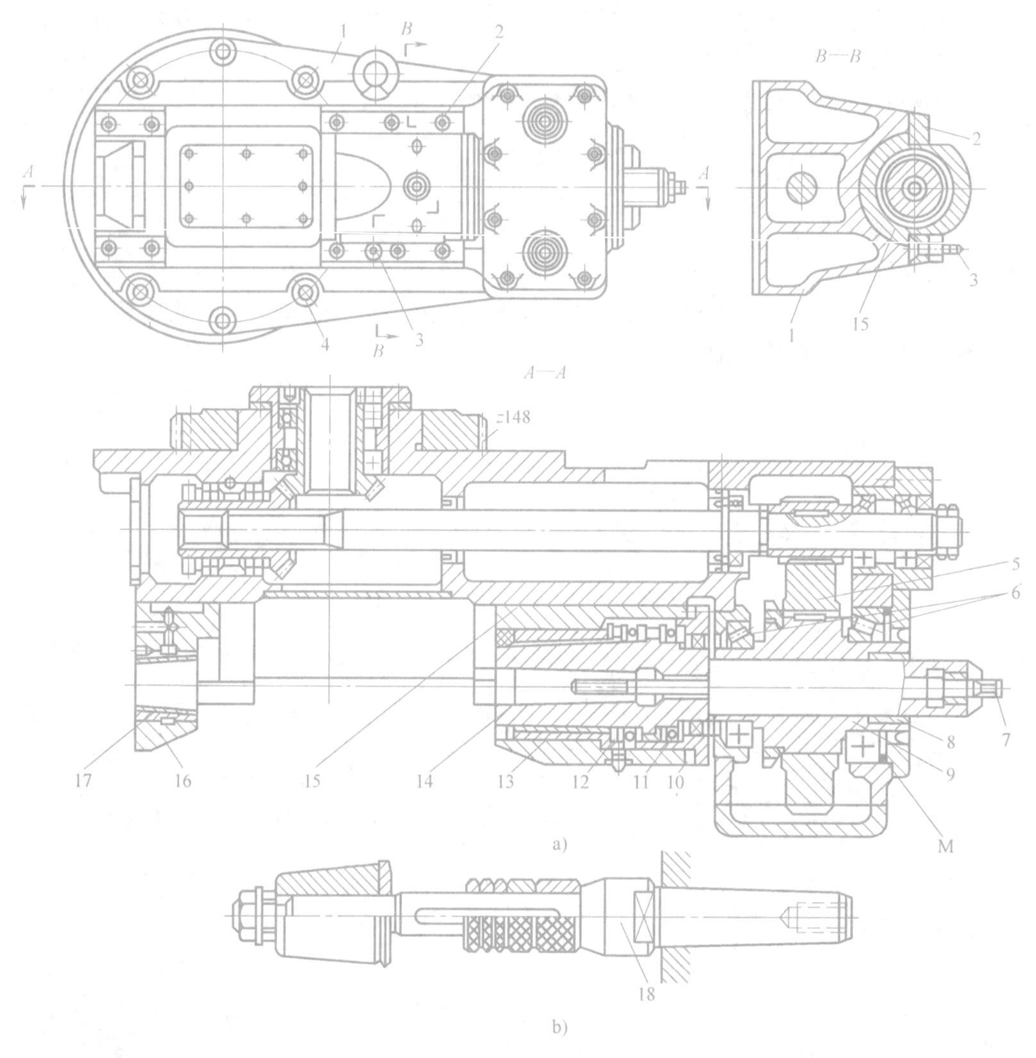

图 5-21　Y3150E 型滚齿机滚刀刀架

a）刀架结构　b）刀杆

1—刀架体　2、4—螺栓　3—方头轴　5—齿轮　6—圆锥滚子轴承　7—方头螺杆　8—铜套　9—花键套筒　10、12—垫片　11—推力球轴承　13—前滑动轴承　14—主轴　15—轴承座　16—后支架　17—后支架滑动轴承　18—滚刀刀杆　M—调整垫片

部分组成。刀架体 1 通过六个螺栓 4 固定在刀架溜板的环形 T 形槽上（图中未示出）。刀架体可相对刀架溜板转动一定的角度，保证主轴轴线处于正确的工作位置。调整滚刀安装角时，先松开六个螺栓，用扳手转动刀架溜板上的方头 P_3（图 5-16），经蜗杆副 1/36、齿轮副 16/148，由固定在刀架体上的齿轮（z148）带动刀架回转到所需的角度。调整完毕后，应将六个螺栓重新紧固。

安装滚刀的刀杆 18（图 5-21b）右端用莫氏锥体与主轴 14 的莫氏锥孔相配合，并用方头螺杆 7 经主轴通孔从后端拉紧，刀杆的左端支承在后支架 16 的滑动轴承 17 内。主轴与刀杆的径向圆跳动公差为 0.005mm，圆度公差为 0.005mm，其配合部位的接触面积应大于 85%。后支架 16 可在刀架体上沿主轴轴线方向调整，并由压板固定在所需的位置上。

主轴14的前端（左端）用内锥外圆的前滑动轴承13支承，以承受径向力。该轴承为双层金属结构，采用钢料为底层，面衬为青铜，以减小主轴与轴承的摩擦力。其中1:20的锥孔用作滚刀主轴的轴线定位基准。由于对主轴部件的回转精度要求很高，除要求前滑动轴承内孔与外圆柱面有较高的同轴度外，还必须保证主轴与前滑动轴承的配合间隙保持在0.004～0.01mm内。在工作时，前滑动轴承应处于液体摩擦状态，以减小摩擦阻力，并具有良好的缓冲性和吸振性。该轴承在结构上设计有油孔和油槽，通过润滑系统供给清洁、充足的润滑油。选取前轴承与主轴的配合间隙值时，应充分考虑轴承工作温度和润滑油黏度的影响，在常用转速较高、润滑油液黏度较高的情况下，选用较大的间隙值，以防止润滑不良导致主轴与前轴承配合处摩擦力增大、温升过高，从而产生抱轴黏着现象。前滑动轴承13、推力球轴承11安装在轴承座15内，再由螺栓2和两块压板紧固在刀架体上。主轴的轴向力由两个推力球轴承11来承受。主轴由后（右）端的花键轴通过铜套8、花键套筒9支承在两个圆锥滚子轴承6上，由齿轮5带动旋转，为卸荷式主轴结构。

为了使加工出的齿轮齿廓两侧面对称，在安装滚刀时应使滚刀的某一刀齿或刀槽的对称中心线准确地对准被加工齿轮的中心（简称对刀），以改善滚刀的局部磨损状态，使滚刀在全长上均匀磨损，提高滚刀的使用寿命。调整滚刀的轴向位置（常称为窜刀），可通过窜刀机构进行调整。调整时，应先松开压板螺栓2，用手柄转动方头轴3，经小齿轮及轴承座15上的齿条，带动轴承座15、滚刀主轴一起沿轴向移动。调整合适后，应将压板螺栓拧紧。Y3150E型滚齿机主轴的轴向最大调整距离为55mm。

（2）滚刀刀架的常见故障及排除方法　滚齿机经长期使用后，滚刀刀架部件容易出现主轴径向圆跳动和轴向窜动超差、后支架与主轴同轴度误差增大等故障。其主要原因是主轴与滚刀刀杆磨损，前滑动轴承13、后支架滑动轴承17及铜套8磨损所致。

滚刀主轴易磨损部位是：主轴与前滑动轴承和铜套的配合表面；主轴锥孔（莫氏5号）与滚刀刀杆锥柄的配合表面。滚刀主轴的修复或更换应根据其磨损程度来确定。当主轴磨损较小时，可采用研磨法或磨削法予以修复；若主轴磨损、拉毛严重时，应予以更换。滚刀刀杆很容易出现磨损、弯曲、拉毛现象，在使用中应经常对其进行检查，及时更换磨损、变形严重的刀杆。

主轴轴承产生磨损后，将导致轴承间隙增大，使主轴的回转精度下降，直接影响加工齿轮的质量。若轴承磨损较小而均匀，可通过配磨垫片厚度来调整轴承间隙。如主轴的前端滑动轴承13磨损，造成主轴径向圆跳动超过允许值时，可拆下调整垫片10及12配磨，并应使两垫片的修磨量相同，直至符合要求。推力球轴承11磨损后，会引起主轴的轴向窜动增大。调整时，只需拆下调整垫片10，用修磨的方法减小垫片厚度，即可消除轴向间隙。当支承套筒9的圆锥滚子轴承6磨损时，由于支承套筒9与铜套8、齿轮5紧密配合在一起，会引起主轴后支承精度下降，使主轴后端的斜齿轮副在工作时出现冲击、振动、发热和噪声，故应对调整垫片M进行厚度调整以消除圆锥滚子轴承6的间隙。

若前滑动轴承磨损较大且不均匀，应对该轴承的锥孔进行修刮，或采用主轴与轴承锥孔对研法予以修整。但这种修理方法难以保证滑动轴承内、外圆的同轴度，故在主轴回转精度要求较高时，应更换前滑动轴承。更换前轴承之前，应先将主轴前轴颈的支承表面用磨削法恢复精度，以修磨后的滚刀主轴为基准，重新配作前轴承。新配作的滑动轴承内、外圆同轴度应达到0.005mm，表面粗糙度值应达$Ra0.4\mu m$。后轴承的调整与修磨方法与前支承大致相同，可参照上述方法予以调整。

2. 工作台的结构、常见故障及排除方法

工作台部件既是展成运动传动链的末端件，又是附加运动传动链的首端件，不但运动精度要求高，而且要求抗振好，它是滚齿机的主要部件之一。

（1）工作台的结构　Y3150E型滚齿机的工作台结构如图5-22所示，工作台2支承在溜板1的平面圆环导轨上做旋转运动。该导轨制造容易，热变形后仍能保持接触，摩擦损失小，精度较高，但它只能承受轴向力。工作台2下部的圆锥体与溜板1上的锥体滑动轴承17精密配合，起定心作用，并承受径向载荷。

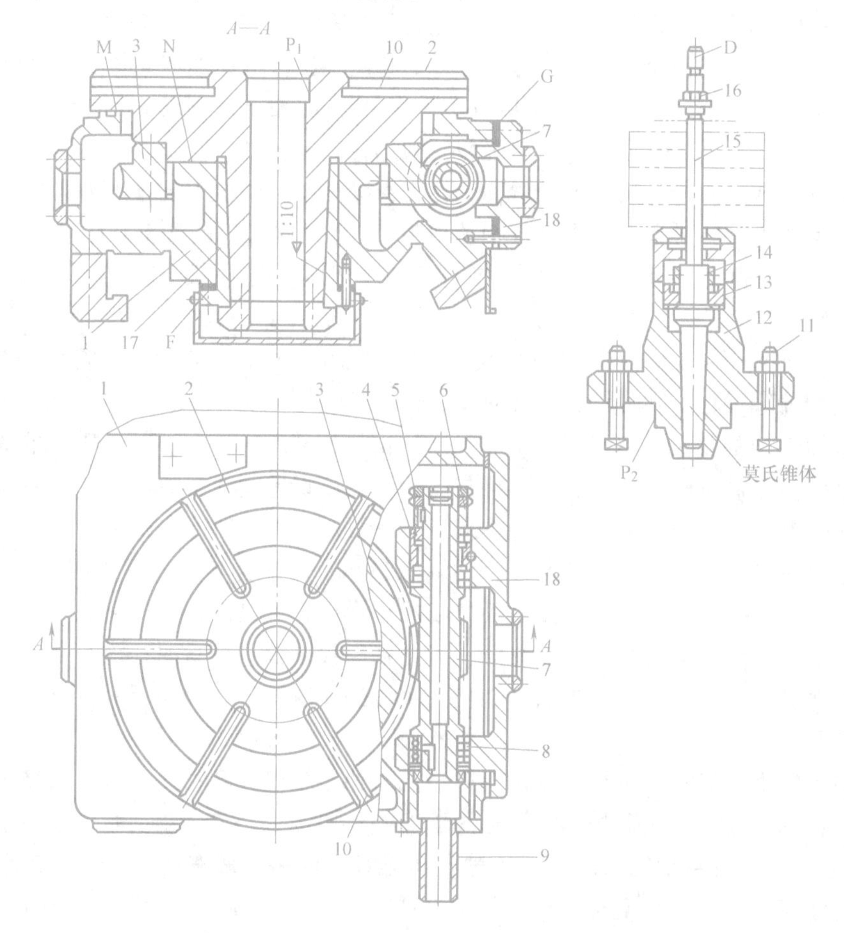

图5-22　Y3150E型滚齿机工作台结构

1—溜板　2—工作台　3—蜗轮　4—圆锥滚子轴承　5—调整螺母　6—隔套　7—蜗杆　8—深沟球轴承　9—套筒　10—T形槽　11—T形螺钉　12—底座　13—螺母　14—锁紧套　15—工件心轴　16—六角螺母　17—锥体滑动轴承　18—支架　D—圆柱体　F、G—垫片

分度蜗杆副是滚齿机的关键部件，对机床的加工精度影响很大，它与一般动力蜗杆副的主要区别在于以运动精度为主，具有很高的传动精度。为了减轻蜗杆副受工作台脉动载荷而产生扭转振动，分度蜗杆副的啮合间隙很小。当蜗轮直径小于1000mm时，其间隙值为0.03～0.05mm；当蜗轮直径为1000～2000mm时，间隙值为0.04～0.06mm。分度蜗轮3用锥销定位，通过螺栓固定在工作台下方。分度蜗杆7由两个圆锥滚子轴承4和两个深沟球轴

承8支承在支架18上，通过调节螺母5可调节圆锥滚子轴承4的间隙。分度蜗杆副中心距的调整采用修磨垫片G的厚度来实现，以保证分度蜗杆副要求的啮合侧隙。为了满足分度蜗杆副传动精度很高的要求，Y3150E型滚齿机采用5级精度（见GB 10089—1988）的分度蜗轮，选用P5级精度的圆锥滚子轴承和P5级深沟球轴承来支承分度蜗杆轴。

为了装卸工件方便，在零件加工完后，将工作台操纵板上的“工作台快速移动”旋钮转到“后退”位置，由快速移动液压缸驱动快速返回原位。当重新装好工件后，将该旋钮转到“向前”位置，即可进行加工。在加工过程中，刀具的磨损直接影响到齿轮的加工精度，对工件与工作台的相对位置要作适当的调整。调整时，应先将工作台后退至原位，然后旋转手柄P_2（图5-16），使工作台及立柱移动至适当的位置。

（2）工作台的常见故障及排除方法　工作台经长时间使用，常常会出现工作台的径向圆跳动、轴向圆跳动超差，使工件的加工精度、工件的表面质量下降，影响机床加工的平稳性。产生故障的主要原因是：锥体滑动轴承17、平面圆环导轨的M面和N面因长期工作的不均匀发生磨损且磨损量过大，使工作台与锥体滑动轴承的配合间隙超过标准值，从而引起回转定心精度下降，工作台与平面圆环导轨间产生轴向窜动；分度蜗杆副因长期磨损而导致啮合侧隙增大，啮合不良；因突然事故产生较大冲击，导致分度蜗轮与工作台中心偏斜，甚至可能使分度蜗杆轴产生弯曲变形；工作台部件维护不良，使用不当（主要是超负荷使用）、润滑不良等。如果是修理后的滚齿机出现上述故障，应侧重对锥体滑动轴承17、平面导轨的精度、蜗杆副的修理质量进行检查，采用适当的方法予以修正。

锥体滑动轴承与工作台平面导轨的配合精度对回转精度影响很大。若出现二者的配合间隙超差，磨损量较小而均匀时，可将调整垫片F（为两个半圆件组成）拆下，根据轴承间隙的调整要求将其适当磨薄。磨削时，垫片两端面平行度误差必须在0.005mm以内再重新装配。若二者之间的磨损较严重且不均匀时，则应拆下工作台，检查锥体滑动轴承和平面导轨的接触状况，其接触面积是否小于70%。若锥体滑动轴承17的锥孔圆度超差，应对其进行必要的修理来恢复工作精度。修理时，通常是先精车或精磨工作台的磨损面，然后以此为基准配刮溜板1的平面环形导轨和锥体滑动轴承的锥孔，以达到规定的精度值。

滚齿机的运动积累误差取决于分度蜗杆副的制造精度，并以1:1的比例反映到工件的齿距积累误差ΔF_p中，因而分度蜗轮是滚齿机的关键部件。在合理使用滚齿机、润滑良好的正常情况下，分度蜗轮出现局部磨损、精度超差一般是可以修复的。修理时，为了尽可能保持原有装配精度，一般不从工作台上拆卸蜗轮，而是保持蜗轮与工作台为一个整体。目前在大多数工厂中修复蜗杆副采用“修蜗轮换蜗杆”修复法。对蜗轮视具体情况分别采用刮研法、精滚法、自由珩磨法、强迫珩磨法、变制动力矩珩磨法、研磨法等于以修复。由于修理后的蜗轮齿厚变薄（小），通常要用齿厚加大的新分度蜗杆更换原蜗杆，必须切实保证新蜗杆与修复后蜗轮的传动精度、接触精度和啮合精度达到技术要求。蜗杆副磨损均较小时，可对分度蜗杆用配磨法进行修理。修复时，将蜗杆在螺纹磨床上找正后，磨削已磨损的表面，以恢复其精度。若分度蜗轮磨损严重，齿顶变尖无法修复时，应及时更换新蜗轮。蜗轮的加工应与修复后的工作台装配固定，然后整体在蜗轮加工机床或高一级精度的滚齿机上粗滚、精滚或剃珩；若加工机床为普通级精度，则需要对机床进行精化。分度蜗杆的定位精度由支架保证，但支架支承孔内的轴承套是易损件，对分度蜗杆的定位精度影响很大，因而在机床大修中必须对支架进行修理，更换轴承套。

滚齿机长期工作时，会引起分度蜗杆副的啮合侧隙增大，此时需对其啮合侧隙进行调整。调整的方法有径向调整法和轴向调整法。特别要注意的是：在调整分度蜗杆副侧隙时，应仔细检查各轮齿的磨损状况，发现轮齿表面磨损严重时，应先修复蜗轮并更换蜗杆后方可进行调整作业；否则，将会破坏其接触精度和传动精度。

1）径向调整法。Y3150E型滚齿机等中小型滚齿机，常采用延长渐开线型蜗杆、蜗轮。通过调整分度蜗杆径向与蜗轮的中心距，即可调整其啮合侧隙的大小。但是，分度蜗杆副磨损磨损严重时，在调整的同时会破坏其接触精度和传动精度。例如，分度蜗轮因长期使用，齿根磨损成台阶状，此时直接进行侧隙调整，势必造成分度蜗轮的台阶与分度蜗杆的齿顶接触，导致分度蜗杆副接触不良，而不正确的啮合将使磨损加剧，很快出现侧隙增大，使蜗杆副的使用寿命缩短。正因如此，高精度分度蜗杆副不采用上述单导程普通圆柱蜗杆副的传动形式。如图5-22所示，Y3150E型滚齿机分度蜗杆副啮合侧隙的径向调整是利用垫片G的厚度变化来实现的。分度蜗杆副通过修理恢复了传动精度和接触精度后，精确测量出实际啮合侧隙值，再来确定合理啮合侧隙下的垫片G的厚度减薄值Δ，即调整时分度蜗杆径向移动量Δ值，也可以通过公式计算，即

$$\Delta=\frac{\delta_1-\delta_2}{2\sin\alpha_0}-(0.03\sim0.05)$$

式中　Δ——分度蜗杆的径向移动量，即调整垫片的厚度减薄值（mm）；

δ_1——调整前啮合侧隙值（mm）；

δ_2——调整后啮合侧隙值（mm）；

α_0——延长渐开线蜗杆的法向压力角，或者阿基米德蜗杆的轴线压力角（°）。

Y3150E型普通精度级中小型滚齿机，其分度蜗杆副的啮合侧隙经调整后，最紧处的啮合侧隙为0.03～0.05mm，且要求转动灵活。

2）轴向调整法。为了克服径向调整分度蜗杆蜗轮啮合侧隙时会改变其啮合精度的缺点，高精度的齿轮加工机床分度蜗杆副常采用双导程分度副结构。该结构依靠分度蜗杆的轴向移动实现啮合侧隙的调整。双导程分度蜗杆副除结构紧凑、调整方便外，还具有调整时始终不会改变分度蜗杆副的啮合精度——传动精度和接触精度的最大特点。但是加工大模数齿轮时，容易产生根切现象。另外，双导程分度蜗杆的左右齿面螺旋线导程不相等，并且公称分度圆上的左右齿面螺旋升角也不相等。故修理分度蜗杆时，应分别按原始左右齿面螺旋线升角，调整砂轮的安装角度，才能进行左右齿面的加工。双导程分度蜗杆的轴向调整是靠配磨蜗杆轴肩上的垫片厚度来实现的。

四、插齿机

常见的圆柱齿轮加工机床除滚齿机外，还有插齿机。插齿机主要用于加工直齿圆柱齿轮，尤其适用于加工在滚齿机上不能滚切的内齿轮和多联齿轮（图5-23），加工精度一般可达7级。

1. 插齿机的工作原理

插齿机是按展成法原理来加工齿轮的。插齿刀实质上是一个端面磨有前角，齿顶及齿侧均磨有后角的齿轮。插齿时，插齿刀沿工件轴向做直线往复运动以完成切削主运动，在刀具和工件轮坯做“无间隙啮合运动”过程中，在轮坯上渐渐切出齿廓。加工过程中，刀具每往复一次，仅切出工件齿槽的一小部分，齿廓曲线是在插齿刀切削刃多次连续的切削中，由

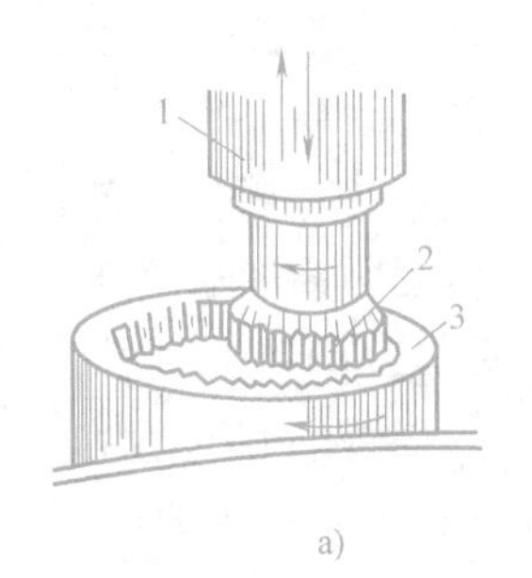

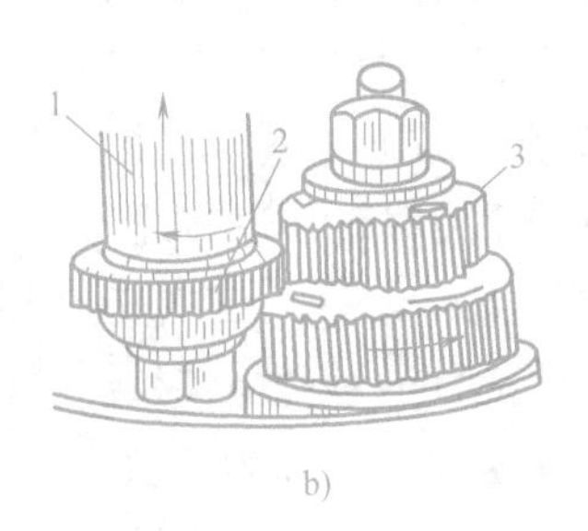

图 5-23　内、外齿轮的插齿

1—刀具主轴　2—插齿刀　3—工件

切削刃各瞬时位置的包络线所形成的，如图 5-24、图 5-25 所示。

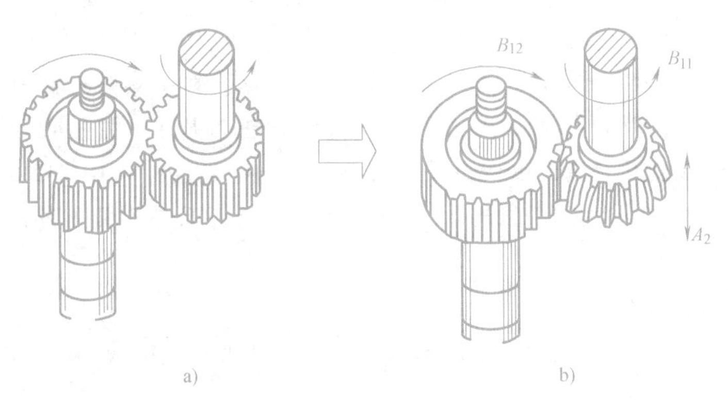

图 5-24　插齿原理及所需运动

2. 插齿机的工作运动

插齿机加工直齿圆柱齿轮时的工作原理如图 5-25 所示。

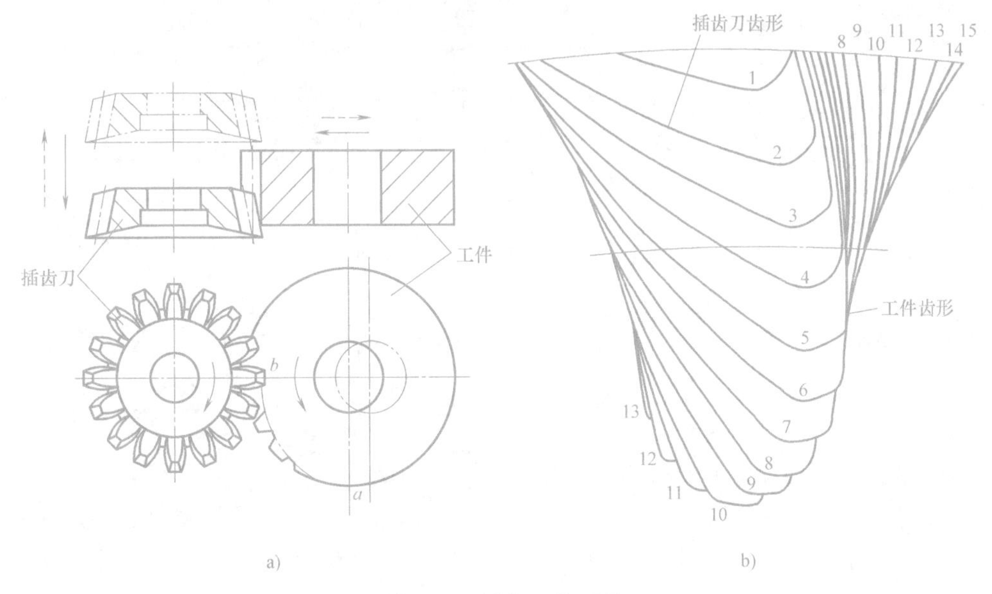

图 5-25　插齿工作原理

（1）主运动　指插齿刀沿其轴线（即沿工件的轴向）所做的直线往复运动 A_2（图 5-24b）。它是一个简单的成形运动，用以形成轮齿齿面的导线——直线。

（2）展成运动　加工过程中，插齿刀和工件必须保持一对圆柱齿轮的啮合运动关系，即在插齿刀转过一个齿时工件也转过一个齿。这种啮合运动称为展成运动，展成运动可以分解为：插齿刀的旋转运动 B_{11} 和工件的旋转运动 B_{12}（图 5-24b）。其啮合关系为：当插齿刀转过 $1/z_T$ 转（z_T 为插齿刀齿数）时，工件转 $1/z_G$ 转（z_G 为工件的齿数）。

（3）圆周进给运动　指插齿刀绕自身轴线的旋转运动，其转速的大小决定了工件转动的快慢，也直接关系到插齿刀的切削负荷、被加工齿轮的表面质量、机床生产率和插齿刀的使用寿命。

（4）径向切入运动　开始插齿时，如果插齿刀立即径向切入工件至全齿深，将会因切削负荷过大而损坏刀具和工件。为了避免这种情况，工件应逐渐地向插齿刀做径向切入运动。

（5）让刀运动　插齿刀向上运动（空行程）时，为了避免擦伤工件齿面和减少刀具磨损，刀具和工件间应让开一小段距离（一般为 0.5mm 的间隙），而在插齿刀向下开始工作行程之前，又迅速恢复到原位，以便刀具进行下一次切削，这种让开和恢复原位的运动称为让刀运动，如图 5-25 所示。插齿机的让刀运动可以由安装工件的工作台移动来实现，也可以由刀具主轴摆动实现。

3. 插齿机的传动原理

图 5-26 所示为插齿机传动原理，传动链中有 3 个成形运动的传动链。

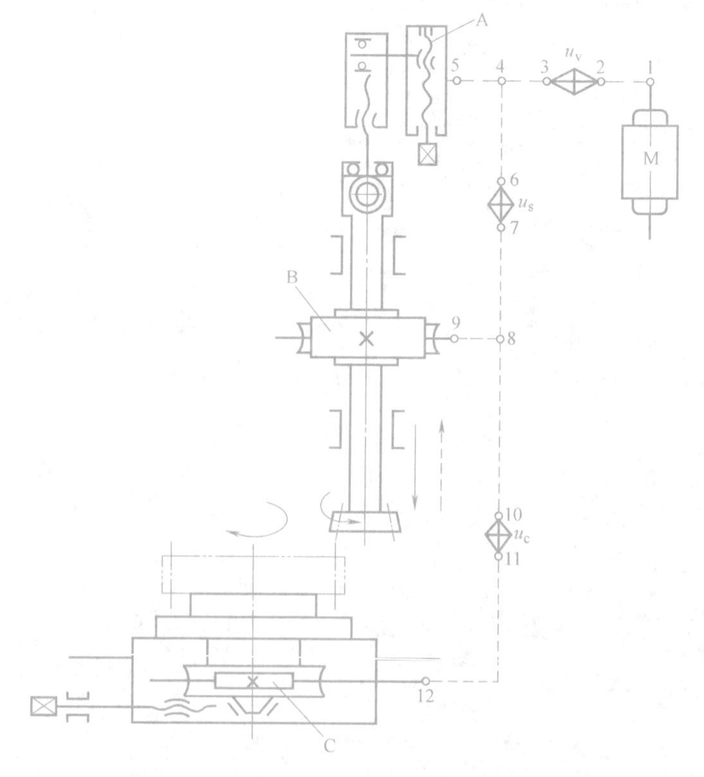

图 5-26　插齿机传动原理

(1) 主运动传动链　传动路线为：电动机—1—2—u_v—3—4—5—曲柄偏心盘 A—插齿刀主轴。其中，u_v为调整插齿刀每分钟往复行程数的换置机构。

(2) 圆周进给运动传动链　传动路线为：曲柄偏心盘 A—5—4—6—u_s—7—8—9—蜗杆副 B—插齿刀主轴。其中，u_s为调整插齿刀圆周进给量大小的换置机构。

(3) 展成运动传动链　传动路线为：插齿刀主轴（插齿刀转动）—蜗杆副 B—9—8—10—u_c—11—12—蜗杆副 C—工作台。其中，u_c为调整工作台展成运动量的换置机构。

当加工斜齿圆柱齿轮时，插齿刀主轴及机床导轨应依靠螺旋导轨形成螺旋转动，插齿刀应具有一定大小的螺旋角，如图 5-27 所示。

4. Y5132 型插齿机

(1) Y5132 型插齿机的组成　Y5132 型插齿机主要由床身 1、立柱 2、刀架 3、插齿刀主轴 4 、工作台 5、挡块支架 6 、工作台溜板 7 等部分组成，如图 5-28 所示。

(2) Y5132 型插齿机传动系统分析　Y5132 型插齿机传动系统图如图 5-29 所示。

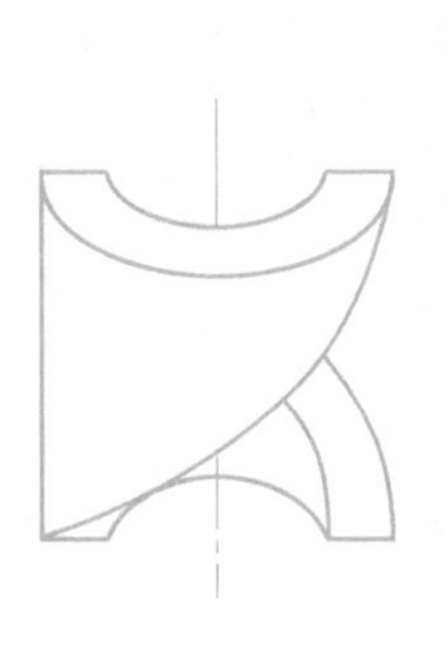

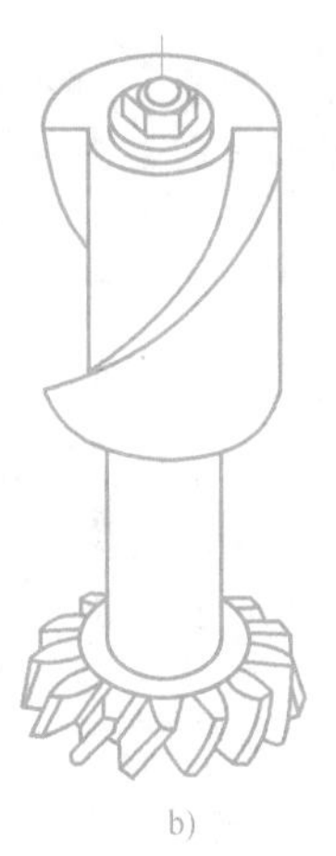

a)　　b)

图 5-27　加工斜齿圆柱齿轮

a) 螺旋刀轨　b) 插齿刀

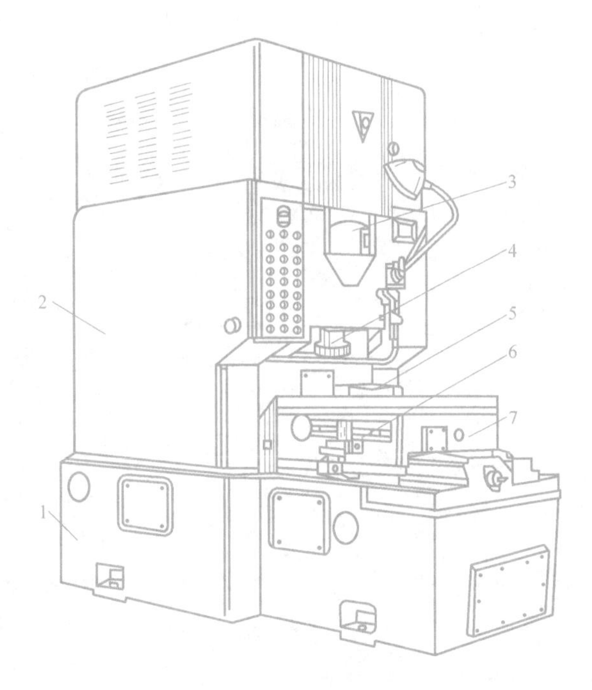

图 5-28　Y5132 型插齿机

1—床身　2—立柱　3—刀架　4—主轴　5—工作台

6—挡块支架　7—工作台溜板

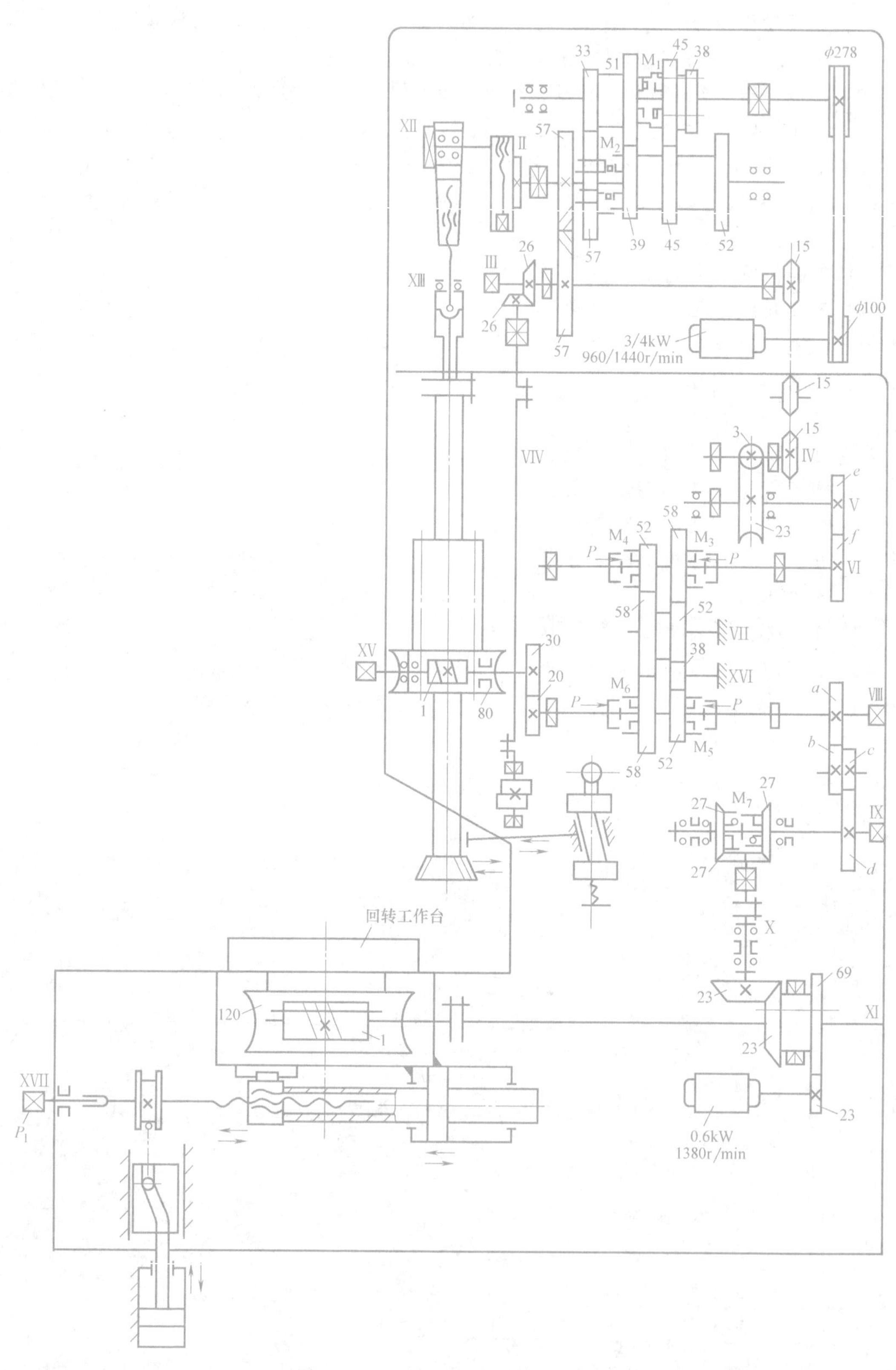

图 5-29　Y5132 型插齿机传动系统图

Y5132 型插齿机传动路线表达式为

$$
\underset{\substack{3/4\text{kW} \\ 960/1440\text{r/min}}}{\text{双速电动机}}-\frac{\phi 100}{\phi 278}-\text{I}-\left[\begin{array}{l}
\left[\begin{array}{l}\frac{38}{52} \\ \frac{45}{45}\end{array}\right]-\frac{39}{51}-\frac{33}{57} \\
-\text{M}_1-\frac{33}{57} \\
\frac{38}{52}-\text{M}_2 \\
\frac{45}{45}-\text{M}_2 \\
\text{M}_1-\frac{51}{39}-\text{M}_2
\end{array}\right]-\text{II}-\text{曲柄偏心盘}-\text{刀具主轴}
$$

$$
\text{II}-\frac{57}{57}-\text{III}-\frac{15}{15}-\text{IV}-\frac{3}{23}-\text{V}-\frac{e}{f}-\text{VI}-\left[\begin{array}{l}\text{M}_3-\frac{58}{52} \\ \text{M}_4-\frac{52}{58}\end{array}\right]-
$$

$$
-\text{VII}-\left[\begin{array}{l}\frac{52}{38}-\frac{38}{52}-\text{M}_5 \\ \frac{58}{58}-\text{M}_6\end{array}\right]-\left[\begin{array}{l}
\text{VIII}-\frac{20}{30}-\text{XV}-\frac{1}{80}-\text{刀具主轴旋转(圆周进给运动)} \\
\frac{a}{b}\times\frac{c}{d}-\text{IX}-\underset{\text{(锥齿轮变向机构)}}{\left[\begin{array}{l}\frac{27}{27} \\ \frac{27}{27}\end{array}\right]}-\text{X}-\frac{23}{23}-\text{XI}-\frac{1}{120}-\text{工作台旋转(展成运动)}
\end{array}\right.
$$

$$
\underset{\substack{0.6\text{kW} \\ 1380\text{r/min}}}{\text{快速电动机}}-\frac{23}{69}-\text{XI}
$$

1）展成运动传动链。由传动原理图可见，展成运动传动链联系插齿刀旋转和工件旋转。按照以下步骤，可以得出传动链换置机构的换置公式。

① 找出两末端件

插齿刀—工件

② 确定计算位移

$$1\text{r（插齿刀）}—\frac{z_T}{z_G}\text{r（工件）}$$

③ 列出运动平衡式

$$1\times\frac{80}{1}\times\frac{30}{20}\times\frac{a}{b}\times\frac{c}{d}\times\frac{27}{27}\times\frac{23}{23}\times\frac{1}{120}=\frac{z_T}{z_G}$$

④ 计算换置公式

$$u_x=\frac{a}{b}\times\frac{c}{d}=\frac{z_T}{z_G}$$

式中　z_T——插齿刀齿数；

z_G——工件齿数；

2）主运动传动链。联系主电动机与曲柄偏心盘之间的传动链。运动由双速电动机经轴Ⅰ传至轴Ⅱ。轴Ⅱ端部是一个曲柄偏心机构，它把旋转运动转变为上下往复运动。刀具主轴每分钟上下往复行程次数由轴Ⅰ、轴Ⅱ间的变速齿轮组调整，再加上双速电动机的两种转速，得到十二组刀具主轴每分钟上下往复行程次数。加工工件时可选用其中任一级速度，也可以自动转换。

主运动传动链换置机构的换置公式推导步骤如下：

① 找出两末端件

主电动机—曲柄偏心盘

② 确定计算位移

$$n_{电} - n_{曲}$$

③ 列出运动平衡式

$$n_{电} = \frac{100}{278} \times u_v = n_{曲}$$

④ 计算换置公式

$$u_v = 2.78\frac{n_{曲}}{n_{电}}$$

式中　$n_{曲}$——曲柄偏心盘转速（r/min），即插齿刀主轴每分钟往复行程次数。

$n_{电}$——双速电动机转速（r/min），本机床为960r/min和1440r/min。

插齿刀主轴每分钟往复行程次数的选择取决于插齿刀的行程长度和模数；行程长度根据工件的齿宽确定，所以插齿刀主轴每分钟往复行程次数的计算公式为

$$n = \frac{1000v}{2L}$$

式中　v——平均切削速度（m/min）；

L——插齿刀的行程长度（mm）；

n——插齿刀主轴每分钟往复行程次数。

实际使用机床时，选择好插齿刀主轴每分钟往复行程次数后，可按机床上的标牌直接扳动变速手柄即可。

3）圆周进给传动链。联系插齿刀上下往复运动和插齿刀旋转运动的传动链。传动链换置机构的换置公式推导步骤如下：

① 找出两末端件

曲柄偏心盘—插齿刀

② 确定计算位移

1r（曲柄偏心盘）—S（弧长，单位为mm，插齿刀）

③ 列出运动平衡式

$$1 \times \frac{57}{57} \times \frac{15}{15} \times \frac{3}{23} \times \frac{e}{f} \times u_{Ⅵ-Ⅶ} \times \frac{20}{30} \times \frac{1}{80} = \frac{S}{\pi D}$$

式中　S——圆周进给量（mm）；

$\frac{e}{f}$——圆周进给交换齿轮，可换置14级不同大小进给量，每级均包括大小两种进给量；

D——插齿刀分度圆直径（mm）；

$u_{Ⅵ-Ⅶ}$——传动链中可变速部分传动比。

$u_{Ⅵ-Ⅶ}$包括：高速传动路线表达式（大圆周进给量传动路线表达式）传动比 58/52；低速传动路线表达式（小圆周进给量传动路线表达式）传动比 52/58。传动路线表达式的变化由机床液压操纵系统的液压离合器完成，所以加工工件时由粗切转至精切的圆周进给量可由机床控制系统自动转换。

④ 计算换置公式

对于高速传动路线表达式，即 $u_{Ⅵ-Ⅶ}=\frac{58}{52}$时，$u_f=\frac{e}{f}=263\frac{S}{D}$

对于低速传动路线表达式，即 $u_{Ⅵ-Ⅶ}=\frac{58}{52}$时，$u_f=\frac{e}{f}=327\frac{S}{D}$

在机床说明书中一般都给出圆周进给交换齿轮选择表，可直接选取。Y5132 型插齿机的圆周进给量是根据插齿刀的分度圆直径为 100mm 给定的。

Y5132 型插齿机的圆周进给传动链中设计有变向机构（轴Ⅶ至轴Ⅷ间），用以同时改变插齿刀与工件的旋转方向，确定展成运动方向，如图 5-30 所示。设计变向机构的目的是充分利用插齿刀的两个侧刃。

（3）Y5132 型插齿机的主要机构

1）刀具主轴和让刀机构。Y5132 型插齿机的刀具主轴和让刀机构如图 5-31 所示，让刀

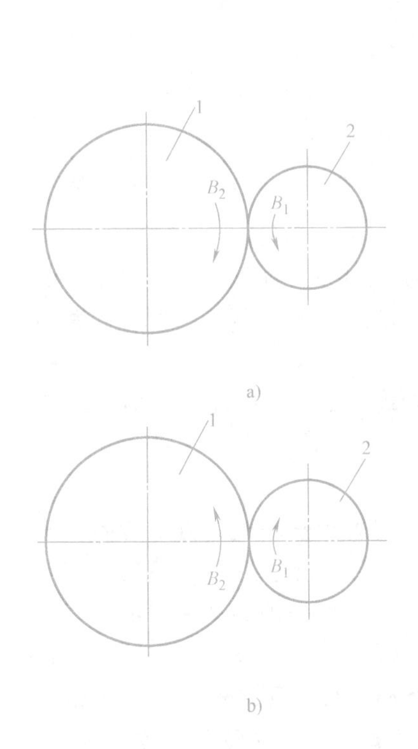

图 5-30　展成运动方向

a）工件顺时针方向　b）工件逆时针方向

1—工件　2—插齿刀

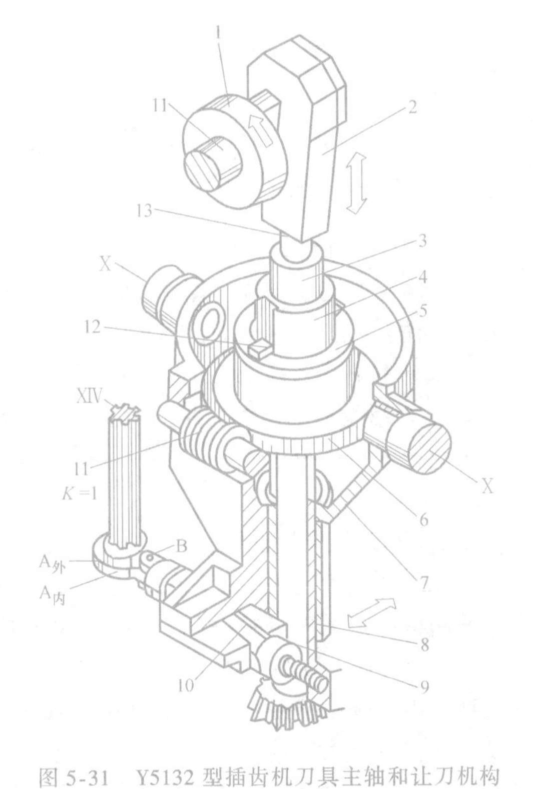

图 5-31　Y5132 型插齿机刀具主轴和让刀机构

1—曲柄机构　2—连杆　3—接杆　4—套筒　5—蜗轮体　6—蜗轮　7—刀架体　8—导向套　9—插齿刀杆　10—让刀楔块　11—蜗杆　12—滑键　13—拉杆　A—让刀凸轮　B—滚子　K—蜗杆头数

凸轮 A 转动，推动滚子 B 带动让刀楔块 10 做直线运动，楔块的斜槽推动刀架体 7 绕 X 轴摆动，带动插齿刀杆 9（主轴）实现让刀运动。

2）径向切入机构。插齿时插齿刀要相对于工件做径向切入运动，直至全齿深时刀具与工件再继续对滚至工件转一转，全部轮齿即切削完毕，这种方法称为一次切入。Y5132 型插齿机径向切入机构如图 5-32 所示。

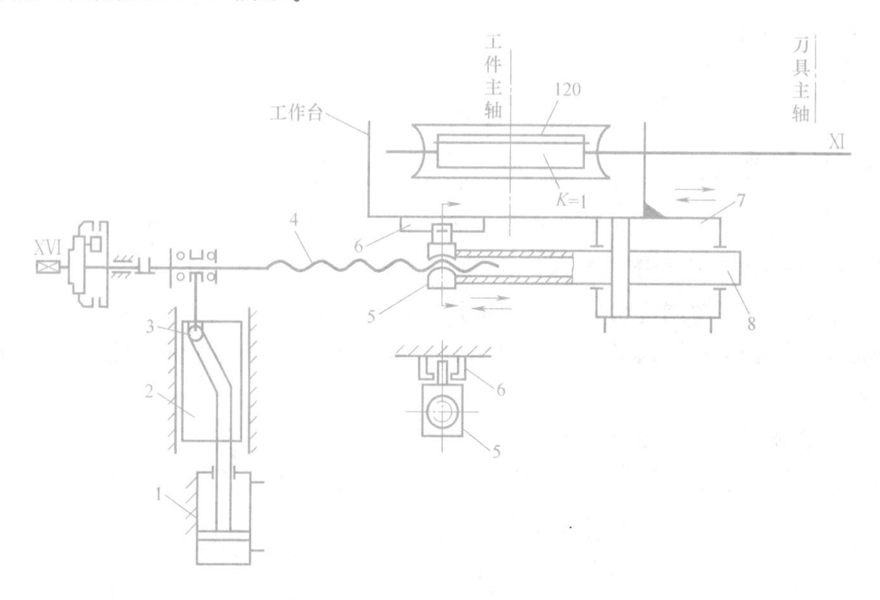

图 5-32　Y5132 型插齿机径向切入机构

1、7—液压缸　2—平面板式凸轮　3—滚子　4—丝杠　5—螺母　6—止转板　8—活塞杆

五、其他齿轮加工机床简介

1. Y54 插齿机简介

（1）Y54 型插齿机运动　图 5-33 所示为 Y54 型插齿机的外形结构图。Y54 型插齿机插齿刀的上下往复移动为主运动，插齿刀和工件的啮合运转为展成运动，插齿刀的径向移动为径向进给运动，工件的移动为让刀运动，其工作原理如图 5-34 所示。

（2）主要用途　用于加工内、外啮合的圆柱齿轮的轮齿齿面，尤其适合于加工内齿轮和多联齿轮中的小齿轮。

2. 弧齿锥齿轮铣齿机

图 5-35 所示为弧齿锥齿轮铣齿机，它是用弧齿锥齿轮铣刀盘按展成法粗、精加工弧齿锥齿轮和准双曲面齿轮的机床。弧齿锥齿轮铣齿机广泛用于机器制造业，尤在汽车、拖拉机生产中使用最多；加工直径小到 10mm，大至 2500mm；加工精度一般为 7 级，有的可达 6 级。弧齿锥齿轮铣齿机的铣刀盘主轴装在偏心鼓轮内，用以调整铣刀盘中心的位置。偏心鼓轮装在摇台内，并随摇台（带着铣刀盘）做一定角度的摆动，与工件的相应角度的正反回转运动一起构成展成运动。摇台每上下摆动一次完成一个齿的切削，这时工件随床鞍退出，并进行分齿，然后床鞍又进到工作位置，切削第二个齿，全部齿切削完毕机床自动停止。弧齿锥齿轮铣齿机的主轴箱可在立柱上做垂直位移的调整。当工件主轴与摇台中心等高时，可切削弧齿锥齿轮；偏移时可切削准双曲面齿轮，并且微量的偏移可用于调整轮齿的接触区。弧齿锥齿轮铣齿机的刀具主轴有水平固定安装和可倾斜调整两种结构。后者可减少铣刀盘的

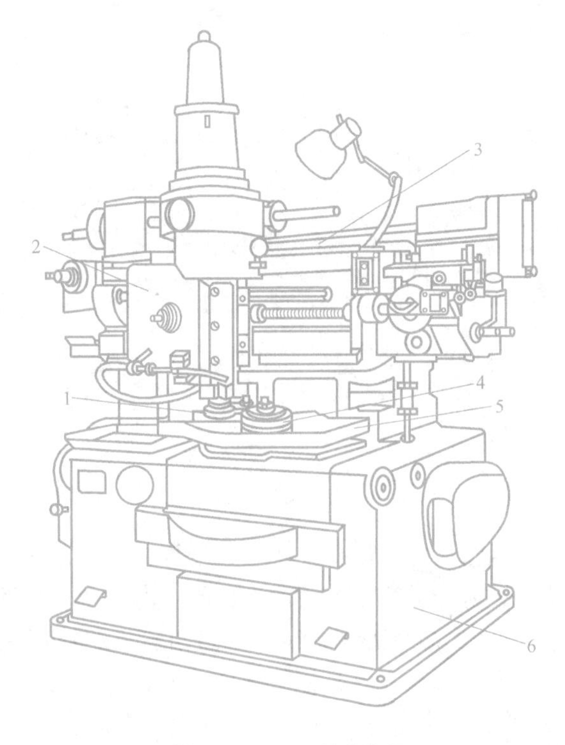

图 5-33　Y54 型插齿机

1—插齿刀　2—刀架　3—横梁

4—工件　5—工作台　6—床身

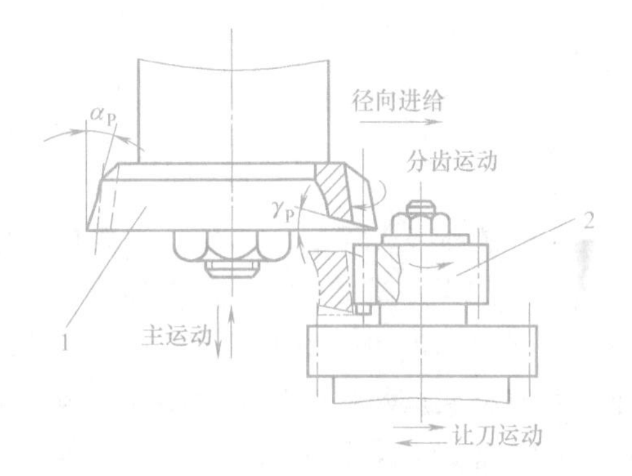

图 5-34　Y54 型插齿机运动

1—插齿刀　2—工件

品种规格和扩大机床的工艺可能性，新型机床大多采用这种结构。

弧齿锥齿轮铣齿机的变型很多，有结构简单、不带展成运动的粗切机，也有带展成运动的粗切机，还有专门精切大轮的拉齿机，以及专切大轮和兼切大、小轮的铣齿机等。

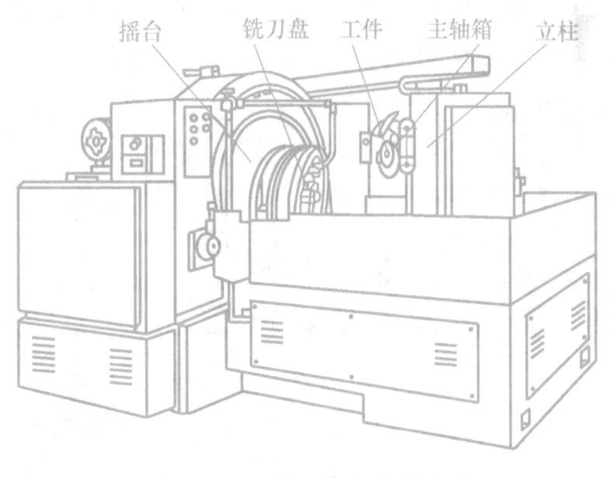

图 5-35　弧齿锥齿轮铣齿机

3. 磨齿机

磨齿机多用于对淬硬的齿轮进行齿廓精加工，齿轮精度可达 6 级或更高。一般先由滚齿机或插齿机切出轮齿后再由磨齿机磨齿，有的磨齿机也可直接在齿轮坯件上磨出轮齿，但只限于模数较小的齿轮。按齿廓的形成方法，磨齿机有成形法磨齿机和展成法磨齿机两种。大多数类型的磨齿机均以展成法来加工齿轮，工作原理如图 5-36 所示。

（1）蜗杆砂轮磨齿机　这种磨齿机用直径很大的修整成蜗杆形状的砂轮磨削齿轮，所以称为蜗杆砂轮磨齿机。其工作原理与滚齿机相似，如图 5-36a 所示，蜗杆形砂轮相当于滚刀，与工件一起转动形成展成运动 B_{11}、B_{12}，磨出渐开线。同时砂轮沿工件轴向做直线往复运动 A_2，以磨削直齿圆柱齿轮的轮齿；如果做倾斜运动，就可磨削斜齿圆柱齿轮。蜗杆砂轮磨齿机在加工过程中是连续磨削的，其生产率很高。其缺点是：砂轮修整困难，不易达到

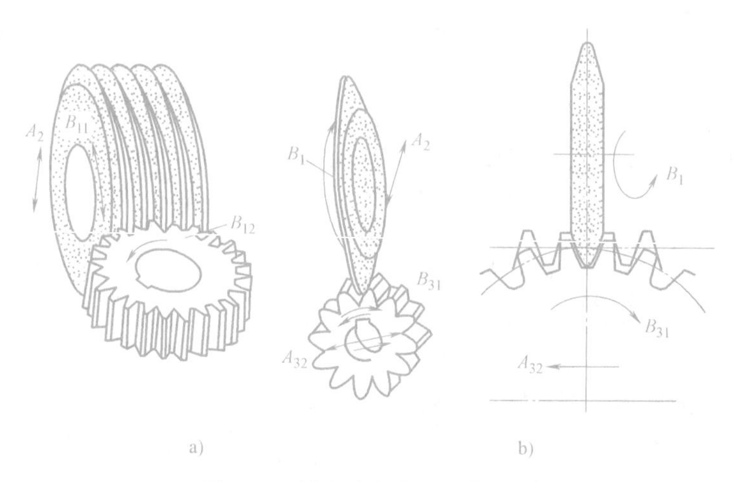

图 5-36　展成法磨齿机工作原理

高精度，磨削不同模数的齿轮时需要更换砂轮；砂轮的转速很高，联系砂轮与工件的展成运动传动链如果用机械传动易产生噪声，磨损较快。为克服第二个缺点，目前常用的方法有两种：一种是用同步电动机驱动，另一种是用数控的方式保证砂轮和工件之间严格的速比关系。蜗杆砂轮磨齿机适用于中小模数齿轮的成批生产。

（2）锥形砂轮磨齿机　锥形砂轮磨齿机是利用齿条和齿轮啮合原理来磨削齿轮的，这种磨削方法又称为分度磨齿法。用砂轮代替齿条，将齿廓修整成齿条的直线齿廓。当砂轮按切削速度高速旋转，并沿工件齿线方向做直线往复运动时，砂轮两侧锥面的母线就形成假想齿条的一个齿廓，如图 5-36b 所示。加工时，被切齿轮在假想齿条上滚动的同时进行移动，与砂轮保持齿条和齿轮的啮合运动关系，使砂轮锥面包络出渐开线齿形。每磨完一个齿槽后，砂轮自动退离，齿轮转过 $1/z$ 圈（z 为工件齿数），进行分齿运动，直到磨完为止。图 5-37 所示为锥形砂轮磨齿机传动原理。

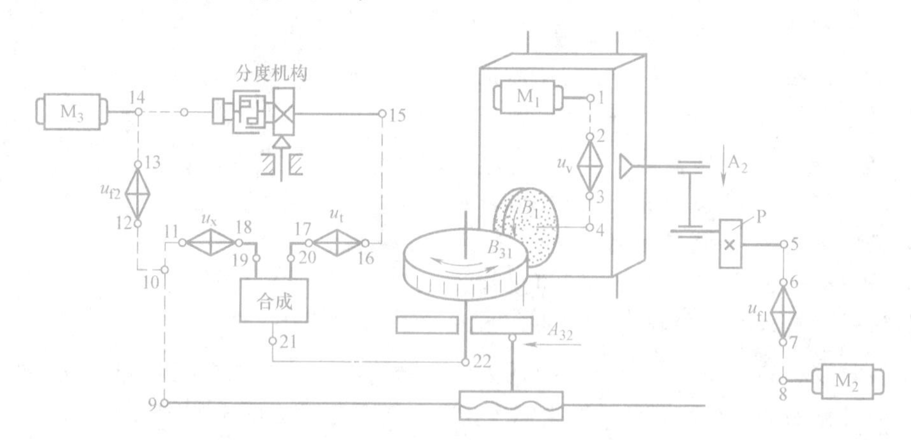

图 5-37　锥形砂轮磨齿机传动原理

① 砂轮旋转运动（主运动）B_1。由外联系传动链“M_1—1—2—u_v—3—4—砂轮主轴（砂轮转动）”实现，u_v 为调整砂轮转速的换置机构。砂轮的往复直线运动（轴向进给运动）A_2 由外联系传动链“M_2—8—7—u_{f1}—6—5—曲柄偏心盘机构 P—砂轮架溜板（砂轮移动）”实现，u_{f1} 为调整砂轮轴向进给速度的换置机构。

② 展成运动（$B_{31}+A_{32}$）。由内联系传动链“回转工作台（工作台旋转 B_{31}）—22—21—合成机构—19—18—u_x—11—10—9—纵向工作台（工件直线移动 A_{32}）”和外联系传动链“M_3—14—13—u_{f2}—12—10”来实现。前者保证展成运动的运动轨迹，即工件转动与移动之间的严格运动关系，后者使工件获得一定速度和方向的展成运动。换置机构 u_{f2} 中除变速机构外，还有自动换向机构，使工件在加工过程中能来回滚转，一次完成各个齿的磨齿工作循环。u_x是用来调节工件齿数和模数变化的换置机构。

③ 工件的分度运动由分度运动传动链“分度机构—15—16—u_t—17—20—合成机构—21—22—回转工作台”实现。分度时，机床的自动控制系统将分度机构离合器接合，使分度机构在旋转一定角度后即脱开，并由分度盘准确定位。在分度机构接合一次的过程中，工件在展成运动的基础上，附加转过一个齿，这是由调整换置机构 u_t来保证的。这种机床的优点是万能性高，砂轮形状简单；缺点是内联系传动链长，砂轮形状不易修整得准确，精度难以提高，生产率也较低。锥形砂轮磨齿机主要用于小批和单件生产。

4. 剃齿机

剃齿机是用齿轮状的剃齿刀按螺旋齿轮啮合原理由刀具带动工件（或工件带动刀具）自由旋转，对圆柱齿轮进行精加工的齿轮加工机床。剃齿机可对预先经过滚齿或插齿的硬度不大于 48HRC 的直齿轮或斜齿轮进行剃齿，加附件后还可加工内齿轮。被加工齿轮最大直径可达 5m，但以 500mm 以下的中等规格剃齿机使用最广。剃齿精度为 6～7 级，表面粗糙度值可达 $Ra0.32\sim0.63\mu m$。剃齿机的布局有卧式和立式两种。卧式剃齿机有两种结构：一种结构是刀具位于工件上面（图 5-38），机床结构紧凑，占地面积小，广泛应用于成批大量生产中小型齿轮的汽车、拖拉机和机床等行业；另一种结构是刀具位于工件后面，工件装卸方便，主要用于加工大中型齿轮和齿轮轴。在卧式剃齿机上，剃齿刀安装在主轴上，由主电动机驱动做交替的正反向旋转。工件安装在心轴上，并顶在工作台的前、后顶尖间，与刀具呈交叉轴啮合状态，由刀具带动工件自由旋转。工件沿轴向或与轴线构成一夹角方向往复移动，工件每次往复行程后做一次径向进给运动。剃鼓形齿时，在工作台往复轴向移动的同时，工件轴线反复摆动一个很小的角度。

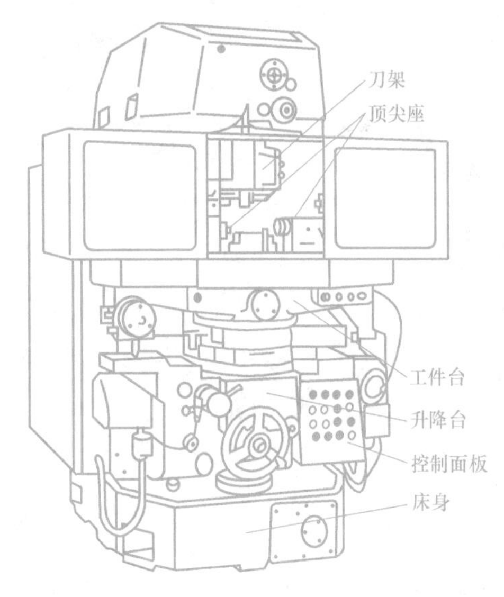

图 5-38　卧式剃齿机

大型剃齿机由工件带动剃齿刀旋转，刀具做轴向移动。双面剃齿时，刀具做径向进给；单面剃齿时，须在刀具主轴上加一制动力矩。大型剃齿机多为立式，主要用于机车、矿山机械和船舶制造业。

5. 珩齿机

珩齿机是利用齿轮式或蜗杆式珩轮对淬火圆柱齿轮进行精加工的齿轮加工机床。它是按螺旋齿轮啮合原理工作的，由珩轮带动工件自由旋转。珩轮一般由塑料和磨料制成。珩齿的作用是降低轮齿表面粗糙度值，在一定程度上也能纠正齿向和齿形的局部误差。珩齿生产率较高。珩齿机广泛应用于汽车、拖拉机和机床等制造业。珩齿机按所用珩轮的形式分为两种。

(1) 轮珩轮珩齿机　它的结构布局近似于剃齿机，分为珩轮位于工件上面和珩轮位于工件后面两种结构。加工时珩轮与工件呈交叉轴啮合状态，工件由珩轮带动旋转，同时工作台做纵向往复移动。工作台每一往复行程，珩轮反向一次，从而加工出轮齿的全长和两齿侧面。

(2) 杆珩轮珩齿机　它的结构布局近似于蜗杆砂轮磨齿机，但在蜗杆珩轮和工件之间没有传动链联系，前者带动后者做自由旋转。

第三节　任务实施

直齿圆柱齿轮如图 5-39 所示。

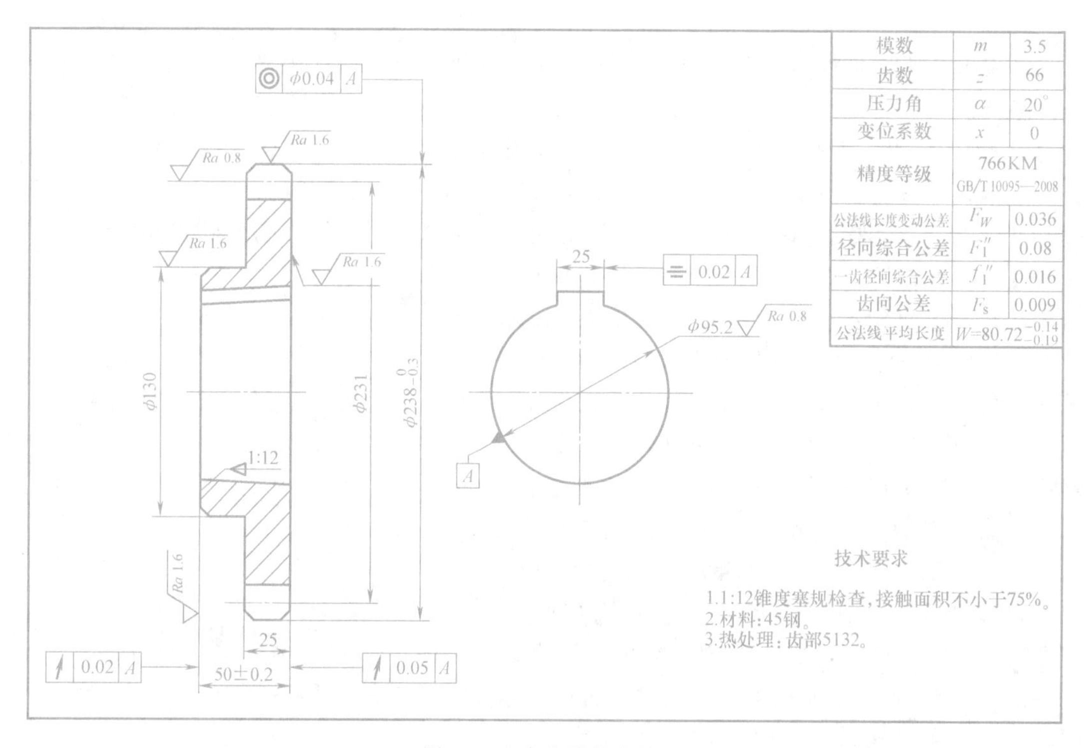

图 5-39　直齿圆柱齿轮

1. 零件图分析

1) 零件齿形需要滚切加工，齿轮为直齿，$m=3.5\text{mm}$，$z=66$，$\alpha=20°$，$x=0$。轮齿面粗糙度值是 $Ra0.8\mu\text{m}$，需考虑剃齿、磨齿或珩齿加工。

2) 零件材料为 45 钢。

2. 刀具选用

1) 选用 $m=3.5\text{mm}$，压力角 $\alpha=20°$，$\phi80\text{mm}$，$\lambda=3°6'$，A 级精度，右旋套装式渐开线单头滚刀。

2) 滚刀材料为高速钢，切削部分硬度 63～66HRC。

3. 切削参数选用

1）切削线速度 $v_c=21\text{m/min}$。

2）垂直方向进给量 $f=1.41\text{mm/r}$。

4. 装夹方式选择

采用锥度心轴定位、装夹，后立柱顶尖辅助定位。

5. 滚齿机床参数的确定

1）任务零件属于中小型零件，适用的滚齿加工机床种类很多，如 YC3180、Y3150E 等，其中 Y3150E 型滚齿机床应用广泛，具有典型性，所以本任务选用 Y3150E 型滚齿机。

2）Y3150E 型滚齿机最大加工直径（主参数）为 500mm，工件齿顶圆直径为 238mm，满足工件加工要求。

3）根据公式 $v_c=\pi dn/1000$，计算 Y3150E 型滚齿机主轴转速。切削线速度 $v_c=21\text{m/min}$，计算得 $n_刀=83\text{r/min}$，取 $n_刀=80\text{r/min}$。

6. 交换齿轮计算

（1）速度交换齿轮 A/B 计算　根据切削线速度要求 $n_刀=80\text{r/min}$，查表 5-1 知：$\frac{A}{B}=\frac{33}{33}$。

（2）结构性交换齿轮 e/f 计算　e/f 交换齿轮按下列范围选用：

当 $5\leqslant z/K\leqslant 20$ 时，取 $e/f=48/24$；

当 $21\leqslant z/K\leqslant 142$ 时，取 $e/f=36/36$；

当 $143\leqslant z/K$ 时，取 $e/f=24/48$。

本任务零件齿数 $z=66$，滚刀头数 $K=1$，$z/K=66$，根据 $21\leqslant z/K\leqslant 142$，取 $e/f=36/36$。合成机构装 M_1。

（3）展成运动交换齿轮 $a/b\times c/d$ 计算　根据公式

$$\frac{ac}{bd}=\frac{f}{e}\times\frac{24K}{z}$$

$$\frac{a}{b}\times\frac{c}{d}=\frac{33}{33}\times\frac{24\times 1}{66}=\frac{4}{11}$$

又

$$\frac{4}{11}=\frac{1}{2}\times\frac{8}{11}$$

根据 Y3150E 滚齿机交换齿轮，选择 $a=24$，$b=48$，$c=40$，$d=55$。

（4）进给交换齿轮 a_1/b_1 计算　根据选定的垂直方向进给量参数 $f=1.41\text{mm/r}$，查表 5-2，得 $a_1/b_1=32/46$，即 $a_1=32$，$b_1=46$。

7. 滚刀刀架调整

刀架转动角度 $\delta=\beta\pm\lambda$，由于加工齿轮为直齿圆柱齿轮，$\beta=0$，所以 $\delta=\lambda=3°6'$。

参考图 5-16，松开刀架紧固螺母，转动 P_3，带动蜗杆 $z1$，带动蜗轮 $z36$，驱动小齿轮 $z16$，带动大齿轮 $z148$，使刀架顺时针转动 $3°6'$，如图 5-18a 和图 5-20a 所示。

8. 刀具对中

为了使加工出的齿轮齿廓两侧面对称，在安装滚刀时应使滚刀的某一刀齿或刀槽的对称中心线正确地对准被加工齿轮的中心。

9. 调整完成后加工

安装交换齿轮，检查调整机床、工件，确认无误后开始加工。

企业点评

滚齿机结构复杂，传动系统交换齿轮数量繁多，学习难度比车床、铣床大，如不能很好地理解展成法加工齿轮的原理，则滚齿机的学习将更困难。

习题与思考题

1. 在滚齿机上加工一对齿数不同的斜齿圆柱齿轮，当其中一个齿轮加工完成后，在加工另一个齿轮前应对机床进行哪些调整工作？

2. 比较滚齿机加工和插齿机加工的特点，它们各适宜加工什么样的齿轮？

3. 分析滚齿机加工直齿圆柱齿轮时，需要哪些运动？这些运动各自有何用途？

4. 在 Y3150E 型滚齿机上加工斜齿轮时，如何确定工件展成运动和附加运动的旋转方向？

5. 列出 Y3150E 型滚齿机加工斜齿轮时滚刀刀架扳动角度的计算公式，并给出滚刀刀架扳动方法。

6. 简述 Y3150E 型滚齿机的主要组成部件和各个部件的主要用途。

7. 简述 Y3150E 型滚齿机在什么情况下，滚刀需要做轴向位置的调整。

8. 参考图 5-16，在 Y3150E 型滚齿机上加工 $z=42$，$m=2\text{mm}$ 的直齿圆柱齿轮，完成下列问题：

(1) 试分别给出主运动、展成运动和垂向进给运动的交换齿轮。

(2) 画图确定滚刀刀架扳动角度的大小和扳动角度的方向，并标明刀具和工件的运动方向。

已知：

(1) 切削用量 $v_c=27\text{m/min}$，$f=0.87\text{mm/r}$。

(2) 滚刀尺寸参数 $\phi70\text{mm}$，$\lambda=3°6'$，$m=2\text{mm}$，$K=1$。

(3) 不考虑交换齿轮啮合条件和齿向误差。

9. 参考图 5-16，在 Y3150E 型滚齿机上加工 $z=28$，$m=2\text{mm}$ 的直齿圆柱齿轮，完成下列问题：

(1) 试分别给出主运动、展成运动和垂向进给运动的交换齿轮。

(2) 画图确定滚刀刀架扳动角度的大小和扳动角度的方向，并标明刀具和工件的运动方向。

已知：

(1) 切削用量 $v_c=28\text{m/min}$，$f=0.87\text{mm/r}$。

(2) 滚刀尺寸参数 $\phi70\text{mm}$，$\lambda=3°6'$，$m=2\text{mm}$，$K=1$。

(3) 不考虑交换齿轮啮合条件和齿向误差。

第六章

6

磨床及其应用

磨床类机床是以磨料、磨具（砂轮、砂带、磨石、研磨料）为工具进行磨削加工的机床，它们是适应精加工和硬表面加工的需要而发展起来的。

第一节　任务引入

外圆磨床主要用于磨削圆柱形或圆锥形内外圆表面，还可用于磨削阶梯轴的轴肩和端平面。在机械零部件制造加工中，外圆磨削是一种重要的加工手段。

任务　阶梯轴的磨削

明确阶梯轴磨削时砂轮的选用、切削参数的计算（选用）、机床选型、机床调整。

第二节　相关知识

一、磨床概述

磨床广泛用于零件表面的精加工，尤其是淬硬钢件和高硬度特殊材料的精加工。磨削较易获得高的加工精度和小的表面粗糙度值，在一般加工条件下，尺寸公差等级可达 IT5 ~ IT6，表面粗糙度值可达 Ra0. 32 ~ 1. 25μm；在高精度外圆磨床上进行精密磨削时，尺寸精度可达 0. 2μm，零件圆度可达 0. 1μm，表面粗糙度可控制到 Ra0. 01μm，精密平面磨削的平面度可达 0. 0015mm/1000mm。近年来，随着科学技术的发展，对机器及仪器零件的精度和表面质量的要求越来越高，各种高硬度材料应用日益增多；同时，由于磨削本身工艺水平的不断提高，所以磨床的使用范围日益扩大，在金属切削机床中所占的比重不断上升。目前在工业发达国家中，磨床在金属切削机床中所占的比重达 30% ~ 40%。

为了适应磨削各种加工表面、各种工件形状及生产批量要求，磨床的种类很多，其中主要类型有以下几种：

① 外圆磨床。包括万能外圆磨床、外圆磨床、无心外圆磨床等。

② 内圆磨床。包括普通内圆磨床、无心内圆磨床等。

③ 平面磨床。包括卧轴矩台平面磨床、立轴矩台平面磨床、卧轴圆台平面磨床、立轴圆台平面磨床等。

④ 工具磨床。包括工具曲线磨床、钻头沟槽磨床、丝锥沟槽磨床等。

⑤ 刀具刃磨磨床。包括万能工具磨床、拉刀刃磨床、滚刀刃磨床等。

⑥ 各种专门化磨床。专门化磨床是专门用于磨削某一类零件的磨床，如曲轴磨床、凸轮轴磨床、花键轴磨床、球轴承套圈沟磨床、活塞环磨床、叶片磨床、导轨磨床、中心孔磨

床等。

⑦ 其他磨床。如珩磨床、研磨机、抛光机、超精加工机床、砂轮机等。

在生产中应用最广泛的是外圆磨床、内圆磨床和平面磨床三类。此外，数控磨床的应用也在发展。现代磨床的主要发展趋势是：提高机床的加工效率，提高机床的自动化程度，以及进一步提高机床的加工精度和降低表面粗糙度值。

二、M1432A 型万能外圆磨床

M1432A 型万能外圆磨床是普通精度级磨床，主要用于磨削圆柱形或圆锥形的内外表面，还可用于磨削阶梯轴的轴肩和端平面。该机床的工艺范围较广，但磨削效率不够高，适用于单件小批生产，常用于工具车间和机修车间。

1. 组成和主要技术参数

如图 6-1 所示，M1432A 型万能外圆磨床由床身 1、工件头架 2、内圆磨具 3、工作台 8、砂轮架 4、尾座 5 和由工作台手摇机构、横向进给机构、工作台纵向往复运动液压控制板等组成的控制箱 7 等主要部件组成。在床身顶面前部的纵向导轨上装有工作台，台面上装有工件头架 2 和尾座 5。工件支承在头架、尾座顶尖上，或者用头架上的卡盘夹持，由头架上的传动装置带动旋转，实现圆周进给运动。尾座在工作台上可左右移动以调整位置，适应装夹不同长度工件的需要。工作台由液压系统驱动，沿床身导轨做往复运动，以实现工件的纵向进给运动；也可以用手轮操作，进行手动进给或调整纵向位置。工作台由上、下两层组成，上工作台可相对于下工作台在水平面内偏转一定角度（一般不大于 ±10°），以便磨削锥度不大的锥面。砂轮架 4 由主轴部件和传动装置组成，安装在床身顶面后部的横向导轨上，通过横向进给机构可实现横向进给运动以及调整位移。装在砂轮架上的内圆磨削装置用于磨削内孔，其内圆磨具 3 由单独的电动机驱动，磨削内孔时应将内圆磨削装置翻下。M1432 型万能外圆磨床的砂轮架和头架都可绕垂直轴线转动一定角度，以便磨削锥度较大的锥面。此外，在床身内还有液压传动装置，在床身左后侧有切削液循环装置。

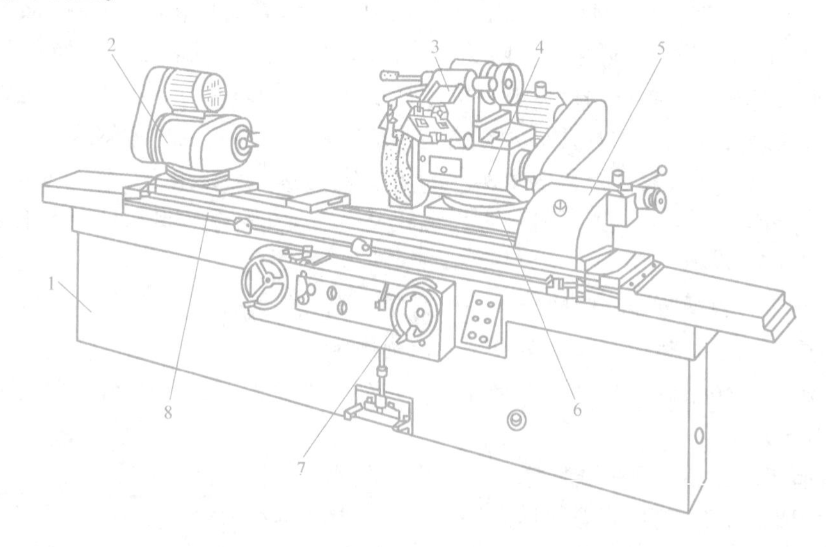

图 6-1　M1432A 型万能外圆磨床

1—床身　2—工件头架　3—内圆磨具　4—砂轮架　5—尾座　6—滑板　7—控制箱　8—工作台

M1432A 型万能外圆磨床的主要技术参数如下：

外圆磨削直径为 $\phi8\sim\phi320$mm；

最大外圆磨削长度有 1000mm、1500mm、2000mm 三种；

内孔磨削直径为 $\phi13\sim\phi100$mm；

最大内孔磨削长度为 125mm；

外圆磨削时砂轮转速为 1670r/min；

内圆磨削时砂轮转速有 10000r/min 和 15000r/min 两种。

2. 典型加工方法及机床运动

图 6-2 所示为 M1432A 型万能外圆磨床上几种典型表面的加工方法示意。分析这几种典型表面的加工情况可知，磨床应具有下列运动：磨削时砂轮的旋转主运动 n_t；工件旋转的圆周进给运动 n_w；工件往复纵向进给运动 f_a；砂轮横向进给运动 f_r（往复纵向磨削时为周期间隙进给；切入磨削时为连续进给）。

此外，机床还有两个辅助运动：为装卸和测量工件方便所需的砂轮架横向快速进退运动；为装卸工件所需要的尾座套筒的伸缩移动。

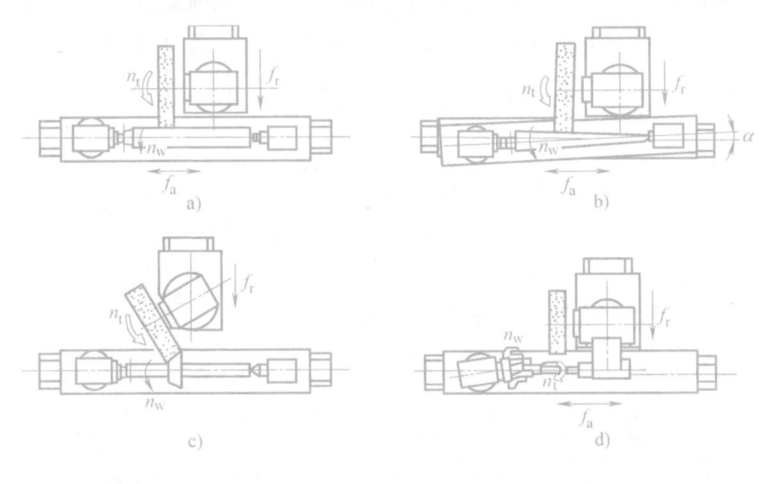

图 6-2　M1432A 型万能外圆磨床上的典型表面加工方法示意

a）纵磨法磨削外圆柱面　b）扳转工作台用纵磨法磨削长圆锥面

c）扳转砂轮架用切入法磨削短圆锥面　d）扳转头架用纵磨法磨削内圆锥面

3. 机床的机械传动系统

M1432A 型万能外圆磨床各部件的运动由液压传动和机械传动装置来实现。其中，工作台的纵向直线进给运动、砂轮架的快速前进和后退及工作台的运动等均由液压传动系统配合机械装置来实现，其他运动都由机械传动系统来完成。图 6-3 所示为 M1432A 型万能外圆磨床的机械传动原理，图 6-4 所示为 M1432A 型万能外圆磨床的机械传动系统图。

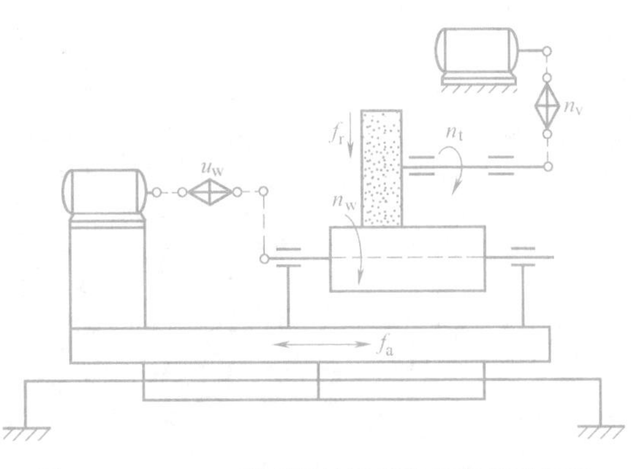

图 6-3　M1432A 型万能外圆磨床机械传动原理

（1）砂轮主轴的旋转主运动　砂轮主轴由1440r/min、4kW的电动机驱动，经四根V带直接传动，可获得1620r/min的转速。

（2）内圆磨具主轴的旋转主运动　内圆磨具主轴由内磨装置上的2840r/min、1.1kW的电动机驱动，经平带直接传动，可更换带轮，使主轴获得10000r/min和15000r/min两种转速。

（3）工件头架主轴的圆周进给运动　工件头架主轴由双速电动机（700/1360r/min，0.55/1.1kW）经V带塔轮的二级带传动和Ⅲ、Ⅳ轴之间的带传动，从而带动工件实现圆周进给运动，如图6-4所示。其传动路线表达式为

$$\text{双速电动机 I}-\begin{bmatrix}\dfrac{\phi48}{\phi164}\\ \dfrac{\phi111}{\phi109}\\ \dfrac{\phi130}{\phi90}\end{bmatrix}-\text{II}-\frac{\phi61}{\phi184}-\text{III}-\frac{\phi68}{\phi177}-\text{拨盘（固定顶尖、活动顶尖磨削）}$$

（4）工作台的运动　工作台的纵向进给运动是由液压系统来实现的。调整机床及磨削阶梯轴的台阶时，工作台还可由手轮*A*驱动。机构中设置一互锁液压缸，当工作台由液压

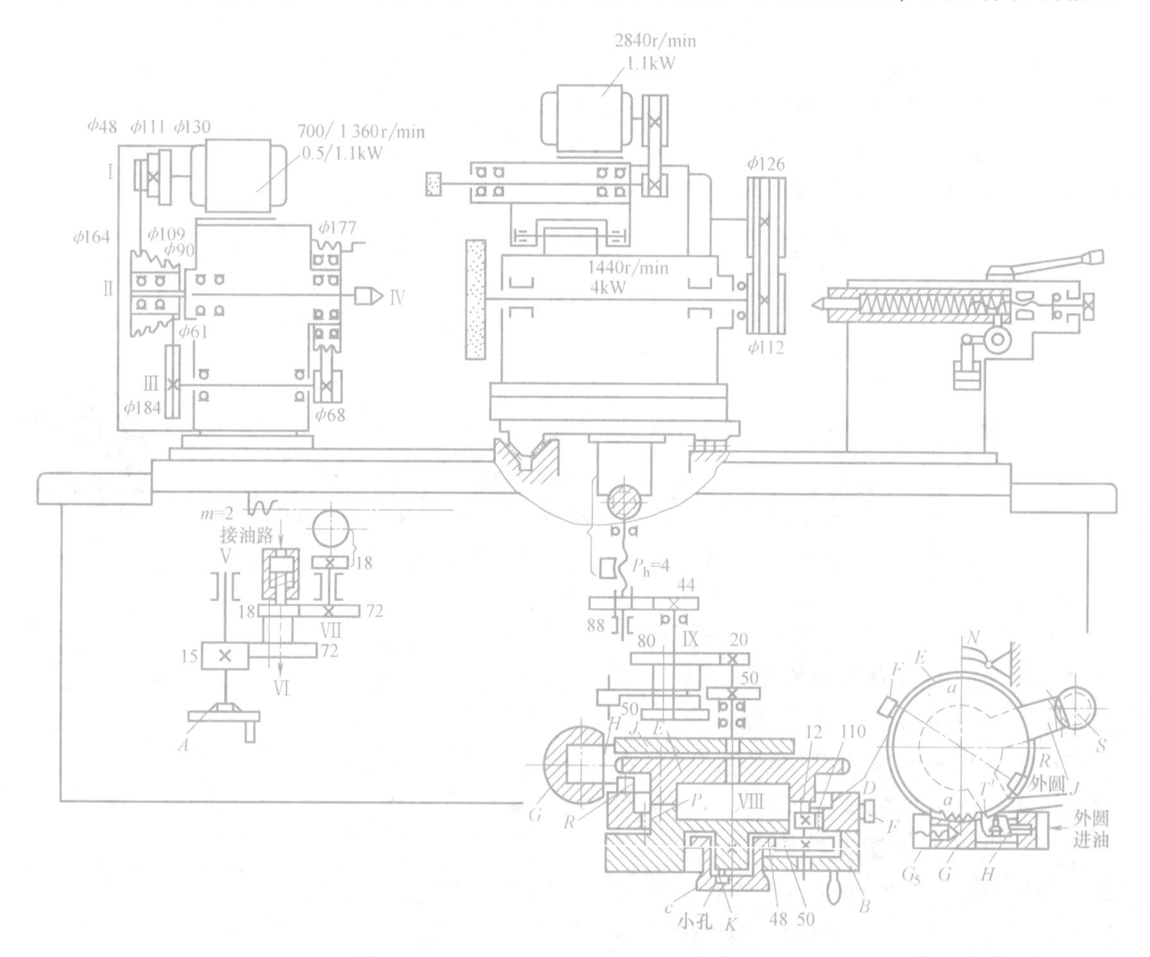

图6-4　M1432A型万能外圆磨床机械传动系统图

系统传动时，互锁液压缸上腔通压力油，使齿轮 $z18$ 与 $z72$ 脱开啮合，手动纵向直线移动不起作用；当工作台不用液压系统传动时，互锁液压缸上腔通油池，在互锁液压缸内弹簧的作用下，齿轮 $z18$ 与 $z72$ 重新啮合传动，转动手轮 A，经齿轮副 15/72 和 18/72、$z18$ 齿轮及齿条，实现工作台手动纵向直线移动。

（5）砂轮架的横向进给　砂轮架的横向进给运动可通过摇动手轮 B 来实现，也可由进给液压缸的柱塞 G 驱动，实现周期性的自动进给。传动路线表达式为

$$\begin{bmatrix}\text{手轮 } B\text{（手动进给）}\\ \text{进给液压缸柱塞 } G\text{（自动进给）}\end{bmatrix}—\text{Ⅷ}—\begin{bmatrix}\dfrac{50}{50}\ (E\uparrow\text{粗进给})\\ \dfrac{20}{80}\ (E\downarrow\text{细进给})\end{bmatrix}—\text{Ⅸ}—\frac{44}{88}—\text{横向进给红杠}$$

三、M1432A 型万能外圆磨床的典型结构

1. 主轴部件

（1）砂轮架　由壳体、砂轮主轴及其支承、传动装置与滑板等组成。砂轮主轴及其支承部分的结构将直接影响工件的加工精度和表面粗糙度，因而是砂轮架关键部分，应保证砂轮主轴有较高的回转精度、刚度，以及良好的抗振性和耐磨性。

图 6-5 所示的砂轮架中，砂轮主轴 5 前、后支承均采用“短三瓦”动压滑动轴承，每个轴承由均布在圆周上的三块扇形轴瓦 19 组成，每块轴瓦都支承在球头螺钉 20 的球形端头上。由于球头中心在周向偏离轴瓦对称中心，当主轴高速旋转时，在轴瓦与主轴颈之间形成三个楔形缝隙，于是在三块轴瓦处形成三个压力油楔，砂轮主轴在三个油楔压力作用下，悬浮在轴承中心而呈纯液体摩擦状态。调整球头螺钉的位置，即可调整主轴轴颈与轴瓦之间的间隙。通常间隙应为 0.01～0.02mm。调整好以后，用螺套 21 和锁紧螺钉 22 保持锁紧，以防止球头螺钉 20 松动而改变轴承间隙，最后用封口螺钉 23 密封。

砂轮主轴 5 的两端有锥体，其中前端锥体用于砂轮安装定位，并通过压盘 1 把砂轮压紧，后端锥体用于带轮 13 的安装定位。砂轮主轴 5 由止推环 8 和推力球轴承 10 进行轴向定位，并承受左、右两个方向的轴向力。推力球轴承的间隙由装在带轮内的六根弹簧 11 通过销 14 自动消除。

砂轮工作时的圆周速度很高，为了保证砂轮运转平稳，采用带传动直接传动砂轮主轴。装在主轴上的零件都经仔细校正静平衡，整个主轴部件还要经过动平衡校正。

砂轮架壳体 4 内装润滑油来润滑主轴轴承（通常用 2 号主轴油并经严格过滤），油面高度可通过油标观察。主轴两端采用橡胶油封实现密封。

砂轮架壳体用 T 形螺钉紧固在床鞍 16 上，它可绕滑板上的定位轴销 17 回转一定角度，以磨削锥度大的短锥体。磨削时，通过横向进给机构和半螺母 18，使滑板带着砂轮架沿横向滚动导轨做横向进给运动或快速进退移动。

（2）内圆磨削装置　M1432A 型万能外圆磨床除能磨削外回转面外，还可磨削内孔，所以设有内圆磨削装置，如图 6-6 所示。内圆磨削装置通常以铰链连接方式装在砂轮架的前上方，使用时翻下，不用时翻向上方，如图 6-1 所示位置。为了保证工作安全，机床上设有电气连锁装置，当内圆磨削装置翻下时，压下相应的行程开关并发出电气信号，使砂轮架不能前后快速移动，且只有在这种情况下才能起动内圆磨削装置的电动机，以防止工作过程中因误操作而发生意外。

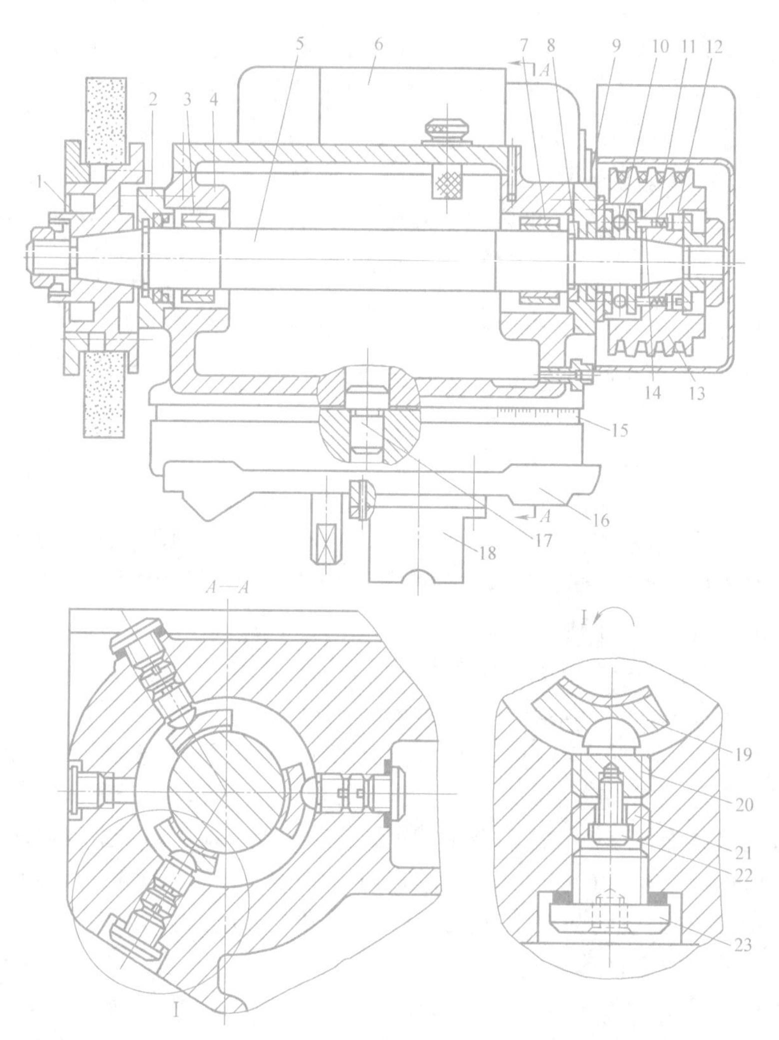

图 6-5　M1432A 型外圆磨床砂轮架

1—压盘　2、9—轴承盖　3、7—动压滑动轴承　4—壳体　5—砂轮主轴　6—主电动机　8—止推环　10—推力球轴承　11—弹簧　12—调节螺钉　13—带轮　14—销　15—刻度盘　16—床鞍　17—定位轴销　18—半螺母　19—扇形轴瓦　20—球头螺钉　21—螺套　22—锁紧螺钉　23—封口螺钉

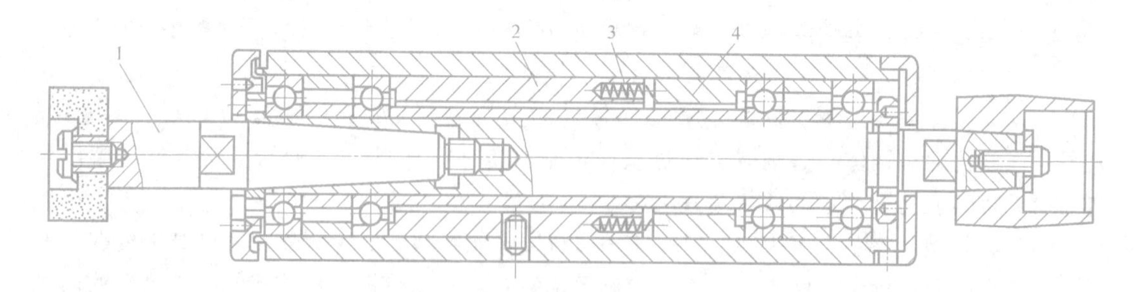

图 6-6　内圆磨削装置

1—接长轴　2、4—套筒　3—弹簧

内圆磨削装置是磨内孔用的砂轮主轴部件，它做成独立的部件，安装在支架的孔中，可以很方便地进行更换。通常每台万能外圆磨床备有几套尺寸与极限工作转速不同的内圆磨削

装置，供磨削不同直径的内孔时选用。内圆磨削装置中，主轴前、后支承各为两个角接触球轴承，均匀分布的八个弹簧3的作用力通过套筒2和4顶紧轴承外圈。当轴承磨损产生间隙或主轴受热伸长时，由弹簧自动调整补偿，从而保证主轴轴承的高刚度和稳定的预紧力。主轴的前端有一莫氏锥孔，可根据磨削孔的深度安装不同的接长轴；后端有一外锥面，以安装平带轮，由电动机通过平带直接传动主轴。

2. 工件头架

工件头架结构如图6-7所示，头架主轴和前顶尖根据不同的加工情况，可以转动或固定不动。

（1）工件支承在前、后顶尖上　拨盘9的拨杆7拨动工件夹头（图6-7a），使工件旋转，这时头架主轴和前顶尖固定不动。固定主轴的方法是拧紧螺杆2，使摩擦环1顶紧主轴后端，则主轴及前顶尖固定不动，避免了主轴回转精度误差对加工精度的影响。

（2）自磨主轴顶尖　此时将主轴放松，把主轴顶尖装入主轴锥孔，同时用拨块19将拨盘9和主轴相连（图6-7b），使拨盘9直接带动主轴和顶尖旋转，依靠机床自身修磨来提高

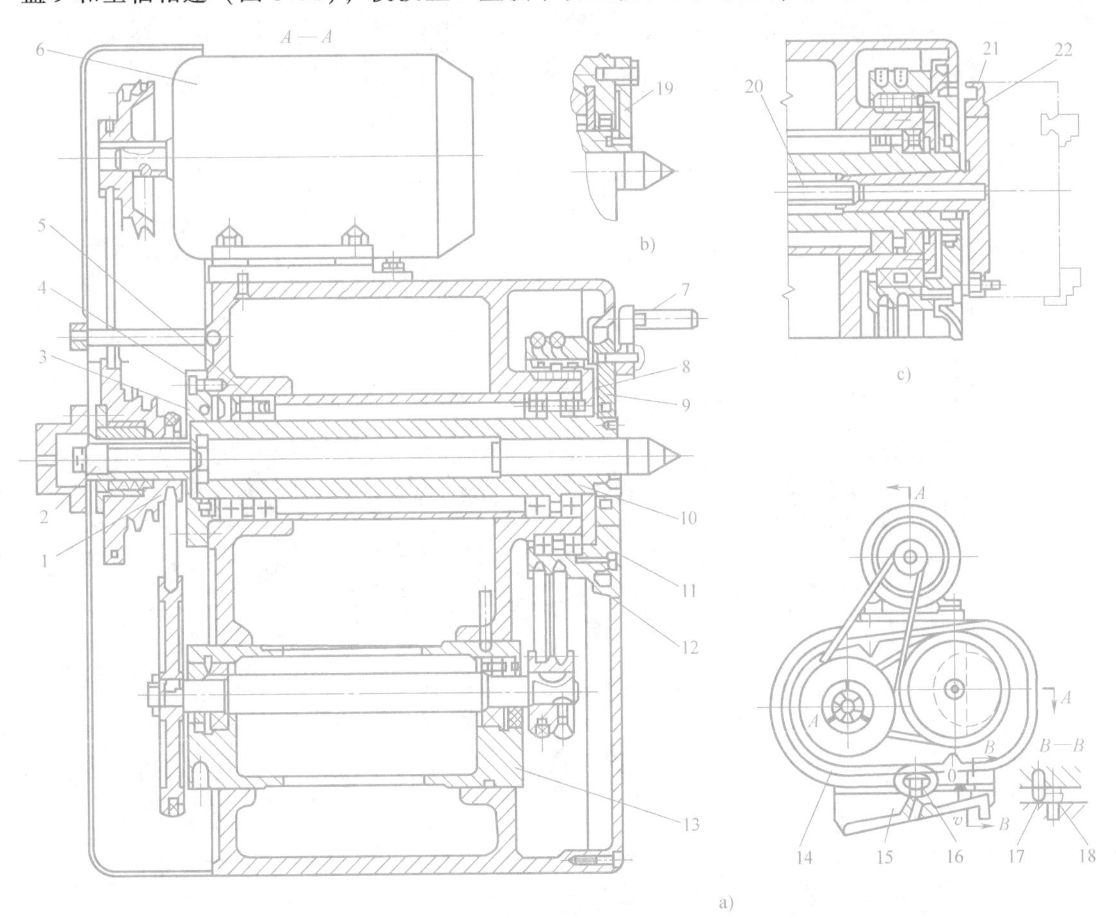

图6-7　工件头架结构

1—摩擦环　2—螺杆　3、11—轴承盖　4、5、8—隔套　6—电动机　7—拨杆
9—拨盘　10—头架主轴　12—带轮　13—偏心套　14—壳体　15—底座　16—轴销
17—销　18—固定销　19—拨块　20—拉杆　21—拨销　22—法兰盘

工件的定位精度。壳体14可绕底座上的轴销16转动，调整头架角度位置的范围为0°~90°。

(3) 用自定心卡盘或单动卡盘装夹工件　这时，在头架主轴前端安装卡盘（图6-7c），卡盘固定在法兰盘22上，法兰盘22装在主轴的锥孔中，并用拉杆20拉紧。运动由拨盘9经拨销21传递，带动法兰盘22及卡盘旋转，于是，头架主轴由法兰盘22带着一起转动。

工件头架布置示意如图6-7d所示。

3. 尾座

尾座的功用是利用安装在尾座套筒上的顶尖（后顶尖）与头架主轴上的前顶尖一起支承工件，使工件实现准确定位。有些外圆磨床的尾座可沿横向做微量位移调整，以便精确地控制工件的锥度，如图6-8所示。

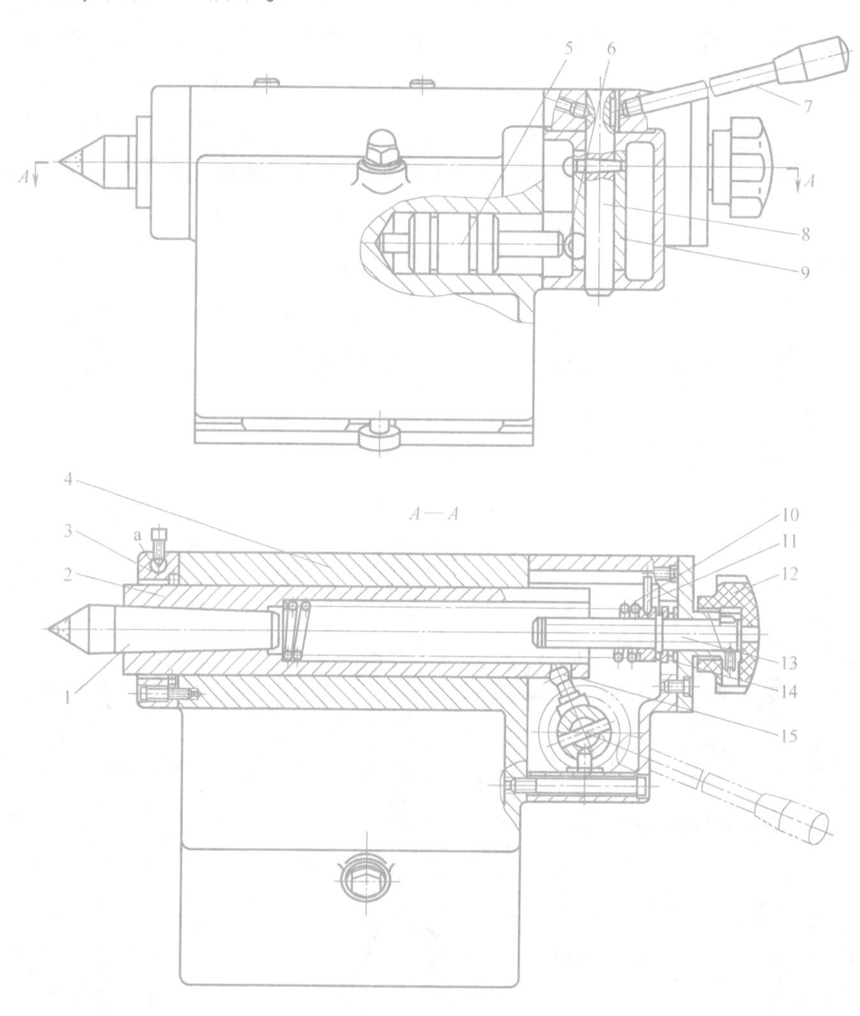

图6-8　尾座

1—顶尖　2—尾座套筒　3—密封盖　4—壳体　5—活塞　6—下拨杆　7—手柄　8—轴　9—轴套　10—弹簧　11—销　12—手把　13—丝杠　14—螺母　15—上拨杆　a—斜孔

4. 横向进给机构

(1) 手动进给　如图6-9所示，转动手轮11，经过用螺钉与其联接的中间体17，带动轴Ⅱ，再经齿轮副50/50或20/80，以及齿轮副44/88，带动丝杠16转动，使砂轮架做横向

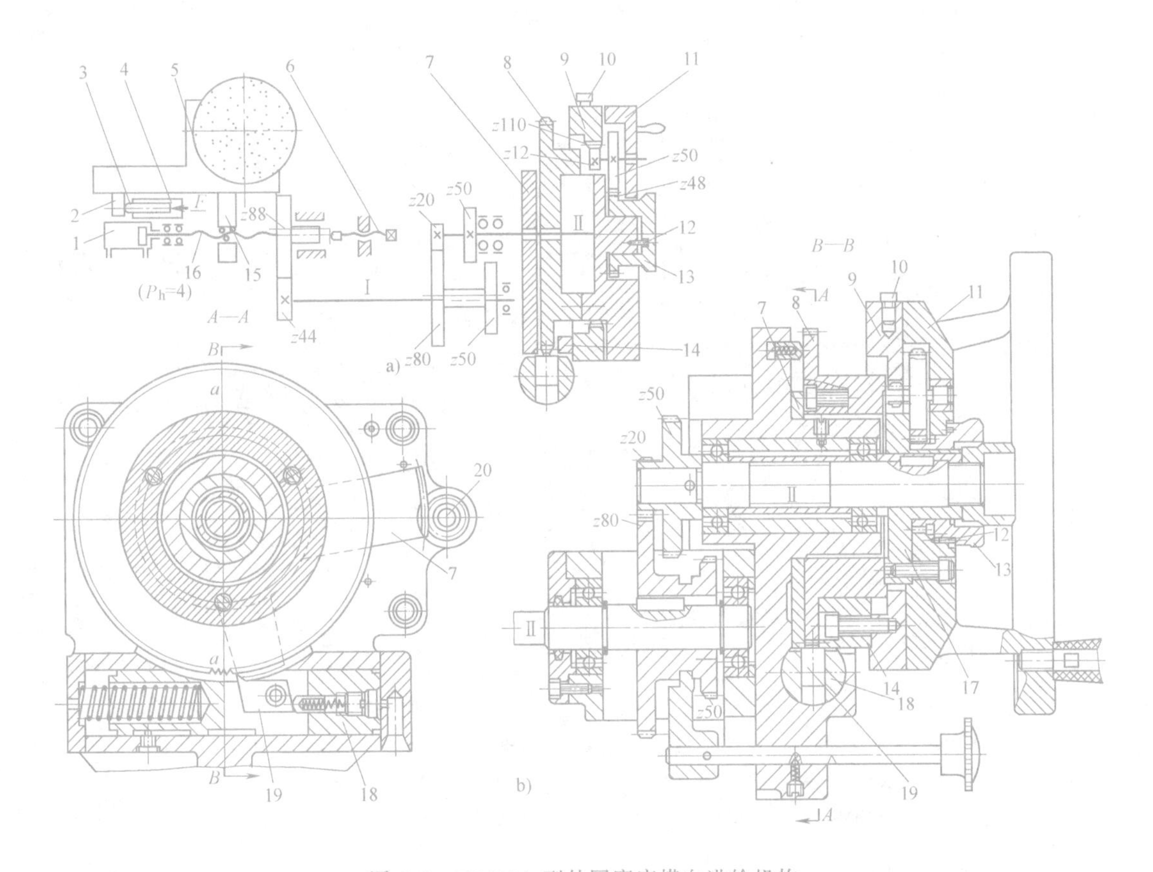

图 6-9　M1432A 型外圆磨床横向进给机构

1—液压缸　2—挡铁　3、18—柱塞　4—制动缸　5—砂轮架　6—刚度定位螺钉　7—遮板　8—棘轮　9—刻度盘　10—挡销　11—手轮　12—销钉　13—旋钮　14—撞块　15—半螺母　16—丝杠　17—中间体　19—棘爪　20—齿轮

进给运动。手轮转一转，砂轮架 5 的横向进给量为 2mm 或 0.5mm，手轮 11 上的刻度盘 9 刻度为 200 格，所以每格进给量为 0.01mm 或 0.025mm。

（2）周期自动进给　周期自动进给由液压缸柱塞 18 驱动，当工作台换向，液压油进入进给液压缸右腔，推动柱塞 18 向左侧运动，这时空套在柱塞 18 内的销轴上的棘爪 19 推动棘轮 8 转过一个角度，棘轮 8 用螺钉和中间体 17 紧固在一起，转动丝杠 16，实现一次自动进给；进给完毕后，进给液压缸右腔与回油路接通，柱塞 18 在左端弹簧作用下复位，转动齿轮 20，使遮板 7 改变位置。可以改变棘爪 19 能推动棘轮 8 的齿数，从而改变进给量的大小。棘轮 8 上有 200 个齿，与刻度盘 9 上 200 格刻度相对应，棘爪 19 最多能推动棘轮 8 转过 4 个齿，相当于刻度盘转过 4 个格。当横向进给达到工件规定尺寸后，装在刻度盘 9 上的撞块 14 正好处于垂直线 aa 上的手轮 11 正下方，由于撞块 14 的外圆直径与棘轮 8 的外圆直径相等，将棘爪 19 压下，棘爪 19 与棘轮 8 脱开啮合，横向进给运动停止。

图 6-10 所示为 M1432A 型万能外圆磨床横向进给机构的轴测图，由于方位原因有些零件无法一一标出。

（3）定程磨削及调整　在进行批量加工时，为简化操作，节约辅助时间，通常先试磨一个工件，达到规定尺寸后，调整刻度盘位置，使与撞块 14 成 180°安装的挡销 10 处于垂直

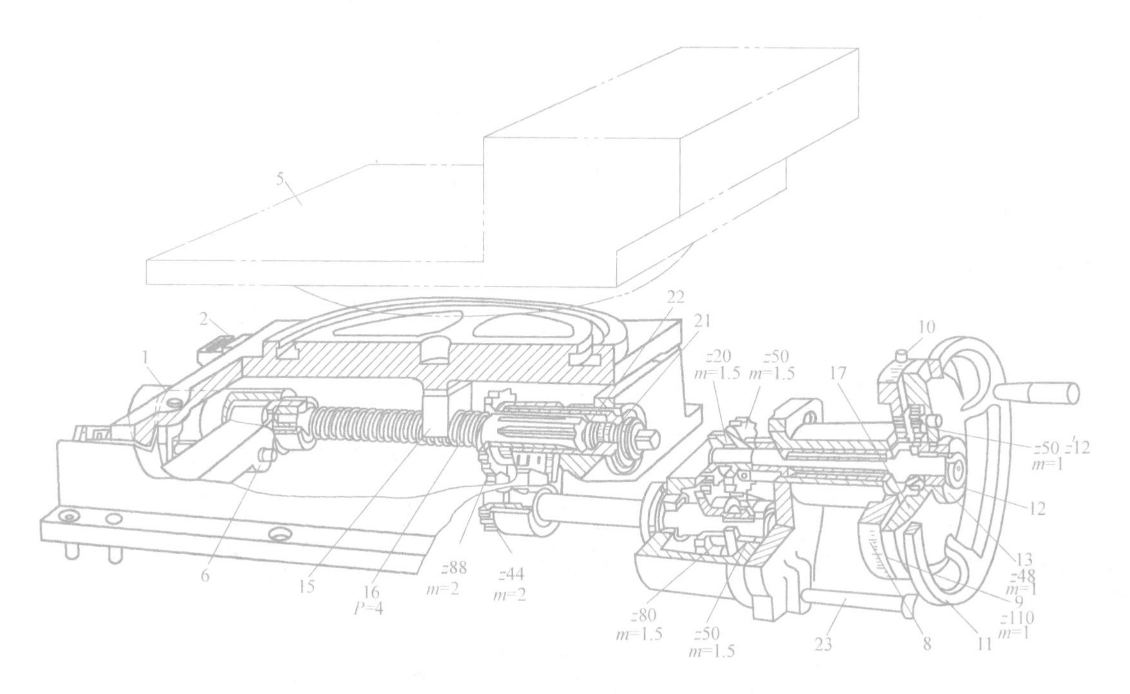

图 6-10　M1432A 型外圆磨床横向进给机构的轴测图

1—液压缸　2—挡铁　3、4、7、14、18、19、20—(未标出)　5—砂轮架　6—定位螺钉　8—棘轮　9—刻度盘　10—挡销　11—手轮　12—销钉　13—旋钮　15—半螺母　16—丝杠　17—中间体　21—刚度定位螺钉调节装置　22—刚度定位螺钉　23—变速手柄

线 *aa* 上的手轮 11 正上方，刚好与固定在床身前罩上的定位爪相碰，此时手轮 11 不转。这样，在批量加工一批零件时，当转动手轮与挡销相碰时，说明工件已达到规定尺寸。当砂轮磨损或修正后，由挡销 10 控制的加工直径增大，这时必须调整砂轮架 5 的行程终点位置，因此需要调整刻度盘 9 上的挡销 10 与手轮 11 的相对位置。调整方法是：拔出旋钮 13，使它与手轮 11 上的销钉 12 脱开后顺时针转动，经齿轮副 48/50 带动齿轮 *z*12 转动，*z*12 与刻度盘 9 上的内齿轮 *z*110 啮合，使刻度盘 9 连同挡销 10 一起逆时针转动。刻度盘 9 转过的格数应根据砂轮直径减少所引起的工件尺寸变化量确定。调整完后，将旋钮 13 推入，手轮 11 上的销钉 12 插入端面销孔，刻度盘 9 与手轮 11 连成一体，参照图 6-9、图 6-10 所示。

（4）快速进退　砂轮架 5 的定距离快速进退运动由液压缸 1 实现。当液压缸的活塞在液压油推动下左右运动时，通过滚动轴承座带动丝杠 16 轴向移动，此时丝杠的右端在齿轮 *z*88 的内花键中移动，再由半螺母 15 带动砂轮架 5 实现快进、快退。快进终点位置由刚度定位螺钉 6 保证。为提高砂轮架 5 的重复定位精度，液压缸 1 设有缓冲装置，防止定位冲击与振动。丝杠 16 与半螺母 15 之间的间隙既影响进给精度，也影响重复定位精度，利用制动缸 4 可以消除其影响。机床工作时，制动缸 4 接通液压油，柱塞 3 通过挡铁 2 使砂轮架 5 收到一个向左的作用力 *F*，与径向磨削力同向，与进给力相反，使半螺母 15 与丝杠 16 始终紧靠在螺纹一侧，从而消除螺纹间隙的影响。

5. M1432A 型万能外圆磨床的液压传动系统

M1432A 型万能外圆磨床的横向进给及砂轮的快速引进和退出均是由液压传动实现的，如图 6-11 所示。磨床采用液压传动是因其工作平稳，无冲击振动。整个液压传动系统中有

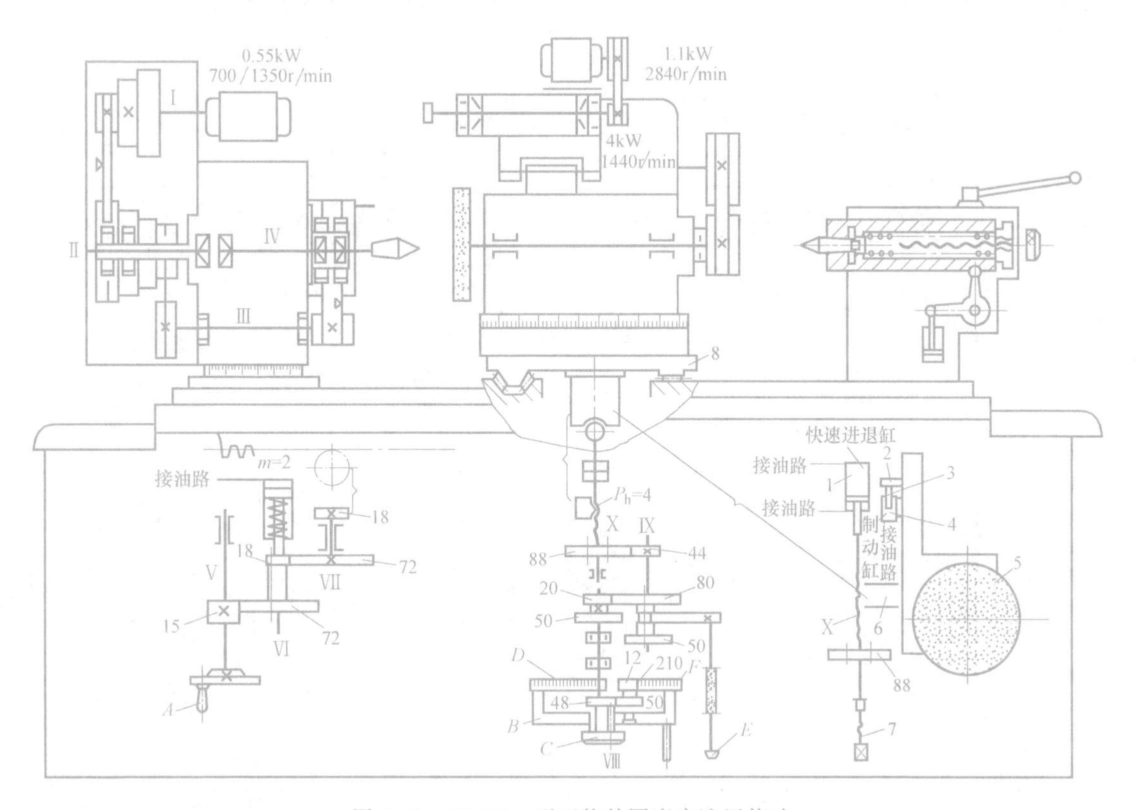

图 6-11　M1432A 型万能外圆磨床液压传动

液压泵、液压缸、转阀、安全阀、节流阀、换向滑阀、操纵手柄等。

6. M1432B 型万能外圆磨床液压系统

图 6-12 所示为 M1432B 型万能外圆磨床液压系统。该系统能完成工作台的往复运动、砂轮架的横向快速进退运动、周期进给运动、尾座顶尖的自动松开、工作台手动与液动的互锁、砂轮架丝杠螺母副间隙的消除及机床的润滑等。

（1）工作过程　M1432B 型万能外圆磨床工作台的往复运动用 HYY21/3P-25T 型快跳操纵箱进行控制。该操纵箱主要由开停阀 7、节流阀 8、先导阀 5、液动主换向阀 6 和抖动缸等元件组成，它以机动先导阀 5 和液动主换向阀 6 组成的行程控制制动式换向回路为主体，与开停阀 7、节流阀 8 相配合控制工作台往复运动、调速及开停。

1）工作台的往复运动。在图 6-12 所示工作台向右运动状态下，主油路为：

进油路：过滤器 1→液压泵 2→主换向阀 6→工作台液压缸右腔。

回油路：工作台液压缸左腔→主换向阀 6→先导阀 5→开停阀 7→节流阀 8→油箱。

当工作台向右运动到预定位置时，工作台的左挡块通过拨杆拨动先导阀 5 的阀芯左移，最终先导阀 5 的阀芯移至最左端位置，主换向阀 6 的阀芯在先导阀的控制作用下亦移至最左端位置，于是工作台向左运动，主油路变为：

进油路：过滤器 1→液压泵 2→主换向阀 6→工作台液压缸左腔；

回油路：工作台液压缸右腔→主换向阀 6→先导阀 5→开停阀 7→节流阀 8→油箱。

当工作台向左运动到预定位置时，工作台的右挡块碰到拨杆后，又使工作台改变运动方向而向右运动，如此不停地往复运动，直至开停阀 7 左位接入系统，工作台才停止运动。调

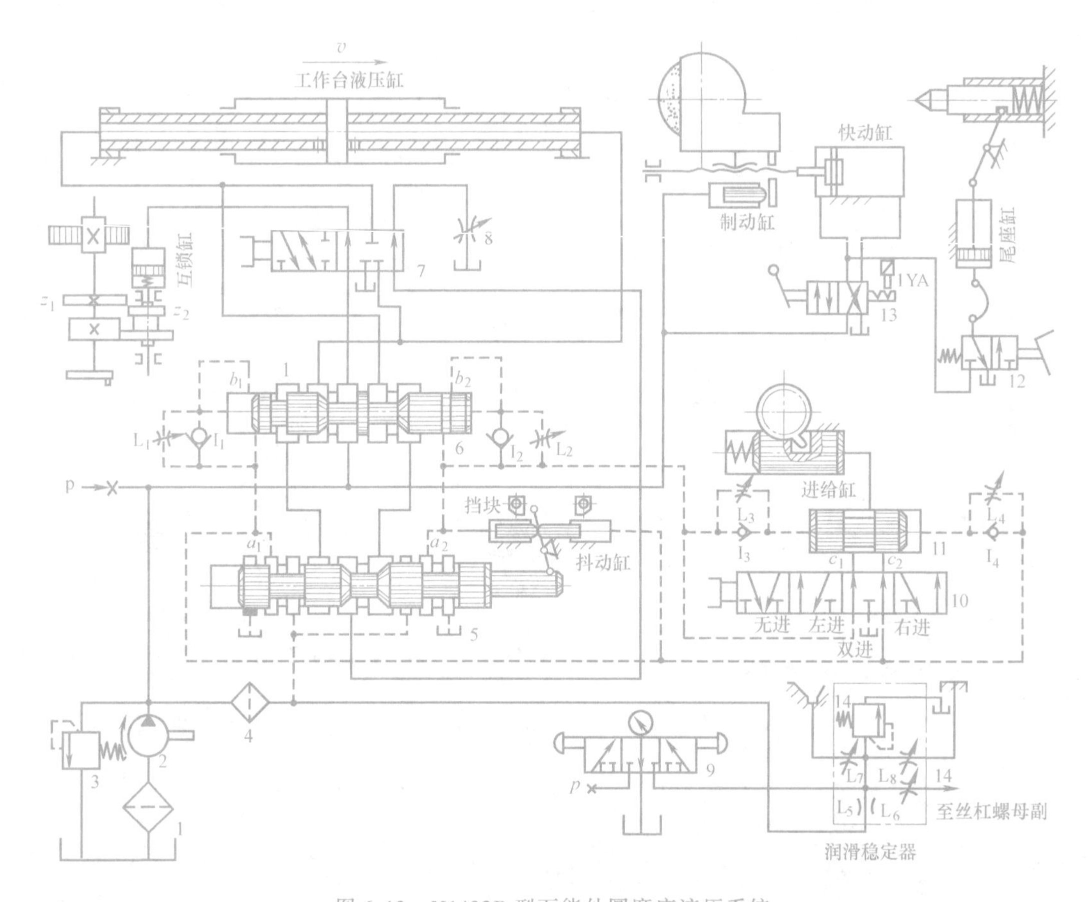

图 6-12　M1432B 型万能外圆磨床液压系统

1—过滤器　2—液压泵　3—溢流阀　4—精过滤器　5—机动先导阀　6—液动主换向阀
7—开停阀　8—节流阀　9—压力计开关　10—选择阀　11—进给阀
12—尾座阀　13—快动阀　14—压力阀

节节流阀 8 可实现工作台往复运动的无级调速。

2）工作台换向过程。工作台换向过程分为三个阶段，即制动、端点停留和反向起动。

① 制动阶段。分为由先导阀 5 的阀芯制动锥实现的预制动和主换向阀 6 的阀芯快跳完成的终制动。当工作台向右运动到预定位置时，工作台的左挡块通过拨杆拨动先导阀 5 的阀芯左移，其右制动锥将通向节流阀 8 的通流面积逐渐关小，工作台逐渐减速，实现预制动。当先导阀 5 的阀芯稍稍越过中位，其右制动锥便将液压缸的回油通道关闭，同时先导阀 5 的右部已使 a_2 接通控制油液，而其左部使 a_1 接通油箱，控制油路切换，先导阀 5 的控制油路为：

进油路：过滤器 1→液压泵 2→精过滤器 4→先导阀 5→左抖动缸。

回油路：右抖动缸→先导阀 5→油箱。

主换向阀 6 的控制油路为：

进油路：过滤器 1→液压泵 2→精过滤器 4→先导阀 5→单向阀 I_2→主换向阀 6 右端。

回油路：主换向阀 6 左端→先导阀 5→油箱。

在控制油液作用下，先导阀 5 和主换向阀 6 的阀芯几乎同时向左快跳。先导阀 5 的阀芯

快跳至最左端位置，为主换向阀 6 的阀芯快跳创造有利条件，主换向阀 6 的阀芯也因此而加速快跳（第一次快跳）至中位，即阀芯中间凸肩进入阀体中间环形槽，使液压缸左右两腔均通压力油，工作台因此迅速停止运动，实现终制动，可见预制动和终制动几乎同时完成。因此，当工作台液压缸回油通道由先导阀 5 的阀芯制动锥关闭时，工作台制动也就立即完成，于是可以认为先导阀 5 的阀芯快跳位置决定了工作台在两端的停留位置，相应工作台的换向精度较高。

② 端点停留阶段。主换向阀 6 的阀芯快跳结束后，由于其阀体左端直通先导阀 5 的通道被主换向阀芯切断，主换向阀 6 控制油路变为：

进油路：与第一次快跳相同。

回油路：主换向阀 6 左端→节流阀 L_1→先导阀 5→油箱。

在控制油液作用下，主换向阀 6 的阀芯按节流阀 L_1（也称为停留阀）调定的速度慢速左移，由于主换向阀 6 的阀体中间环形槽宽度大于其阀芯中间凸肩宽度，液压缸左右两腔在阀芯慢速左移期间仍继续通压力油，使工作台停止状态持续一段时间，这就是工作台反向起动前的端点停留。调节节流阀 L_1（或 L_2）用于调整端点停留时间。

③ 反向起动阶段。当主换向阀 6 的阀芯慢速移动到其左部环形槽，将通道 b_1 和直通先导阀 5 的通道连通时，主换向阀 6 控制油路变为：

进油路：与第一次快跳相同。

回油路：主换向阀 6 左端→通道 b_1→主换向阀 6 的阀芯左部环形槽→先导阀 5→油箱。

在控制油液作用下，主换向阀 6 的阀芯快跳（第二次快跳）至最左端位置，主油路被迅速切换，相应工作台迅速反向起动，至此完成了工作台换向的全过程。

工作台向左运动到预定位置换向时，先导阀 5 和主换向阀 6 的阀芯自左向右移动的换向工作过程与上述相同。

主换向阀 6 的阀芯第二次快跳的目的是缩短工作台反向起动时间，保证起动速度，以提高磨削质量。因工作台反向起动前液压缸左右两腔均通压力油，故工作台快速起动的平稳性较好。

3）工作台液动与手动的互锁。当开停阀 7 处于图 6-12 所示右位接入系统位置时，互锁缸通入压力油，推动活塞使齿轮 z_1 和 z_2 脱开啮合，工作台运动不会带动手轮转动；当开停阀 7 左位接入系统时，工作台液压缸左右两腔连通，工作台停止液压驱动，同时互锁缸接通油箱，活塞在弹簧作用下向上移动而使齿轮 z_1 和 z_2 啮合，工作台可通过摇动手轮来移动，以调整工件的加工位置。这便实现了工作台液动与手动的互锁。

4）砂轮架的快速进、退运动。快动阀 13 处于图 6-12 所示位置时，快动缸油路为：

进油路：过滤器 1→液压泵 2→快动阀 13→快动缸右腔。

回油路：快动缸左腔→快动阀 13→油箱。

在压力油作用下，快动缸活塞通过丝杠螺母带动砂轮架快速前进到最前端位置，此位置靠砂轮架与定位螺钉接触（活塞与缸盖也几乎接触）来保证。为了防止砂轮架在快进运动终点出现冲击和提高快进终点的重复位置精度，快动缸的两端设有缓冲装置，同时还设有抵住砂轮架消除丝杠螺母副间隙的制动缸。快动阀 13 左位接入系统时，砂轮架快速退至最后端位置。

当快动阀 13 处于图 6-12 所示位置使砂轮架快进时，快动阀 13 的操纵手柄同时压下电气行程开关（图中未示出），使头架电动机和冷却泵电动机随即起动；快动阀 13 左位接入系统使砂轮架快退时，头架电动机和冷却泵电动机相应停止转动。

当将内圆磨具翻下磨削内孔时，电气微动开关（图中未示出）被压下，电磁铁 1YA 通电吸合而将快动阀 13 锁紧在右位，以免在内孔磨削时砂轮架因误操作而快退，引起事故。

5）砂轮架的周期进给运动。在图 6-12 所示状态下（选择阀 10 选定“双进”），当工作台向右运动至右端（砂轮磨削到工件左端）换向时，先导阀 5 切换控制油路使 a_2 点接通控制油液，a_1 点接通油箱，砂轮架进给缸进油路为：

过滤器 1→液压泵 2→精过滤器 4→先导阀 5→选择阀 10→进给阀 11→进给缸。

进给阀 11 的控制油路为：

进油路：过滤器 l→液压泵 2→精过滤器 4→先导阀 5→节流阀 L_3→进给阀 11 左端。

回油路：进给阀 11 右端→单向阀 I_4→先导阀 5→油箱。

在控制油液作用下，进给缸柱塞向左移动，柱塞的棘爪带动棘轮回转，通过齿轮和丝杠螺母副使砂轮在工件左端进给一次。同时进给阀 11 的阀芯向右移动，当其移动至 c_1 通道关闭、c_2 通道打开时，进给缸在弹簧作用下回油，其回油路为：

进给缸→进给阀 11→选择阀 10→先导阀 5→油箱。

进给缸柱塞在弹簧作用下右移复位，进给阀 11 的阀芯在控制油液作用下也右移至右端位置，为砂轮在工件右端进给做好准备。

同理，当工作台反向运动至左端（砂轮磨削到工件右端）换向时，砂轮则在工件右端进给一次，其工作原理与上述相同。

砂轮每次进给量由棘爪棘轮机构调整，进给快慢及平稳性则通过调节节流阀 L_3 和 L_4 来保证。

当选择阀 10 选定“左进”时，c_2 通道始终通油箱，故工作台在左端（砂轮磨削到工件右端）换向时，进给阀 11 的阀芯同样会移至最左端位置，为工作台在右端换向时进给做准备，但因此时进给缸始终通油箱而不会进给；当工作台在右端（砂轮磨削到工件左端）换向时，进给阀 11 和进给缸的工作情况同“双进”的工件左端进给。当选择阀 10 选定“右进”时，c_1 通道始终通油箱，故无工件左端进给。当选择阀 10 选定“无进”时，c_1 和 c_2 通道始终通油箱，故既无左端进给也无右端进给。

6）尾座顶尖的自动松开。为确保操作安全，砂轮架快速进、退与尾座顶尖的动作之间采取了互锁措施。图 6-12 所示状态下，砂轮架处于快进后的位置时，踩踏尾座阀 12 不可能使尾座顶尖退回；当砂轮架处于快退后的位置时，踩踏尾座阀 12 则会松开尾座顶尖。

7）机床的润滑。液压泵 2 输出的压力油经精过滤器 4 后分成两路，一路进入先导阀 5 作为控制油液，另一路则进入润滑稳定器作为润滑油，润滑油用固定节流器 L_5 降压，润滑油路中压力由压力阀 14 调节（一般为 0.1～0.15MPa）。压力油可经节流阀 L_6、L_7 和 L_8 分别流入导轨副及砂轮架丝杠螺母副等处进行润滑。各润滑点所需流量分别由各自的节流阀调节。

（2）液压系统的特点分析

1）采用活塞杆固定式双活塞杆缸，减小了机床占地面积，同时也保证了两个方向的运动速度一致。

2）采用结构简单、价格便宜且压力损失较小的节流阀回油节流调速，对于调速范围不

需很大、负载小且基本恒定的磨床来说完全合适。

3）采用回油节流调速回路，使液压缸回油腔具有一定背压，可防止空气侵入系统并提高了运动平稳性，至于停机后再起动的前冲现象，由于采用手动开停阀，它的转动范围较大（90°），开启速度相对较慢，系统压力又较低，故起动前冲现象得到改善。

4）由于主换向阀阀芯能实现第一次快跳、慢速移动和第二次快跳，先导阀也能快跳（抖动），故工作台能获得理想的换向精度。

5）由于设置了抖动缸，使工作台能做短距离的高频抖动，有利于保证切入式磨削及阶梯轴（孔）磨削的表面质量和提高生产率，同时也便于借助先导阀开始快跳的位置进行对刀。

6）开停阀和节流阀单独设置，机床重复起动后，工作台运动速度能保持不变，有利于保证加工质量。

7）快动阀和尾座阀串联连接，只有在砂轮架退离工件后，尾座阀才能起作用，尾座顶尖方能在油液压力作用下松开。磨削内孔时，采用电磁铁将快动阀锁紧在快进后的位置上，可防止安全事故发生。

8）四种进给方式用一个选择阀控制，操作方便。

9）本系统采用了将先导阀、主换向阀、开停阀、节流阀和抖动缸集中于同一阀体内的HYY21/3P－25T型快跳操纵箱，结构紧凑，管路短，管接头少，安装调试和操纵都较方便。

（3）液压系统的调整

1）压力调整。

① 将溢流阀3的调压手柄拧至最松，节流阀8关闭，使压力计开关9和开停阀7左位接入系统。

② 起动液压泵2，然后慢慢拧紧溢流阀3的调压手柄，同时观察压力计读数，当读数为0.9～1.1MPa时锁紧调压手柄。

③ 将压力计开关9右位接入系统，调节压力阀14的调压螺钉，同时观察压力计读数，当读数为0.1～0.15MPa时锁紧调压螺钉。

④ 使开停阀7右位接入系统，慢慢开大节流阀8，使工作台往复运动并观察p测压点和润滑油压力是否在规定范围内，同时应注意润滑油量是否正常。导轨润滑油过多会使工作台产生浮动而影响运动精度，过少则会使工作台产生低速爬行现象。一般油量过多时，首先检查润滑油压力是否过高，必要时可先降低压力再调节节流阀L_7和L_8；油量过少则应考虑润滑油压力是否过低，可先升高压力再调节流量。

2）快动缸调整。

① 将砂轮架底座前端的定位螺钉旋出，使砂轮架快速前进至最前端，千分表磁性表座固定在工作台上，表头触及砂轮架时得出某一读数。

② 将定位螺钉旋出而迫使横进丝杠后退0.05～0.10mm（此值由千分表反映）。

③ 将砂轮架分别快速进、退10次，并观察千分表读数变化值，若变化值在0.003mm以内，且无冲击现象，则调整完毕。

7. 万能外圆磨床保证加工精度及表面粗糙度所采取的主要措施

万能外圆磨床属于精加工机床，机床的加工精度和表面粗糙度比同尺寸规格的卧式车床要高一些。例如，把M1432B型万能外圆磨床和CA6140型卧式车床相比较，在CA6140卧式车床上（工件装在卡盘上），精车外圆的圆度允许为0.01mm；而在M1432B型磨床上（工件装在卡盘上），磨削外圆的圆度允许为0.005mm。

（1）砂轮架部分

1）砂轮架主轴轴承采用回转精度和刚度高及抗振性好得多的油楔动压滑动轴承，并严格要求砂轮架主轴轴承及主轴本身的制造精度。例如，主轴轴颈的圆度及圆锥度允许为0.002～0.003mm，前、后轴颈和前端锥面（装砂轮处）之间的跳动公差为0.003mm；轴颈和轴瓦之间的间隙经精确调整，应保证间隙为0.01～0.02mm。此外，为了提高主轴部件的抗振性，砂轮主轴的直径也较大。

2）采用V带直接传动砂轮主轴，使传动平稳。

3）易引起振动的主要件，如砂轮、砂轮压紧盘和带轮等，都要进行精确的静平衡，电动机还经动平衡，并安装在隔振垫上。

（2）头架和尾座部分

1）为了使传动平稳，头架的全部传动均采用带传动。

2）头架的主轴轴承选择精密的D级滚动轴承，并通过精确地修磨各垫圈厚度得到合适的预紧力。另外，用拨盘带动工件旋转时，头架主轴及顶尖固定不转（常称“固定顶尖”）。这些都有助于提高工件的回转精度及主轴部件的刚度。

3）头架主轴上的传动件带轮采用卸载结构，减少了主轴的弯曲变形。

4）尾座顶尖用弹簧力顶紧工件，因此，当工件热膨胀时，可由弹簧伸缩来补偿，不会引起工件的弯曲变形。

（3）横向进给部分

1）采用滚动导轨及高刚度的进给机构（如很粗的丝杠），以提高砂轮架的横向进给精度。

2）用液压制动缸来专门消除丝杠与螺母的间隙，以提高横向进给精度。

3）快进终点由刚度定位件——刚度定位螺钉来准确定位。

（4）其他

1）提高主要导向及支承件床身导轨的加工精度，如M1432B的床身导轨，在水平面内的直线度公差为0.01mm/1000mm，而一般卧式车床，此项公差为0.018mm/1000mm。导轨面由专门的低压油润滑，以减少磨损及控制工作台的浮起量，保证工作精度。

2）工作台用液压传动，运动平稳，并能无级调速，便于选用合适的纵向进给量。从上述结构特点看出，由于磨床各主要部件围绕提高精度及表面粗糙度采取了各种措施，使其磨削精度及表面粗糙度得到保证。

四、磨床附件

1. 砂轮的检查、安装、平衡和修整工具

砂轮因在高速下工作，因此安装前必须经过外观检查，不应有裂纹。

安装砂轮时，要求将砂轮不松不紧地套在轴上。在砂轮和法兰盘之间垫上1～2mm厚的弹性垫板（皮革或橡胶所制），如图6-13所示。

为了使砂轮平稳地工作，须对砂轮静平衡。砂轮静平衡的过程是：将砂轮装在心轴上，放在平衡架轨道的刀口上。如果不平衡，较重的部分总是转到下面，这时可移动法兰盘端面环形槽（平衡轨道）内的平衡铁进行平衡。这样反复进行，直到砂轮可以在刀口上任意位

置都能静止，这就说明砂轮各部重量均匀。这种方法称为静平衡。一般直径大于125mm的砂轮都应进行静平衡。

砂轮工作一定时间以后，磨粒逐渐变钝，砂轮工作表面空隙被堵塞，这时须进行修整，使已磨钝的磨粒脱落，以恢复砂轮的切削能力和外形精度。砂轮修整常用金刚石笔（图6-13）。修整时要用大量切削液，以避免金刚石笔因温度剧升而破裂。

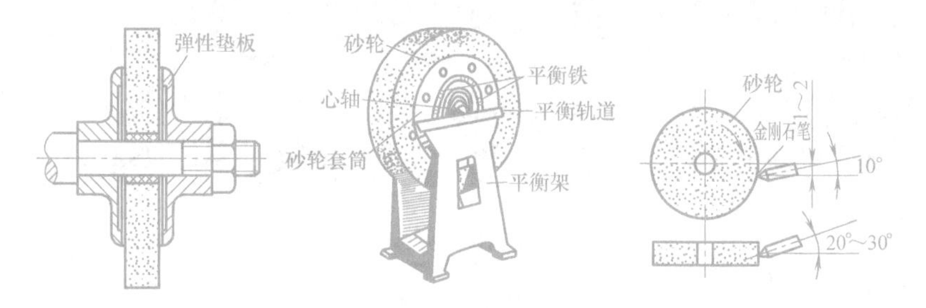

图6-13 砂轮的安装、平衡、修整工具

2. 磁力吸盘

磁力吸盘按磁力来源分为电磁吸盘和永磁吸盘两类。

电磁吸盘：内装多组线圈，通入直流电产生磁场，吸紧工件；切断电源，磁场消失，松开工件，如图6-14所示。

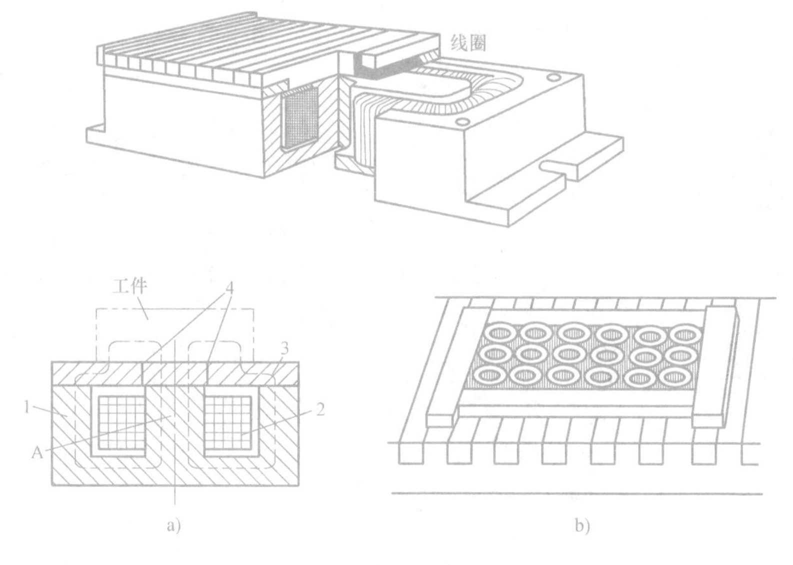

图6-14 电磁吸盘工作原理及应用

a）工作原理 b）应用

1—吸盘体 2—线圈 3—盖板 4—绝磁层 A—芯体

永磁吸盘：内装整齐排列并被绝缘板隔开的强力永久磁铁，磨削中小型工件的平面时常采用永磁吸盘工作台吸住工件，如图6-15所示。

电磁吸盘的工作原理如图6-14所示。1为钢制吸盘体，在它的中部凸起的芯体A上绕有线圈2，钢制盖板3被绝磁层4隔成一些小块。当线圈2中通过直流电时，芯体A被磁化，磁力线由芯体A经过盖板3-工件-盖板3-吸盘体1-芯体A而闭合（图中用虚线表示），

工件被吸住。绝磁层由铅、铜或巴氏合金等非磁性材料制成。它的作用是使绝大部分磁力线都能通过工件再回到吸盘体，而不能通过盖板直接回去，这样才能保证工件被牢固地吸在工作台上。

当磨削键、垫圈、薄壁套等尺寸小而壁较薄的零件时，因零件与工作台接触面积小，吸力弱，容易被磨削力弹出而造成事故。因此安装这类零件时，须在工件四周或左右两端用挡铁围住，以免工件移动。

3. 磨床用卡盘

磨削内圆时，工件大多数是以外圆和端面作为定位基准的，通常采用自定心卡盘、单动卡盘、花盘及弯板等夹具安装工件。其中，最常见的是用单动卡盘通过找正装夹工件，如图6-16所示。

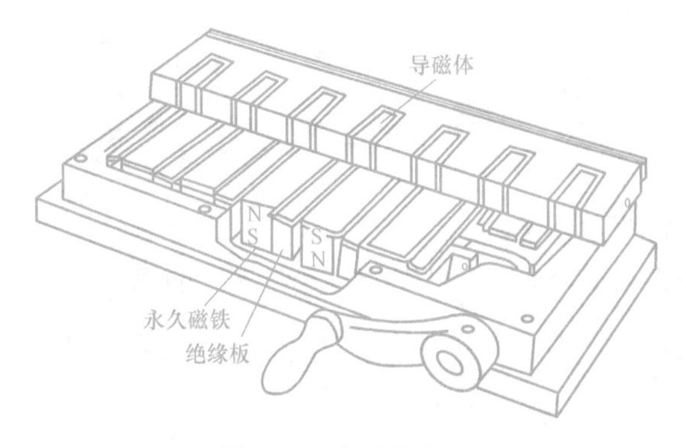

图6-15　永磁吸盘

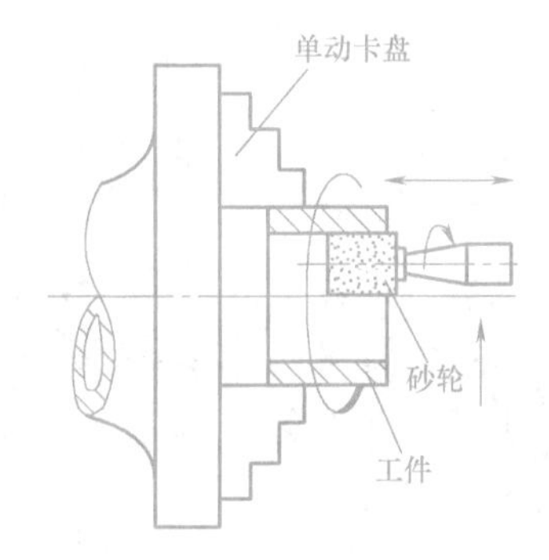

图6-16　单动卡盘安装工件

4. 顶尖

横磨法磨削工件时，可以用顶尖（图6-17）与鸡心夹头组合来装夹工件，如图6-18所示。

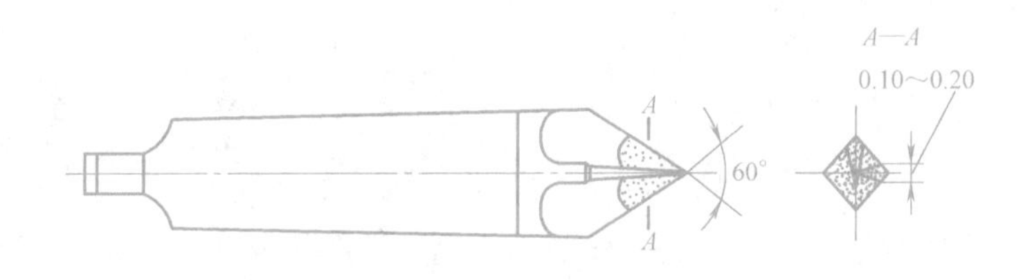

图6-17　硬质合金顶尖

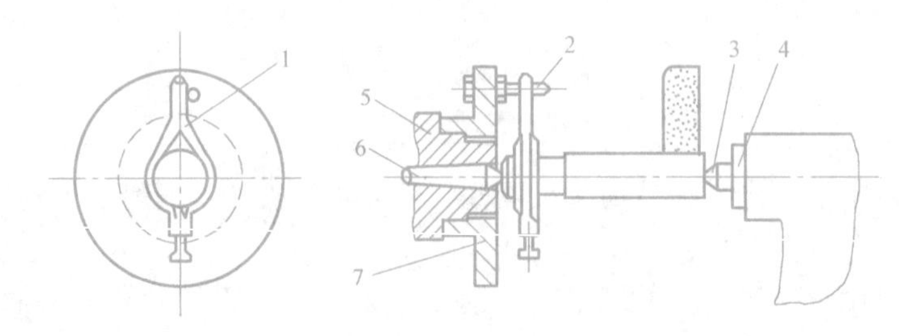

图6-18　顶尖、鸡心夹头安装工件

1—鸡心夹头　2—拨杆　3—顶尖　4—尾座套筒　5—连接盘　6—前顶尖　7—拨盘

5. 锥面检验量规

(1) 锥度检验量规　圆锥量规是检验圆锥面锥度最常用的量具。圆锥量规分为圆锥塞规（图6-19a、b）和圆锥套规（图6-19c）两种。圆锥塞规用于检验内锥孔，圆锥套规用于检验外锥体。

用圆锥塞规检验内锥孔的锥度时，可以先在塞规的整个圆锥表面上或顺着锥体的三条素线上均匀地涂上极薄的显示剂（红丹粉调机油或蓝油），接着把塞规放在锥孔中使锥面相互贴合，并在30°~60°范围轻轻来回转动几次，然后取出塞规察看。如果整个圆锥表面上摩擦痕迹均匀，则说明工件锥度准确，否则不准确，需继续调整机床使锥度准确为止。

用圆锥套规检验外锥体锥度的方法与上述相同，只不过显示剂应涂在工件上。

(2) 尺寸检验量规　圆锥面的尺寸一般也用圆锥量规进行检验。通常外锥体是通过检验小端直径以控制锥体的尺寸，内锥孔是通过检验大端直径以控制锥孔的尺寸。根据圆锥的尺寸公差，在圆锥量规的大端或小端处，有两条圆周线或小台阶，表示量规的止端和过端，分别控制圆锥的上极限尺寸和下极限尺寸。

用圆锥塞规检验内锥孔的尺寸时，如果是图6-20a所示的情形，说明锥度尺寸符合要求；如果是6-20b所示的情形，说明锥孔尺寸太小，需再磨去一些；如果是6-20c所示的情形，说明锥孔尺寸太大，已超过公差范围。用圆锥套规检验外锥体尺寸的方法与上述类似。

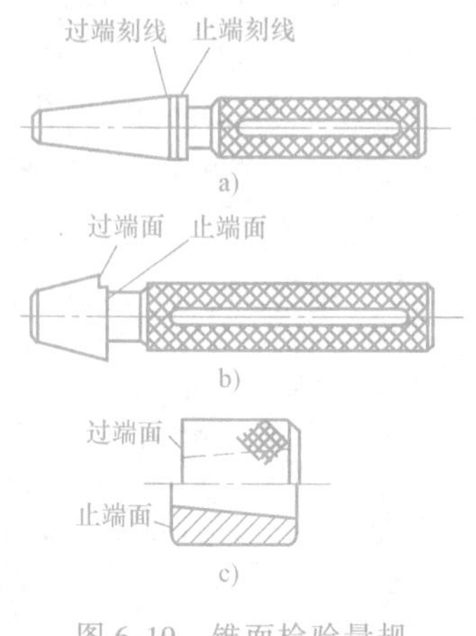

图6-19　锥面检验量规

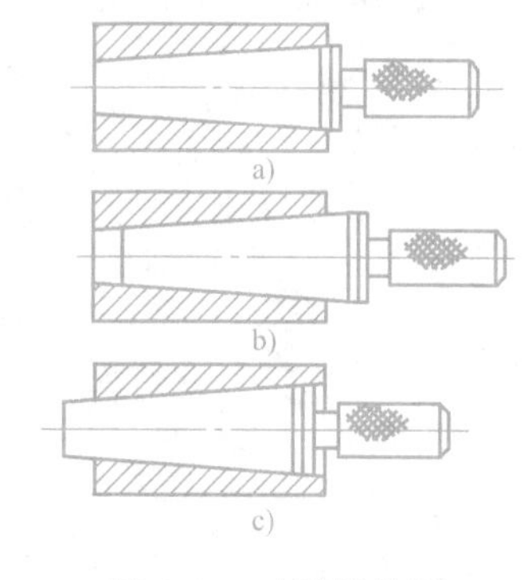

图6-20　内锥孔检验

五、其他类型磨床简介

1. 内圆磨床

内圆磨床（图6-21）主要用于磨削内圆柱面、内圆锥面及端面等。

内圆磨床由床身1、工作台2、头架3、磨具架4、床鞍5以及砂轮修整器、操纵装置等部件组成。内圆磨床的液压传动系统与外圆磨床相似。

内圆磨削与外圆磨削相比，由于砂轮直径受工件孔径的限制，一般较小，而悬伸长度又较大，刚性差，磨削用量不能高，所以生产率较低；又由于砂轮直径较小，砂轮的圆周速度较低，加上冷却排屑条件不好，所以表面粗糙度值不易降低。因此，内圆磨床磨削内圆时，

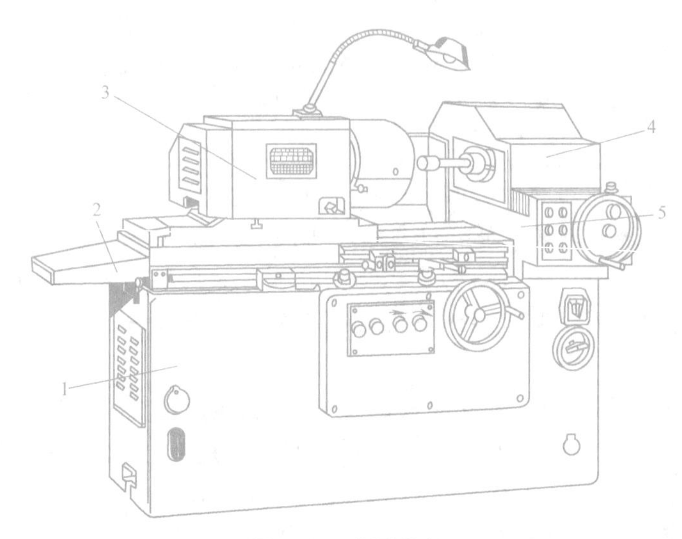

图 6-21　内圆磨床

1—床身　2—工作台　3—头架　4—磨具架　5—床鞍

为了提高生产率和加工精度，砂轮和砂轮轴应尽可能选用较大直径，砂轮轴伸出长度应尽可能缩短。

2. 平面磨床

平面磨床主要用于磨削工件平面。

磨平面时，一般是以一个平面为基准磨削另一个平面。若两个平面都要磨削且要求平行时，则可互为基准，反复磨削。

平面磨削常用的方法有两种：一种是用砂轮的周边在卧轴平面磨床上进行磨削，即周磨法，如图 6-22a、b 所示；另一种是用砂轮的端面在立轴平面磨床上进行磨削，即端磨法，如图 6-22c、d 所示。

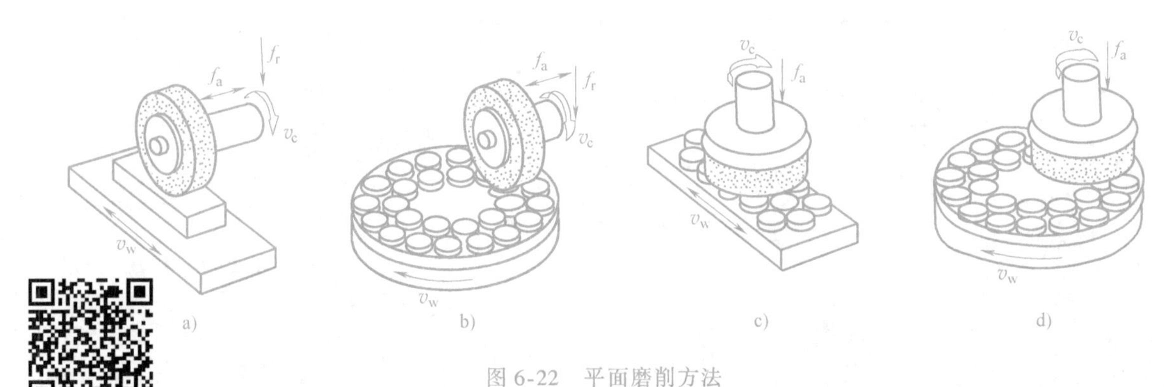

图 6-22　平面磨削方法

a)、b) 周磨法　c)、d) 端磨法

当工作台为矩形工作台时，磨削工作由砂轮的旋转运动（主运动）和砂轮的垂直进给、工件的纵向进给、砂轮的横向进给等运动来完成。当工作台为圆形工作台时，磨削工作由砂轮的旋转运动（主运动）和砂轮的垂直进给、工作台的旋转运动来完成。

用周磨法磨削平面时，砂轮与工件接触面积小，排屑和冷却条件好，工件发热变形小，而且砂轮圆周表面磨损均匀，所以能获得较好的加工质量，但磨削效率较低，适用于精磨。

用端磨法磨削平面时，刚好和周磨法相反，它的磨削效率较高，但磨削精度较低，适用于粗磨。

（1）卧轴矩台平面磨床　如图6-23所示，卧轴矩台平面磨床由床身1、工作台2、磨头3、滑座4、立柱5及砂轮修整器等部件组成。矩形工作台2装在床身1的导轨上，由液压驱动做往复运动，由挡块推动换向阀使工作台换向，也可用驱动工作台手轮操纵，以进行必要的调整。工作台上装有电磁吸盘或其他夹具，用来装夹工件。

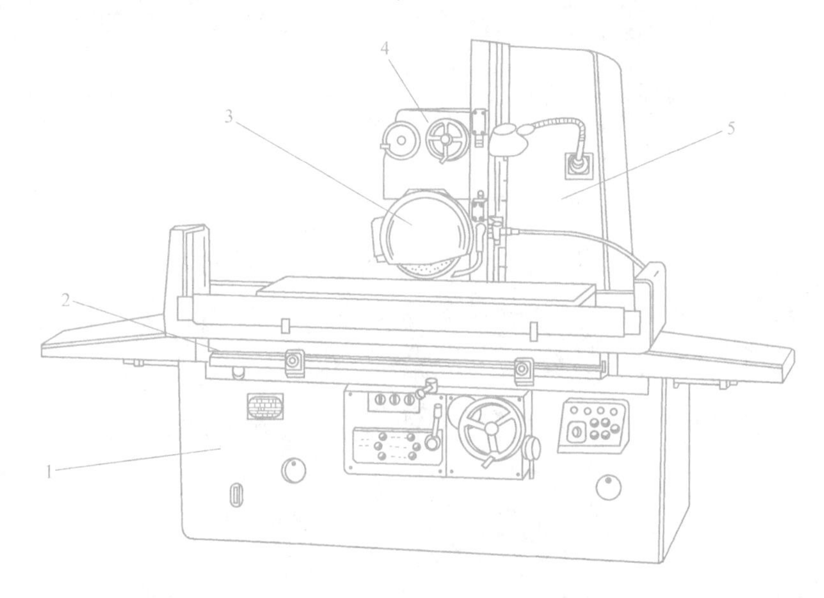

图6-23　卧轴矩台平面磨床

1—床身　2—工作台　3—磨头　4—滑座　5—立柱

磨头3沿滑座4的水平导轨可作横向进给运动，这可由液压驱动或由横向进给手轮操纵。滑座可沿立柱5的导轨垂直移动，以调整磨头的高低位置及完成垂直方向进给运动。此处，垂直运动也可通过转动垂直进给手轮来实现。砂轮由装在磨头壳体内的电动机直接驱动旋转。

（2）立轴圆台平面磨床　如图6-24所示，立轴圆台平面磨床由床身1、圆形工作台2、磨头3、立柱4等部件组成。圆形工作台2装在床身1的导轨上做回转运动。工作台上装有电磁吸盘或其他夹具，用来装夹工件。

磨头3沿立柱4的垂直导轨可做垂直方向进给运动以调整磨头的高低位置及完成垂直进给运动。同理，垂直运动也可通过转动垂直进给手轮来实现。砂轮由装在磨头壳体内的电动机驱动旋转。

3. 无心外圆磨床

无心外圆磨削的原理如图6-25所示。工件置于磨削砂轮和导轮之间的托板上，以工件自身外圆为定位基准。当砂轮以转速 n_0 旋转，工件就有以与砂轮相同的线速度回转的趋势，但由于其受到导轮摩擦力的制约作用，只能以接近于导轮线速度的转速 n_w 回转，从而在砂轮和工件之间形成很大的速度差，由此产生磨削作用。改变导轮的转速，便可以调整工件的圆周进给速度。无心外圆磨削有两种磨削方式：贯穿磨削（图6-25a、b）、切入磨削（图 6-25c）。

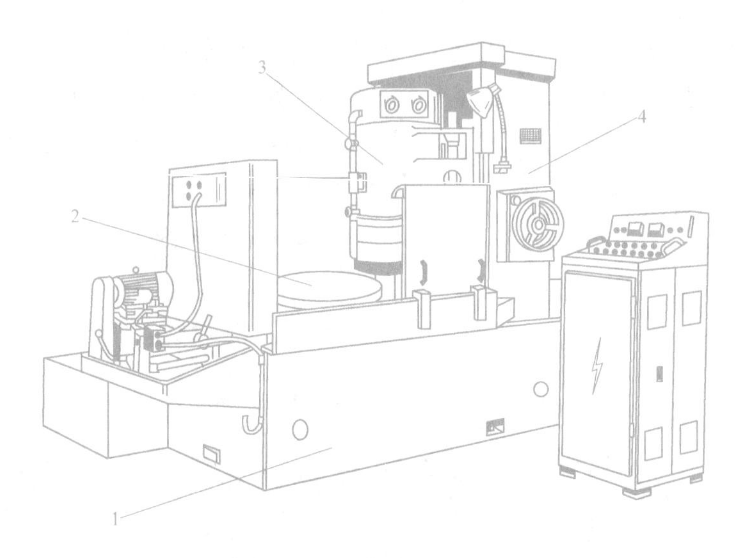

图 6-24　立轴圆台平面磨床

1—床身　2—圆形工作台　3—磨头　4—立柱

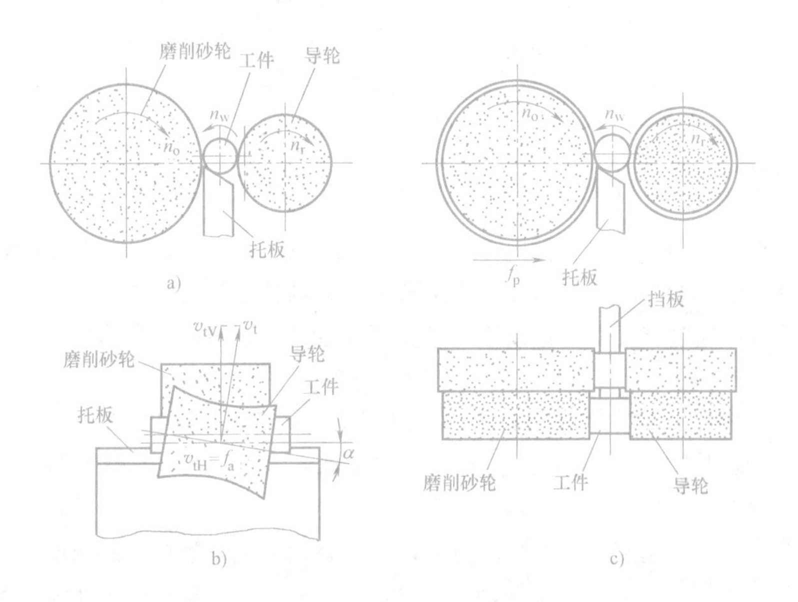

图 6-25　无心外圆磨削原理

a)、b）贯穿磨削　c）切入磨削

贯穿磨削时，将导轮在与砂轮轴平行的平面内倾斜一个角度 α（通常 $\alpha=2°\sim6°$），这时需将导轮的外圆表面修磨成双曲回转面，以与工件成线接触状态，这样就在工件轴线方向上产生一个轴向进给力。设导轮的线速度为 v_t，它可分解为两个分量 v_{tV} 和 v_{tH}。v_{tV} 带动工件回转，并等于 v_w；v_{tH} 使工件做轴向进给运动，其速度就是 f_a，工件一面回转一面沿轴向进给，就可以实现连续的纵向进给磨削。

切入磨削时，砂轮做横向切入进给运动 f_p 来磨削工件表面。在无心外圆磨削过程中，由于工件是靠自身轴线定位的，因而磨削出来的工件尺寸精度与几何精度都比较高，表面粗糙度值小。如果配备适当的自动装卸料机构，就易于实现自动化。但是，无心外圆磨床调整费时，只适于大批生产。无心外圆磨床如图 6-26 所示。

4. 珩磨机（Honing Machine）

珩磨机是利用珩磨头珩磨工件进行精加工的磨床，主要用在汽车、拖拉机、液压元件、轴承、航空等制造业中珩磨工件的高精度孔。

珩磨机有立式和卧式两种。立式珩磨机（图 6-27）的主轴工作行程较短，适用于珩磨缸体和箱体孔等。镶嵌有磨石的珩磨头由竖直安置的主轴带动旋转，同时在液压装置的驱动下做垂直方向往复进给运动。

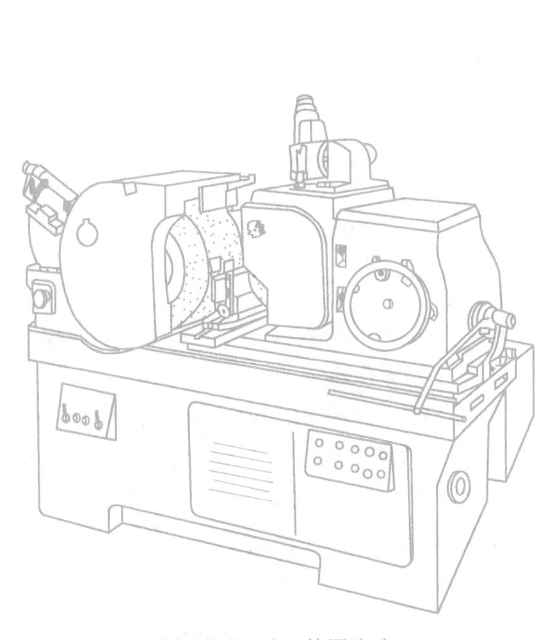

图 6-26 无心外圆磨床

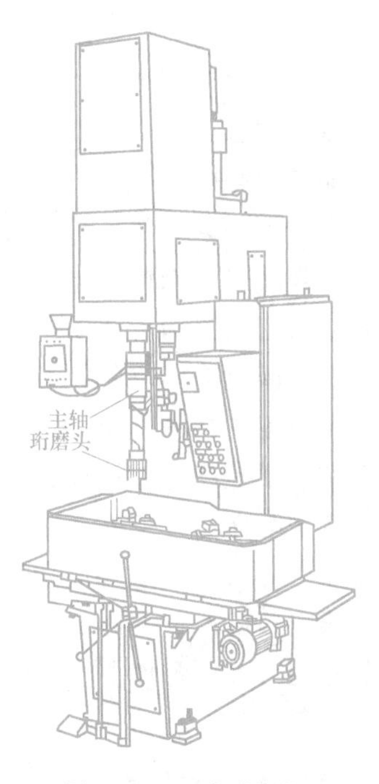

图 6-27 立式珩磨机

卧式珩磨机的工作行程较长，适用于珩磨深孔，孔深可达 3000mm。水平放置的珩磨头不旋转，只作轴向往复运动，工件由主轴带动旋转，床身中部设有支承工件的中心架和支承珩磨杆的导向架。

在加工过程中，珩磨头的磨石在胀缩机构作用下做径向进给运动，把工件逐步加工到所需尺寸，如图 6-28 所示。新型的珩磨机多采用液压胀缩的珩磨头。

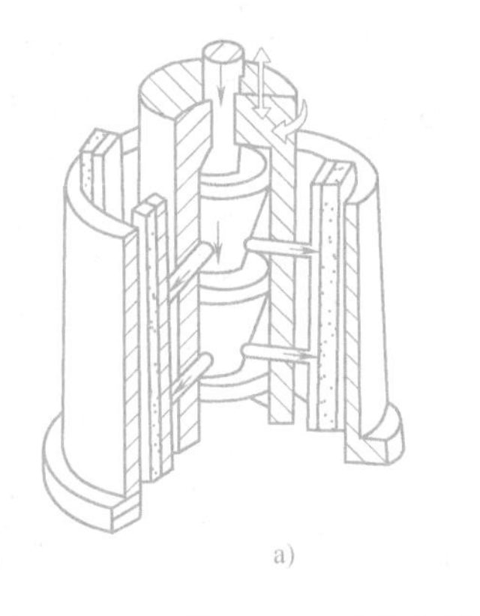

a)

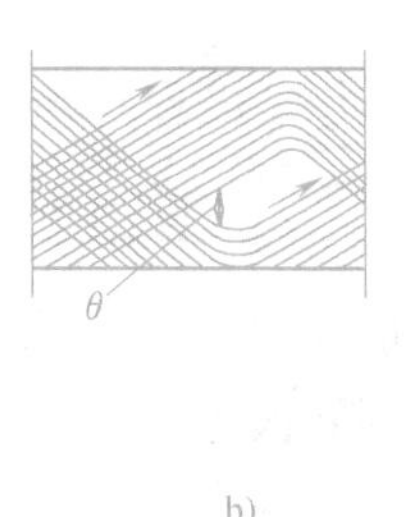

b)

图 6-28 珩磨头及其运动切削轨迹

a）成形运动 b）一根磨石在双行程中的切削轨迹

珩磨机大多是半自动的，常带有自动测量装置，还可纳入自动生产线工作。除加工孔的珩磨机外，还有加工其他表面的外圆珩磨机、轴承滚道珩磨机、平面珩磨机和曲面珩磨机等。

5. 研磨机

研磨机是用涂上或嵌入磨料的研具对工件表面进行研磨的磨床，主要用于研磨工件中的高精度平面、内外圆柱面、圆锥面、球面、螺纹面和其他型面。研磨机的主要类型有圆盘式研磨机、转轴式研磨机和各种专用研磨机。

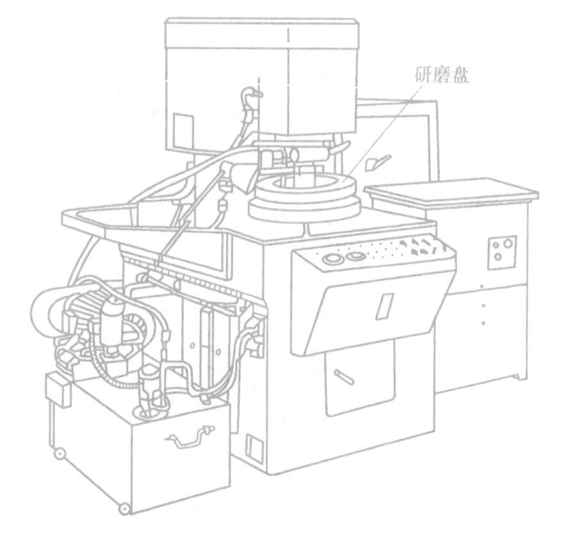

图 6-29　双盘研磨机

(1) 圆盘式研磨机　分单盘和双盘两种，以双盘研磨机应用最为普通，如图 6-29 所示。在双盘研磨机上，多个工件同时放入位于上、下研磨盘之间的保持架内，保持架和工件由偏心或行星机构带动做平面平行运动。下研磨盘旋转，与之平行的上研磨盘可以不转，或相对下研磨盘反向旋转，并可上下移动以压紧工件（压力可调）。此外，上研磨盘还可随摇臂绕立柱转动一定的角度，以便装卸工件。双盘研磨机主要用于加工两平行面、一个平面（需增加压紧工件的附件）、外圆柱面和球面（采用带 V 形槽的研磨盘）等。加工外圆柱面时，因工件既要滑动又要滚动，须合理选择保持架孔槽形式和排列角度。单盘研磨机只有一个下研磨盘，用于研磨工件的下平面，可使形状和尺寸各异的工件同盘加工，研磨精度较高。有些研磨机还带有能在研磨过程中自动找正研磨盘的机构。

(2) 转轴式研磨机　由正、反向旋转的主轴带动工件或研具（可调式研磨环或研磨棒）旋转，结构比较简单，用于研磨内、外圆柱面。

(3) 专用研磨机　依据研磨工件的不同，专用研磨机可分为中心孔研磨机、钢球研磨机和齿轮研磨机等。此外，还有一种采用类似无心磨削原理的无心研磨机，用于研磨圆柱形工件。

第三节　任务实施

磨削加工是外圆表面精加工的主要方法之一。它既可加工淬硬后的表面，又可加工未经淬火的表面。

根据磨削时工件定位方式的不同，外圆磨削可分为中心磨削和无心磨削两大类。

任务　阶梯轴的磨削

阶梯轴如图 6-30 所示，试完成该零件的磨削。

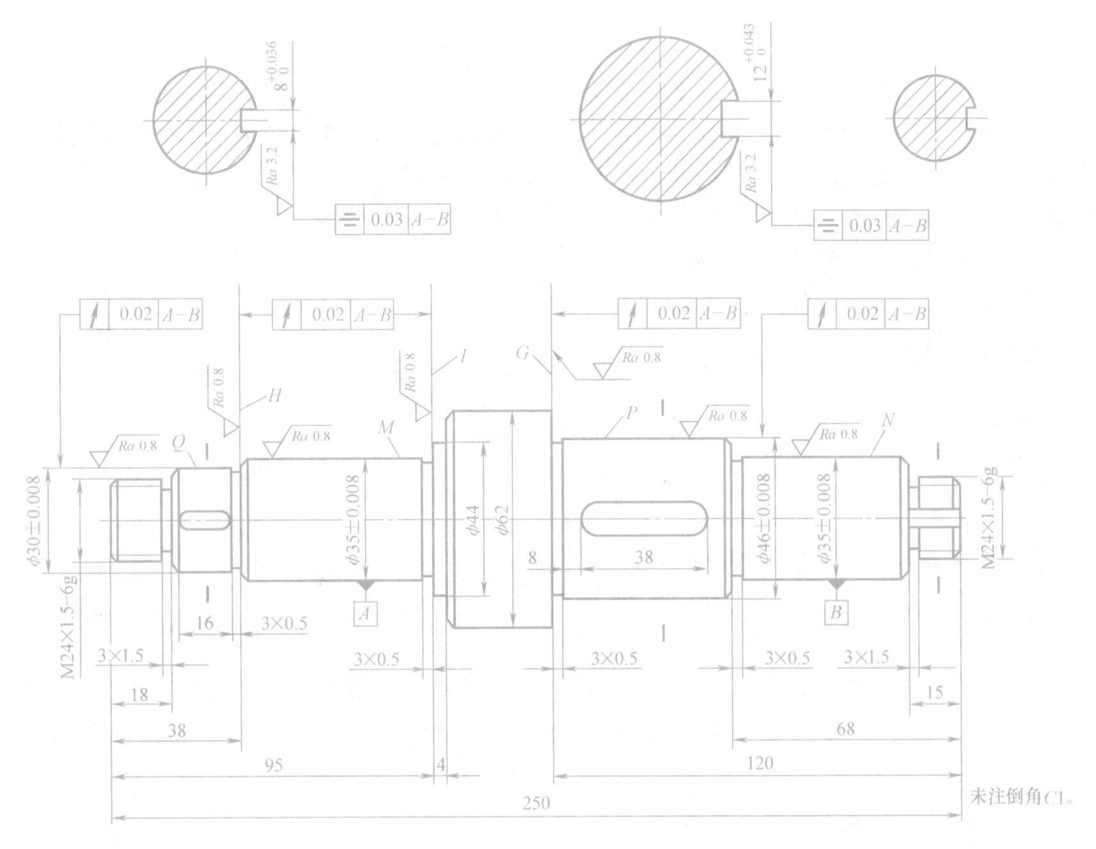

图 6-30　阶梯轴

阶梯轴的加工工艺见表 6-1。

表 6-1　阶梯轴的加工工艺

工序号	工种	工序内容	设备
1	下料	φ65mm×265mm	
2	车	自定心卡盘夹持工件，车平端面，钻中心孔，用尾座顶尖顶住，粗车 P、N 及螺纹段三个台阶，直径、长度均留余量 2mm	CA6140
		调头，自定心卡盘夹持工件另一端，车端面保证总长 259，钻中心孔，用尾座顶尖顶住，粗车另外四个台阶，直径、长度均留余量 2mm	CA6140
3	热	调质处理 24～38HRC	
4	钳	修研两端中心孔	CA6140
5	车	双顶尖装夹，半精车三个台阶，螺纹大径车到 $\phi24^{-0.1}_{-0.2}$，P、N 两个台阶直径上留余量 0.5mm，车槽 3 个，倒角 3 个	CA6140
		调头，双顶尖装夹，半精车余下的五个台阶，φ44mm 及 φ62mm 台阶车到图样规定的尺寸。螺纹大径车到 $\phi24^{-0.1}_{-0.2}$，其余两个台阶直径上留余量 0.5mm，车槽 3 个，倒角 4 个	CA6140
6	车	双顶尖装夹，车一端螺纹 M24×1.5—6g，调头，双顶尖装夹，车另一端螺纹 M24×1.5—6g	CA6140
7	钳	划 2 个键槽及 1 个止动垫圈槽加工线	
8	铣	铣 2 个键槽及 1 个止动垫圈槽，键槽深度比图样规定尺寸多铣 0.25mm，作为磨削的余量	X52
9	钳	修研两端中心孔	CA6140
10	磨	磨外圆 Q 和 M，并用砂轮端面靠磨台阶 H 和 I。调头，磨外圆 N 和 P，靠磨台阶 G	M1432A
11	检	检验	

一、磨床选用

1. 零件图分析

1）本任务需要磨外圆柱面 Q、M、N、P，并用砂轮端面靠磨台阶端面 H、I、G。根据零件结构，需要调头磨削。即先磨外圆柱面 Q 和 M，用砂轮端面靠磨台阶端面 H 和 I 调头，再磨外圆柱面 N 和 P，靠磨台阶端面 G。

2）各轴颈表面粗糙度 Ra 值为 0.8μm。

3）工件磨削前调质处理 24～38HRC。

4）零件材料为 45 钢。

2. 刀具选用（参见《机械加工工艺人员手册》）

1）选用白刚玉陶瓷砂轮，硬度为 K，粒度为 F80。

2）砂轮直径为 ϕ420mm，宽度为 60mm。

3. 切削参数选用（参见《机械加工工艺人员手册》）

1）外圆磨削时，$v_c=30\sim35$m/s，本任务取 $v_c=35$m/s。

2）圆周进给运动即工件绕本身轴线的旋转运动。工件圆周速度 v_w 一般为 13～26m/min。本任务取 $v_w=13$ m/min。

3）本任务采用横磨法磨削，横向进给量 f_c 也就是通常所谓的磨削深度，指工作台每单行程或每双行程工件相对砂轮横向移动的距离。一般 $f_c=0.005\sim0.05$mm。本任务取 $f_c=0.005$mm。

4）使用砂轮外侧面靠磨各端面。

4. 装夹方式选择

采用双顶尖中心孔定位夹紧，鸡心夹头拨动工件旋转。

5. 磨床的选用及技术参数的确定

1）任务零件属于中小型零件，适用的外圆磨床种类很多，如 M1420、M1432A 等型号，其中 M1432A 型万能外圆磨床应用广泛，具有典型性，所以本任务选用 M1432A 型万能外圆磨床。

2）M1432A 型万能外圆磨床主参数（最大磨削直径）为 320mm，最大工件长度为 1000mm，满足工件加工要求。

3）根据公式 $v_c=\pi dn/(1000\times60)$（$v_c$ 的单位为 m/s）计算 M1432A 型万能外圆磨床主轴转速。

① 主轴转速。本任务取 $v_c=35$m/s，故 $n=1620$r/min。

② 工件头架转速。本任务取 $n_w=28$r/min。磨削过程如图 6-31 所示。

二、附件应用

1. 附件应用

1）鸡心夹头夹持部分应与工件被夹持部位尺寸吻合。

2）砂轮安装前应在静平衡架上做好平衡。

3）砂轮修整器应处于随时可用状态。

2. 机床操作注意事项

1）磨削开始前，应调整好砂轮与工件间的距离，以免砂轮架快速引进时砂轮与工件

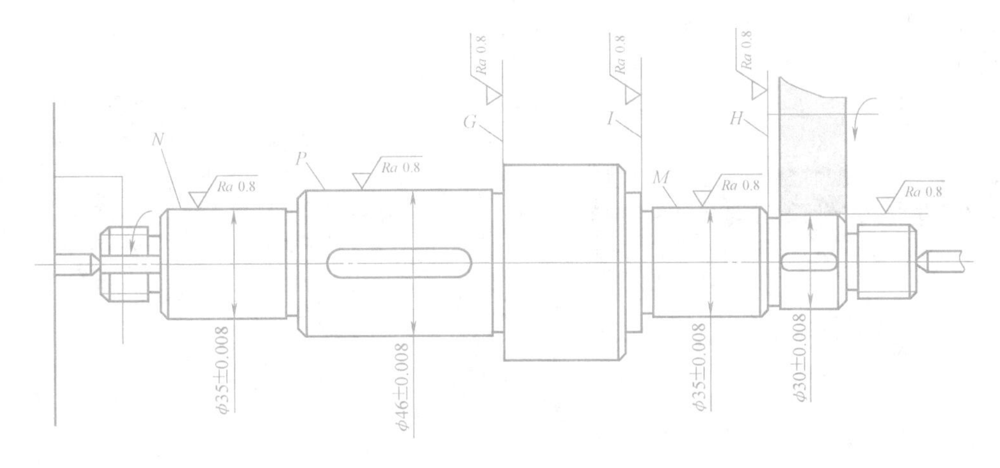

图 6-31　磨削过程

相碰。

2）工件的单边加工余量一般不超过 0. 3mm。不准磨削未经机械加工的工件。

3）磨削表面有花键、键槽和扁圆的工件时，进给量要小，磨削速度不能太快，防止发生撞击。

4）修整砂轮时，应将砂轮座快速引进后，再进行砂轮的修正工作。起动砂轮前，应将液压开停阀放在停止位置，调整手柄放在最低速位置，砂轮座快速进给手柄放在后退位置，以免发生意外。

5）每次起动砂轮前，应先起动润滑泵或静压供油系统液压泵，待砂轮主轴润滑正常，水银开关顶起或静压压力达到设计规定值，砂轮主轴浮起后，才能起动砂轮回转。

6）刚开始磨削时，进给量要小，切削速度也要小些，防止砂轮因冷脆破裂，特别是冬天气温低时更应注意。

7）砂轮快速引进工件时，不准机动进给，进给速度不准过大，注意工件突出棱角部位、防止碰撞。

8）砂轮主轴温度超过 60℃时必须停机，待温度恢复正常后再工作。

9）不准用磨床的砂轮当作普通的砂轮机一样磨削。

企 业 点 评

磨床属于高速加工机床，学生不仅要掌握其结构特征，工作原理，还必须掌握磨床操作要领及注意事项，避免发生设备损坏及人身伤害事故。

习题与思考题

1. 在 M1432A 型万能外圆磨床上磨削工件，当磨削了若干工件后，发现砂轮磨钝，经修整后砂轮直径减少 0. 05 mm，需调整磨床的横向进给机构，试列出调整运动平衡式。

2. M1432A 型万能外圆磨床应具备哪些主要运动与辅助运动？具有哪些连锁装置？

3. 万能外圆磨床能磨削哪些表面？磨削圆锥面有哪几种方法？各适用于什么场合？

4. 磨削外圆柱面时，机床有哪些运动？它们各起什么作用？

5. 试说明 M1432A 型万能外圆磨床砂轮主轴轴承的工作原理及其调整方法。

6. 在 M1432A 型万能外圆磨床上磨削外圆时，问：

（1）如用两顶尖支承工件进行磨削，为什么工件头架的主轴不转动？另外，工件是怎样获得圆周进给运动的？

（2）如工件头架和尾座的锥孔中心在垂直平面内不等高，磨削的零件将产生什么误差，如何解决？如果两者在水平面内不同轴，磨削的零件又将会产生什么误差，如何解决？

7. 说明 M1432A 型万能外圆磨床上工作台面倾斜 10°的作用。

第七章

其他机床简介

第一节 钻　　床

钻床是一种用途广泛的孔加工机床。钻床主要是用钻头钻削精度要求不高、尺寸较小的孔。在钻床上加工时，工件不动，刀具做旋转主运动，同时沿轴向移动，完成进给运动。

钻床可分为立式钻床、台式钻床、摇臂钻床和专门化钻床等，通常以钻头的回转为主运动，钻头的轴向移动为进给运动。大部分钻床是以最大钻孔直径为其主参数。

钻床的主要功用为钻孔和扩孔，也可以用来铰孔、攻螺纹、锪沉头孔及凸台端面。在上述钻床中，应用最广泛的是摇臂钻床和立式钻床。图 7-1 所示为钻床的工艺范围。

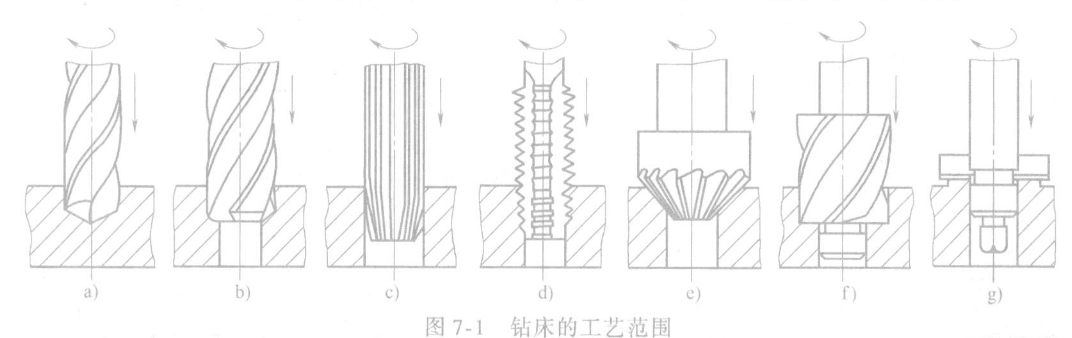

图 7-1　钻床的工艺范围

a）钻孔　b）扩孔　c）铰孔　d）攻螺纹　e）、f）锪沉头孔　g）锪端面

一、Z3040 型摇臂钻床组成及传动系统分析

在大中型工件上钻孔时，希望工件不动，而主轴可以很方便地任意调整位置，这就要采用摇臂钻床。

1. Z3040 型摇臂钻床组成及基本运动

如图 7-2 所示，Z3040 型摇臂钻床主轴箱 4 装在摇臂 3 上，并可沿摇臂 3 上的导轨做水平移动。摇臂 3 可沿立柱 2 做垂直升降运动，该运动的目的是适应高度不同的工件需要。此外，摇臂还可以绕立柱轴线回转。为使钻削时机床有足够好的刚性，并使主轴箱的位置不变，当主轴箱在空间的位置完全调整好后，应对产生上述相对移动和相对转动的立柱、摇臂和主轴箱用机床内相应的夹紧机构快速夹紧。摇臂钻床的主轴能任意调整位置，可适应工件上不同位置的孔的加工。

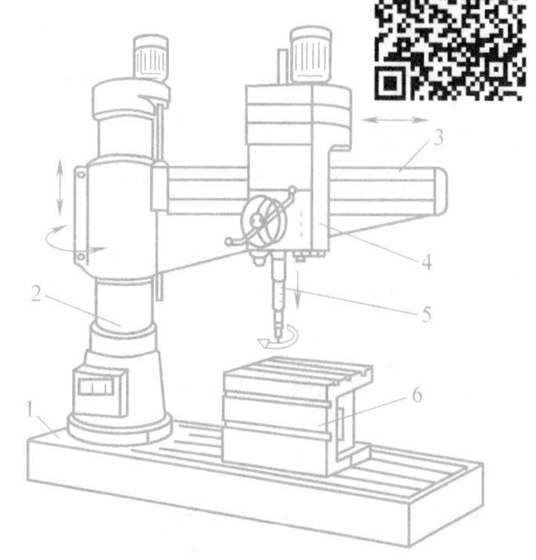

图 7-2　Z3040 型摇臂钻床

1—底座　2—立柱　3—摇臂　4—主轴箱　5—主轴　6—工作台

摇臂钻床的运动有主轴的旋转主运动、主轴的轴向进给运动、主轴箱沿摇臂的水平移动、摇臂的升降运动及回转运动等。其中，前两个运动为表面成形运动，后三个运动为辅助运动。

2. Z3040 型摇臂钻床传动系统

Z3040 型摇臂钻床的传动系统如图 7-3 所示。

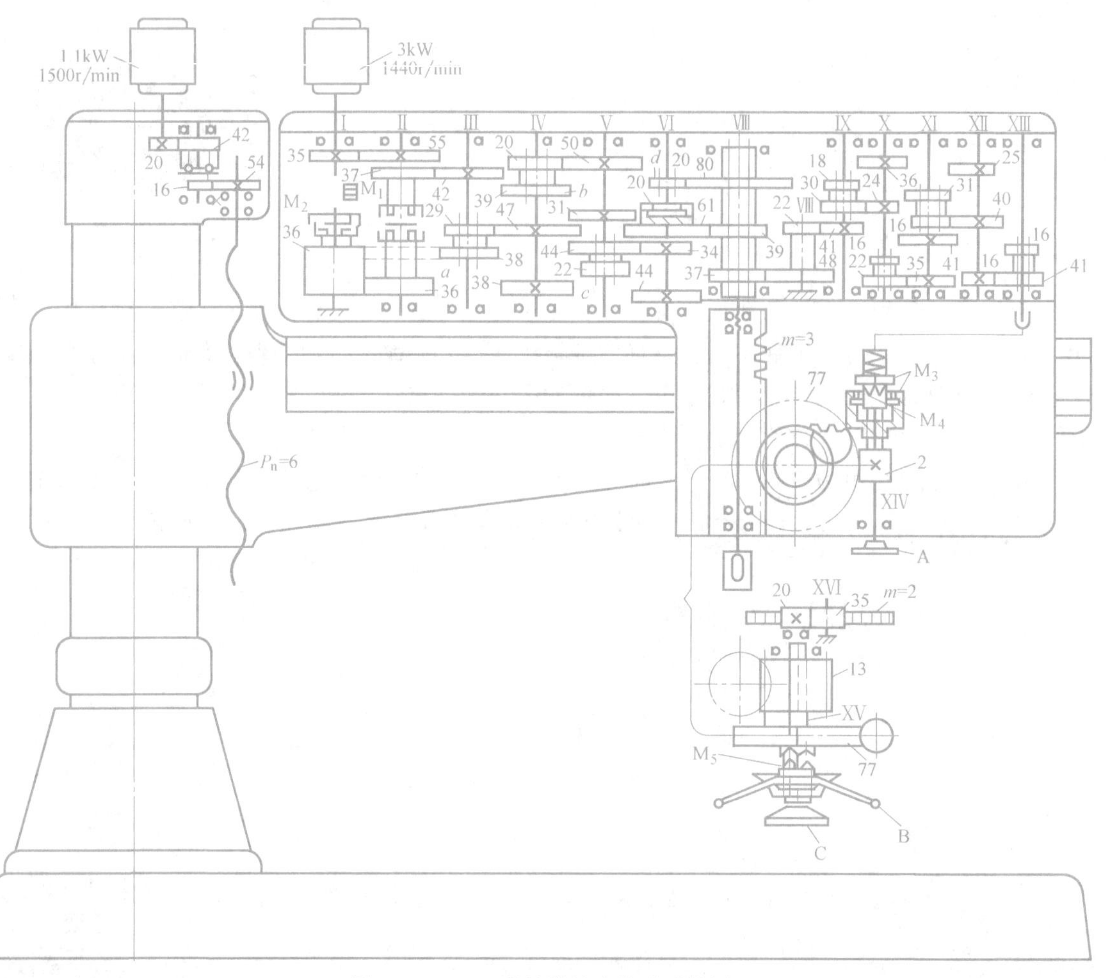

图 7-3　Z3040 型摇臂钻床传动系统图

M_1—多片离合器　M_2—液压制动器　M_3—内齿式离合器　M_4—安全离合器　M_5—离合器　A—主轴低速升降操作手轮　B—主轴快速升降操作手轮　C—主轴箱水平移动操作手轮　a、b、c、d—主轴换置机构中的滑移齿轮

(1) 主运动传动链　其传动路线表达式为

$$\text{电动机}(3\text{kW}\quad 1440\text{r/min})-\text{I}-\frac{35}{55}-\text{II}-\begin{bmatrix}\vec{M}_1-\frac{37}{42}\\(\text{换向})\\\overleftarrow{M}_1-\frac{36}{36}\times\frac{36}{38}\end{bmatrix}-\text{III}-\begin{bmatrix}\frac{29}{47}\\\frac{38}{38}\end{bmatrix}-\text{IV}-\begin{bmatrix}\frac{20}{50}\\\frac{39}{31}\end{bmatrix}-\text{V}-\begin{bmatrix}\frac{22}{44}\\\frac{44}{34}\end{bmatrix}-\text{VI}-\begin{bmatrix}\frac{20}{80}\\M-\frac{61}{39}\end{bmatrix}-\text{VII}(\text{主轴})$$

经轴Ⅱ上的双向多片离合器 M_1 使运动从齿轮副37/42或36/36、36/38传至轴Ⅲ，从而控制主轴做正转或反转运动。

（2）进给运动传动链　其传动路线表达式为

$$\text{Ⅶ（主轴）}-\frac{37}{48}-\text{Ⅷ}-\frac{22}{41}-\text{Ⅸ}-\begin{bmatrix}\frac{18}{36}\\\frac{30}{24}\end{bmatrix}-\text{Ⅹ}-\begin{bmatrix}\frac{16}{41}\\\frac{22}{35}\end{bmatrix}-\text{Ⅺ}-\begin{bmatrix}\frac{16}{40}\\\frac{31}{25}\end{bmatrix}-\text{Ⅻ}-\begin{bmatrix}\frac{16}{41}\\\frac{40}{16}\end{bmatrix}-\text{ⅩⅢ}-M_4-$$

$$M_3\text{（合）}-\text{ⅩⅣ}-\frac{2}{77}-M_5\text{（合）}-\text{ⅩⅤ}-z13-\text{齿条}(m=3)-\text{主轴轴向进给}$$

推动手柄B可使 M_5 脱开机动进给链，从而通过转动手柄B使主轴快速升降。脱开离合器 M_3，可用手轮A经蜗杆副（2/77）使主轴做低速升降，用于手动微量进给。转动手轮C，可使主轴箱水平移动。摇臂的升降是由立柱顶上的电动机通过升降丝杠来实现的。

二、Z3040型摇臂钻床主要部件结构

1. 主轴部件

图7-4所示为Z3040型摇臂钻床的主轴部件。摇臂钻床的主轴在加工时既做旋转主运动又做轴向进给运动，所以主轴1用轴承支承在主轴套筒2内，主轴套筒则装在主轴箱体的镶套11中，由齿轮4和主轴套筒2上的齿条驱动主轴套筒连同主轴做轴向进给运动。主轴的旋转由主轴箱内的齿轮经主轴尾部的花键传入，而齿轮通过轴承支承在主轴箱体上，使主轴卸荷。主轴的径向支承采用两个深沟球轴承，因钻床主轴的回转精度要求不高，故深沟球轴承的间隙不需要调整。主轴的轴向支承采用两个推力球轴承，前端的推力球轴承承受钻削时产生的向上轴向力，后端的推力球轴承主要承受在空转时主轴的重量。轴承的间隙由锁紧螺母3调整。

由于钻床的主轴是垂直安装的，为了防止主轴因自重下落，同时使操纵主轴升降轻便，在摇臂钻床上设有平衡机构。由弹簧7产生的弹力，经链条5、链轮6、凸轮8、齿轮9和4作用在主轴套筒2上，与主轴部件的重量相平衡。这一套机构称为弹簧-凸轮平衡机构，如图7-4所示。

主轴1的前端有一个莫氏4号锥孔，用于安装和紧固刀具。主轴前端还有二个腰形孔。上面一个与刀柄相配，以传递转矩，并可做卸刀用；下面一个用于特殊加工方式下固定刀具。钻头的安装和拆卸如图7-5所示。

2. 立柱

Z3040型摇臂钻床的立柱采用圆形双柱式结构，如图7-6所示。这种结构由内外立柱组成，内立柱4用螺钉固定在底座8上，外立柱6通过上部的推力球轴承2和深沟球轴承3及下部滚柱7支承在内立柱上。摇臂5以其一端的套筒部分套在外立柱上，并用滑键连接（图7-6中未标出）。当内、外立柱未夹紧时，外立柱在平板弹簧1的作用下相对于内立柱向上抬起0.2～0.3mm，使内、外立柱间的圆锥配合面 A 脱离接触，摇臂可以轻便地转动，调整位置。当摇臂位置调整好以后，利用夹紧机构产生向下的夹紧力，使平板弹簧1变形，外立柱压紧在圆锥面 A 上，依靠摩擦力将外立柱锁紧在内立柱上。

3. 夹紧机构

为了保证钻床在切削时有足够的刚度和定位精度，当主轴箱、摇臂、立柱调整好位置

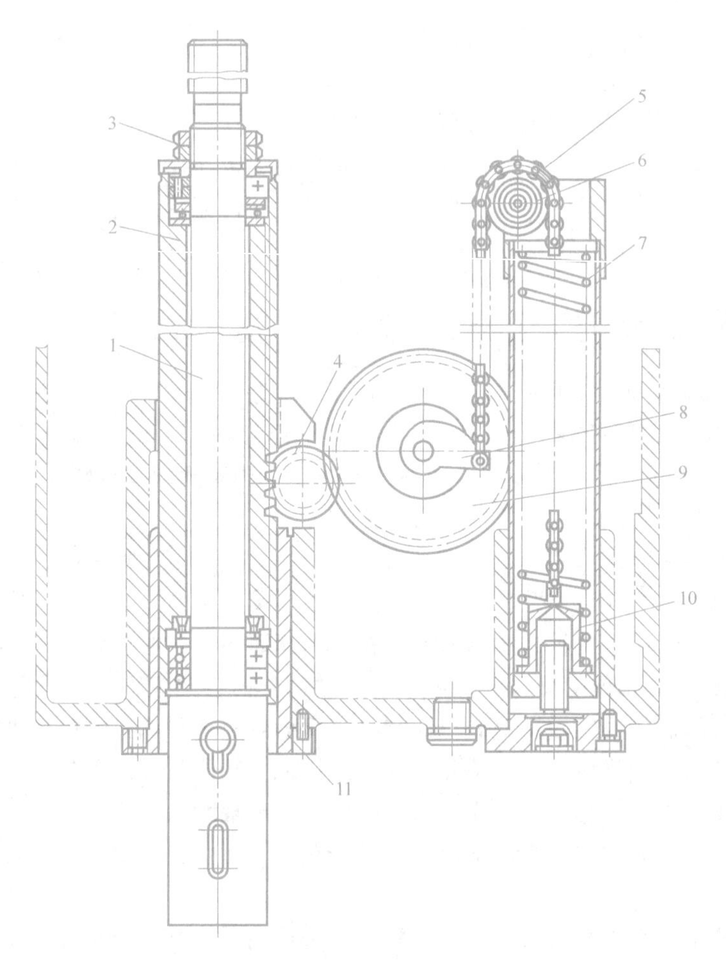

图 7-4　Z3040 型摇臂钻床的主轴部件

1—主轴　2—主轴套筒　3—锁紧螺母　4、9—齿轮　5—链条　6—链轮　7—弹簧　8—凸轮　10—弹簧座　11—镶套

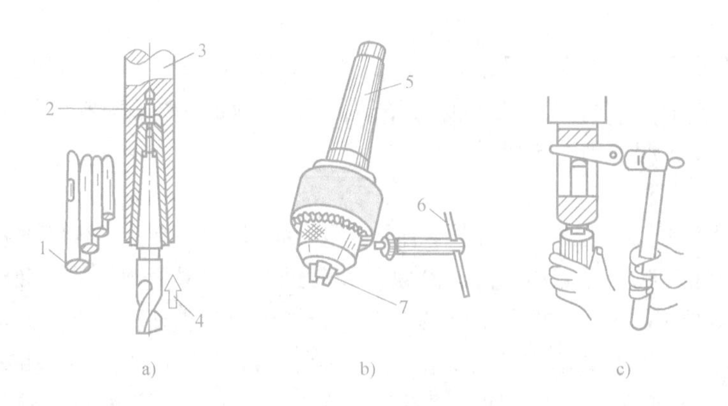

图 7-5　钻头的安装和拆卸

a）安装锥柄钻头　b）钻夹头　c）拆卸钻夹头

1—过渡锥度套筒　2—锥孔　3—钻床主轴　4—安装时将钻头向上推压　5—锥柄　6—紧固扳手　7—自动定心夹爪

后，必须用各自的夹紧机构夹紧。夹紧机构必须保证夹紧可靠，夹紧力足够，夹紧前后主轴位移小，在松开时对其他运动部件的移动不产生影响，操纵灵活方便。图 7-7 所示为 Z3040 型摇臂钻

床摇臂的夹紧机构。摇臂 22 与外立柱 12 配合的套筒上有纵向切口，可产生弹性变形而夹紧在立柱上。该夹紧机构由液压缸 8，菱形块 15，垫块 17，夹紧杠杆 3 和 9，连接块 21、2、10、13 等组成。夹紧摇臂时，液压缸 8 的下腔通压力油，活塞杆 7 向上移动，两块垫块推动两块菱形块成水平位置（图 7-7 所示位置），左菱形块通过顶块 16 撑紧在摇臂的筒壁上，而右菱形块通过顶块 6、杠杆 3 和杠杆 9，使杠杆绕销钉转动。而杠杆 3 和 9 的一端分别与连接块 21、2、10、13 用销钉联接，这四块连接块又通过螺钉 1、20、14 和 11 与摇臂套筒切口两侧的筒壁相联接，从而使摇臂紧抱住立柱而夹紧。活塞杆上移至终点位置时，菱形块略向上倾斜，超过水平线约 0.5mm，使夹紧机构自锁。停止供油，摇臂也不会松开。当液压缸 8 的上腔通油，活塞杆 7 下移，菱形块向下移动呈向下倾斜位置，杠杆 3 和 9 随即也松开。摇臂夹紧力的大小可通过螺钉 1、20、14 和 11 调整。活塞杆 7 的上端有弹簧片 19，当其上下至终点、摇臂夹紧或松开时，弹簧片触动行程开关 4 和 18，发出相应电信号，通过电气-液压控制系统与摇臂的升降保持连锁。

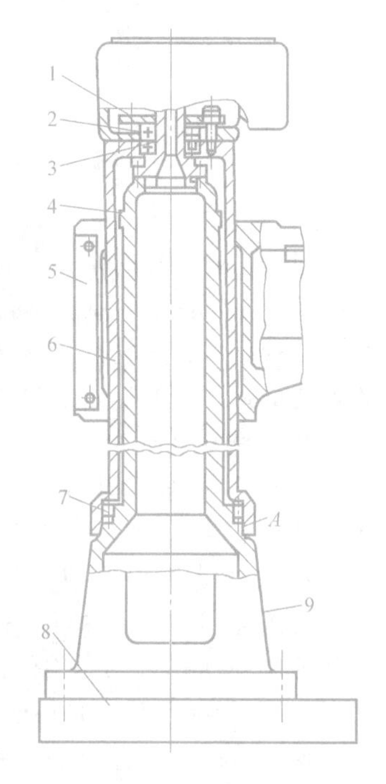

图 7-6　Z3040 型摇臂钻床立柱

1—平板弹簧　2—推力球轴承　3—深沟球轴承　4—内立柱　5—摇臂　6—外立柱　7—滚柱　8—底座　9—立柱

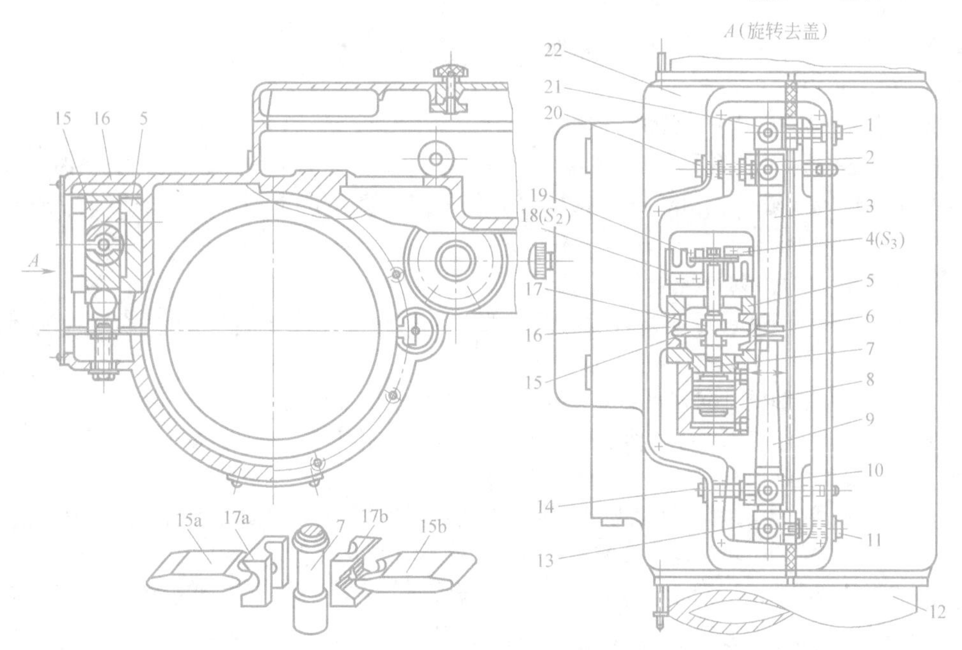

图 7-7　Z3040 型摇臂钻床摇臂的夹紧机构

1、11、14、20—夹紧螺钉　2、10、13、21—连接块　3、9—夹紧杠杆　4、18—行程开关　5—座　6、16—顶块　7—活塞杆　8—液压缸　12—外立柱　15a、15b—左、右菱形块　17a、17b—左、右垫块　19—弹簧片　22—摇臂

三、其他种类钻床简介

1. 立式钻床

（1）立式钻床的结构　图 7-8a 所示为立式钻床及其传动原理。立式钻床又分为圆柱立式钻床、方柱立式钻床和可调多轴立式钻床三个系列。之所以称为立式钻床（简称立钻），是由于机床的主轴是垂直布置的，并且其位置固定不动，被加工孔位置的找正必须通过工件的移动来完成。立柱 4 的作用类似于车床的床身，是钻床的基础件，必须有很好的强度、刚度和精度保持性。其他各主要部件与立柱保持正确的相对位置。立柱上有垂直导轨，主轴箱和工作台上有垂直的导轨槽，可沿立柱上下移动来调整位置，以适应不同高度工件加工的需要。调整结束并开始加工后，主轴箱和工作台的上下位置就不能再变动了。

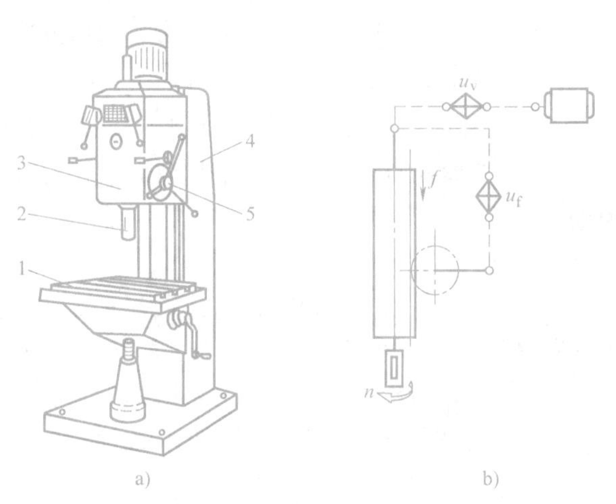

图 7-8　立式钻床及其传动原理
1—工作台　2—主轴　3—主轴箱　4—立柱　5—进给操纵机构

由于立式钻床主轴转速和进给量的级数比起卧式车床等类型的机床要少得多，而且功能比较简单，因此把主运动和进给运动的变速传动机构、主轴部件以及操纵机构等都装在主轴箱 3 中。钻削时，主轴随同主轴套筒在主轴箱中做直线移动以实现进给运动。利用装在主轴箱上的进给操纵机构 5，可实现主轴的快速升降、手动进给以及接通和断开机动进给。主轴回转方向的变换靠电动机的正反转来实现。钻床的进给量是用主轴每转一转时，主轴的轴向位移来表示的，符号也是 f，单位是 mm/r。工件（或通过夹具）置于工作台 1 上。工作台在水平面内既不能移动，也不能转动。因此，当钻头在工件上钻好一个孔而需要钻第二个孔时，就必须移动工件的位置，使被加工孔的中心线与刀具回转轴线重合。由于这种钻床固有的弱点，其生产率不高，大多用于单件小批量生产的中小型零件加工。

（2）立式钻床的传动原理（图 7-8b）

主运动：为主轴的旋转运动，其传动路线为电动机—定比传动机构—u_v—定比传动机构—主轴。

进给运动：为主轴的轴向移动，其传动路线为主轴—定比传动机构—u_f—齿轮—主轴套筒。

攻螺纹时，进给运动和主运动之间需要保持一定的传动比。

2. 多轴立式钻床

（1）排式多轴立式钻床　它有多个主轴，用于顺序加工同一工件上的不同孔径的孔，或分别进行各种孔工序（钻、扩、铰和攻螺纹等），主要适用于中小批生产中的中小型零件加工。

（2）可调多轴立式钻床　如图 7-9 所示，钻床有多个主轴，且可根据加工需要调整主轴位置。可同时加工多孔，生产率较高，主要适用于成批生产。

3. 台式钻床

台钻适合加工小型工件上的孔，通常采用手动进给，如图 7-10 所示。

4. 深孔钻床

图 7-11 所示深孔钻床是专门用于加工深孔的钻床，通常为卧式布局。加工时，工件转

动实现主运动；钻头不转动，只做直线进给运动，其主参数是最大钻孔深度。

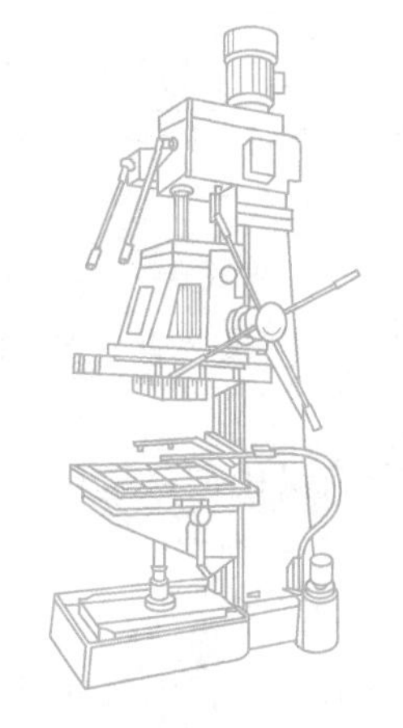

图 7-9　可调多轴立式钻床

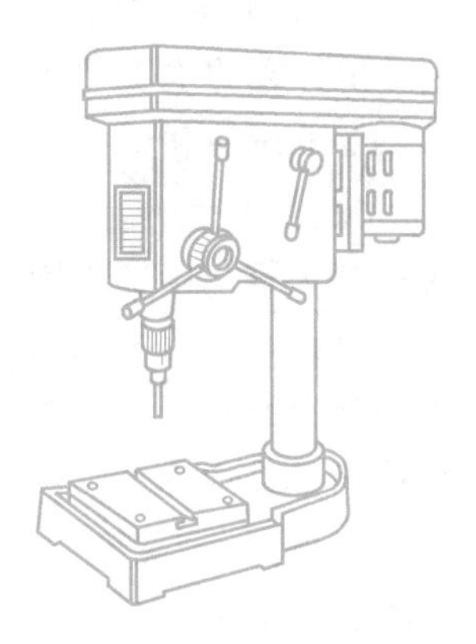

图 7-10　台式钻床

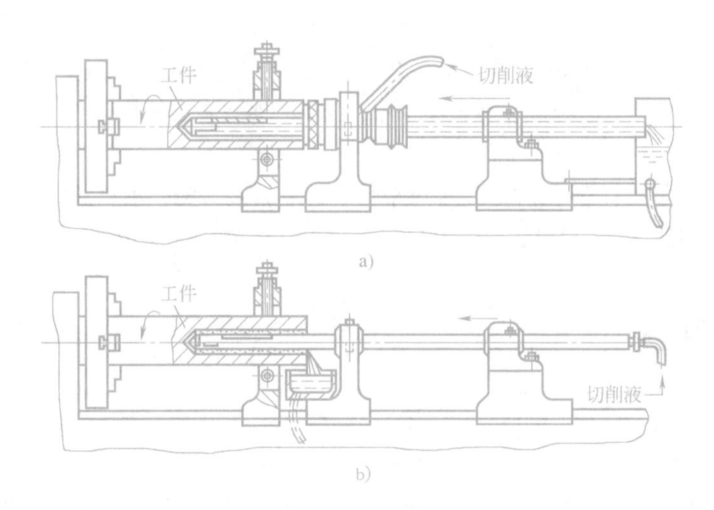

图 7-11　深孔钻床
a）内排屑式　b）外排屑式

第二节　镗　　床

镗床一般用于尺寸和质量都比较大的工件上大直径孔的加工，这些孔分布在工件的不同表面上，不仅有较高的尺寸和形状精度，而且相互之间有着要求比较严格的相互位置精度，如同轴度、平行度、垂直度等。相互有一定联系的若干孔称为孔系，如同一轴线上的若干孔称为同轴孔系，轴线互相平行的孔称为平行孔系。例如卧式车床主轴箱上的许多孔系就是在镗床上加工出来的。镗孔以前的预制孔可以是铸孔，也可以是粗钻出的孔。镗床除用于镗孔外，还可用来钻孔、扩孔、铰孔、攻螺纹、铣平面等。

一、镗床的分类

镗床主要是用镗刀在工件上镗孔的机床，通常镗刀旋转为主运动，镗刀或工件的移动为进给运动。它的加工精度和表面质量要高于钻床。镗床是大型箱体零件加工的主要设备。镗床的主要类型有卧式铣镗床、精镗床和坐标镗床等，其中以卧式铣镗床应用最为广泛。

1. 卧式镗床

卧式镗床主要用于孔加工，镗出孔的尺寸公差等级可达 IT7，表面粗糙度值可达 $Ra0.8 \sim 1.6\mu m$。卧式镗床的主参数为主轴直径。常用的卧式铣镗床型号有 TX619、T611 等，其镗轴直径分别为 90mm 和 110mm。

2. 坐标镗床

坐标镗床是一种高精度机床。它的结构特点是有坐标位置的精密测量装置。坐标镗床可分为单柱式坐标镗床、双柱式坐标镗床和卧式坐标镗床。

（1）单柱式坐标镗床　主轴带动刀具做旋转主运动，主轴套筒沿轴向做进给运动。其特点是结构简单，操作方便，特别适宜加工板状零件的精密孔，但它的刚性较差，所以一般为中小型坐标镗床。

（2）双柱式坐标镗床　主轴上安装刀具做主运动，工件安装在工作台上随工作台沿床身导轨做纵向直线移动。它的刚性较好，目前大型坐标镗床都是双柱式结构。双柱式坐标镗床的主参数为工作台面宽度。

（3）卧式坐标镗床　主轴带动刀具做旋转主运动，进给运动可以由工作台纵向移动或主轴轴向移动来实现，工作台能在水平面内做旋转运动，加工精度较高。

二、卧式镗床的工艺范围

除镗孔外，卧式镗床还可车端面、铣平面、车外圆、车内外螺纹，以及钻、扩、铰孔等。其主要工艺范围，如图 7-12 所示。

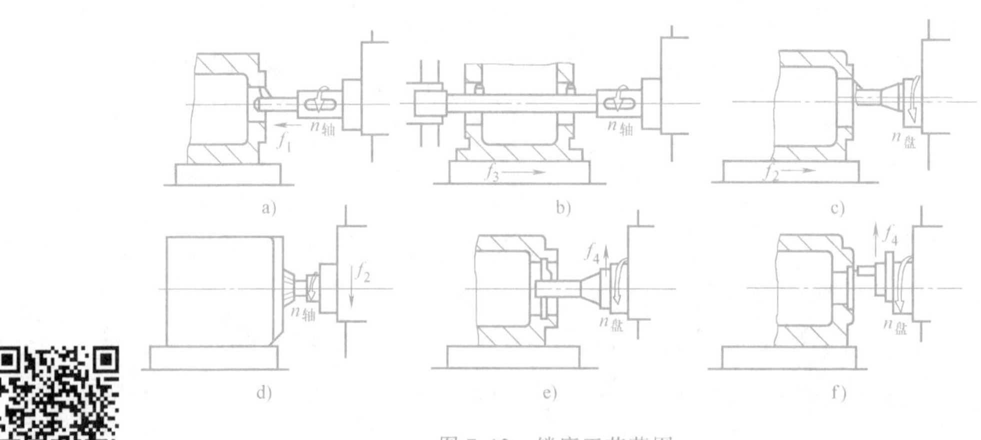

图 7-12　镗床工艺范围

a）镗孔　b）镗同轴孔系　c）车端面　d）铣平面　e）镗环形槽　f）镗阶梯孔

三、TP619 型卧式镗铣床的组成及运动分析

1. TP619 型卧式镗铣床组成

如图 7-13 所示，床身 10 为机床的基础件，前立柱 7 与其固定连接在一起，承受来自其他部件的重力和加工时的切削力，因此要求有足够的强度、刚度和吸振性能。后立柱 2 和工作台 3 沿床身做纵向（Y 轴方向）移动，主轴箱 8 沿前立柱上的导轨做垂直方向（Z 轴方向）移动，两种移动的运动精度直接影响着孔的加工精度。因此，要求床身和前立柱有很高的加工精度和表面质量，且精度能够长期保持。

工作台部件的纵向移动是通过其最下层的下滑座 11 相对于床身导轨的平移实现的；工作台部件的横向（X 轴方向）移动是通过其中间层的上滑座 12 相对于下滑座的平移实现的。上滑座上有圆环形导轨，工作台部件最上层的工作台面可以在该导轨内绕铅垂轴线相对于上滑座回转 360°，以便在一次装夹中对工件上相互平行或成一定角度的孔和平面进行加工。

主轴箱 8 沿前立柱导轨的垂直方向（Z 轴方向）移动，一方面可以实现垂直进给，另一方面可以适应工件上被加工孔位置高低不同的需要。主轴箱内装有主运动和进给运动的变速机构和操纵机构。根据不同的加工情况，刀具可以直接装在镗轴 4 前端的莫氏 5 号或 6 号锥孔内，也可以装在平旋盘 5 的径向刀具溜板 6 上。在加工深度较小的孔时，刀具与工件间的相对运动类似于钻床上钻孔，镗轴 4 和刀具一起做旋转主运动，并且又沿其轴线做进给运动。该进给运动是由主轴箱 8 右端的后尾筒 9 内的轴向进给机构提供的。

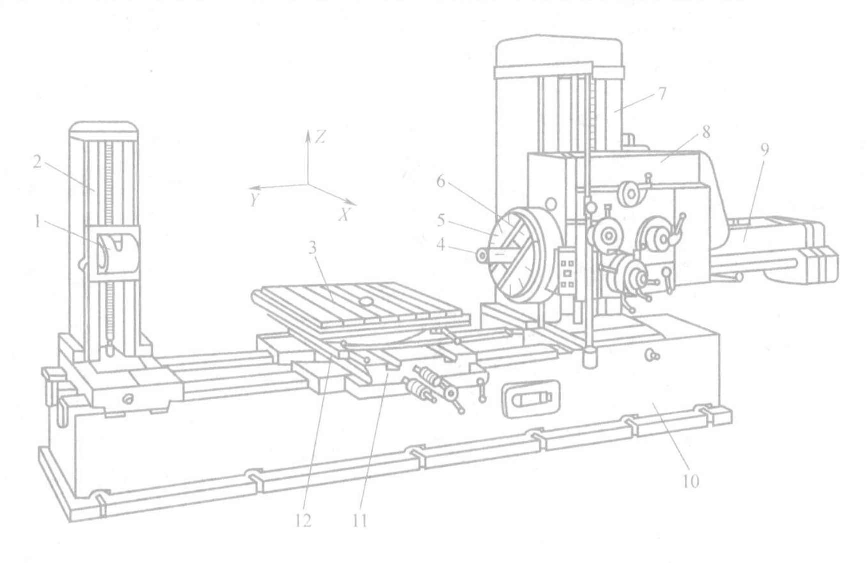

图 7-13　TP619 型卧式铣镗床

1—后支承架　2—后立柱　3—工作台　4—镗轴　5—平旋盘　6—径向刀具溜板
7—前立柱　8—主轴箱　9—后尾筒　10—床身　11—下滑座　12—上滑座

平旋盘 5 只能做回转主运动，装在平旋盘导轨上的径向刀具溜板 6，除了随平旋盘一起回转外，还可以沿导轨移动，做径向进给运动。

后立柱 2 沿床身导轨做纵向移动，其目的是当用双面支承的镗模镗削通孔时，便于针对不同长度的镗杆来调整它的纵向位置。后支承架 1 沿后立柱 2 的上下移动是为了与镗轴 4 保持等高，并用以支承长镗杆的悬伸端。

2. TP619 型卧式镗铣床运动

卧式铣镗床的主运动为镗轴和平旋盘的回转运动；进给运动有：镗轴的轴向进给运动、平旋盘溜板的径向进给运动、主轴箱的垂直进给运动、工作台的纵向和横向进给运动；辅助运动有工作台的转位、后立柱纵向调位、后支承架的垂直方向调位，以及主轴箱沿垂直方向和工作台沿纵、横方向的快速调位运动。图 7-14 所示为 TP619 型卧式铣镗床的传动系统图，其运动可归纳划分为镗杆的旋转主运动、平旋盘的旋转主运动、镗杆的轴向进给运动、主轴箱的垂直进给运动、工作台的纵向进给运动、工作台的横向进给运动、平旋盘上径向刀架进给运动、辅助运动。

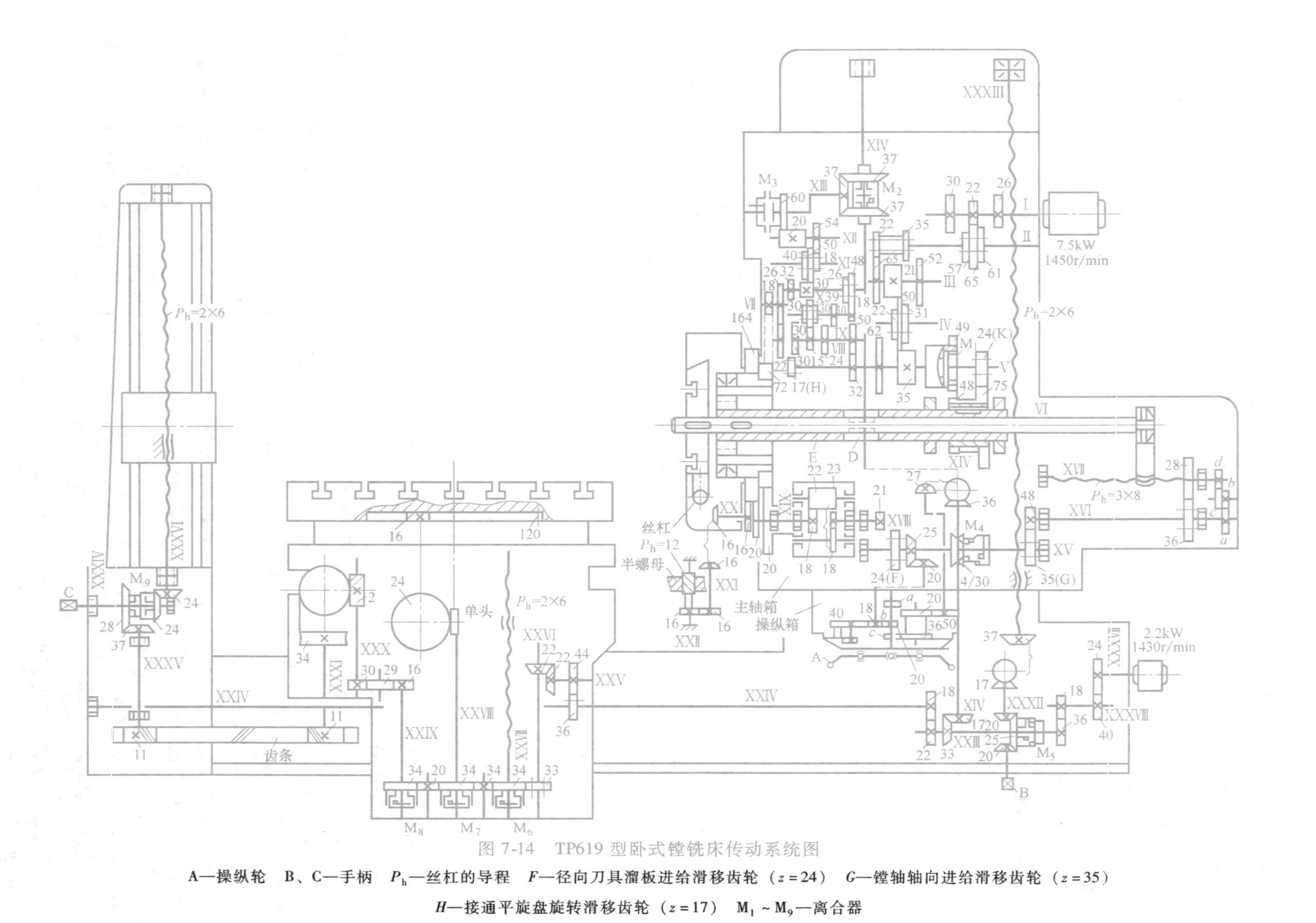

图 7-14　TP619 型卧式镗铣床传动系统图

A—操纵轮　B、C—手柄　P_h—丝杠的导程　F—径向刀具溜板进给滑移齿轮（$z=24$）　G—镗轴轴向进给滑移齿轮（$z=35$）

H—接通平旋盘旋转滑移齿轮（$z=17$）　M_1～M_9—离合器

（1）主运动传动链　其传动路线表达式为

$$\text{主电动机(7.5kW 1450r/min)}—\mathrm{I}—\left[\begin{array}{c}\frac{26}{61}\\ \frac{22}{65}\\ \frac{30}{57}\end{array}\right]—\mathrm{II}—\left[\begin{array}{c}\frac{22}{65}\\ \frac{35}{52}\end{array}\right]—\mathrm{III}—\left[\begin{array}{c}\frac{52}{31}—\mathrm{IV}—\frac{50}{35}\\ \frac{21}{50}—\mathrm{IV}—\frac{50}{35}\\ \frac{21}{50}—\mathrm{IV}—\frac{22}{62}\end{array}\right]—$$

$$—\mathrm{V}—\left[\begin{array}{l}—\left[\begin{array}{l}\frac{24}{75}\ \text{（齿轮 K 处于右位）}\\ M_1\ \text{合（齿轮 K 处于左位）}—\frac{49}{48}\end{array}\right]—\mathrm{VI}\ \text{（镗轴）}\\ —\text{齿轮 H 左移}—\frac{17}{22}\times\frac{22}{26}—\mathrm{VII}—\frac{18}{72}—\text{平旋盘}\end{array}\right.$$

TP619 型卧式铣镗床主轴箱Ⅲ—V 轴间采用公共齿轮变速组，如图 7-15 所示。

通过主运动传动链，主轴可获得 36 级转速，转速范围为 8～1250r/min。平旋盘可获得 18 级转速，转速范围为 4～200r/min。

（2）进给运动传动链　进给运动由主电动机驱动，各进给运动传动链的一端为镗轴或平旋盘，另一端为各进给运动执行件。各传动链采用公用换置机构，即轴Ⅷ至轴Ⅻ间的各变速组是公用的，运动传至垂直光杠ⅩⅣ后，再经由不同的传动路线表达式，实现各种进给运动。进给运动传动路线表达式为

$$\left.\begin{array}{l}\mathrm{VI}\ \text{（镗轴）}—\left[\begin{array}{l}\frac{75}{24}\\ \frac{48}{49}—M_1\end{array}\right]—\\ \text{平旋盘}—\frac{72}{18}—\mathrm{VII}—\frac{26}{22}\times\frac{22}{17}\end{array}\right]—\mathrm{V}—\frac{32}{50}—\mathrm{VIII}—\left[\begin{array}{c}\frac{15}{36}\\ \frac{24}{36}\\ \frac{30}{30}\end{array}\right]—\mathrm{IX}—\left[\begin{array}{c}\frac{18}{48}\\ \frac{39}{26}\end{array}\right]—\mathrm{X}—\left[\begin{array}{c}\frac{20}{50}—\mathrm{XI}—\frac{18}{54}\\ \frac{20}{50}—\mathrm{XI}—\frac{50}{20}\\ \frac{32}{40}—\mathrm{XI}—\frac{50}{20}\end{array}\right]—\mathrm{XII}—\frac{20}{60}—M_3—\mathrm{XIII}—$$

$$—\left[\begin{array}{l}\frac{37}{37}—M_2\uparrow\\ \text{（换向）}\\ \frac{37}{37}—M_2\downarrow\end{array}\right]—\mathrm{XIV}\text{（垂直光杠）}—\left[\begin{array}{l}\frac{4}{30}—M_4\ \text{合}—\mathrm{XV}—\left[\begin{array}{l}\frac{35}{48}—\mathrm{XVI}—\left[\begin{array}{c}\frac{ac}{bd}\\ \frac{36}{28}\end{array}\right]—\mathrm{XVII}\ \text{（丝杠）—镗杆轴向进给}\\ \frac{24}{21}—u_{\text{合}}—\mathrm{XIX}—\frac{20}{164}\times\frac{164}{16}—\mathrm{XX}—\frac{16}{16}—\mathrm{XXI}—\frac{16}{16}—\mathrm{XXII}\ \text{（丝杠）—半螺母—平旋盘的径向刀架进给运动}\end{array}\right.\\ \frac{17}{33}—\mathrm{XXIII}—\left[\begin{array}{l}M_5—\frac{25}{20}—\mathrm{XXXII}—\frac{17}{37}—\mathrm{XXXIII}\text{(丝杠)—主轴箱垂直进给}\\ \frac{22}{18}—\mathrm{XXIV}—\frac{36}{44}—\mathrm{XXV}—\frac{22}{22}—\mathrm{XXVI}—\frac{33}{34}—\left[\begin{array}{l}M_6\text{合}—\mathrm{XXVII}\text{(丝杠)—工作台横向进给}\\ \frac{34}{34}—\frac{34}{34}—\end{array}\right.\end{array}\right.\end{array}\right.$$

$$—\left[\begin{array}{l}M_7\ \text{合}—\mathrm{XXVIII}—\frac{1}{24}\times\frac{16}{120}—\text{工作台转位运动}\\ \frac{34}{20}—\frac{20}{34}—M_8\ \text{合}—\mathrm{XXIX}—\frac{16}{29}—\frac{29}{30}—\mathrm{XXX}—\frac{2}{34}—\mathrm{XXXI}—\frac{11}{\text{齿条}}—\text{工作台纵向进给}\end{array}\right.$$

TP619型卧式镗铣床设有一个带手柄的操纵轮A（图7-14）。该手轮有前、中、后3个位置，依次实现机动进给、手动粗进给或快速调整移动、手动微量进给。

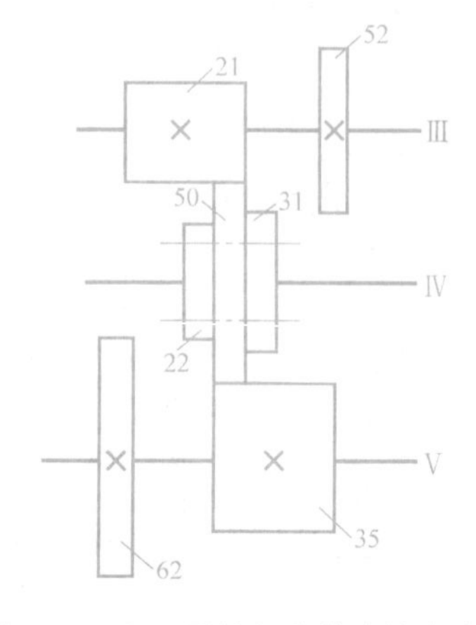

图7-15　Ⅲ—Ⅴ轴间公共齿轮变速组

四、TP619型卧式镗铣床的典型部件

1. 主轴部件结构

图7-16所示为TP619型卧式镗铣床的主轴部件。镗轴2由压入镗轴套筒3的三个支承衬套8、9及12作支承，保证镗轴有较高的回转精度和平稳的轴向进给运动。其前端还有一个1:20的锥孔，可以安装镗刀或其他刀具。镗轴的前部有两个腰形孔a、b，其中a孔用于镗孔或倒刮端面时，插入楔块，b孔用于拆卸刀具。镗轴套筒采用三支承结构，前支承采用双列圆锥滚子轴承，中间和后支承采用圆锥滚子轴承。由齿轮的运动通过平键11传给镗轴套筒，然后由镗轴套筒上的导键10传给镗轴，使镗轴旋转。镗轴上加工有两条长键槽，一方面可以接受由导键传来的转矩，另一方面可以在镗轴轴向进给时起导向作用。

2. 平旋盘结构及工作原理

（1）平旋盘结构　如图7-16所示，平旋盘7通过双列圆锥滚子轴承支承在法兰盘4上，法兰盘则固定于箱体上。平旋盘端面上加工有四条径向T形槽14，刀具溜板1上加工有两条T形槽15，供安装刀具和刀盘之用。刀具溜板可沿平旋盘的燕尾形导轨做径向进给，导轨的间隙由镶条调整。如不需做径向进给时，可由螺塞5拧紧销钉6，将刀具溜板锁紧在平旋盘上，以增强其刚性。

（2）平旋盘溜板工作原理　利用平旋盘加工大端面（镗车）及环形槽时，需要刀具一边随平旋盘绕主轴轴线旋转，一边随溜板做径向进给。图7-17所示为平旋盘溜板径向进给传动原理。

平旋盘由齿轮$z72$带动旋转，经进给传动链，由齿轮$z21$传至合成机构输入轴及右中心轮$z23$；另一条传动路线为由齿轮$z72$经合成机构壳体上的齿轮$z20$传至合成机构。大齿轮$z164$通过平旋盘上的齿轮$z16$、锥齿轮副16/16、齿轮副16/16、丝杠及安装在溜板上的半螺母与溜板保持传动联系。

如果大齿轮$z164$的转速及转向与齿轮$z72$相同，即大齿轮$z164$相对于平旋盘不转动，$z=16$齿轮不自转，此时溜板不做径向进给运动。如果大齿轮$z164$相对于平旋盘转动，$z16$齿轮自转，通过平旋盘上的齿轮$z16$、锥齿轮副16/16、齿轮副16/16、丝杠螺母副驱动溜板，做径向进给运动。

图7-17中的合成机构是行星传动机构。系杆转速$n_0=n_H$，右中心轮$z23$转速为n_R，左中心轮$z18$转速为n_L，根据行星轮系传动关系有

$$u_{R-L}^{H}=\frac{n_L-n_H}{n_R-n_H}=(-1)^3\times\frac{23}{18}\times\frac{18}{22}\times\frac{22}{18}=-\frac{23}{18}$$

$$n_L-n_H=\frac{23}{18}n_H-\frac{23}{18}n_R$$

$$n_L=\frac{41}{18}n_H-\frac{23}{18}n_R$$

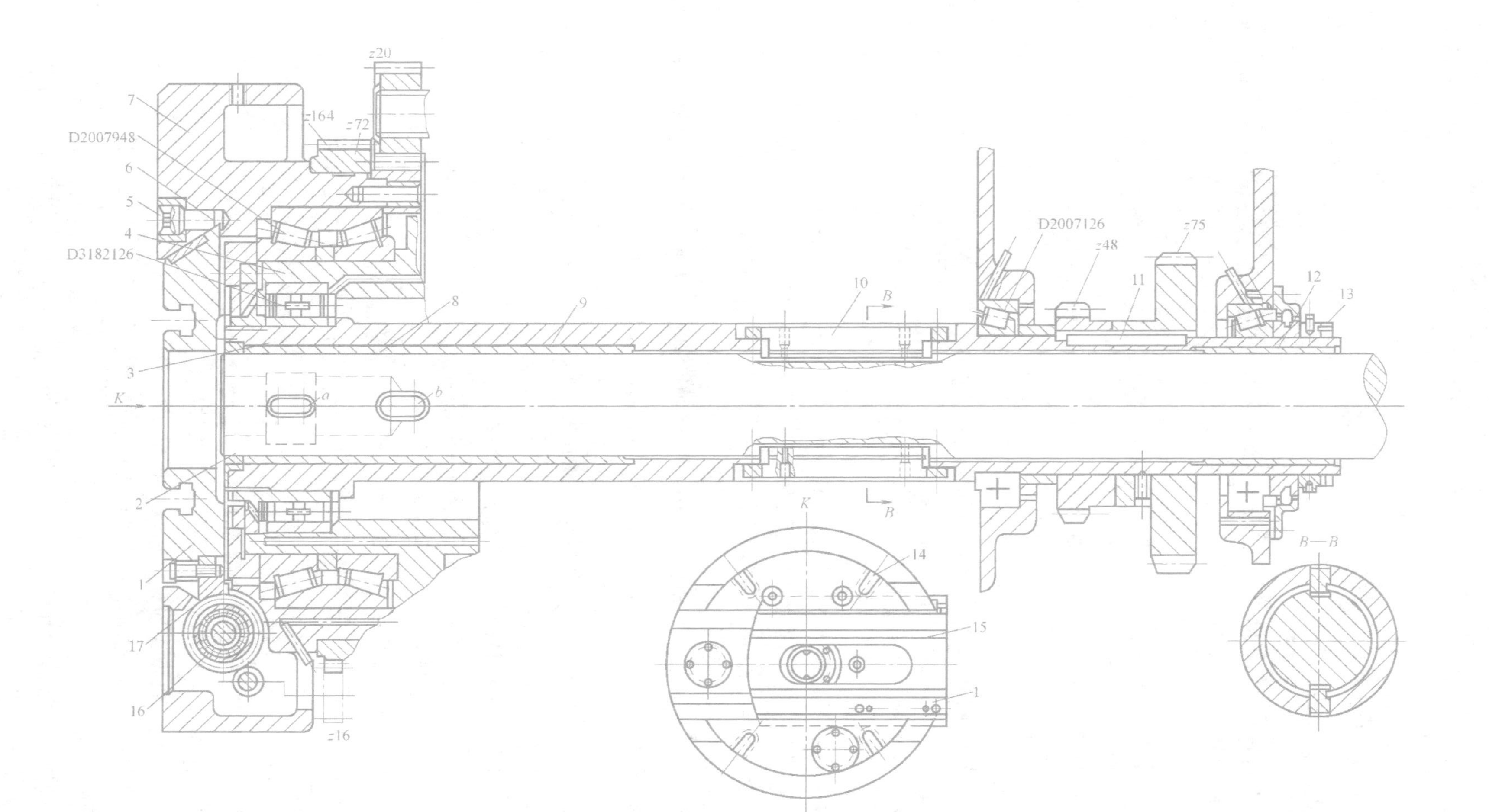

图 7-16　TP619 型卧式镗铣床的主轴部件

1—平旋盘刀具溜板　2—镗轴　3—镗轴套筒　4—法兰盘　5—螺塞　6—销钉　7—平旋盘　8、9、12—支承衬套　10—导键　11—平键　13—调整螺母　14—径向 T 形槽　15—T 形槽　16—丝杠　17—半螺母

若　$n_R = 0$ 则 $u_{合1} = \frac{n_L}{n_H} = \frac{41}{18}$

此时系杆旋转，溜板不做进给运动。

若　$n_H = 0$ 则 $u_{合2} = \frac{n_L}{n_R} = -\frac{23}{18}$

此时系杆不旋转，溜板径向进给。

五、其他镗床简介

1. 坐标镗床

坐标镗床是一种高精度机床，其特征是具有测量坐标位置的精密测量装置。它主要用来镗削精密孔（IT5 级或更高公差等级）和位置精度要求很高的孔系（定位公差可达 0.002 ~ 0.01mm），如镗削钻模和镗模上的精密孔。

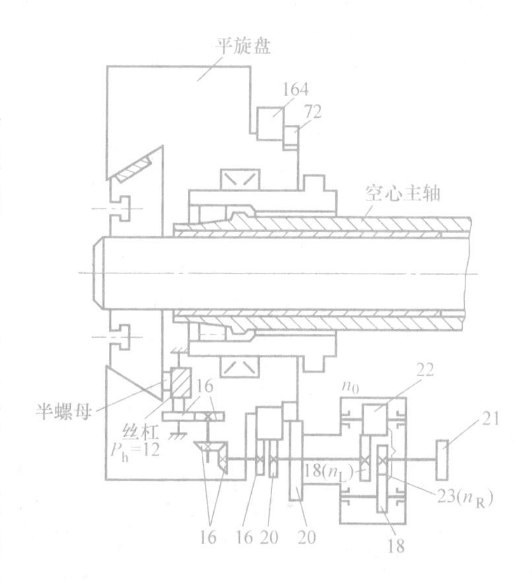

图 7-17　平旋盘溜板径向进给传动原理

坐标镗床的工艺范围很广，除镗孔、钻孔、扩孔、铰孔、锪端面，以及精铣平面和沟槽外，还可进行精密刻线和划线，以及进行孔距和直线尺寸的精密测量工作。

坐标镗床主要用于工具车间加工工具、模具和量具等，也可用于生产车间成批地加工精密孔系，如在飞机、汽车、拖拉机、内燃机和机床等行业中加工某些箱体零件的轴承孔。

坐标镗床有立式的和卧式的。立式坐标镗床适宜于加工轴线与安装基面垂直的孔系和铣削顶面；卧式坐标镗床适宜于加工与安装基面平行的孔系和铣削侧面。立式坐标镗床还有单柱的和双柱的之分。

(1) 立式单柱坐标镗床　立式单柱坐标镗床如图 7-18所示。主轴 2 由精密轴承支承在主轴套筒中，由立柱 4 内的电动机，经主传动机构带动主轴旋转完成主运动，主轴可随套筒做轴向进给。主轴箱 3 可沿立柱的导轨上下调整位置，以加工不同高度的工件。主轴在水平面上的位置是固定的，镗孔坐标位置由工作台 1 沿床鞍 5 导轨的纵向移动和床鞍沿床身 6 的横向移动来确定。这类机床一般为中小型机床。

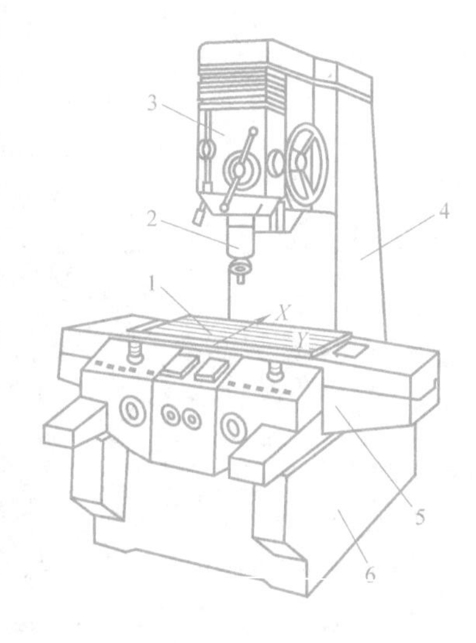

图 7-18　立式单柱坐标镗床

1—工作台　2—主轴　3—主轴箱　4—立柱　5—床鞍　6—床身

(2) 立式双柱坐标镗床　图 7-19 所示为立式双柱坐标镗床。立柱 3 和 6、顶梁 4 及床身 8 构成龙门框架。两个坐标方向的移动分别由主轴箱 5 沿横梁的导轨做横向移动和工作台 1 沿床身导轨做纵向移动实现。横梁 2 可沿立柱导轨上下调整位置，以适应不同高度的工件加工。这种机床属于中大型机床。

(3) 卧式坐标镗床　卧式坐标镗床（图 7-20）的特

点是主轴 3 水平安装，与工作台台面平行。安装工件的工作台由下滑座 7、上滑座 1 和可精密分度的回转工作台 2 三层组成。镗孔坐标位置由下滑座沿床身 6 导轨的横向移动和主轴箱 5 沿立柱 4 导轨上下移动来确定。机床进行加工的进给运动可由主轴轴向移动完成，也可由上滑座 1 的纵向移动完成。

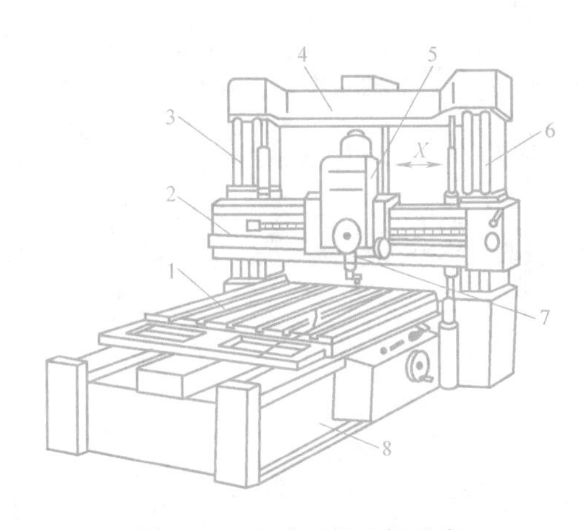

图 7-19　立式双柱坐标镗床

1—工作台　2—横梁　3、6—立柱　4—顶梁
5—主轴箱　7—主轴　8—床身

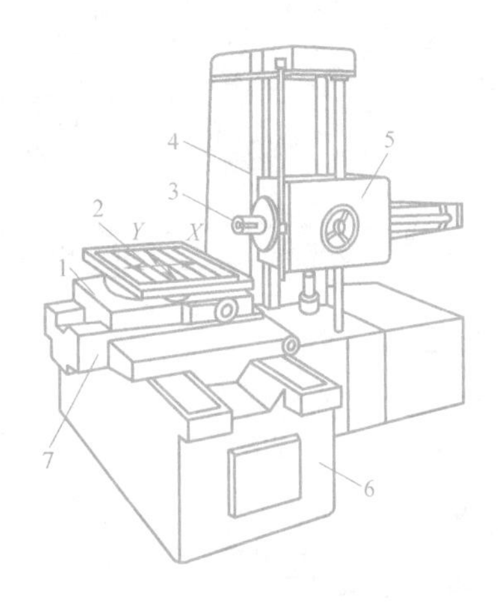

图 7-20　卧式坐标镗床

1—上滑座　2—回转工作台　3—主轴
4—立柱　5—主轴箱　6—床身　7—下滑座

卧式坐标镗床具有较好的工艺性能，工件高度不受限制，安装方便；利用回转工作台的分度运动，可在工件一次安装中完成工件几个平面上孔的加工，适于在生产车间中成批加工箱体等零件。

（4）坐标镗床的坐标测量系统　坐标测量系统主要是确定工作台、主轴等的位移距离，以实现工件和刀具的精确定位。坐标测量系统有机械的、光学的、光栅的等几种，现简单介绍两种。

1）光屏读数头坐标测量装置。这种测量装置目前应用最为普遍，它主要由精密刻线尺、光学放大器和读数器三部分组成。图 7-21 所示为 T4145 型立式单柱坐标镗床工作台纵向位移光学测量装置。刻线尺 3 是测量位移的基准元件，由线膨胀系数小、不易氧化生锈的合金制成，装在工作台底面的矩形槽中，刻线面向下，其一端与工作台保持连接，并可随工作台做纵向移动。光学放大器以及光屏读数头装在床鞍上。测量工作台的纵向位移量时，由光源 8 射出的光，经聚光镜 7、滤色镜 6、反光镜 5 和前组物镜 4 投射到刻线尺 3 的刻线面上。刻线尺上被照亮的线纹通过前组物镜 4、反光镜 9、后组物镜 10、反光镜 13、12 和 11，成像于光屏读数头的光屏 1 上，通过目镜 2 可以清晰地观察到放大的线纹像。物镜总的放大倍率为 40 倍，因此，间距为 1mm 的刻线尺线纹，其在光屏上的距离为 40mm。光屏读数头（图 7-22）的光屏上刻有 0～10 共 11 组等距离的双刻线，相邻两刻线之间的距离为 4mm，相当于刻线尺 3 上的距离为 $4\text{mm}\times\frac{1}{40}=0.1\text{mm}$。

如图 7-22 所示，光屏 4 镶嵌在可沿滚动导轨 6 移动的框架 3 中。由于弹簧 9 的作用，框架 3 通过装在其一端孔中的钢球 8，始终顶紧在阿基米德螺旋线内凸轮 1 的工作表面上。刻度盘 2 带动内凸轮 1 转动时，可推动框架 3 连同光屏 4 一起沿着垂直于双刻线的方向做微量移动。刻度盘 2 的端面上刻有 100 格圆周等分线。当其每转过 1 格时，内凸轮 1 推动光屏

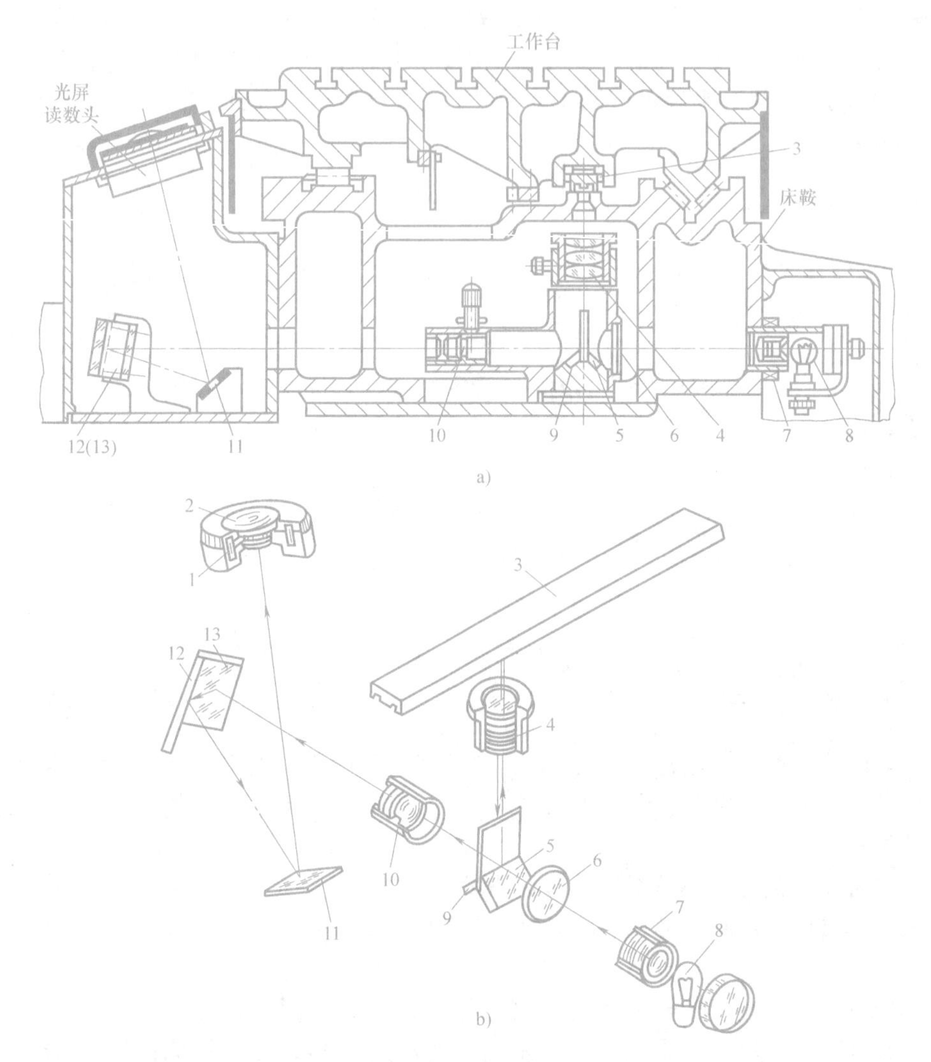

图 7-21 T4145 型立式单柱坐标镗床工作台纵向位移光学测量装置

a）结构位置 b）分解组成

1—光屏 2—目镜 3—刻线尺 4—前组物镜 5、9、11、12、13—反光镜

6—滤色镜 7—聚光镜 8—光源 10—后组物镜

移动 0.04mm，这相当于刻线尺，亦即工作台的位移量为 $0.04\text{mm}\times\frac{1}{40}=0.001\text{mm}$。

进行坐标测量时，工作台移动量的毫米整数值由装在工作台上的粗读数标尺读取，毫米以下的小数部分则由光屏读数头读取。每次测量时，首先转动光屏读数头的刻度盘 2，使其刻线对准零位，然后通过专门的手把移动前组物镜 4（图 7-21），将刻线尺的线纹像调整到光屏上双刻线“0”的正中，调零后可进行测量。

例 要求工作台移动 193.925mm，调整过程如下：

① 移动前调零。转动内凸轮 1，使“0”对准基准线。转动一个专门的手柄移动物镜，将线纹像调整到光屏“0”的双刻线中央。

② 移动工作台。在外面的粗读数标尺上看到移动了 193mm。这时边移动工作台边观察读数头光屏 4，使线纹像到达光屏上“9”的双刻线中央，即工作台又移动了 0.9mm。

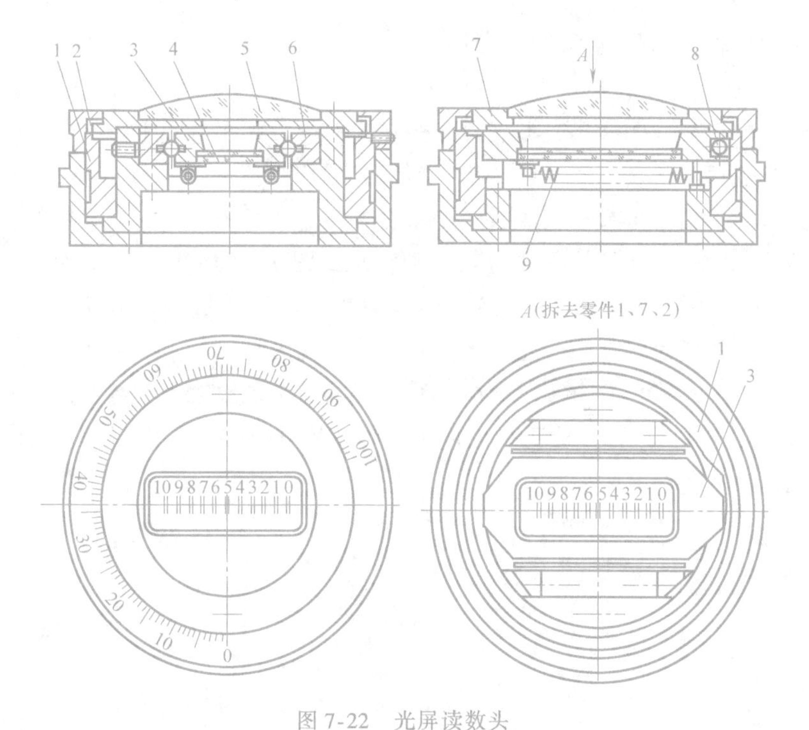

图 7-22　光屏读数头

1—阿基米德螺旋线内凸轮　2—刻度盘　3—框架　4—光屏　5—目镜　6—滚动导轨　7—目镜座　8—钢球　9—弹簧

③ 将读数头刻度盘转动 25 格，使线纹像偏离双刻线正中，接着微量移动工作台，使线纹像又回到“9”双刻线组正中。在这一步中，工作台又移动 0.025mm。

至此，工作台一共移动了 193.925mm。实际操作时，可把后两个调整过程对调。

2）数字显示器坐标测量装置。这种坐标测量装置以光栅作基准元件。光栅是在长条形（或圆形）的光学玻璃或反光金属尺上刻上密集的间距相等的线纹所构成的。光栅上两相邻刻线之间的距离 W，称为光栅节距，如图 7-23a 所示。光栅节距越小，测量精度越高。常用的光栅节距为 0.01～0.05mm，即线纹密度为每毫米 20～100 条。

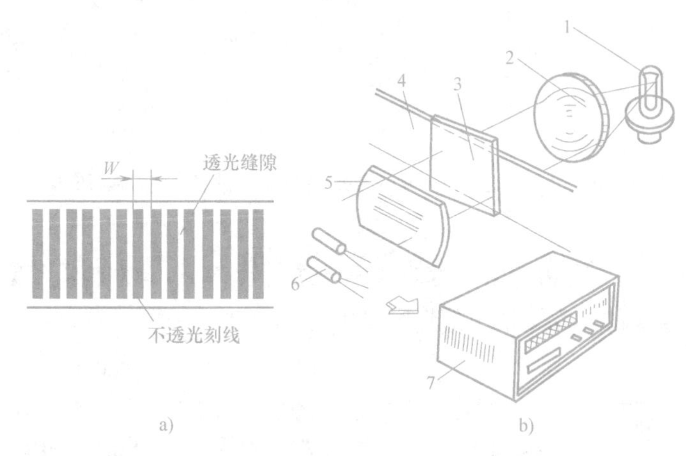

图 7-23　数字显示器坐标测量装置

a）光栅　b）装置分解图

1—光源　2—聚光镜　3—指示光栅　4—标尺光栅　5—缝隙板　6—光电原件　7—数码显示器

光栅测量的工作原理是利用两个平行放置的光栅所形成的莫尔条纹来确定机床部件的位移量。如图 7-23 所示，短光栅 3 安装在机床的固定部件上，称为指示光栅；长光栅 4 安装在机床的移动部件上，称为标尺光栅。两光栅互相平行，并保持 0.1 ~ 0.5mm 的间隙。指示光栅 3 可在自身平面内偏转，使其线纹相对标尺光栅线纹成一很小倾斜角 θ（图 7-24）。当光源 1 经聚光镜 2 射出的平行光束照射到光栅上时，由于光栅上不透光线纹的遮光作用，产生几条明暗条纹相间的粗条纹，称之为莫尔条纹，如图 7-24 所示。莫尔条纹的节距比光栅节距 W 大得多，倾斜角 θ 越小，莫尔条纹的节距越大。当莫尔条纹移动时，通过缝隙板 5 使光电元件 6 接受明暗条纹发生变化的光信号，并转变为电信号。光电元件 6 接受的光强度发生一次周期变化时，输出一个正弦波电信号，经电子系统放大，计数后，便在数码显示器 7 中以数字形式显示出机床部件的正确位移量。光栅具有位移测量精度高、数码显示、读数直观方便等优点。

光栅坐标测量装置的结构如图 7-25 所示。

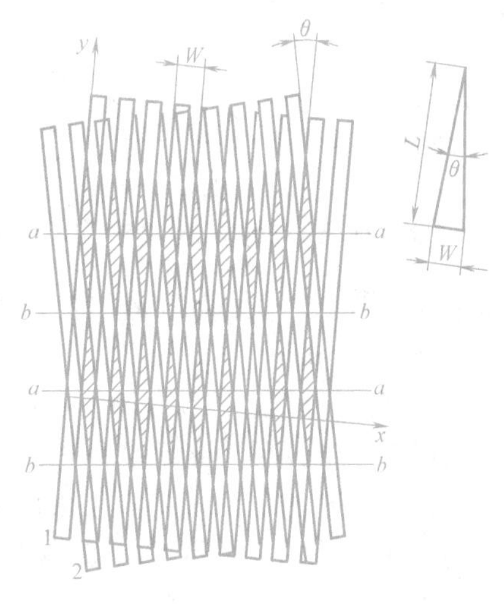

图 7-24　光栅工作原理

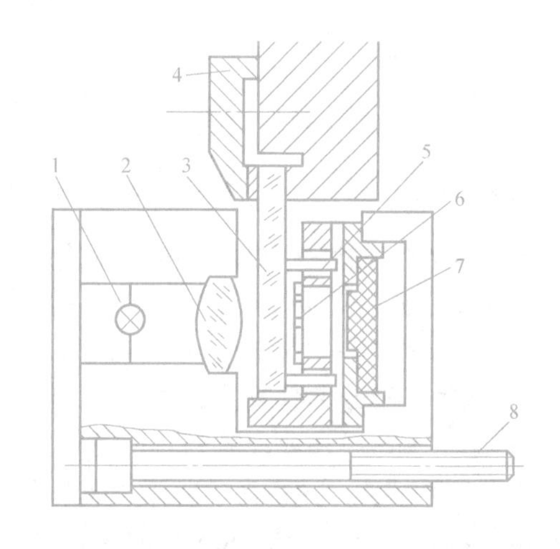

图 7-25　光栅坐标测量装置的结构

1—光源　2—透镜　3—标尺光栅　4—压板　5—滚动轴承　6—指示光栅　7—光电池　8—螺钉

2. 精镗床

精镗床，又称为金刚镗床。其特点是切削速度很高，切深和进给量极小，加工精度和表面质量高。

金刚镗床是一种高速镗床，通常采用硬质合金刀具（以前采用是金刚石刀具，机床由此得名），以极高的速度、很小的切削深度和进给量，主要对有色金属和铸铁工件上的内孔进行精细加工，加工的尺寸精度可达 0.003 ~ 0.005mm，表面粗糙度可达 Ra0.16 ~ 1.25μm。

根据主轴的位置不同，金刚镗床可分为卧式和立式两类。图 7-26 所示为单面卧式精镗床。为了保证主轴 2 的准确平稳运转，通常直接由电动机经带传动带动主轴高速旋转，并且主轴采用精密轴承支承。工件通过夹具安装在工作台 3 上，并随工作台一起沿床身 4 的导轨做低速平稳的进给。精镗床种类很多。

3. 落地镗床及落地铣镗床

如图 7-27 所示，落地镗床及落地铣镗床主要用于加工大而重的工件，没有工作台，工件直接固定在地面平板（或平台）上，运动由机床实现。

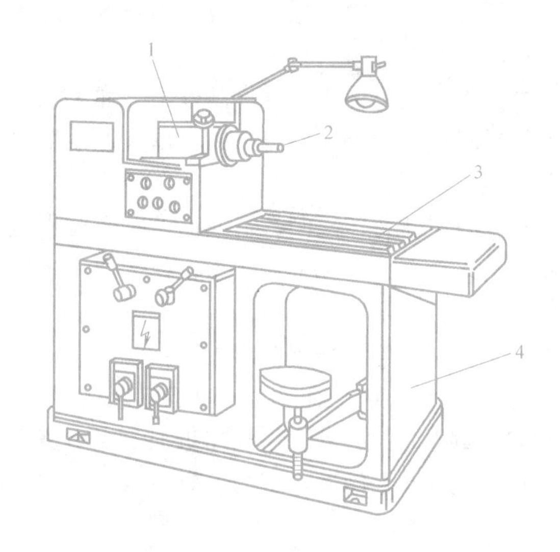

图 7-26　单面卧式精镗床

1—主轴箱　2—主轴　3—工作台　4—床身

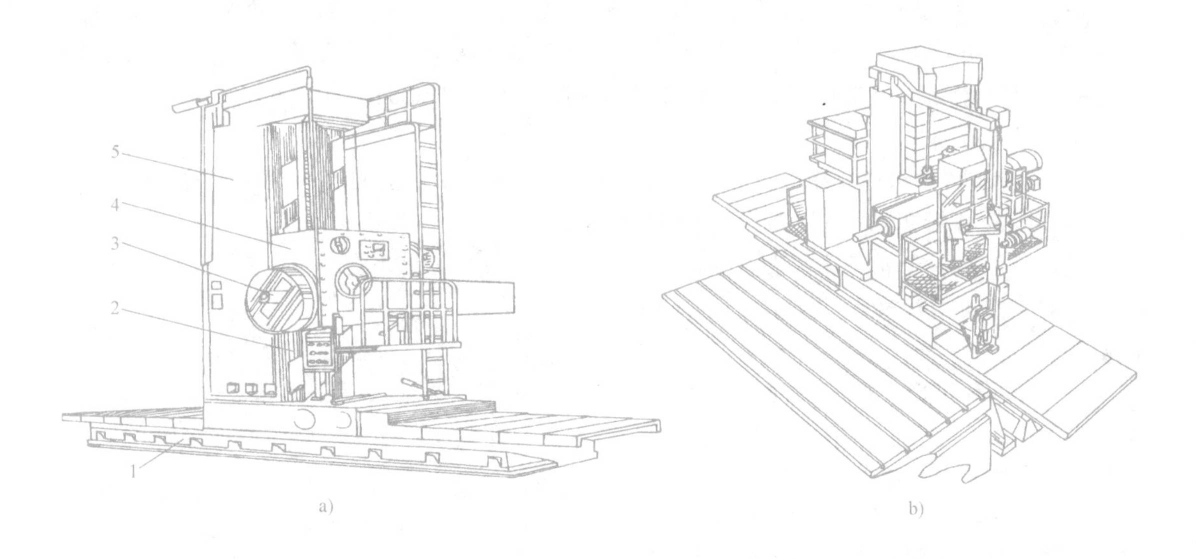

图 7-27　落地镗床和落地铣镗床

a）落地镗床　b）落地铣镗床

1—床身　2—防护装置　3—主轴　4—主轴箱　5—立柱

第三节　直线运动机床

刨床、插床和拉床的共同特点是主运动都是直线运动，因此又把这三类机床称为“直线运动机床”。

1. 刨床

刨床主要用于加工各种平面和沟槽。刨床的主运动是刀具或工件所做的往复直线运动。进给运动则是由刀具或工件完成，其方向与主运动方向相垂直，是在空行程结束后的短时间内进行的，因而是一种间歇运动。

刨床由于所用刀具结构简单，在单件小批生产条件下，加工平面、成形面和沟槽的表面比较经济，且生产准备工作时间短。此外，用宽刃刨刀以大进给量加工狭长平面时的生产率较高，因而在单件小批生产中，特别在机修和工具车间，刨床是常用的设备。但这类机床由于其主运动反向时需克服较大的惯性力，限制了切削速度和空行程速度的提高，同时还存在空行程所造成的时间损失，因此在多数情况下生产率较低，在大批大量生产中常被铣床和拉床所代替。

刨床主要有牛头刨床、龙门刨床等，分别介绍如下：

牛头刨床因其滑枕刀架形似“牛头”而得名，主运动为刀具的往复直线运动，进给运动为工件或刀具沿垂直于主运动方向的移动，主要用于加工中小型零件。

牛头刨床工作台的横向进给运动是间歇进行的。它可由机械或液压传动实现，机械传动一般采用棘轮机构。

牛头刨床的主参数是最大刨削长度。牛头刨床是刨削类机床中应用较广的一种，它适用于刨削长度不超过1000mm的中小型工件。下面以B6065（旧编号B665）型牛头刨床为例进行介绍。B6050型牛头刨床的最大刨削长度为650mm，型号中各字母、数字含义如下：B为机床类别代号，表示刨床，读作“刨”；6和0分别为机床组别和系别代号，表示牛头刨床；65为主参数最大刨削长度的1/10，即最大刨削长度为650mm。

（1）牛头刨床

1）牛头刨床的组成。图7-28所示为B6065型牛头刨床，主要由床身4、滑枕3、刀架2、工作台1、横梁8、底座等部分组成。其作用分别如下：

工作台1用以安装工件，它可随横梁做上下调整，并可沿横梁8做水平方向移动或间歇进给运动。

刀架2（图7-28）用以夹持刨刀，其结构如图7-29所示。当转动刀架手柄5时，滑板4带着刨刀沿刻度转盘7上的导轨上下移动，以调整背吃刀量或加工垂直面时做进给运动。松开刻度转盘7上的螺母，将转盘扳转一定角度，可使刀架斜向进给，以加工斜面。刀座3装在滑板4上，抬刀板2可绕刀座上的销轴向上抬起，以使刨刀在返回行程时离开零件已加工表面，减少刀具与零件的摩擦。

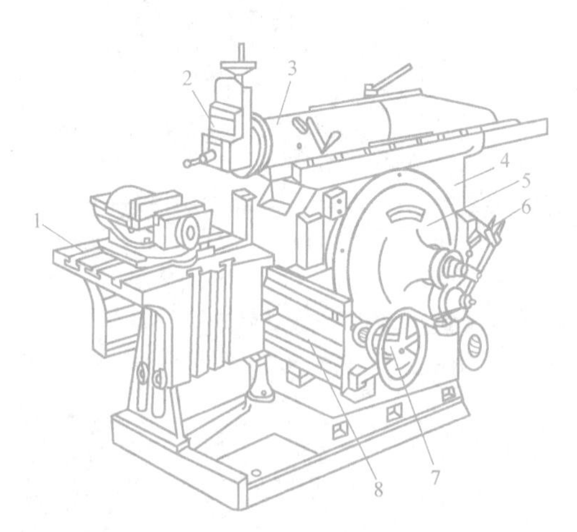

图7-28　B6065型牛头刨床

1—工作台　2—刀架　3—滑枕　4—床身　5—摆杆机构　6—变速机构　7—进给机构　8—横梁

滑枕3（图7-28）用以带动刨刀沿床身水平导轨做往复直线运动（主运动），其前端装有刀架。滑枕往复直线运动的快慢、行

程的长度和位置，均可根据加工需要调整。

床身4（图7-28）用来支承和连接刨床的各部件。其顶面水平导轨供滑枕带动刀架进行往复直线运动，侧面的垂直导轨供横梁带动工作台升降。床身内部有主运动变速机构和摆杆机构。

2）牛头刨床的传动系统。B6065型牛头刨床的传动系统主要包括摆杆机构、棘轮机构及变速机构。

①摆杆机构。其作用是将电动机传来的旋转运动变为滑枕的往复直线运动，结构如图7-30所示。

摆杆7上端与滑枕内的螺母2相连，下端与支架5相连。摆杆齿轮3上的偏心滑块6与摆杆7上的导槽相连。当摆杆齿轮3由小齿轮4带动旋转时，偏心滑块就在摆杆7的导槽内上下滑动，从而带动摆杆7绕支架5中心左右摆动，于是滑枕便做往复直线运动。摆杆齿轮转动一周，滑枕带动刨刀往复运动一次。

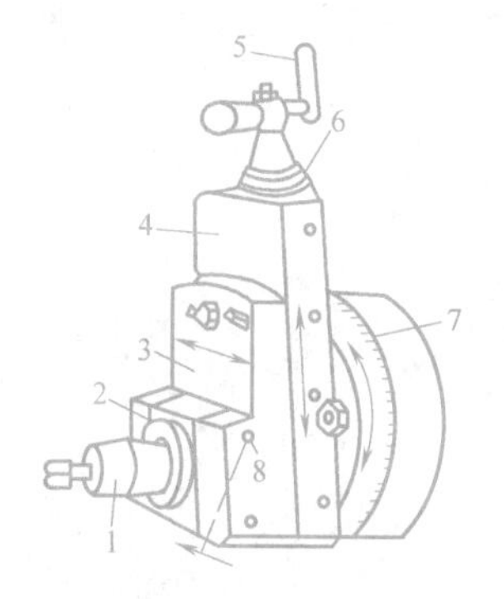

图7-29 刀架

1—刀夹 2—抬刀板 3—刀座 4—滑板 5—手柄 6—刻度环 7—刻度转盘 8—销轴

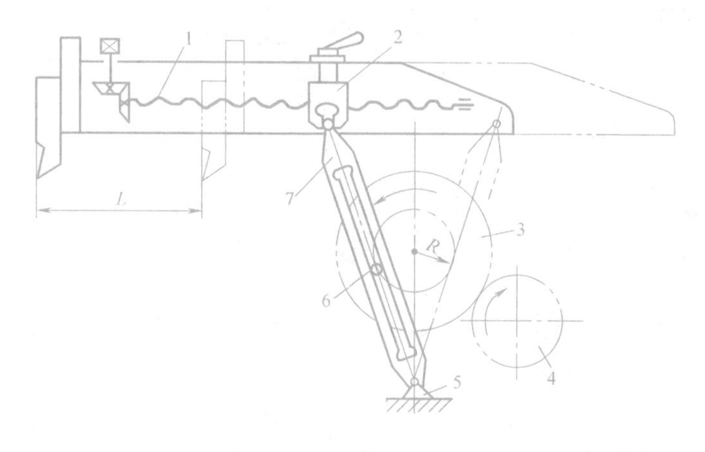

图7-30 摆杆机构

1—丝杠 2—螺母 3—摆杆齿轮 4—小齿轮 5—支架 6—偏心滑块 7—摆杆

② 棘轮机构。其作用是使工作台在滑枕完成回程与刨刀再次切入零件之前的瞬间，做间歇横向进给。牛头刨床的横向进给机构如图7-31a所示，棘轮机构如图7-31b所示。齿轮5与摆杆齿轮为一体，摆杆齿轮逆时针旋转时，齿轮5带动齿轮6转动，使连杆4带动棘爪3逆时针摆动，棘爪上的垂直面拨动棘轮2转过若干齿，使丝杠8转过相应的角度，从而实现工作台的横向进给。而当棘轮顺时针摆动时，由于棘爪后面为一斜面，只能从棘轮齿顶滑过，不能拨动棘轮，所以工作台静止不动，这样就实现了工作台的横向间歇进给。

③ 变速机构。其由1、2两组滑移齿轮组成，改变这两组滑移齿轮位置，可以使轴Ⅲ获得3×2=6种转速，使滑枕变速，如图7-32所示。

3）牛头刨床的调整。牛头刨床传动系统各机构的运动及调整内容如下：

① 滑枕行程长度、起始位置、速度的调整。刨削时，滑枕行程长度一般应比零件刨削表面的长度长30～40mm。滑枕的行程长度调整方法是改变摆杆齿轮上偏心滑块的偏心距离，其偏心距越大，摆杆摆动的角度就越大，滑枕的行程长度也就越长；反之则越短。如图

7-33 所示，转动轴 1，锥齿轮 5 和 6 带动小丝杠 2 使偏心滑块 7 上的螺母移动，从而带动偏心滑块 7 移动，曲柄销 3 带动滑块 5（图 7-32 中）改变偏心位置，从而改变滑枕的行程长度。

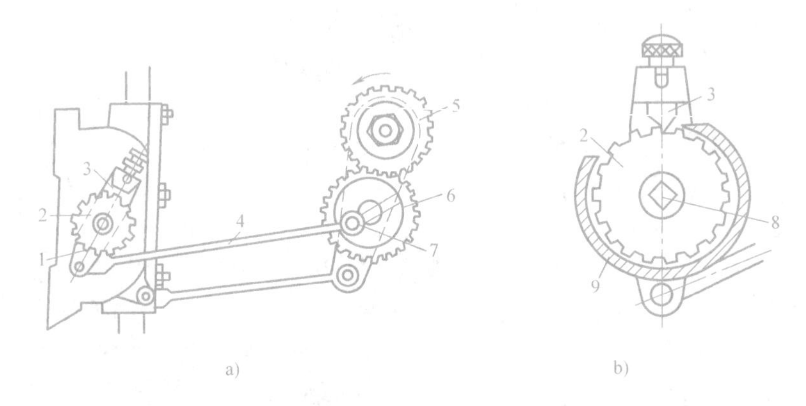

图 7-31　牛头刨床横向进给机构及棘轮机构

a）横向进给机构　b）棘轮机构

1—棘爪架　2—棘轮　3—棘爪　4—连杆　5、6—齿轮　7—偏心销　8—横向丝杠　9—棘轮罩

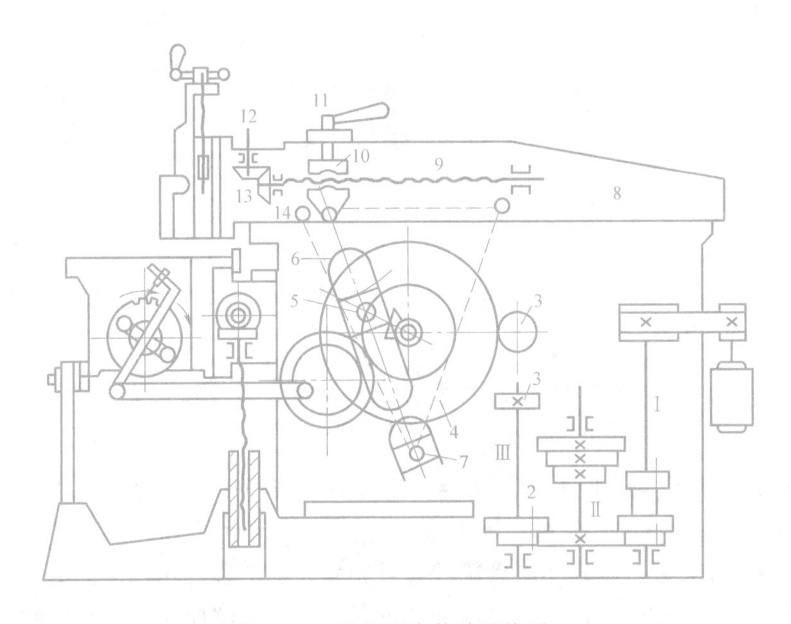

图 7-32　牛头刨床传动系统图

1、2—滑移齿轮组　3、4—齿轮　5—偏心块　6—摆杆　7—下支点
8—滑枕　9—丝杠　10—丝杠螺母　11—手柄　12—轴　13、14—锥齿轮

滑枕起始位置的调整方法为（图 7-32）：松开滑枕内的锁紧手柄 11，转动轴 12，通过 13、14 锥齿轮转动丝杠 9，由于固定在摆杆 6 上的丝杠螺母 10 不动，丝杠 9 带动滑枕 8 改变起始位置。

滑枕的速度可通过变速机构调整，调整必须在停机之后进行，否则将打坏齿轮。滑枕往复运动速度在各点上都不一样。其工作行程转角为 α，空行程转角为 β，$\alpha > \beta$，因此空行程

时间比工作行程短，即慢进快回，如图7-34所示。

② 工作台横向进给量的大小、方向的调整。工作台的进给运动既要满足间歇运动的要求，又要与滑枕的工作行程协调一致，即在刨刀返回行程将结束时，工作台连同零件一起横向移动一个进给量。牛头刨床的进给运动是由棘轮机构实现的。如图7-31所示，棘爪架1空套在横向丝杠8上，棘轮2用键与丝杠轴相连。工作台横向进给量的大小可通过改变棘轮罩9的位置，从而改变棘爪3每次拨过棘轮2的有效齿数来调整。棘爪3拨过棘轮2的齿数较多时，进给量大；反之则小。此外，还可通过改变偏心销7的偏心距来调整，偏心距小，棘爪架1摆动的角度小，棘爪3拨过的棘轮2齿数少，进给量小；反之则进给量大。若将棘爪3提起后转动180°，可使工作台反向进给。当把棘爪3提起后转动90°时，棘轮2便与棘爪3脱离接触，此时可手动进给。

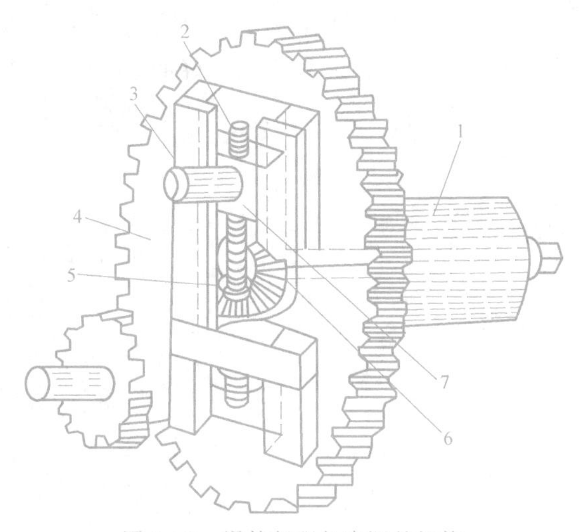

图7-33　滑枕行程长度调整机构

1—轴　2—小丝杠　3—曲柄销　4—曲柄齿轮　5、6—锥齿轮　7—偏心滑块

（2）龙门刨床　龙门刨床（图7-35）主要用于加工大型或重型零件上的各种平面、沟槽和各种导轨面，也可在工作台上一次装夹多个中小型零件进行多件同时加工。

1）龙门刨床组成及工作特点。龙门刨床由床身1、工作台2、横梁3、垂直刀架4、顶梁5、立柱6、进给驱动装置7、主驱动装置8、侧刀架9等组成。

龙门刨床的工作台沿床身水平导轨做往复运动，它由直流电动机带动，并可进行无级调速，运动平稳。工作台带动工件慢速接近刨刀，刨刀切入工件后，工作台增速到规定的切削速度；在工件离开刨刀前，工作台又降低速度，切出工件后，工作台快速返回。两个垂直刀架由一台电动机带动，它既可在横梁上做横向进给，也可沿垂直刀架自身的导轨做垂直进给运动，并能旋转一定的角度，做斜向进给运动。

龙门刨床的主运动是工作台的往复直线运动，进给运动是刀架带着刨刀做横向或垂直的间歇运动。

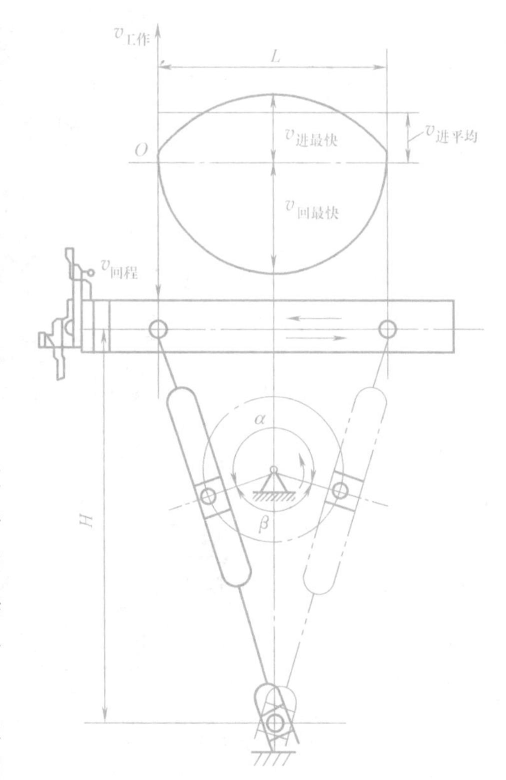

图7-34　滑枕往复速度变化

龙门刨床主要用来加工大平面，尤其是长而窄的平面，一般龙门刨床可刨削的工件宽度

达1m，长度在3m以上；还可用来加工沟槽，以及成批加工小型零件。用龙门刨床进行精刨，可得到较高的尺寸精度和良好的表面粗糙度。

龙门刨床的主参数是工作台宽度。本节以B2012A型龙门刨床为例进行介绍，如图7-35所示。

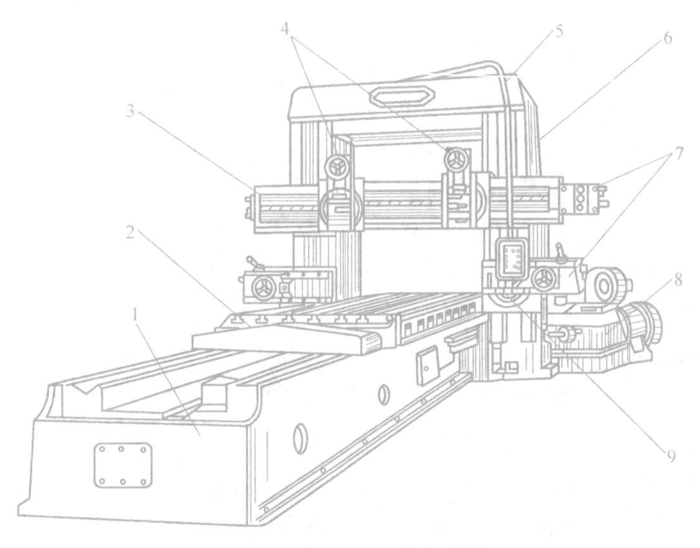

图7-35　B2012A型龙门刨床

1—床身　2—工作台　3—横梁　4—垂直刀架　5—顶梁　6—立柱　7—进给驱动装置　8—主驱动装置　9—侧刀架

2）B2012A型龙门刨床的传动系统。图7-36所示为B2012A型龙门刨床传动系统图。

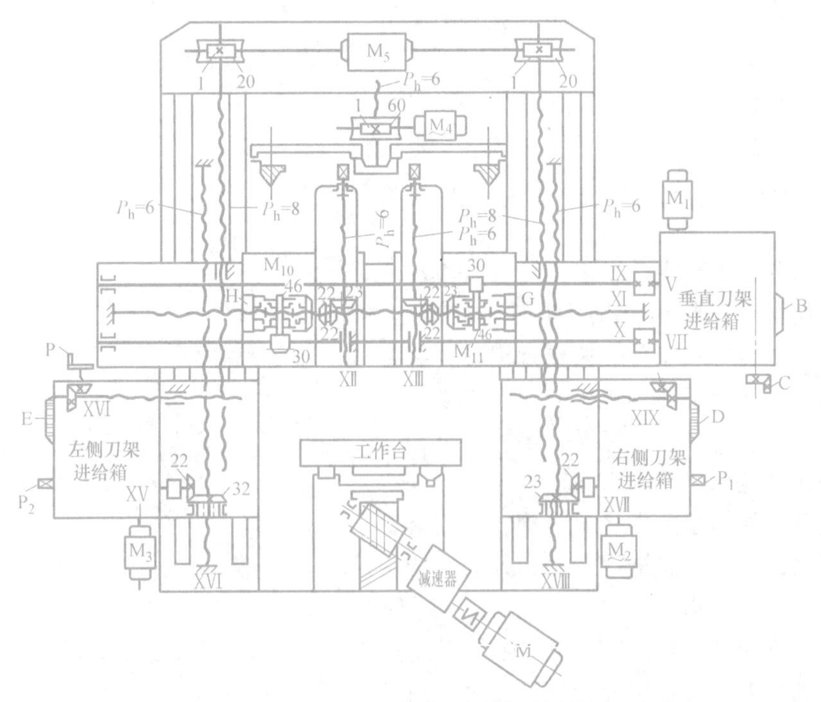

图7-36　B2012A型龙门刨床传动系统图

①主运动传动系统。图7-37所示为B2012A型龙门刨床主运动传动系统图。

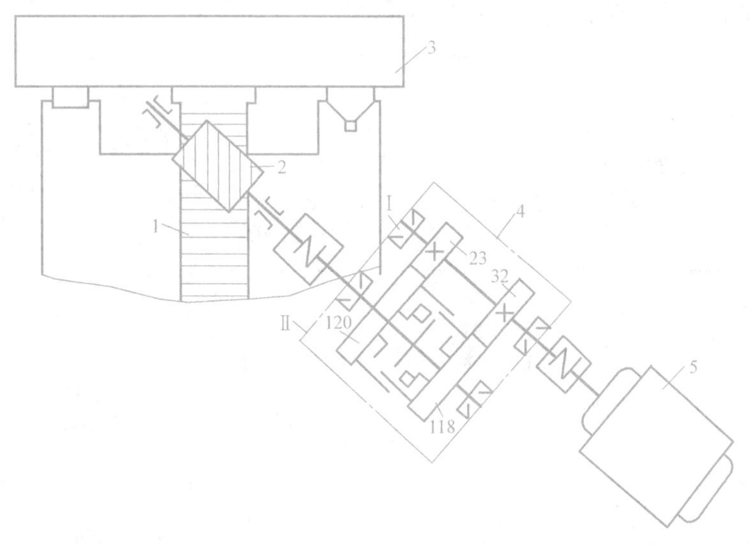

图 7-37　B2012A 型龙门刨床主运动传动系统图

1—齿条　2—蜗杆　3—工作台　4—减速器　5—主电动机

主运动传动路线表达式为

$$主电动机5—\begin{pmatrix}离合器上接合—\dfrac{23}{120}\\ \\ 离合器下接合—\dfrac{32}{118}\end{pmatrix}—蜗杆2—齿条1—工作台3$$

工作台的速度是按一定规律变化并循环的，如图 7-38 所示。工作行程运动速度较慢，回程（空行程）运动速度加快，减少了辅助工作时间。

② 进给运动传动系统。由于两垂直刀架和侧刀架结构、传动原理基本相同，现以垂直刀架为例加以说明。图 7-39 所示为垂直刀架进给箱传动系统图。

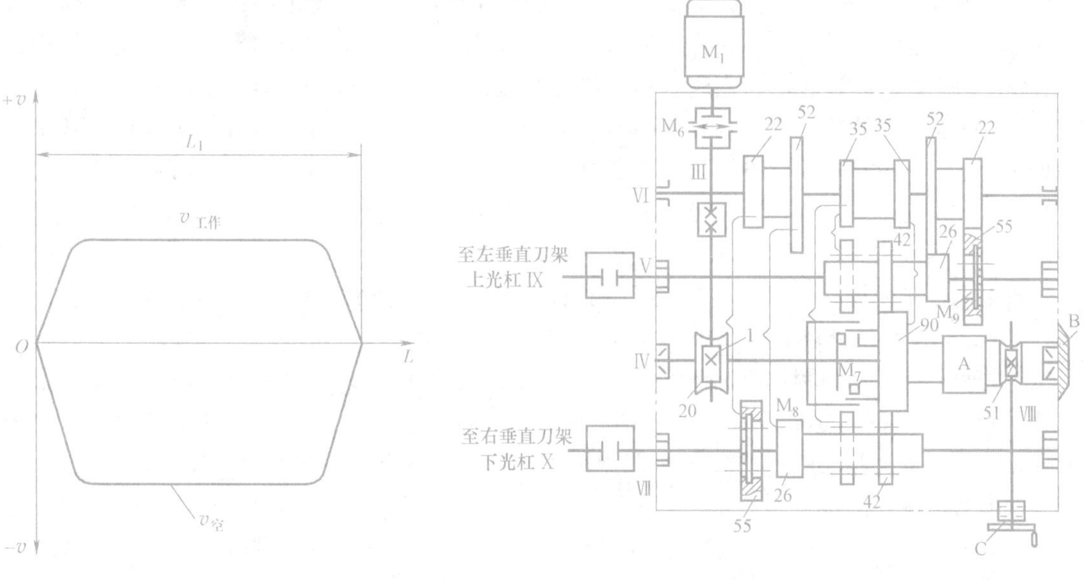

图 7-38　工作台速度变化

图 7-39　垂直刀架进给箱传动系统图

垂直刀架的自动进给和快速调整移动的传动路线表达式为

$$\text{电动机}—M_6—\text{Ⅲ}—\frac{1}{20}—\text{Ⅳ}—\begin{bmatrix}\text{间歇机构 A}\\ \text{(自动进给)}\\ M_7\text{(快速)}\end{bmatrix}—\begin{bmatrix}\frac{90}{42}\\ (z=42\rightarrow)\\ \frac{90}{35}\times\frac{35}{42}\\ (z=42\leftarrow)\end{bmatrix}—$$

$$—\begin{bmatrix}—\begin{bmatrix}\overleftarrow{M_9}\\ \frac{26}{52}\times\frac{22}{55}\end{bmatrix}—\text{Ⅴ}—\text{Ⅸ}—\frac{30}{46}—\begin{bmatrix}\overrightarrow{M_{11}}—G—\text{右垂直刀架水平进给}\\ \overleftarrow{M_{11}}—\frac{23}{23}\times\frac{22}{22}—\text{ⅩⅢ}—\text{右垂直刀架垂直进给}\end{bmatrix}\\ —\begin{bmatrix}\overrightarrow{M_8}\\ \frac{26}{52}\times\frac{22}{55}\end{bmatrix}—\text{Ⅷ}—\text{Ⅹ}—\frac{30}{46}—\begin{bmatrix}\overleftarrow{M_{10}}—H—\text{左垂直刀架水平进给}\\ \overrightarrow{M_{10}}—\frac{23}{23}\times\frac{22}{22}—\text{Ⅻ}—\text{左垂直刀架垂直进给}\end{bmatrix}\end{bmatrix}$$

3）间歇进给机构的结构及工作原理，如图7-40所示。

在轴Ⅳ上空套齿轮$z90$，其内部装有星形轮12和滚柱11等零件组成的单向超越离合器M_7。右面的双向超越离合器由进给星形轮9、进给滚柱8、复位星形轮2、复位滚柱5、外环6及拨爪盘7等零件组成。外环6用键与轴Ⅳ联接，进给星形轮9、复位星形轮2和星形轮12均用键与轴套10联接，而轴套10通过二个深沟球轴承空套在轴Ⅳ上。拨爪盘7空套在轴套10上，它的外侧有一悬伸的撞块H，内侧有相间的三个短爪S′和三个长爪T，短爪S只插入进给星形轮9的缺口中，而长爪T则同时插入进给星形轮9和复位星形轮2的缺口中。

当工作台空行程结束时，工作台侧面的挡铁压下行程开关，使进给电动机短时间正转，经蜗杆和蜗轮$z20$带动轴Ⅳ逆时针转动。因为自动进给时离合器M7是脱开的，故轴Ⅳ不能直接带动齿轮$z90$，而是先带动外环6随轴一起逆时针转动，通过进给滚柱8的卡紧作用带动星形轮9，进给星形轮9的旋转又带动轴套10和星形轮12，再通过滚柱11的楔紧作用而使齿轮$z=90$做逆时针转动，实现自动进给。此时，拨爪盘7被进给滚柱8经短爪S及长爪T带动，也按逆时针转动，直至其上的撞块H与装在进给箱上的固定挡销1相碰时，拨爪盘7即停止转动，它的短爪S和长爪T挡住进给滚柱8，使进给滚柱8退至进给星形轮9和外环6的宽敞楔缝中，从而断开进给运动。这时，外环6仍空转，直至工作台工作行程开始，挡铁放开行程开关，进给电动机停止正转为止。

当工作台工作行程结束时，挡铁压下行程开关，进给电动机短时间反转，使轴Ⅳ和外环6顺时针方向旋转。外环6通过3个复位滚柱5带动复位星形轮2（此时，外环6与进给星形轮9之间不起传动作用），使轴套10及星形轮12也做顺时针方向旋转，但由于此时滚柱11不可能被楔紧在楔缝中，因此齿轮$z90$不转动，进给运动没有产生。此时，拨爪盘7也按顺时针转动，直至其上的撞块H与可调撞块4相撞，拨爪盘7停止转动，完成拨复位要求，为下一次进给做好准备。

刀架每次进给时的进给量可在一定范围内进行无级调整。调整时，转动手轮C（图7-40），通过蜗杆使蜗轮$z51$转动，并带动可调撞块4转动，改变它与固定挡销1之间

的夹角大小，即可调节进给量的大小。进给量读数可由刻度盘3的刻度读出。

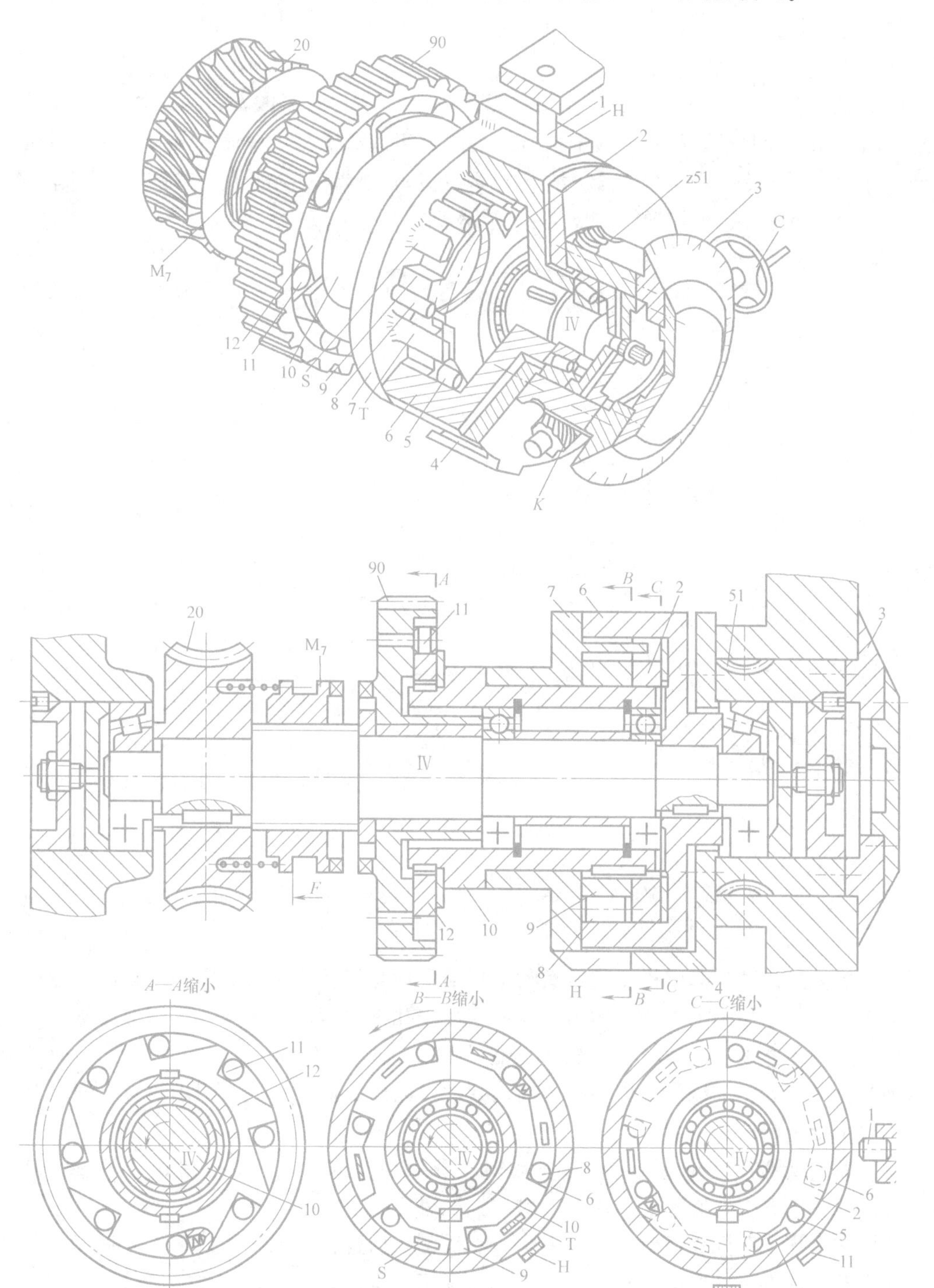

图7-40　间歇进给机构

1—固定挡销　2—复位星形轮　3—刻度盘　4—可调撞块　5—复位滚柱　6—外环　7—拨爪盘　8—进给滚柱　9—进给星形轮　10—轴套　11—滚柱　12—星形轮　H—撞块　S—短爪　T—长爪　M_7—端面齿离合器　C—调节进给量星形轮　F—作用力　K—蜗杆头数

由上述可见，间歇进给机构既能在工作台空行程结束时使刀架做自动进给，且进给量可调，又能在工作台工作行程结束时复位，为下次进给做好准备。

2. 插床（图 7-41）

（1）插床的组成及工艺范围　插床实际上是一种立式的刨床，它的结构原理与牛头刨床属于同一类型，只是在结构形式上略有区别。插床的滑枕 2 在垂直方向上下往复移动。工作台由床鞍 6、溜板 7 及回转工作台 1 等组成。床鞍 6 可做横向进给，溜板 7 可做纵向进给，回转工作台 1 可带动工件回转，如图 7-42 所示。

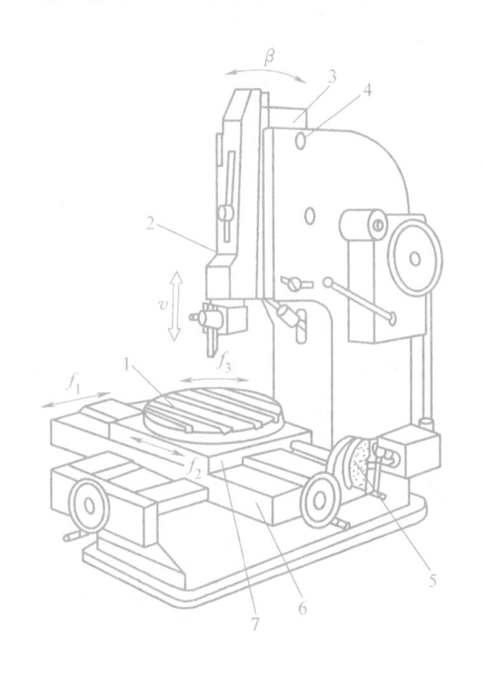

图 7-41　插床

1—回轮工作台　2—滑枕　3—滑枕驱动架　4—轴
5—工作台分度机构　6—床鞍　7—溜板

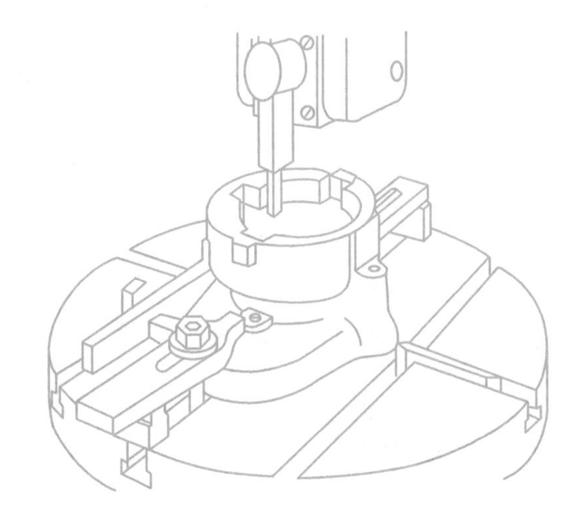

图 7-42　插床插制键槽

插床的主运动是刀具的往复直线运动，进给运动是回转工作台的圆周运动或分度运动。

插床的主要用途是加工工件的内部表面，如内孔中的键槽、平面、多边形孔等，有时也用于加工成形内外表面、插削孔内键槽（图 7-42）。插床与刨床一样，生产率低，而且要有较熟练的技术工人，才能加工出要求较高的零件。因此，插床一般多用于工具车间、修理车间及单件小批生产的车间。

（2）插床附件　插床上使用的装夹工具，除牛头刨床上常用的平口钳、压板、螺钉等装夹工具外，还有自定心卡盘、单动卡盘和插床分度头等。

在插床上加工孔内表面时，刀具要穿入工件的孔内进行插削，因此工件的加工部分必须先有一个孔。如果工件原来没有孔，就需要先加工一个足够大的孔，才能进行插削加工。

（3）插床精度　插床加工面的平面度、直线度、侧面对基面的垂直度及加工面间的垂直度均可达 0. 025mm/300mm，表面粗糙度值一般可达 $Ra1.6 \sim 6.3\mu m$。

3. 拉床

（1）拉床的用途、特点及类型　拉床是用拉刀进行加工的机床，可完成各种形状的通

孔、通槽、平面及成形表面的加工。图 7-43 所示为适合于拉削的典型表面。

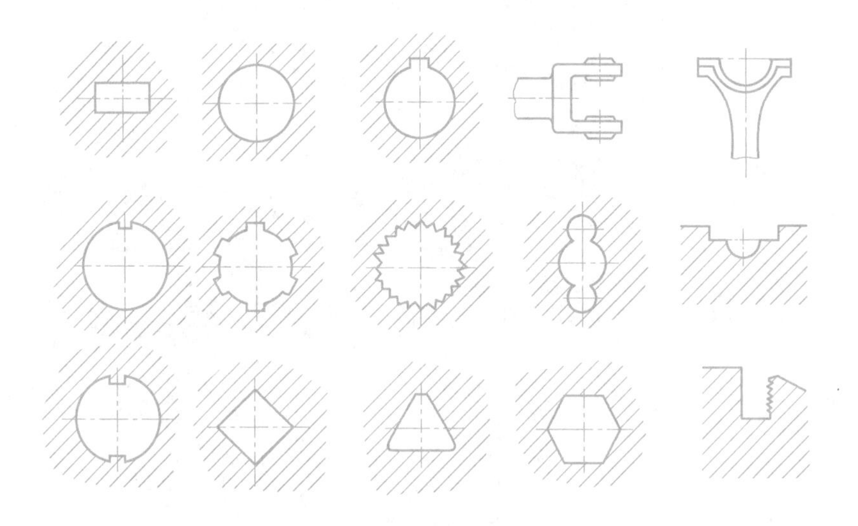

图 7-43　适合于拉削典型表面

由于拉刀的工作部分有粗切齿、精切齿和校准齿，加工时工件表面经过粗切，又经过精切和校准，因此可获得较高的加工精度和较低的表面粗糙度值，一般拉削尺寸公差等级可达 IT7 ~ IT8，平面的位置准确度可控制为 0.02 ~ 0.06mm，表面粗糙度不超过 $Ra0.63\mu m$。由于被加工表面在一次走刀中成形，故拉削的生产率很高，是铣削的 3 ~ 8 倍。但拉削的每一种表面都需要用专用的拉刀，且拉刀的结构较复杂，制造和刃磨难度高。

拉床的主参数是额定拉力，常用额定拉力为 50 ~ 400kN。例如 L6120 型卧式内拉床的额定拉力为 200kN。

在拉床上可以加工各种孔、平面、半圆弧面以及一些不规则表面。拉削加工的孔必须预先加工过（钻、镗等）。被拉孔的长度一般不超过孔径的 3 倍。

在拉床上加工时，工件应具有易于准确地安装在拉床上的形状，否则加工时易产生误差。若工件在拉削前，孔的端面未经加工，则应将其端面垫以球面垫圈，如图 7-44 所示，拉削时便可以使工件上的孔自动调整到和拉刀轴线一致的方向。

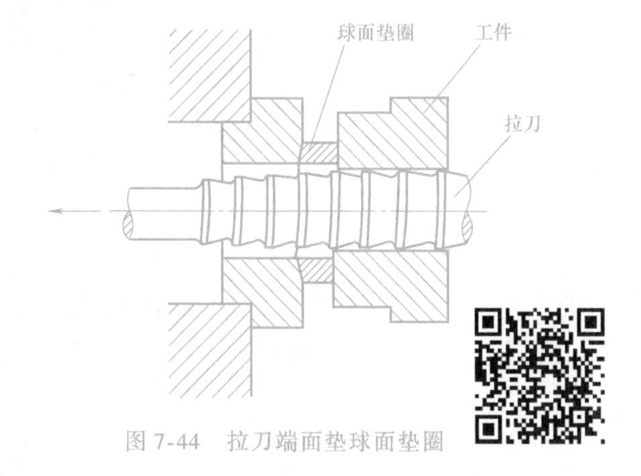

图 7-44　拉刀端面垫球面垫圈

常用的拉床，按加工的表面可分为内表面拉床和外表面拉床两类，按机床的布局形式可分为卧式拉床和立式拉床两类。此外，还有连续式拉床和专用拉床。

（2）拉床的基本运动　拉床只有主运动，即拉刀的低速直线运动，没有进给运动。

（3）典型拉床

1）卧式内拉床。主要用于加工内花键、键槽等内表面，如图 7-45 所示。

2）立式拉床。包括立式内拉床、立式外拉床两类。立式内拉床可完成各种形状的通孔加工，如图 7-46 所示。立式外拉床可完成通槽、平面及成形表面的加工，如图 7-47 所示。

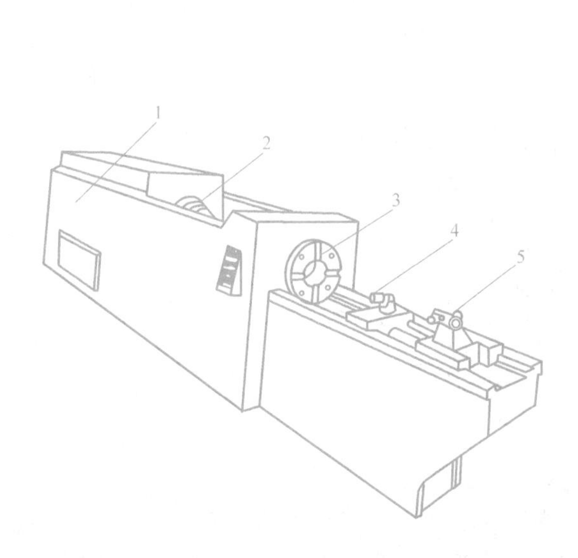

图 7-45　卧式内拉床及工件安装

1—床身　2—液压缸　3—支承座
4—滚柱　5—随动夹头

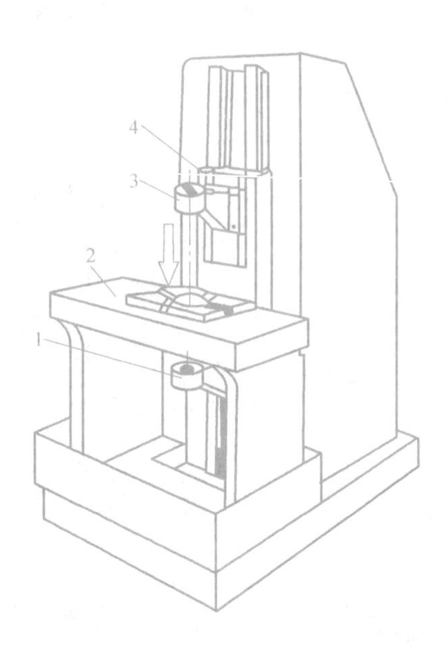

图 7-46

1—下支架　2—工作台　3—上支架　4—滑座

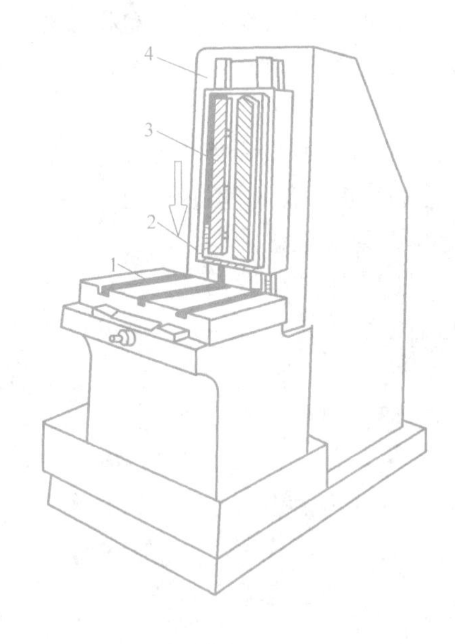

图 7-47

1—工作台　2—滑块　3—外拉刀　4—床身

3）连续式拉床。用于大批生产中加工小型零件的外表面。图 7-48 所示为连续式拉床的工作原理。

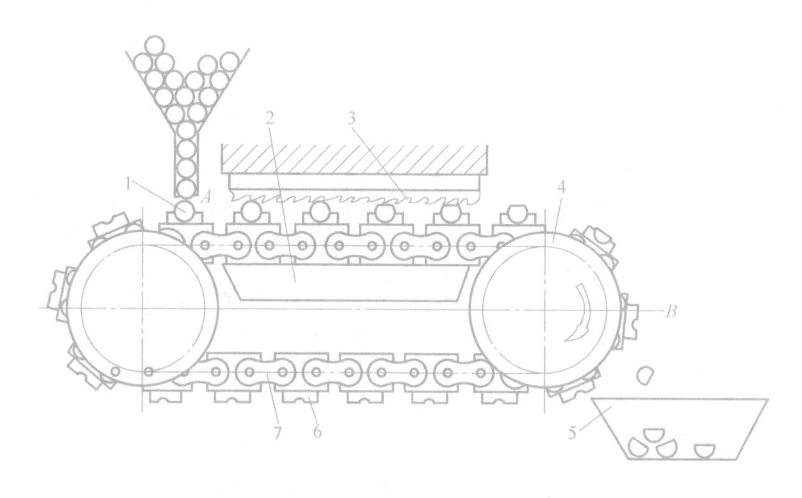

图 7-48　连续式拉床工作原理

1—工件　2—导轨　3—固定拉刀　4—链轮

5—成品收集箱　6—夹具　7—链条

第四节　组合机床简介

1. 组合机床工艺范围及组成

组合机床是根据特定的加工要求，以系列化、标准化的通用部件为基础，配以少量的专用部件所组成的专用机床。它适宜于在大批生产中对一种或几种类似零件的一道或几道工序进行加工。

组合机床的工艺范围有铣平面、车平面、锪平面、钻孔、扩孔、铰孔、镗孔、倒角、切槽、攻螺纹等。

组合机床最适于加工箱体类零件，如气缸体、气缸盖、变速箱体、阀门与仪表的壳体等。另外，轴类、盘类、套类及叉架类零件，如曲轴、气缸套、连杆、飞轮、法兰盘、拨叉等也能在组合机床上完成部分或全部加工工序。

图 7 -49 所示为单工位三面复合组合机床。工件放置在夹具 8 中，加工时工件固定不动，电动机通过动力箱 5、多轴箱 4 和传动装置驱动刀具做旋转主运动，滑台 6 带动做直线进给运动，完成一定形式的运动循环。整台机床的组成部件中，除多轴箱 4 和夹具 8 外，其余均为通用部件。通常一台组合机床的通用部件占机床零部件总数的 70% ~90%。图 7-50 所示为立式多工位组合机床，工件安置在回转工作台 8 上的夹具中，主轴箱 10 驱动刀具做旋转运动，滑台 1 带动主轴箱做进给运动，加工时工件随回转工作台变换工位，完成一定形式的运动循环。

（1）通用部件　目前已针对组合机床的通用部位制订了国家标准，如机械滑台、侧底座等。通用部件如下：

1）动力部件，如动力箱、动力滑台（分为机械、液压驱动）。

2）支承部件，如床身、立柱、底座。

3）输送部件，如移动工作台、回转工作台和回转鼓轮。

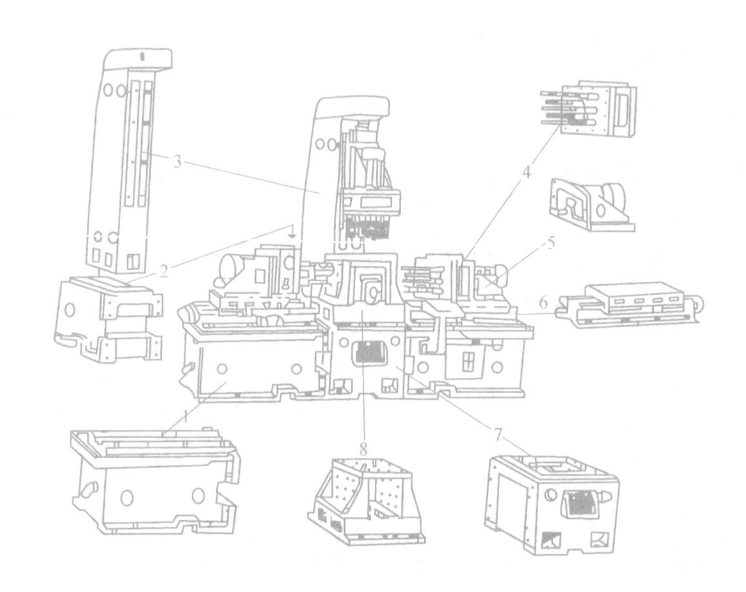

图 7-49　单工位三面复合组合机床

1—床身　2—底座　3—立柱　4—多轴箱　5—动力箱　6—滑台　7—工作台　8—夹具

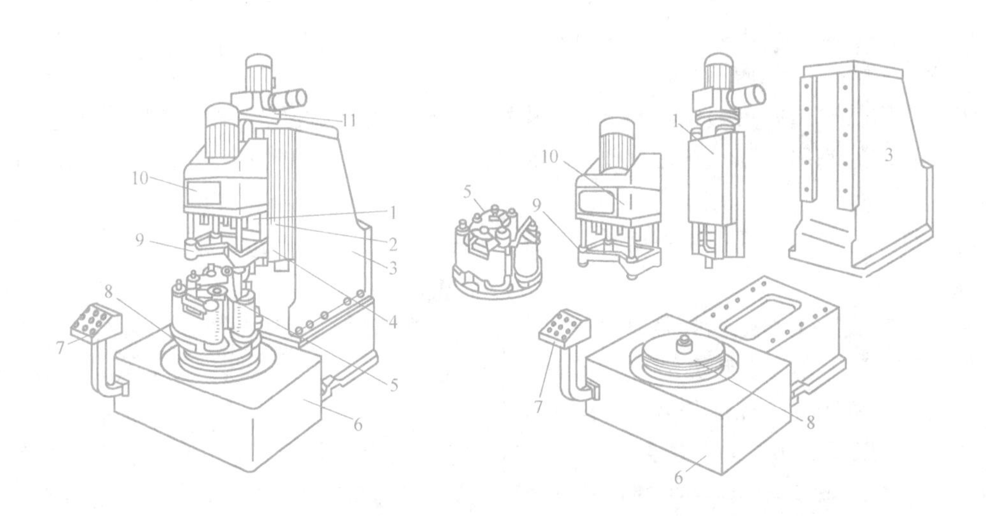

图 7-50　立式多工位组合机床

1—滑台　2—电气控制挡铁　3—立柱　4—滑座　5—夹具　6—底座　7—按钮台
8—回转工作台　9—钻模板　10—主轴箱　11—滑台传动装置

4）控制部件，如液压操纵板、按钮台等。

5）辅助部件，如冷却、润滑部件等。

（2）专用部件　如主轴箱、夹具、倾斜床身。

2. 组合机床特点：

1）设计、制造周期短，而且也便于使用和维修。

2）加工效率高。组合机床可采用多刀、多轴、多面、多工位和多件加工，因此特别适用于汽车、拖拉机、电机等行业定型产品的大量生产。

3）当加工对象改变后，通用零部件可重复使用，组成新的组合机床，不致因产品的更新而造成设备的大量浪费。

4）自动化程度高。

5）通用化程度高。

6）能稳定地保证加工精度。

7）易于连成自动线。

8）加工时，装在机床主轴上的刀具做旋转主运动，工件做进给运动，或者刀具既做旋转主运动又做进给运动，以完成工作循环。

3. 组合机床自动线

组合机床自动线是用工件自动传送系统及自动控制系统，把按加工工序合理排列的若干台组合机床或自动机床和其他辅助设备联系起来的自动生产线。

（1）组合机床自动线组成　组合机床自动线由组合机床或自动机床组成；此外，还需要配属一定数量的辅助传送机构，包括移动工件、排出切屑机构和自动线操纵机构，如图7-51所示。

（2）组合机床自动线特点　提高生产率，稳定保证产品质量，缩短生产周期，节约辅助运输工具，降低生产成本，减轻工人劳动强度，改善劳动条件。

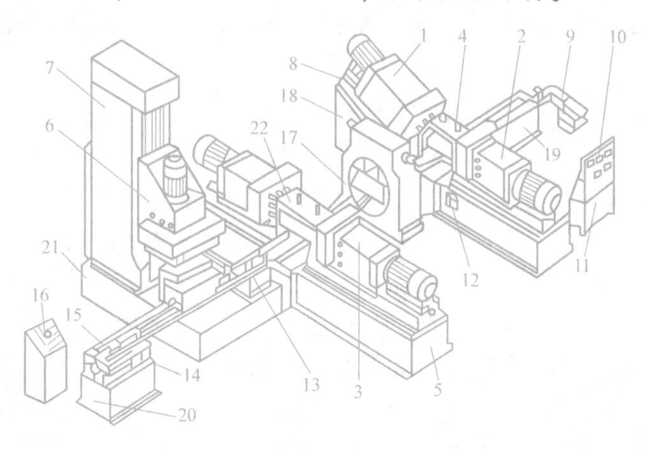

图7-51　组合机床自动线组成

1、2、3、6—动力部件　4、22—夹具　5—侧底座　7—立柱　8—滑座　9—切屑输送带传动装置　10—液压装置　11—液压站　12—润滑泵　13—转位台　14—工件输送带传动装置　15—工件输送带　16—操纵台　17—翻转台　18—倾斜式侧底座　19、20、21—底座

习题与思考题

1. Z3040型摇臂钻床钻孔时的主运动和进给运动各有什么特征？
2. Z3040型摇臂钻床的切削运动是通过什么机构来实现的？
3. 简述Z3040型摇臂钻床立柱夹紧机构工作原理。
4. TP619型卧式铣镗床有哪些切削运动和辅助运动？说明它的工艺范围和应用场合。
5. 解释TP619型卧式铣镗床型号的含义。
6. 组合机床由哪些部件组成？它的工艺范围如何？适于什么生产类型的产品？
8. 组合机床自动线由哪些部分组成？

8

第八章 数控机床

第一节 概　　述

一、数控机床简介

数控机床是数字控制机床的简称，其控制系统能够根据按加工要求预先编制的程序，发出数字信息指令，自动对工件进行加工。它可以对机床的各种动作，工件的形状、尺寸，以及机床的其他功能进行数字代码编程处理，并通过数控系统将处理结果送到机床相应的执行部件，自动控制机床上的刀具与工件之间的相对运动，从而加工出所需要的工件。数控机床不仅能够提高产品的质量，提高生产率，降低生产成本，而且能够大大改善工人的劳动条件，降低工人劳动强度。

与普通机床相比，数控机床具有以下特点：

(1) 适应性广　适应性即所谓的柔性，是指数控机床加工能力随生产对象变化而变化的适应性。采用数字程序控制，当生产对象改变时，只要重新编制零件加工程序，就能实现对新零件的自动化生产。这对当前市场竞争中产品不断更新换代的生产模式是十分重要的，它为解决多品种、中小批零件的自动化加工提供了极好的生产方式。广泛的适应性是数控机床最突出的优点，也是数控机床得以产生和迅速发展的主要原因。

(2) 加工精度高、质量稳定　数控机床的加工精度一般可达 0.005～0.1mm。数控装置的脉冲当量（或分辨率）目前可达 0.0001～0.01mm，并且可以通过实时检测反馈修正误差或补偿误差，以获得更高的精度。因此，数控机床可以获得比机床本身精度更高的加工精度，尤其提高了同批零件生产的一致性，使产品质量稳定。

(3) 生产率高　使用数控机床加工，能够有效地减少零件的加工时间和辅助时间。数控机床上可以采用较大的切削用量进行强力切削，同时还可以自动变速、自动换刀和自动装夹工件。一机多用的数控加工中心可以进行车、铣、镗、钻、磨等各种粗、精加工，实现了在一台机床上进行多道工序的连续加工，减少了半成品的工序间周转时间，提高了生产率。

(4) 减轻劳动强度，改善劳动条件　由于数控机床是按所编程序自动完成零件加工的，操作者主要是进行程序的输入、零件的装卸、加工状态的观测、零件的检验等工作，劳动强度大大降低。

(5) 能实现复杂零件的加工　数控机床可以加工普通机床难以加工或根本不能加工的复杂曲面零件，可以实现几乎是任意轨迹的运动和加工任何形状的空间曲面，适用于各种复杂型面的零件加工。

(6) 有利于现代化生产管理　数控机床采用数字信息与标准代码处理、传递信息，特

别是在数控机床上使用计算机控制，为计算机辅助设计、制造以及管理一体化奠定了基础。

二、数控机床的工作过程及组成

1. 数控机床的工作过程

在数控机床上加工零件时，首先按零件图样制订加工工艺，计算节点坐标，编写零件的数控加工程序，这是数控机床的工作指令；将数控程序由控制介质输入到数控装置，经校核无误后，再由数控装置控制机床主运动的变速、起停，进给运动的方向、速度和位移大小，以及其他诸如刀具选择交换、工件夹紧松开和冷却润滑等动作，使刀具与工件及其他辅助装置严格地按照数控程序规定的顺序、路程和参数进行工作，从而加工出形状、尺寸与精度符合要求的零件。零件在数控机床上的加工过程如图 8-1 所示。

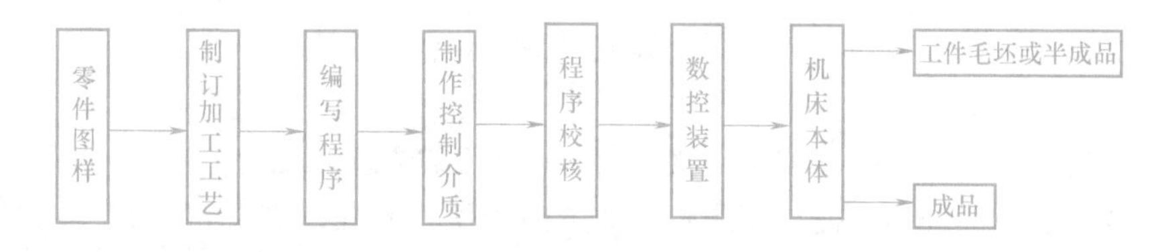

图 8-1　零件在数控机床上的加工过程

2. 数控机床的组成

数控机床主要由控制介质（加工程序）、数控装置、伺服系统和机床本体组成，如图 8-2所示。

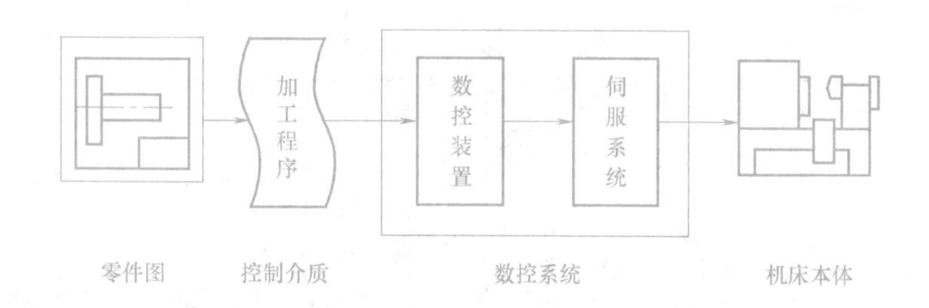

图 8-2　数控机床的组成

（1）控制介质　是用于记载各种加工信息的载体，以控制机床的运动，实现零件的加工。最初，常用的控制介质有穿孔纸带、磁带或磁盘等；现在，随着数控技术的发展，数控机床自带存储装置，用户可将程序直接输入数控机床。

（2）数控装置　是数控机床的中枢，它接受输入装置送来的脉冲信号，利用系统软件或逻辑电路进行编译、运算和逻辑处理后，输出各种控制信号和指令控制机床的各个部分，进行规定的、有序的动作。这些控制信号中最基本的信号是：经插补运算决定的各坐标轴（即做进给运动的各执行部件）的进给速度、进给方向和位移量信号，主运动部件的变速、换向和起停信号；选择和交换刀具的刀具指令信号；控制冷却、润滑系统的起停，工件和机床部件松开、夹紧，分度工作台转位等辅助指令信号。

（3）伺服系统　包括伺服驱动电动机、各种伺服驱动元件和执行部件等，它是数控系统的执行部分。它的作用是根据来自数控装置的速度和位移指令控制执行部件的进给速度、方向和位移，使执行部件按规定轨迹移动或精确定位，加工出符合图样要求的零件。每个做进给运动的执行部件都配有一套伺服驱动系统。伺服驱动系统有开环、半闭环和闭环之分。在半闭环和闭环伺服驱动系统中，还需要使用位置检测装置，间接或直接测量执行部件的实际进给位移，与指令位移进行比较，按闭环原理，将其误差转换放大后控制执行部件的进给运动。一个脉冲信号使机床执行部件的位移量称为脉冲当量，用δ表示。常用的脉冲当量有0.01mm/脉冲、0.005mm/脉冲、0.001mm/脉冲。伺服系统的性能是决定数控加工精度和生产率的主要因素之一。

（4）机床本体　是指数控机床的机械部件，主要包括主运动部件、进给运动部件（如工作台、刀架）和支承部件（如床身、立柱等），还有冷却、润滑、转位部件，如夹紧装置、换刀机械手等辅助装置。对于加工中心，还有存放刀具的刀库、交换刀具的机械手等部件。数控机床机械部件的组成与普通机床相似，但传动机构要求更为简单，在精度、刚度、抗振性等方面要求更高，而且其传动系统和变速系统要便于实现自动化控制。

三、数控机床的分类

目前，数控机床已形成品种齐全、规格繁多的系列产品。数控机床的类别既与加工工艺有关，又与数控系统的控制功能、伺服控制方式等有关。按工艺用途分类时，有数控车床、数控钻床、数控镗床、数控铣床、数控磨床、数控齿轮加工机床等；按系统控制功能分类时，有点位、点位直线和轮廓控制之分；按伺服系统控制方式分类时，有开环、闭环和半闭环之分。

1. 按工艺用途分类

按工艺用途，可将数控机床分为表8-1所列的几大类。

表8-1　数控机床的分类

序号	类型	主要用途	序号	类型	主要用途
1	数控车床	车削成形面，适合加工带圆弧、锥度的复杂轴类零件	7	数控磨床	磨削成形外圆、内孔、端面、盘面凸轮
2	车削中心	车削成形面，适合加工带圆弧、锥度的复杂盘类、轴类零件，还能进行铣平面、横钻孔	8	数控齿轮加工机床	加工各类圆柱齿轮、螺旋齿轮
			9	数控电加工机床	加工曲线、成形板、模具
3	数控铣床	成形铣削复杂工件（也可钻、攻螺纹）	10	数控激光加工机床	特殊材料钻孔、成形、切割
4	数控钻床	加工各种孔和螺纹孔	11	数控冲床	冲裁各类面板
5	数控镗床	钻、镗、铣一般精度的复杂工件	12	数控弯管机	弯曲各种管材
			13	数控切割机	用喷射水切割板材、用气体火焰切割板材
6	加工中心	成形面加工、非成形面复杂箱体加工	14	数控坐标测量机	对工件形状和精度进行检测

2. 按系统控制功能分类

（1）点位控制数控机床　该类机床只对点的位置进行控制，即机床的数控装置只控制机床移动部件从一个位置点精确地移动到另一个位置点，如图8-3所示，在移动过程中不进行加工。至于两点间的移动速度和移动路线，则由系统设计者决定。为了减少移动时间和提高终点位置的定位精度，一般先快速移动，当接近终点时，再降速，使之慢速趋近终点，以保证定位精度。

采用点位控制的机床有数控坐标镗床、数控钻床以及数控冲床等。使用数控钻镗床加工

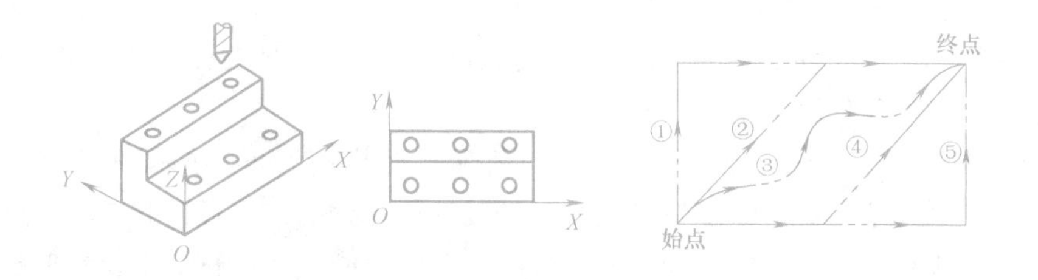

图 8-3　点位控制数控机床

零件可以节省大量的钻模、镗模等工装，而且能够保证加工精度。

（2）点位直线控制数控机床　这种机床不仅要控制点的准确定位，而且要控制刀具（或工作台）以一定的速度沿与坐标轴平行的方向进行切削加工，如图 8-4 所示。机床应具有主轴转速的选择与控制，切削速度与刀具选择，以及循环进给加工等辅助功能。这种控制方式常用于简易数控车床、镗铣床和某些加工中心。

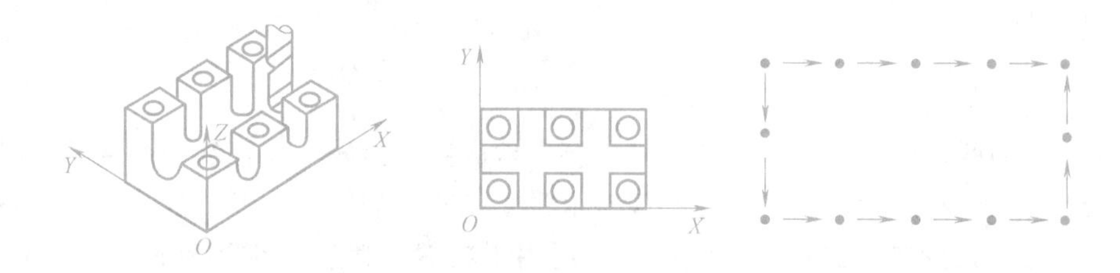

图 8-4　点位直线控制数控机床

（3）轮廓控制数控机床　这种机床能实现同时对两个以上的坐标轴连续控制。它不仅能够控制移动部件的起点和终点，而且能控制整个加工过程中每一点的速度与位置，如图 8-5 所示。也就是说能连续控制加工轨迹，使之满足零件轮廓的形状要求。轮廓控制数控机床应具有刀具补偿、主轴转速控制及自动换刀等较齐全的辅助功能。轮廓控制方式主要用于加工曲面、凸轮及叶片等复杂形状的数控铣床、数控车床、数控磨床和加工中心等。

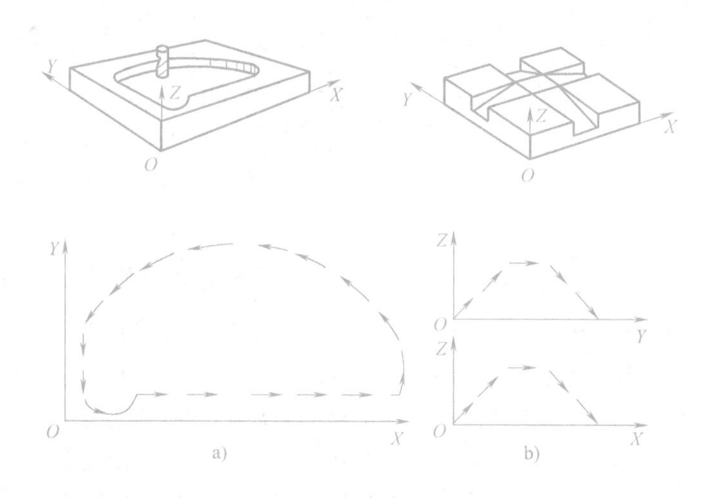

图 8-5　轮廓控制数控机床

a）控制 X、Y 坐标　b）控制 Y、Z 和 Z、X 坐标

3. 按伺服系统控制方式分类

根据有无检测反馈元件及检测元件的安放位置，机床的伺服系统可分为开环伺服系统、闭环伺服系统和半闭环伺服系统。

(1) 开环伺服系统　在开环伺服系统中，机床没有检测装置，如图 8-6 所示，数控装置发出的信号流程是单向的。数控装置按程序经过计算，分配输出指令脉冲，该脉冲转换为步进电动机的角位移。再通过齿轮和丝杠，转换为工作台的直线位移。工作台的移动速度和移动量是由输入脉冲的频率和脉冲数决定的。

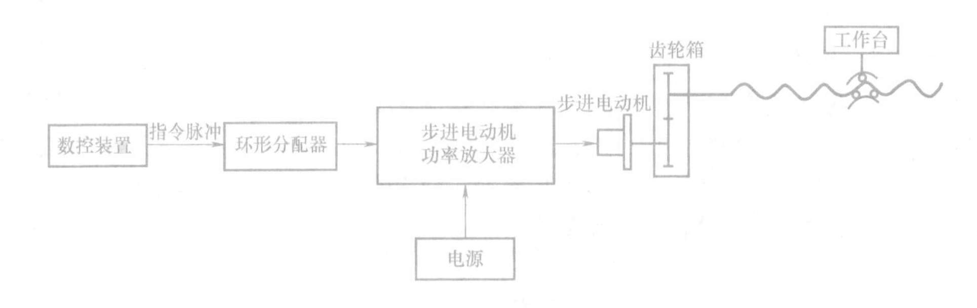

图 8-6　开环伺服系统

由于开环伺服系统对移动部件的实际位移无检测反馈，故不能补偿系统误差，因此，步进电动机的步距以及齿轮与丝杠的传动误差都将影响零件的加工精度。但开环伺服系统结构简单，成本低，调整维修方便，工作可靠，适用于精度、速度要求不高的场合，如简易机床、小型 *X-Y* 工作台、线切割机和绘图仪等。

(2) 闭环伺服系统　在闭环伺服系统中，机床移动部件上安装直线位置检测装置，如图 8-7 所示，将检测到的实际位置反馈到数控装置中，并与指令要求的位置进行比较，用其差值进行控制，直至差值消除为止，最终实现移动部件的高位置精度。这种位置补偿回路也称位置环。

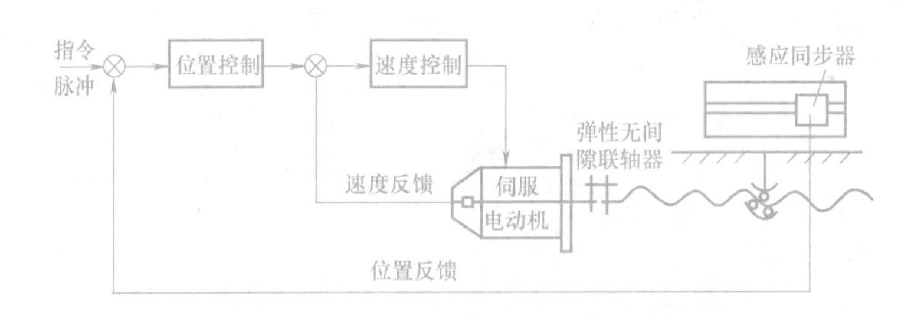

图 8-7　闭环伺服系统

为了改善位置环的控制品质，减少因负载等因素变化而引起的进给速度的波动，可再引入速度反馈回路，利用测速发电机测量执行电动机的实际转速，并与速度指令比较，以其偏差值对伺服电动机进行校正。这种速度反馈回路的实质是增加了系统的阻尼值，改善了系统的动态特性。因此，闭环伺服系统可获得比开环伺服系统更高的精度和速度。

在闭环伺服系统中，机械系统也包括在位置环之内，诸如机械固有频率、阻尼比和间隙等因素，将会影响系统的稳定性，从而增加了系统设计和调试的难度。闭环伺服系统主要用

于精度要求高和速度高的精密大型数控机床。

(3) 半闭环伺服系统 这种控制方式（图8-8）对移动部件的实际位置不进行检测，而是通过检测伺服电动机的转角（用感应同步器或脉冲编码器等）间接地测量移动部件位移量，用此值与指令值相比较，通过差值进行控制。由于移动部件没有完全包括在闭环控制中，故称为半闭环伺服系统。

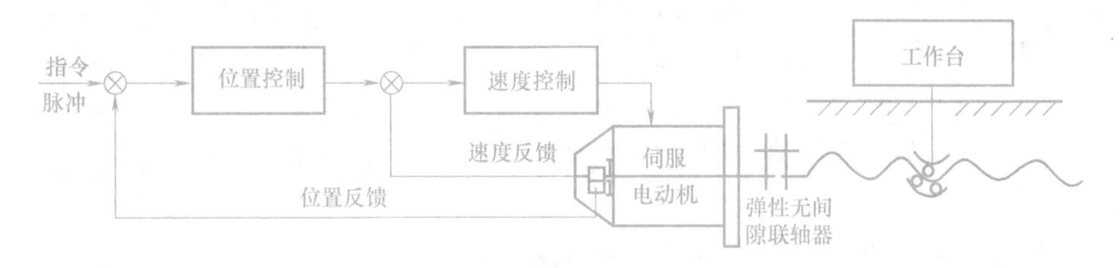

图8-8 半闭环伺服系统

对于半闭环伺服系统，由于其角位移测量装置结构简单、安装方便，而且惯性大的移动部件不包括在闭环内，所以系统调试方便，并有很好的稳定性。半闭环伺服系统的控制精度介于开环和闭环之间，应用广泛。

四、数控机床的坐标系

为了正确确定工件在机床中的位置、机床运动部件的特殊位置以及运动范围，简化程序编制的工作和保证记录数据的互换性，ISO841 制定了关于《机床数字控制坐标—坐标轴和运动方向命名》的国际标准，我国现行标准 GB/T 19660—2005《工业自动化系统与集成 机床数值控制坐标系和运动命名》也对此做了详细规定。

1. 坐标系及运动方向

(1) 坐标系的确定原则 标准的机床坐标系是一个右手直角坐标系，如图8-9所示。X、Y、Z 坐标轴按照刀具相对于工件运动的原则定义，图8-9中右手大拇指的指向为 X 轴的正方向，食指指向为 Y 轴的正方向，中指的指向为 Z 轴的正方向。

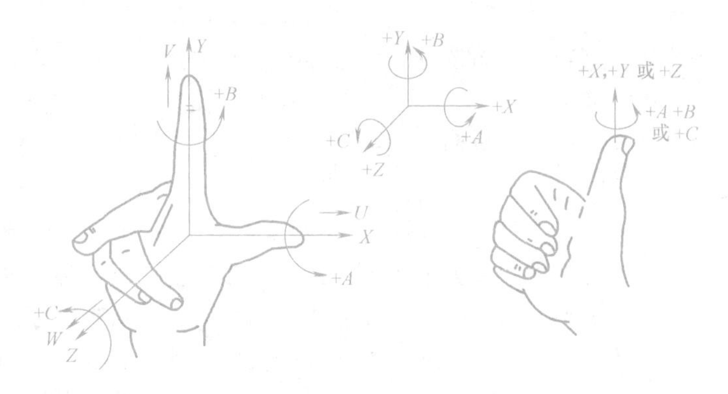

图8-9 右手直角坐标系

(2) 数控机床各坐标轴的确定方法

① Z 轴。在标准中，规定平行于机床主要主轴的坐标轴为 Z 轴。对于有几个主轴的机床，则选一垂直于工件装夹平面的主轴作为主要主轴，平行于主要主轴的坐标轴即为 Z 轴。Z 轴的正方向是使刀具远离工件的方向。

② X 轴。X 轴一般是水平的，它与工件装夹面平行，且垂直于 Z 轴。对于工件旋转的机床，如数控车床，X 轴平行于刀具移动面且沿工件径向，同样以刀具远离工件的方向为 X 轴的正方向。

③ Y 轴。在确定了 X、Z 轴的正方向后，可根据右手直角坐标系确定 Y 轴的正方向。

一般称 X、Y、Z 为主坐标或第一坐标系，如有平行于第一坐标的第二组和第三组坐标，则分别指定为 U、V、W 和 P、Q、R。第一坐标系是指靠近主轴的直线运动，稍远的为第二坐标系，更远的为第三坐标系。

图 8-10～图 8-12 所示为几种典型数控机床的坐标系。

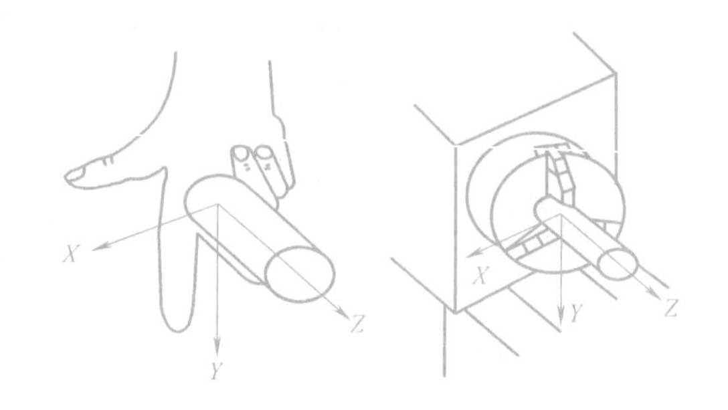

图 8-10　卧式数控车床坐标系

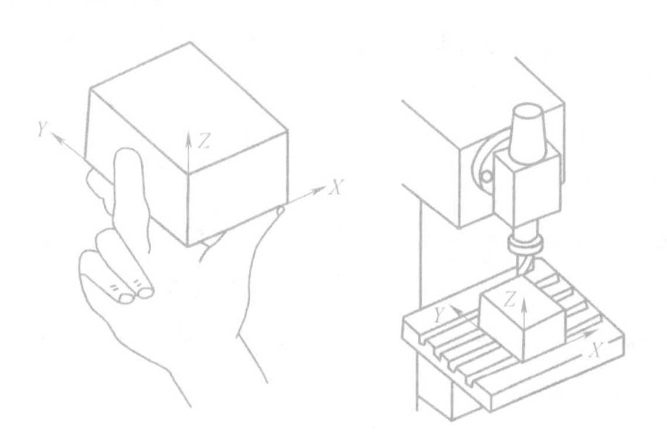

图 8-11　立式数控铣床坐标系

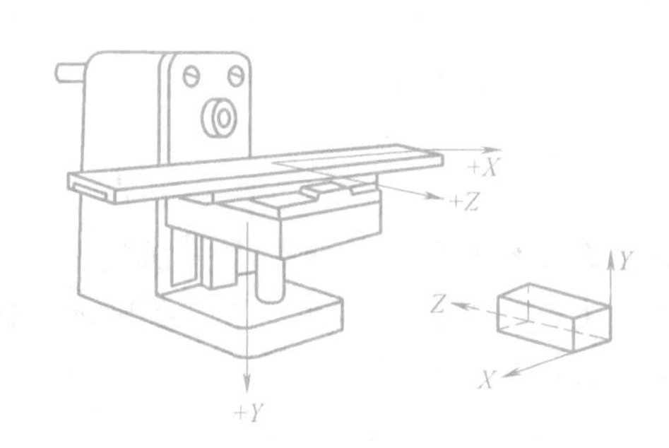

图 8-12　卧式数控铣床坐标系

2. 机床坐标系与工件坐标系

(1) 机床坐标系与机床原点　机床坐标系是机床上固有的坐标系，此坐标系的原点即是机床原点。它在机床装配、调试时就已确定下来了，是数控机床进行加工运动的基准参考点，也是其他坐标系的基准点和控制系统进行位置控制的基准点。机床原点在数控机床的使用说明书上均有说明，在数控车床上，一般取卡盘端面与主轴中心线的交点处。为了解决在刀具和工件装夹之后不能返回机床原点而设立的一个机床上电后返回点，称为机床参考点，它的位置关系在机床上也是固定的。

(2) 工件坐标系和工件原点　工件坐标系是编程人员为了编程和工件装夹的方便，以工件上的某一固定点为原点所建立的坐标系。此固定点即为工件原点。编程时，尺寸都按工件坐标系中的尺寸确定。加工时，工件随夹具在机床上安装后，测量工件原点与机床原点之间的距离（可通过测量某些基准面、线之间的距离来确定），这个距离称为工件原点偏置，如图 8-13 所示。把此偏置值预存到系统中，在加工时，工件原点偏置值便能自动加到工件坐标系上，数控系统便可按机床坐标系确定加工时的坐标值。这样，利用数控系统的原点偏置功能，可通过工件原点偏置值来补偿工件在工作台上的装夹位置误差，编程人员可以不必考虑工件在机床上的安装位置和安装精度，使用十分方便。现在大多数数控机床都有这种功能。

3. 绝对坐标与增量坐标

刀具（或机床）运动位置的坐标值是相对于固定的坐标原点给出的，称为绝对坐标，如图 8-14a 所示。刀具（或机床）运动位置的坐标值是相对于前一位置，而不是相对于固定的坐标原点给出的，称为增量坐标（或相对坐标），如图 8-14b 所示。图 8-14a 中，A、B 点的坐标是以固定的坐标原点计算的，则 $X_A=15$，$Y_A=12$，$X_B=45$，$Y_B=37$。图 8-14b 中，B 点的坐标是在以 A 点为原点建立起来的坐标系内计量的，使用代码中的第二坐标 U、V、W 表示，其相对坐标为 $U_B=30$，$V_B=25$。在编程时，可根据具体机床的坐标系，以编程方便及加工精度要求选用坐标系的类型。

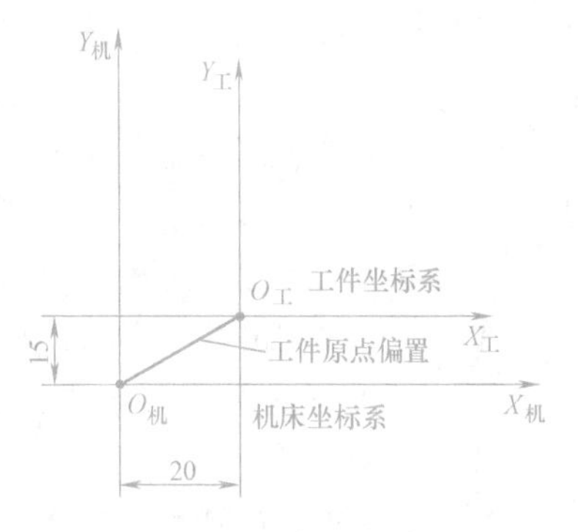

图 8-13　工件原点偏置

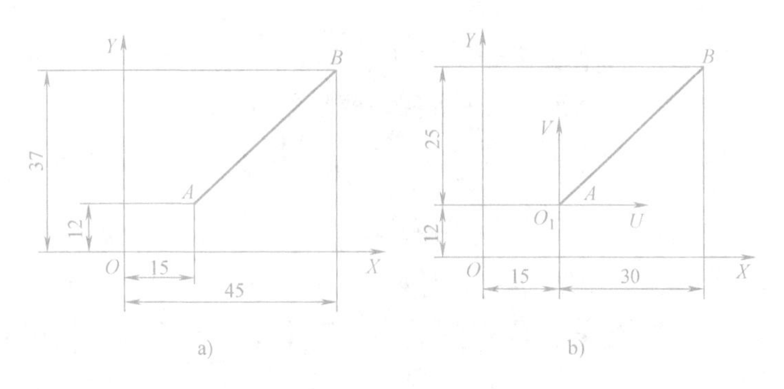

图 8-14　绝对坐标与增量坐标

a）绝对坐标　b）增量坐标

第二节　数控车床

数控车床具有广泛的加工工艺范围，是一种高精度、高效率的自动化机床，配备多工位刀塔或动力刀塔，可加工内外圆柱面、圆锥面、成形回转表面、螺纹、槽和端面等。

一、数控车床简介

数控车床一般用于加工各种形状不同的轴类或盘套类回转体零件，它能自动完成内外圆柱面、圆锥面、成形回转表面及螺纹等的切削加工。数控车床具有加工灵活、通用性强、能适应产品的品种和规格频繁变化的特点，用数控车床加工的零件尺寸公差等级可达 IT5 ~ IT6，表面粗糙度可达 $Ra1.6\mu m$ 以下，是目前使用较为广泛的数控机床。

数控车床广泛应用于机械制造，如汽车、发动机、航空航天、印刷、纺织机械以及石化和锅炉制冷等制造业。

二、数控车床的种类

数控车床的产品繁多，规格不一，其分类也很多，主要分类如下：

1. 按主轴的位置分类

数控车床按主轴的位置可分为卧式数控车床和立式数控车床两种。

（1）卧式数控车床　即主轴轴线处于水平位置的数控车床。又分为数控水平导轨卧式车床和数控倾斜导轨卧式车床。其倾斜导轨结构可以使车床具有更好的刚性，并易于排出切屑。

（2）立式数控车床　即主轴轴线处于垂直位置的数控车床，简称数控立车。其主轴轴线垂直于水平面，有一个直径很大的圆形工作台，用来装夹工件。这类机床主要用于加工径向尺寸大、轴向尺寸相对较小的大型复杂零件。

具有两根主轴的数控车床，称为双轴卧式数控车床或双轴立式数控车床。

2. 按加工零件的基本类型分类

（1）卡盘式数控车床　这类车床没有尾座，适合车削盘类（含短轴类）零件。夹紧方式多为电动或液动控制，卡盘结构多具有可调卡爪或不淬火卡爪（即软卡爪）。

（2）顶尖式数控车床　这类车床配有普通尾座或数控尾座，适合车削较长的轴类零件及直径不太大的盘类零件。

3. 按刀架数量分类

（1）单刀架数控车床　一般都配置有各种形式的单刀架，如四工位卧式转位刀架或多工位转塔式自动转位刀架。此类数控车床可实现两坐标控制。

（2）双刀架数控车床　双刀架平行分布，也可以相互垂直分布。此类数控车床可实现四坐标控制。

4. 按数控系统的功能分类

（1）经济型数控车床　采用步进电动机和单片机对普通车床的进给系统进行改造后形成的简易型数控车床，结构简单，成本较低，无刀尖圆弧半径自动补偿和恒线速切削等功能，加工精度也不高，自动化程度不高，功能也较差，适用于要求不高的回转体零件的车削加工。

（2）普通数控车床　根据车削加工要求在结构上进行专门设计，并采用闭环或半闭环控制系统，具有高刚度、高精度和高效率等特点，自动化程度和加工精度也比较高，适用于一般回转体零件的车削加工。这种数控车床可同时控制两个坐标轴，即 X 轴和 Z 轴。

（3）车削中心　在普通数控车床的基础上，增加了 C 轴和铣削动力头，更高级的数控车床还配置了刀库、换刀装置和机械手等，实现了多工序的复合加工。车削中心可控制 X、Z 和 C 三个坐标轴，联动控制轴可以是（X、Z）、（X、C）或（Z、C）。由于增加了 C 轴和铣削动力头，这种数控车床的加工功能大大增强，除可以进行一般车削外，在工件一次装夹后，它可完成回转体零件的车、铣、钻、铰、攻螺纹等多种加工工序，还可以进行径向和轴向铣削、曲面铣削、中心线不在零件回转中心的孔和径向孔的钻削等加工。车削中心功能全面，但价格较高。

（4）柔性制造单元　柔性制造单元（Flexible Manufacturing Cell，FMC）实际上是一个由数控车床、机器人等构成的柔性加工单元。它能实现工件搬运、装卸的自动化和加工调整准备的自动化。

对于车削中心或柔性制造单元，还需增加其他的附加坐标轴来满足机床的功能。目前我国使用较多的是中小规格的两坐标连续控制的数控车床。

5. 其他分类方法

按数控系统的不同控制方式等指标，数控车床可以分很多种类，如直线控制数控车床、两主轴控制数控车床等；按特殊或专门工艺性能可分为螺纹数控车床、活塞数控车床、曲轴

数控车床等。

三、数控车床的布局

数控车床布局形式受到工件的尺寸、质量和形状，机床生产率，机床精度，可操作性，运行要求及安全与环境保护要求的影响。数控车床按布局形式有卧式数控车床、落地式数控车床、单柱立式数控车床、双柱立式数控车床和龙门移动式立式数控车床等，如图 8-15 所示。

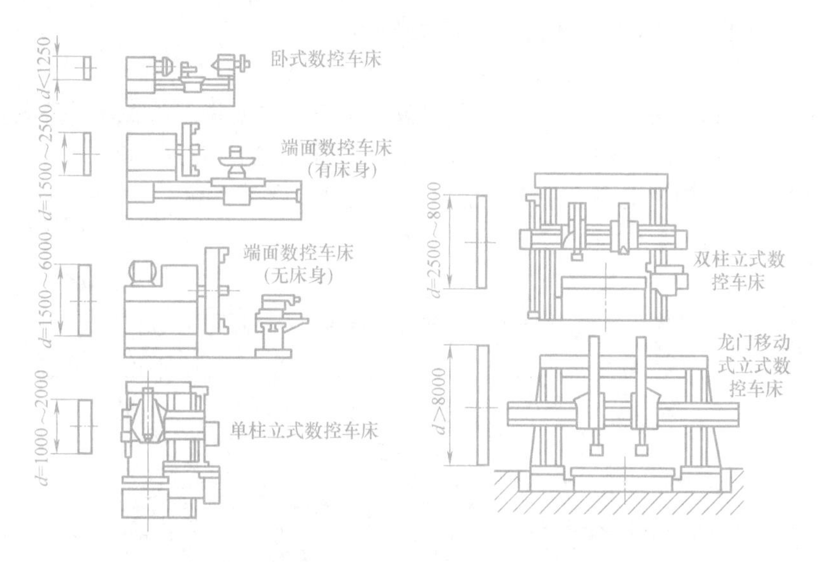

图 8-15 各种布局的数控车床

在卧式数控车床的布局中，主轴、尾座等部件相对床身的布局形式与普通卧式车床基本一致。床身和导轨的布局形式对数控车床的使用性能有很大的影响，床身是机床的主要承载部件，是机床的主体。按照床身导轨面与水平面的相对位置，数控车床床身的布局形式有水平床身-水平滑板、倾斜床身-水平滑板、水平床身-倾斜滑板，以及直立床身-直立滑板等。考虑到机床和刀具的调整、工件的装卸、机床操作的方便性以及机床的加工精度，并且还考虑到排屑性和抗振性，床身导轨采用倾斜式为最好。在图 8-16 所示的卧式数控车床的布局形式中，以倾斜床身（斜导轨）-水平滑板式为最佳布局形式。此外，出于对安全的要求和保护环境，数控车床上都设有封闭的防护装置，要将机床加工区全部封闭起来。

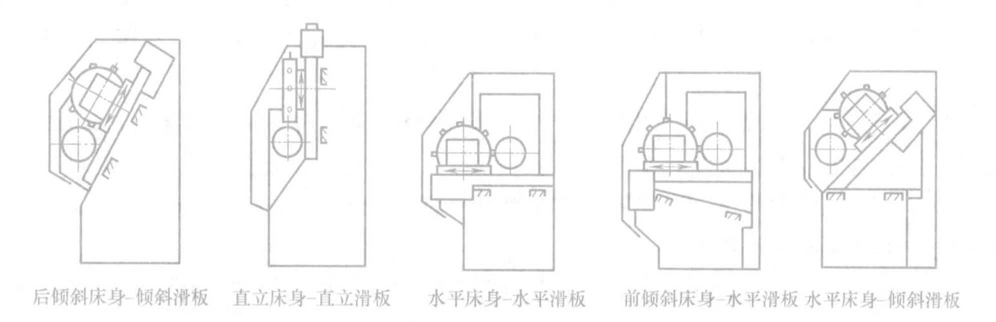

图 8-16 卧式数控车床的布局形式

图 8-16 中，水平床身配置水平滑板，水平床身的工艺性好，便于导轨面的加工。水平

床身配上水平放置的刀架可提高刀架的运动精度，一般用于大型数控车床或小型精密数控车床的布局。但是水平床身由于下部空间小，故排屑困难。从结构尺寸来看，刀架水平放置使得滑板横向尺寸较大，从而加大了机床宽度方向的结构尺寸。倾斜床身配置倾斜滑板，这种结构的导轨倾斜角度分别为30°、45°、60°、75°和90°，其中90°的布局称为直立床身-直立滑板。若导轨倾斜角度过小，则排屑不便；若倾斜角度过大，则导致导轨的导向性及受力情况差。导轨倾斜角度的大小还直接影响机床外形尺寸，如高度和宽度的比例。综合考虑上面的诸因素，中小规格的数控车床床身的倾斜度以60°为宜。

四、TND360（CK6136）型数控车床的组成、主要技术参数及性能

TND360（CK6136）型数控车床属于卧式数控车床，主要用于加工轴类零件和直径不太大的盘套类零件。TND360（CK6136）型数控车床在国内的编号为CK6136，其外形与组成部件如图8-17所示。为了适应右手操作的习惯，主轴箱布置在左上部。

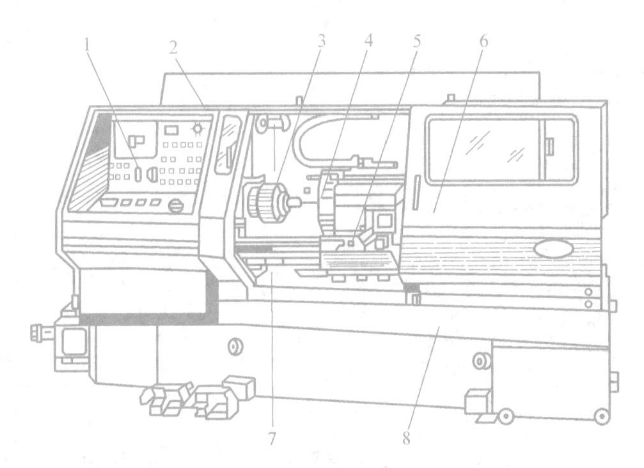

图8-17　TND360（CK6136）型数控车床的外形与组成部件

1—操作面板　2—主轴箱　3—卡盘　4—转塔刀架

5—刀架滑板　6—防护罩　7—导轨　8—床身

1. TND360（CK6136）型数控车床的组成

（1）主轴箱　主轴箱2固定在床身8的最左边，在数控操作面板1之后，其主要功能是支承主轴，并使主轴获得旋转运动（主运动）。主轴前端卡盘3用于装夹工件。

（2）转塔刀架　转塔刀架4安装在机床的刀架滑板5上。在它上面可安装8把刀具，加工时可实现自动换刀。刀架4的作用是装夹车刀、孔加工刀具及螺纹加工刀具，并在加工时能准确、迅速地选择刀具。

（3）刀架滑板　刀架滑板5由纵向（Z向）滑板和横向（X向）滑板组成。纵向滑板安装在床身导轨上，沿床身实现纵向（Z向）运动；横向滑板安装在纵向滑板上，沿纵向滑板上的导轨实现横向（X向）运动。刀架滑板5的作用是实现安装在其上的刀具在加工中实现纵向进给和横向进给运动。

（4）尾座（图中未标出）　尾座安装在床身导轨上，并可沿导轨进行纵向移动，调整位置。尾座的作用是安装顶尖支承工件，在加工中起辅助支承作用。

（5）床身　床身8固定在机床底座上，是机床的基本支承件，在床身8上安装着车床的各主要部件。床身的作用是支承各主要部件并使它们在工作时保持准确的相对位置。

(6) 底座　底座是车床的基础，用于支承机床的各部件，联接电器柜，支承防护罩和安装排屑装置。

(7) 防护罩　防护罩6安装在机床底座上，用于加工时保护操作者的安全和保护环境的清洁。

(8) 机床液压传动系统　机床液压传动系统实现机床的一些辅助运动，主要实现机床主轴的变速、尾座套筒的移动及工件自动夹紧机构的动作。

(9) 机床润滑系统　机床润滑系统为机床运动部件提供润滑和冷却。

(10) 机床切削液系统　机床切削液系统为机床在加工中提供充足的切削液，满足切削加工的要求。

(11) 机床电气控制系统　机床电气控制系统主要由数控系统（包括数控装置、伺服系统及可编程序控制器）、机床的强电控制系统组成。机床电气控制系统完成对机床的自动控制。

2. TND360（CK6136）型数控车床的主要技术参数（表8-2）

表8-2　TND360（CK6136）型数控车床的主要技术参数

名称	技术参数
床身上最大工件回转直径	360mm
横滑板上最大回转直径	160mm
最大工件长度	800mm
刀架纵向最大行程	810mm
刀架横向最大行程	205mm
转塔刀架刀具安装数	8
主轴内孔通过最大棒料直径	60mm
卡盘公称直径	200mm
相邻工位换位时间	1s
主轴直径(前轴承处)	110mm
主轴箱变速级数	2,级比4.15
主轴转速范围(无级变速)	Ⅰ级7～800r/min;Ⅱ级800～3150r/min
最大进给力	纵向800N;横向5000N
最大进给速度	10m/min
刀架快速移动速度	10m/min
尾座套筒直径×行程	85mm×110mm
尾座套筒压紧力	90000N
净重	约3500kg
机床外形尺寸(长×宽×高)	3270mm×2005mm×1800mm
控制轴数	2轴,联动2轴
插补方式	直线/圆弧
直径最小增量	0.001mm
纵向最小增量	0.001mm

3. TND360（CK6136）型数控车床的性能简介

1）机床采用焊接式底座，封闭筒形结构式床身，导轨经淬硬和精密磨削，整体刚性好，精度保持性好。

2）十字滑板导轨面浇注耐涂层，滚珠丝杠副预加负荷，传动刚度高，动态性好，八工位回转刀架具有逻辑工位功能，齿盘定位，精度高，可承受负荷切削。

3）机床采用自动换刀对刀装置，对刀简便，精度高，并能通过计算机自动计算刀具尺寸补偿。

4）运行稳定，安全可靠，维修方便。

五、TND360（CK6136）型数控车床的传动系统

TND360（CK6136）型数控车床有主运动、进给运动和辅助运动三种运动传动系统。每种传动系统的组成和特点各不相同，它们一起组成了TND360（CK6136）型数控车床的传动系统。

1. 主运动传动系统

数控车床主运动要求速度在一定范围内可调、有足够的驱动功率、主轴回转中心线的位置准确稳定，并有足够好的刚性与抗振性。

TND360（CK6136）型数控车床主运动传动链的两端件是主电动机与主轴，它的功用是把动力源（电动机）的运动及动力传递给主轴，使主轴带动工件旋转实现主运动，并满足卧式数控车床主轴变速和换向的要求。

图8-18所示的TND360（CK6136）型数控车床的传动系统图中，主运动传动由主轴直流伺服电动机（27kW）驱动，经齿数比为27/48的同步带传到主轴箱中的轴Ⅰ上，再经轴Ⅰ上的双联滑移齿轮，即经齿轮副84/60或29/86传递到轴Ⅱ（即主轴），使主轴获得高（800～3150r/min）、低（7～800 r/ min）两档转速范围。在各档转速范围内，主轴伺服电动机驱动可实现无级变速调速，以满足不同加工工艺要求的最佳切削速度。主轴箱内部省去

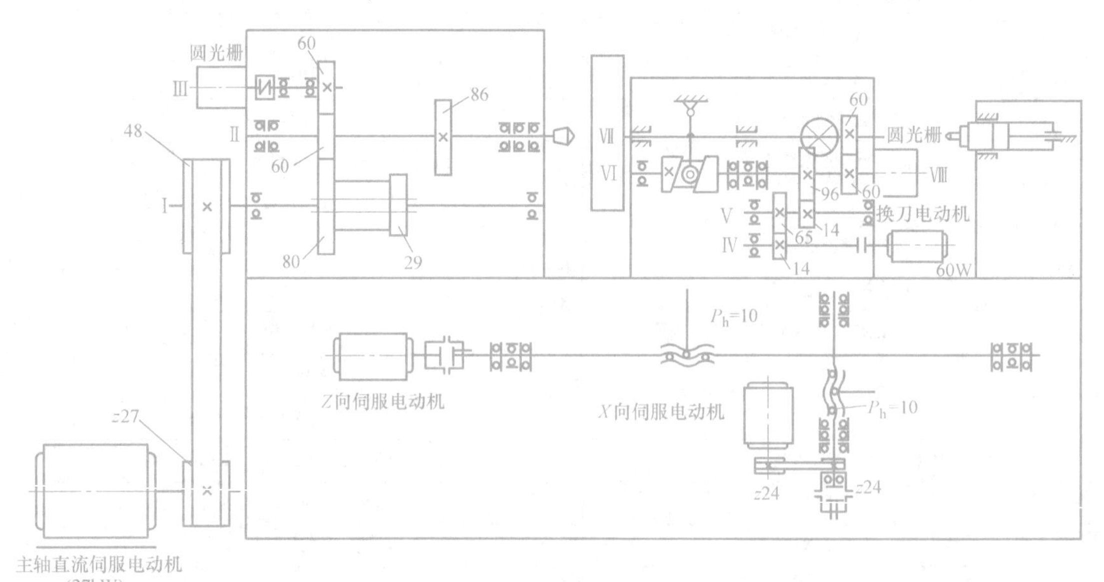

图8-18 TND360（CK6136）型数控车床的传动系统图

了大部分齿轮传动变速机构，缩短了主运动传动路线，减小了齿轮传动对主轴精度的影响，并且维修方便，振动小。

主轴的运动经过齿轮副60/60传递到轴Ⅲ上，由轴Ⅲ经联轴器驱动圆光栅。圆光栅将主轴的转速信号转变为电信号送至数控装置，一方面实现主轴调速用的数字反馈，另一方面可用于进给运动的控制，例如车削螺纹时，主轴每转一转，进给轴 Z 轴或 X 轴移动一个导程。主运动传动路线表达式为

$$\begin{matrix}\text{主轴直流伺服电动机}\\ (27\text{kW})\end{matrix} - \frac{27}{48} - \text{Ⅰ} - \begin{bmatrix}\dfrac{84}{60}\\[2ex] \dfrac{29}{86}\end{bmatrix} - \text{Ⅱ} - \begin{bmatrix}\text{主轴}\begin{pmatrix}\text{低速：}7\sim 800\text{r/min}\\ \text{高速：}800\sim 3150\text{r/min}\end{pmatrix}\\[2ex] \dfrac{60}{60} - \text{Ⅲ（圆光栅）}\end{bmatrix}$$

2. 进给运动传动系统

进给运动传动是指机床上驱动刀架实现纵向（Z 向）和横向（X 向）运动的进给传动，工件最后的尺寸精度和轮廓精度都直接受进给运动的传动精度、灵敏度和稳定性的影响。为此，数控车床的进给传动系统应充分注意减小摩擦力，提高传动精度和刚度，消除传动间隙以及减小运动件的惯量等。在TND360（CK6136）型数控车床上，各轴都由直流伺服电动机直接驱动。

（1）纵向进给运动传动　纵向直流伺服电动机经过安全联轴器直接驱动滚珠丝杠副驱动机床上的纵向滑板，实现纵向运动。传动路线表达式为“Z 向直流伺服电动机—安全联轴器—滚珠丝杠（$P_h=10\text{mm}$）—纵向滑板”。

（2）横向进给运动传动　横向直流伺服电动机通过齿数均为24的同步带轮，经安全联轴器驱动滚珠丝杠，使横向滑板实现横向进给运动。传动路线表达式为“X 向直流伺服电动机—安全联轴器—滚珠丝杠（$P_h=10\text{mm}$）—横向滑板”。

3. 刀盘传动

刀盘运动是指实现刀架上刀盘的转动和刀盘的放松、定位与夹紧的运动，以实现刀具的自动转换。刀盘传动是由交流换刀电动机（60W）提供动力，换刀电动机直接驱动刀架上的轴Ⅳ，经过14/65斜齿轮副将运动传递到轴Ⅴ上，再经14/96斜齿轮副将运动传递到轴Ⅵ，轴Ⅵ是凸轮轴。运动传递到轴Ⅵ后分成两条传动支路：一条传动支路由凸轮转动，凸轮槽驱动拨叉带动轴Ⅶ（刀盘的主轴）实现轴向移动，使刀盘实现放松、定位、夹紧；另一传动支路是由轴Ⅵ上齿数为96的齿轮与在其上的滚子组成槽杆和槽数为8的槽轮形成槽杆槽轮副传动轴Ⅶ，实现轴Ⅵ转一转，轴Ⅶ转45°的运动，这个运动完成刀盘的转动，实现刀具的换位。轴Ⅶ的转动经60/60的齿轮副传到轴Ⅷ，再传到圆光栅。圆光栅将转动转换为脉冲信号送至数控机床的电控系统，正常时用于刀盘上刀具刀位的计数，撞刀时用于产生刀架报警信号。刀盘的转动可根据最近找刀原则实现正反向转动，以达到快速找刀的目的。其传动路线表达式为

$$\begin{matrix}\text{交流换刀电动机}\\ (60\text{W})\end{matrix} - \text{Ⅳ} - \frac{14}{65} - \text{Ⅴ} - \frac{14}{96} - \text{Ⅵ} - \begin{bmatrix}\text{凸轮轴Ⅵ转动—刀盘主轴Ⅶ轴向移动（刀盘放松、定位、加紧）}\\[2ex] \text{（轴Ⅵ转一转）} - \dfrac{96}{8} - \begin{bmatrix}\text{Ⅶ转动}45^{\circ}\text{—刀具转一个刀位}\\[1ex] \text{Ⅶ} - \dfrac{60}{60} - \text{Ⅷ（圆光栅）}\end{bmatrix}\end{bmatrix}$$

4. 尾座套筒的驱动

尾座套筒的驱动是由液压驱动来实现的。

六、TND360（CK6136）型数控车床的主要部件结构

1. 主轴箱结构

数控车床主轴箱是一个比较复杂的传动部件。图 8-19 所示为 TND360（CK6136）型数控车床的主轴箱展开，该图是沿轴Ⅰ—Ⅱ—Ⅲ的轴线剖开后展开的。

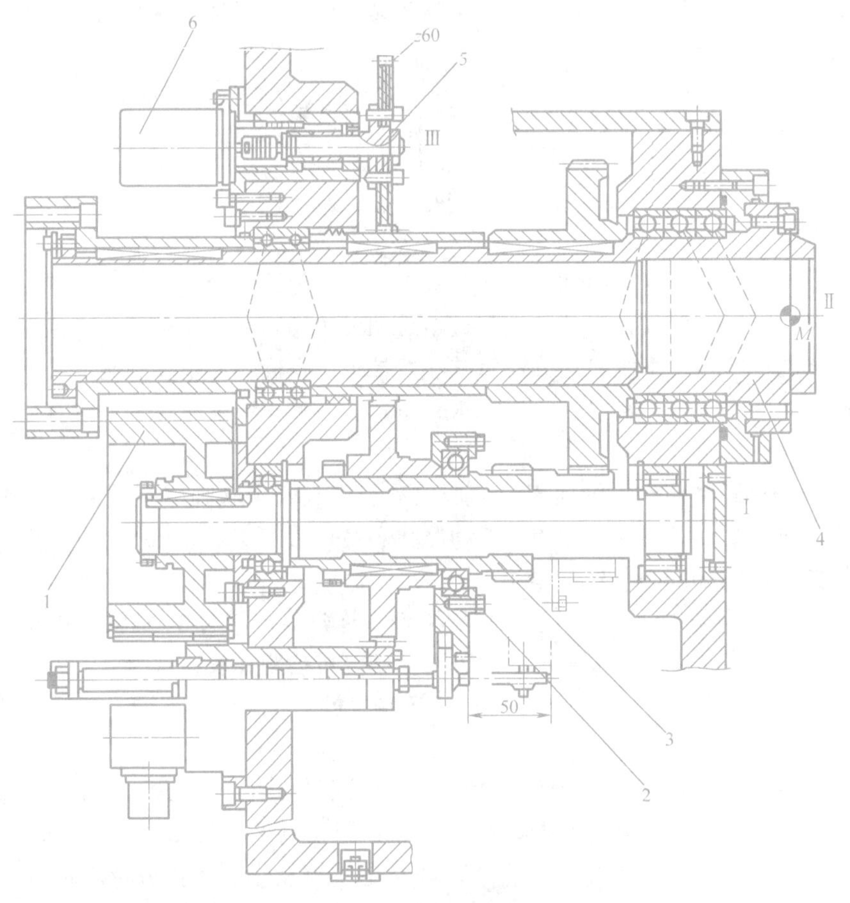

图 8-19　TND360（CK6136）型数控车床的主轴箱展开

1—同步带轮　2—拨叉轴承　3—双联滑移齿轮　4—主轴　5—检测轴　6—圆光栅

（1）主轴电动机　主轴电动机采用直流主轴伺服电动机，无级调速，由安装在主电动机尾部的测速发电机实现速度反馈。额定转速为 2000r/min，最高转速为 4000r/min，最低转速为 35r/min。额定转速至最高转速之间为调磁调速，恒功率输出；最低转速至额定转速之间为调压调速，恒转矩输出。恒功率调速范围为 2。图 8-20 所示为主电动机的功率-转矩特性。主电动机转速通过电动机轴上的齿数为 27 的同步齿形带轮，经同步齿形带将运动传到主轴箱的轴Ⅰ上。

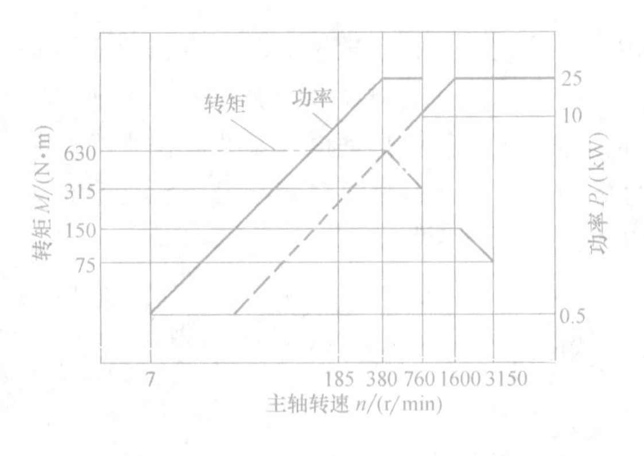

图 8-20　主电动机的功率-转矩特性

（2）变速轴　变速轴（轴Ⅰ）是花键轴。左端装有齿数为48的同步带轮，接受来自主电机的运动。轴上花键部分安装有一双联滑移齿轮3，齿轮齿数分别为29（模数$m=2$mm）和84（模数$m=2.5$mm）。z29齿轮工作时，主轴运转在低速区；z84齿轮工作时，主轴运转在高速区。双联滑移齿轮为分体组合形式，上面装有拨叉轴承2，用于隔离齿轮与拨叉的运动。双联滑移齿轮由液压缸带动拨叉驱动，在轴Ⅰ上轴向移动，分别实现齿轮副29/86、84/60的啮合，完成主轴的变速。变速轴靠近带轮的一端由深沟球轴承支承，外圈固定；另一端由长圆柱滚子轴承支承，外圈在箱体上不固定，以提高轴的刚度和减小热变形的影响。

（3）主轴组件　TND360（CK6136）型数控车床的主轴是一个空心的阶梯轴，如图8-21所示。主轴的内孔用于通过长的棒料及卸下顶尖时穿过钢棒，直径可达60mm；也可用于通过气动、电动及液压夹紧装置的机构。主轴前端采用短圆锥法兰盘式结构，用于定位安装卡盘和拨盘。

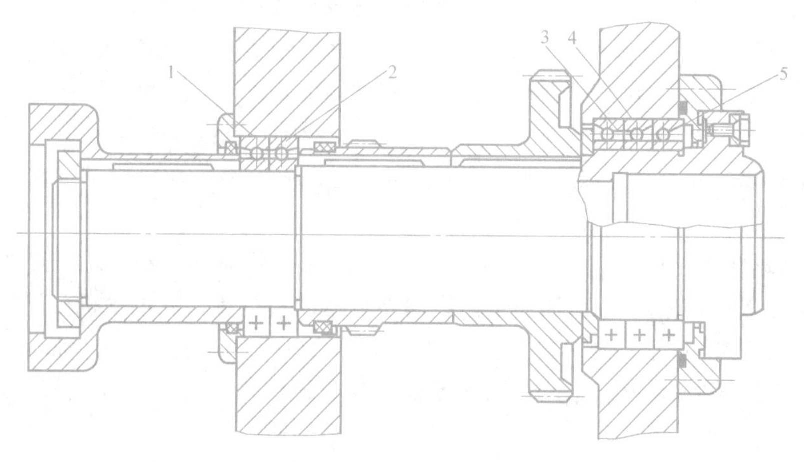

图8-21　TND360（CK6136）型数控车床主轴组件

1～5—角接触球轴承

主轴采用双支承，即由前后两组角接触球轴承支承（可以承受径向力和轴向力），这种主轴转速较高，刚性也较好。前支承是三个一组的轴承，前面两个大口朝外（朝主轴前端），接触角为25°；后面一个大口朝里，接触角为14°。在前轴承4和轴承5的内圈之间留有间隙，装配时加压消隙，使轴承预紧，纵向切削力由前面两个轴承承受，故其接触角较大，同时也减少了主轴的悬伸量，并且前支承在箱体上轴向固定。后支承为两个角接触球轴承，小口相对，接触角皆为14°，这两个轴承用以共同担负支承的径向载荷。轴向载荷由前支承轴承承担，故后轴承的外圈轴向不固定，使得主轴在热变形时，后支承可沿轴向微量移动，减小热变形的影响。

主轴轴承都属超轻型。前、后支承的轴承都由轴承厂配好，成套供应，装配时无须修理、调整。轴承精度等级相当于我国的C级。主轴轴承对主轴的运动精度及刚度影响很大，轴承应在无间隙（或少量过盈）条件下进行运转，轴承中的间隙和过盈量直接影响到机床的加工精度。因此，主轴轴承间隙必须在适当的状态下，这就要进行间隙和过盈量调整。调整方法是：旋紧主轴尾部调整螺母，使其压紧托架，由托架压紧后支承的轴承，并压紧主轴上的齿轮（z60），推动齿轮（z86），压紧前支承轴承到轴肩上，从而达到调整前、后轴承间隙和过盈量的目的，最后旋紧调整螺母的锁紧螺钉。

主轴轴承采用油脂润滑，迷宫式密封。主轴材料为16MnCr5，前端的短圆锥面、法兰盘端面、装前后轴承和齿轮的轴颈以及前孔皆淬硬至55HRC，渗碳深度为1mm。与主轴前后轴承相配合的轴颈公差带代号都为h4，与主轴前轴承配合的箱体孔为ϕ150H5，与后轴承配合的箱体孔为ϕ125H5。

主轴上装有两个圆柱齿轮，齿数为86（模数$m=2.5$mm）和60（模数$m=2$mm）。当齿轮z86工作时，主轴工作在低速区；当齿轮z60工作时，主轴工作在高速区。齿轮的最高线速度为9.9m/s，精度为6级，材料是16MnCr5，渗碳深度为0.3mm，淬硬至60HRC。

（4）检测轴　检测轴是阶梯轴，通过两个球轴承支承在轴承套中。它的一端装有齿数为60的齿轮，齿轮的材料为夹布胶木。另一端通过联轴器转动圆光栅齿轮，与主轴上的齿数为60的齿轮相啮合，将主轴运动传到圆光栅上。圆光栅每转一圈发出1024个脉冲，该信号被送到数控装置，由数控装置发出控制指令，完成对螺纹切削的控制。

（5）主轴箱　主轴箱的作用是支承主轴和支承主轴运动传动系统，材料为密烘铸铁。主轴箱使用底部定位面，在床身左端定位，并用螺钉紧固。

2. 进给传动机构的结构

TND360（CK6136）型数控车床进给传动机构由纵向进给传动机构和横向进给传动机构两部分组成。

（1）纵向进给传动机构　如图8-22所示，纵向直流伺服电动机2，经安全联轴器直接驱动滚珠丝副，带动纵向滑板沿床身上的纵向导轨运动。直流伺服电动机由尾部的旋转变压器和测速发电机进行位置反馈和速度反馈，纵向进给的最小脉冲是0.001mm。这样构成的伺服系统为半闭环伺服系统。Ⅰ放大图为无键锥环联接结构。无键锥环是相互配合的锥环，如拧紧螺钉，紧压环就压紧锥环，使内环的内孔收缩，外环的外圆胀大，靠摩擦力联接轴和孔，锥环的对数可根据所传递的转矩进行选择。这种结构不需要开键槽，避免了传动间隙。

在图8-22中，件4～件9组成安全联轴器。左半联轴器4与滑块5之间由矩形齿相联，滑块5与右半联轴器6之间由三角形齿相联（图8-22 A—A剖视图）。右半联轴器6上用螺栓装有一组钢片7，钢片7的形状像摩擦离合器的内片，中心部分是花键孔。钢片7与套9的外圆上的花键部分相配合，右半联轴器6的转动能通过钢片7传递至套9，并且右半联轴器6和钢片7一起能沿套9进行轴向相对移动。套9通过无键锥环与滚珠丝杠相联。碟形弹簧组件8使右半联轴器6紧紧地靠在滑块5上。如果进给力过大，则滑块5、右半联轴器6之间的三角形齿产生的轴向力超过碟形弹簧件8的弹力，使右半联轴器6右移，无触点磁开关发出监控信号给数控装置，使机床停机，直到消除过载因素后才能继续运行。

纵向进给传动机构中的滚珠丝杠副采用了外循环式滚珠丝杠螺母。丝杠的导程为10mm，精度为3级，由于纵向丝杠较长，丝杠轴的两端采用了预拉伸支承形式。丝杠的支承轴承为组合轴承。

（2）横向进给传动机构　如图8-23所示，横向滑板通过导轨安装在纵向滑板的上面，做横向进给运动。横向滑板的传动系统与纵向滑板传动系统类似，但由于横向电动机的安装，所以在安全联轴器和直流伺服电动机之间增加了精密同步带传动，使机床的横向尺寸减小。

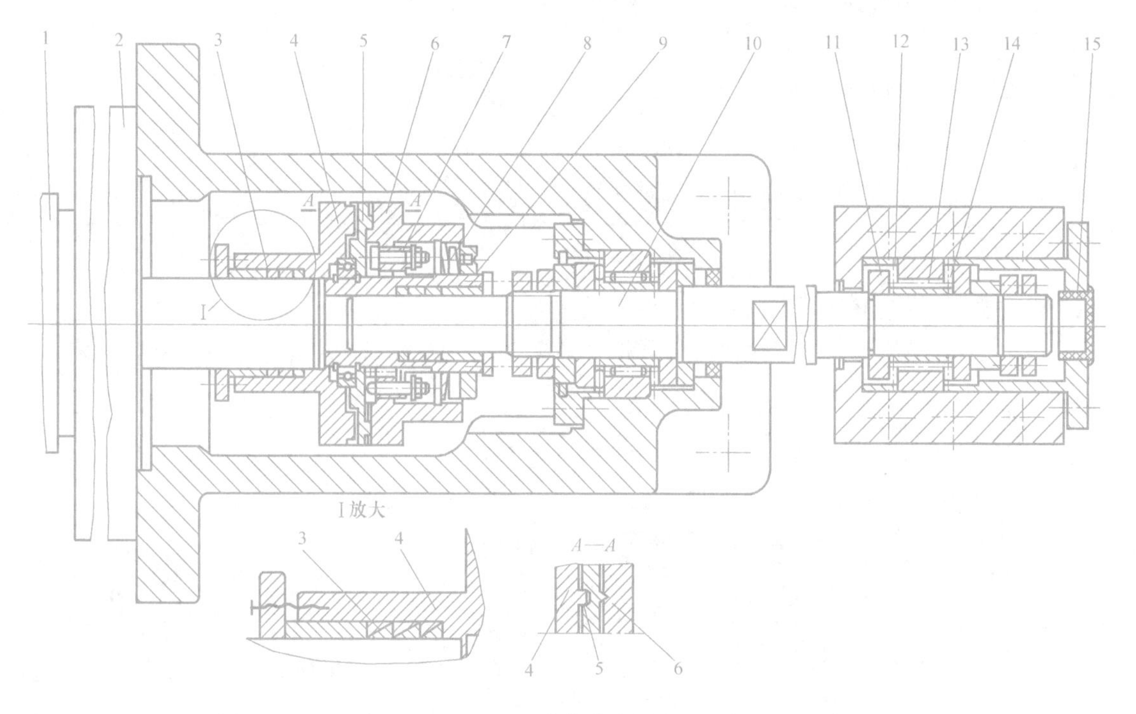

图 8-22 TND360（CK6136）型数控车床纵向（Z 轴）进给传动机构

1—旋转变压器和测速发电机 2—直流伺服电动机 3—锥环 4、6—半联轴器 5—滑块
7—钢片 8—碟形弹簧 9—套 10—滚珠丝杠 11—垫圈 12、13、14—滚针轴承 15—堵头

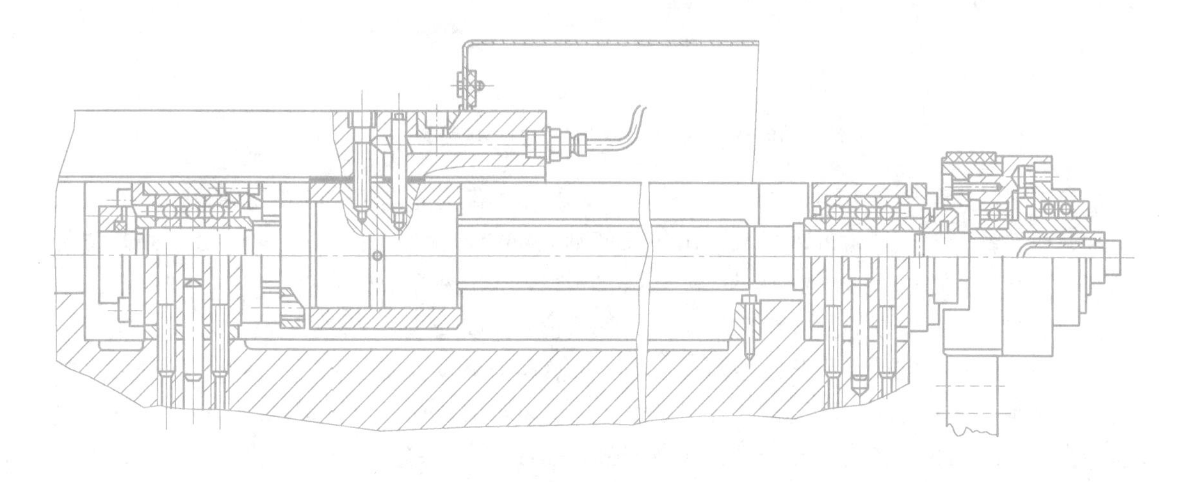

图 8-23 横向进给传动机构

3. 转塔刀架

转塔刀架由刀架换刀机构和刀盘组成，如图 8-24 所示。刀盘用于刀具的安装。刀盘的背面装有端面齿盘，用于刀盘的定位。转塔刀架的换刀机构是实现刀盘的松开定位（放松）、转动换刀位、定位和夹紧的传动机构。要实现刀盘的转动换刀，就要使刀盘的定位机构脱开后才能进行转动。当转动到位后，刀盘要定位并夹紧，才能进行加工。转塔刀架的换

刀传动是由换刀电动机（交流、60W、带有制动器）提供动力。

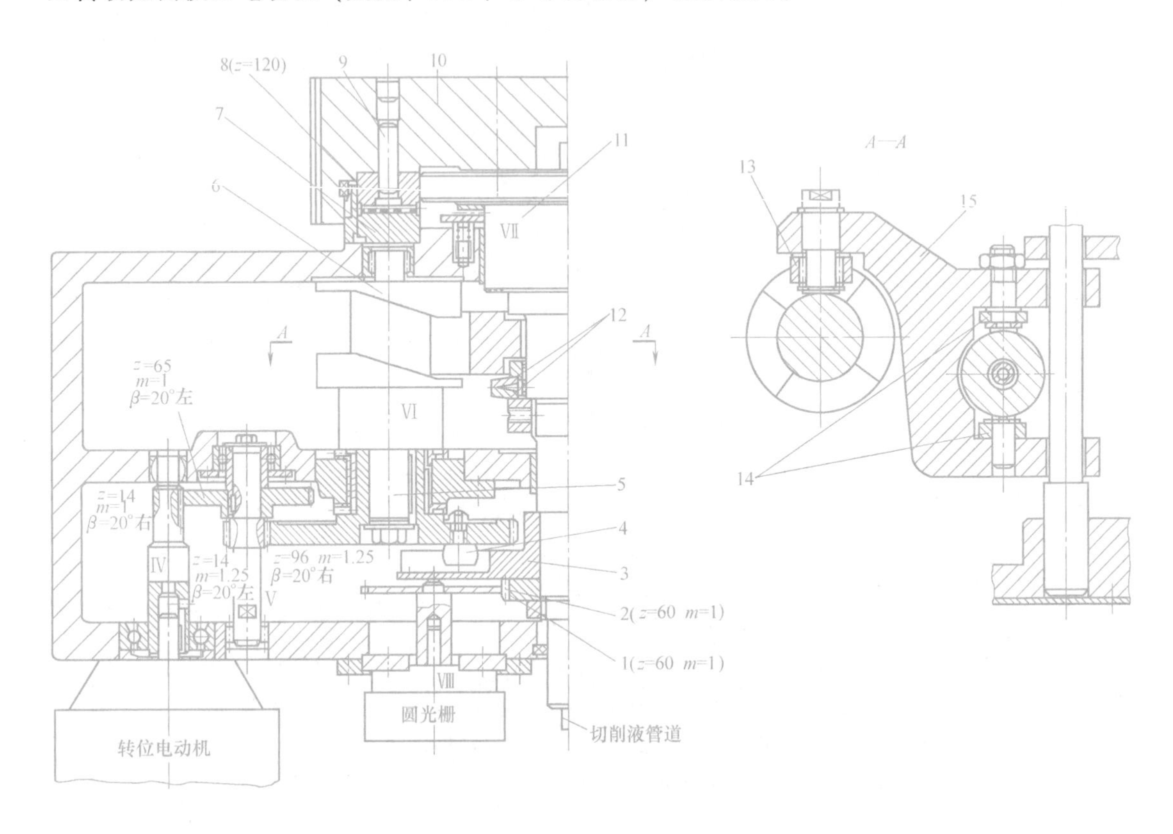

图 8-24　转塔刀架

1、2、6—齿轮　3—槽盘　4、13、14—滚子　5—驱动轴　7、8—端面齿盘
9—锥销　10—转塔盘　11—转塔轴　12—碟形弹簧　15—杠杆

换刀电动机经轴Ⅳ，由齿轮副 14/65 驱动轴Ⅴ，再经齿轮副 14/86 驱动轴Ⅵ，轴Ⅵ是凸轮轴，凸轮轴上的凸轮槽带动拨叉，由拨叉使轴Ⅶ（刀盘主轴）实现纵向运动（松开定位和定位夹紧），在拨叉将轴Ⅶ轴向移动，定位齿盘脱开（松开定位）时，轴Ⅵ上的齿轮 z96 齿轮与在它上面的短圆柱滚子组成的槽杆，驱动轴Ⅶ上的槽轮（槽数 $n=8$）转动，实现刀盘的转动。当转位完成后，凸轮槽驱动拨叉，压动碟形弹簧，使轴Ⅶ轴向移动，实现刀盘的定位和夹紧。轴Ⅵ每转一转，刀盘转动一个刀位。刀盘的转动经齿轮副 60/60 传到轴Ⅷ上的圆光栅，由圆光栅将转位信号送可编程序控制器进行刀位计数。在加工时，当端面齿盘上的定位销拔出后，切削力过大或撞刀时，刀盘会产生微量转动，这时圆光栅的转动信号就成为刀架过载报警信号，机床会迅速停机。

4. 尾座

数控车床尾座一般是在加工时对工件起辅助支承作用，它由尾座体和尾座套筒两部分组成。尾座体可在床身上移动和固定。尾座套筒前端安装顶尖，套筒可以自动伸出和缩回实现顶尖对工件的支承作用。

图 8-25 所示为 TND360（CK6136）型数控车床尾座结构。尾座装在床身导轨上，它可

以根据工件的长短调整位置后，用拉杆加以夹紧定位。顶尖 1 装在尾座套筒 2 的锥孔中，尾座套筒 2 安装在尾座体 3 的圆孔中，并用平键导向（图中未画出）。尾座套筒可带动顶尖一起轴向移动。

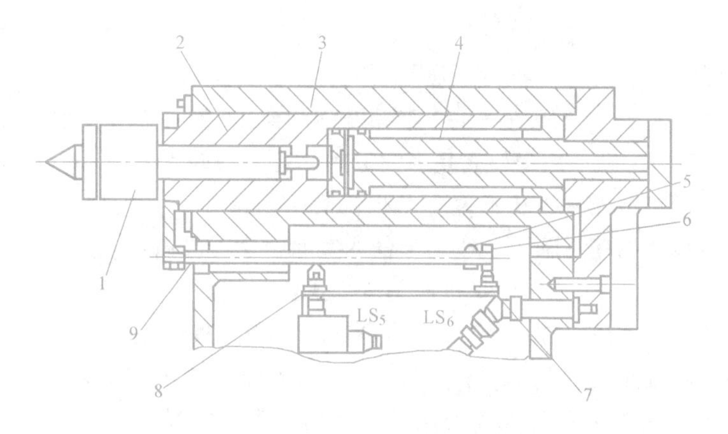

图 8-25　TND360（CK6136）型数控车床尾座结构

1—顶尖　2—尾座套筒　3—尾座体　4—活塞杆　5—移动挡块　6—固定挡块　7、8—行程开关　9—行程杆

在尾座套筒 2 尾部的孔中装有一活塞杆 4，与尾座套筒 2 一起构成一个液压缸。当套筒液压缸左腔进压力油时，右腔回油，套筒向前伸出；当套筒液压缸右腔进油时，左腔回油，套筒向后缩回，其液压回路的控制由机床电气控制系统控制液压元件中的电磁换向阀来实现。尾座套筒移动的行程靠调整套筒外部联接的行程杆 9 上面的移动挡块 5 来完成。如图 8-25 所示，移动挡块的位置在右端极限位置时，套筒的行程最长。当套筒伸出到位时，行程杆上的挡块 5 压下行程开关 8，向数控系统发出尾座套筒到位信号。当套筒退回时，行程杆上的固定挡块 6 压下行程开关 7，向数控系统发出套筒退回的确认信号，控制套筒运动停止。

第三节　数控铣床

数控铣床用途广泛，不仅可以加工各种平面、沟槽、螺旋槽、成形表面和孔，而且还能加工各种平面曲线和空间曲线等复杂型面，适合于各种模具、凸轮、板类及箱体类零件的加工。数控铣床通常分为立式、卧式和立卧两用式三种。立式数控铣床主要用于水平面内的型面加工，增加数控分度头后，可在圆柱表面上加工曲线沟槽。卧式数控铣床主要用于垂直平面内的各种型面加工，配置万能数控转盘后还可以对工件侧面上的连续回转轮廓进行加工，能在一次装夹后加工箱体零件的四个表面。立卧两用数控铣床既可以进行立式加工，又可以进行卧式加工，应用范围更大，功能更强，若采用数控万能主轴（主轴头可以任意转换方向），可以加工出与水平面成各种角度的工件表面；若采用数控回转工作台，还能对工件实现除定位面外的五面加工。目前三坐标数控铣床占多数，可以进行三个坐标联动加工，还有相当部分的铣床采用二轴半控制（即三个坐标中的任意两个坐标联动加工）。另外，附加一个数控回转工作台（或数控分度头）就增加一个坐标，可扩大加工范围。

XKA5750 型数控铣床是北京第一机床厂生产的带有万能铣头的立卧两用数控铣床，为机电一体化结构，三坐标联动，可以铣削具有复杂曲线轮廓的零件，如凸轮、模具、样板、叶片、弧形槽等零件。

一、XKA5750 型数控铣床的组成

XKA5750 型数控铣床如图 8-26 所示，工作台 13 由伺服电动机 15 带动在升降滑座 16 上做纵向（*X* 轴）左右移动；伺服电动机 2 带动升降滑座 16 做垂直（*Z* 轴）上下移动；滑枕 8 做横向（*Y* 轴）进给运动。用滑枕实现横向运动，可获得较大的行程。机床主运动由交流无级变速电动机驱动，万能铣头 9 不仅可以将铣头主轴调整到立式和卧式位置（图 8-27），而且还可以在前半球面内使主轴中心线处于任意空间角度。纵向行程限位挡铁 3、14 起限位保护作用，悬挂的按钮站 11 上集中了机床的全部操作和控制键与开关。

XKA5750 型数控铣床的数控系统采用的是 AUTOCON TECH 公司的 DELTA40M CNC 系统，可以附加坐标轴增至四轴联动，程序输入/输出可通过软驱和 RS232C 接口连接。主轴驱动和进给驱动采用 AUTOCONTECH 公司的主轴伺服驱动装置和进给伺服驱动装置，以及交流伺服电动机，这种电动机机械特性硬，连续工作范围大，加减速能力强，可以使机床获得稳定的切削过程。检测装置为脉冲编码器，与伺服电动机装成一体，半闭环控制。主轴有锁定功能（机床有学习模式和绘图模式）。电气控制采用可编程序控制器和分离电气元件相结合的控制方式，电动机系统由可编程序控制器软件控制，结构简单，控制能力提高，运行可靠。

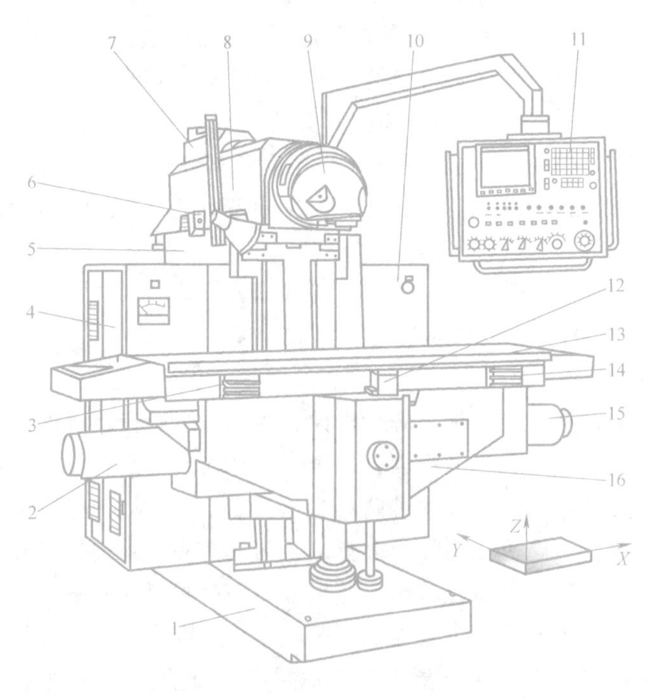

图 8-26　XKA5750 型数控铣床

1—底座　2、15—伺服电动机　3、14—行程限位挡铁　4—强电柜　5—床身
6—横向限位开关　7—后壳体　8—滑枕　9—万能铣头　10—数控柜
11—按钮站　12—纵向限位开关　13—工作台　16—升降滑座

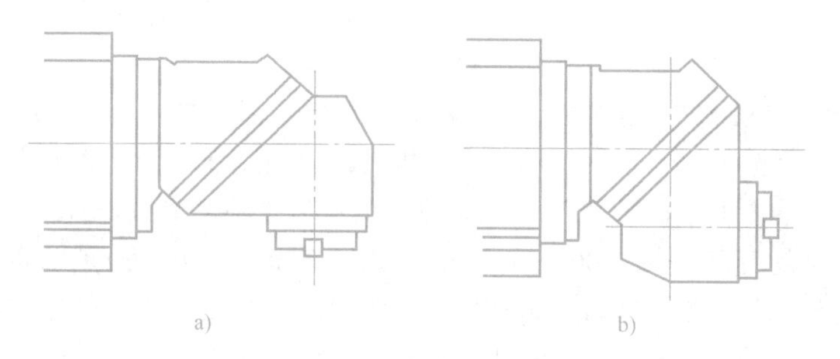

图 8-27　铣头主轴位置
a）立式位置　b）卧式位置

二、XKA5750 型数控铣床的主要技术参数（表 8-3）

表 8-3　XKA5750 型数控铣床的主要技术参数

名称	技术参数
工作台尺寸(宽×长)	500mm×1600mm
工作台纵向行程	1200mm
滑枕横向行程	700mm
工作台垂直行程	500mm
主轴锥孔	ISO 50
主轴端面到工作台面距离	50～550mm
主轴中心线到床身立导轨面距离	28～728mm
主轴转速	0～2500r/min
进给速度:纵向(*X* 向)	6～3000mm/min
横向(*Y* 向)	6～3000mm/min
垂直(*Z* 向)	3～1500mm/min
快速移动速度:纵向、横向	6000mm/min
垂直	3000mm/min
主轴电动机功率	11kW
进给电动机转矩:纵向、横向	9.3N·m
垂直	13N·m
润滑电动机功率	60W
冷却电动机功率	125W
机床外形尺寸(长×宽×高)	2393mm×2264mm×2180mm
控制轴数	3(可选四轴)
最大同时控制轴数	3
最小设定单位	0.001mm/0.0001in
插补功能	直线/圆弧
编程功能	多种固定循环、用户宏程序
程序容量	64KB
显示方法	9in 单色 CRT(1in=25.4mm)

三、XKA5750 型数控铣床传动系统

1. 主传动系统

图 8-28 所示为 XKA5750 型数控铣床传动系统图。主运动是铣床主轴的旋转运动，由装在滑枕后部的交流主轴伺服电动机驱动，电动机的运动通过速比为 1:2.4 的一对弧齿同步带轮传到滑枕的水平轴Ⅰ上，再经过万能铣头的两对弧齿锥齿轮副 33/34、26/25 将运动传到主轴Ⅳ。主轴转速范围为 50～2500r/min（电动机转速范围 120～6000r/min）。当主轴转速在 625r/min（电动机转速在 1500 r/min）以下时为恒转矩输出；主轴转速在 625～1875r/min 内为恒功率输出；超过 1875r/min 后输出功率下降，转速到 2500r/min 时，输出功率下降到额定功率的 1/3。

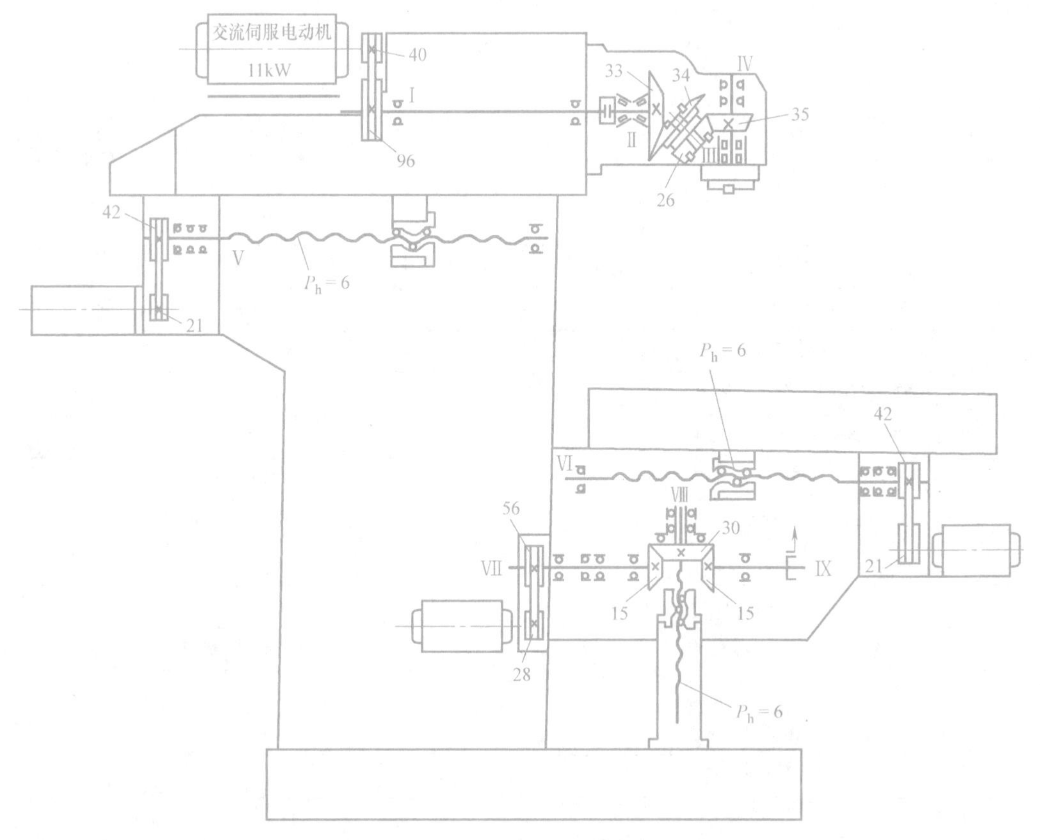

图 8-28　XKA5750 型数控铣床传动系统图

2. 进给传动系统

工作台的纵向（X 向）进给传动和滑枕的横向（Y 向）进给传动，是由交流伺服电动机通过速比为 1:2 的一对同步圆弧带轮，将运动传动至导程为 6mm 的滚珠丝杠实现的。升降台的垂直（Z 向）进给运动为交流伺服电动机通过速比为 1:2 的一对同步带轮将运动传到轴Ⅶ，再经过一对弧齿锥齿轮传到垂直滚珠丝杠上实现的。垂直滚珠丝杠上的弧齿锥齿轮还带动轴Ⅸ上的锥齿轮，经单向超越离合器与自锁器相连，防止升降台因自重而下滑。

四、主要部件

1. 万能铣头部件

万能铣头部件结构如图 8-29 所示，主要由前、后壳体 12、5，法兰 3，传动轴Ⅱ、Ⅲ，

主轴Ⅳ及两对弧齿锥齿轮组成。万能铣头用螺栓和定位销安装在滑枕前端。铣削主运动由滑枕上的传动轴Ⅰ（图 8-28）的端面键传到轴Ⅱ，端面键与连接盘 2 的径向槽相配合，连接盘与轴Ⅱ之间由两个平键 1 传递运动。轴Ⅱ右端为弧齿锥齿轮，通过轴Ⅲ上的两个锥齿轮 22、21 和用花键联接方式装在主轴Ⅳ上的锥齿轮 27，将运动传到主轴上。主轴为空心轴，前端有 7:24 的内锥孔，用于刀具或刀具心轴的定心；通孔用于安装拉紧刀具的拉杆通过。主轴端面有径向槽，并装有两个端面键 18，用于主轴向刀具传递转矩。

万能铣头能通过两个互成 45°的回转面 *A* 和 *B* 调节主轴Ⅳ的方位，在法兰 3 的回转面 *A* 上开有 T 形圆环槽 *a*，松开 T 形螺栓 4 和 24，可使铣头绕水平轴Ⅱ转动，调整到要求位置后将 T 形螺栓拧紧即可；在万能铣头后壳体 5 的回转面 *B* 内，也开有 T 形圆环槽 *b*，松开 T 形螺栓 6 和 23，可使铣头主轴绕与水平轴线成 45°夹角的轴Ⅲ转动。绕两个轴线的转动组合起来，可使主轴轴线处于前半球面的任意角度。

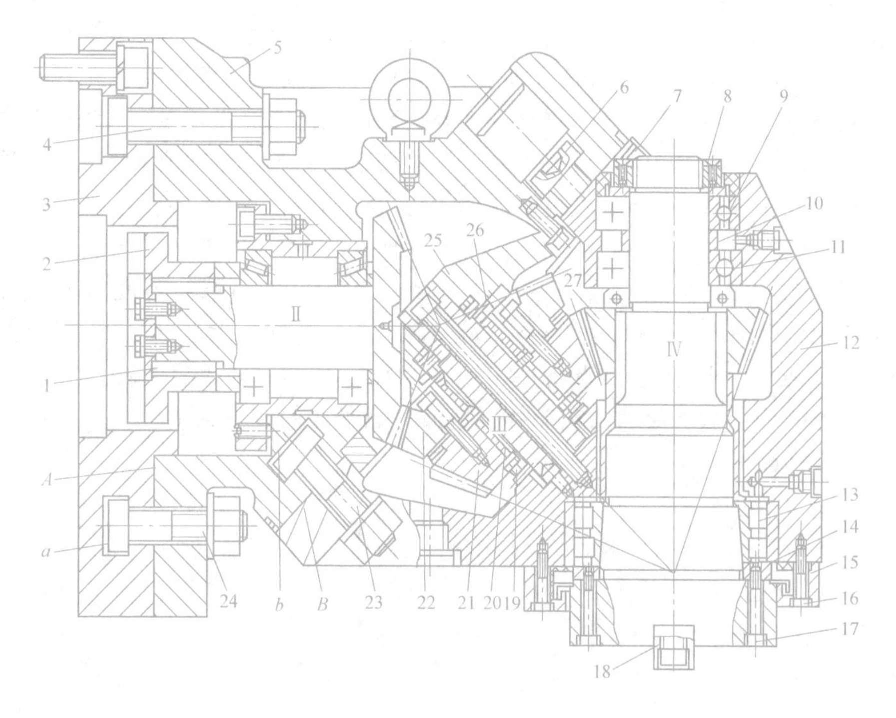

图 8-29　万能铣头部件结构

1—平键　2—连接盘　3、15—法兰　4、6、23、24—T 形螺栓　5—后壳体　7—锁紧螺钉　8—螺母　9、11—角接触球轴承　10—隔套　12—前壳体　13—双列圆柱滚子轴承　14—半圆环垫片　16、17—螺钉　18—端面键　19、25—推力圆柱滚子轴承　20、26—向心滚针轴承　21、22、27—锥齿轮

万能铣头作为直接带动刀具的运动部件，不仅要能传递较大的功率，更要具有足够的回转精度、刚度和良好的抗振性。万能铣头除在零件结构、制造和装配精度要求较高外，还要求选用承载力和回转精度都较高的轴承。两个传动轴都选用了 D 级精度的轴承，轴Ⅱ上为一对 D7029 型圆锥滚子轴承，轴Ⅲ上为一对 D6354906 型向心滚针轴承 20、26，承受径向载荷，轴向载荷由两个型号分别为 D9107 和 D9106 的推力圆柱滚子轴承 19 和 25 承受。主轴上前后支承均为 C 级精度轴承，前支承是 C3182117 型双列圆柱滚子轴承、只承受径向载荷；后支承为两个 C36210 型角接触球轴承 9 和 11，既承受径向载荷，也承受轴向载荷。为

了保证回转精度，主轴轴承不仅要消除间隙，而且要有预紧力，轴承磨损后也要进行间隙调整。前轴承消除间隙和预紧的调整是靠改变轴承内圈在锥形颈上的位置，使内圈外胀实现的。调整时，先拧下四个螺钉16，卸下法兰15，再松开螺母8上的锁紧螺钉7，拧松螺母8，将主轴Ⅳ向前（向下）推动2mm左右，然后拧下两个螺钉17，将半圆环垫片14取出，根据间隙大小磨薄垫片，最后将上述零件重新装好。后支承的两个角接触球轴承开口向背（轴承9开口朝上，轴承11开口朝下），进行消隙和预紧调整时，使两轴承外圈不动，通过内圈的端面距离相对减小的办法实现，具体是通过控制两轴承内圈隔套10的尺寸。调整时取下隔套10，修磨到合适尺寸，重新装好后，用螺母8顶紧轴承内圈及隔套即可。最后要拧紧锁紧螺钉7。

2. 工作台纵向传动机构

工作台纵向传动机构如图8-30所示。交流伺服电动机20的轴上装有弧齿同步带轮19，通过同步齿带14和装在丝杠右端的同步带轮11带动丝杠2旋转，使底部装有螺母1的工作台4移动。装在伺服电动机中的编码器将检测到的位移量反馈回数控装置，形成半闭环控制。同步带轮与电动机轴，以及与丝杠之间的联接采用锥环无键式联接，这种联接方法不需要开键槽，而且配合无间隙，对中性好。滚珠丝杠两端采用角接触球轴承支承，右端支承采用三个7602030TN/P4TFTA轴承，精度等级为P4，径向载荷由三个轴承分担。两个开口向右的轴承6、7承受向左的轴向载荷，向左开口的轴承8，承受向右的轴向载荷。轴承的预紧力由两个轴承7、8的内、外圈轴向尺寸差实现，当用螺母10通过隔套将轴承内圈压紧时，外圈因为比内圈轴向尺寸稍短，仍有微量间隙，用螺钉9通过法兰盘12压紧轴承外圈时，就会产生预紧力。调整时修磨垫片13厚度尺寸即可。丝杠左端的角接触球轴承（7602025TN，P4级），除承受径向载荷外，还通过螺母3的调整，使丝杠产生预拉伸，以提高丝杠的刚度和减小丝杠的热变形。

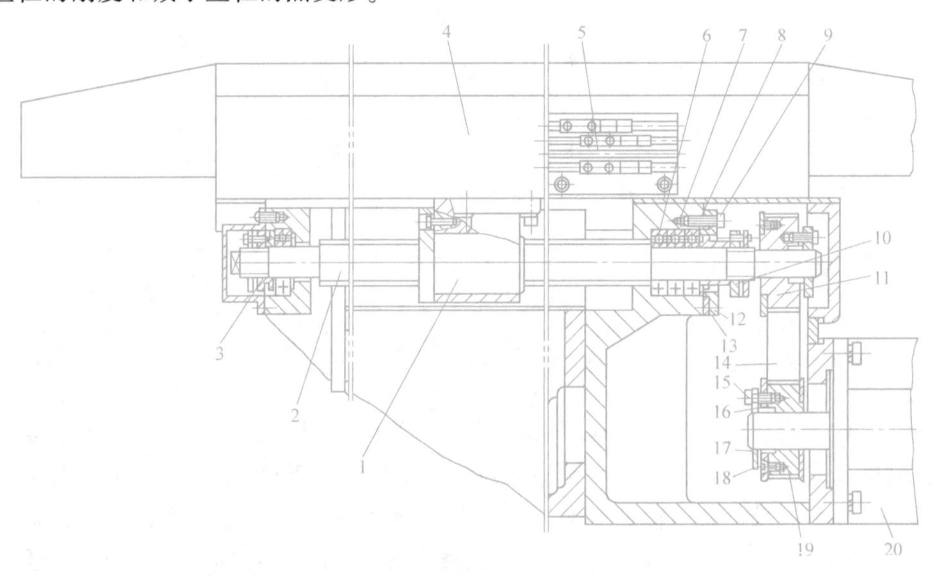

图8-30　工作台纵向传动机构

1、3、10—螺母　2—丝杠　4—工作台　5—限位行程挡铁　6、7、8—轴承　9、15—螺钉　11、19—同步带轮　12—法兰盘　13—垫片　14—同步带　16—外锥环　17—内锥环　18—端盖　20—交流伺服电动机

3. 升降台传动机构及自动平衡机构

图 8-31 所示为升降台升降传动部分，交流伺服电动机Ⅰ经一对同步带轮 2、3 将运动传到传动轴Ⅶ，轴Ⅶ右端的弧齿锥齿轮 7 带动锥齿轮 8 使垂直滚珠丝杠Ⅷ旋转，升降台上升或下降。传动轴Ⅶ有左、中、右三点支承，轴向定位由中间支承的一对角接触球轴承来保证，由螺母 4 锁定轴承与传动轴的轴向位置，并对轴承预紧，预紧量用修磨两轴承内外圈之间的隔套 5、6 的厚度来保证。传动轴的轴向定位由螺钉 25 调节。垂直滚珠丝杠副的螺母 24 由支承套 23 固定在机床底座上，丝杠通过锥齿轮 8 与升降台联接，深沟球轴承 9 和角接触球轴承 10 承受径向载荷，D 级精度的推力圆柱滚子轴承 11 承受轴向载荷。轴Ⅸ的实际安装位置是在水平面内，与轴Ⅶ的轴线呈 90°相交（图中为展开画法），其右端为自动平衡机构。因滚珠丝杠无自锁能力，当垂直放置时，在部件自重作用下，移动部件会自动下移。因此，除升降台驱动电动机带有制动器外，还在传动机构中装有自动平衡机构，一方面防止升降台因自重下落，另外还可平衡上升和下降时的驱动力。XKA5750 型数控铣床的自动平衡机构由单向超越离合器和自锁器组成。工作原理为：丝杠旋转的同时，通过锥齿轮 12 和轴Ⅸ带动单向超越离合器的星形轮 21 转动。当升降台上升时，星形轮 21 的转向使滚子 13 与超越离合器的外环 14 脱开，外环 14 不随星形轮 21 转动，自锁器不起作用；当升降台下降时，星形轮 21 的转向使滚子楔在星轮与外环之间，使外环随轴一起转动，外环与两端固定不动的摩擦环 15、22（由防转销 20 固定）形成相对运动，在碟形弹簧 19 的作用下，产生摩擦力，增加升降台下降时的阻力，起自锁作用，并使上下运动的力量平衡。调整时，先拆下端盖 17，松开螺钉 16，适当旋紧螺母 18，压紧碟形弹簧 19，即可增大自锁力。注意调整前需用辅助装置支承升降台。

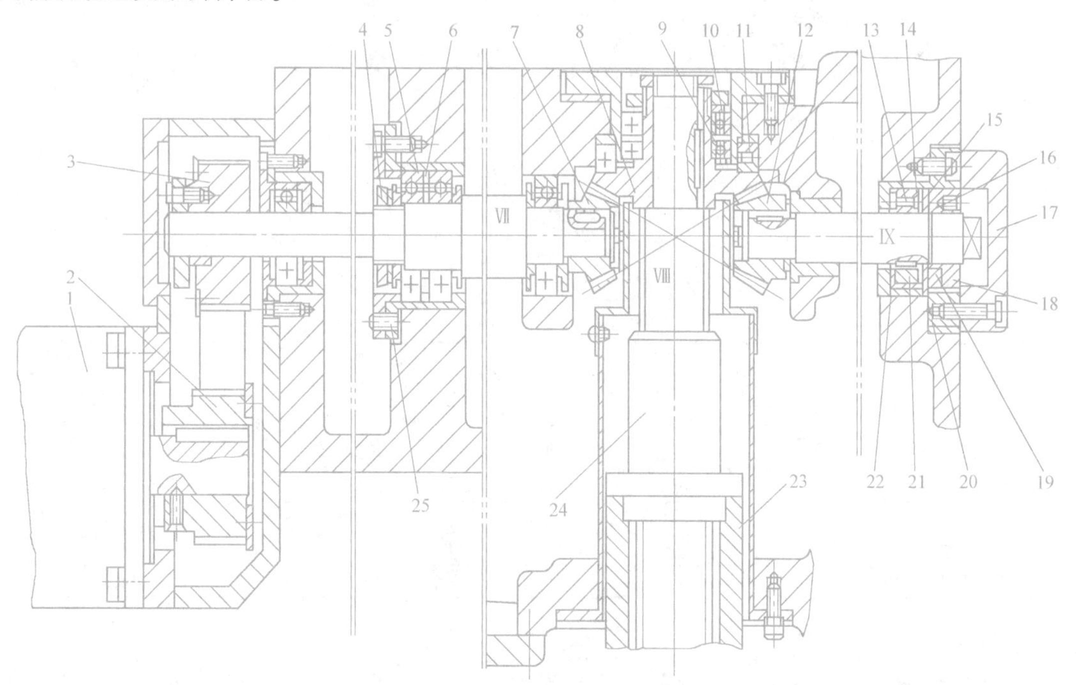

图 8-31　升降台升降传动部分

1—交流伺服电动机　2、3—同步带轮　4、18、24—螺母　5、6—隔套　7、8、12—锥齿轮　9—深沟球轴承　10—角接触球轴承　11—滚子轴承　13—滚子　14—外环　15、22—摩擦环　16、25—螺钉　17—端盖　19—碟形弹簧　20—防转销　21—星形轮　23—支承套

第四节 加工中心

一、立式加工中心

1. 用途及组成

XHK716型立式加工中心为工作台不升降，具有自动换刀装置的十字滑台型立式加工中心，可以实现纵向、横向和垂直方向三个坐标轴方向的直线插补和任意两轴圆弧插补的连续闭环控制运动。其数控系统采用FANUC-6MB系统，位置检测元件采用感应同步器，保证了机床的高精度、高性能和高可靠性。

XHK716型立式加工中心适用于凸轮、箱体、支架、盖板、模具等各种复杂型面零件的多品种小批量加工。工件一次装夹后，XHK716型立式加工中心可自动连续地完成铣、钻、镗、铰、攻螺纹、锪等多种工序。对于中小批量生产的机械加工部门，采用这种机床可以节省大量的工艺装备，缩短生产准备周期，确保工件加工质量，提高生产率。

XHK716型立式加工中心（图8-32）主要由基础部件（底座、立柱、十字滑台、工作台）、主轴箱、进给系统、自动换刀装置、液压系统、气动系统等组成。

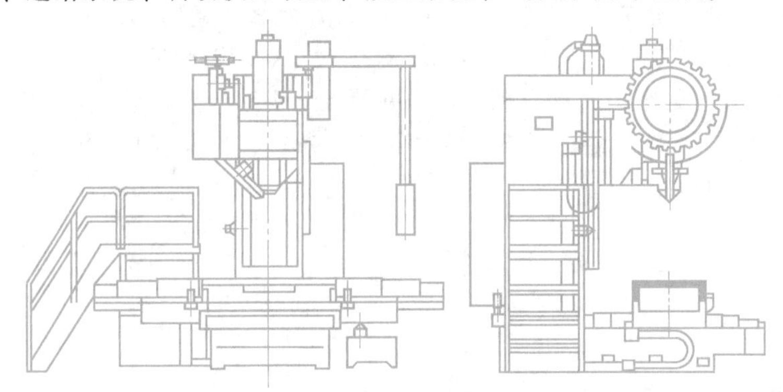

图8-32 XHK716型立式加工中心

2. XHK716型立式加工中心的主要技术参数（见表8-4）

表8-4 XHK716型立式加工中心的主要技术参数

名称	技术参数	名称	技术参数
工作台有效尺寸(宽×长)	630mm×1300mm	主轴转速范围	25～2500r/min
纵向行程	1000mm	主轴转速级数	无级(直接变成,增量1r/min)
横向行程	600mm	进给速率(X、Y、Z)	2～4000mm/min
垂向行程	600mm	快速移动(X、Y、Z)	10m/min
刀库容量	24把	进给直流伺服电动机转矩(X、Y、Z)	38.5N·m
选刀方式	任选		
主电动机功率(DC)	12kW或15kW	机床电源总功率	42kW

3. 传动系统

XHK716型立式加工中心的传动原理如图8-33所示，主轴与变速箱分为两部分，主轴3与变速箱的Ⅳ轴是通过十字键块2联接来传递转矩的。主传动系统由功率为15kW的主电动机1（宽调速直流电动机）驱动。主电动机装于主轴箱顶部，运动通过Ⅰ、Ⅱ、Ⅲ、Ⅳ轴传至主轴3。Ⅰ、Ⅱ轴间的传动和Ⅱ、Ⅲ轴间的传动均为齿轮定比传动。Ⅲ轴上装有一个双联滑移齿轮，通过液

压缸操纵，可分别与Ⅳ轴上的两个固定齿轮啮合，从而使主轴3获得两个固定的机械变速档。再通过主电动机的无级调速，可使主轴得到25～2500r/min的变速范围。

纵向、横向和垂直方向的进给运动分别采用永磁式直流伺服电动机9、4、7驱动，通过张紧环结合子8、5、6将运动直接传递给各进给滚珠丝杠，从而带动工作台、十字滑台、垂直滑座，实现三个方向的进给运动。

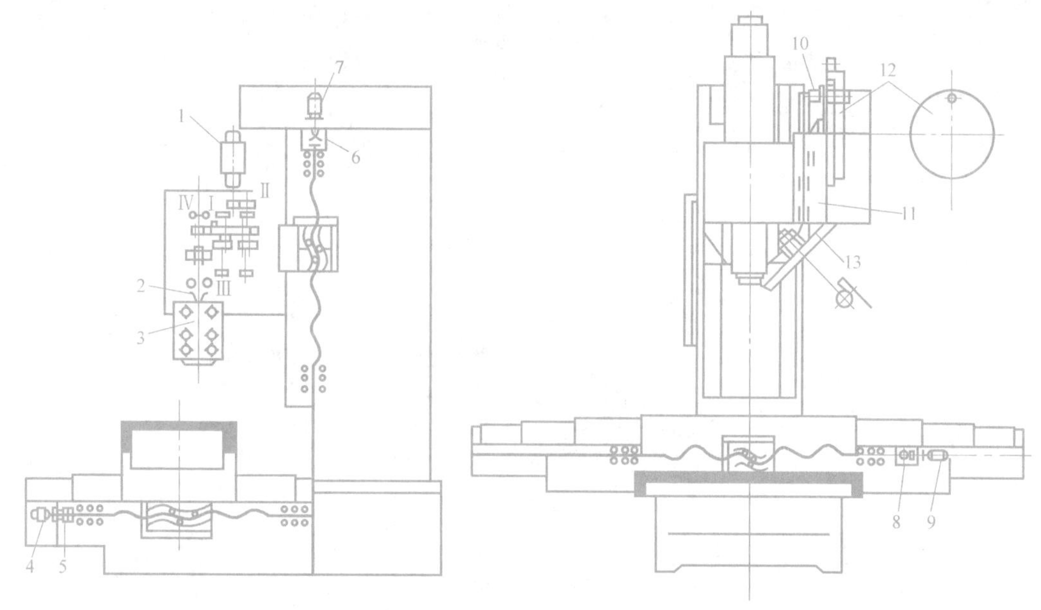

图8-33　传动原理

1—主电动机　2—十字键块　3—主轴　4、7、9—永磁式伺服电动机　5、6、8—张紧环结合子　10—液压马达　11—刀库底座　12—单盘式刀库　13—机械手

4. 自动换刀装置

自动换刀装置的用途是按照加工需要，自动地更换装在主轴上的刀具。机械手安装在主轴箱的左侧面，随同主轴箱一起在立柱上运动。如图8-33所示，换刀装置由单盘式刀库12、刀库底座11、液压马达10、双臂回转机械手13组成，能实现在刀库与机床主轴之间装卸和传递刀具所需要的全部动作。

(1) 自动换刀过程　图8-34所示为自动换刀过程的示意图。在自动换刀的整个过程中，各项运动均由限位开关控制，只有前一个动作完成后，才能进行下一个动作，从而保证了运动的可靠性。自动换刀的时间约为5s，自动换刀过程见表8-5。

表8-5　自动换刀过程

顺序	内　　容
1	主轴箱回到最高处(Z坐标参考点)，同时主轴停止回转并定向
2	机械手大臂转动，抓住主轴和刀库上的刀具
3	主轴和刀库上的刀具松开(图8-34a)
4	机械手下移从主轴和刀库上取出刀具(图8-34b)
5	机械手大臂转动180°，换刀(图8-34c)
6	机械手上移，将更换后的刀具装入主轴和刀库(图8-34d)
7	主轴和刀库分别夹紧刀具
8	机械手松开主轴和刀库上的刀具
9	当机械手大臂转动至水平状态时，限位开关发出“换刀完毕”的信号，可以开始加工或进行其他程序动作

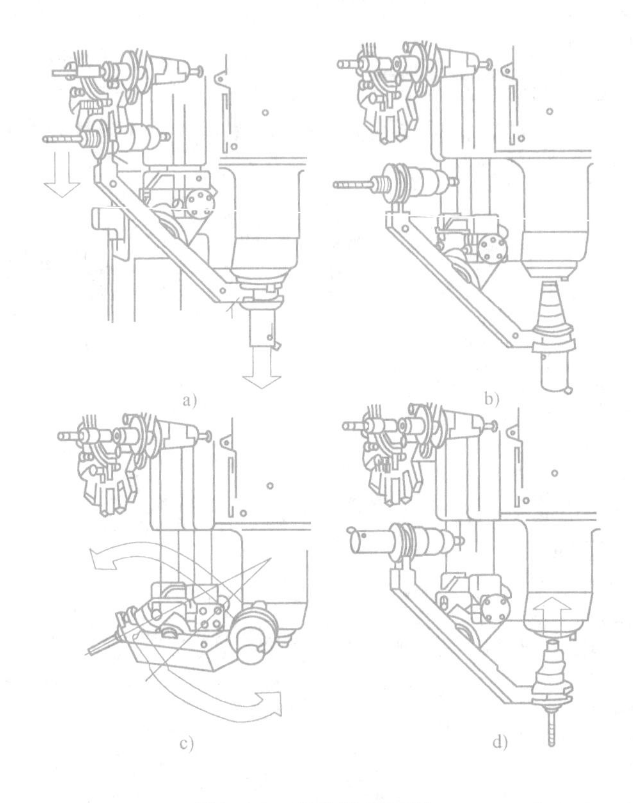

图 8-34　自动换刀过程

（2）刀库　液压马达 10 通过齿轮、内齿圈带动装有刀具的单盘式刀库 12 旋转，单盘式刀库支承在轴承上，而轴承固定在刀库底座 11 上（图 8-33）。图 8-35 所示为刀库定位及松开、夹紧刀具的结构。

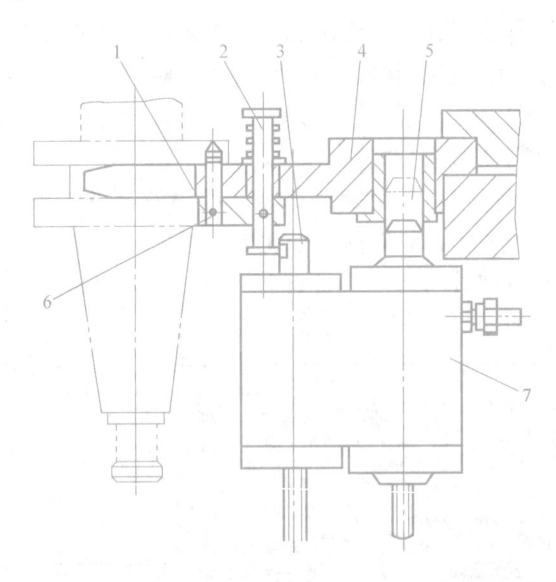

图 8-35　刀库定位及松开、夹紧刀具的结构

1—键块　2—导柱　3—单向液压缸　4—单盘式刀库　5—定位销　6—长销　7—双向液压缸

接近开关控制电磁阀使液压马达停止转动时，双向液压缸 7 带动定位销 5，插入单盘式刀库 4 上的定位孔，实现刀库的精确定位。在单盘式刀库 4 的每一个刀位上都装有图 8-35 所示的由弹簧、导柱 2、键块 1 和长销 6 所组成的刀具固定装置。在弹簧力作用下，导柱 2 向上运动，同时带动键块 1 和固定在键块上的长销 6 向上运动。当键块 1 和长销 6 插入卡在单盘式刀库上刀柄凸缘上的键槽和孔内时，就实现了刀具在刀库上的固定。图 8-35 所示即为刀具卡在刀库上并被固定的状况。当单向液压缸 3 通油后，将导柱拉下，使键块 1 和长销 6 退出，此时刀具在刀库上处于自由状态。控制刀具固定装置的单向液压缸 3 有两个：一个与定位销连在一起，自动换刀时可用；另一个在靠近立柱方向的部位，用于刀库手动装刀。刀库可装 24 把刀，最大刀具直径为 120mm。相邻刀座不装刀时，最大刀具直径可达 200mm。刀具的选择方式为任选，数控系统通过可编程序控制器（PLC）记忆每把刀具在刀盘上的位置，自动选取所需要的刀具。

（3）机械手　图 8-36 所示为机械手结构。机械手由机械手手臂和 45°的斜壳体组成。机械手手臂 1 形状对称，固定在回转轴 2 上，回转轴与主轴成 45°，安装在壳体 3 上。液压缸 4 中的齿条通过齿轮带动回转轴 2 转动，从而实现手臂正向和反向 180°的旋转运动。

机械手对刀具的夹紧和松开是通过液压缸 6、碟形弹簧 5 及拉杆 7、杠杆 8、活动爪 9 来实现的。碟形弹簧实现夹紧，液压缸实现松开。在活动爪中有两个销 10，在夹紧刀具时，其插入刀柄凸缘的孔内，确保夹持安全、可靠。

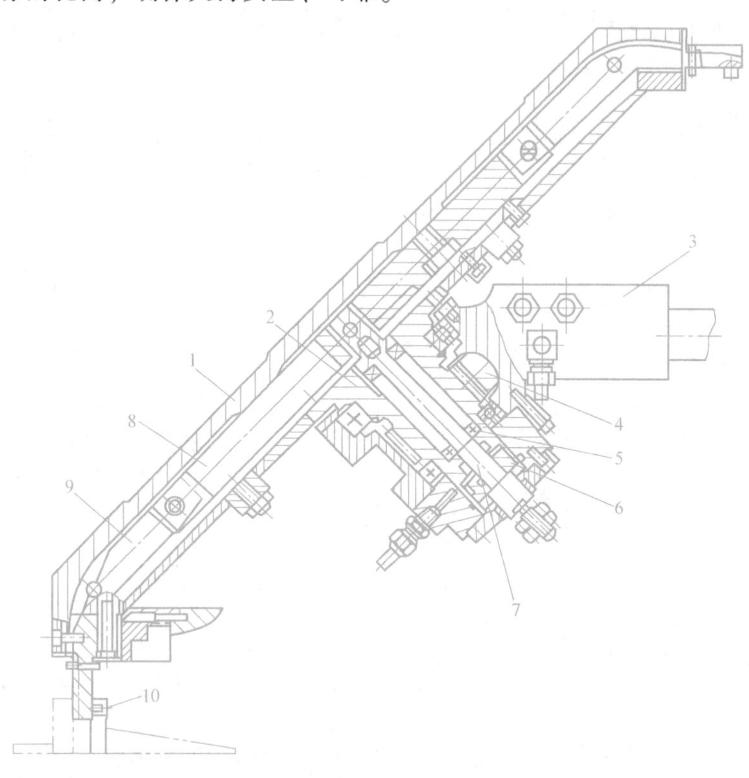

图 8-36　机械手结构图

1—手臂　2—回转轴　3—壳体　4、6—液压缸　5—碟形弹簧

7—拉杆　8—杠杆　9—活动爪　10—销

二、卧式加工中心

卧式加工中心适用于箱体类零件、大型零件的加工。卧式加工中心工艺性能好，工件安装方便，利用工作台和回转工作台可以加工四个面或多面，并能进行调头镗孔和铣削。

1. 卧式加工中心的布局

(1) 立柱不动式　机床立柱不动，由工作台实现两个方向的进给，这种布局形式的加工中心刚性差，往往是小型、经济型卧式加工中心，如图 8-37 所示。

(2) 立柱移动式　立柱移动式卧式加工中心大体又可分为两类。一类是由立柱实现 *Z* 向进给运动，*X* 向进给运动由工作台或交换工作台实现，利于提高床身和工作台的刚性，并且立柱进给时，有利于保证加工孔的直线度和平行度要求。当采用双立柱时，主轴中心线位于两立柱之间，受力时不影响精度，主轴也能避免因发热而产生的变形，这种布局形式近年来用得比较多。另一类是立柱双向移动式，即立柱安装在十字滑板上，进行 *Z* 向及 *X* 向运动，适用于大型工件加工。立柱移动式卧式加工中心的最大优点是工作台能够适应不同的工件，可进行柔性组合，它可以采用长工作台和圆工作台；由于机床的前、后床身可以分离，故甚至在加工大型工件时，不安置工作台也可以，特别适合组成柔性制造系统和柔性制造单元。

(3) 滑枕式　滑枕式加工中心的主轴箱大多数采用侧挂式，滑枕带动刀具前后运动，如图 8-38 所示。这类机床最大的优点是滑枕运动代替了立柱运动，从而使工件以良好的固定状态接受切削加工，解决好滑枕悬臂的自重平衡是保证加工中心切削精度的关键。

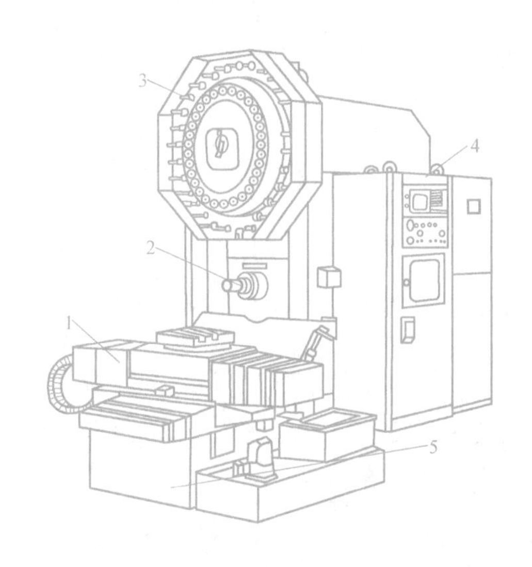

图 8-37　立柱不动式布局

1—工作台　2—主轴　3—刀库　4—数控柜　5—床身

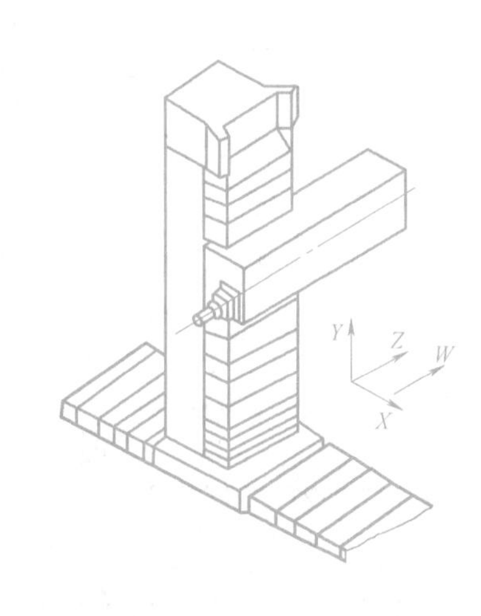

图 8-38　滑枕式布局

2. TH6350 型卧式加工中心

(1) 机床布局　TH6350 型卧式加工中心的布局如图 8-39 所示。机床采用卧式主轴、T 形床身及框式立柱布局。基础件刚度好、制造精度高，刀库独立地放在主机左侧。框式立柱具有刚度好和热对称性良好的特点，降低了热变形对机床的影响。

(2) 机床主要技术参数　TH6350 型卧式加工中心主要技术参数见表 8-6。

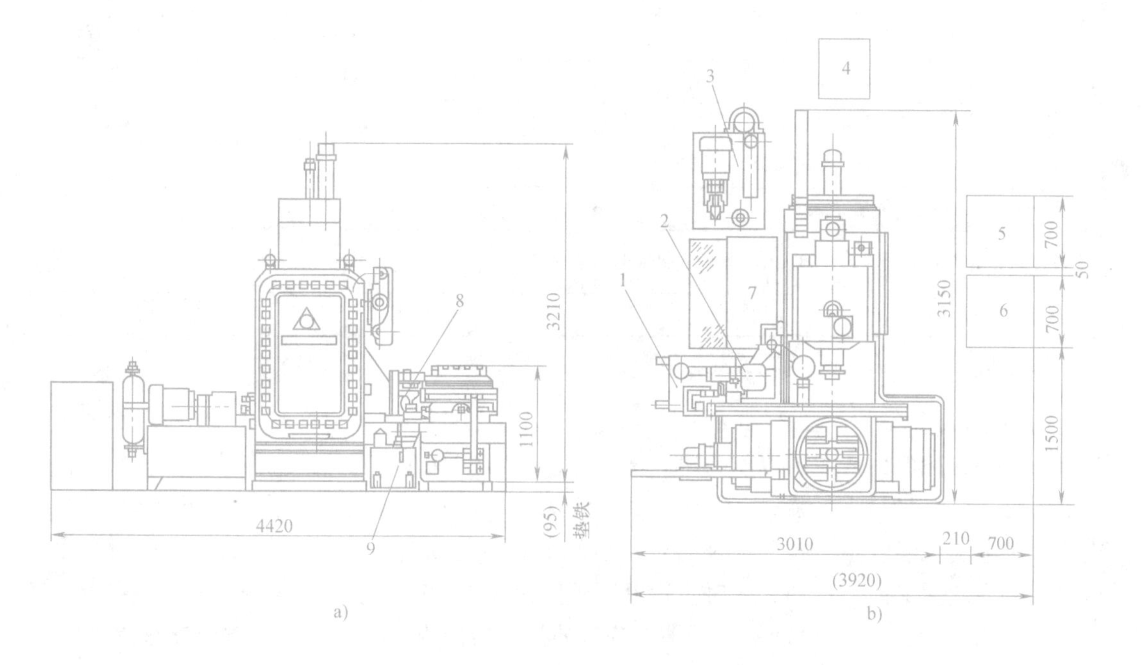

图 8-39　TH6350 型卧式加工中心的布局

a）左视图　b）俯视图

1、9—切削液箱　2—机械手　3—液压油箱　4—油温自动控制箱　5—强电柜

6—CNC 柜　7—刀库　8—排屑器

表 8-6　TH6350 型卧式加工中心主要技术参数

名称	主要参数
工作台尺寸	500mm × 500mm
分度工作台分度角与步数	5° × 72
分度工作台最大承载质量	800kg
X、Y、Z 轴行程	700mm、550mm、600mm
主轴中心线至工作台面距离	70 ~ 620mm
主轴端面至工作台中心距离	150 ~ 750mm
主轴转速范围	28 ~ 3150r/min
快速移动速度	10m/min
进给速度范围	1 ~ 3600mm/min
刀库容量	40/60 把
最大刀具尺寸	ϕ125mm × 300mm
最大刀具质量	15kg
换刀时间	6s
主轴驱动电动机	AC12 7.5/11kW(30min)
X、Z 轴伺服电动机	DC FB 25 - 3 2.5kW
Y 轴伺服电动机	DC FB 25 - B-3 2.5kW
分度工作台伺服电动机	DC B8 0.8kW

（续）

名称	主要参数
刀库伺服电动机	DC B8 0.8kW
机床定位精度	±0.012mm/300mm
重复定位精度	0.006mm
分度工作台定位精度 0°、90°、180°、270°其他分度位置	5″ 10″
数控系统	BESK FANUC 6ME 7CM FANUC 11M

（3）机床主要结构

1）主轴箱。结构如图8-40所示。为了增加转速范围和转矩，主传动采用齿轮变速传动方式。主轴转速分为低速区域和高速区域。低速区域传动路线是：交流主轴电动机经弹性联轴器、齿轮 z_1、齿轮 z_2、齿轮 z_3、齿轮 z_4、齿轮 z_5、齿轮 z_6 到主轴。高速区域传动路线是：交流主轴电动机经联轴器及牙嵌离合器、齿轮 z_5、齿轮 z_6 到主轴。变换到高速档时，由液压缸活塞推动拨叉向左移动，此时主轴电动机慢速旋转，以利于牙嵌离合器啮合。主轴电动机采用FANUC交流主轴电动机，主轴能获得的最大转矩为490N · m；主轴转速范围为28～3150r/min，其中低速范围为28～733r/min，高速范围为733～3150r/min，低速时传动比为1∶4.75；高速时传动比为1∶1.1。主轴锥孔为ISO50，主轴结构采用了高精度、高刚性的组合轴承。其前轴承由B3182120双列短圆柱滚子轴承和B82268120推力球轴承组成，后轴承采用C46117角接触球轴承，这种结构可保证主轴的高精度。

刀具的自动夹紧是靠碟形弹簧施加预紧力，通过拉杆及夹头拉住刀柄的尾部，使刀具锥

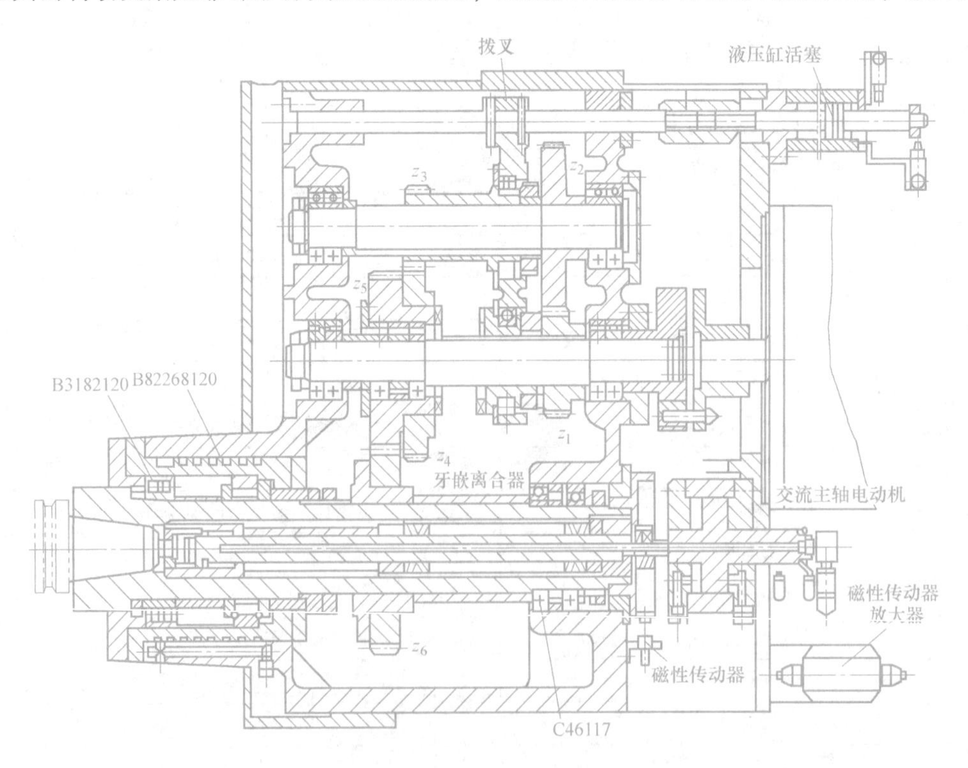

图8-40 TH6350型加工中心主轴箱结构

柄和主轴锥孔紧密贴合实现的，夹紧力为11956N。松刀时，液压缸活塞推动拉杆压缩碟形弹簧，夹头张开，使刀柄上的拉钉能自由进出，刀具即可交换；新刀具装入后，液压缸活塞后移，刀具被夹紧。主轴前支承采用特殊润滑脂润滑，润滑脂封在主轴轴承内，润滑脂量为轴承滚道空隙的1/8，润滑脂过量会导致轴承温升加大。前支承产生的热量由轴承套外侧螺旋槽中的循环油带走，以减少主轴的温升。循环冷却润滑油由油温自动控制器冷却，保证主轴箱内的油温为室温±2℃。主轴准停机构采用电气准停装置。当刀具松开时，主轴锥孔内通入压缩空气。

2）进给系统。TH6350型加工心 *X*、*Y*、*Z* 三坐标轴进给驱动方式基本相同，现以 *X* 坐标轴进给驱动方式说明其传动过程。如图8-41所示，伺服电动机1通过弹性联轴器2带动滚珠丝杠3旋转，从而使与工作台联接的螺母4移动，实现 *X* 轴进给。滚珠丝杠经过预紧，螺母与丝杠的间隙被消除。*X*、*Y*、*Z* 三坐标轴伺服电动机功率相同，但 *Y* 轴伺服电动机要承担主轴箱垂直移动后的自锁，所以采用断电后自制动控制。伺服电动机尾部都安装了脉冲编码器，用来测量电动机和丝杠的旋转角度，以间接显示坐标位置。通过数控系统的间隙补偿和螺距补偿，消除驱动系统中的间隙和滚珠丝杠的螺距误差。为了减少丝杠热变形对加工精度的影响，对丝杠进行预拉伸，从而消除丝杠热伸长对定位精度的影响，还可以提高进给系统的刚度。为了控制进给传动中的反向间隙，电动机轴与丝杠的联接采用了可以补偿轴向传动的弹性联轴器，即无键锥环联轴器。这是一种无键、靠摩擦力传动转矩的元件，如图8-42所示。其原理是：拧紧螺钉2，端盖3压向锥环4，由于锥环4径向挤压轴和孔，由此产生摩擦力来传递转矩，同时可以补偿电动机轴和丝杠因制造和安装造成的不同轴、轴向窜动和角度误差。

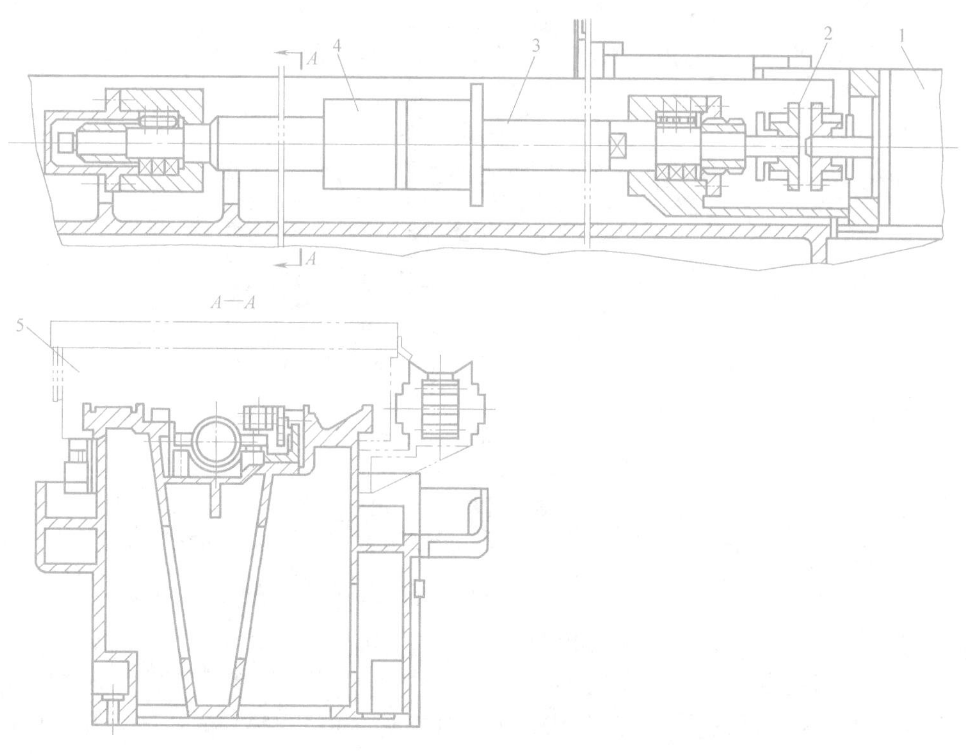

图8-41　TH635型卧式加工中心 *X* 坐标轴进给系统

1—伺服电动机　2—弹性联轴器　3—滚珠丝杠　4—螺母　5—工作台

3）自动换刀装置。链式刀库置于机床左侧，通过地脚螺钉及调整装置，使刀库在机床上的相对位置能保证准确地换刀。如图8-43所示，刀库链条3上有连接板2与刀套1相连，刀套供存放刀具。伺服电动机5经联轴器6带动蜗杆7旋转，蜗杆7带动蜗轮8，再经齿轮9、10和链轮11，带动链条运动，实现选刀动作。调整链条张紧装置4，可使链条张紧。刀库回零时，刀套沿顺时针转动，当它压上回零开关时开始减速，超过回零开关后实现准确停机，此时零号刀套停在换刀位置上。

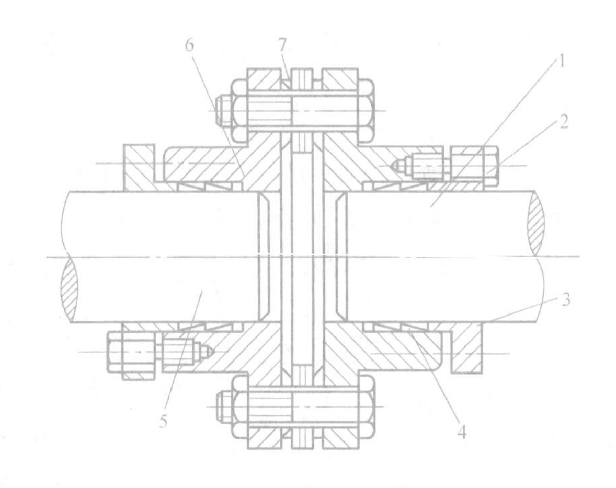

图8-42 无键锥环联轴器

1—丝杠 2—螺钉 3—端盖 4—锥环 5—电动机轴 6—联轴器 7—弹簧片

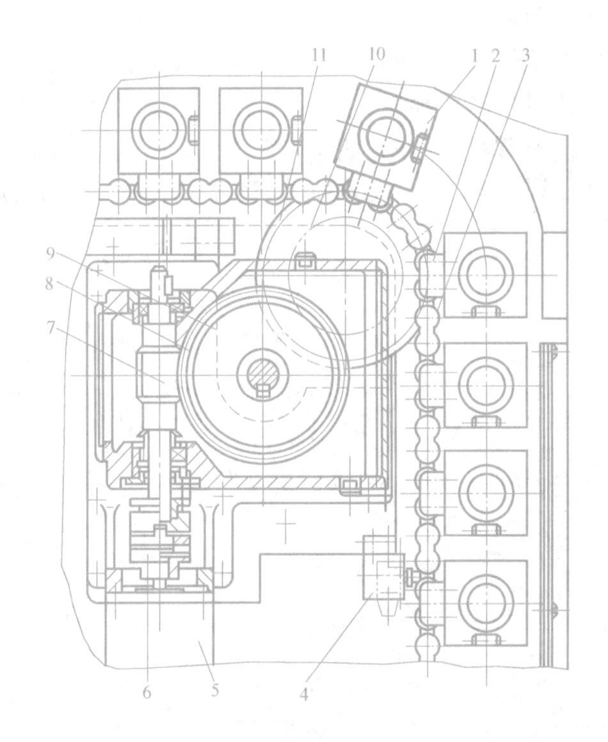

图8-43 TH6350型加工中心链式刀库

1—刀套 2—连接板 3—链条 4—链条张紧装置 5—伺服电动机 6—联轴器 7—蜗杆 8—蜗轮 9、10—齿轮 11—链轮

刀库可正转和反转，找刀时它是按最近路程转动的。选刀方式为计算机记忆式选刀（即任意选刀）。刀座号和刀库上的存刀位置（地址）对应地记忆在计算机存储器内或可编程序控制器的磁泡存储器内，不论刀具放在哪个地址，都始终记忆它的踪迹。刀库上装有位置检测装置以检测每个地址，这样就可以任意取出、送回刀具。这种选刀方式不仅可以节省换刀时间，而且刀具本身不必设置编码元件，省去编码识别装置，使数控系统简化。刀库上

没有机械原点（零位），每次选刀运动正转或反转不超过180°，通过对刀库回转小半径的逻辑判断，实现选刀时刀库以捷径到达换刀位置。

机械手在机床主轴与刀库之间自动完成刀具的交换，其形式为回转式单臂双爪机械手。通过机械手将使用过的刀具从主轴上取下送回刀库，同时从刀库取出所需新刀具装入主轴中。插刀、拔刀动作靠液压缸完成，手臂与缸筒安装在一起，进入液压缸的压力油推动手臂移动，实现不同的动作。液压缸行程末端可进行节流调节，以使动作缓冲。手臂回转动作是靠4位套筒液压缸与齿轮齿条机构来实现的，大、小行程不同的两个活塞分别使手臂做90°、180°回转。换刀过程如图8-44所示。

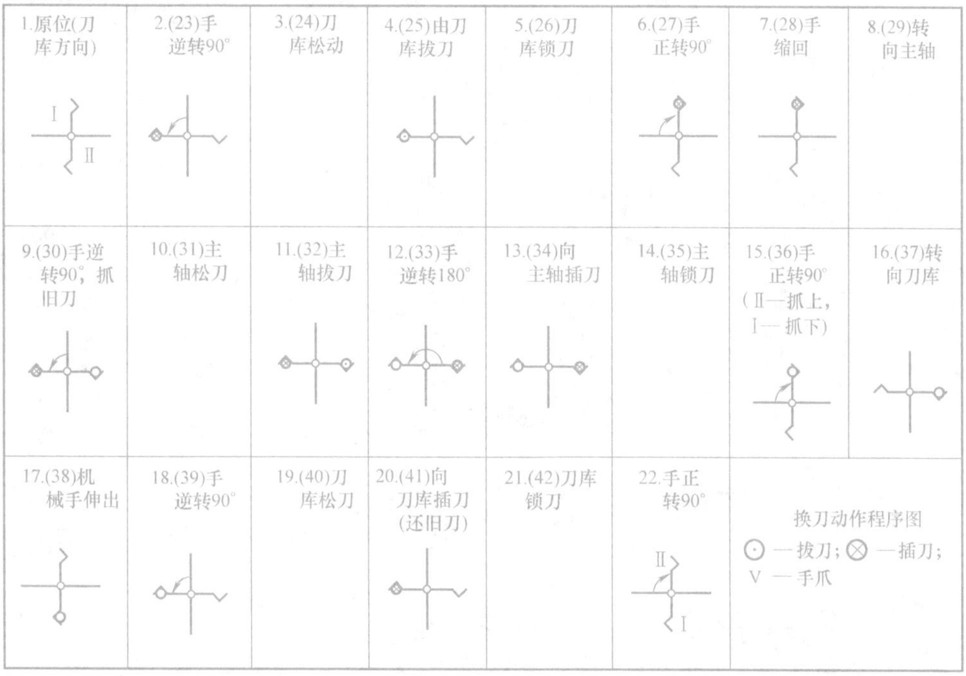

1.原位(刀库方向)	2.(23)手逆转90°	3.(24)刀库松动	4.(25)由刀库拔刀	5.(26)刀库锁刀	6.(27)手正转90°	7.(28)手缩回	8.(29)转向主轴
9.(30)手逆转90°，抓旧刀	10.(31)主轴松刀	11.(32)主轴拔刀	12.(33)手逆转180°	13.(34)向主轴插刀	14.(35)主轴锁刀	15.(36)手正转90°(Ⅱ—抓上，Ⅰ—抓下)	16.(37)转向刀库
17.(38)机械手伸出	18.(39)手逆转90°	19.(40)刀库松刀	20.(41)向刀库插刀(还旧刀)	21.(42)刀库锁刀	22.手正转90°	换刀动作程序图 ⊙—拔刀；⊗—插刀；V—手爪	

图8-44　TH6350型加工中心换刀过程

4）机床液压、气压系统。TH6350型立式中心的液压系统如图8-45所示，在该机床上，液压系统完成主轴变速齿轮的移动、机械手换刀运动、主轴内刀具的松开与夹紧、刀库上刀具的自动和手动松开与夹紧、回转工作台的夹紧与放松及主轴箱的平衡等任务。液压系统由液压油箱、管路、控制阀等组成。控制阀采用分散布局、就近安装原则，分别装在刀库和立柱上。电磁阀上贴有电磁铁号码。液压泵用双级压力控制变量柱塞泵。液压系统的工作压力通过两个调节压力螺钉进行调整，低压可调至4MPa，高压可调至7MPa。低压用于控制回转工作台的夹紧与松开，机械手的刀具交换动作，刀库的松刀、夹刀，主轴的松刀、锁刀，主轴的高低档变速动作等。高压用于平衡主轴箱。在吸油口附近安装有粉末冶金烧结过滤器，每工作三个月应清洗一次，如发现严重堵塞，应更换新的滤芯。主轴箱液压平衡系统的原理是采用封闭油路，系统压力由蓄能器补油和吸油来维持。在机床操作面板上有一平衡系统补油旋钮开关，第一次开动机床时，先起动液压泵，然后将旋钮旋至补油位置，这时其他油路系统停止工作，液压油处于高压状态，油路向平衡系统供油。此时调整液压泵的压力，当主轴箱处于最高位置时，使之达到7MPa。观察立柱后面的压力表，当系统压力达到7MPa时，应将旋钮开关旋至关闭位置。在以后的日常工作中，要经常观察立往后面的压力表，当主轴箱处于最高位置、压力表低于7MPa时即需进行补油，补油方法和开机时补油的方法是一样的。蓄能器的压力是由皮囊的气压产生的，长期使用后，气体渗透会造成气压不足，这将影响蓄能器的供油压力，因此当蓄能器气压不足时，应向蓄能器补气。蓄能器内充满高压氯气，充气压力可达5MPa。图8-45中A、B、C、D、E、F液压缸是系统中机械手的转动驱动四位液压缸。当上、下大液压缸活塞运动时，使机械手实现90°回转；当小液压缸活塞运动时，使机械手臂实现180°回转。

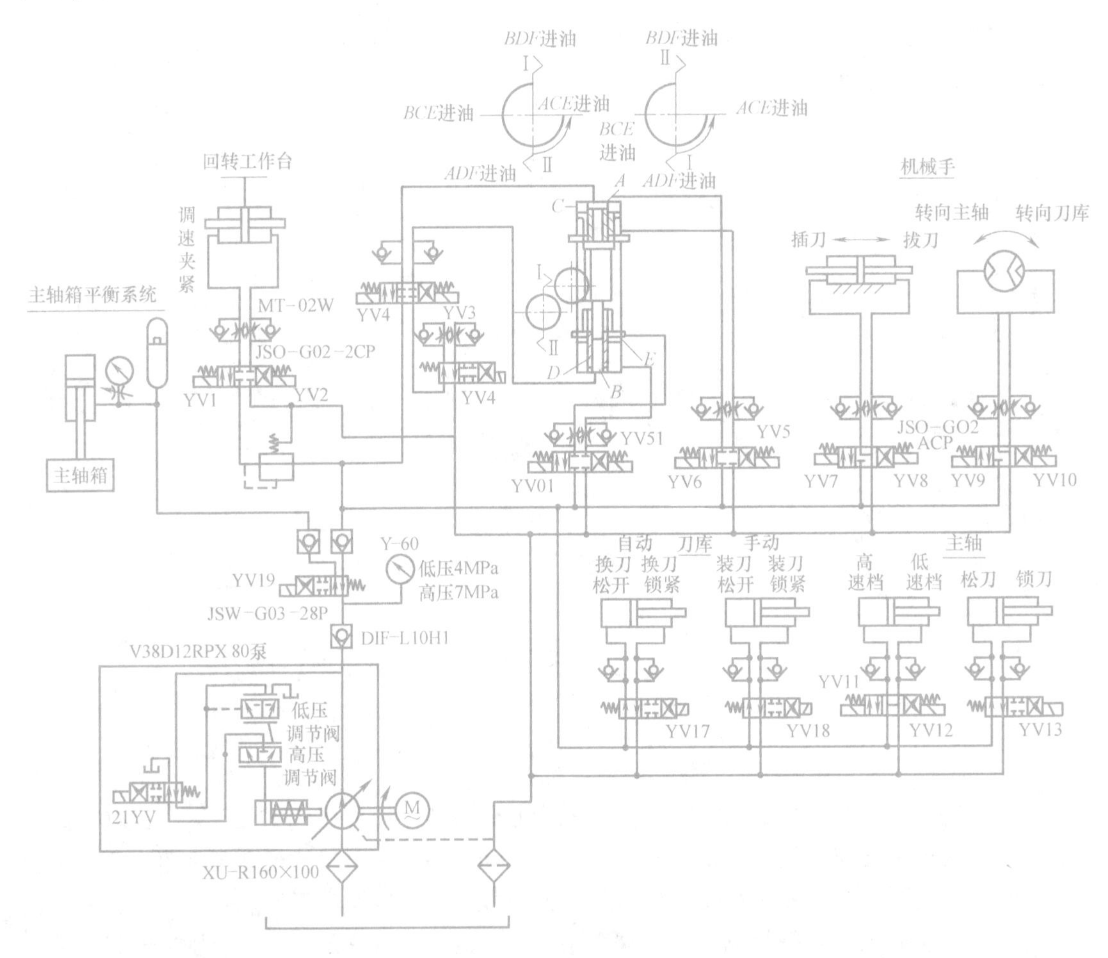

图8-45　TH6350型加工中心液压系统

气压系统用于主轴锥孔吹气和开关刀库侧面防水门。气压系统所用压力为0.4～0.6MPa，总流量为100L/min。当刀具由主轴上松开后，一股干燥清洁的空气从主轴中心通过，吹掉主轴锥孔和刀柄上的脏物。分水滤气器每周放水一次，每年清洗分水滤气器一次。TH6350型加工中心气压系统如图8-46所示。

5）机床的润滑系统。由于机床工作滑台导轨、立柱导轨和主轴箱导轨都贴有塑料导轨板，该导轨板具有良好的摩擦性能和润滑性能，故只需微量润滑油。TH6350型加工中心采用电动间隙润滑泵向各润滑部位供油。后床身导轨和立柱导轨润滑间隔为7.5min，每次供

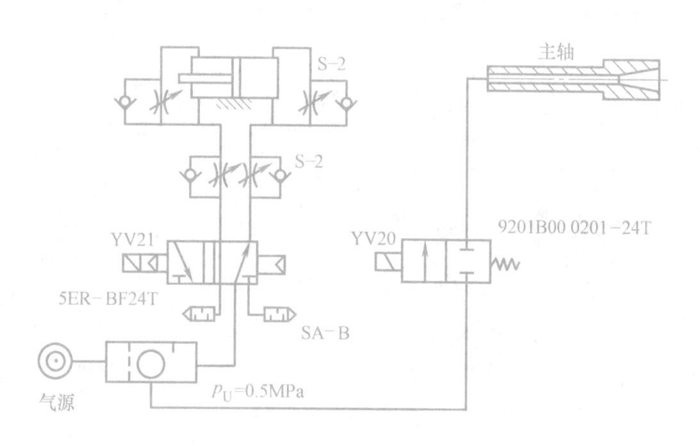

图 8-46　TH6350 型加工中心气压系统

油 2.5mL，前床身和分度工作台及蜗杆副润滑间隔为 30min，每次供油 2.5mL，如图 8-47 所示。

6）切削液系统。起动切削液泵，切削液从切削液箱泵出，经编织软管 5（后床身导管套）、立柱分油器 6、主轴箱 1 前端三组喷嘴 2，喷向工件。切削液泵的开停由程序予以控制，如图 8-48 所示。

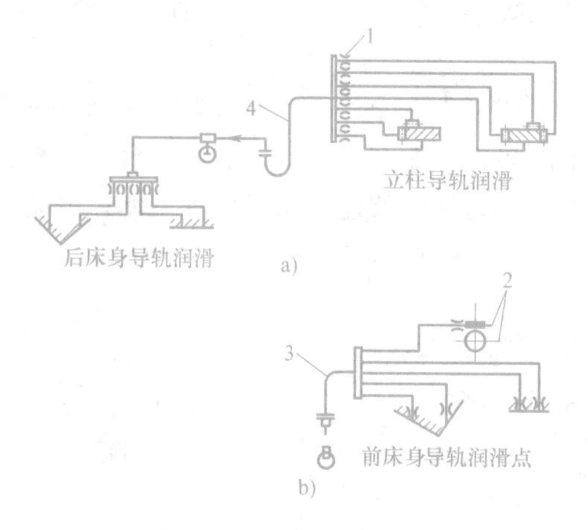

图 8-47　机床的润滑系统

1—节流器　2—分度工作台蜗杆副　3、4—编织软管

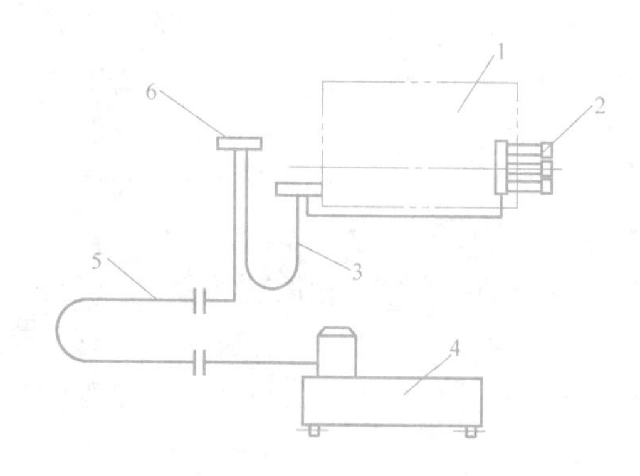

图 8-48　切削液系统

1—主轴箱　2—喷嘴　3—软管　4—切削液箱
5—编织软管　6—立柱分油器

第五节　数控机床典型结构

数控机床与同类的普通机床在结构上虽然十分相似，但是仔细研究会发现两者之间存在差异。如图 8-49 所示，从控制零件尺寸的角度来分析，普通机床和数控机床的差异表现为：在普通机床上加工零件时操作者直接检测零件的实际加工尺寸，和图样的要求相比较后，调整操纵手柄以修正加工偏差。操作者实际上起到了测量、调节和控制装置的作用，由他完成测量、运算比较和调节控制的功能。可以说操作者实际上处于控制回路之内，是控制系统中

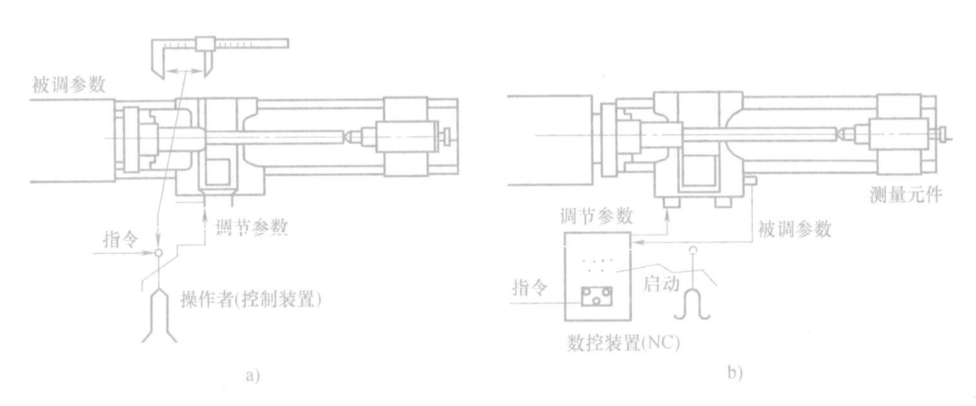

图 8-49　普通机床和数控机床的差异

a）普通机床　b）数控机床

的反馈环节。而在数控机床上加工零件时，一切都按预先编制的加工程序自动进行，操作者只发出起动命令，监视机床的工作情况，在加工过程中并不直接测量零件尺寸，而是由数控装置根据程序指令和机床位置检测装置的测量结果，控制刀具和零件的相对位置，从而达到控制零件尺寸的目的。

一、数控机床的主传动系统

数控机床的主传动系统包括主轴电动机、变速装置和主轴部件。

1. 主传动及变速

与普通机床相比，数控机床的工艺范围更宽，工艺能力更强，因此要求其主传动具有较宽的调速范围，以保证在加工时能选用合理的切削用量，从而获得最佳的加工质量和较高生产率。现代数控机床的主运动广泛采用无级变速传动，用交流调速电动机或直流调速电动机驱动，能方便地实现无级变速，且传动链短、传动件少。根据数控机床的类型与大小，其主传动主要有以下三种形式：

（1）带有变速齿轮的主传动　如图 8-50a 所示，通过几对齿轮传动，使主传动分段无级变速，以便在低速时获得较大的转矩，满足主轴对输出转矩特性的要求。这种方式在大中型数控机床采用较多，但也有部分小型数控机床为获得强力切削所需转矩而采用这种传动方式。

（2）通过带传动的主传动　如图 8-50b 所示，电动机轴的转动经带传动传递给主轴，因不用齿轮变速，故可避免齿轮传动而引起的振动和噪声。这种方式主要用于转速较高、变速范围不大的机床上，常用的带有 V 带和同步带。

（3）由主轴电动机直接驱动的主传动　如图 8-50c 所示，主轴与电动机转子合二为一，从而使主轴部件结构更加紧凑，重量轻，惯量小，提高了主轴起动、停止的响应特性。目前高速加工机床主轴多采用这种方式，这种类型的主轴也称为电主轴。

2. 主轴部件

主轴部件是机床的一个关键部件，它包括主轴的支承、安装在主轴上的传动零件等，主轴部件质量的好坏直接影响加工质量。无论哪种机床的主轴部件，都应满足下述几个方面的要求：回转精度高，结构刚度高，抗振性好，运转温度低，热稳定性和耐磨性好，以及精度保持能力好等。对于数控机床尤其是自动换刀数控机床，为了实现刀具在主轴上的自动装卸

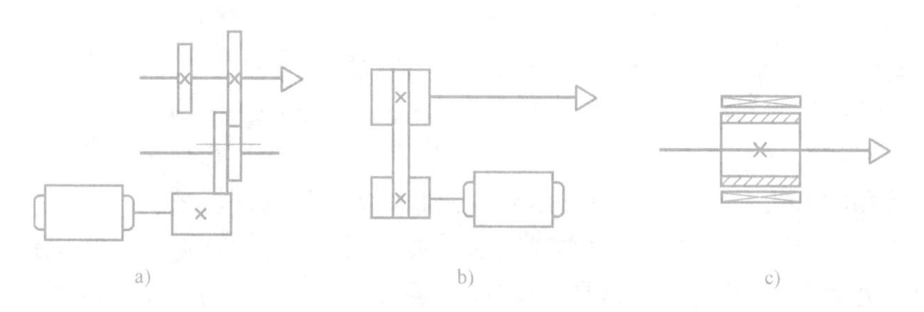

图 8-50　数控机床主传动的配置形式

a）带有变速齿轮的主传动　b）通过带传动的主传动　c）由主电动机直接驱动的主传动

与夹持，还必须有刀具自动夹紧装置、主轴准停装置和主轴孔的清理装置等。

（1）主轴部件的结构形状　主轴端部用于安装刀具或夹持工件的夹具，在设计要求上，应能保证定位准确、安装可靠、连接牢固、装卸方便，并能传递足够的转矩。主轴端部的结构形状都已标准化，图 8-51 所示为普通机床和数控机床上通用的几种主轴端结构。其中，图 8-51a 所示为车床主轴端部，卡盘靠前端的短圆锥面和凸缘端面定位，用拨销传递转矩，卡盘上装有固定螺栓。卡盘装于主轴端部时，螺栓从凸缘上的孔中穿过，转动快卸卡板将数个螺栓同时拴住，再拧紧螺母，将卡盘固定在主轴端部，主轴为空心，前端有莫氏锥孔，用以安装顶尖或心轴。图 8-51b 所示为铣、镗类机床的主轴端部，铣刀或刀杆在前端 7:24 的锥孔内定位，并用拉杆从主轴后端拉紧，而且由前端的端面键传递转矩。图 8-51c 所示为外圆磨床砂轮主轴的端部；图 8-51d 所示为内圆磨床砂轮主轴端部；图 8-51e 所示为钻床与普通镗床刀杆端部，刀杆或刀具由莫氏锥孔定位，用锥孔后端第一个扁孔传递转矩，第二个扁孔用以拆卸刀具；图 8-51f 所示为数控镗床主轴端部。在数控铣床上要使用图 8-51b 所示的形式，因为，7:24 的锥孔没有自锁作用，便于自动换刀时拨出刀具。

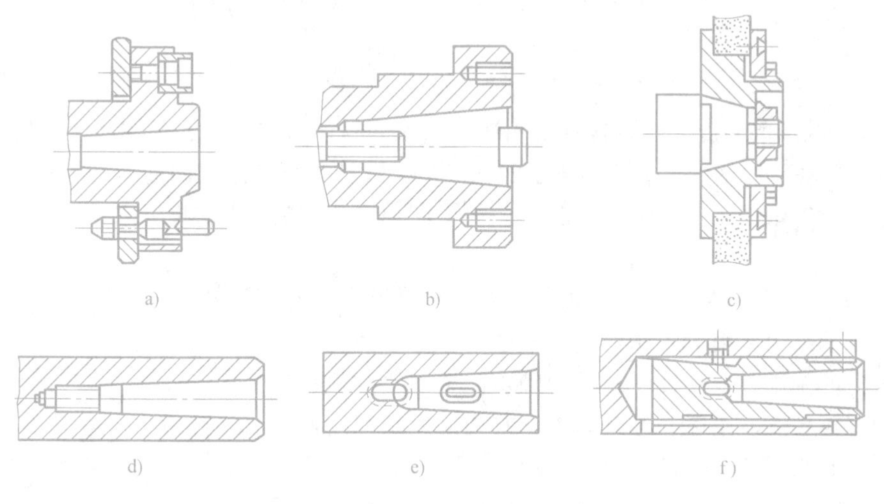

图 8-51　主轴端部的结构

（2）主轴部件的支承　机床主轴带着刀具或夹具在支承上做回转运动，应能传递切削转矩和承受切削抗力，并保证必要的回转精度。机床主轴多采用滚动轴承作为支承，对于精度要求高的主轴则采用动压或静压滑动轴承作为支承。

1）主轴部件常用滚动轴承的类型。图 8-52 所示为主轴常用的几种滚动轴承。其中，图 8-52a 所示为锥孔双列圆柱滚子轴承，内圈为 1:12 的锥孔，当内圈沿锥形轴颈轴向移动时，内圈胀大以调整滚道的间隙；滚子数目多，两列滚子交错排列，因而承载能力大，刚性好，允许转速高；它的内、外圈均较薄，因此，要求主轴轴颈与箱体孔均有较高的制造精度，以免轴颈与箱体孔的形状误差使轴承滚道发生畸变而影响主轴的回转精度；该轴承只能承受径向载荷。图 8-52b 所示为双列推力向心球轴承，接触角为 60°，球径小，数目多，能承受双向轴向载荷；磨薄中间隔套，可以调整间隙或预紧，轴向刚度较高，允许转速高；该轴承一般与双列圆柱滚子轴承配套用作主轴的前支承，其外圈外径为负偏差，只承受轴向载荷。图 8-52c 所示为双列圆锥滚子轴承，它有一个公用外圈和两个内圈，由外圈的凸肩在箱体上进行轴向定位，箱体孔可以镗成通孔；磨薄中间隔套，可以调整间隙或预紧；两列滚子的数目相差一个，使振动频率不一致，明显改善了轴承的动态特性。双列圆锥滚子轴承能同时承受径向和轴向载荷，通常用作主轴的前支承。图 8-52d 所示为带凸肩的双列圆柱滚子轴承，结构上与图 8-52c 相似，可用作主轴前支承；滚子做成空心的，保持架为整体结构，充满滚子之间的间隙，润滑油由空心滚子端面流向挡边摩擦处，可有效地进行润滑和冷却；空心滚子承受冲击载荷时可产生微小变形，能增大接触面积并有吸振和缓冲作用。图 8-52e 所示为带预紧弹簧的单列圆锥滚子轴承，弹簧数目为 16～20 根，均匀增减弹簧可以改变预加载荷的大小。

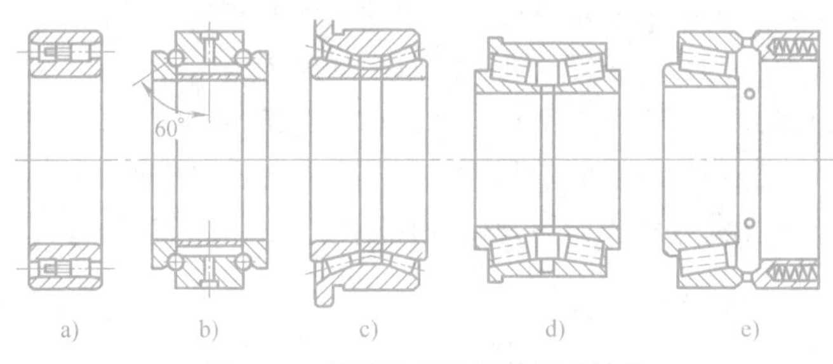

图 8-52　主轴常用的几种滚动轴承

2）滚动轴承的精度。主轴部件所用滚动轴承的精度有高级 E、精密级 D、特精级 C 和超精级 B。前轴承的精度一般比后支承的精度高一级，也可以用相同的精度等级。普通精度的机床通常前轴承选用 C、D 级，后轴承选用 D、E 级。特高精度的机床其前后轴承均用 B 级精度的轴承。

3）主轴滚动轴承的配置。合理配置轴承，对提高主轴部件的精度和刚度、降低支承温升、简化支承结构有很大的作用。主轴的前后支承均应有承受径向载荷的轴承，承受轴向载荷的轴承配置则主要根据主轴部件的工作精度、刚度、温升和支承结构的复杂程度等因素确定。图 8-53 所示为常见的几种轴承配置形式。

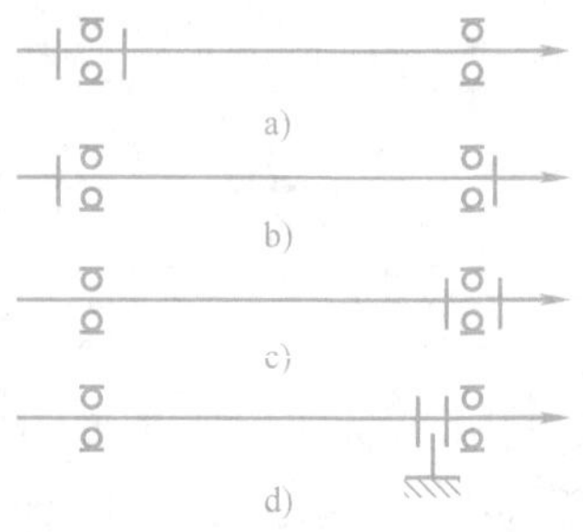

图 8-53　常见的轴承配置形式

图 8-53a 所示为后端定位，推力轴承装在后支承的两侧，轴向载荷由后支承承受。采用这种配置形式细长主轴承受轴向载荷后可能发生横向弯曲，同时主轴发生热变形时向前伸长，影响加工精度。但这种配置能简化前支承的结构，多用于普通精度的机床主轴部件。图 8-53b 所示为两端定

位，推力轴承分别装在前、后支承的外侧，轴承的轴向间隙可以在后端进行调整。但是主轴受热伸长后，会改变支承的轴向或径向间隙，影响加工精度。这种配置形式一般用于较短或能自动预紧的主轴部件。图 8-53c、d 所示为主轴前端定位，推力轴承装在前支承，刚度较高，主轴部件受热伸长向后，不致影响加工精度。其中，图 8-53c 所示的推力轴承装在前支承的两侧，会使主轴的悬伸长度增加，影响主轴的刚度；图 8-53d 所示两个推力轴承都装在前支承的内侧，主轴的悬伸长度小，但是前支承较复杂，一般高速精密机床的主轴部件都采用这种配置形式。

4）主轴滚动轴承的预紧。轴承预紧就是使轴承滚道预先承受一定的载荷，它不仅能消除轴承间隙，而且还使滚动体与滚道之间发生一定的变形，从而使接触面积增大，轴承受力时的变形减小，抵抗变形的能力增大。因此，对主轴滚动轴承进行预紧和合理选择预紧量，可以提高主轴部件的回转精度、刚度，增强其抗振性，机床主轴部件在装配时要对轴承进行预紧，使用一段时间以后，间隙或过盈有了变化，还得重新调整，所以要求预紧结构便于进行调整。

滚动轴承间隙的调整或预紧通常是通过轴承内、外圈相对轴向移动来实现的，常用的方法有以下几种：

① 轴承内圈移动。如图 8-54 所示，轴承内圈移动适用于锥孔双列圆柱滚子轴承。拧动螺母，通过套筒推动内圈在锥形轴颈上做轴向移动，使内圈变形胀大，在滚道上产生过盈，从而达到预紧的目的。图 8-54a 所示的结构简单，但预紧量不易控制，常用于轻载机床主轴部件；图 8-54b 所示结构用右端螺母限制内圈的移动量，易于控制预紧量；图 8-54c 所示结构是在主轴凸缘上均布数个螺钉，以调整内圈的移动量，调整方便，但是用几个螺钉调整易使垫圈歪斜；图 8-54d 所示结构是将紧靠轴承右端的垫圈做成两个半环，可以径向取出，通过修磨垫圈厚度来控制预紧量的大小，调整精度较高。调整螺母一般采用细牙螺纹，便于微量调整，而且在调好后要能锁紧防松。

② 修磨轴承座圈或隔套。图 8-55a 所示为轴承外圈宽边相对（背对背）安装，这时可通过修磨轴承内圈的内侧来调整间隙；图 8-55b 所示为外圈窄边相对（面对面）安装，这时可通过修磨轴承外圈的窄边来调整间隙。在安装时按图示的相对关系装配，并用螺母或法兰盖将两个轴承轴向压拢，使两个修磨过的端面贴紧，这样就可以使两个轴承的滚道之间产生预紧。另一种方法是将两个厚度不同的隔套放在两轴承内、外圈之间，同样将两个轴承轴向相对压紧，使滚道之间产生预紧，如图 8-56 所示。

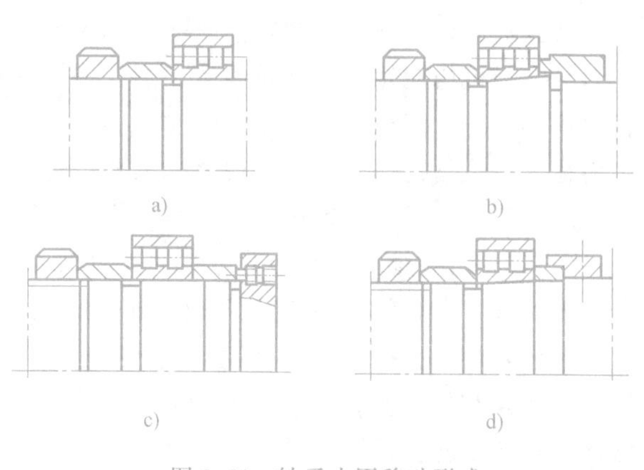

图 8-54　轴承内圈移动形式

(3) 主轴材料和热处理　主轴材料可根据强度、刚度、耐磨性、载荷特点和热处理变形大小等因素来选择。主轴刚度与材料的弹性模量 E 有关，无论是普通钢还是合金钢其 E 值基本相同。因此，对于一般要求的机床其主轴可用价格便宜的中碳钢、45 钢，调质处理

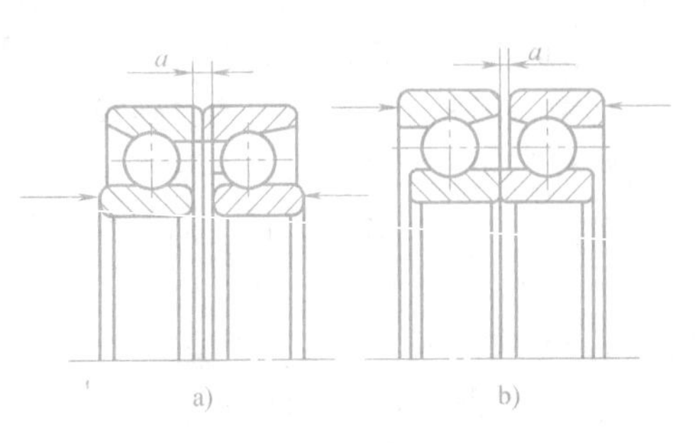

图 8-55　轴承安装形式

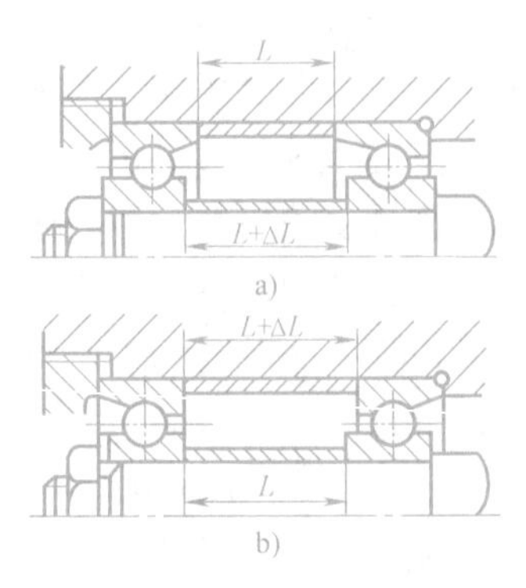

图 8-56　隔套调整安装形式

后硬度可达 22～28HRC；在载荷较大或存在较大冲击的情况下，或者为了减少精密机床主轴热处理后的变形，或者为了减少需要做轴向移动主轴的磨损，可选用合金钢作为主轴材料。常用的合金钢有 40Cr（进行淬硬后达到 40～50HRC），或者 20Cr（进行渗碳淬硬后达到 56～62HRC）。某些高精度机床的主轴材料则选用 38CrMoAl，进行氮化处理，硬度达到 850～1000HV。

（4）刀具自动夹紧和主轴孔清洁装置　在自动换刀的数控机床中，为了实现刀具自动装卸，其主轴必须设计有刀具自动夹紧机构，如图 8-57a 所示。刀柄采用 7∶24 的大锥度锥柄与主轴锥孔配合，既有利于定心，也方便刀具松夹。标准拉钉 5 用螺纹联接在刀柄上。松开刀具时，液压油进入液压缸活塞 1 的上腔，油压使活塞下移，推动拉杆 2 下移，同时碟形弹簧 3 被压缩，钢球 4 随拉杆一起下移，当钢球移至主轴孔径较大处时，便松开拉钉，机械手即可把刀柄连同拉钉 5 从主轴锥孔中取出。夹紧刀具时，活塞下腔无油压，螺旋弹簧使活塞退到最上端，拉杆 2 在碟形弹簧 3 的弹簧力作用下向上移动，钢球 4 被迫收拢，卡紧在拉杆 2 的环槽中。这样，拉杆通过钢球把拉钉向上拉紧，使刀柄外锥面与主轴锥孔内锥面相互压紧，刀具随刀柄一起被夹紧在主轴上。当新刀装入后，活塞 1 上端卸荷，重复刀具夹紧过程。刀具夹紧机构使用碟形弹簧夹紧，通过液压放松，可保证在工作中突然停电时刀柄不会自行脱落。

用钢球 4 拉紧拉钉 5 来夹紧刀具的方式，主要缺点是接触应力太大，易将主轴孔和刀杆压出坑痕。新式的刀杆已改用弹力卡爪，它由两部分组成，装在拉杆 2 的下端，如图 8-57b 所示。卡套 10 与主轴固定在一起，夹紧刀具时，拉杆 2 带动弹力卡爪 9 上移，卡爪下端的外周是锥面 *B*，与卡套 10 的锥孔配合，锥面 *B* 使卡爪 9 收拢，夹紧刀具。松开刀具时，拉杆 2 带动弹力卡爪下移，锥面 *B* 使卡爪 9 放松，拉杆 2 可以从卡爪 9 中退出。这种卡爪与刀杆的结合面 *A* 与拉力垂直，故夹紧力较大，同时卡爪与刀杆为面接触，接触应力较小，不易压坏刀杆。目前，采用这种刀杆拉紧机构的加工中心越来越多。

自动清除主轴孔中的切屑和灰尘是换刀操作中不容忽视的问题。为了保持主轴锥孔清洁，常采用压缩空气吹屑。图 8-57 所示活塞 1 的心部钻有压缩空气通道，当活塞向下移动时，压缩空气经过活塞由主轴孔内的空气嘴喷出，将锥孔里的杂物清理干净。为了提高清理杂物的效率，喷气小孔要有合理的喷射角度，并均匀分布。行程开关 7 和 8 用于发出夹紧和松开刀柄的信号。

（5）主轴准停装置　准停就是当主轴停转并进行刀具交换时，主轴需停在一个固定不

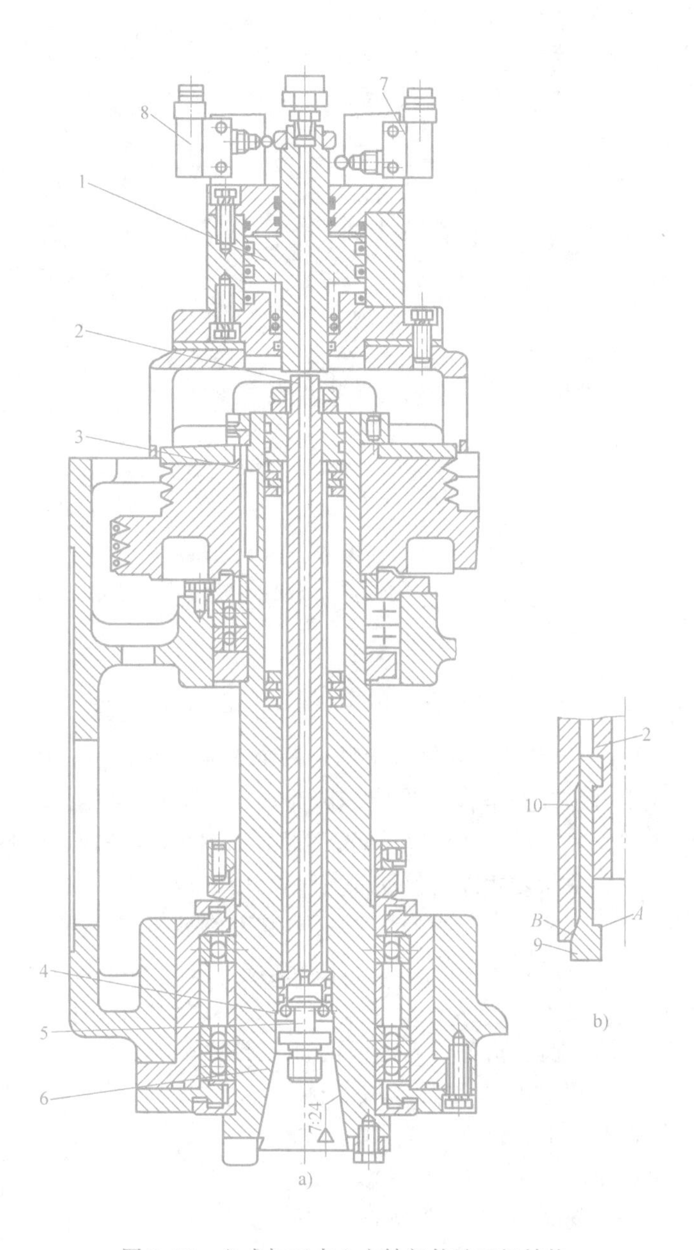

图 8-57 立式加工中心主轴部件及刀杆结构

1—活塞 2—拉杆 3—碟形弹簧 4—钢球 5—标准拉钉 6—主轴 7、8—行程开关 9—弹力卡爪 10—卡套

变的方位上，从而保证主轴端面键也在一个固定的方位，使刀柄上的键槽恰好能对正端面键。此外，在通过前壁小孔镗内壁的同轴大孔或进行反倒角等加工时，要求主轴实现准停，使刀尖停在一个固定的方位上（或在 X 轴方向上，或在 Y 轴方向上），以便主轴偏移一定尺寸后使切削刃能通过前壁小孔进入箱体内对大孔进行镗削。目前准停装置很多，下面介绍三种：

1）磁传感器准停装置。可配合直流或交流调速电动机实现纯电气定向准停。这种装置结构简单，准停可靠，动作迅速平稳。其工作原理如图 8-58 所示，主轴的塔轮上安装一个体积很小的磁发体，在主轴箱体的准停位置上装一个磁传感器。数控系统发出主轴停转信号后，主轴减速，以很低的转速转动，直至磁发体对准磁传感器，磁传感器发出准停信号送主轴驱动装置，主轴驱动装置使主轴电动机制动，主轴实现准停。

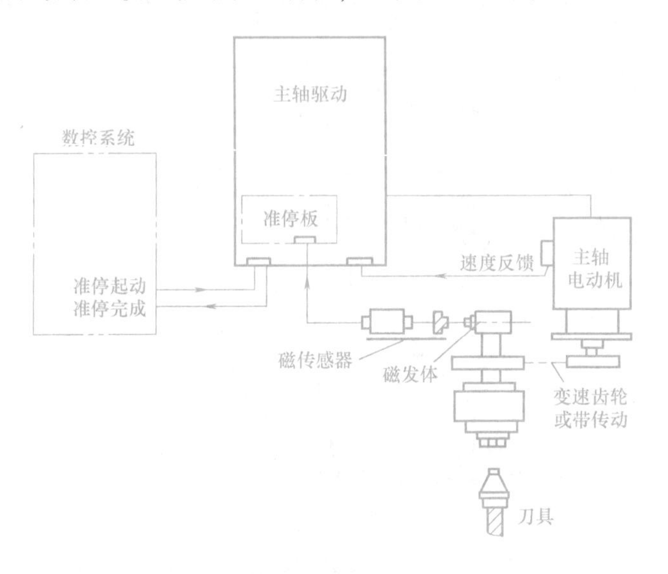

图 8-58　磁传感器准停装置工作原理

2）V 形槽轮定位盘准停装置。在主轴上固定一个 V 形槽定位盘，使 V 形槽与主轴上的端面键保持所需要的相对位置关系，如图 8-59 所示。其准停过程是：发出准停指令后，选定主轴的某一固定低转速并起动，使主轴回转，无触点行程开关发出信号使主轴电动机停转并断开主传动链，主轴以及与之相连的传动件由于惯性继续空转；无触点行程开关的信号同时使定位液压缸定位销伸出并压向定位盘，当主轴上定位盘的 V 形槽与定位销对正时，定位销插入 V 形槽中，LS2 准停到位信号有效，主轴实现准停。无触点行程开关的接近体应能在圆周方向上进行调整，使 V 形槽与接近体之间的夹角 α 的大小能保证定位销伸出并接触定位盘后，且在主轴停转之前，恰好落入定位盘的 V 形槽内。

3）端面螺旋凸轮准停装置。如图 8-60 所示，在主轴 1 上固定有一个定位滚子 2，主轴上空套有一个双向端面凸轮 3，该凸轮和液压缸 5 中活塞杆 4 相连，当活塞杆 4 带动凸轮 3 向下移动时（不转动），通过拨动定位滚子 2 并带动主轴转动，当定位销落入端面凸轮的 V 形槽内，便完成了主轴准停。因为是双向端面凸轮，所以能从两个方向拨动主轴转动以实现准停。这种双向端面凸轮准停机构动作迅速可靠，但是凸轮制造较困难。

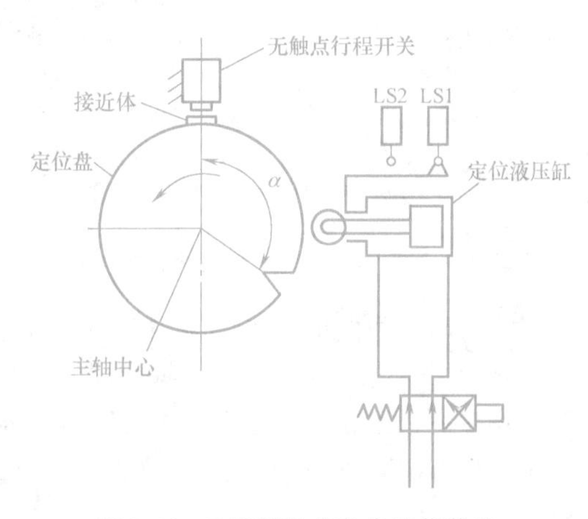

图 8-59　V 形槽轮定位盘准停装置

（6）电主轴　电主轴是“高频主轴”（High Frequency Spindle）的简称，有时也称作“直接传动主轴”（Direct Drive Spindle），是内装式电动机主轴单元。它把机床主传动链的长度缩短为零，实现了机床的“零传动”，具有结构紧凑、机械效率高、可获得极高的回

转速度、回转精度高、噪声低、振动小等优点，因而在现代数控机床中获得了越来越广泛的应用。在国外，电主轴已成为一种机电一体化的高科技产品，由一些技术水平很高的专业工厂生产，如瑞士的 FISCHER 公司、德国的 GMN 公司、美国的 PRECISE 公司、意大利的 GAMFIOR 公司、日本的 NSK 公司等。

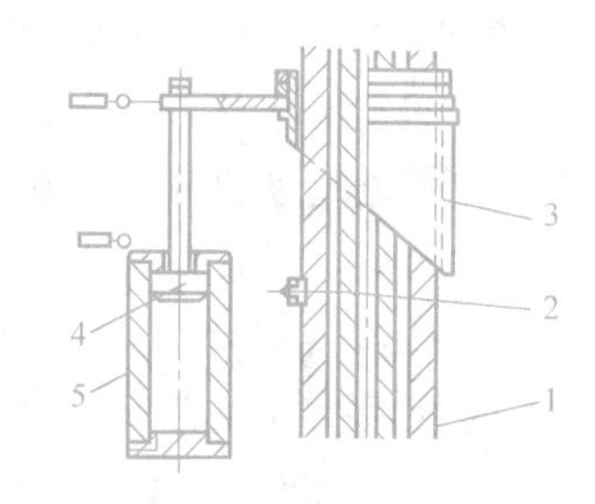

图 8-60 端面螺旋凸轮准停装置

1—主轴 2—定位滚子 3—双向端面凸轮 4—活塞杆 5—液压缸

1）电主轴的结构。如图 8-61 所示，电主轴由无外壳电动机、主轴、轴承、主轴单元壳体、主轴驱动模块和主轴冷却装置等组成。电动机的转子采用压配方法与主轴做成一体，主轴则由前、后轴承支承。电动机的定子通过冷却套安装于主轴单元的壳体中，主轴的变速由主轴驱动模块控制，而主轴单元内的温升由冷却装置限制。在主轴的后端装有测速、测角位移传感器，前端的内锥孔和端面用于安装刀具。

2）电主轴的轴承。轴承是决定主轴寿命和承载能力的关键部件，其性能对电主轴的使用功能极为重要。目前电主轴采用的轴承主要有陶瓷球轴承、流体静压轴承和磁悬浮轴承。

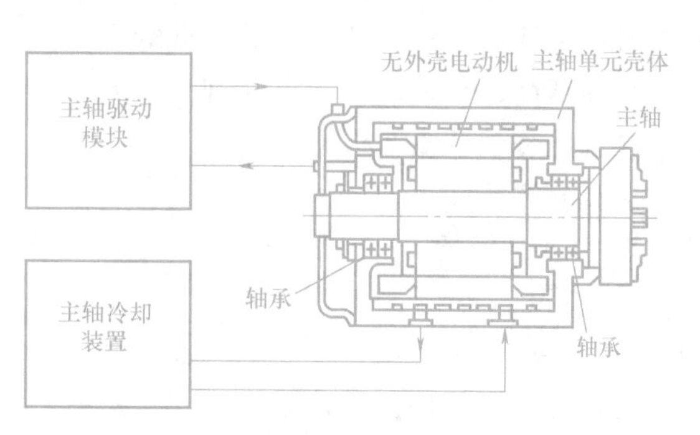

图 8-61 电主轴的结构

陶瓷球轴承是应用广泛且经济的轴承，它的陶瓷滚珠质量小、硬度高，可大幅度减小轴承离心力和内部载荷，减少磨损，从而提高轴承寿命。德国 GMN 公司和瑞士 STEP-TEC 公司用于加工中心和数控铣床的电主轴全部采用了陶瓷球轴承。

流体静压轴承为非直接接触式轴承，具有磨损小、寿命长、回转精度高、振动小等优点，用于电主轴上，可延长刀具寿命、提高加工质量和加工效率。美国 Ingersoll 公司在其生产的电主轴单元中主要采用自己拥有专利技术的流体静压轴承。

磁悬浮轴承依靠多对在圆周上互为 180°的磁极产生径向吸力（或斥力）而将主轴悬浮在空气中，使轴颈与轴承不接触，径向间隙为 1mm 左右。当承受载荷后，主轴空间位置会产生微小变化，控制装置根据位置传感器检测出的主轴位置变化值改变相应磁极的吸力（或斥力）值，使主轴迅速恢复到原来的位置，从而保证主轴始终绕其惯性轴做高速回转，因此它的高速性能好、精度高，但由于价格昂贵，至今没有得到广泛应用。

3）电主轴的冷却。由于电主轴将电动机集成于主轴单元中，且其转速很高，运转时会产生大量的热，引起电主轴温升，使电主轴的热态特性和动态特性变差，从而影响电主轴的正常工作。因此必须采取一定措施控制电主轴的温度，使温度恒定在一定值内。目前一般采取强制循环油冷却的方式对电主轴的定子及主轴轴承进行冷却，即将经过油冷却装置的冷却油强制性地在主轴定子外和主轴轴承外循环，带走主轴高速旋转产生的热量。另外，为了减少主轴轴承的发热，还必须对主轴轴承进行合理的润滑。例如对于陶瓷球轴承，可采用油雾润滑或油气润滑方式。

4）电主轴的驱动。当前，电主轴的电动机均采用交流感应电动机，由于是用在高速加工机床上，起动时要从静止迅速升速至每分钟数万转乃至数十万转，起动转矩大，因而起动电流要超出普通电动机额定电流5~7倍。其驱动方式有变频器驱动和矢量控制驱动器驱动两种。变频器的驱动控制特性为恒转矩驱动，输出功率与转矩成正比。最新的变频器采用先进的晶体管技术（如瑞士ABB公司生产的SAMIGS系列变频器），可实现主轴的无级变速。矢量控制驱动器的驱动控制为：在低速端为恒转矩驱动，在中、高速端为恒功率驱动。

（7）主轴的进给功能　车削中心的主传动系统除与数控车床主传动系统基本相同外，还增加了主轴的进给功能。主轴的进给功能即是主轴的 C 轴功能，可实现主轴定向停止和圆周进给，并在数控装置控制下实现 C 轴、Z 轴插补和 C 轴、X 轴插补，以配合动力刀具进行圆柱面上或端面上任意部位的钻削、铣削、攻螺纹及曲面铣削加工。图8-62所示为主轴的 C 轴功能。

二、数控机床的进给传动系统

进给运动是数字控制的直接对象，工件的最终位置精度和轮廓精度都与进给运动的传动精度、灵敏度和稳定性有关。因此，在设计传动系统结构和选用传动零件时，应充分注意减小摩擦阻力，提高传动精度和刚度，消除传动间隙和减小运动惯量。

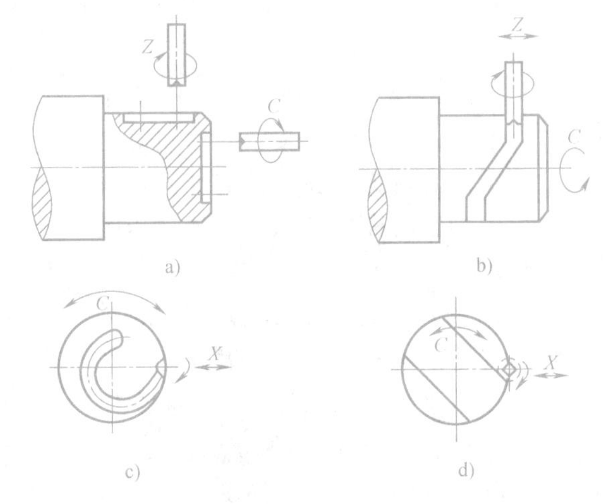

图8-62　主轴 C 轴功能

a）C 轴定向时，在圆柱面或端面上铣槽

b）C 轴、Z 轴进给插补，在圆柱面上铣螺旋槽

c）C 轴、X 轴进给插补，在端面上铣螺旋槽

d）C 轴、X 轴进给插补，铣直线和平面

数控机床进给传动系统主要包含有伺服电动机及检测元件、联轴器、减速机构（齿轮副和带轮）、滚珠丝杠副（或齿轮齿条副）、丝杠轴承、运动部件（工作台、主轴箱、滑座、横梁和立柱等），采用无级调速的伺服驱动方式，伺服电动机的动力和运动只需经过最多由一二级齿轮副（或带轮传动副、滚珠丝杠副、齿轮齿条副、蜗杆蜗条副）组成的传动系统传给工作台等运动执行部件。传动系统的齿轮副或带轮副通过降速来匹配进给系统的惯量和获得要求的输出机械特性，对开环系统，还要匹配所需的脉冲当量。近年来，由于伺服电动机及其控制单元性能的提高，许多数控机床的进给传动系统去掉减速机构而直接用伺服电动机与滚珠丝杠联接，因而整个系统结构简单，减少了产生误差的环节；同时，由于转动惯量减少，伺服特性也得到改善。在整个进给系统中，除了上述部件外，还有一个重要的环节就是导轨。虽然从表面上看导轨似乎与进给系统不十分密切，但实际上运动摩擦力及负载这两个参数在进给系统中占有重要地位。因此，导轨的性能对进给系统的影响是不容忽视的。

1. 数控机床导轨

（1）对导轨的基本要求　数控机床导轨应具备三大基本功能，即为承载体的运动导向、为承载体提供光滑的运动表面、把机床切削所产生的力传到地基或床身上，从而减少由此产生的冲击对工件的影响。因此，它的精度、刚度及结构形式等对机床的加工精度和承载能力

有直接影响。为了保证数控机床具有较高的加工精度和较大的承载能力，要求其导轨具有较高的导向精度、足够的刚度、良好的耐磨性、良好的低速运动平稳性，同时应尽量使导轨结构简单，便于制造、调整和维护。数控机床常用的导轨按其接触面间摩擦性质的不同可分为滑动导轨和滚动导轨。

（2）滑动导轨　滑动导轨具有结构简单、制造方便、刚度高、抗振性好等特点，因此它在数控机床中的应用也比较普遍。在数控机床上常用的滑动导轨有液体静压导轨、气体静压导轨和贴塑导轨。为了克服其摩擦因数大、磨损快、使用寿命短等缺陷，现代数控机床常使用塑料导轨。

1）滑动导轨的结构。常用的截面形状有矩形、三角形、燕尾形和圆柱形，如图 8-63 所示。其中，矩形导轨（图 8-63a）承载能力大，制造简单，安装调整方便，水平方向和垂直方向上的精度互不影响，侧面间隙不能自动补偿，必须设置间隙调整机构；三角形导轨（图 8-63b）有两个导向面，同时控制水平方向和垂直方向的导向精度，在载荷作用下能自行补偿而消除间隙，导向精度较其他导轨高；燕尾形导轨（图 8-63c）的结构紧凑，尺寸小，能承受颠覆力矩，但摩擦阻力较大，多用于高度小的多层移动部件；圆柱形导轨（图 8-63d）刚度高，制造容易，磨损后间隙调整很困难，适用于承受轴向载荷的场合，如压力机、机械手等。

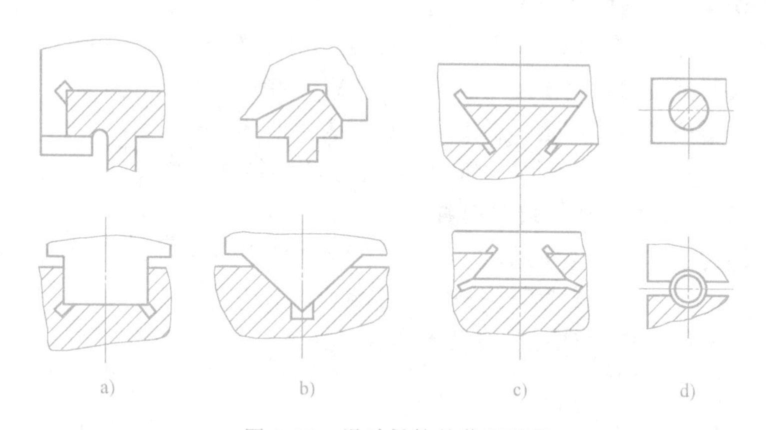

图 8-63　滑动导轨的截面形状

a）矩形导轨　b）三角形导轨　c）燕尾形导轨　d）圆柱形导轨

2）滑动导轨的材料。主要有铸铁导轨、镶钢导轨和塑料导轨三种。其中，塑料导轨可以满足机床导轨低摩擦、耐磨、无爬行、高刚度的要求，同时又具有生产成本低、应用工艺简单以及经济效益显著等特点，因而许多国家在数控机床、精密机床、重型机床等产品上广泛采用塑料导轨。

塑料导轨是在动导轨上粘贴静、动摩擦因数基本相同，耐磨，吸振的塑料软带，或者在导轨之间采用注塑的方法制成的。在导轨上粘贴塑料的导轨称为“贴塑导轨”。目前在国内生产使用的贴塑导轨主要有塑料导轨板和塑料导轨软带两种。直接在导轨上注塑制成的导轨称为“注塑导轨”。

3）滑动导轨的间隙调整。为了保证导轨的正常工作，导轨的滑动表面之间应保持适当的间隙。间隙过小会增加摩擦阻力，间隙过大又会降低导向精度。

在垂直方向调整间隙时，一般靠下压板来调整间隙，常用方法如图 8-64 所示。其中，

图 8-64a 所示为刮研接触面法，即修刮压板与下导轨面接触面的方法，这种方法比较麻烦，必须多次拆装；图 8-64b 所示为垫片调整法，即在压板与导轨接合面之间采用垫片，修磨垫片厚度以调整间隙；图 8-64c 所示为镶条调整法，即采用镶条，通过改变镶条的位置来控制底面间隙，这种方法调整方便，但刚度稍差。

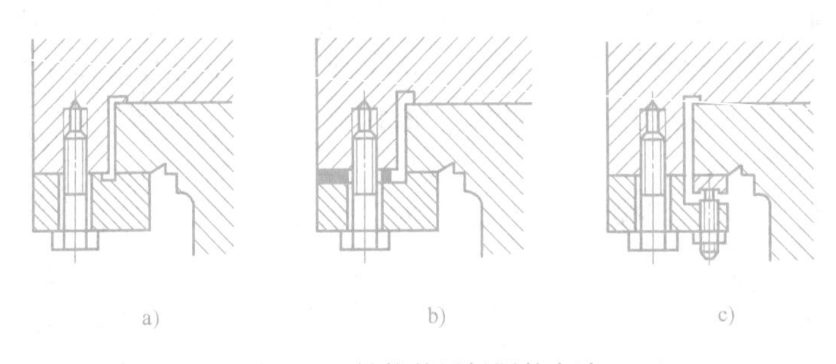

图 8-64　导轨的压板调整方法

a）刮研接触面法　b）垫片调整法　c）镶条调整法

导轨侧向间隙的调整常采用平镶条调整法和斜镶条调整法。平镶条比斜镶条容易制造，但间隙调整比较麻烦。一般采用侧面螺钉来调节平镶条的侧面间隙，但很难达到各点的间隙完全一致，且平镶条上各处的受力不同，如图 8-65 所示。

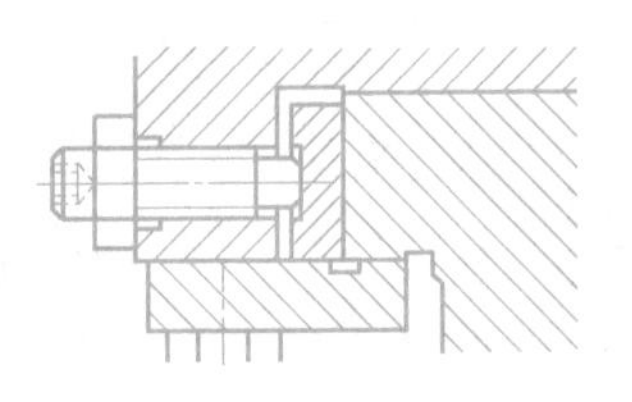

图 8-65　平镶条调整法

斜镶条又称楔铁，制造困难，但它使用可靠，调整方便，应用较为广泛。长斜镶条的斜度采用 1:100，短斜镶条的斜度采用 1:40。斜镶条可由一边螺钉调整，如图 8-66a 所示；也可由两头的螺钉来调整，如图 8-66b 所示。调整时只要拧动斜镶条的端部调节螺钉，就可以使斜镶条做轴向移动，调整方法简单。采用斜镶条调整矩形导轨的侧面间隙时，会引起运动部件的横向位移；如果导轨之间装有丝杠螺母副，将会引起丝杠的扭曲。在这种情况下就需要两个螺钉从左、右两侧调整，使运动部件的中心位置保持不变，如图 8-66b 所示。

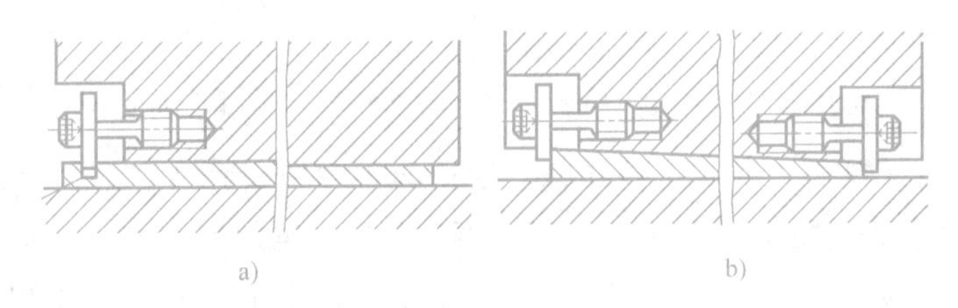

图 8-66　斜镶条调整方法

a）单螺钉调整　b）双螺钉调整

（3）滚动导轨　滚动导轨的最大优点是摩擦因数很小，一般为 0.0025 ~ 0.005，比贴塑导轨还小很多，且动、静摩擦因数很接近，因而运动轻便灵活，在很低的运动速度下都不出现爬行现象，低速运动平稳性好，位移精度和定位精度高。滚动导轨的缺点是抗振性差，结构比较复杂，制造成本较高。近年来数控机床越来越多地采用由专业厂家生产的滚动导轨块或直线滚动导轨。这种导轨组件本身制造精度很高，对机床的安装基面要求不高，安装、调整都非常方便。

1）滚动导轨块。滚动导轨块是一种滚动体做循环运动的滚动导轨，其结构如图 8-67 所示。端盖 2 与导向片 4 引导滚动体（滚柱 3）返回。使用时，滚动导轨块安装在运动部件的导轨面上，每一导轨至少用两块，导轨块的数目取决于导轨的长度和负载的大小，与之相配的导轨多用镶钢淬火导轨。当运动部件移动时，滚柱 3 在支承部件的导轨面与本体 6 之间滚动，同时又绕本体 6 循环滚动，滚柱 3 与运动部件的导轨面不接触，因而该导轨面不需淬硬磨光。滚动导轨块的特点是刚度高，承载能力大，便于拆装。

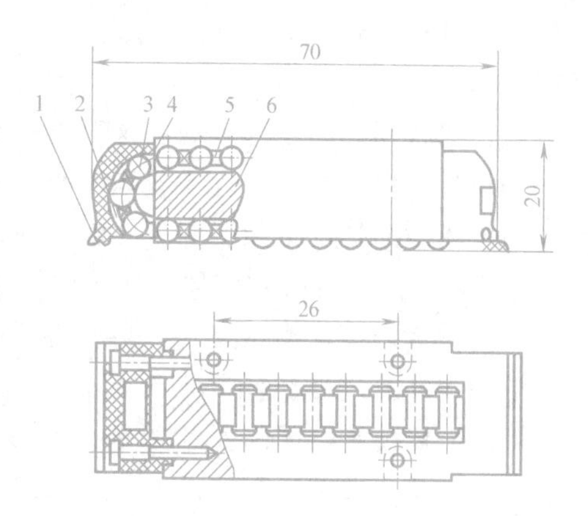

图 8-67　滚动导轨块的结构

1—防护板　2—端盖　3—滚柱　4—导向片　5—保持器　6—本体

2）直线滚动导轨。直线滚动导轨是近年来新出现的一种滚动导轨，其结构如图 8-68 所示，主要由导轨体 1、滑块 7、滚珠 4、保持器 3、端盖 6 等组成。由于它将支承导轨和运动导轨组合在一起，作为独立的标准导轨副部件（单元）由专门生产厂制造，故又称单元式直线滚动导轨。使用时，导轨体固定在不运动部件上，滑块固定在运动部件上。当滑块沿导轨体运动时，滚珠在导轨体和滑块之间的圆弧直槽内滚动，并通过端盖内的滚道从工作负载区到非工作负载区，然后再滚动回工作负载区，不断循环，从而把导轨体和滑块之间的移动变成了滚珠的滚动。

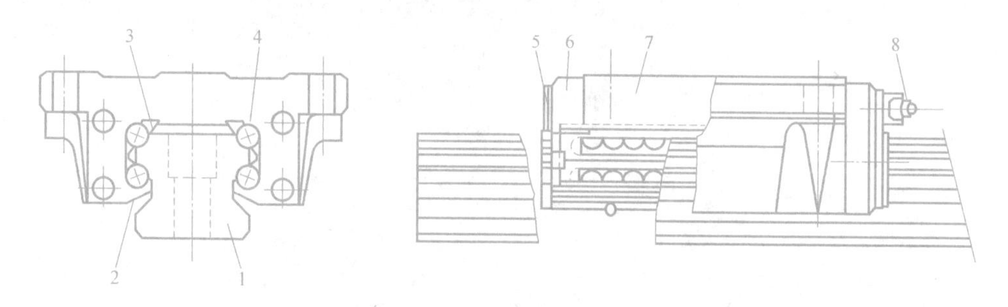

图 8-68　直线滚动导轨的结构

1—导轨体　2—侧面密封垫　3—保持器　4—滚珠　5—端部密封垫　6—端盖　7—滑块　8—润滑油杯

单元式直线滚动导轨除有一般滚动导轨的共性优点外，还有以下特点：

① 具有自调整能力，安装基面许用误差大。

② 制造精度高。

③ 可高速运行，运行速度可大于 60m/min。

④ 能长时间保持高精度。

⑤ 可预加负载，提高刚度。

（4）静压导轨　静压导轨是在两个相对运动的导轨面间通入具有一定压力的工作介质，使两导轨面处于分离或浮起的工作状态。根据工作介质的不同，静压导轨分为液体静压导轨和气体静压导轨。

液体静压导轨是在两导轨工作面间通入具有一定压力的润滑油，形成静压油膜，使导轨

工作面间处于纯液态摩擦状态，摩擦因数极低，多用于进给运动导轨。

气体静压导轨是在两导轨工作面间通入具有恒定压力的气体，使两导轨面形成均匀分离的空隙，以得到高精度的运动。这种导轨摩擦因数小，不易引起发热变形，但空气膜会随空气压力波动而发生变化，且承载能力小，故常用于负载不大的场合。

由于承载的要求不同，静压导轨分为开式和闭式两种。

图 8-69a 所示为开式液体静压导轨的工作原理。液压泵 2 起动后，油液经过滤器 1 被吸入，溢流阀 3 调节供油压力 p_s，再经过滤器 4、通过节流器 5 降压至 p_r（油腔压力）进入导轨的油腔，并通过导轨间隙向外流出，回到油箱 8。油腔压力形成浮力，将运动部件 6 托起，形成一定的导轨间隙 h_0。当载荷 F 增大时，运动部件下沉，导轨间隙减小，液阻增加，流量减小，从而使油经过节流器时的压力损失减小，油腔压力 p_r 增大，直至与载荷 F 平衡。开式液体静压导轨只能承受垂直方向的载荷，承受颠覆力矩的能力差。而闭式液体静压导轨能承受较大的颠覆力矩，导轨刚度也较高，其工作原理如图 8-69b 所示。当运动部件 6 受到颠覆力矩 M 后，油腔 p_{r3}、p_{r4}的间隙增大，油腔 p_{r1}、p_{r6}的间隙减小。由于各相应节流器的作用，使油腔 p_{r3}、p_{r4}的压力减小，油腔 p_{r1}、p_{r6}的压力增高，从而产生一个与颠覆力矩相反的力矩，使运动部件保持平衡。在承受载荷 F 时，油腔 p_{r1}、p_{r4}间隙减小，压力增大；油腔 p_{r3}、p_{r6}间隙增大，压力减小，从而产生一个向上的力，以平衡载荷 F。

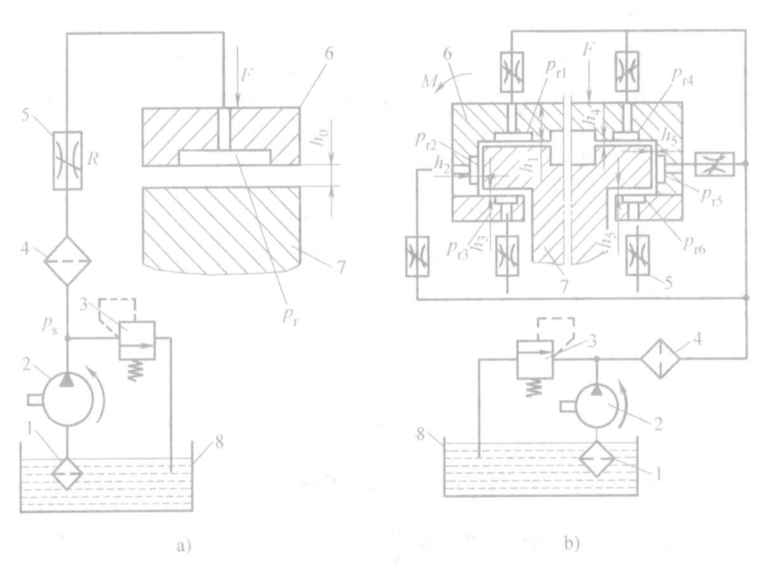

图 8-69　液体静压导轨的工作原理

1、4—过滤器　2—液压泵　3—溢流阀　5—节流器　6—运动部件　7—固定部件　8—油箱

静压导轨中，由于导轨面间处于纯液体摩擦状态，故导轨不会磨损，精度保持性好，寿命长，而且导轨摩擦因数极小（约为 0.0005），功率消耗少。压力油膜厚度几乎不受速度影响，油膜承载能力大，刚度高，吸振性好，导轨运行平稳，既无爬行，也不会产生振动。但静压导轨结构复杂，并需要有一个具有良好过滤效果的液压装置，制造成本较高。

静压导轨节流器分为固定节流器和可变节流器两种，图 8-70 所示为固定节流器，其阻尼不随外界载荷的变化而变化。其中，图 8-70a 所示为螺旋槽毛细管节流器，图 8-70b 所示为针阀节流器，图 8-70c 所示为三角槽节流器。这三种固定节流器都是可调节的，油液从 A

孔进入，由 B 孔流出。压力从 p_s 降为 p_r 而进入油腔。旋转节流杆时，改变螺旋槽长度或间隙大小，以改变节流阻力。由于螺旋槽毛细管节流的槽断面较大，相应长度也可较长，液流不易堵塞，故使用较广泛。图 8-71 所示为可变节流器。

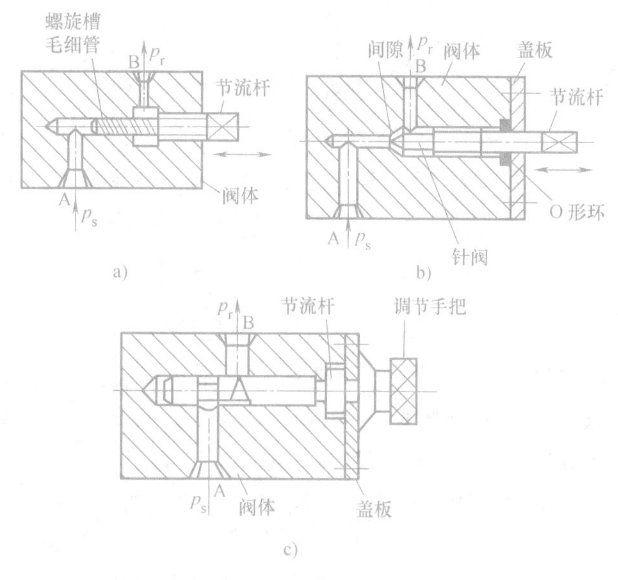

图 8-70 固定节流器

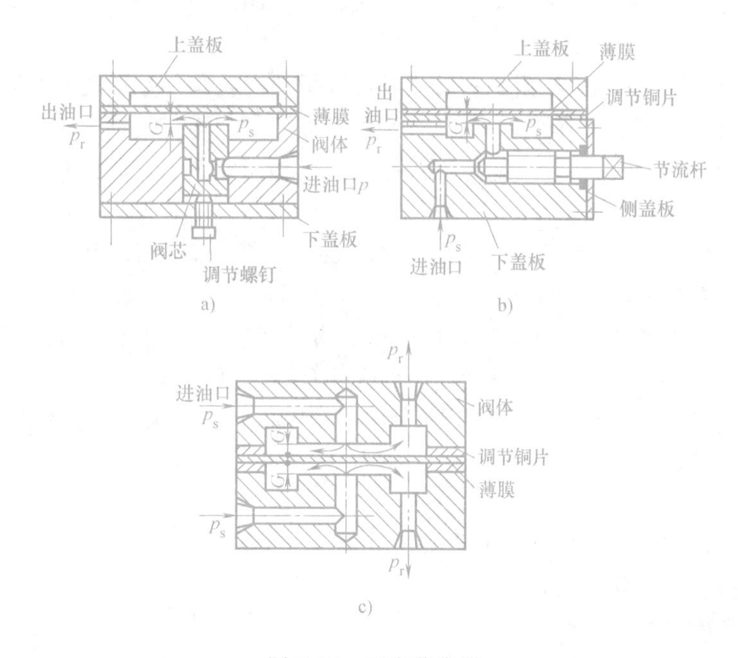

图 8-71 可变节流器

2. 滚珠丝杠副

滚珠丝杠副是回转运动与直线运动相互转换的传动装置。图 8-72 所示滚珠丝杠副的原理。在丝杠和螺母上加工有弧形螺旋槽，当它们套装在一起时形成了螺旋滚道，并在滚道内装满滚珠。当丝杠相对于螺母旋转时，两者发生轴向位移，而滚珠则沿着滚道滚动，螺母螺旋槽的两端用回珠管连接起来，使滚珠能够做周而复始的循环运动，管道的两端还起着挡珠的作用，以防滚珠沿滚道脱出。根据循环方式，滚珠丝杠副可分为外循环和内循环两种。

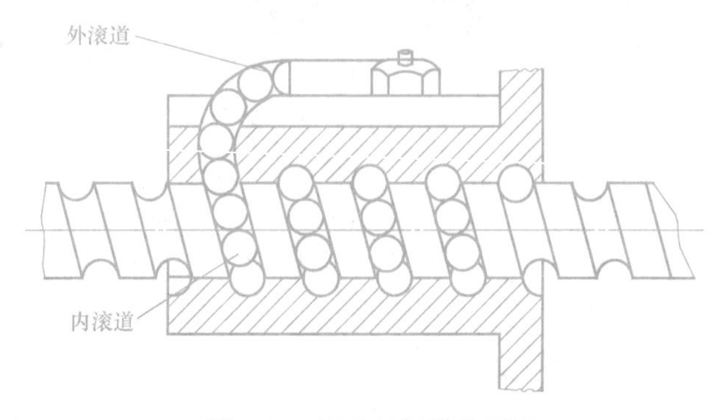

图 8-72　滚珠丝杠副的原理

由于滚珠丝杠副具有传动效率高、运动平稳、寿命高以及可以预紧（以消除间隙，并提高系统刚度）等特点，除了大型数控机床因移动距离大而采用齿条或蜗条外，各类中小型数控机床的直线运动进给系统普遍采用滚珠丝杠副。

数控机床进给系统所用的滚珠丝杠副必须具有可靠的轴向间隙消除结构、合理的安装结构和有效的防护装置。

（1）轴向间隙的消除　轴向间隙通常是指丝杠和螺母无相对转动时，丝杠和螺母之间的最大轴向窜动。除了结构本身的游隙之外，在施加轴向载荷之后，轴向间隙还包括弹性变形所造成的窜动。

通过预紧方法消除滚珠丝杠副间隙时应考虑以下情况：预加载荷能够有效地减小弹性变形所带来的轴向位移，但过大的预加载荷将增加摩擦阻力，降低传动效率，并使寿命大为缩短。所以，一般要经过几次调整才能保证机床在最大轴向载荷下，既消除了间隙，又能灵活运转。

除少数用微量过盈滚珠的单螺母结构消除间隙外，常用双螺母结构消除间隙。

图 8-73 所示为双螺母齿差调隙式结构，在两个螺母的凸缘上各制有圆柱外齿轮，而且齿数差为 1，两个内齿圈 3、4 的齿数与外齿轮的齿数相同，并用螺钉和销钉固定在螺母座的两端，调整时先将内齿圈取出，根据间隙的大小使两个螺母分别在相同方向转过一个齿或几个齿，使螺母在轴向彼此移近（或移开）相应的距离。间隙消除量 Δ 的计算公式为

$$\Delta=\frac{nP_{\mathrm{h}}}{z_1z_2}\quad 或\quad n=\frac{\Delta z_1z_2}{P_{\mathrm{h}}}$$

式中　n——两螺母在同一方向转过的齿数；

P_{h}——滚珠丝杠的导程（mm）；

z_1、z_2——齿轮的齿数。

虽然齿差调隙式的结构较为复杂，但调整方便，并可以通过简单的计算获得精确的调整量，故它是目前应用较广的一种结构。

图 8-74 所示为双螺母垫片调隙式结构，它通过修磨垫片的厚度来调整轴向间隙。这种调隙装置具有结构简单、刚性好和装拆方便等优点，但很难在一次修磨中调整完毕，调整的精度也不如齿差调隙式结构好。

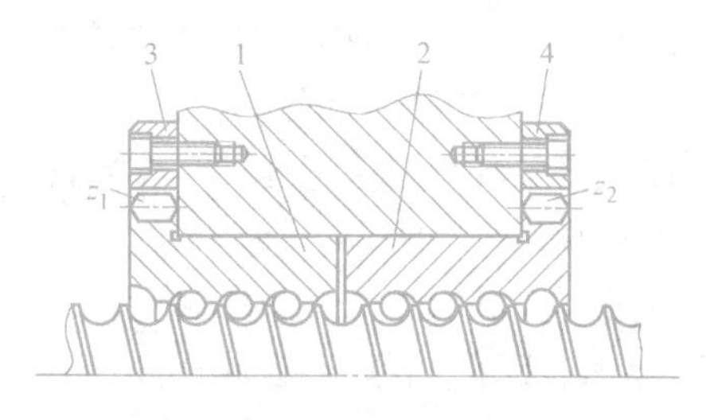

图 8-73　双螺母齿差调隙式结构

1、2—单螺母　3、4—内齿圈

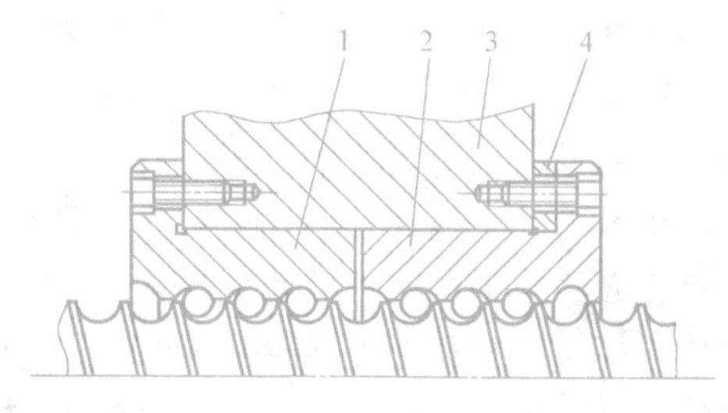

图 8-74　双螺母垫片调隙式结构

1、2—单螺母　3—螺母座　4—调整垫片

图 8-75 所示为双螺母螺纹调隙式结构，它用平键限制螺母在螺母座内的转动。调整时，只要拧动圆螺母 4 就能将滚珠螺母沿轴向移动一定距离，在消除间隙之后再将其锁紧。这种调整装置同样具有结构简单、调整方便等优点，但调整精度较差。

(2) 滚珠丝杠副的安装　数控机床的进给系统要获得较高的传动刚度，除了加强滚珠丝杠副本身的刚度之外，滚珠丝杠副正确的安装及其支承的结构刚度也是不可忽视的因素。螺母座、丝杠端部的轴承及其支承加工的不精确性和它们在受力之后的过量变形，都会对进给系统的传动刚度带来影响。因此，螺母座的孔与螺母之间必须保持良好的配合，并应保证孔对端面的垂直度要求；在螺母座上应当增加适当的肋板，并加大螺母座和机床接合部件的接触面积，以提高螺母座的局部刚度和接触刚度。不正确的安装以及支承结构的刚度不足，会使滚珠丝杠副的使用寿命大为下降。

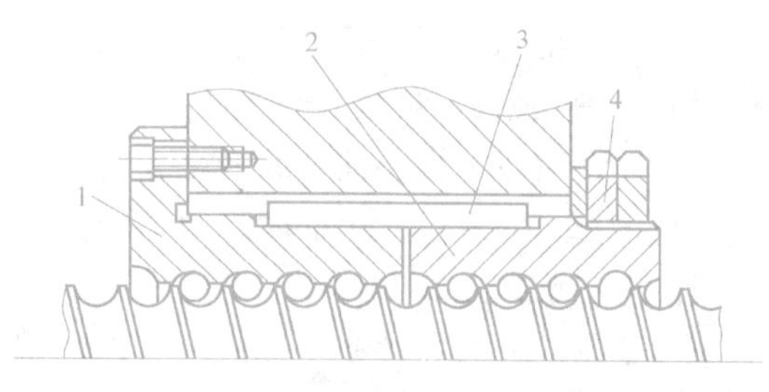

图 8-75　双螺母螺纹调隙式结构

1、2—单螺母　3—平键　4—调整圆螺母

为了提高支承的轴向刚度，选择适当的滚动轴承也是十分重要的。国内目前主要采用两种组合方式：一种是向心轴承和圆锥滚子轴承组合使用，其结构虽简单，但轴向刚度不足；另一种是推力轴承或角接触球轴承和向心轴承组合使用，其轴向刚度有所提高，但轴承摩擦阻力和发热增大，而且使轴承支架的结构尺寸增大。国外有一种滚珠丝杠副专用轴承，其结构如图 8-76 所示。这是一种能够承受很大轴向力的特殊角接触滚珠轴承，与一般角接触滚珠轴承相比，接触角增大到 60°，增加了滚珠的数目并相应减小了滚珠的直径。这种新结构的轴承比一般轴承的轴向刚度提高两倍以上，而且使用极为方便。该产品成对出售，而且在出厂时已经选配好内、外环的厚度，装配时只要用螺母和端盖将内环和外环压紧，就能获得出厂时已经调整好的预紧力。

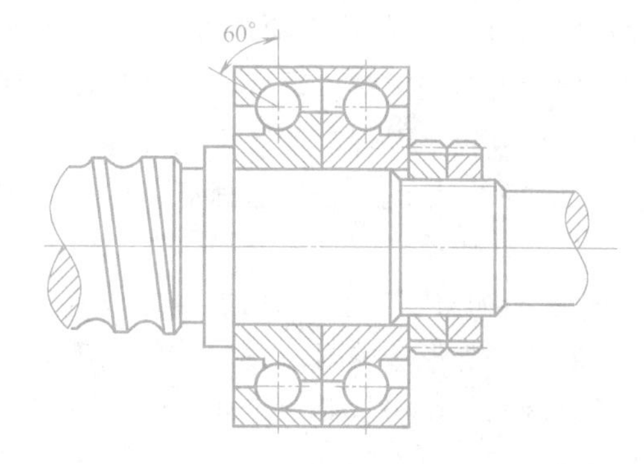

图 8-76　滚珠丝杠副专用轴承

在支承的配置方面，对于行程小的短丝杠可以采用悬臂的单支承结构。当滚珠丝杠较长，为了防止热变形所造成丝杠伸长的影响，希望一端

的轴承同时承受轴向载荷和径向载荷，而另一端的轴承只承受径向载荷，并能够做微量的轴向浮动。由于数控机床经常要连续工作很长时间，因而应特别重视摩擦热的影响。目前也有一种两端都用推力轴承固定的结构，在它的一端装有碟形弹簧和调整螺母，这样既能对滚珠丝杠施加预紧力，又能在补偿丝杠的热变形后保持近乎不变的预紧力。

在垂直升降传动或水平放置的高速大惯量传动中，由于滚珠丝杠不具有自锁性，当外界动力消失后，执行部件在重力和惯性力作用下继续运动，因此通常在无动力状态下需要锁紧，锁紧装置可以由超越离合器和电磁摩擦离合器等零件组成。

（3）滚珠丝杠副的防护　滚珠丝杠副和其他滚动摩擦的传动零件一样，只要避免磨料微粒及化学活性物质进入，就可以认为这些元件几乎是在不产生磨损的情况下工作的。但是如果在滚道上落入了脏物，或使用肮脏的润滑油，不仅会妨碍滚珠的正常运动，而且使磨损急剧增加。对于制造误差和预紧变形量以微米计的滚珠丝杠副来说，这种磨损就特别敏感。因此，有效地防护、密封和保持润滑油的清洁就显得十分必要。

通常采用毛毡圈对螺母进行密封，毛毡圈厚度为螺母螺距的2~3倍，而且内孔做成螺纹的形状，使之紧密地包住丝杠，并装入螺母或套筒两端的槽孔内。密封圈除了采用柔软的毛毡之外，还可以采用耐油橡胶或尼龙材料。由于密封圈和丝杠直接接触，因此防尘效果较好，但也增加了滚珠丝杠副的摩擦阻力矩。为了避免这种摩擦阻力矩，可以采用由较硬质塑料制成的非接触式迷宫密封圈，内孔做成与丝杠螺纹滚道相反的形状，并留有一定间隙。

对于暴露在外面的丝杠，一般采用螺旋钢带、伸缩套筒、锥形套管以及折叠式塑料或人造革等形式的防护罩，以防止尘埃和磨粒粘附到丝杠表面。这几种防护罩与导轨的防护罩有相似之处，一端连接在滚珠螺母的端面，另一端固定在滚珠丝杠的支承座上。

钢带缠绕式丝杠防护装置的原理如图8-77所示。防护装置和螺母一起固定在滑板上，整个装置由支承滚子1、张紧轮2和钢带3等零件组成。钢带的两端分别固定在丝杠的外圆表面。防护装置中的钢带绕过支承滚子，并靠弹簧和张紧轮张紧。当丝杠旋转时，滑板（或工作台）相对丝杠做轴向移动，丝杠一端的钢带按丝杠的螺距被放开，而另一端则以同样的螺距将钢带缠绕在丝杠上。由于钢带的宽度正好等于丝杠的螺距，因此螺纹槽被严密地封住。此外，因为钢带的正、反两面始终不接触，钢带外表面粘附的脏物就不会被带到内表面上，使内表面保持清洁。

3. 静压蜗杆蜗条副和齿轮齿条副

大型数控机床不宜采用丝杠传动，因长丝杠制造困难，且容易弯曲下垂，影响传动精度；同时轴向刚度与扭转刚度也难提高。如果加大丝杠直径，因转动惯量增大，伺服系统的动态特性不易保证，故常用静压蜗杆蜗条副和齿轮齿条副传动。

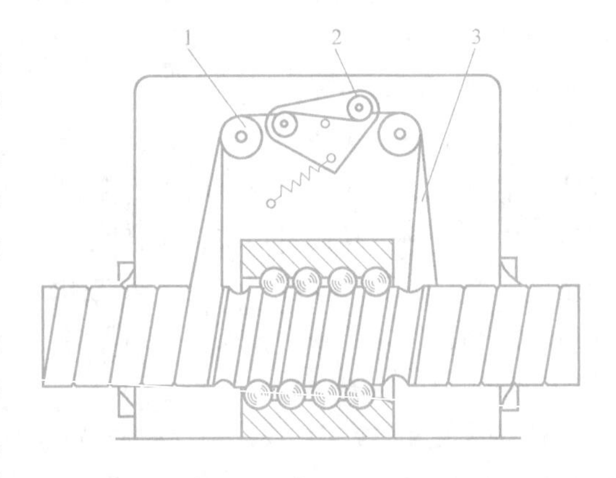

图8-77　钢带缠绕式丝杠防护装置的原理
1—支承滚子　2—张紧轮　3—钢带

（1）静压蜗杆蜗条副　静压蜗杆蜗条副的工作原理与静压丝杠副相同，蜗条实质上相当于长螺母的一部分，蜗杆相当于一根短丝杠。这种传动机构中，压力油必须从蜗杆进入静压油腔，而蜗杆是旋转的且与蜗条的接触区只有

120°左右，故压力油只能先进入接触区，所以必须解决蜗杆的配油问题。

静压蜗杆蜗条副配油原理如图 8-78 所示。油腔 g 设置在蜗条齿的两侧，其张角为 γ，压力油经配油盘 4 的油孔 a、b、c 进入油槽 d，然后经蜗杆 3 的轴向长孔 e、节流孔 f 入压力油腔 g，再经蜗条与蜗杆牙侧的缝隙流回油箱。配油盘 4 由卡紧件 5 锁住，以防转动。在蜗杆周向均匀钻有四个轴向长孔 e，压力油顺序通过，连续地向油腔供油，不在啮合区内不供油。为了保证油腔的供油不中断，两个轴向长孔内缘之间的张角 α 应小于配油槽 d 外端的张角 β。而配油槽的张角 β，又应小于蜗条油腔外端的张角 γ，这样才得以保证将脱离的孔先切断油源，再离开油腔。该图所示的双蜗杆单面作用式结构中，分别在蜗杆 1 的右侧和蜗杆 3 的左侧通油，调节两蜗杆的轴向相对位置，就可以调节其间隙。

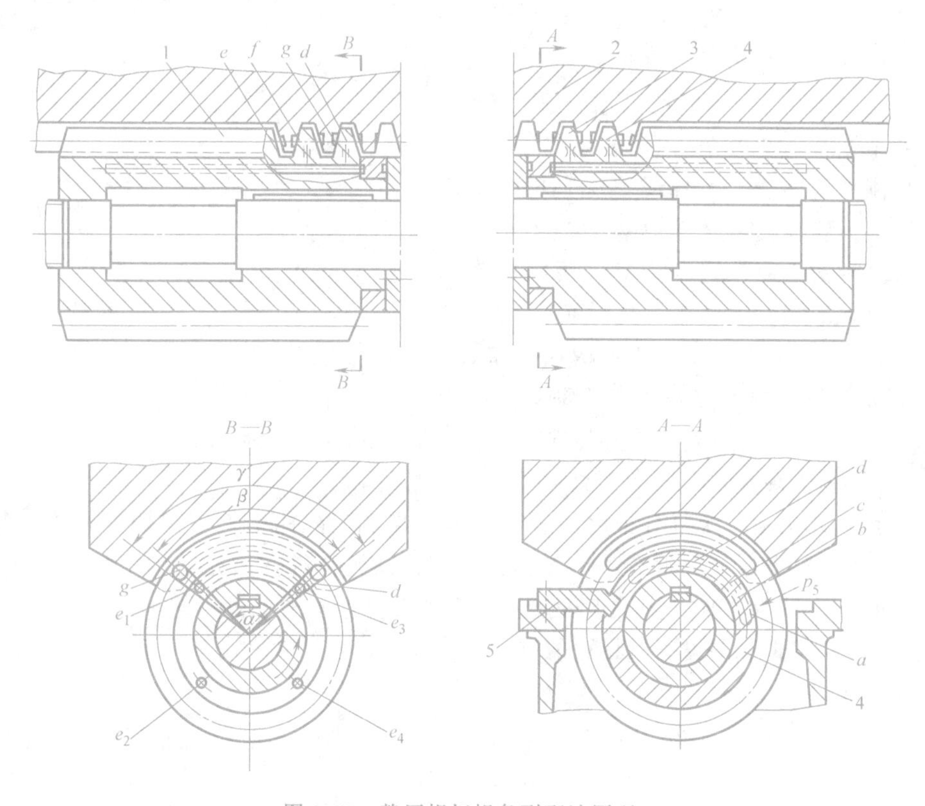

图 8-78　静压蜗杆蜗条副配油原理

1、3—蜗杆　2—蜗条　4—配油盘　5—卡紧件

为了获得较小的齿侧间隙或分度精度，如在数控回转工作台中的蜗杆副常采用变齿厚双导程蜗杆调隙法消除间隙。双导程蜗杆副的啮合原理与一般蜗杆副的啮合原理相同，在双导程蜗杆齿的左、右两侧面具有不同的导程，而同一侧的导程则是相等的。由于该蜗杆的齿厚从蜗杆的一端向另一端均匀地逐渐增厚或减薄，所以双导程蜗杆又称变齿厚蜗杆，可用轴向移动蜗杆的方法来消除或调整蜗杆副的齿侧间隙。

（2）齿轮齿条副　齿轮齿条副传动常用于行程较长的大型机床上，可以得到较大的传动比，还易得到高速直线运动，刚度及机械效率也高；但传动不够平稳，传动精度不够高，而且还不能自锁。

采用齿轮齿条副传动时，必须采取措施消除齿侧间隙。当传动载荷小时，也可采用双片薄齿轮调整法，将两齿轮分别与齿条齿槽的左、右两侧贴紧，从而消除齿侧间隙。当传动载荷大时，可采用双片厚齿轮传动的结构，图 8-79 所示为这种消除齿侧间隙的原理。进给运动由轴 2 输入，该轴上装有两个螺旋方向相反的斜齿轮，当在轴 2 上施加进给力 F 时，能使斜齿轮产生微量的轴向移动。此时，轴 1 和轴 3 便以相反的方向转过微小的角度，使齿轮 4 和 5 分别与齿条齿槽的左、右侧面贴紧，从而消除齿侧间隙。

4. 进给传动系统齿侧间隙的消除

对于数控机床进给传动系统中的减速齿轮，除了要求其本身具有很高的运动精度和工作平稳性以外，还必须尽可能消除配对齿轮之间的齿侧间隙；否则，在进给系统每次反向之后就会使运动滞后于指令信号，这将对加工精度产生很大影响。所以，对于数控机床的进给系统，必须采用各种方法减少或消除齿侧间隙。

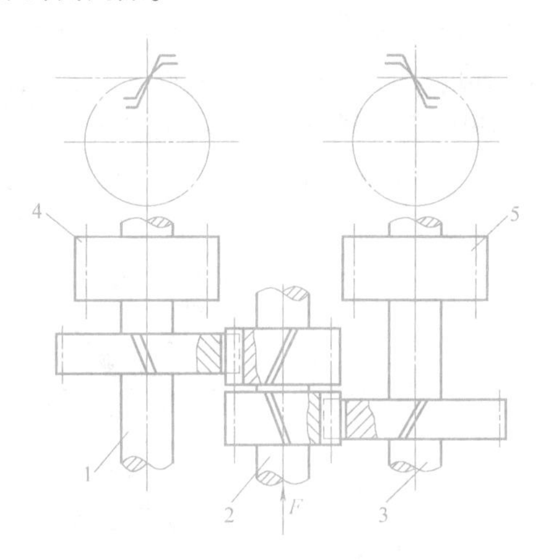

图 8-79　消除齿侧间隙的原理
1、2、3—轴　4、5—齿轮

（1）刚性调整法　刚性调整法是指调整之后齿侧间隙不能自动补偿的调整方法。它要求严格控制齿轮的齿厚及齿距公差，否则传动的灵活性将受到影响。但用这种方法调整的齿轮传动有较好的传动刚度，而且结构比较简单。图 8-80 所示为最简单的偏心轴套式消除间隙结构，电动机 1 通过偏心轴套 2 装到壳体上，转动偏心轴套 2 就能调整两圆柱齿轮的中心距，从而消除了齿侧间隙。

图 8-81 所示为用一个带有锥度的齿轮来消除齿侧间隙的结构。在加工齿轮 1 和 2 时，将假想的分度圆柱面改变成带有小锥度的圆锥面，使其齿厚在齿轮的轴向稍有变化（其外形类似于插齿刀）。装配时，只需改变垫片的厚度即可调整两个齿轮的轴向相对位置，从而消除了齿侧间隙。但如果增大圆锥面的锥度，将会使啮合条件恶化。

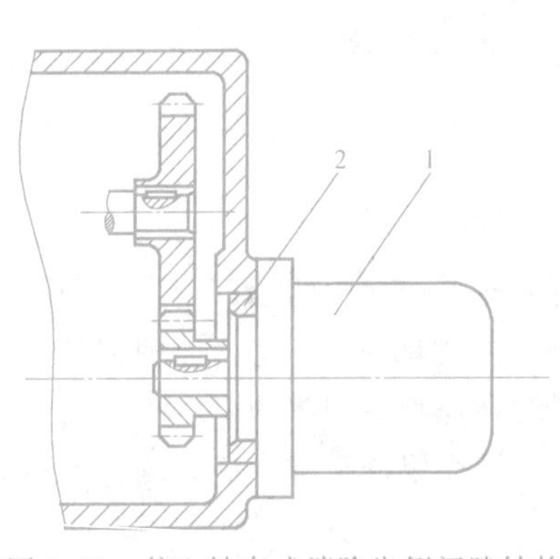

图 8-80　偏心轴套式消除齿侧间隙结构
1—电动机　2—偏心轴套

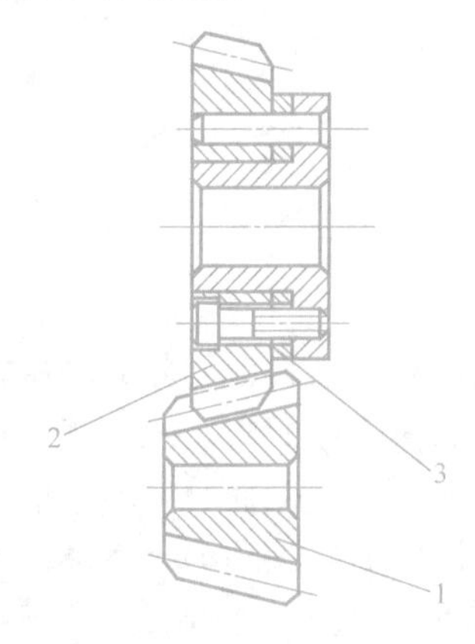

图 8-81　带锥度齿轮的消除齿侧间隙结构
1、2—齿轮　3—垫片

图 8-82 所示为斜齿轮消除齿侧间隙结构，厚齿轮 4 同时与两个相同齿数的薄齿轮 1 和 2 啮合，薄齿轮由平键与轴联接，互相不能相对回转。薄齿轮 1 和 2 的齿形拼装在一起加工，

并与键槽保持确定的相对位置。加工时，在两薄齿轮之间装入已知厚度为 t 的垫片。装配时，将垫片厚度增加或减少 Δt，然后再用螺母拧紧。这时两齿轮的螺旋线就产生了错位，其左、右两齿面分别与厚齿轮的齿面贴紧，消除了间隙。垫片厚度增减量 Δt 的计算公式为

$$\Delta t = \Delta \cot\beta$$

式中　Δ——齿侧间隙（mm）；

　　β——斜齿轮的螺旋角（°）。

垫片的厚度通常由试测法确定，一般要经过几次修磨才能调整好。这种结构中齿轮承载能力较小，因为在正向或反向旋转时，分别只有一个薄齿轮承受载荷。

图 8-83 所示为斜齿薄片齿轮轴向压簧错齿调整原理，其特点是齿侧间隙可以自动补偿，但轴向尺寸较大，结构不紧凑。

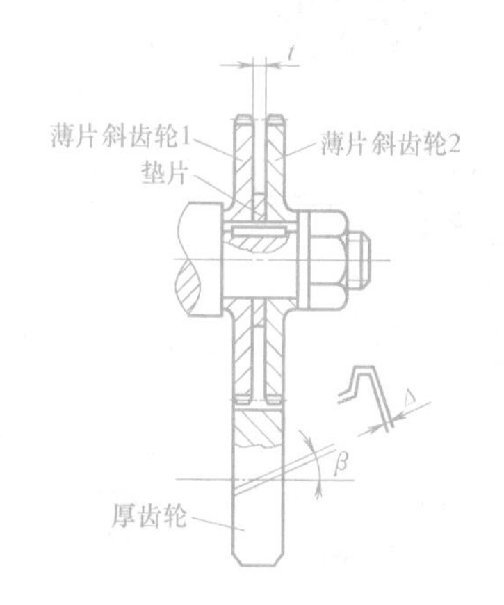

图 8-82　斜齿轮消除齿侧间隙结构

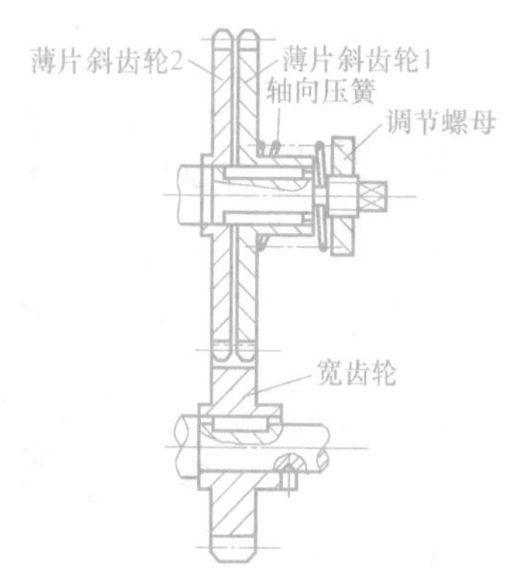

图 8-83　斜齿薄片齿轮轮轴向压簧错齿调整原理

（2）柔性调整法　柔性调整法是指调整之后齿侧间隙可以自动补偿的调整方法。这种调整法在齿轮的齿厚和齿距有差异的情况下，仍可始终保持无间隙啮合，但是会影响其传动平稳性，而且这种调整法的结构比较复杂，传动刚度低。

图 8-84 所示为圆柱薄片齿轮可调拉簧错齿调整法消除齿侧间隙原理。两个相同齿数的薄齿轮 1 和 2 与另一个厚齿轮啮合。两个薄齿轮套装在一起，并可相对回转。每个齿轮的端面均匀分布着四个螺孔，分别装上凸耳 3 和 8。齿轮 1 的端面还有另外四个通孔，凸耳 8 可以在其中穿过。弹簧 4 的两端分别钩在凸耳 3 和调节螺钉 7 上，通过螺母 5 调节弹簧的拉力，调节完毕用螺母 6 锁紧。弹簧的拉力使薄齿轮错位，即两个薄齿轮的左、右齿面分别紧贴在厚齿轮齿槽的左、右齿面上，消除了齿侧间隙。由于正向和反向旋转，分别只有一片齿轮承受转矩，因此承载能力受到限制。在设计时必须计算弹簧的拉力，使它能够克服最大转矩，否则将失去消除间隙的作用。

对于锥齿轮传动，也可以采用类似于圆柱齿轮的齿侧间隙消除方法。图 8-85 所示为压力弹簧消除齿侧间隙原理。它将一个大锥齿轮加工成 1 和 2 两部分，齿轮外圈 1 上带有三个周向圆弧槽 8，齿轮内圈 2 的端面带有三个凸爪 4，套装在圆弧槽内。弹簧 6 的两端分别顶在凸爪 4 和镶块 7 上，使内、外齿圈的锥齿错位，起到消除齿侧间隙的作用。为了安装的方便，用螺钉 5 将内、外齿圈相对固定，安装完毕之后将螺钉卸去。

图 8-86 所示为碟形弹簧消除斜齿轮齿侧间隙的原理。斜齿轮 1 和 2 同时与宽齿轮 6 啮

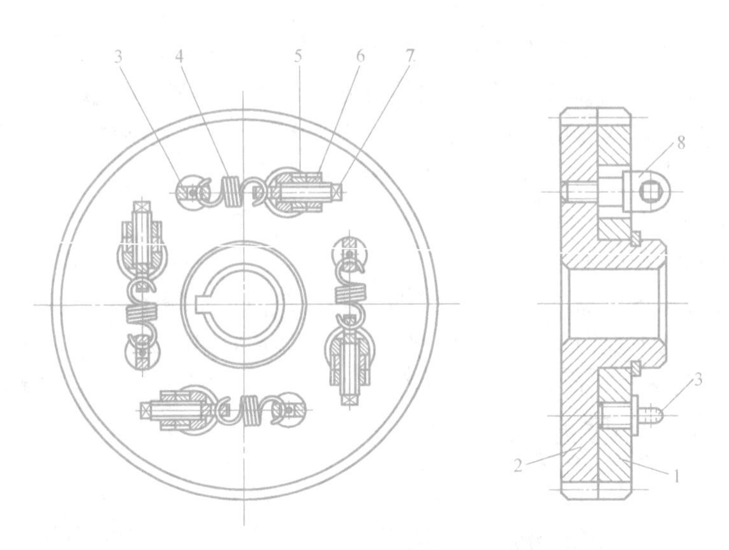

图 8-84　圆柱薄片齿轮可调拉簧错齿消除齿侧间隙的原理

1、2—薄齿轮　3、8—凸耳　4—弹簧　5、6—螺母　7—调节螺钉

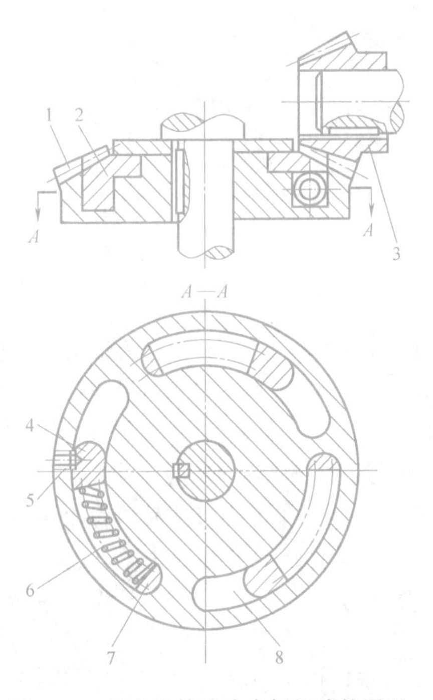

图 8-85　压力弹簧消除齿侧间隙的原理

1—外圈　2—内圈　3—锥齿轮　4—凸爪

5—螺钉　6—弹簧　7—镶块　8—圆弧槽

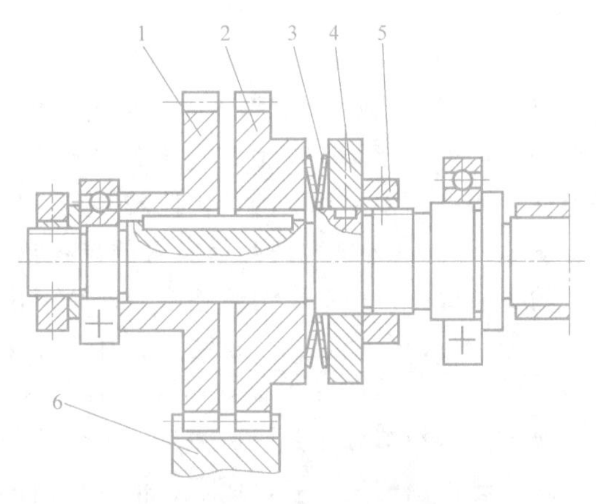

图 8-86　碟形弹簧消除齿侧间隙的原理

1、2—斜齿轮　3—碟形弹簧

4—垫圈　5—螺母　6—宽齿轮

合，螺母 5 通过垫圈 4 调节碟形弹簧 3，使它保持一定的压力。弹簧作用力的调整必须适当，压力过小，达不到消隙作用；压力过大，将会使齿轮磨损加快。为了使齿轮在轴上能左右移动而又不产生偏斜，这就要求齿轮的内孔具有较长的导向长度，因而增大了轴向尺寸。

三、回转工作台

回转工作台是数控铣床、数控镗床、加工中心等数控机床不可缺少的重要附件（或部

件)。它的作用是按照控制装置的信号或指令做回转分度或连续回转进给运动，以使数控机床能完成指定的加工工序。常用的回转工作台有分度工作台和数控回转工作台。

1. 分度工作台

分度工作台的功能是完成回转分度运动，即在需要分度时，将工作台及其工件回转一定角度。其作用是在加工中自动完成工件的转位换面，实现一次装夹后完成工件几个面的加工。由于结构上的原因，通常分度工作台的分度运动只限于某些规定的角度，不能实现0°~360°范围内任意角度的分度。为了保证加工精度，分度工作台的定位精度（定心和分度）要求很高。实现工作台转位的机构很难达到分度精度的要求，所以要有专门定位元件来保证。按照采用的定位元件不同，分度工作台可分为定位销式分度工作台和鼠齿盘式分度工作台。

(1) 定位销式分度工作台　定位销式分度工作台采用定位销和定位孔作为定位元件，定位精度取决于定位销和定位孔的精度（位置精度、配合间隙等），最高可达 ±5″。因此，定位销和定位孔衬套的制造和装配精度要求都很高，硬度要求也很高，而且耐磨性要好。图 8-87 所示为定位销式分度工作台，它置于长方形工作台中间，在不单独使用分度工作台时，两者可以作为一个整体使用。

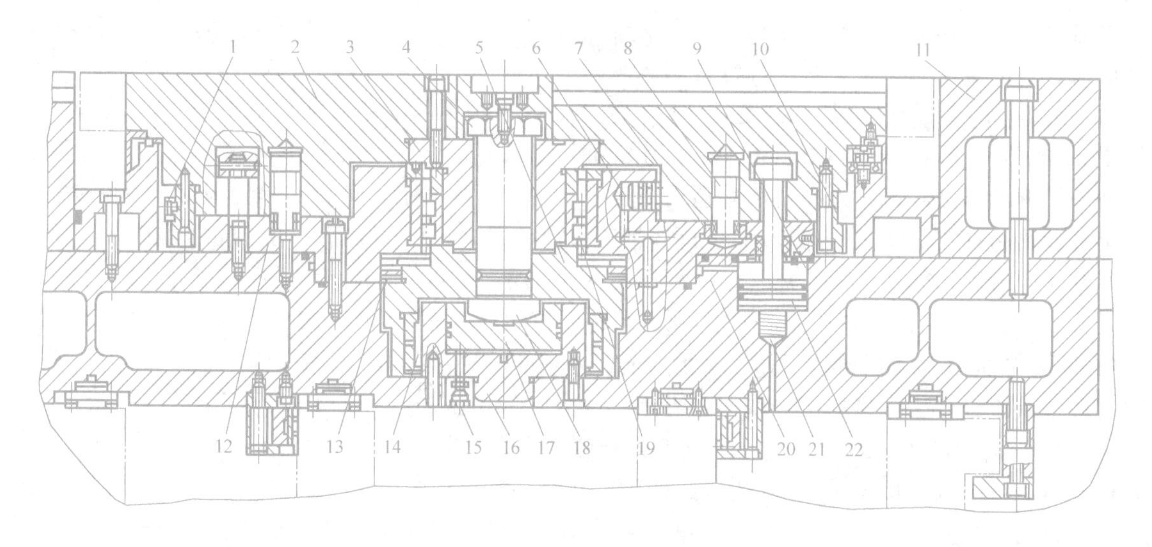

图 8-87　定位销式分度工作台

1—挡块　2—分度工作台　3—锥套　4—螺钉　5—支座　6—间隙消除液压缸　7—定位衬套　8—定位销　9—锁紧液压缸　10—大齿轮　11—矩形工作台　12—上底座　13—推力轴承　14—滚针轴承　15—进油管道　16—中央液压缸　17—活塞　18—螺栓　19—双列圆柱滚子轴承　20—下底座　21—弹簧　22—活塞

分度工作台 2 的底部均匀分布着八个削边圆柱定位销 8，在分度工作台 2 下的上底座 12 上有一个定位衬套 7 以及马蹄形环形槽。定位时只有一个定位销插入定位衬套的孔中，其余七个则进入环形槽中；因为定位销的分布角度为 45°，分度工作台只能实现 45°等分的分度运动。

1）定位销式分度工作台基本组成。

工作部分：分度工作台 2、矩形工作台 11、上底座 12。

定位部分：定位销 8、定位衬套 7、马蹄形环形槽等。

夹紧部分：锁紧液压缸 9、锁紧液压缸的活塞 22。

顶起部分：中央液压缸 16。

传动及支承部分：双列圆柱滚子轴承 19、滚针轴承 14、推力轴承 13、齿轮 10 等。

2）定位销式分度工作台工作原理。要求工作台转动到位后能被精确的定位，以确保一定的定位精度；同时当工作台需要回转时，首先是工作台被抬起，解除定位，然后回转固定的角度，达到分度的要求；最后，分度工作台定位夹紧。

3）定位销式分度工作台做分度运动时，其工作过程分为三个步骤。

① 松开锁紧机构并拔出定位销。数控系统发出分度指令，下底座 20 上的六个均布锁紧液压缸 9（图中只示出一个）卸荷，锁紧液压缸 9 上腔回油，液压缸活塞 22 在弹簧 21 的作用下复位（上升 15mm），使分度工作台 2 放松，中央液压缸 16 下腔通过进油管道 15 进油，活塞 17 上升，由螺栓 18、支座 5 把推力轴承 13 向上抬起，顶在上底座 12 上，再通过螺钉 4、锥套 3 使分度工作台 2 抬起 15mm，圆柱定位销 8 从定位衬套 7 中拔出。

② 工作台回转分度。当工作台抬起之后，数控系统再发指令，液压马达带动分度工作台 2 底部连接的大齿轮 10 一起回转，进行分度运动。在大齿轮 10 上以 45°的间隔均布八个挡块 1。分度时，工作台先快速回转，当定位销 8 即将进入规定位置时，挡块碰撞第一个限位开关，发出信号使工作台减速，当挡块碰撞第二个限位开关时，分度工作台 2 停止回转，此时相应的定位销 8 正好对准定位衬套 7。

③ 工作台下降并锁紧。分度完毕后，数控系统发出信号使中央液压缸 16 卸荷（上腔回油），分度工作台 2 靠自重下降，定位销 8 插入定位衬套 7 中，在锁紧分度工作台 2 之前，间隙消除液压缸 6 通压力油，活塞顶向分度工作台 2，消除径向间隙。然后锁紧液压缸 9 的上腔通压力油，活塞 22 下降，通过拉杆将工作台锁紧。

工作台的回转轴支承在加长型双列圆柱滚子轴承 19 和滚针轴承 14 中，轴承 19 的内孔带有 1:12 的锥度，用来调整径向间隙。另外，它的内环可以带着滚柱在加长的外环内做 15mm 的轴向移动。当分度工作台 2 抬起时，支座 5 的一部分推力由推力轴承 13 承受，这将有效地减小分度工作台的回转摩擦阻力矩，使分度工作台 2 转动灵活。

（2）鼠齿盘式分度工作台　鼠齿盘式分度工作台是目前应用较多的一种精密的分度定位机构，可与数控机床做成一体，也可以作为附件使用。

1）结构组成。鼠齿盘式分度工作台主要由工作台、夹紧液压缸及鼠齿盘等零件组成，如图 8-88 所示。鼠齿盘是保证分度定位的关键零件，每个齿盘的端面均加工有相同数目的三角形齿，齿数一般为 120 个或 180 个，两个鼠齿盘啮合时能自动确定相对位置。

2）分度准备。工作台需要分度时，数控装置发出指令，由电磁铁控制液压换向阀，使压力油经管道至分度工作台 7 中央的夹紧液压缸下腔 10，推动活塞 6 上移，经推力轴承 5 使工作台 7 抬起，上鼠齿盘 4 和下鼠齿盘 3 脱离啮合。工作台 7 向上移动时带动内齿圈 12 上移，与齿轮 11 的下半部齿轮啮合，完成分度前的准备工作。

3）分度动作。工作台 7 向上抬起时，推杆 2 在弹簧作用下向上移动，使推杆 1 能在弹簧力作用下右移，松动微动开关 D 的触头，由电磁铁控制液压换向阀动作，使压力油经油管 21 进入分度液压缸的左腔 19 内，推动齿条活塞 8 右移（分度液压缸右腔 18 内的油经油管 20 及节流阀流回油箱），与它啮合的齿轮 11 逆时针转动。根据设计要求，当齿条活塞 8 移动 113mm 时，齿轮 11 回转 90°，挡块 14 放开杆 15。因内齿圈已与齿轮 11 啮合，故分度

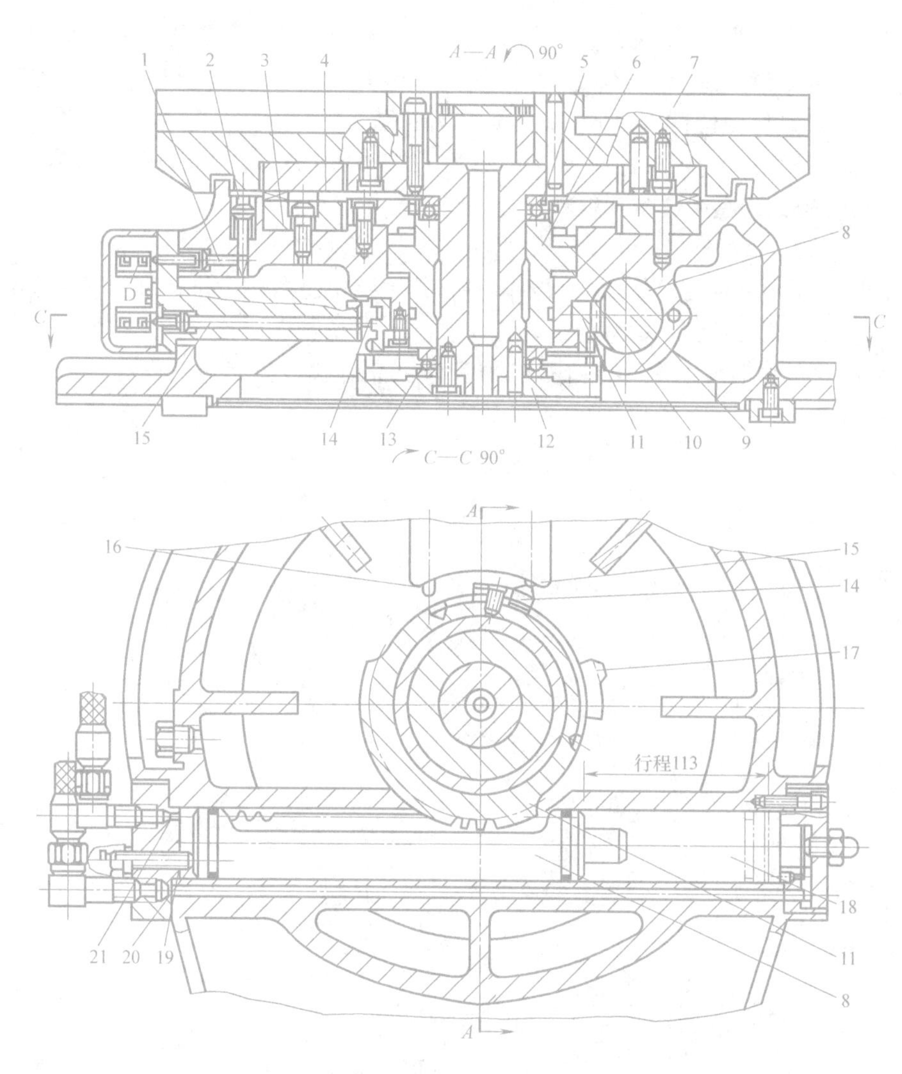

图 8-88　鼠齿盘式分度工作台

1、2、16—推杆　3、4—上、下鼠齿盘　5、13—轴承　6—活塞　7—工作台　8—齿条活塞
9、10—夹紧液压缸上、下腔　11—齿轮　12—内齿圈　14、17—挡块　15—杆
18—分度液压缸右腔　19—分度液压缸左腔　20、21—油管

工作台 7 回转 90°，从而完成分度运动。分度运动速度由油管 20 中的节流阀来控制。

4）定位夹紧。当齿轮 11 转过 90°时，它上面的挡块 17 压推杆 16，微动开关 D 的触头被压紧，通过电磁铁控制液压换向阀动作，使压力油经管道流入夹紧液压缸上腔 9，活塞 6 向下移动（液压缸下腔 10 内的油经管道及节流阀流回油箱），工作台 7 下降。于是上鼠齿盘 4 及下鼠齿盘 3 又重新啮合，并定位夹紧，完成分度运动。管道中的节流阀用来调整工作台 7 下降的速度，避免产生冲击。

5）复位动作。当分度工作台下降时，推杆 2 被压下，推杆 1 左移，微动开关 D 的触头被压紧，通过电磁铁控制液压换向阀动作，使压力油经油管 20 进入分度液压缸的右腔 18 内，推动齿条活塞 8 左移（分度液压缸左腔 19 内的油经油管 21 流回油箱），使齿轮顺时针转动。它上面的挡块 17 离开推杆 16，微动开关 D 的触头被放松。因工作台下降夹紧后，齿轮 11 下部齿轮已与内齿圈 12 脱开，故分度工作台 7 不转动。当齿条活塞 8 向左移动 113mm 时，齿轮 11 就顺时针转过 90°，齿轮 11 上的挡块 14 压下推杆 16，微动开关 D 的触头又被压紧，齿轮 11 停在原始位置，为下一次分度做好准备。

鼠齿盘式分度工作台的优点是：定位刚度好，重复定位精度高，分度精度可达 ±(0.5″~3″)。但鼠齿盘制造精度很高，且不能实现任意角度分度。

2. 数控回转工作台

数控回转工作台是数控镗铣床的重要附件，其主要功能是使工作台进行圆周进给运动和分度运动。下面介绍两种常用的数控回转工作台。

(1) 立卧式数控回转工作台　如图 8-89 所示，立卧式数控回转工作台有两个相互垂直

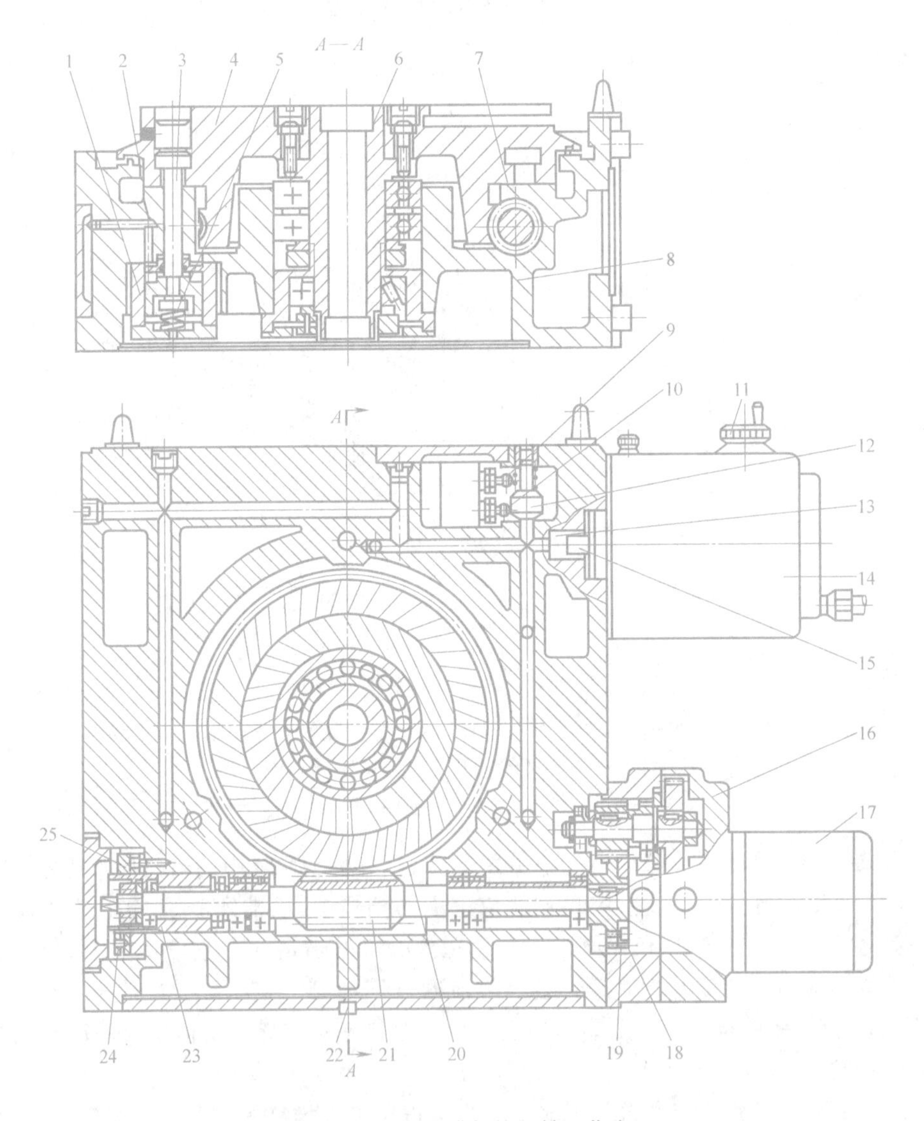

图 8-89　立卧式数控回转工作台

1—夹紧液压缸　2—活塞　3—拉杆　4—工作台　5—弹簧　6—主轴孔　7—工作台导轨面　8—底座　9、10—夹紧、松开信号开关　11—手摇脉冲发生器　12—触头　13—油腔　14—气液转换装置　15—活塞杆　16—法兰盘　17—直流伺服电动机　18、24—螺钉　19—齿轮　20—蜗轮　21—蜗杆　22—定位键　23—螺纹套　25—螺母

的定位面，而且装有定位键22，可方便地进行立式或卧式安装。工件可由主轴孔6定心，也可装夹在工作台4的T形槽内。工作台可以完成任意角度分度和连续回转进给运动。工作台的回转由直流伺服电动机17驱动，伺服电动机尾部装有检测用的每转1000个脉冲信号的编码器，实现半闭环控制。机械传动部分是两对齿轮副和一对蜗杆副。齿轮副采用双片齿轮错齿调隙法消除齿侧间隙。调整时卸下电动机17和法兰盘16，松开螺钉18，转动双片齿轮来消除齿侧间隙。蜗杆副采用变齿厚双导程蜗杆调隙法消除齿侧间隙。调整时松开螺钉24和螺母25，转动螺纹套23，使蜗杆21轴向移动，改变蜗杆21与蜗轮20的啮合部位，消除齿侧间隙。工作台导轨面7贴有聚四氟乙烯，改善了导轨的动、静摩擦因数，提高了运动性能和减少了导轨磨损。

工作时，首先气液转换装置14中的电磁换向阀换向，使其中的气缸左腔进气，右腔排气，气缸活塞杆15向右退回，油腔13及管路中的油压下降，夹紧液压缸1上腔减压，活塞2在弹簧的作用下向上运动，拉杆3松开工作台；同时触头12退回，松开夹紧信号开关9，压下松开信号开关10。此时伺服电动机17开始驱动工作台回转（或分度）。工作台回转完毕（或分度到位），气液转换装置14中的电磁阀换向，使气缸右腔进气，左腔排气，活塞杆15向左伸出，油腔13、油管及液压缸1上腔的油压增加，使活塞2压缩弹簧5，拉杆3下移，将工作台压紧在底座8上；同时触头12在油压作用下向外伸出，放开松开信号开关10，压下夹紧信号开关9。工作台完成一个工作循环时，零位信号开关（图中未画出）发出信号，使工作台返回零位。手摇脉冲发生器11可用于工作台的手动微调。

（2）闭环数控回转工作台　如图8-90所示，闭环数控回转工作台由四大部分构成，即驱动部分（电动机15，一对直齿圆柱齿轮副14、16，蜗杆副12、13，工作台1）、定位夹紧部分（液压缸5、活塞6、弹簧7、钢球8、内外夹紧瓦3和4）、检测元件部分（光栅9）、其他部分（如各种支承轴承、紧固件、定位元件等）。工作台采用直流或交流伺服电动机驱动，有转动角度测量元件（圆光栅、圆感应同步器、脉冲编码器等），测量的结果反馈与指令值进行比较，按闭环控制原理进行工作，工作台定位精度高。

闭环数控回转工作台有两种工作方式：分度（转位）运动、圆周进给运动。分度（转位）运动可以实现工件一次装夹后完成几个面的多工序加工，分度或转位的角度根据零件的结构需要而定。但零件一旦处于新的加工位置后，必须对回转工作台实行夹紧，避免加工时工件的位置发生移动，影响加工精度。因此，闭环数控回转工作台设有定位夹紧机构。圆周进给运动可以执行连续的圆周进给运动，加工出曲线或曲面。因此，闭环数控回转工作台设有圆周进给的驱动装置。

闭环数控回转工作台工作原理如下：

① 圆周进给的驱动。数控系统发出转位或圆周进给指令，液压缸5上腔回油，弹簧7顶起钢球8，内外夹紧瓦松开蜗轮13，发信号给数控系统，起动直流伺服电动机15，一对直齿圆柱齿轮副14、16回转，带动蜗杆副12、13，从而带动工作台1回转。

② 工作台转位后定位夹紧。数控系统发出夹紧指令，液压缸5上腔进压力油，活塞6下移，推动夹紧瓦4外移，将两夹紧瓦之间的蜗轮13夹紧，工作台被夹紧。

光栅检测工作台角位移信号，并将该信号输入反馈装置，与数控系统发出的信号比较，其差值经信号放大（开环放大系数K），最后使工作台朝着误差减少的方向运动。

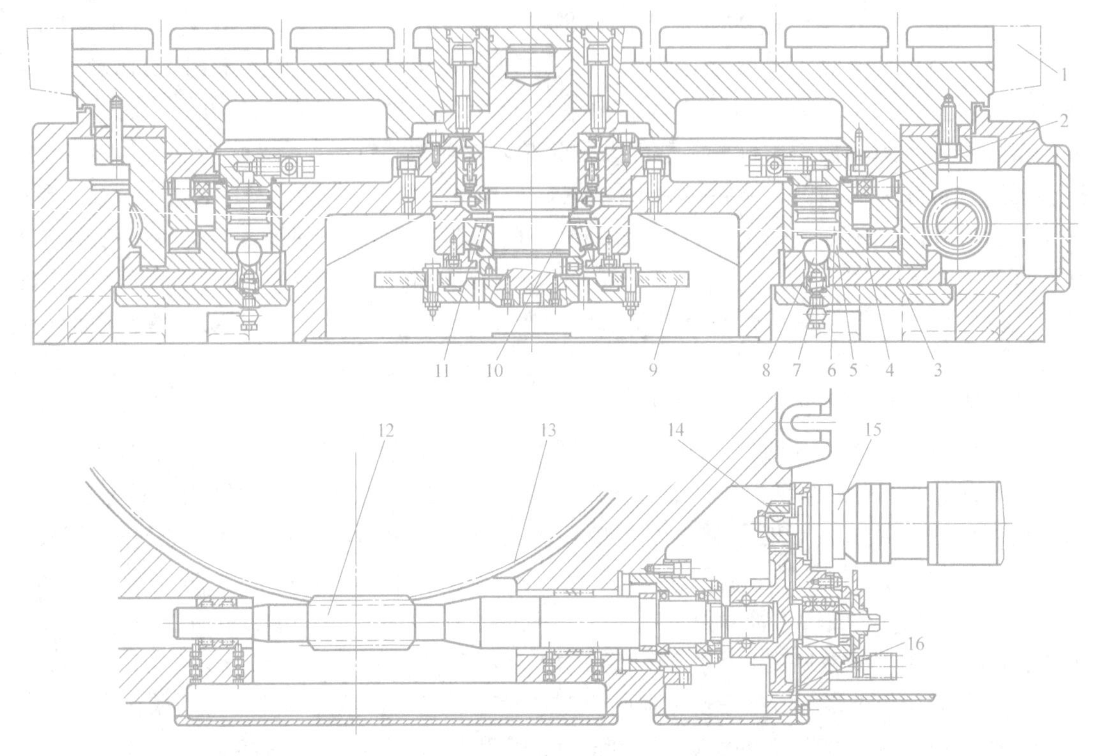

图 8-90　闭环数控回转工作台

1—工作台　2—滚子　3、4—夹紧瓦　5—液压缸　6—活塞　7—弹簧　8—钢球
9—光栅　10、11—轴承　12—蜗杆　13—蜗轮　14、16—齿轮　15—直流伺服电动机

四、自动换刀装置

为了能在工件一次装夹中完成多道甚至所有加工工序，缩短辅助时间，减少多次安装工件所引起的误差，数控机床必须配有自动换刀装置。自动换刀装置应当满足换刀时间短、刀具重复定位精度高、刀具储存量足够、刀库占地面积小以及安全可靠等基本要求。数控机床自动换刀装置的主要类型、特点及适用范围见表 8-7。

表 8-7　自动换刀装置的主要类型、特点及适用范围

类型		特　点	适用范围
排式刀架		刀具布置和机床调整方便，刀具可以按工艺任意组合，换刀迅速、省时	数控车床
转塔刀架	回转刀架	多为顺序换刀，换刀时间短，结构简单紧凑，容纳刀具较少	各种数控车床、车削中心机床
	转塔头刀架	顺序换刀，换刀时间短，刀具主轴都集中在转塔头上，结构紧凑，但刚性较差，刀具数受限制	数控车床、钻床、铣床、镗床
刀库	刀库与主轴之间直接换刀	换刀运动集中，运动部件少，但刀库运动多，布局不灵活，适应性差	各种类型的自动换刀数控机床，尤其是对使用回转类刀具的数控镗铣、钻镗类立式、卧式加工中心，要根据工艺范围和机床特点，确定刀库容量和自动换刀装置类型，也可用于加工工艺范围广的立、卧式车削中心
	用机械手配合刀库进行换刀	刀库只有选刀运动，机械手进行换刀运动，比刀库换刀运动惯性小，速度快	
	用机械手、运输装置配合刀库换刀	换刀运动分散，由多个部件实现，运动部件多，但布局灵活，适应性好	
有刀库的转塔头换刀装置		弥补转塔换刀数量不足的缺点，换刀时间短	扩大工艺范围的各类转塔式数控机床

1. 数控车床的换刀装置

（1）排式换刀架　排刀式刀架一般用于小规格数控车床，以加工棒料为主的机床上较为常见。它的结构形式为夹持着各种不同用途刀具的刀夹沿着机床的 X 坐标轴方向排列在横向滑板上。刀具的典型布置方式如图 8-91 所示。这种刀架的特点是：刀具布置和机床调整都较方便，可以根据具体工件的车削工艺要求，任意组合各种不同用途的刀具；在一把刀完成车削任务后，横向滑板只要按程序沿 X 轴向移动预先设定的距离后，第二把刀就到达加工位置，这样就完成了机床的换刀动作。采用这种换刀装置，换刀迅速、省时，有利于提高机床的生产率。

（2）回转刀架　数控车床的回转刀架是一种最简单的自动换刀装置。根据加工对象的不同，它可设计成四方刀架、六方刀架或圆盘式轴向装刀刀架等多种形式，相应地可安装 4 把、6 把或更多的刀具，并按数控装置的指令回转、换刀。

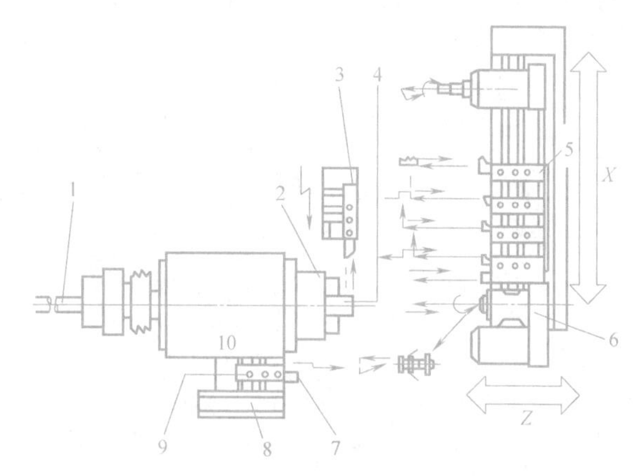

图 8-91　排式换刀刀架布置方式

1—棒料送进装置　2—卡盘　3—切断刀架　4—工件　5—刀具　6—附加主轴头　7—去毛刺和背面加工刀具　8—工件托料盘　9—切向刀架　10—主轴箱

回转刀架在结构上必须具有良好的强度和刚性，以承受粗加工时的切削抗力。由于车削精度在很大程度上取决于刀尖位置，对数控车床来说，加工过程中刀尖位置不能人工调整，因此，更有必要选择可靠的定位方案和合理的定位结构，以保证回转刀架在每次转位后，具有尽可能高的重复定位精度（一般为 0.005～0.01mm）。

一般情况下，回转刀架的换刀动作包括刀架抬起、刀架转位及刀架压紧等。回转刀架按其工作原理分为若干类型，如图 8-92 所示。

图 8-92a 所示为螺母升降转位刀架，电动机经弹簧安全离合器到蜗杆副带动螺母旋转，螺母举起刀架，使上齿盘与下齿盘分离，随即带动刀架旋转到位，然后给系统发信号，螺母反转锁紧。图 8-92b 所示为利用十字槽轮来转位及锁紧刀架（还要加定位销），销钉每转 1 周，刀架便转 1/4 圈（如果六工位刀架，则刀架转 1/6 圈）。图 8-92c 所示为凸轮棘爪式转位刀架，棘轮带动下凸轮台相对上凸轮转动，使其上、下端齿盘分离，继续旋转，则棘轮机构推动刀架旋转 90°，然后利用一个接触开关或霍尔元件发出电动机反转信号，重新锁紧刀架。图 8-92d 所示为电磁式刀架，它利用一个能产生 10kN 左右拉紧力的线圈使刀架定位锁定。图 8-92e 所示为液压式刀架，它利用摆动液压缸来控制刀架转位，图中有摆动阀芯、拨爪、小液压缸，拨爪带动刀架转位，小液压缸向下拉紧，产生 10kN 以上的拉紧力。这种刀架的特点是转位可靠，拉紧力可以再加大；其缺点是液压元件难以制造，还需多一套液压系统，有液压油泄漏及发热问题。

例　图 8-93 所示为螺旋升降式四方刀架，它适用于轴类零件的加工，换刀过程如下：

1）刀架抬起。当数控装置发出换刀指令后，电动机 23 正转，并经联轴套 16、轴 17，

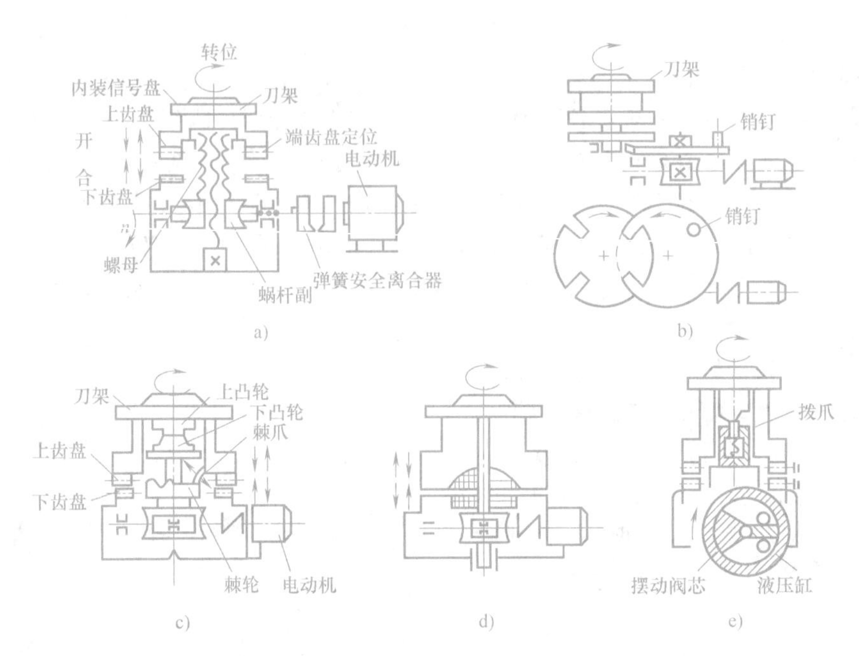

图 8-92　常见回转刀架

a）螺母升降转位刀架　b）利用十字槽轮实现转位和夹紧的刀架

c）凸轮棘爪式转位刀架　d）电磁式转位刀架　e）液压式转位刀架

由滑键（或花键）带动蜗杆 19、蜗轮 2、轴 1、轴套 10 转动。轴套 10 的外圆上有两处凸起，可在轴套 9 内孔中的螺旋槽内滑动，从而举起与轴套 9 相连的刀架 8 及上端齿盘 6，使 6 与下端齿盘 5 分开，完成刀架抬起动作。

2）刀架转位。刀架抬起以后，轴套 10 仍在继续转动，同时带动刀架 8 转过 90°（如不到位，刀架还可继续转位 180°、270°、360°），并由微动开关 25 发出信号给数控装置。

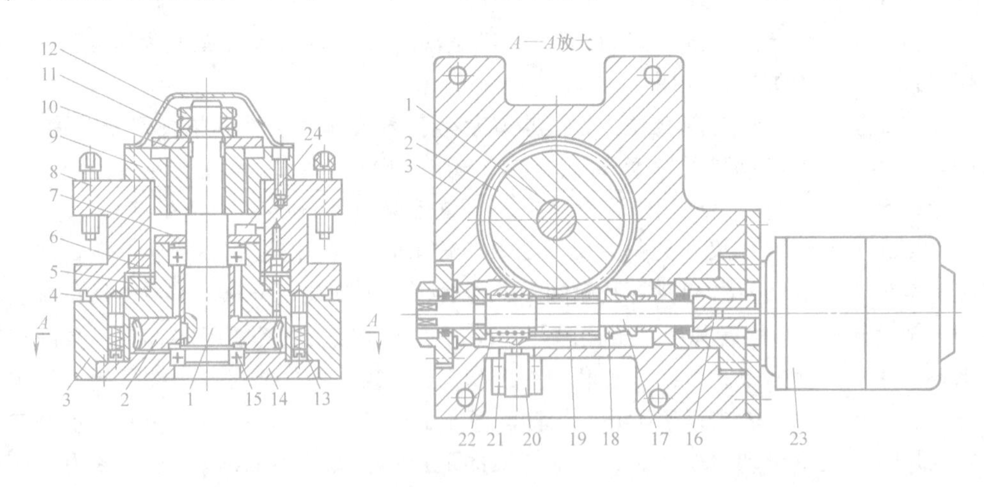

图 8-93　螺旋升降式四方刀架

1、17—轴　2—蜗轮　3—刀座　4—密封圈　5、6—端齿盘　7、8—刀架　9、10—轴套　11—垫圈　12—螺母　13—销　14—底盘　15—轴承　16—联轴套　18—套　19—蜗杆　20、21—套筒　22—弹簧　23—电动机　24—开关

3）刀架压紧。刀架转位后，由微动开关25发出的信号使电动机23反转，销13使刀架8固定而不随轴套10回转，于是刀架8向下移动，上、下端齿盘合拢压紧。蜗杆19继续转动则产生轴向位移，压缩弹簧22，套筒21的外圆曲面压缩，微动开关25发出信号，使电动机23停止旋转，从而完成一次转位。

（3）转塔头式换刀装置　一般数控机床常采用转塔头式换刀装置，如数控车床的转塔刀架、数控钻镗床的多轴转塔头等。在转塔的各个主轴头上预先安装有各工序所需要的加工刀具，当发出换刀指令时，各种主轴头依次地转到加工位置，并接通主运动，使相应的主轴带动刀具旋转，而其他处于不同加工位置的主轴都与主运动脱开。转塔头式换刀装置的主要优点在于省去了自动松夹、卸刀、装刀、夹紧以及刀具搬运等一系列复杂的操作，缩短了换刀时间，提高了换刀可靠性。它适用于工序较少、精度要求不高的数控机床。

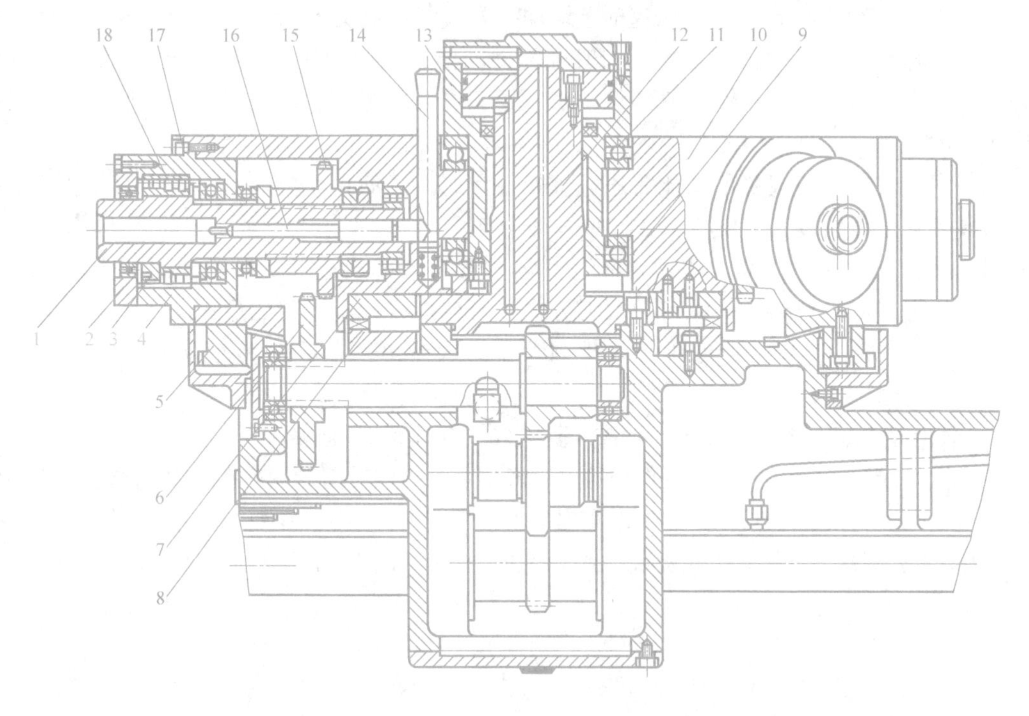

图8-94　卧式八轴转塔头

1—主轴　2—端盖　3—螺母　4—套筒　5、6、7、8—鼠齿盘　9、11—推力轴承　10—转塔刀架体　12—活塞　13—中心液压缸　14—操纵杆　15—齿轮　16—顶杆　17—螺钉　18—轴承

图8-94所示为卧式八轴转塔头。转塔头上径向分布着八根结构完全相同的主轴1，主轴的回转运动由齿轮15输入。当数控装置发出换刀指令时，通过液压拨叉（图中未示出）使鼠齿盘6与齿轮15脱离啮合，同时在中心液压缸13的上腔通压力油。由于活塞杆和活塞固定在底座上，因此中心液压缸13带着由两个推力轴承9和11支承的转塔刀架体10抬起，鼠齿盘7和8脱离啮合。然后压力油进入转位液压缸，推动活塞齿条，再经过中间齿轮使鼠齿盘5与转塔刀架体10一起回转45°，将下一工序的刀具主轴转到工作位置。转位结束之后，压力油进入中心液压缸13的下腔使转塔头下降，鼠齿盘7和8重新啮合，实现精确的定位。在压力油的作用下，转塔头被压紧，转位液压缸退回原位，最后通过液压拨叉拨动鼠齿盘6，使它与新换上的主轴齿轮15啮合。

为了改善主轴结构的装配工艺性，整个主轴部件装在套筒 4 内，只要卸去螺钉 17，就可以将整个部件抽出。主轴前轴承 18 采用锥孔双列圆柱滚子轴承，调整时先卸下端盖 2，然后拧动螺母 3，使内环轴向移动，以便消除轴承的径向间隙。

为了便于卸出主轴锥孔内的刀具，每根主轴都有操纵杆 14，只要按压操纵杆，就能通过斜面推动并顶出刀具。

转塔主轴头的转位、定位和压紧方式与鼠齿盘式分度工作台极为相似。但因为在转塔上分布着许多回转主轴部件，结构更为复杂。由于空间位置的限制，主轴部件的结构不可能设计得十分坚固，因而影响了主轴系统的刚度。为了保证主轴的刚度，主轴的数目必须加以限制，否则会使尺寸大为增加。

2. 加工中心的自动换刀装置

加工中心是在普通数控机床的基础上增加了自动换刀装置及刀库，并带有自动分度回转工作台或主轴箱（可自动改变角度）及其他辅助功能，从而使工件在一次装夹后可以连续、自动完成多个平面或多个角度位置的钻、扩、铰、镗、攻螺纹、铣削等工序的加工，是工序高度集中的设备。

加工中心自动换刀装置的功能是通过机械手完成刀具的自动更换，它应当满足换刀时间短、刀具重复定位精度高、结构紧凑、安全可靠等要求。

（1）刀库的种类　刀库的作用是储备一定数量的刀具，通过机械手实现与主轴上刀具的交换。根据刀库存放刀具的数目和取刀方式，刀库可设计成不同的形式。

1）直线刀库。刀具在刀库中直线排列，其结构简单，存放刀具的数量有限（一般为 8～12 把），较少使用。

2）圆盘刀库。存刀量少则 6～8 把，多则 50～60 把，其有多种形式。

3）链式刀库。链式刀库是较常使用的刀库形式之一。这种刀库刀座固定在链节上，常用的有单排链式刀库，如图 8-95a 所示，一般存刀量小于 30 把，个别达 60 把。若进一步增加存刀量，可采用多排链式刀库，如图 8-95b 所示；或采用加长链条的链式刀库，如图 8-95c 所示。

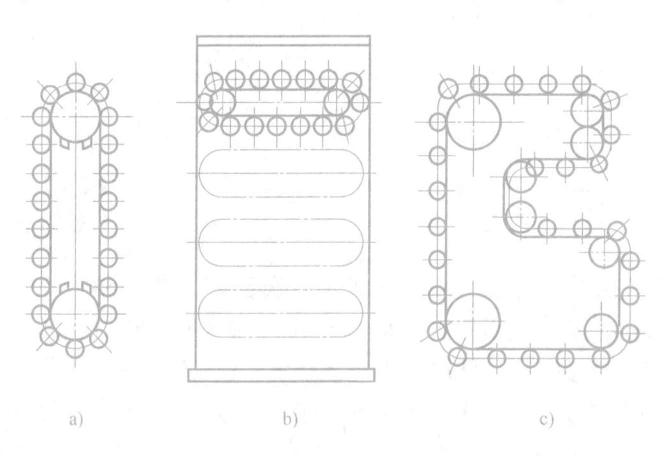

图 8-95　链式刀库

a）单排链式刀库　b）多排链式刀库　c）采用加长链条的链式刀库

4）其他刀库。刀库的形式还有很多，值得一提的是格子箱式刀库。此种刀库容量较大，可以使整箱刀库在机外进行交换。

(2) 换刀方式　加工中心的自动换刀装置中，实现刀库与机床主轴之间传递和装卸刀具的装置称为刀具交换装置。刀具的交换方式和它们的具体结构对加工中心的生产率和工作可靠性有着直接的影响。刀具的交换方式很多，一般可分为无机械手换刀和机械手换刀两大类。

1）无机械手换刀。一般把刀库放在机床主轴可以运动到的位置，或整个刀库（或某一刀位）能移动到主轴箱可以到达的位置，同时，刀库中刀具的存放方向一般与主轴上的装刀方向一致。换刀时，由主轴运动到刀库上的换刀位置，由主轴直接取走或放回刀具。

图 8-96 所示为某立式加工中心无机械手换刀结构示意，其换刀顺序如下：

① 按换刀指令，机床工作台快速向右移动，工件从主轴下面移开，刀库移到主轴下面，使刀库的某个空刀座对准主轴。

② 主轴箱下降，将主轴上用过的刀具放回刀库的空刀座中。

③ 主轴箱上升，刀库回转，将下一工步所需用的刀具对准主轴。

④ 主轴箱下降，刀具插入机床主轴。

⑤ 主轴箱及主轴带着刀具上升。

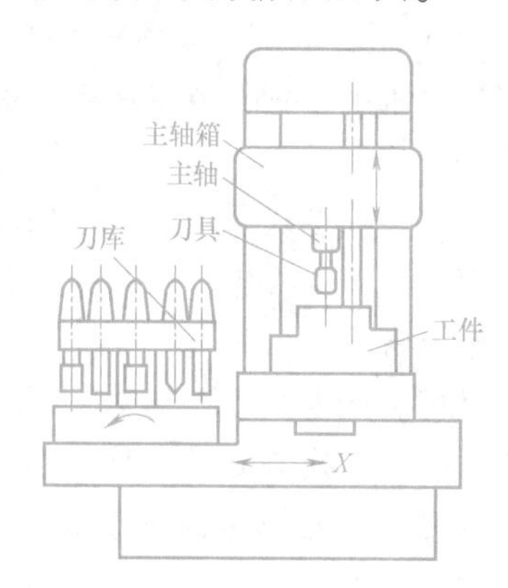

图 8-96　无机械手换刀结构示意

⑥ 机床工作台快速向左返回，刀库从主轴下面移开，工件移至主轴下面，使刀具对准工件的加工面。

⑦ 主轴箱下降，主轴上的刀具对工件进行加工。

⑧ 加工完毕后，主轴箱上升，刀具从工件上退出。

无机械手换刀结构相对简单，但换刀动作麻烦，时间长，并且刀库的容量相对少。

2）机械手换刀。在加工中心中，采用机械手进行刀具交换方式的应用最为广泛，这是因为机械手换刀装置所需的换刀时间短，换刀动作灵活。图 8-97 所示为 TH5632 型加工中心的自动换刀过程。

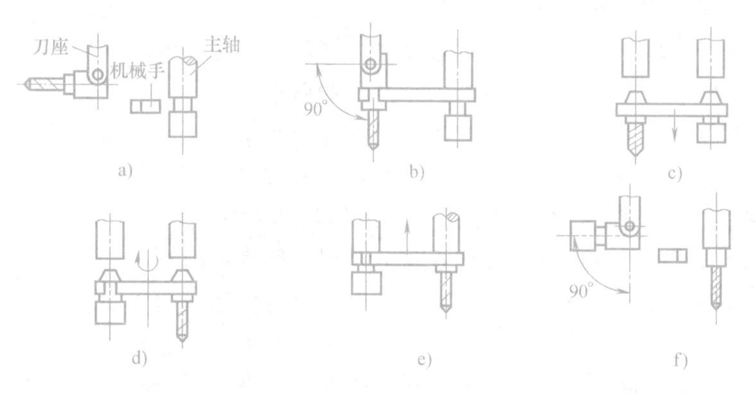

图 8-97　TH5632 自动换刀过程

① 首先，刀库将准备更换的刀具转到固定的换刀位置，该位置处在刀库的最下方，如图 8-97a 所示。

② 上一工步结束后，刀库将换刀位置上的刀座逆时针转90°，主轴箱上升到换刀位置后，机械手旋转75°，分别抓住主轴和刀库刀座上的刀柄，如图8-97b所示。

③ 待主轴自动放松刀柄后，机械手下降，同时把主轴孔内和刀座内的刀柄拔出，如图8-97c所示。

④ 机械手回转180°，如图8-97d所示。

⑤ 机械手上升，将交换位置后的两刀柄同时插入主轴孔和刀座中，并夹紧，如图8-97e所示。

⑥ 机械手反方向回转75°，回到初始位置，刀座带动刀具向上（顺时针）转动90°，回到初始水平位置，换刀过程结束，如图8-97f所示。

采用机械手进行刀具交换时，由于刀库及刀具交换方式的不同，换刀机械手也有单臂、双臂等多种形式。图8-98所示为双臂机械手中最常见的几种结构。这几种机械手能够完成抓刀、拔刀、回转、插刀以及返回等全部动作。为了防止刀具掉落，各机械手的活动爪都必须带有自锁机构。

(3) 刀具的选择方式　根据换刀指令，刀具交换装置从刀库中挑选各工序所需刀具的操作称为自动选刀。常用的选刀方式主要有顺序选刀和任意选刀两种，其中任意选刀又分为刀具编码选刀、刀座编码选刀和记忆式选刀三种。

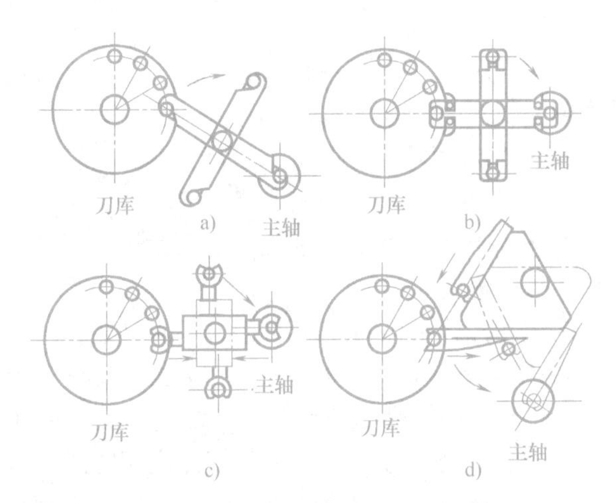

图8-98　双臂机械手的几种结构
a) 钩手　b) 抱手　c) 伸缩手　d) 钗手

1) 顺序选刀方式。是在加工之前，将刀具按预定的加工工艺先后顺序依次插入刀库的刀座中，加工时按顺序选刀。用过的刀具放回原来的刀座内，也可以按加工顺序放入下一个刀座内。但加工不同的工件时必须重新调整刀具顺序，因而操作十分烦琐；而且同一工件、不同工序加工时，刀具也不能重复使用，这样就增加了刀具的数量和刀库的容量，降低了刀具和刀库的利用率；此外，装刀时必须十分谨慎，如果不按顺序装刀，将会产生严重的后果。

由于顺序选刀方式不需要刀具识别装置，驱动控制简单，工作可靠。因此，此种方式适合加工批量较大、工件品种数量较少的中小型自动换刀数控机床。

2) 刀具编码选刀方式。这种方式是采用一种特殊的刀柄结构，对每把刀具按照二进制原理进行编码。换刀时通过编码识别装置在刀库中识别所需的刀具。这样就可以将刀具存放于刀库的任意刀座中，并且刀具可以在不同的工序中重复使用，刀库的容量减小；用过的刀具也不一定放回原刀座中，从而避免了因刀具存放顺序的差错而造成事故，同时也缩短了刀库的运转时间，简化了自动换刀控制线路。但由于要求每把刀具上都带有专用编码系统，刀具长度增加，制造困难，刚度降低，同时机械手和刀库结构也变得复杂。

刀具编码的识别方式主要有以下两种：

① 接触式刀具识别。图8-99所示为接触式刀具识别装置示意，刀柄上有5个直径大小

不同的编码环，可有 32 种刀具编码。刀库中刀具越多，编码环的数目也相应增多。识别装置 2 中触针 3 的数量与刀柄上的编码环 4 个数相等，每个触针与一个继电器相连。当刀库中带编码环的刀具依次通过编码识别装置时，若编码环是大直径时与触针接触，继电器通电，其编码为“1”；若编码环是小直径时不与触针接触，继电器不通电，其编码为“0”。当各继电器读出的数码与所需刀具的编码一致时，由控制装置发出信号，刀库停止运动，等待换刀。

接触式刀具识别装置结构简单，但由于触针有磨损，寿命较短，故可靠性较差，且难于快速选刀。

② 非接触式刀具识别。常用的非接触式刀具识别方法有磁性识别法和光电识别法。图 8-100 所示为一种磁性识别装置示意。编码环的直径相等，分别由导磁材料（如软钢）和非导磁材料（如黄铜、塑料等）制成，规定前者编码为“1”，后者编码为“0”。与编码环相对应的有一组检测绕组 6 组成非接触式识别装置 3。在检测绕组 6 的一次绕组 5 中输入交流电压时，如编码环为导磁材料，则磁感应较强，在二次绕组 7 中产生较大的感应电压。如编码环为非导磁材料，则磁感应较弱，在二次绕组中感应的电压较弱。利用感应电压的强弱，就能识别刀具的编码。

由于非接触式刀具识别装置与编码环不直接接触，因而无磨损，寿命长，反应速度快，故适应于高速、换刀频繁的工作场合。

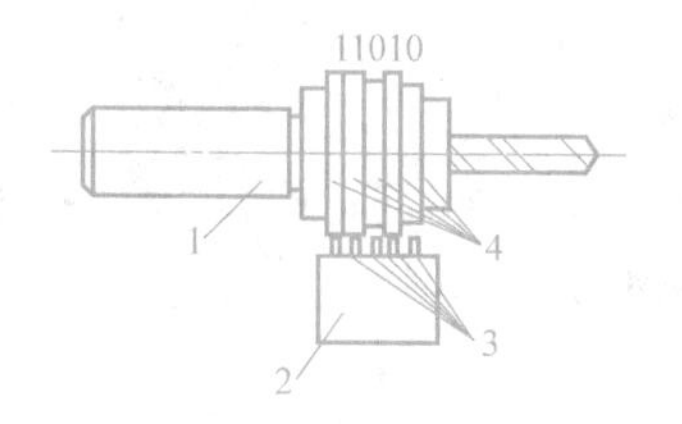

图 8-99　接触式刀具识别装置示意

1—刀柄　2—识别装置　3—触针　4—编码环

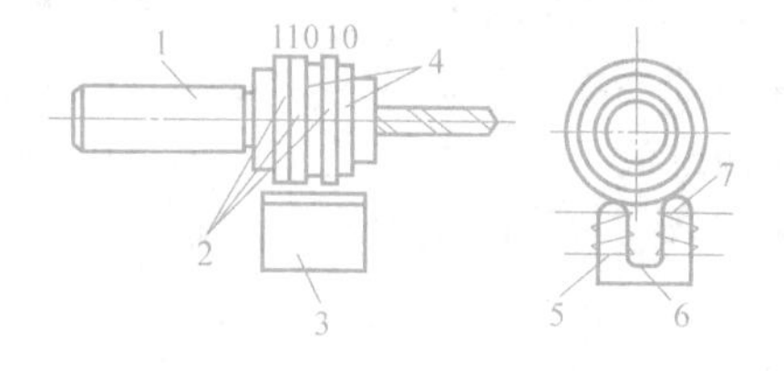

图 8-100　磁性编码识别装置示意

1—刀柄　2、4—编码环　3—识别装置

5—一次绕组　6—检测绕组　7—二次绕组

3）刀座编码选刀方式。刀座编码选刀方式是对刀库中的刀座进行编码，并将与刀座编码对应的刀具放入刀座中，换刀时根据刀座的编码进行选刀。由于这种编码方式取消了刀柄中的编码环，刀柄结构大为简化。刀座编码的识别原理与刀柄编码的识别原理相同，但由于取消了刀柄编码环，识别装置的结构不再受刀柄尺寸的限制，而且可以放在较适当的位置。缺点是当操作者把刀具放入与刀座编码不符的刀座中时仍然会造成事故；同时，在自动换刀过程中必须将用过的刀具放回原来的刀座中，增加了换刀动作的复杂性。与顺序选刀方式相比，刀座编码选刀方式最突出的优点也是刀具在加工过程中可以重复使用。

刀座编码选刀方式分为永久性编码选刀方式和临时性编码选刀方式。永久性编码选刀方式是将一种与刀座编号相对应的刀座编码板安装在每个刀具座的侧面，它的编码是固定不变的。临时性编码方式也称钥匙编码选刀方式。它采用一种专用的代码钥匙，编码时先按加工程序的规定给每一把刀具系上一把表示该刀具号的编码钥匙，当把各刀具存放到刀库的刀座中时，将编码钥匙插进刀座旁边的钥匙孔中，这样就把钥匙的号码转记到刀座中，即给刀座编上了号码。识别装置可以通过识别钥匙上的号码来选取该钥匙旁边刀座中的刀具。临时性编码方式是较早期采用的一种编码方式，现在已经很少采用。

4）记忆式选刀方式。目前，绝大多数加工中心采用记忆式选刀方式。它取消了传统的编码环和识别装置，利用软件构建一个模拟刀库数据表，其长度和表内设置的数据与刀库的刀座数及刀具号对应，选刀时数控装置根据数据表中记录的目标刀具位置，控制刀库旋转，将选中的刀具送到取刀位置，用过的刀具可以任意存放，由软件记住其存放的位置，因此具有方便灵活的特点。记忆式选刀方式主要由软件完成选刀，从而消除了识别装置的稳定性、可靠性差所带来的选刀失误。

五、排屑装置

1. 排屑装置在数控机床上的作用

数控机床加工效率高，单位时间内的金属切削量远高于普通机床，这使工件上的多余金属变成切屑后所占的空间也成倍增大。这些切屑占用加工区域，如果不及时清除必然会覆盖或缠绕在工件或刀具上，使自动加工无法继续进行。此外，炽热的切屑向机床或工件散发热量，使机床或工件产生变形，影响加工的精度。因此，迅速、有效地排出切屑对数控机床的加工来说十分重要，而排屑装置正是完成该工作的必备附属装置。另外，切屑中往往混合着切削液，排屑装置必须将切屑从其中分离出来，送入切屑收集箱或小车里，而将切削液回收到切削液箱。

排屑装置的作用是将切屑从加工区域排出数控机床之外，一般都安装在尽可能靠近刀具的切削区域。数控车床的排屑装置装在回转工件下方，以利于简化机床或排屑装置结构，减小机床占地面积，提高排屑效率。排出的切屑一般都落入切屑收集箱或小车中，有的则直接排入车间排屑系统。数控铣床、加工中心和数控镗铣床的工件安装在工作台上，切屑不能直接落入排屑装置，故往往需要采用大流量切削液冲刷，或用压缩空气吹扫等方法使切屑进入排屑槽，然后再回收切削液并排出切屑。

2. 典型排屑装置

(1) 平板链式排屑装置　图 8-101a 所示，以滚动链轮牵引钢质平板链带在封闭箱中运转，加工中的切屑落到链带上而被带出机床。这种装置能排出各种形状的切屑，适应性强，各类机床都能采用。在车床上使用时，排屑装置多与机床的切削液箱合为一体，以简化机床结构。

(2) 刮板式排屑装置　如图 8-101b 所示，其传动原理与平板链式的基本相同，只是平板带不同，它带有刮板。这种排屑装置常用于输送各种材料的短小切屑，排屑能力较强，但因负载大而需采用较大功率的驱动电动机。

(3) 螺旋式排屑装置　如图 8-101c 所示，采用电动机经减速装置驱动安装在沟槽中的长螺旋杆。长螺旋杆转动时，沟槽中的切屑即被螺旋杆推动而连续向前运动，最终排入切屑收集箱中。螺旋式排屑装置占用空间小，安装在机床与立柱空隙狭小的位置上，而且它结构简单，排屑性能良好。但这种装置只适于沿水平或小角度倾斜直线方向排运切屑，不能大角度倾斜、提升或转向排屑。

六、检测装置

检测装置是闭环伺服系统的重要组成部分。它的作用是检测各种位移和速度，发送反馈信号，构成伺服系统的闭环控制。闭环控制的数控机床其加工精度主要取决于检测系统的精度。位移检测系统能够测量出的最小位移量称为分辨率。分辨率不仅取决于检测装置本身，

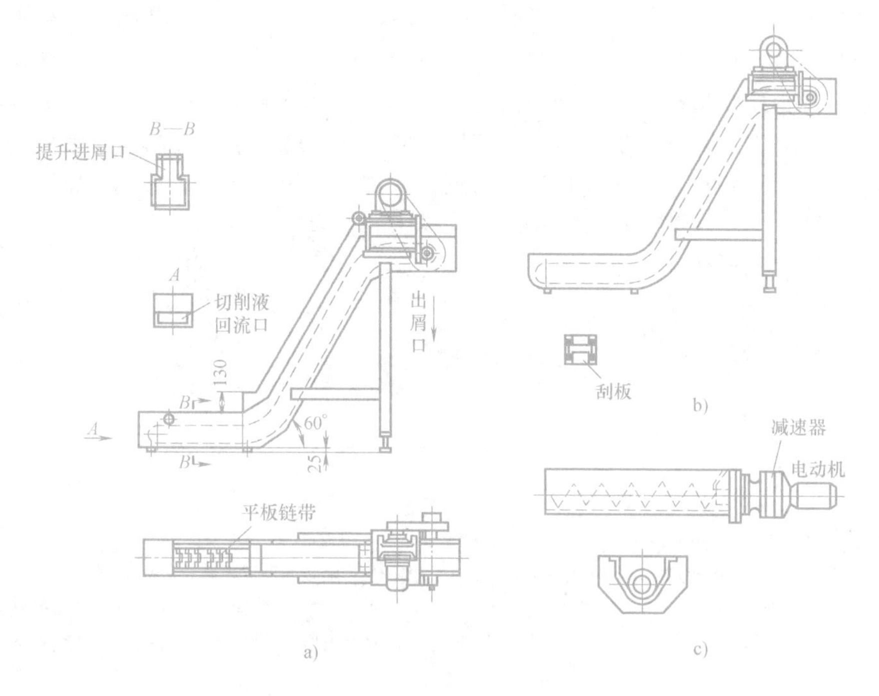

图 8-101 常见的排屑装置
a）平板链式排屑装置 b）刮板式排屑装置 c）螺旋式排屑装置

也取决于检测电路。用于数控机床上的检测装置的类型很多，见表 8-8。

表 8-8 数控机床上的检测装置

类型	数字式		模拟式	
	增量式	绝对式	增量式	绝对式
回转型	增量式光电脉冲编码器、圆光栅	绝对式光电脉冲编码器	旋转变压器、圆形感应同步器、圆型磁尺	多极旋转变压器、三速圆形感应同步器
直线型	计量光栅、激光干涉仪	多通道透射光栅、编码尺	直线形感应同步器、磁尺	三速直线形感应同步器、绝对值式磁尺

下面以旋转变压器为例，介绍一种用于数控机床的回转型模拟增量式检测装置。

旋转变压器是一种常用的电磁感应式位移检测元件，由于它结构简单，可单独和滚珠丝杠相连，也可与伺服电动机组成一体，且工作可靠，精度较好，因此被广泛应用在数控机床上。

1. 旋转变压器的结构

旋转变压器的结构和两相绕线式异步电机的结构相似，可分为定子和转子两大部分。定子和转子的铁心由铁镍软磁合金或硅钢薄板冲成的槽状片叠成。它们的绕组分别嵌入各自的槽状铁心内。定子绕组通过固定在壳体上的接线柱直接引出，转子绕组则有两种不同的引出方式。根据转子绕组两种不同的引出方式，旋转变压器分为有刷式和无刷式两种类型。

有刷式旋转变压器定子与转子上两相绕组轴线分别互相垂直，转子绕组的端点通过电刷 5 与集电环引出，如图 8-102 所示，由于可靠性差，寿命短，较少在数控机床上使用；无刷式旋转变压器如图 8-103 所示，由分解器与变压器组成，无电刷和集电环。分解器结构与有刷旋转变压器基本相同，变压器的一次绕组绕在与分解器转子轴固定在一起的线轴上，与转子一起转动，二次绕组绕在与转子同心的定子轴线上。分解器定子绕组外接励磁电压，转子绕组输出信号接到变压器的一次绕组，从变压器的二次绕组引出最后的输出信号。无刷式旋转变压器的特点是：输出信号大，可靠性高且寿命长，不用维修，更适合数控机床使用。

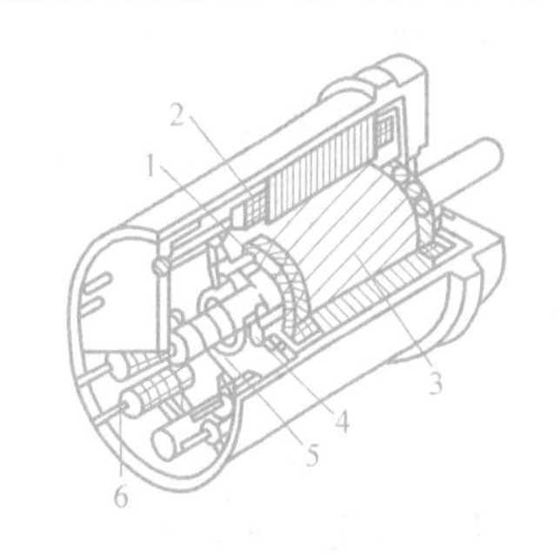

图 8-102　有刷式旋转变压器
1—转子绕组　2—定子绕组　3—转子
4—换向器　5—电刷　6—接线柱

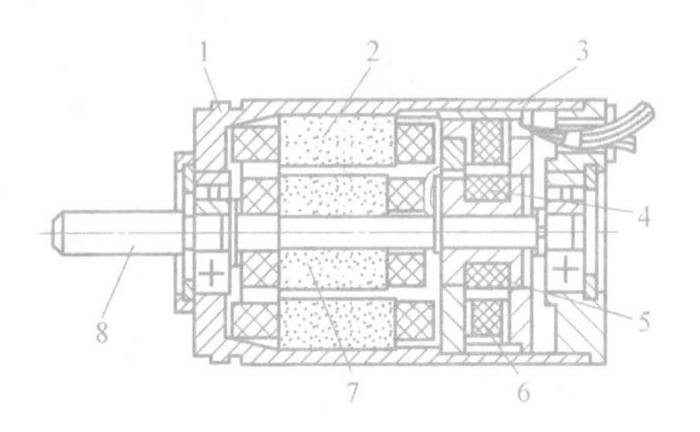

图 8-103　无刷式旋转变压器
1—壳体　2—旋转变压路本体定子　3—附加变压器定子
4—附加变压器一次绕组　5—附加变压器转子绕组
6—附加变压器二次绕组　7—旋转变压器本体转子　8—转子轴

常见的旋转变压器一般有两极绕组和四极绕组两种结构形式。两极绕组旋转变压器的定子和转子各有一对磁极；四极绕组旋转变压器则有两对磁极，主要用于高精度的检测系统。除此之外，还有多极式旋转变压器，用于高精度绝对式检测系统。

2. 旋转变压器的工作原理

实际应用的旋转变压器为正、余弦旋转变压器，是按互感原理工作的，如图 8-104 所示。

正、余弦旋转变压器的定子与转子两个绕组互相垂直，当定子上的两个绕组分别为正弦绕组（励磁电压为 U_s）和余弦绕组（励磁电压为 U_c）时，转子绕组中的一个绕组为输出电压 U，另一个绕组接高阻抗作为补偿，θ 为转子偏转角。定子绕组通入交变的励磁电压（频率为 2 ~ 4kHz），根据电磁学原理，转子绕组中的感应电势则为

$$U = kU_s\sin\theta \text{ 或 } U = kU_c\cos\theta$$

式中　k——电磁耦合系数，即定子绕组与转子绕组的匝数之比；

U_s、U_c——定子绕组上的正、余弦励磁电压（V）；

θ——转子偏转角（°）。

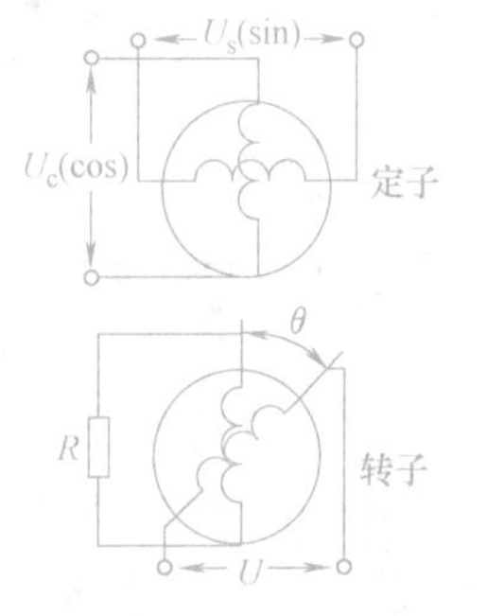

图 8-104　正、余弦旋转变压器原理

由此可知，转子绕组中的感应电势 U 为随转子和定子的相对角位移 θ 的正、余弦函数变化。因此，只要测量出转子绕组中的感应电势的幅值，便可间接地得到转子相对于定子的位置，即 θ 角的大小，也就可间接获得机床工作台的位移。

习题与思考题

1. 从控制零件尺寸的角度来分析，普通机床和数控机床两者有何差异？

2. 数控机床的加工原理是什么？数控机床的加工特点是什么？

3. 数控机床有哪些类型？何谓开环、半闭环和闭环控制系统？其优缺点何在？各适用于什么场合？

4. 为什么要规定数控机床的坐标？X、Y、Z 三轴如何确定？如何确定它们的方向？回转运动坐标如何确定？

5. 合理布置支承件的隔板和肋条，可以提高数控机床支承件的何种刚度？

6. 主轴部件是机床的一个关键部件，在数控机床中应满足几方面的要求？

7. 数控机床主轴准停装置的作用是什么？如何实现准停？

8. 数控机床主轴的支承形式主要有哪几种？各自适用于何种场所？

9. 加工中心主轴内孔吹屑装置的作用是什么？

10. 简述消除传动齿轮齿侧间隙的措施。

11. 简述滚珠丝杠副的工作原理与特点。

12. 简述导轨的功用。

13. 在选择机床导轨时应考虑哪几方面的问题？

14. 简述静压导轨的工作原理。

15. 简述滚动导轨的特点。

16. 数控机床中常用的回转工作台有分度工作台和数控回转工作台，它们的功用有什么不同？

17. 常见的自动换刀装置主要有哪几种形式？

第九章

特种加工设备简介*

特种加工是指直接利用电能、化学能、声能、光能、热能等或其与机械能的组合等形式，将坯料或工件上多余的材料去除，以获得所要求的几何形状、尺寸精度和表面质量的加工方法。

特种加工方法包括：化学加工（CHM）、电化学加工（ECM）、电化学机械加工（ECMM）、电火花加工（EDM）、电接触加工（RHM）、超声波加工（USM）、激光束加工（LBM）、离子束加工（IBM）、电子束加工（EBM）、等离子体加工（PAM）、电液加工（EHM）、磨料流加工（AFM）、磨料喷射加工（AJM）、液体喷射加工（HDM）及各类复合加工等。

利用特种加工方法进行加工的机床称为特种加工机床。本单元介绍电火花加工机床、电解加工机床、激光加工机床、超声波加工机床。

第一节 电火花加工机床简介

1. 电火花加工机床原理

电火花加工是利用工具电极和工件电极间瞬时火花放电所产生的高温熔蚀工件表面材料来实现加工的。电火花加工机床一般由脉冲电源、自动进给机构、机床本体及工作液循环过滤系统等部分组成。

如图 9-1 所示，工件固定在机床工作台上。脉冲电源提供加工所需的能量，其两极分别接在工具电极 1 与工件 3 上。当工具电极 1 与工件 3 在进给机构的驱动下在工作液 4 中相互靠近时，极间电压击穿间隙而产生火花放电，释放大量的热。工件表层吸收热量后达到很高的温度（10000℃以上），其局部材料因熔化甚至汽化而被蚀除下来，形成一个微小的凹坑。工作液循环过滤系统强迫清洁的工作液以一定的压力通过工具电极与工件之间的间隙，及时排出电蚀产物，并将电蚀产物从工作液中过滤出去。多次放电的结果是工件表面产生大量凹坑。工具电极在进给机构 6 的驱动下不断下降，其轮廓形状便被“复印”到工件上（工具电极材料尽管也会被蚀除，但其速度远小于工件材料）。

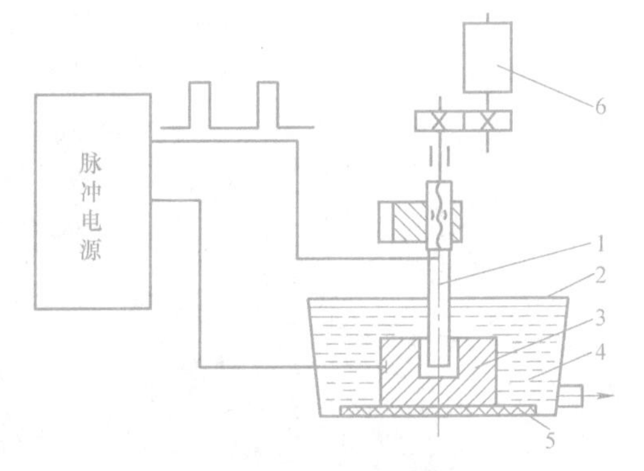

图 9-1 电火花加工原理

1—工具电极 2—工作液箱 3—工件 4—工作液 5—工作台 6—进给机构

(1) 电火花加工的特点

1) 可用硬度低的纯铜或石墨作为工具电极对任何硬、脆、高熔点的导电材料进行加工，具有以柔克刚的功能。

2) 可以加工特殊和形状复杂的表面，常用于注塑模、压铸模等型腔的加工。

3) 无明显的机械切削力，适宜于加工薄壁、窄槽和细微精密零件。

4) 由于脉冲电源的输出脉冲参数可任意调节，因而能在同一台机床上连续进行粗加工、半精加工和精加工。

(2) 电火花加工应用范围

1) 加工硬、脆、韧、软和高熔点的导电材料。

2) 加工半导体材料及非导电材料。

3) 加工各种型孔、曲线孔和微小孔。

4) 加工各种立体曲面型腔，如锻模、压铸模、塑料模的模膛。

5) 用来进行切断、切割，以及进行表面强化、刻写、打印铭牌和标记等。

2. 电火花线切割机床原理

电火花线切割加工（Wire cut Electrical Discharge Maching，WEDM）是在电火花加工基础上发展起来的一种加工工艺。其工具电极为金属丝（钼丝或铜丝），在金属丝与工件间施加脉冲电压，利用脉冲放电对工件进行切割加工，也称线切割。电火花线切割加工是利用移动的细金属丝工具电极，按预定的轨迹进行脉冲放电切割。按金属丝电极移动的速度大小可分为高速走丝电火花线切割和低速走丝电火花线切割。高速走丝时，金属丝电极是直径为$\phi 0.02 \sim 0.3$mm的高强度钼丝；低速走丝时多采用铜丝，其工作原理如图9-2所示。在工作时，脉冲电源的一极接工件，另一极接缠绕金属丝的储丝筒。如果切割图示的内封闭结构，钼丝先穿过工件上预加工的小孔，再由储丝筒带动经导轮做正、反方向的往复移动。

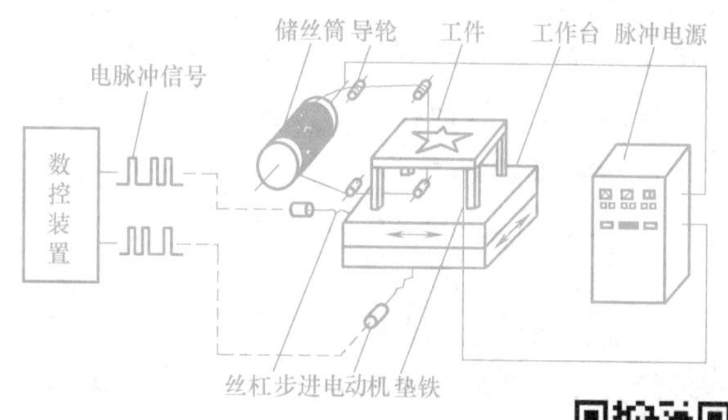

图9-2　电火花线切割机床原理

电火花线切割加工的特点和应用如下：

1) 可切割各种高硬度材料，用于加工淬火后的模具、硬质合金模具和强磁材料。

2) 由于采用数控技术，可编程切割形状复杂的型腔，易于实现CAD/CAM。

3) 由于几乎无切削力，可切割极薄工件。

4) 由于金属丝直径小，因而加工时省料，适于切割贵重金属材料。

5) 试制新产品时，可直接将某些板类工件切割出，使开发产品周期缩短。

3. 电火花加工机床简介

(1) 电火花成形加工机床　数控电火花成形加工机床由于功能的差异，其布局和外观有很大的不同，但基本组成是一样的，都是由脉冲电源、数控装置、工作液循环系统、伺服进给系统、基础部件等组成的。图9-3所示为电火花成形加工机床结构。

1）机床主体。用来安装工具电极和工件电极，并调整它们之间的相对位置，包括床身、立柱、主轴头、工作台等。其中工作台主要用来支承和装夹工件。

2）脉冲电源。加在放电间隙上的电压必须是以脉冲形式放电的，否则，放电将成为连续电弧。脉冲电源的作用是把普通交流电转换成频率较高的单向脉冲电压。脉冲电源对电火花加工的生产率、表面质量、加工速度、加工过程的稳定性和工具电极损耗等技术经济指标有很大的影响。脉冲电源应满足的要求有：①脉冲参数应能简单方便地进行调整，以适应各种材料、各种加工要求的需要；②尽可能小的电极损耗，这是保证成形精度的重要条件之一；③加工表面粗糙度应能满足使用要求；④有足够的输出功率，满足生产线的加工速度要求；⑤电源性能稳定、可靠，价位合理，便于维修，经济型的电火花加工机床都采用高低压复合的晶体管脉冲电源，中、高档的电火花加工机床都采用微机数字化控制的脉冲电源，而且内部存有电火花加工规准数据库，可以通过微机设置和调用各档粗、中、精加工规准参数。

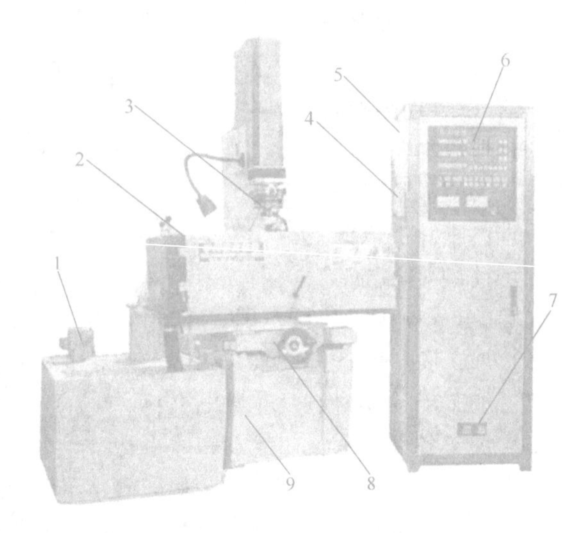

图 9-3　电火花成形加工机床结构

1—工作液循环系统　2—工作台及工作液箱　3—主轴头　4—手动盒　5—数控装置　6—操作面板　7—脉冲电源　8—伺服进给系统　9—床身

3）工作液循环系统。由工作液箱、泵、管、过滤器等组成，目的是为加工区提供较为纯净的液体工作介质。

目前，国内外电火花加工所用工作液主要成分是煤油，因为它的表面张力小，绝缘性能和渗透力好；其缺点是加工过程中会散发出呛人的油烟，故在大功率加工时，常用燃点较高的机械油或在煤油中加入一定比例的机械油。

图 9-4 所示为工作液循环系统工作原理，它既能冲油又能抽油。其工作过程是：油箱的工作液首先经过粗过滤器 1、单向阀 2、吸入液压泵 3，这时高压油经过不同形式的精过滤器 7 输向机床工作液槽，溢流安全阀 5 控制系统的压力不超过 400kPa，快速进油控制阀 10 供快速补油用，待油注满油箱时，可及时调节冲油选择阀 13，由压力调节阀 9 来控制工作液循环方式及压力。当冲油选择阀 13 在冲油位置时，补油、冲油都不通，这时油杯中油的压力由压力调节阀 9 控制。当冲油选择阀 13 在抽

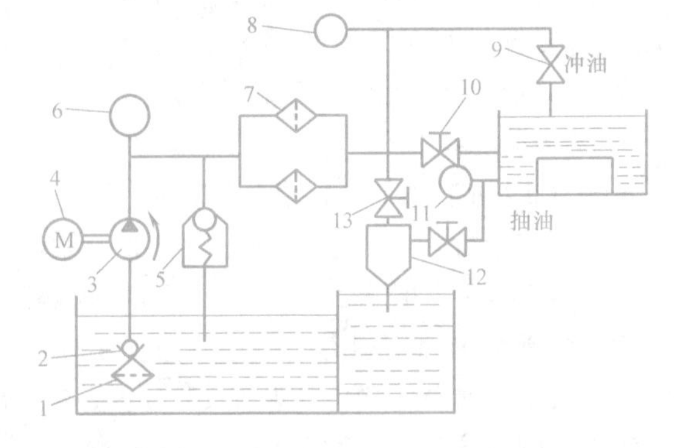

图 9-4　工作液循环系统工作原理

1—粗过滤器　2—单向阀　3—吸入液压泵　4—电动机　5—溢流安全阀　6—压力表　7—精过滤器　8—冲油压力表　9—压力调节阀　10—快速进油控制油阀　11—抽油压力表　12—射流抽吸管　13—冲油选择阀

油位置时，补油和抽油两路都通，这时压力工作液穿过射流抽吸管12，利用流体速度产生负压，达到实现抽油的目的。

4）伺服进给系统。自动调节两极间隙和工具电极的进给速度，维持合理的放电间隙。目前，伺服进给系统普遍采用步进电动机、直流电动机或交流伺服电动机作为执行件。

（2）电火花线切割加工机床　电火花线切割加工机床主要由机床本体、脉冲电源、控制系统、工作液循环系统和机床附件等部分组成。图9-5所示为高速走丝线切割机床结构简图。

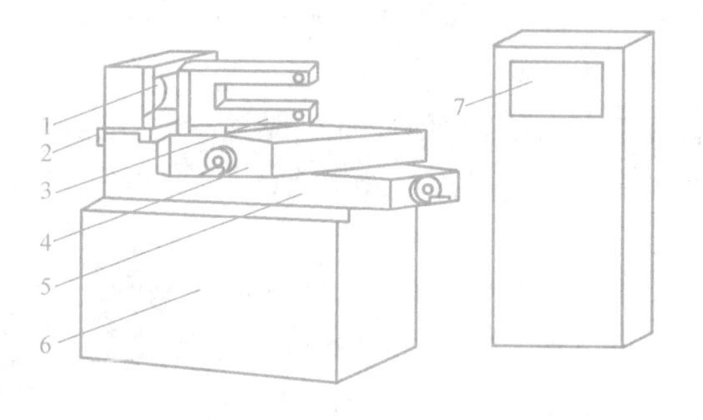

图9-5　高速走丝线切割机床结构简图

1—储丝筒　2—走丝溜板　3—丝架　4—上工作台　5—下工作台　6—床身　7—脉充电源及微机控制柜

1）机床本体。机床本体由床身、工作台、走丝机构、丝架等几部分组成。

① 床身部分。床身通常采用箱式结构，一般为铸件，应具有足够的强度和刚度。工作台、走丝机构及丝架等支承和固定在床身上。电源和工作液箱安置在床身内部，有时也可安置在床身外。

② 工作台。用于装夹工件。工作台分上下两层，分别与X、Y向丝杠相连，由两个步进电动机分别驱动，实现工件在水平面内做X、Y两个方向的移动。

③ 走丝机构。走丝系统使电极丝以一定的速度运动并保持一定的张力。在高速走丝线切割机床上，一定长度的电极丝平整地卷绕在储丝筒上，采用恒张力装置维持恒定的丝张力，以提高切割加工精度，走丝速度为8～10m/s。在运动过程中，电极丝有丝架支承着，并依靠导轮保持电极丝与工件台垂直或倾斜一定的几何角度（锥度切割时）。

④ 锥度切割装置。为了切割有落料的冲模和某些有锥度（斜度）的内外表面，有些线切割机床具有锥度切割功能。偏移式丝架及双坐标联动装置分别为高速走丝线切割机床及低速走丝线切割机床上广泛采用的实现锥度切割的装置。

2）脉冲电源。其作用是把普通的交流电转换成高频率的单向脉冲电压。电火花线切割加工受加工表面粗糙度和电极丝允许承受电流的限制，所采用的脉宽较窄，单个脉冲能量、平均电流一般也较小，所以线切割加工总是采用正极性加工。

加工用脉冲电源的形式种类很多，如晶体管矩形波脉冲电源、高频分组脉冲电源、并联电容型脉冲电源和低损耗电源等。在高速走丝线切割机床中常用的为高频分组脉冲电源。

3）工作液循环系统。工作液起绝缘、排屑、冷却的作用。工作液循环装置一般由工作液泵、工作液箱、过滤器、流量控制阀等组成。对于高速走丝机床，通常采用浇注式供液方式，工作液为专用乳化液，如DX-1、DX-2等；对于低速走丝机床，除了采用浇注式供液方式外，现也有采用浸泡式供液方式，大多数的低速走丝机床采用去离子水工作液。

第二节　电解加工机床简介

1. 电解加工原理

电解加工是利用金属在电解液中产生阳极溶解的电化学原理对工件进行成形加工的一种

方法。工件电极3接直流电源1正极，工具电极2接负极，两极之间保持狭小间隙（0.1～0.8mm）。具有一定压力（0.5～2.5MPa）的电解液5从两极间的间隙中高速（15～60m/s）流过。当工具电极2向工件不断进给时，在面对工具电极2的工件表面上，金属材料按工具电极型面的形状不断溶解，电解产物被高速电解液带走，于是工具电极型面的形状就相应地“复印”在工件电极3上。

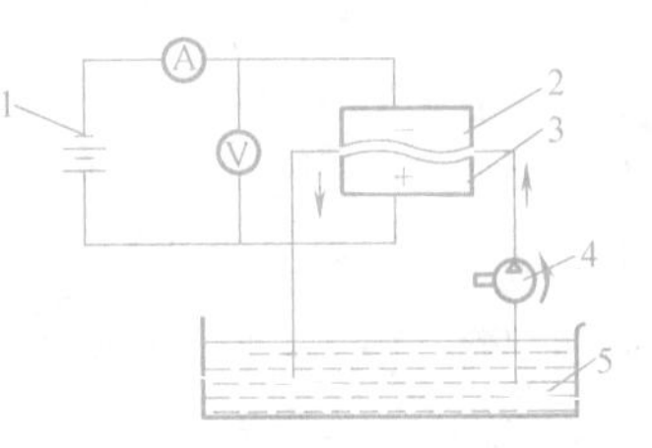

图9-6 电解加工的成形原理

1—电源 2—工具电极 3—工件电极 4—泵 5—电解液

图9-6所示为电解加工的成形原理。

电解加工的基本设备包括直流设备、电解加工机床本体和电解液系统三个部分。图9-7所示为电解加工机床加工过程示意。

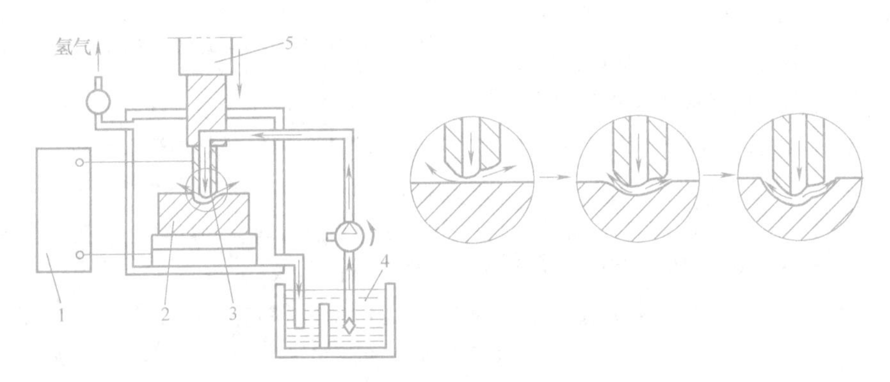

图9-7 电解加工机床加工过程示意

1—直流电源 2—工件电极 3—工具电极 4—电解液 5—进给机构

2. 电解加工的特点

1）工作电压小，工作电流大。

2）以简单的进给运动一次加工出形状复杂的型面或型腔。

3）可加工难加工材料。

4）生产率较高，为电火花加工的5～10倍。

5）加工中无机械切削力或切削热，适于易变形或薄壁零件的加工。

6）平均加工公差可达±0.1mm左右。

7）附属设备多，占地面积大，造价高。

8）电解液既容易腐蚀机床，又容易污染环境。

3. 电解加工机床应用范围

电解加工机床主要用来加工型孔、型腔、复杂型面、小直径深孔、膛线，以及进行去毛刺、刻印等。图9-8所示为电解加工整体

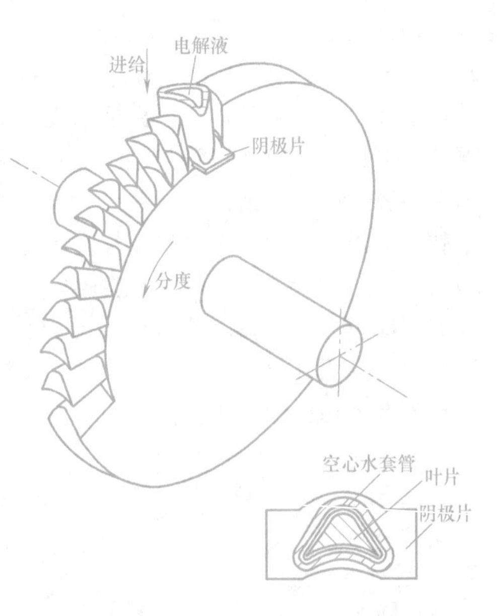

图9-8 电解加工整体叶轮

叶轮。

第三节　激光加工机床简介

激光加工（Laser Beam Maching，LBM）是利用光能经透镜聚焦，以极高的能量密度靠光热效应加工各种材料的一种新工艺。

1. 激光加工原理

激光是一束相同频率、相同方向和有严格位相关系的高强度平行单色光。由于光束的发散角通常不超过0.1°，因此在理论上可聚焦到直径为光波波长尺寸相近的焦点上。焦点处的能量密度可达 $10^8 \sim 10^{10}$ W/cm²，温度可高达10000℃，从而使任何材料均在瞬时（$<10^{-3}$s）被急剧熔化乃至汽化，并产生强烈的冲击波被喷发出去，从而达到切除材料的目的。

对工件的激光加工由激光加工机完成。激光加工机通常由激光器、电源、光学系统和机械系统等组成。其加工原理是：激光器把电能转变为光能，产生所需的激光束，经光学系统聚焦后，照射在工件上进行加工。工件固定在三坐标精密工作台上，由数控系统控制和驱动，完成加工所需的进给运动。图9-9所示为激光加工机床组成示意。

2. 激光加工的特点

1）由于激光加工的功率密度高，故几乎可以加工任何材料。

2）激光束可调焦到微米级，其输出功率可以调节，因此，激光可用于精细加工。

3）激光加工属非接触式加工，无明显机械切削力，因而具有无工具损耗、加工速度快、热影响区小、热变形和加工变形小、易实现自动化等优点。

4）能透过透视窗孔对隔离室或真空室内的零件进行加工。

5）激光切割的切缝窄，边缘质量好。

3. 激光加工机床的应用范围

激光加工已广泛用于金刚石拉丝模、钟表宝石轴承、发散式气冷冲片的多孔蒙皮、

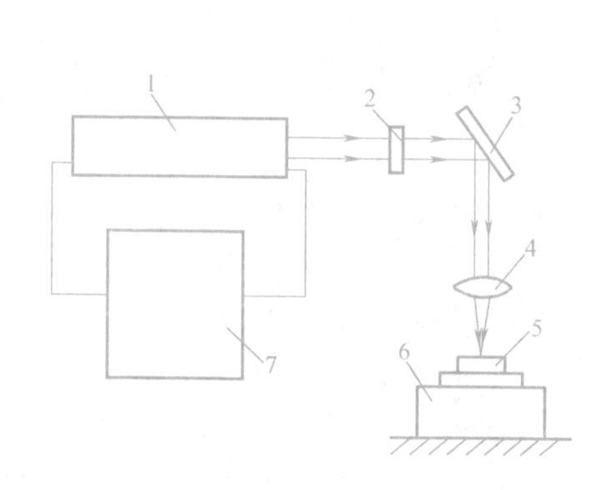

图9-9　激光加工机床示意

1—激光器　2—光阑　3—反射镜　4—聚焦镜
5—工件　6—工作台　7—电源

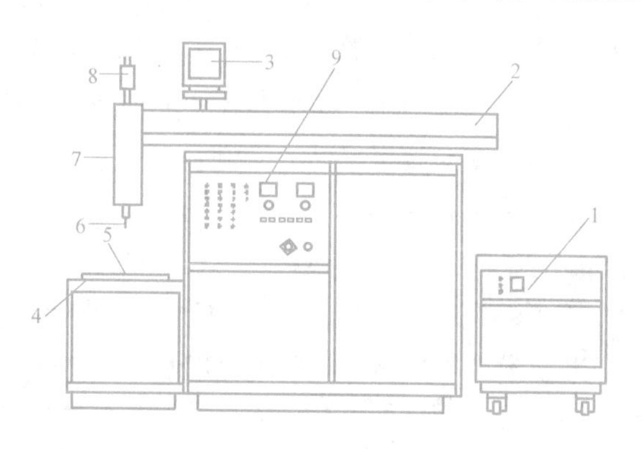

图9-10　LWS-400型多功能激光加工机床

1—水冷系统　2—激光器　3—CCD监视器　4—工作平台
5—气动平台　6—聚焦系统　7—导光及自动升降系统
8—CCD摄像头　9—控制面板

发动机喷油器、航空发动机叶片等的小孔加工，以及多种金属材料和非金属材料的切割加工。

4. 激光加工机床简介

（1）激光加工机　激光加工机主要由激光器、电源、光学系统及机械系统四大部分组成。图9-10所示为LWS-400型多功能激光加工机床。

1）激光器是激光加工的重要设备，其作用是将电能转变为光能，产生激光束。

2）电源为激光提供加工所需要的能量及控制功能，包括电压控制、储能电容组、时间控制及触发器等。

3）光学系统包括激光聚焦系统和观察瞄准系统，前者可将光束聚焦，后者能观察和调整激光束的焦点位置，并将加工位置显示在投影仪上。

4）机械系统主要包括床身、能在三坐标范围内移动的工作台及机电控制系统等。随着电子技术的发展，目前已采用计算机来控制工作台的移动，实现激光加工的数控操作。

（2）激光加工常用激光器　按工作物质的种类不同，激光器可分为固体激光器、气体激光器、液体激光器、半导体激光器以及自由电子激光器等，常用的激光器有固体激光器和气体激光器。图9-11所示为固体激光器结构示意图。固体激光器常用的工作物质有红宝石、钕玻璃和掺钕钇铝石榴石三种。近年来，钛蓝宝石也成为工作介质被应用于飞秒激光器中。

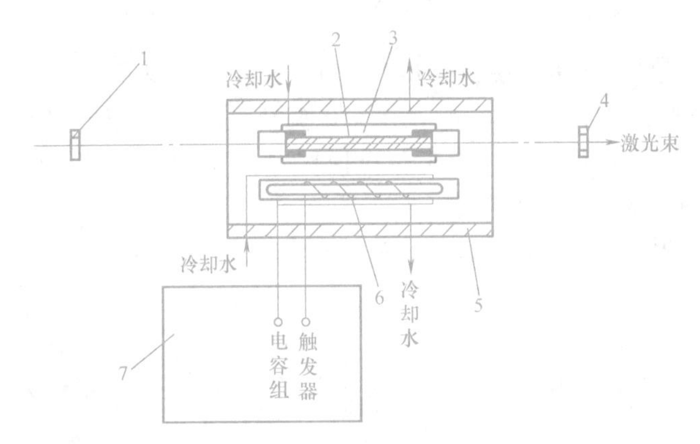

图9-11　固体激光器结构示意图

1—全反射镜　2—工作物质　3—玻璃套管　4—部分反射镜　5—聚光镜　6—氙灯　7—电源

1）固体激光器。

① 红宝石激光器。红宝石是掺有浓度为0.05% Cr^{3+}的Al_2O_3晶体，发射波长$\lambda=0.69\mu m$的红光，它易于获得相干性好的单模输出，稳定性好。红宝石激光器在激光加工发展初期用得较多，现在大多已被钕玻璃激光器和掺钕钇铝石榴石激光器所代替。

② 钕玻璃激光器。钕玻璃是掺有少量氧化钕（Nd_2O_3）的非晶体硅酸盐玻璃，发射波长$\lambda=1.06\mu m$的红外激光。钕玻璃激光器特别适用于精密微细加工。其缺点是钕玻璃导热性差，必须有合适的冷却装置。它一般以脉冲方式工作，工作频率为每秒几次，广泛用于打孔、切割与焊接等工作。

③ 掺钕钇铝石榴石（YAG）激光器。掺钕钇铝石榴石是在钇铝石榴石$Y_3Al_5O_{12}$晶体中掺1.5%左右的钕而成，也发射波长$\lambda 1.06\mu m$的红外激光。钇铝石榴石激光器可以脉冲方式工作，也可以连续方式工作。尽管其价格比钕玻璃贵，但由于性能优越，因而广泛用于打

孔、切割、焊接、微调等工作中。

④ 掺钛蓝宝石飞秒激光器。采用钛蓝宝石作为增益介质，输出光脉冲的持续时间最短可至5fs，激光中心波长位于近红外波段（~800nm），单个脉冲能量可达焦耳量级，脉冲峰值功率可达GW（10^9W）或TW（10^{12}W），脉冲功率密度可达10^{15}~10^{18}W/cm^2，甚至更高。具有如此极高峰值强度和极短持续时间的光脉冲与物质相互作用时，高能量迅速沉积在小作用区域内，避免了激光线性吸收、能量转移和扩散等的影响，使飞秒激光加工成为具有超高精度、超高空间分辨率和超高广泛性的非热熔冷处理过程，从而在根本上改变了激光与物质相互作用的机制，开创了激光加工的崭新领域。

2）气体激光器。气体激光器不靠光泵激励，而是通过高压电源激发工作物质，实现粒子数反转分布。因其效率高、寿命长、连续输出功率大，所以广泛用于切割、焊接、热处理等加工中。其中，以二氧化碳气体为工作物质的二氧化碳激光器是目前工业应用中功率最大、种类最多、较常用的一种气体激光器，其连续输出功率可达万瓦，输出最强的激光波长为10.6μm，效率可以高达30%。

第四节　超声波加工机床简介

1. 超声波加工

超声波加工是利用超声振动的工具，带动工件和工具间的磨料悬浮液，冲击和抛磨工件的被加工部位，使其局部材料被蚀除而成粉末，以进行穿孔、切割和研磨等，以及利用超声振动使工件相互结合的加工方法。

（1）超声波加工的基本原理　超声波加工原理如图9-12所示。加工时，在工具6和工件7之间加入液体（水或煤油等）和磨料混合的悬浮液8，并使工具以很小的力F轻轻压在工件上。超声换能器4产生16000Hz以上的超声频纵向振动，并借助于变幅杆5把振幅放大到0.05~0.1mm，驱动工具端面做超声振动，迫使工作液中悬浮的磨粒以很大的速度和加速度不断地撞击、抛磨被加工表面，把被加工表面的材料粉碎成很细的微粒，从工件上打击下来。虽然每次打击下来的材料很少，但由于每秒钟打击的次数多达16000次以上，所以仍有一定的加工速度。与此同时，悬浮液受工具端面超声振动作用而产生的高频、交变的液压正负冲击波和“空化”作用，促使工作液钻入被加工材料的微裂缝处，加剧了机械破坏作用。所谓空化作用，是指当工具端面以很大的加速度离开工件表面时，加工间隙内形成负压和局部真空，在工作液体内形成很多微空腔；当工具端面以很大的加速度接近工件表面时，空泡闭合，引起极强的液压冲击波，可以强化加工过程。此外，正负交变的液压冲击也使悬浮液在加工间隙中强迫循环，使变钝了的磨粒及时得到更新。由此可见，超声波加工是磨粒在超声振动作用下的机械撞击和抛磨作用，以及超声空化作用的综合结果，其中磨粒的撞击作用是主要的。既然超声加工是基于局部撞击作用，因此就不难理解，越是脆硬的材料，受撞击作用的破坏越大，超声加工越容易。相反，脆性和硬度不大的韧性材料，由于它的缓冲作用而难以用超声波加工。根据这个道理，人们可以合理选择工具材料，使之既能撞击磨粒，又不致使自身受到很大破坏，如用45钢作为工具即可满足上述要求。

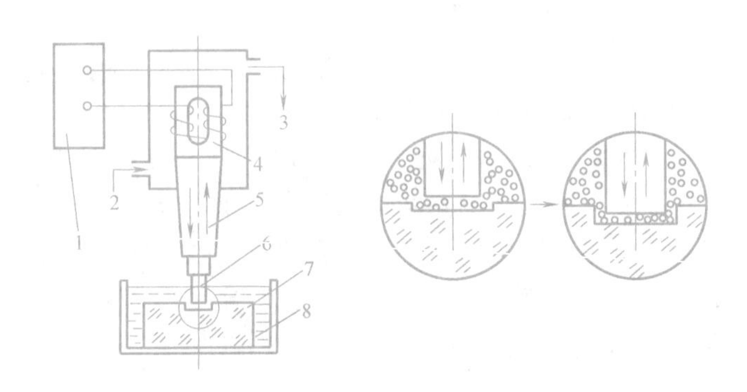

图 9-12　超声波加工原理

1—超声波发生器　2、3—冷却水　4—超声换能器　5—变幅杆　6—工具　7—工件　8—悬浮液

（2）超声波加工的特点

1）超声波加工适合于加工各种硬脆材料，特别是不导电的非金属材料，如玻璃、陶瓷（氧化铝、氮化硅等）、石英、锗、硅、玛瑙、宝石、金刚石等。对于导电的硬质金属材料如淬火钢、硬质合金等，也能进行加工、但生产率较低。

2）由于工具可用较软的材料、做成较复杂的形状，故不需要使工具和工件做比较复杂的相对运动，因此超声波加工机床的结构比较简单，只需一个方向进给，操作和维修方便。

3）由于去除加工材料是靠极小磨料瞬时局部的撞击作用，故工件表面的宏观切削力很小，切削应力、切削热很小，不会引起变形及烧伤，表面质量也较好，表面粗糙度值可达 $Ra0.32 \sim 1.25\mu m$，加工精度可达 0.01 ~ 0.02mm，而且可以加工薄壁、窄缝、低刚度零件。

2. 超声波加工机床及其组成部分

超声波加工机床如图 9-13 所示，其功率大小和结构形状虽然有所不同，但其组成部分基本相同，一般包括超声发生器、超声振动系统、机床本体和磨料工作液循环系统。

（1）超声发生器　也称超声波发生器或超声频发生器，其作用是将工频交流电转变为有一定功率的超声频电振荡，以提供工具端面往复振动和去除被加工材料的能量。

（2）超声振动系统　其作用是把高频电能转变为机械能，使工具端面做高频率小振幅的振动，以进行加工。

（3）机床　超声波加工机床一般比较简单，包括支承超声振动系统的机架及工作台，使工具以一定压力作用在工件上的进给机构，以及床体等部分。

（4）磨料工作液及其循环系统　简单的超声波加工机床，其磨料是靠人工输送和更换的，即在加工前将悬浮磨料的工作液浇注堆积在加工区，加工过程中定时抬起工具并补充磨料。效果较好而又最常用的工作液是水，为了提高表面质量，有时也用煤油或机油作工作液。磨料常用碳化硼、碳化硅或氧化铝等。

在加工难切削材料时，常将超声波加工与其他加工方法配合进行复合加工，如超声车削、超声磨削、超声电解加工、超声线切割等。这些复合加工方法把两种甚至多种加工方法结合在一起，能起到取长补短的作用，使加工效率、加工精度及工件的表面质量显著提高。

3. 超声波加工的应用

超声波加工从 20 世纪 50 年代开始实用性研究以来，其应用日益广泛。随着科技和材料工业的发展，新技术、新材料不断涌现，超声波加工的应用也会进一步拓宽，发挥更大的作

用。目前，超声波加工在生产上多用于以下几个方面：

（1）成形加工　超声波加工适于加工各种硬脆材料的圆孔、型孔、型腔、沟槽、异形贯通孔、弯曲孔、微细孔、套料等。

（2）切割加工　超声精密切割半导体、铁氧体、石英、宝石、陶瓷、金刚石等硬脆材料，比用金刚石刀具切割具有切片薄、切口窄、精度高、生产率高、经济性好的优点。

（3）焊接加工　超声焊接是利用超声频振动作用，去除工件表面的氧化膜，使新的本体表面显露出来，并在两个被焊工件表面分子的高速振动撞击下，摩擦发热、亲和并粘接在一起。不仅可以焊接尼龙、塑料及表面易生成氧化膜的铝制品等，还可以在陶瓷等非金属表面挂锡、挂银、涂覆熔化的金属薄层。

（4）超声清洗　超声清洗主要用于几何形状复杂、清洗质量要求高的中小精密零件，特别是工件上的深小孔、微孔、弯孔、不通孔、沟槽、窄缝等部位的精清洗。图9-14所示为超声波清洗机。

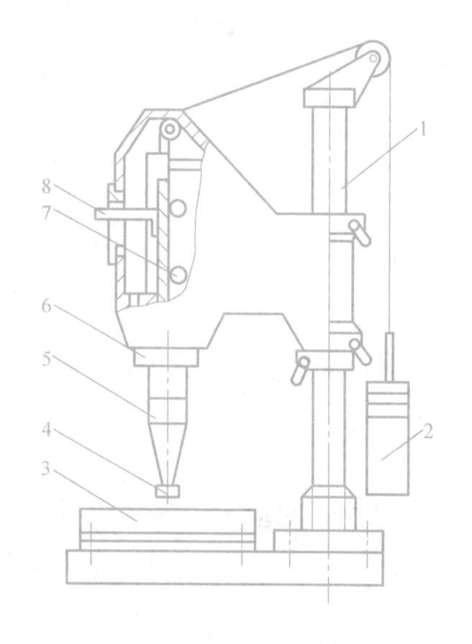

图9-13　超声波加工机床

1—支架　2—平衡重锤　3—工作台　4—工具
5—变幅杆　6—换能器　7—导轨　8—标尺

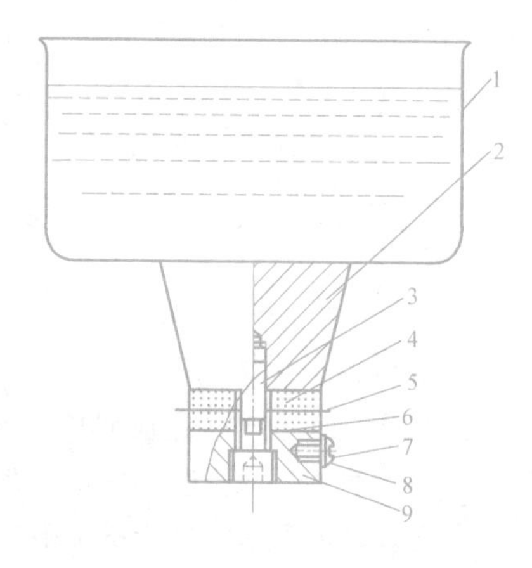

图9-14　超声波清洗机

1—清洗槽　2—变幅杆　3—压紧螺钉
4—压电陶瓷换能器　5—镍片（+）
6—镍片（-）　7—接线螺钉
8—垫圈　9—钢垫块

第五节　快速成型机床简介

1. 快速成型技术

快速成型技术（Rapid Prototyping，RP），又称快速原型制造（Rapid Prototyping Manufacturing，RPM）技术，诞生于20世纪80年代后期，被认为是近20年来制造领域的一次重大突破，对制造业的影响可同于20世纪五六十年代的数控技术。RPM是一种基于材料堆积法的一种高新制造技术，综合了CAD、机械工程、数控技术、激光技术及材料科学技术，可自动、直接、快速、精确地将设计思想转变为具有一定功能的原型或直接制造零件，从而可对产品设计进行快速评估、修改及功能试验，大大缩短了产品的研制周期。

快速成型技术从广义上讲可分成两类：材料累积和材料去除。但是，目前人们谈及的快速成型制造方法，通常指的是累积式的成型方法，而累积式的快速成型制造方法通常是依据原型使用的材料及其构建技术进行分类的，如图9-15所示。

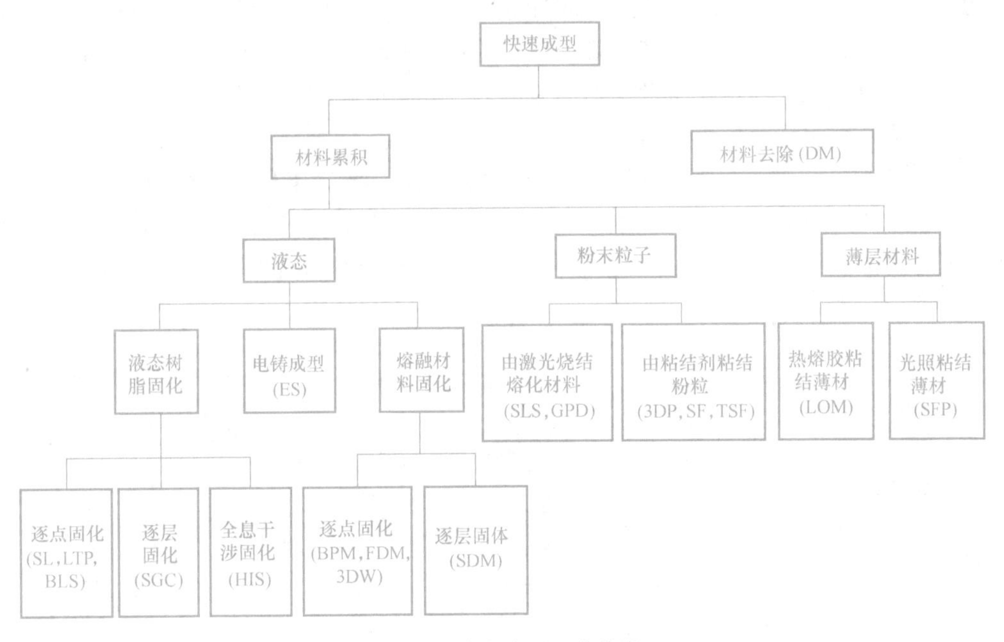

图9-15　快速成型工艺分类

2. 快速成型技术的特点

（1）高度柔性　快速成型技术的最突出特点就是柔性好，它取消了专用工具，在计算机管理和控制下，可制造出任意复杂形状的零件，把可重编程、重组、连续改变的生产装备用信息方式集成到一个制造系统中。

（2）快速性　快速成型技术的一个重要特点就是其快速性。由于激光快速成型是建立在高度技术集成的基础之上，从CAD设计到原型的加工完成只需几小时至几十小时，比传统的成型方法速度要快得多。这一特点尤其适合于新产品的开发与管理。

（3）技术的高度集成　快速成型技术是计算机技术、数控技术、激光技术与材料技术的综合集成。在成型概念上，它以离散堆积为指导，在控制上以计算机和数控为基础，以最大的柔性为目标。

（4）设计制造一体化　快速成型技术的另一个显著特点就是CAD/CAM一体化。在传统的CAD、CAM技术中，由于成型思想的局限性，致使设计制造一体化很难实现。而对于快速成型技术来说，由于采用了离散堆积分层制造工艺，能够很好地将CAD、CAM技术结合起来。

（5）材料的广泛性　由于各种RP工艺的成型方式不同，因而材料的使用也各不相同，如金属、纸、塑料、光敏树脂、蜡、陶瓷，甚至纤维等材料在快速成型领域均有很好的

应用。

（6）自由成型制造 快速成型技术的这一特点是基于自由成型制造（Free Form Fabrication，FFF）的思想。自由的含义有两个方面：一是指根据零件的形状，不受任何专用工具（或模腔）的限制而自由成型；二是指不受零件任何复杂程度的限制。由于传统加工技术的复杂性和局限性，要达到零件的直接制造仍有很大距离。而RPM技术大大简化了工艺规程、工装准备、装配等过程，很容易实现由产品模型驱动直接制造或自由制造。

3. 快速成型工艺

目前比较成熟的快速成型工艺方法已有十余种，具有代表性的工艺是液态树脂固化成型法中的光敏树脂液相固化成型、激光烧结熔化材料成型法中的选择性激光烧结成型、熔融材料固化成型中的叠层实体制造成型及熔丝堆积成型（前者属于逐层固体成型，后者属于逐点固体成型）。下面对其中光敏树脂液相固化成型的工艺原理、特点等分别进行阐述，同时对目前比较流行的3D打印技术做简单介绍。

（1）光敏树脂液相固化成型技术 光敏树脂液相固化成型（Stereo Lithography，SL或SLA），又称光固化立体造型或立体光刻成型。它由美国Charles Hul发明并于1984年获美国专利。1988年美国3D系统公司推出商品化的世界上第一台快速原型成型机。SL方法是目前RP技术领域中研究得最多的方法，也是技术上最为成熟的方法。SL工艺成型的零件精度较高。多年的研究改进了截面扫描方式和树脂成型性能，使该工艺的精度能达到或小于0.1mm。

1）光敏树脂液相固化成型工艺原理。SL工艺是基于液态光敏树脂的光聚合原理工作的。这种液态材料在一定波长（$\lambda=325\text{nm}$）和功率（$P=30\text{mW}$）的紫外激光照射下能迅速发生光聚合反应，相对分子质量急剧增大，材料也就从液态转变成固态。图9-16所示为SL工艺原理。树脂槽3中盛满液态光敏树脂，激光束在扫描镜1的作用下，在液体表面上扫描，扫描的轨迹及激光的有无均由计算机控制，光点扫描到的地方，液体就固化。成型开始时，工作平台托盘5在液面下一个确定的深度，液面始终处于激光的焦点平面内，聚焦后的光斑在液面上按计算机的指令逐点扫描即逐点固化。当一层扫描完成后，未被照射的地方仍是液态树脂。然后Z轴升降台2带动平台托盘5，使其高度下降一层（约0.1mm），已成型的层面上又布满一层液态树脂，刮板将黏度较大的树脂液面刮平，然后再进行下一层的扫描，新的一层固体牢固地粘在前一层上，如此重复操作，直到整个零件制造完毕，得到一个三维实体原型。

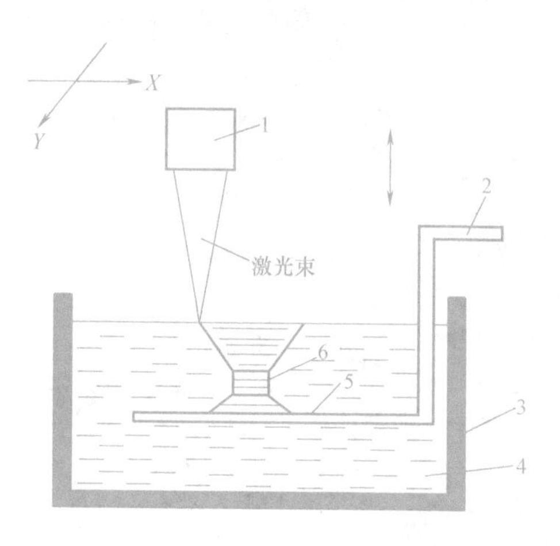

图9-16 SL工艺原理
1—扫描镜 2—Z轴升降台 3—树脂槽
4—光敏树脂 5—托盘 6—零件

2）光敏树脂液相固化成型设备和应用。目前，研究光敏树脂液相固化成型设备的单位有美国的3D系统公司、Aaroflex公司，德国的EOS公司、F&S公司，日本的SONY/D-MEC公司、Teijin Seiki公司、Denken Engineering公司、Meiko公司、Unirapid公司、NTT DATA&CMET公司，以及国内的华中科技大学快速制造中心、清华大学、西安交通大学，上海联泰科技有限公司等。

图 9-17a 所示为 CPS-250 型液相固化快速成型机的外形及结构组成。CPS 型液相固化快速成型机采用普通紫外光源，通过光纤将经过一次聚焦后的普通紫外光导入透镜，经过二次聚焦后，照射在树脂液面上。二次聚焦镜夹持在二维数控工作台上，实现 *X-Y* 二维扫描运动，配合 *Z* 轴升降运动，从而获得三维实体。*Z* 轴升降工作台主要完成托盘的升降运动。在制作过程中进行每一层的向下步进，制作完成后，工作台快速提升出树脂液面，以方便零件的取出。*Z* 轴升降工作台的运动采用步进电动机驱动、丝杠传动、导轨导向的方式，以保证 *Z* 向的运动精度，故其结构包括步进电动机、滚珠丝杠副、导轨副、吊梁、托板及立板，如图 9-17b 所示。*X-Y* 工作台主要完成聚焦镜头在液面上的二维精确扫描，实现每一层的固化，它采用步进电动机驱动、精密同步带传动、精密导轨导向的运动方式，如图 9-17c 所示。光学系统的光源采用紫外汞氙灯，用椭球面反射罩实现第一次反射聚焦，聚焦后经光纤耦合传导，由透镜实现二次聚焦，将光照射到树脂液面上，其原理如图 9-17d 所示。

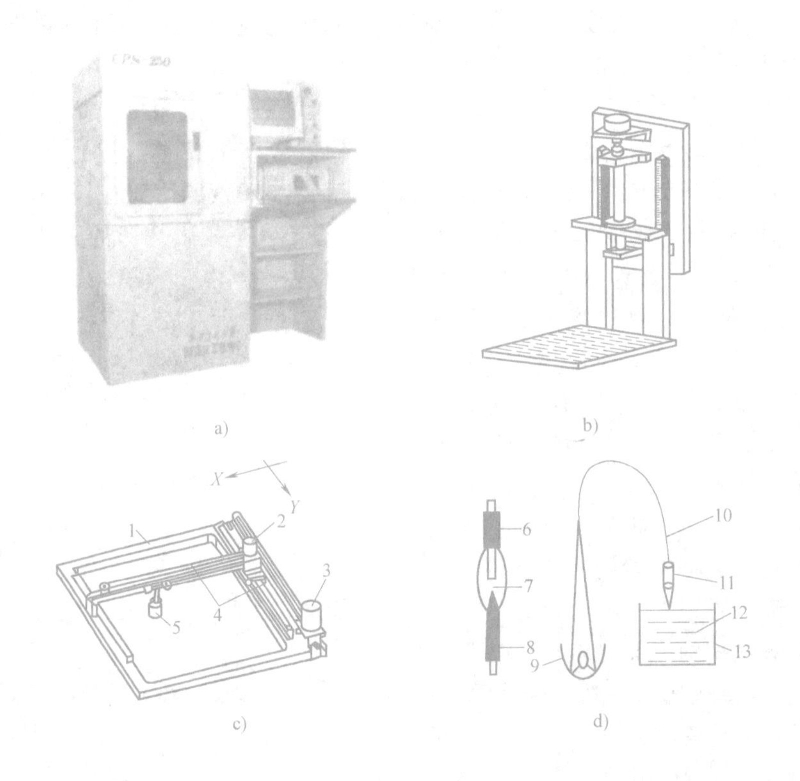

图 9-17　CPS-250 型液相固化快速成型机的外形及结构组成

a）成型机外形　b）*Z* 轴升降工作台　c）*X-Y* 工作台　d）光学系统原理

1—基板　2—*X* 轴步进电动机　3—*Y* 轴步进电动机　4—同步带　5—聚焦镜头　6—正极

7—灯泡　8—负极　9—聚光罩　10—光纤　11—聚焦镜头　12—树脂　13—树脂槽

光敏树脂液相固化成型的应用有很多方面：可直接制作各种树脂功能件，用于结构验证和功能测试；可制作比较精细和复杂的零件；可制造出有透明效果的制件；制作出来的原型件可快速翻制各种模具，如硅橡胶模、金属冷喷模、陶瓷模、合金模、电铸模、环氧树脂模及汽化模等。

（2）3D 打印技术　3D 打印（3D printing），是快速成型技术的一种，它是一种以数字模型文件为基础，运用粉末状金属或塑料等可粘合材料，通过逐层打印的方式来构造物体的技术。3D 打印通常是采用数字技术材料打印机来实现的。过去其常在模具制造、工业设计等领域被用于制造模型，现正逐渐用于一些产品的直接制造，目前已经有使用这种技术打印而成的零部件。3D 打印技术在珠宝、鞋类、工业设计、建筑工程和施工（AEC）、汽车、航空航天、牙科和医疗产业、教育、地理信息系统、土木工程、枪支以及其他领域都有所应用。

1）概述。3D 打印技术是以计算机三维设计模型为蓝本，通过软件分层离散和数控成型系统，利用激光束、热熔喷嘴等方式将金属粉末、陶瓷粉末、塑料、细胞组织等特殊材料进行逐层堆积粘结，最终叠加成型，制造出实体产品。与传统制造业通过模具以及车、铣等机械加工方式对原材料进行定型、切削以最终生产成品不同，3D 打印将三维实体变为若干个二维平面，通过对材料处理并逐层叠加进行生产，大大降低了制造的复杂度。这种数字化制造模式不需要复杂的工艺，不需要庞大的机床，不需要众多的人力，直接根据计算机图形数据便可生成任何形状的零件，使生产制造得以向更广的生产范围延伸。

日常生活中使用的普通打印机可以打印电脑设计的平面物品，而所谓的 3D 打印机与普通打印机工作原理基本相同，只是打印材料有些不同。普通打印机的打印材料是墨水和纸张，而 3D 打印机内装有金属、陶瓷、塑料、砂等不同的“打印材料”，是实实在在的原材料，打印机与计算机连接后，通过计算机控制可以把“打印材料”一层层叠加起来，最终把计算机上的蓝图变成实物。通俗地说，3D 打印机是可以“打印”出真实的 3D 物体的一种设备，如打印一个机器人、玩具车，各种模型，甚至是食物等。之所以通俗地称其为“打印机”是参照了普通打印机的技术原理，因为分层加工的过程与喷墨打印十分相似。3D 打印技术也称为 3D 立体打印技术。

2）工作原理简介。3D 打印技术并非是新鲜的技术，这个思想起源于 19 世纪末的美国，并在 20 世纪 80 年代得以发展和推广。中国物联网校企联盟把它称作“上上个世纪的思想，上个世纪的技术，这个世纪的市场”。三维打印通常是采用数字技术材料打印机来实现。这种打印机的产量以及销量在 21 世纪以来已经得到了极大的增长，其价格也正逐年下降。

打印一封信时，轻点计算机屏幕上的“打印”按钮，一份数字文件便被传送到一台喷墨打印机上，它将一层墨水喷到纸的表面以形成一副二维图像。而在 3D 打印时，软件通过计算机辅助设计技术（CAD）完成一系列数字切片，并将这些切片的信息传送到 3D 打印机上，后者会将连续的薄型层面堆叠起来，直到一个固态物体成型。3D 打印机与传统打印机最大的区别在于它使用的打印材料是实实在在的原材料。

堆叠薄层的形式有多种多样。有些 3D 打印机使用“喷墨”的方式。例如，一家名为 Objet 的以色列 3D 打印机公司使用打印机喷头将一层极薄的液态塑料物质喷涂在铸模托盘上，此涂层然后被置于紫外线下进行处理，之后铸模托盘下降极小的距离，以供下一层堆叠上来。另外一家总部位于美国明尼阿波利斯市的 Stratasys 公司使用一种称为“熔积成型”的技术，整个流程是在喷头内熔化塑料，然后通过沉积塑料纤维的方式形成薄层。

还有一些系统使用粉末微粒作为打印介质。粉末微粒被喷洒在铸模托盘上形成一层极薄的粉末层，然后由喷出的液态黏结剂进行固化。也可以使用一种称为“激光烧结”的技术熔铸成指定形状。这也正是德国 EOS 公司在其叠加工艺制造机上使用的技术。瑞士的 Arcam

公司则是利用真空中的电子流熔化粉末微粒。以上提到的这些仅仅是许多成型方式中的一部分。

当遇到包含孔洞及悬臂这样的复杂结构时，介质中就需要加入凝胶剂或其他物质，以提供支撑或用来占据空间。这部分粉末不会被熔铸，最后只需用水或气流冲洗掉支撑物便可形成孔隙。如今可用于打印的介质种类多样，从繁多的塑料到金属、陶瓷以及橡胶类物质。有些打印机还能结合不同介质，令打印出来的物体一头坚硬而另一头柔软。

科学家们正在利用3D打印机制造诸如皮肤、肌肉和血管片段等简单的活体组织，很有可能在将来的某一天能够制造出像肾脏、肝脏甚至心脏这样的大型人体器官。如果生物打印机能够使用病人自身的干细胞，那么器官移植后的排异反应将会减少。人们也可以打印食品，如康奈尔大学的科学家们已经成功打印出了杯形蛋糕。

3）工作流程。

① 三维设计。三维打印的设计过程是：先通过计算机进行软件建模，再将建成的三维模型“分区”成逐层的截面，即切片，从而指导打印机逐层打印。

设计软件和打印机之间协作的标准文件格式是STL文件格式。一个STL文件使用三角面来近似模拟物体的表面。三角面越小其生成的表面分辨率越高。PLY是一种通过扫描生成三维文件的扫描器，其生成的VRML或者WRL文件经常被用作全彩打印的输入文件。

② 打印过程。打印机通过读取文件中的横截面信息，用液体状、粉状或片状的材料将这些截面逐层地打印出来，再将各层截面以各种方式粘结起来，从而制造出一个实体。

打印机打出的截面的厚度（即Z方向）以及平面方向（即X-Y方向）的分辨率是以dpi（像素/in）或者μm来计算的。一般的厚度为100μm，即0.1mm。也有部分打印机，如Objet Connex系列和三维Systems' ProJet系列，可以打印出16μm薄的一层，而平面方向则可以打印出与激光打印机相近的分辨率，打印出来的“墨水滴”的直径通常为50～100μm。用传统方法制造出一个模型通常需要数小时到数天，根据模型的尺寸以及复杂程度而定；而用3D打印的技术则可以将时间缩短为数个小时，当然其是由打印机的性能以及模型的尺寸和复杂程度而定的。

传统的制造技术，如注塑法，可以以较低的成本大量制造聚合物产品，而3D打印技术则可以以更快，更有弹性以及更低成本的办法生产数量相对较少的产品。一个桌面尺寸的3D打印机就可以满足设计者或概念开发小组制造模型的需要。

③ 完成。3D打印机的分辨率对大多数应用来说已经足够（在弯曲的表面可能会比较粗糙，像图像上的锯齿一样），要获得更高分辨率的物品可以通过如下方法：先用当前的3D打印机打出稍大一点的物体，再稍微经过表面打磨即可得到表面光滑的“高分辨率”物品。

有些3D打印技术可以同时使用多种材料进行打印；还有些3D打印技术在打印的过程中还会用到支撑物，如在打印出有倒挂状的物体时就需要用到一些易于除去的物质（如可溶的物质）作为支撑物。

4）优点及现状。在3D打印技术可以打印假肢、汽车、飞机的今天，它还在创造无限的可能。

首先3D打印技术可以加工传统方法难以制造的零件。过去传统的制造方法就是一个毛坯，把不需要的地方切除掉，是多维加工的，或者采用模具把金属和塑料融化灌进去得到这样的零件，这样对复杂的零部件来说加工起来非常困难。3D打印技术对于复杂零部件而言

具有极大的优势，可以打印非常复杂的东西。

其次实现了首件的净型成型，这样后期辅助加工量大大减小，避免了委托外加工的数据泄密和时间跨度，尤其适合一些高保密性的行业，如军工、核电领域。

再次，由于制造准备和数据转换的时间大幅减少，使得单件试制、小批量出产的周期和成本降低，特别适合新产品的开发和单件小批零件的出产。

这些速度快、高易用性等优势使得 3D 打印成为一种潮流，并且在很多领域得到了应用。如今 3D 打印机已经在建筑设计、医疗辅助、工业模型、复杂结构、零配件、动漫模型等领域有了一定程度的应用。尤其在飞机、核电和火电等使用重型机械、高端精密机械的行业，3D 打印技术打印的产品是自然无缝连接的，结构之间的稳固性和连接强度要远远高于传统方法生产的产品。

事实上，3D 打印技术要成为主流的生产制造技术还尚需时日。3D 打印机在 21 世纪初的实际使用仍属于快速成型范畴，即为企业在生产正式的产品前提供产品原型的制造，业内也将这类原型称作手板。据统计，3D 打印机生产的产品中 80% 依旧是产品原型，仅有 20% 是最终产品。虽然 3D 打印机技术在 21 世纪初已取得不小的进步，如打印原材料增多、打印机和原材料价格逐渐下降，但依旧是一项年轻的技术，在没有变得更加成熟和廉价前，并不会被企业大规模采用。

习题与思考题

1. 什么叫特种加工？常用的特种加工方法有哪些？
2. 电火花加工有何特点？适于加工哪些零件表面？
3. 简述电火花加工原理。
4. 简述电火花加工和线切割加工的异同。
5. 简述电解加工的特点及其应用范围。
6. 电解加工原理是什么？
7. 简述激光加工原理及应用范围。
8. 超声波加工是如何进行的？
9. 试述超声波加工的特点及应用。
10. 试简述快速成型技术工作原理。

附录

附录 A 常用机床组、系代号及主参数

类	组	系	机床名称	主参数的折算系数	主参数
车床	1	1	单轴纵切自动车床	1	最大棒料直径
	1	2	单轴横切自动车床	1	最大棒料直径
	1	3	单轴转塔自动车床	1	最大棒料直径
	2	1	多轴棒料自动车床	1	最大棒料直径
	2	2	多轴卡盘自动车床	1/10	卡盘直径
	2	6	立式多轴半自动车床	1/10	最大车削直径
	3	0	回转车床	1	最大棒料直径
	3	1	滑鞍转塔车床	1/10	卡盘直径
	3	3	滑枕转塔车床	1/10	卡盘直径
	4	1	曲轴车床	1/10	最大工件回转直径
	4	6	凸轮轴车床	1/10	最大工件回转直径
	5	1	单柱立式车床	1/100	最大车削直径
	5	2	双柱立式车床	1/100	最大车削直径
	6	0	落地车床	1/100	最大工件回转直径
	6	1	卧式车床	1/10	床身上最大回转直径
	6	2	马鞍车床	1/10	床身上最大回转直径
	6	4	卡盘车床	1/10	床身上最大回转直径
	6	5	球面车床	1/10	刀架上最大回转直径
	7	1	仿形车床	1/10	刀架上最大车削直径
	7	5	多刀车床	1/10	刀加上最大车削直径
	7	6	卡盘多刀车床	1/10	刀架上最大车削直径
	8	4	轧辊车床	1/10	最大工件直径
	8	9	铲齿车床	1/10	最大工件直径
钻床	1	3	立式坐标镗钻床	1/10	工作台面宽度
	2	1	深孔钻床	1/10	最大钻孔直径
	3	0	摇臂钻床	1	最大钻孔直径
	3	1	万向摇臂钻床	1	最大钻孔直径
	4	0	台式钻床	1	最大钻孔直径
	5	0	圆柱立式钻床	1	最大钻孔直径
	5	1	方柱立式钻床	1	最大钻孔直径
	5	2	可调多轴立式钻床	1	最大钻孔直径
	8	1	中心孔钻床	1/10	最大工件直径
	8	2	平端面中心孔钻床	1/10	最大工件直径

（续）

类	组	系	机床名称	主参数的折算系数	主参数
镗床	4	1	立式单柱坐标镗床	1/10	工作台面宽度
	4	2	立式双柱坐标镗床	1/10	工作台面宽度
	4	6	卧式坐标镗床	1/10	工作台面宽度
	6	1	卧式镗床	1/10	镗轴直径
	6	2	落地镗床	1/10	镗轴直径
	6	9	落地铣镗床	1/10	镗轴直径
	7	0	单面卧式精镗床	1/10	工作台面宽度
	7	1	双面卧式精镗床	1/10	工作台面宽度
	7	2	立式精镗床	1/10	最大镗孔直径
磨床	0	4	抛光机		—
	0	6	刀具磨床		—
	1	0	无心外圆磨床	1	最大磨削直径
	1	3	外圆磨床	1/10	最大磨削直径
	1	4	万能外圆磨床	1/10	最大磨削直径
	1	5	宽砂轮外圆磨床	1/10	最大磨削直径
	1	6	端面外圆磨床	1/10	最大回转直径
	2	1	内圆磨床	1/10	最大磨削直径
	2	5	立式行星内圆磨床	1/10	最大磨削直径
	3	0	落地砂轮机	1/10	最大砂轮直径
	5	0	落地导轨磨床	1/100	最大磨削宽度
	5	2	龙门导轨磨床	1/100	最大磨削宽度
	6	0	万能工具磨床	1/10	最大回转直径
	6	3	钻头刃磨床	1	最大刃磨钻头直径
	7	1	卧轴矩台平面磨床	1/10	工作台面宽度
	7	3	卧轴圆台平面磨床	1/10	工作台面直径
	7	4	立轴圆台平面磨床	1/10	工作台面直径
	8	2	曲轴磨床	1/10	最大回转直径
	8	3	凸轮轴磨床	1/10	最大回转直径
	8	6	花键轴磨床	1/10	最大磨削直径
	9	0	曲线磨床	1/10	最大磨削长度
齿轮加工机床	2	0	弧齿锥齿轮磨齿机	1/10	最大工件直径
	2	2	弧齿锥齿轮铣齿机	1/10	最大工件直径
	2	3	直齿锥齿轮刨齿机	1/10	最大工件直径
	3	1	滚齿机	1/10	最大工件直径
	3	6	卧式滚齿机	1/10	最大工件直径
	4	2	剃齿机	1/10	最大工件直径
	4	6	珩齿机	1/10	最大工件直径
	5	1	插齿机	1/10	最大工件直径
	6	0	花键轴铣床	1/10	最大铣削直径
	7	0	碟形砂轮磨齿机	1/10	最大工件直径
	7	1	锥形砂轮磨齿机	1/10	最大工件直径

（续）

类	组	系	机床名称	主参数的折算系数	主参数
齿轮加工机床	7	2	蜗杆砂轮磨齿机	1/10	最大工件直径
	8	0	车齿机	1/10	最大工件直径
	9	3	齿轮倒角机	1/10	最大工件直径
	9	9	齿轮噪声检查机	1/10	最大工件直径
螺纹加工机床	3	0	套丝机	1	最大套丝直径
	4	8	卧式攻丝机	1/10	最大攻丝直径
	6	0	丝杠铣床	1/10	最大铣削直径
	6	2	短螺纹铣床	1/10	最大铣削直径
	7	4	丝杠磨床	1/10	最大工件直径
	7	5	万能螺纹磨床	1/10	最大工件直径
	8	6	丝杠车床	1/100	最大工件长度
	8	9	多头螺纹车床	1/10	最大车削直径
铣床	2	0	龙门铣床	1/100	工作台面宽度
	3	0	圆台铣床	1/100	工作台面直径
	4	3	平面仿形铣床	1/10	最大铣削宽度
	4	4	立体仿形铣床	1/10	最大铣削宽度
	5	0	立式升降台铣床	1/10	工作台面宽度
	6	0	卧式升降台铣床	1/10	工作台面宽度
	6	1	万能升降台铣床	1/10	工作台面宽度
	7	1	床身铣床	1/100	工作台面宽度
	8	1	万能工具铣床	1/10	工作台面宽度
	9	2	键槽铣床	1	最大键槽宽度
刨插床	1	0	悬臂刨床	1/100	最大刨削宽度
	2	0	龙门刨床	1/100	最大刨削宽度
	2	2	龙门铣磨刨床	1/100	最大刨削宽度
	5	0	插床	1/10	最大插削长度
	6	0	牛头刨床	1/10	最大刨削长度
	8	8	模具刨床	1/10	最大刨削长度
拉床	3	1	卧式外拉床	1/10	额定拉力
	4	3	连续拉床	1/10	额定压力
	5	1	立式内拉床	1/10	额定拉力
	6	1	卧式内拉床	1/10	额定拉力
	7	1	立式外拉床	1/10	额定拉力
	9	1	气缸体平面拉床	1/10	额定拉力
锯床	5	1	立式带锯床	1/10	最大锯削厚度
	6	0	卧式圆锯床	1/100	最大圆锯片直径
	7	1	夹板卧式弓锯床	1/10	最大锯削直径
其他机床	1	6	管接头螺纹车床	1/10	最大加工直径
	2	1	木螺钉螺纹加工机	1	最大工件直径
	4	0	圆刻线机	1/100	最大加工长度
	4	1	长刻线机	1/100	最大加工长度

附录 B　机构运动简图符号

名称	基本符号			可用符号	附注
齿轮机构 齿轮（不指明齿线）	圆柱齿轮				
	锥齿轮				
	挠性齿轮				
齿线符号	圆柱齿轮	直齿			
		斜齿			
		人字齿			
	锥齿轮	直齿			
		斜齿			
		弧齿			
齿轮传动（不指明齿轮）	圆柱齿轮				
	锥齿轮				

（续）

名称		基本符号	可用符号	附注
齿轮传动（不指明齿线）	蜗轮与圆柱蜗杆	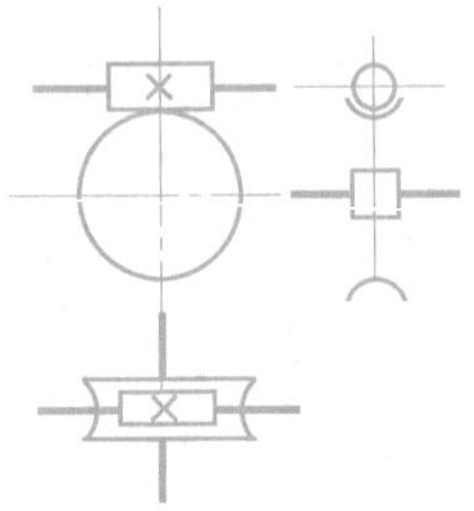	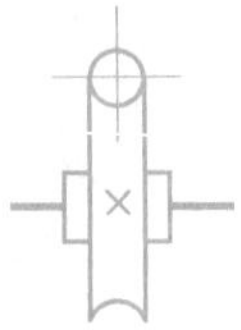	
	交错轴斜齿轮	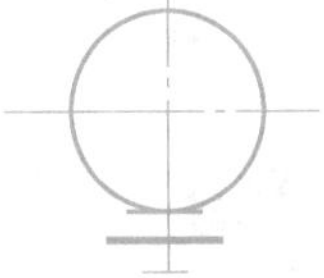	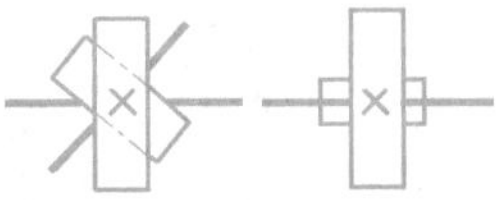	
齿条传动	一般表示	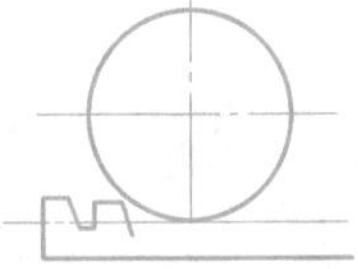	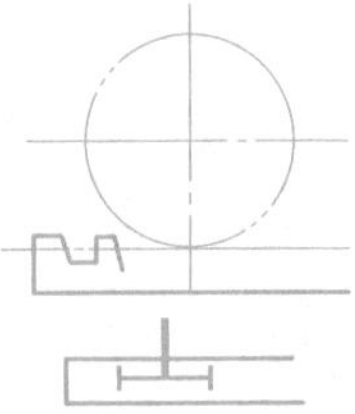	
	蜗线齿条与蜗杆		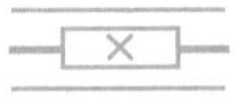	
	齿条与蜗杆		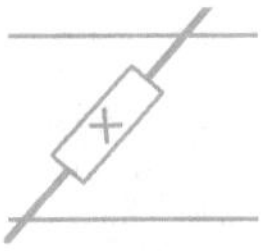	
扇形齿轮传动		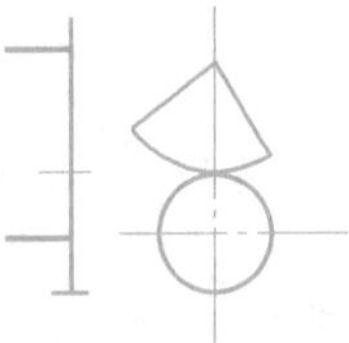		
圆柱凸轮				
外啮合槽轮机构		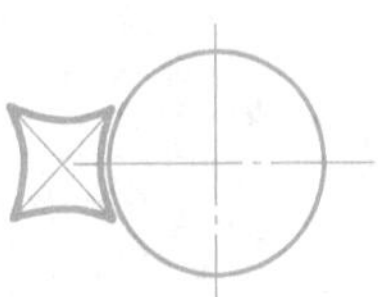	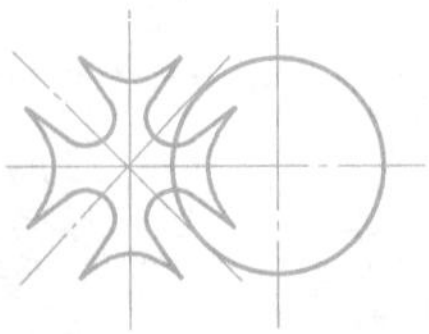	

（续）

名称		基本符号	可用符号	附注
联轴器	一般符号（不指明类型）			
	固定联轴器			
	弹性联轴器			
啮合式离合器	单向式			对于啮合式离合器、摩擦离合器、液压离合器、电磁离合器和制动器，当需要表明操纵方式时，可使用下列符号： M—机动的； H—液动的； P—气动的； E—电动的（如电磁）
	双向式			
摩擦离合器	单向式			
	双向式			
液压离合器（一般符号）				
电磁离合器				
离心摩擦离合器				
超越离合器				
安全离合器	带有易损元件			

（续）

名称		基本符号	可用符号	附注
安合离合器	无易损元件	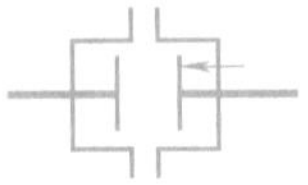		
制动器（一般符号）				不规定制动器外观
螺杆传动	整体螺母	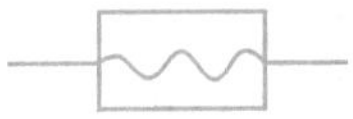		
	开合螺母	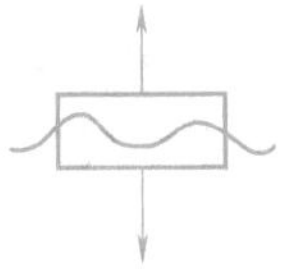	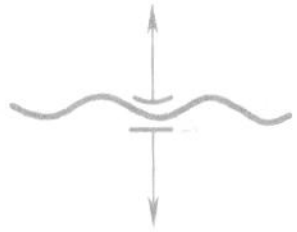	
	滚珠螺母			
带传动——一般符号（不指明类型）		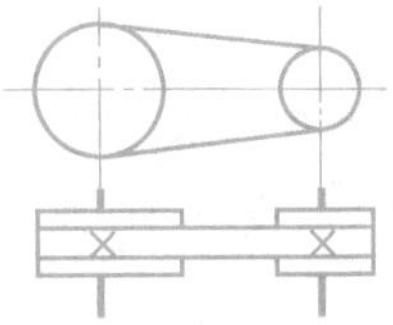		若需指明带的类型，可采用下列符号： 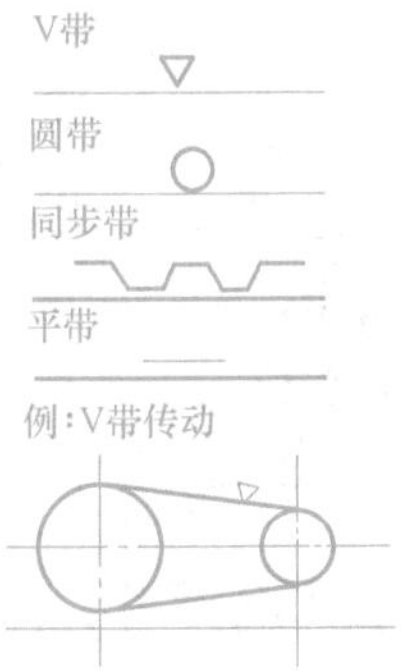 V带 圆带 同步带 平带 例：V带传动
链传动——一般符号（不指明类型）		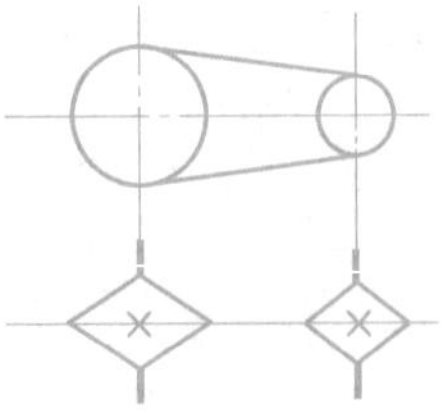		若需指明链条类型，可采用下列符号： 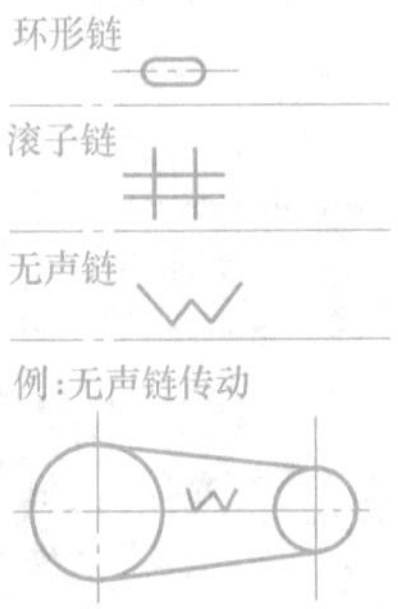 环形链 滚子链 无声链 例：无声链传动

（续）

名称		基本符号	可用符号	附注
向心轴承	滑动轴承			
	滚动轴承			
推力轴承	单向			
	双向			
	滚动轴承			
向心推力轴承	单向			
	双向			
	滚动轴承			

附录C　常用滚动轴承符号

轴承类型	图示符号	轴承类型	图示符号
深沟球轴承		滚针轴承（内圈无挡边）	
调心球轴承（双列）		推力球轴承	
角接触球轴承		推力球轴承（双向）	
圆柱滚子轴承（内圈无挡边）		圆锥滚子轴承	
圆柱滚子轴承（双列）		圆锥滚子轴承（双列）	

附录 D 金属切削机床操作指示图形符号

序号	符号	名称	说明	序号	符号	名称	说明
1		电动机	ISO 7000 0011	12	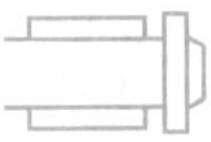	套筒	ISO 7000 0272
2	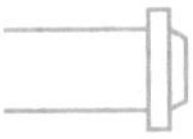	主轴	ISO 7000 0267	13		矩形工作台	ISO 7000 0282
3	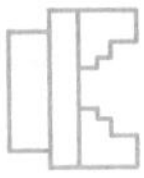	卡盘	ISO 7000 0274	14		回转工作台	ISO 7000 0284
4		花盘	ISO 7000 0275	15		矩形电磁吸盘	ISO 7000 0283
5	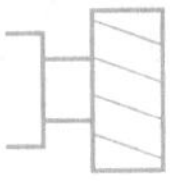	铣削主轴	ISO 7000 0269	16		圆电磁吸盘	ISO 7000 0285
6		钻削主轴	ISO 7000 0268	17	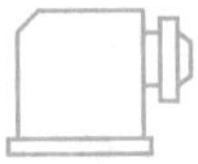	主轴箱	ISO 7000 0277
7		镗削主轴	—	18	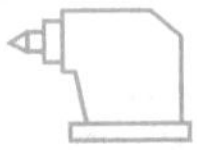	尾座	ISO 7000 0278
8	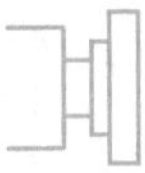	磨削主轴	ISO 7000 0270	19		滑枕	ISO 7000 0280
9	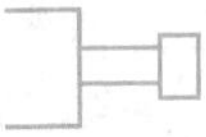	内磨主轴	—	20	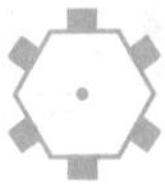	转塔刀架	ISO 7000 0279
10		滚刀主轴	—	21		丝杠	—
11	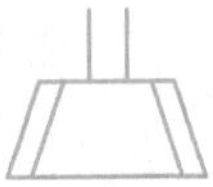	插齿刀主轴	—	22		滚珠丝杠	GB/T 4460 12.4.3

（续）

序号	符号	名称	说明	序号	符号	名称	说明
23		弹簧夹头	ISO 7000 0276	34		插齿刀	—
24		联轴器	ISO 7000 0015 表示两旋转轴之间的任何联接形式。例如联轴器、离合器	35		滚刀	—
25		齿轮传动	ISO 7000 0012	36		带刀片的组合铣刀	ISO 7000 0294
26		工件	ISO 7000 0315	37		整体单刃刀具	ISO 7000 0287
27		旋转工具	ISO 7000 0286	38		单刃砂轮修整器	ISO 7000 0300
28		砂轮	ISO 7000 0295	39		凸轮	ISO 7000 0016
29		圆锯	ISO 7000 0289	40		照明灯	ISO/R 369 102
30		锯条	ISO 7000 0303	41		冷却液	ISO/R 369 101
31		钻头	ISO 7000 0290	42		滚动	—
32		铰刀	ISO 7000 0291	43		气动	—
33		丝锥	ISO 7000 0292	44		脚踏开关	GB/T 5465.2 1036

（续）

序号	符号	名称	说明	序号	符号	名称	说明
45	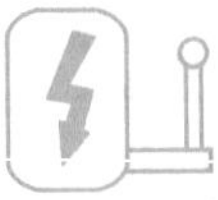	电源开关	闪电标记为黑色	54		静压轴承	—
46		润滑油	ISO 7000 0391	55	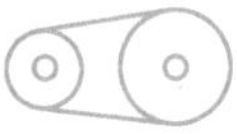	带传动	ISO 7000 0013 代表各种带传动
47		润滑油脂	—	56		链传动	ISO 7000 0014 代表各种链传动
48	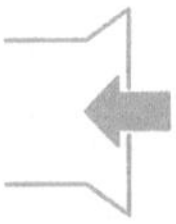	泵	—	57		吹出	—
49		冷却泵	—	58	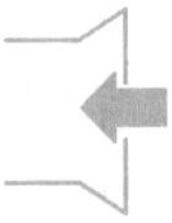	吸入	—
50		润滑泵	—	59	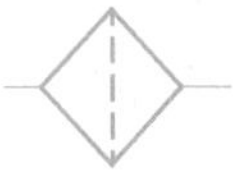	过滤器	—
51		液压泵	—	60		精过滤器	—
52		液压马达	—	61		加热器	—
53		温度计；温度控制	—	62	 ××××	数字显示装置	×代表数字

（续）

序号	符号	名称	说明	序号	符号	名称	说明
63		光学读数装置		72		双臂换刀机械手	ISO 7000 0425
64		仿形模板	ISO 7000 0310	73		单臂换刀机械手	ISO 7000 0429
65		指示仪表	—	74		手轮	ISO 7000 0326
66		计时器	—	75		手柄	ISO 7000 0327
67		外径测量	—	76		切屑收集	—
68		内径测量	—	77		切屑	ISO 7000 0313
69		磁铁		78		输送带	ISO 7000 0229
70		电磁铁	—	79		容器	ISO 7000 0359
71		防止过载的机械式安全装置	ISO 7000 0314	80		交换	ISO 7000 0273

附录E 金属切削机床运动符号

序号	符号	名称	说明
1		连续直线运动方向	—
2		双向直线运动	—
3		限位直线运动	ISO 7000 0001
4	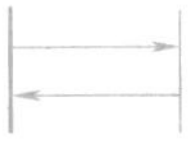	限位直线运动及返回	ISO 7000 0002
5	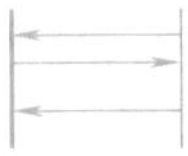	限位连续往复直线运动	ISO 7000 0003
6		间歇直线运动	ISO 7000 0252
7		增量的直线运动	ISO 7000 0253
8		直线重复定位	ISO 7000 0254
9		单程限位直线运动及返回	ISO 7000 0255
10		直线运动超程	ISO 7000 0256
11	 S	延时限位直线运动	ISO 7000 0257
12	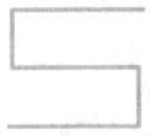	主体仿形分行运动	—
13		梳状仿形运动	—
14		超前仿形运动	—
15		连续转动方向	ISO 7000 0004 表示连续顺时针方向的旋转运动，对逆时针转动，需将箭头反过来
16		双向转动	ISO 7000 0005 表示在两个方向的交替转动
17		间歇转动	ISO 7000 0431
18		旋转重复定位	ISO 7000 0436
19		限位转动	ISO 7000 0006 表示顺时针方向的限位转动，对逆时针转动，需将箭头反过来
20		限位转动及返回	ISO 7000 0007
21		限位连续往复旋转运动	ISO 7000 0008
22		二维运动	—
23		三维运动	—
24		主轴旋转方向	ISO/R 369 13
25		转	ISO 7000 0009
26		转数	ISO 7000 0258
27		增值	ISO/R 369 28 例如：速度

（续）

序号	符号	名称	说明	序号	符号	名称	说明
28		减值	ISO/R 369 29 例如：速度	41		端面车削	—
29		快速移动	ISO 7000 0266	42		切槽； 切断	—
30		进给	ISO 7000 0259				
31		每行程 进给	ISO 7000 0264	43		剪断	ISO 7000 0387
32		纵向进给	ISO 7000 0260	44		螺纹加工	ISO 7000 0382
33		横向进给	ISO 7000 0261	45		左螺纹 加工	—
34		垂向进给	ISO 7000 0262	46		铣削	ISO 7000 0371
35		圆周进给 切向进给	—	47		顺铣	ISO 7000 0373
36		径向进给	—	48		逆铣	ISO 7000 0372
37		车削	ISO 7000 0365	49		端铣	—
38		镗削	ISO 7000 0366	50		插削	ISO 7000 0369
39		纵向车削	—	51		内拉削	ISO 7000 0386
40		锥度车削	—	52		外拉削	ISO 7000 0385

（续）

序号	符号	名称	说明	序号	符号	名称	说明
53		刨削	ISO 7000 0367	66		磨削	ISO 7000 0374
54		刨削	ISO 7000 0368 用于牛头刨床	67		端面磨削	ISO 7000 0378
55		钻削	ISO 7000 0370	68		无进给磨削	—
56		铰孔	ISO 7000 0383	69		内珩磨	ISO 7000 0379
57		攻螺纹	ISO 7000 0384	70		外珩磨	ISO 7000 0280
58		展成	—	71		研磨	ISO 7000 0381
59		分一齿；分单齿	—	72		砂带	ISO 7000 0299
60		分 n 齿	例：转续分齿	73		滚齿	—
61		外圆磨削	ISO 7000 0375	74		插齿	—
62		内圆磨削	ISO 7000 0376	75		剃齿	—
63		切入磨削	—	76		磨削火花调整	—
64		无心磨砂轮	ISO 7000 0296	77		每分钟转数	ISO 7000 0010
65		无心磨导轮	ISO 7000 0297				

附录 F　金属切削机床操作符号

序号	符号	名称	说明	序号	符号	名称	说明
1		无级变速	ISO/R 369 61	14		启动与停止共用	ISO/R 369 71
2		齿轮变速	—	15		点动仅在按下时动作	ISO/R 369 72
3		可调;调整		16		停留时间调整	—
4		预选;预调		17		推	—
5		自动循环(或半自动循环)	ISO 7000 0026	18		拉	—
6		单循环	ISO 7000 0426	19		相对运动"出"	ISO 7000 0437
7		子循环	ISO 7000 0428	20		相对运动"进"	ISO 7000 0438
8		自动循环中断并回到开始位置	ISO 7000 0427	21		向前(面向操作者)	GB 4205 表 A.1
9		快速停止	GB 5465.2 5178	22		向后(背离操作者)	GB 4205 表 A.1
10		手动	ISO/R 369 68	23		锁紧或固紧	—
11		微动	—	24		松开	—
12		启动	ISO/R 369 69 绿色	25		啮合	ISO/R 369 74
13		停止	ISO/R 369 70 红色	26		脱开	ISO/R 369 75

（续）

序号	符号	名称	说明	序号	符号	名称	说明
27	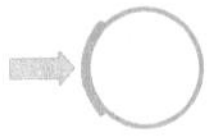	制动器夹紧	—	41		送料	—
28		制动器松开	—	42	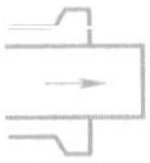	送料到挡块	ISO 7000 0413
29		装工件	ISO 7000 0397	43	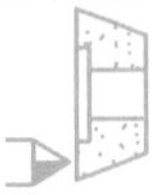	用单刃砂轮修整器进行端面修整	ISO 7000 0392
30	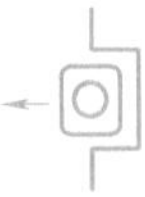	卸工件	ISO 7000 0398	44		用单刃砂轮修整器进行纵向修整	ISO 7000 0393
31	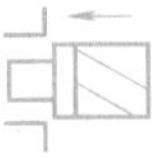	夹持旋转刀具	ISO 7000 0401	45	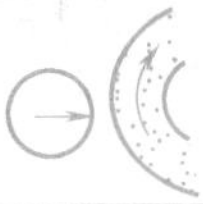	滚轮修整	ISO 7000 0394
32	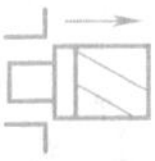	释放旋转刀具	ISO 7000 0402	46	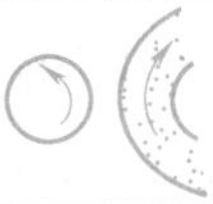	金刚石滚轮修整	ISO 7000 0395
33		仿形装置脱开	ISO 7000 0400	47		粗加工	—
34		仿形装置啮合	ISO 7000 0399	48		半精加工	—
35		有磁	—	49		精加工	—
36		无磁	—	50		调节用表	X 为：A—电流；V—电压
37	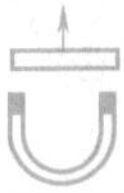	退磁	—	51		反馈控制	ISO 7000 0095
38	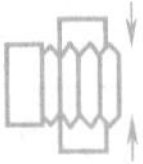	开合螺母闭合	ISO 7000 0403	52		快速启动	GB 5465. 2 1038
39	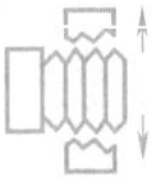	开合螺母脱开	ISO 7000 0404	53	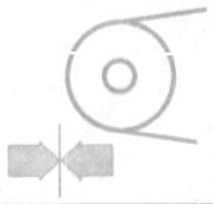	带或链的张紧	—
40	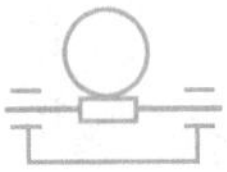	脱落蜗杆	—	54	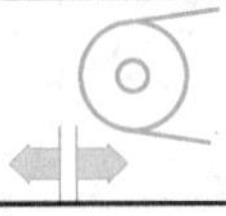	带或链的松开	—

附录 G　卧式车床精度检验标准及检验方法

附录 G 只适用于最大工件长度 $DC \leqslant 800$mm，床身上最大回转直径 $Da \leqslant 800$mm 的普通级精度的卧式车床。

（单位：mm）

机床几何精度检验					
序号	检验项目	公差/mm	简图	检验工具	检验方法
G1	A—床身导轨调平 （a）纵向：导轨在垂直平面内的直线性； （b）横向：导轨应在同一平面内	（a）$DC \leqslant 500$ 时，为 0.01，$500 < DC \leqslant 1000$ 时，为 0.02（只允许凸起）；任意 250mm 长度上局部公差为 0.0075； （b）0.04/1000	a) b)	（a）精密水平仪，光学仪器或其他方法 （b）精密水平仪	（a）在溜板上靠近前导轨处，纵向放置一水平仪。等距离（近似等于规定的局部误差的测量长度）移动溜板检验。将水平仪的读数依次排列，画出导轨误差曲线。曲线相对其两端点连线的最大坐标值就是导轨全长的直线度误差，曲线上任意局部测量长度的两端点相对曲线两端点连线的坐标差值就是导轨局部误差 也可将水平仪直接放置在导轨上检验。 （b）在溜板上横向放一水平仪。等距离移动溜板检验（移动距离同 a） 水平仪在全部测量长度上读数的最大差值就是导轨的平行度误差 也可将水平仪放在专用桥板上，在导轨上进行检验
G2	B—溜板 溜板移动在水平面内的直线度（尽可能在两顶尖间轴线和刀尖所确定的平面内检验）	$DC \leqslant 500$ 时，为 0.15；$500 < DC \leqslant 1000$ 时，为 0.02	a) 钢丝 偏差 b)	（a）指示器和检验棒或指示器和平尺（仅适用于 DC 小于或等于 2000mm）； （b）钢丝和显微镜或光学仪器	（a）将指示器固定在溜板上，使其测头触及主轴和尾座的顶尖间的检验棒表面上，调速尾座，使指示器在检验棒两端的读数相等。移动溜板在全部行程上检验。指示器读数的最大代数差值就是直线度误差 （b）用钢丝和显微镜检验。在机床中心高的位置上绷紧一根钢丝，显微镜固定在溜板上，调整钢丝，使显微镜在钢丝两端的读数相等。等距离（移动距离同 G1）移动溜板，在全部行程上检验。显微镜读数的最大代数差值就是直线度误差

（续）

机床几何精度检验					
序号	检验项目	公差/mm	简图	检验工具	检验方法
G3	尾座移动对溜板移动平行度 (a)在垂直平面内 (b)在水平面内	(a)、(b)均为0.03，任意500mm长度上局部公差为0.02	b) a) L=常数	指示器	将指示器固定在溜板上，使其测头触及近尾座体端面的顶尖套上，(a)在垂直平面内，(b)在水平平面内，并锁紧顶尖套。使尾座与溜板一起移动，在溜板全部行程上检验。(a)、(b)的误差分别计算，指示器在任意500mm行程上和全部行程上读数的最大差值就是局部长度和全长上的平行度误差
G4	C—主轴 (a)主轴轴向窜动 (b)主轴轴肩支承面的轴向圆跳动	(a)0.01 (b)0.02	b) a) F※※)	指示器与专用检验工具	固定指示器使其测头垂直触及：(a)插入主轴锥孔的检验棒端部的钢球；(b)主轴轴肩支承面上。沿主轴轴线加一力 **F**，旋转主轴检验 (a)、(b)的误差分别计算。指示器读数的最大差值就是轴向窜动误差和轴肩支承面的轴向圆跳动误差
G5	主轴定心轴颈的径向圆跳动	0.01	F※※)	指示器	固定指示器使其测头垂直触及轴颈(包括圆锥轴颈)的表面。沿主轴轴线加一力 **F**，旋转主轴检验。指示器读数的最大差值就是径向圆跳动误差
G6	主轴轴线的径向圆跳动 (a)靠近主轴端面 (b)距主轴端面$D_a/2$或不超过300mm	(a)0.01 (b)在300mm测量长度上为0.02	a) b)	指示器和检验棒	将检验棒插入主轴锥孔内，固定指示器，使其测头触及检验棒的表面；(a)靠近主轴端面；(b)距主轴端面$Da/2$处。旋转主轴检验 拔出检验棒，相对主轴旋转90°，重新插入主轴锥孔中依次重复检验三次。(a)、(b)的误差分别计算，四次测量结果的平均值就是径向圆跳动误差

（续）

机床几何精度检验					
序号	检验项目	公差/mm	简图	检验工具	检验方法
G7	主轴轴线对溜板纵向移动的平行度 (a)在垂直平面内 (b)在水平面内	(a)0.02/300(只许向上偏) (b)0.015/30(只许向前偏)		指示器和检验棒	指示器固定在溜板上，使其测头触及检验棒的表面：(a)在垂直平面内；(b)在水平平面内。移动溜板检验。将主轴旋转 180°，再同样检验一次。(a)、(b)的误差分别计算，两次测量结果代数和的 1/2 就是平行度误差
G8	主轴顶尖的径向圆跳动	0.015		指示器	顶尖插入主轴孔内，固定指示器，使其测头垂直触及顶尖锥面上。沿主轴轴线加一力 F，旋转主轴检验，指示器读数除以 $\cos\alpha$（α 为锥体半角）后，就是顶尖径向圆跳动误差
G9	D—尾座 尾座套筒轴线对溜板移动的平行度 (a)在垂直平面内 (b)在水平面内	(a)0.02/100(只许向上偏) (b) 0.015/100(只许向前偏)		指示器	尾座的位置同 G11。尾座顶尖套伸出量约为最大伸出长度的一半，并锁紧 将指示器固定在溜板上，使其测头触及尾座套筒的表面：(a)在垂直面内；(b)在水平面内。移动溜板检验。(a)、(b)的误差分别计算，指示器读数的最大差值就是平行度误差
G10	尾座套筒锥孔轴线对溜板移动的平行度 (a)在垂直平面内 (b)在水平面内	(a)0.03/300(只许向上偏) (b)0.03/300(只许向前偏)		指示器和检验棒	尾座的位置同 G11，顶尖套筒退入尾座孔内，并锁紧。在尾座套筒锥孔中插入检验棒，将其测头触及检验棒表面：(a)在垂直平面内；(b)在水平平面内。移动溜板检验。拔出检验棒，旋转 180°，重新插入尾座顶尖套锥孔中，重复检验一次。(a)、(b)的误差分别计算，两次测量结果代数和的 1/2 就是平行度误差

（续）

机床几何精度检验					
序号	检验项目	允差/mm	简　图	检验工具	检验方法
G11	E—顶尖 主轴和尾座两顶尖的等高度	0.04（只许尾座高）		指示器和检验棒	在主轴与尾座顶尖间装入检验棒，将指示器固定在溜板上，使其测头在垂直平面内触及检验棒，移动溜板在检验棒的两极限位置上检验。指示器在检验棒两端读数的差值就是等高度误差。当 DC 小于或等于500mm时，尾座应紧固在 $DC/2$ 处，但最大不大于2000mm。检验时，尾座顶尖套应退入尾座内孔，并锁紧
G12	F—小刀架 小刀架纵向移动对主轴轴线的平行度	0.04/300		指示器和检验棒	将检验棒插入主轴锥孔内，指示器固定在溜板上，使其测头在水平面内触及检验棒。调整小刀架，使指示器在检验棒两端的读数相等。再将指示器测头在垂直平面内触及检验棒，移动小刀架检验。将主轴旋转180°，再同样检验一次。两次测量结果代数和的1/2就是平行度误差
G13	G—横刀架 横刀架横向移动对主轴轴线的垂直度	0.02/300 偏差方向 $\alpha \geq 90°$		指示器和平盘或平尺	将平盘固定在主轴上，指示器固定在横刀架上，使其测头触及平盘，移动横刀架进行检验。将主轴旋转180°，再同样检验一次。两次测量结果代数和的1/2就是垂直度误差

（续）

机床几何精度检验					
序号	检验项目	允差/mm	简　图	检验工具	检验方法
G14	H—丝杠 丝杠的轴向窜动	0.015		指示器	固定指示器，使其测头触及丝杠顶尖孔内的钢球上。在丝杠的中段处闭合开合螺母，旋转丝杠检验。检验时，有托架的丝杠应在装有托架的状态下检验。指示器读数的最大差值就是丝杠轴向窜动误差
G15	由丝杆所产生的螺距累积误差	（a）任意300测量长度上为0.04 （b）任意60测量长度上为0.015		标准丝杠、电传感器、长度规、指示器	将不小于300mm长度的标准丝杠装在主轴与尾座的两顶尖间。电传感器固定在刀架上，使其触头触及螺纹的侧面，移动溜板进行检验 电传感器在任意300和任意60测量长度内读数的差值就是丝杠所产生的螺距累积误差 也可以用长度规检验 （本项与P3项可任意检验一项）

机床工作精度检验					
序号	检验项目	允差/mm	简图和试件尺寸	检验工具	备　注
P1	精车外圆 （a）圆度 （b）与标准不同	在300长度上为与标准不同（锥端只能大直径靠近主轴端）	$\frac{L_1}{2}$　$\frac{L_1}{2}$　ϕD　L_2　L_2　L_2　L_1 $D \geqslant Da/8$　$l_1 = Da/2$ $l_{1max} = 500mm$　$l_{2max} = 20mm$ 试件材料为钢材	圆度仪或千分尺	精车夹在卡盘中的圆柱试件（试件也可以插在主轴锥孔中） 在圆柱面上车削三段直径 精车后在三段直径上检验圆度和圆柱度： （a）圆度误差以试件同一横剖面内的最大与最小直径之差计 （b）圆柱度误差以试件任意轴向剖面内最大与最小直径之差计

（续）

机床工作精度检验					
序号	检验项目	允差/mm	简图和试件尺寸	检验工具	备　　注
P2	精车端面的平面度 只许凹	在 300 直径上为 0.025（只许凹）	20mm　ϕD　L $L_{max}=D_a/8$　　$D\geqslant D_a/2$ 试件材料为铸铁	平尺和量块或指示器	精车夹在卡盘中的盘形试件 精车垂直于主轴的端面（可车两个或三个 20 宽的平面，其中之一为中心平面） 用平尺和量块检查。也可用指示器检验：指示器固定在横刀架上，使其测头触及端面的后部半径上，移动刀架检验。指示器读数的最大差值的 1/2 就是平面误差
P3	精车 300 长螺纹的螺距累积误差	（a）在 300 测量长度上为 0.04mm （b）在任意 60 测量长度上为 0.015	L $L=300$mm 试件材料为钢材	专用检验工具	精车两顶尖间圆柱试件的 60°普通螺纹。 试件螺距应与母丝杠螺距相同，直径应尽可能接近母丝杠的直径。 精车后在 300 和任意 60 长度内进行检验，螺纹表面应洁净、无洼陷与波纹 （本项与 G15 项可任意检验一项）

注：*Da* 为床身上最大回转直径；*DC* 为最大工件长度。

附录 H 卧式车床常见机械故障和排除方法

序号	机械故障	重要原因	排除方法
1	主轴箱温升高、运转中出现停机现象	(1)主轴轴承间隙过小 (2)润滑不良 (3)轴承外圈转动 (4)摩擦片打滑	(1)调整检查主轴轴承间隙 (2)检查供油情况,使油路畅通 (3)修理箱体轴承孔 (4)调整摩擦片间隙
2	机床噪声大	(1)齿轮精度不良或磨损,点蚀严重 (2)轴承损坏 (3)传动轴弯曲或同轴度超差严重	(1)更换齿轮 (2)更换轴承 (3)调整或更换传动轴
3	切削用量大时主轴转速明显下降	(1)V 带过松打滑 (2)摩擦离合器间隙过大 (3)滑套与元宝销磨损	(1)张紧 V 带 (2)调整摩擦离合器,摩擦片磨损严重时应更换 (3)更换
4	停机时主轴停转过慢	(1)摩擦离合器调整过紧,停机时未完全脱开 (2)制动器调整过松	(1)调整离合器 (2)调整制动器
5	操作手柄自动脱落	(1)离合器调整过紧,使手柄打不到位 (2)手柄定位弹簧松	(1)调整离合器 (2)调整弹簧压力
6	横向进给刻度不准,重复定位精度低	(1)横向丝杠螺母磨损,间隙过大 (2)横向丝杠轴向窜动 (3)刻度盘内弹簧片无力 (4)横向丝杠螺母装配不良(同轴度低)	(1)调整螺母中间镶条 (2)调整刻度盘前的圆螺母 (3)更换弹簧片 (4)修理、调整螺母与丝杠的同轴度
7	大手轮操纵过重	(1)小齿轮与齿条啮合过紧 (2)前后压板过紧或锁紧块未完全松开 (3)光杠、丝杠的三支承同轴度超差 (4)导轨拉伤	(1)调整齿轮齿条啮合间隙 (2)调整压板间隙,松开锁紧块 (3)调整三支承同轴度 (4)修刮导轨
8	精加工圆度超差,出现椭圆或棱圆	(1)主轴轴承间隙过大 (2)主轴轴承精度低或磨损严重、点蚀 (3)主轴轴颈圆度超差 (4)主轴箱体轴承孔不圆或间隙过大 (5)卡盘与轴颈、轴肩配合不良	(1)调整轴承间隙 (2)更换轴承 (3)修磨主轴轴颈 (4)用镶套或刷镀修复主轴轴承孔 (5)重新配制卡盘法兰
9	加工工件圆柱度超差 (1)产生锥度 (2)母线不直、中凸或中凹	(1)主轴轴线对床身导轨在水平面内不平行 (2)菱形导轨与水平导轨不平行(扭曲)(可能是地脚松动造成或导轨磨损造成的) (3)导轨在水平面内直线度超差 (4)菱形导轨与平导轨在垂直面内不平行 (5)主轴轴线与导轨在垂直面内不平行(可能是导轨磨损或主轴箱温升造成的)	(1)调整主轴箱使主轴轴线与导轨平行 (2)重新调整安装水平 (3)修刮导轨 (4)修刮导轨 (5)修刮导轨;检查主轴温升,调整检查主轴轴承间隙
10	加工端面平面度超差	(1)中滑板镶条配合过松,横向导轨间隙大 (2)中滑板导轨与主轴轴线不垂直 (3)中滑板导轨不直 (4)主轴轴线窜动	(1)调整镶条,燕尾形导轨若不平行需修刮 (2)修刮导轨 (3)修刮导轨 (4)调整推力轴承间隙或更换轴承

（续）

序号	机械故障	重要原因	排除方法
11	加工螺纹螺距不均匀、精度超差	(1)丝杠轴向窜动过大 (2)丝杠磨损精度下降或本身精度低 (3)丝杠弯曲过大 (4)开合螺母导轨间隙过大 (5)主轴轴向窜动大 (6)车螺纹传动链中某一环节有故障，如齿轮折断，交换齿轮啮合不良	(1)调整进给箱丝杠连接轴轴承间隙，及有关联轴器销钉间隙等 (2)车削修理丝杠或更换并重新配螺母 (3)校直丝杠 (4)调整螺母、导轨镶条 (5)调整主轴轴向间隙 (6)查找故障环节并相应排除
12	用小刀架车锥体时母线不直	(1)小滑板镶条松 (2)小滑板燕尾形导轨不直 (3)小滑板移动轨迹对主轴轴线不平行	(1)调整镶条 (2)修刮导轨 (3)检查修刮回转工作台台面及小滑板燕尾导轨
13	精车外圆柱表面出现有规律条纹，近似等距，手摸有不平感	(1)床身齿条与小齿轮啮合不良，齿条齿距不均匀 (2)光杠弯曲 (3)光杠的三支承不同轴 (4)床身导轨压板间隙过大	(1)检查啮合的接触精度，修理齿条 (2)校直光杠 (3)调整进给箱和后支架位置，重铰定位销孔 (4)调整压板间隙，必要时修刮导轨
14	精车外圆柱表面出现混乱波纹	(1)主轴轴向窜动大 (2)主轴轴承点蚀 (3)主轴箱、进给箱传动轴弯曲 (4)燕尾形导轨间隙大 (5)燕尾形导轨及转盘底面接触不良 (6)卡盘法兰与定心轴颈配合不良	(1)调整主轴轴承间隙 (2)更换轴承 (3)调整、修理或更换有关传动件 (4)调整镶条 (5)修刮导轨及回转工作台、转盘接触面 (6)修配卡盘法兰
15	精车外圆柱面有振动，工件表面粗糙度增大	(1)电动机振动（可能是轴承损坏或转子转动不平衡造成的） (2)带轮振摆大 (3)主传动齿轮偏摆大 (4)刀架底面接触不良	(1)更换轴承；做静、动平衡校验校正 (2)车削修理 (3)更换齿轮 (4)修刮方刀架接合面和回转工作台、转盘接合面
16	精车端面出现定距波纹	(1)横向丝杠弯曲 (2)横向丝杠和燕尾形导轨不平行 (3)横向导轨磨损、走刀不稳定 (4)横向丝杠与螺母磨损，间隙大	(1)校直丝杠 (2)修刮导轨 (3)修刮导轨 (4)调整丝杠螺母间隙

参考文献

[1] 戴曙. 金属切削机床 [M]. 北京：机械工业出版社，2004.
[2] 焦根昌. 金属切削机床 [M]. 长沙：湖南科学技术出版社，2004.
[3] 沈志雄. 金属切削机床 [M]. 北京：机械工业出版社，2004.
[4] 张俊生. 金属切削机床与数控机床 [M]. 北京：机械工业出版社，2005.
[5] 劳动与社会保障部编写组. 金属切削机床 [M]. 北京：中国劳动社会保障出版社，2005.
[6] 黄鹤汀. 金属切削机床设计 [M]. 北京：机械工业出版社，2004.
[7] 顾维邦. 金属切削机床概论 [M]. 北京：机械工业出版社，2005.
[8] 黄鹤汀. 金属切削机床 [M]. 2 版. 北京：机械工业出版社，2011.
[9] 黄开榜，张庆春，那海涛. 金属切削机床 [M]. 2 版. 哈尔滨：哈尔滨工业大学出版社，2006.
[10] 晏初宏. 数控机床与机械结构 [M]. 北京：机械工业出版社，2006.
[11] 娄锐. 数控机床 [M]. 3 版. 大连：大连理工大学出版社，2006.
[12] 闫巧枝，李钦唐. 金属切削机床与数控机床 [M]. 北京：北京理工大学出版社，2007.
[13] 单姗珊. 金属切削机床概论 [M]. 北京：机械工业出版社，2007.
[14] 吴国华. 金属切削机床 [M]. 北京：机械工业出版社，2007.
[15] 贾亚洲. 金属切削机床概论 [M]. 北京：机械工业出版社，2007.
[16] 夏广岚，冯凭. 金属切削机床 [M]. 北京：北京大学出版社，2008.
[17] 恽达明. 金属切削机床 [M]. 北京：机械工业出版社，2008.
[18] 顾京. 现代机床设备 [M]. 2 版. 北京：化学工业出版社，2009.
[19] 胡黄卿. 金属切削原理与机床 [M]. 北京：化学工业出版社，2009.
[20] 全国金属切削机床标准化委员会. GB/T 4020—1997 卧式车床 精度检验 [S]. 北京：中国标准出版社，1997.